Bethge/Gruber

Physik der Atome und Moleküle

Eine Einführung

VCH

Φ Veröffentlicht in Zusammenarbeit mit der Deutschen Physikalischen Gesellschaft

Vertrieb:

VCH Verlagsgesellschaft, Postfach 10 11 61, D-6940 Weinheim (Bundesrepublik Deutschland)

Schweiz: VCH Verlags-AG, Postfach, CH-4020 Basel (Schweiz)

United Kingdom und Irland: VCH Publishers (UK) Ltd., 8 Wellington Court, Wellington Street, Cambridge CB 1 1HZ (England)

USA und Canada: VCH Publishers, Suite 909, 220 East 23rd Street, New York, NY 10010-4606 (USA)

ISBN 3-527-26933-9

Klaus Bethge/Gernot Gruber

Physik der Atome und Moleküle

Eine Einführung

VCH

Prof. Dr. Klaus Bethge
Institut für Kernphysik
der Johann-Wolfgang-von-Goethe-Universität
August-Euler-Straße 6
D-6000 Frankfurt am Main

Dr. Gernot Gruber
Kilianstraße 19
D-6502 Mainz-Kostheim

Lektorat: Walter Greulich

CIP-Titelaufnahme der Deutschen Bibliothek:

Bethge, Klaus:
Physik der Atome und Moleküle: eine Einführung/Klaus Bethge ; Gernot Gruber. – Weinheim ; Basel (Schweiz) ; Cambridge ; New York, NY : VCH, 1990
ISBN 3-527-26933-9
NE: Gruber, Gernot:

Gedruckt auf säurefreiem Papier

Texterfassung und EDV-Bearbeitung: Dipl.-Phys. E. Schmidt, Dipl.-Phys. I. Schneider, D-6000 Frankfurt am Main. Druck: betz druck GmbH, D-6100 Darmstadt. Bindung: Verlagsbuchbinderei G. Kränkl, D-6148 Heppenheim.
Printed in the Federal Republic of Germany

Für Marianne und Christel

Vorwort

Atome und Moleküle sind die unsichtbaren Bausteine, aus denen unsere makroskopische Welt aufgebaut ist. In allen Bereichen der Natur und in vielen Bereichen der Technik werden Phänomene und Prozesse durch quantenhafte Vorgänge beherrscht. Die Grundlagen der zu ihrer Erforschung angewendeten experimentellen und theoretischen Methoden sowie das zur Beschreibung erforderliche Begriffsystem wurden in der Zeit um die letzte Jahrhundertwende und vor allem in den ersten Jahrzehnten dieses Jahrhunderts anhand der Untersuchung der Atome geschaffen; ihre Weiterentwicklung hält auch heute noch an. Die dabei erzielten Resultate wirken von Anfang an nicht nur in andere Gebiete der Physik, sondern befruchteten auch Naturwissenschaften, wie Chemie und Biologie und fanden darüber hinaus Nutzen durch Anwendung in Technik und Medizin. Die Atomphysik kann in ihrer faktischen und methodischen Bedeutung daher kaum überschätzt werden, und sie nimmt im Rahmen der Physikausbildung, nach wie vor zurecht, eine zentrale Stellung ein. Darüber hinaus werden dem Studenten in der Atomphysik die statistischen Methoden nahegebracht, die die gesamte moderne Physik beherrschen. Durch ihre angemessene Behandlung unterscheided sich das Buch z.T. von anderen Lehrbüchern der Atomphysik.

Der für das Buch gewählte Titel *Physik der Atome und Moleküle*, eine Einführung, ist sein Programm. Als Lehrbuch konzipiert, macht es sich zur Aufgabe, die Leser – vor allem Physikstudenten der ersten Semester sowie Studenten benachbarter Fachgebiete – in den Bau der Atome sowie deren Wechselwirkungen mit äußeren Feldern und miteinander einzuführen und einen Grundstock sowohl an Faktenwissen als auch an Verständnis zu legen. Hierzu gehört, daß das für eine widerspruchsfreie Beschreibung erforderliche Begriffssystem entwickelt und seine Eigenart erläutert und begründet wird. Die Hinführung auf den Gegenstand, sowohl begrifflich als auch historisch, die Beschreibung der wichtigsten Experimente und die Bereitstellung des benötigten theoretischen Instrumentariums nehmen daher einen breiten Raum ein; ihnen sind die beiden ersten Teile des Buches gewidmet. Auf diesem Grundwissen bauen die anderen Teile auf: Sie beschreiben die Physik freier Atome sowie die Besonderheiten, die sich zeigen, wenn Atome dem Einfluß äußerer Felder unterworfen werden oder in so innige Wechselwirkung miteinander treten, daß Moleküle gebildet werden. Das Buch schließt mit einem Ausblick auf einige Ausweitungen des Gebiets und auf aktuelle Anwendungen. In seinem Anhang enthält es einige rechnerische Herleitungen sowie eine Zusammenstellung wichtiger Naturkonstanten.

Wir verwenden durchweg SI-Einheiten, bisweilen in Verbindung mit den üblichen Abkürzungen für Zehnerpotenzen. Abweichungen hiervon werden ausdrücklich vermerkt. Eine Bemerkung ist vielleicht auch am Platz zu dem hier geübten, etwas saloppen, aber in der physikalischen Literatur durchaus üblichen Umgang mit dem mathematischen Begriff der Funktion. Mit Gleichungen wie $\psi(x,y,z) = \psi(r,\vartheta,\varphi)$ ist gemeint, daß ein und demselben Punkt im Raum, der einmal in kartesichen Koordinaten angegeben wird, das andere Mal in sphärischen Polarkoordinaten, der gleiche Funktionenwert zugeordnet ist; bisweilen wird dafür nur $\psi(r)$

geschrieben oder einfach ψ. Das ist insbesondere bei der Bildung partieller Ableitungen zu beachten.

Wir möchten für die Hilfe bei der Erstellung des Manuskripts Frau E. Kühn, Frau I. Platte, Frau M. Ammon, Frau P. Seyler-Dielmann und Frau Ch. Thimmel herzlich danken, sowie für die Neuzeichnung vieler Bilder Frau C. Freudenberger. Wichtige Anregungen und Verbesserungen verdanken wir Hinweisen von Horst Schmidt-Böcking und Eberhard Krimmel. Für die Erlaubnis, Bilder aus ihren Originalarbeiten zu verwenden, danken wir Hans Rudert, Tübingen, und Theodor Hänsch, München. Der Satz des Buches wurde von Frau E. Schmidt und Herrn I. Schneider im System TEX erstellt, unter der ständigen geduldigen und engagierten Betreuung durch W. Greulich von VCH. Allen Helfern, kritischen Lesern und Kommentatoren gilt unser herzlicher Dank.

Frankfurt, im März 1990 Klaus Bethge und Gernot Gruber

Inhaltsverzeichnis

Teil I

Propädeutik und Existenz

1 Einleitung

Die Wende vom neunzehnten zum zwanzigsten Jahrhundert fällt zusammen mit dem Beginn zweier Entwicklungslinien der Physik, die bald richtungweisend wurden und auch heute noch, an der Schwelle zum nächsten Jahrhundert, weite Bereiche der physikalischen Forschung bestimmen: Die Erkundung der Welt des ganz Kleinen und die Auslotung des Universums.

Auf dem Weg in den Mikrokosmos ist die Atomphysik mit dem theoretischen Apparat der Quantenmechanik und der Quantenelektrodynamik historisch und methodologisch die erste Stufe, woraus sich – in Verbindung mit der Tatsache, daß atomare Vorgänge nahezu das gesamte Geschehen der uns unmittelbar umgebenden Natur beherrschen – ihre zentrale Stellung im Rahmen der heutigen Naturwissenschaften ergibt. Die Entwicklung dahin vollzog sich mit einem in der Wissenschaftsgeschichte einmaligen Tempo, trotz einer sie begleitenden Revolution im Selbstverständnis der Physik. Denn obwohl das Atom, mit seinen wesentlichen Bestandteilen Kern und Elektron, Masse und Ladung trägt, sperrte es sich paradoxerweise von Anfang an der Aufklärung seiner inneren Struktur mit Hilfe der, wie man glaubte wohlfundierten, klassischen Theorien der Mechanik und der Elektrodynamik – alle Versuche der Konstruktion eines Atom-Modells auf deren Grundlage führten zu unlösbaren Widersprüchen.

Diese Anfänge liegen nun fast ein Jahrhundert zurück, und die seither entwickelte Theorie, mit deren Hilfe die Überwindung der Widersprüche gelang, ist naturwissenschaftliches Gemeingut geworden. Trotzdem bleiben das anfängliche Scheitern und die nachfolgende Umwälzung unter allgemeinen erkenntnistheoretischen Aspekten bemerkenswert, und sie verdienen es, einer modernen Darstellung der Atomphysik, wie der vorliegenden, vorangestellt zu werden.

Das Scheitern der klassischen Theorien an der Entschlüsselung der atomaren Struktur liegt zutiefst in dem ihnen inhärenten Dualismus begründet. Die klassische Punktmechanik nämlich ist durch ihre Objekte, die Singularitäten im Raum darstellen, eine Diskontinuumstheorie und fixiert die klassische Vorstellung eines Teilchens, während die klassische Elektrodynamik, mit der Beschreibung der stetigen Verteilung elektromagnetischer Felder in Raum und Zeit, eine Kontinuumstheorie und Grundlage des klassischen Wellenbildes ist. Quasi als Synthese dieser beiden Antithesen hat die Erforschung des Atoms den offenbaren Widerspruch aufgelöst. Sie lehrt uns, daß die Grundstrukturen beider Theorien, jede für sich, nur bedingt auf die Naturerscheinungen anwendbar sind und daß jede von ihnen für eine adäquate Beschreibung der Wirklichkeit einiger Elemente der andern bedarf. Einerseits muß im atomaren Bereich die Vorstellung von Punktmassen an wohldefinierten Orten um eine Beschreibung in Feldbegriffen erweitert beziehungsweise durch eine solche ersetzt werden, anderseits aber sind die Felder der klassischen Theorie einer Quantisierung zu unterwerfen.

Weil diese Einsicht nicht willkürlich durch Deduktion gewonnen, sondern unwillkürlich durch das Experiment erzwungen wurde, wirkte die Atomphysik befruchtend auf die Methodologie der gesamten Wissenschaft. Daß sowohl die Theorie als auch das Experiment, Rationalismus und Empirie, für das Gewinnen von Erkenntnis erforderlich sind, ist danach unabdingbar. Der Erfassung und Ausdeutung experimenteller Fakten geht ein theoretisches Konzept voraus, ein theoretischer Entwurf aber muß der experimentellen Überprüfung standhalten, nur dann ist er wahr. Widersprüche in Form von Paradoxien - darauf hat insbesondere Niels Bohr hingewiesen - sind stets ein Hinweis, daß die zugrunde gelegten Begriffe überprüft und, soweit erforderlich, revidiert werden müssen. Weil dieser Prozeß historisch bedingt und begrifflich bestimmt ist, wollen wir in den nun folgenden einleitenden Unterkapiteln die Bedeutung zunächst der Begriffsbildung und die dann, der historischen Entwicklung für das Entstehen einer wissenschaftlichen Theorie, wie der des Atoms, veranschaulichen.

1.1 Physikalische Begriffe

Ein Begriff ist der Inbegriff dessen, was ist. Seine Bildung geschieht durch Abstraktion aus der Erfahrung. Die Grundbegriffe der Physik entstammen der Erfahrung der Umwelt,und ihnen liegt, wie denen der allgemeinen Umgangssprache, das unmittelbare, sinnbedingte Erleben zugrunde. Sie sind durch unsere Sinnesorgane faßbar und werden nach Art und Größe gesondert. Dazu einige Beispiele:

Wir können Längen schätzen: Jeder weiß sofort, was ein Zentimeter ist oder ein Meter, und unsere Anschauung reicht von etwa einem Zehntel Millimeter („Haaresbreite") bis zu einigen Kilometern („meilenweit").

Wir haben ein ursprüngliches Gefühl für Kraft und damit auch für Massen. Sie sind anschaulich faßbar, etwa von einem Bruchteil eines Gramms („federleicht") bis zu einigen Tonnen („Zentnerlasten").

Wir empfinden zeitliche Abläufe und können deshalb Zeitintervalle zwischen etwa einer Zehntel Sekunde („Augenblick") und einigen zig Jahren („Menschenalter") unterscheiden.

Wir können sehen, fühlen oder hören, was eine Relativgeschwindigkeit zwischen etwa einem Meter pro Stunde (Minutenzeiger auf der Uhr) und einigen tausend Kilometern pro Sekunde („blitzschnell“) ist.

Wir spüren Temperaturen und können sie unterscheiden in einem Bereich, der etwa vom Gefrierpunkt des Wassers („eiskalt“) bis zu dessen Siedepunkt reicht („kochend heiß“).

Wir nehmen Helligkeitsunterschiede wahr („hell wie der Tag – dunkel wie die Nacht“), wir haben einen Sinn für Ort und Richtung relativ zu unserer Umgebung, und in einem gewissen Umfang können wir auch Elektrizität unmittelbar wahrnehmen.

Zu diesen Grunderfahrungen aus dem Bereich unserer Sinne kommt eine weitere, deren sich die Menschheit seit langem bewußt ist, daß nämlich die uns unmittelbar erfahrbaren Vorgänge kontinuierlich verlaufen („natura non facit saltus“). Das findet seinen Niederschlag darin, daß in der klassischen Physik alle beobachtbaren Größen als Variable von Differentialgleichungen aufgefaßt werden können und daher vollständig determiniert sind.

Solange die Erfahrung nichts anderes lehrte, mußte diese Vorstellung vom kontinuierlichen Verlauf natürlicher Vorgänge als universell gültiges Gesetz erscheinen. Und dennoch folgt aus der Möglichkeit der sinnvollen Anwendung von Begriffen und Vorstellungen in den Erfahrungsbereichen, denen sie entstammen, keineswegs, daß sie überall gelten. Man kann sich das leicht veranschaulichen, indem man versucht, die oben skizzierten Erfahrungsbereiche numerisch beliebig auszudehnen. Was ist zum Beispiel eine Entfernung von 10^{-100} cm oder eine von 10^{100} Lichtjahren? Es ist zwar möglich, solche Größen hinzuschreiben, nicht jedoch anzugeben, was sie in der Wirklichkeit bedeuten sollen. Wir müssen folglich beim Versuch, einen Begriff über seinen gewohnten Anwendungsbereich auszudehnen, untersuchen, ob das möglich und sinnvoll ist.

Es war wohl die Erkenntnis, daß es einen absoluten Nullpunkt der Temperatur gibt, mit der die Physik erstmals an die Grenze eines ihrer Begriffe stieß. Danach war es nicht mehr möglich – weil sinnlos – von Temperaturen unterhalb dieses Punktes zu sprechen. Die erste wirklich erkenntniskritische Analyse physikalischer Begriffe aber lieferte Einstein mit der Untersuchung der bekannten Widersprüche der Elektrodynamik (Stichworte: Äther-Theorie und Michelson-Morley-Experiment), in deren Folge er die Begriffe „Gleichzeitigkeit“ und „Maßstab“ einer gründlichen Revision unterzog. Die daraus hervorgegangene Relativitätstheorie führte unmittelbar zu einer weiteren Beschränkung: Es gibt keine Signal- oder Energietransportgeschwindigkeit, die größer wäre als die des Lichts [1]. So weit reicht unser Begriff der Geschwindigkeit, obwohl die tatsächliche Größe der Lichtgeschwindigkeit weit jenseits unserer Wahrnehmungsfähigkeit liegt.

Für natürliche Vorgänge wurde lange Zeit ein kontinuierlicher Verlauf angenommen, doch diese Vorstellung mußte aufgrund experimenteller Fakten aus dem atomaren Bereich zugunsten einer realistischeren Theorie aufgegeben werden. Das führte in der Folge zu einer gründlichen Untersuchung unserer Vorstellung vom Messen. Die daraus resultierende Erkenntnis, daß der Geltungsbereich einer Theorie nicht aus dieser selbst gefolgert

---

[1] unbeschadet einer möglichen Existenz von Tachyonen

werden kann, sondern experimentell bestimmt werden muß, markiert den Beginn der modernen Physik. Sie hatte ein neues Verständnis von dem zur Folge, was die Physik leistet: Sie sagt nicht, was ist, sondern sie beschreibt, was wahrgenommen, d.h. gemessen wird. Der Geltungsbereich physikalischer Begriffe ist daher eng mit ihrer Meßbarkeit verknüpft, d.h. mit einer Meßvorschrift. Die klassische Physik geht davon aus, daß es praktisch immer möglich sei, von der Störung eines Systems durch den Meßprozeß selbst abzusehen. Sie nimmt an, daß man entweder die Störung so klein halten könne, daß sie vernachlässigbar ist, oder aber, daß sie rechnerisch kompensierbar sei.

Diese Annahme hat weitreichende Konsequenzen. Die Vorstellung einer Teilchenbahn zum Beispiel, die scheinbar nichts mit einer Messung zu tun hat, beruht in Wahrheit auf eben dieser klassischen Konzeption. Denn wenn wir uns die Bahn eines Teilchens vorstellen, so implizieren wir, daß wir jederzeit mit Bestimmtheit angeben könnten, an welchem Ort und in welchem Bewegungszustand das Teilchen sich befindet. Genau das ist aber nicht möglich, und nach dem heutigen Verständnis der Physik gibt es dann auch keine Bahn.

Die klassische Vorstellung von dem, was eine Messung sei, mußte konsequenterweise dort zu Widersprüchen führen, wo ihre Voraussetzungen nicht mehr gegeben sind: im Bereich des submikroskopischen Geschehens. Hier kann die Störung eines physikalischen Systems eben nicht immer vernachlässigt beziehungsweise kompensiert werden. Das ist vielmehr grundsätzlich nur so weit möglich, wie es das von Heisenberg formulierte Unbestimmtheitsprinzip erlaubt, das besagt: Es gibt Paare physikalischer Größen, nämlich kanonisch konjugierte Variable, die nicht gleichzeitig mit beliebiger Genauigkeit meßbar sind. Dieses Prinzip läßt sich wie folgt quantifizieren:

> Sind q und p zwei kanonisch konjugierte Variable und Δq und Δp ihre näher zu qualifizierenden Unbestimmtheiten, dann unterliegen diese der Relation
>
> $$\Delta q \Delta p \geq h/4\pi \,.$$

Sind im besonderen q der Ort eines Teilchens und p der dazu konjugierte Impuls, dann folgt aus dem Unbestimmtheitsprinzip, daß es nicht möglich ist, die Werte dieser beiden Variablen gleichzeitig exakt anzugeben. Da aber eine Teilchenbahn durch das geltende Kraftgesetz und durch die (gleichzeitigen) Anfangswerte von Ort und Impuls bestimmt ist, ist die exakte Bestimmung einer Teilchenbahn niemals möglich. Wir werden in Kapitel 5 ausführlich hierauf eingehen.

Die durch die Unbestimmtheitsrelation gegebenen Unschärfen sind so klein, daß sie bei makroskopischen Messungen weit unterhalb der Meßgenauigkeit liegen und nicht festgestellt werden können. Es nimmt daher nicht wunder, daß man auf ihre Konsequenzen erst aufmerksam wurde, als durch die Verfeinerung der Meßverfahren die physikalischen Objekte so klein werden konnten, daß die Meßwerte den durch die Unbestimmtheitsrelation gegebenen Unschärfen vergleichbar wurden.

Aus dem Unbestimmtheitsprinzip folgt, daß sich Vorgänge im atomaren Bereich nicht streng deterministisch beschreiben lassen, sondern Wahrscheinlichkeitsgesetzen gehorchen. Diese Tatsache und die auf der endlichen Größe des Wirkungsquantums beruhende Erkenntnis, daß die Natur im atomaren Bereich – aller Sinnfälligkeit zum Trotz – doch Sprünge macht, fanden ihren Niederschlag in der Formulierung der Quantenmechanik. Der Umstand, daß das unmittelbar wahrnehmbare Geschehen im Gegensatz dazu offenbar kontinuierlich verläuft, kann aber mit den Vorstellungen der Quantenmechanik versöhnt werden, wenn die Beobachtung dieses Geschehens als Bildung von Mittelwerten vieler Stichproben aufgefaßt wird – Mittelwerte ändern sich auch nach den Gesetzen der Quantenmechanik stetig.

1.2 Historischer Überblick

Der Atomismus, die Lehre von der Existenz kleinster Teilchen, war ursprünglich eine philosophische Theorie, die im griechischen Altertum entwickelt wurde, um die Vielfalt der Erscheinungen und deren Veränderung aus einem einheitlichen Seinsprinzip zu erklären. Mangels eines Beweises für die Existenz der postulierten Teilchen und ihrer Eigenschaften fand diese Theorie jedoch jahrhundertelang keine allgemeine Anerkennung sondern blieb bis in die Neuzeit hinein umstritten.

Die heutige Wissenschaft sieht üblicherweise in Leukipp (etwa 480—420 v. Chr.) und seinem Schüler Demokrit (etwa 460—370 v. Chr.) die Schöpfer des Atomismus. Demokrit lehrte:

> Die Welt besteht aus kleinsten unteilbaren Teilchen – Atomen (griechisch ατομος : unteilbar) – denen keine anderen Qualitäten zukommen als Größe, Form und Bewegung.

Um Bewegung zu ermöglichen, nahm er außerdem das Vorhandensein eines leeren Raumes an.

Dieser Auffassung schlossen sich später Epikur (341—270 v. Chr.) und Lukrez (1. Jhdt. v. Chr.) an. In der Neuzeit wurde die Atomhypothese von Pierre Gassendi (1592—1655) wieder aufgenommen und u.a. von Sebastian Basso (2. Hälfte 16. Jhdt.), Daniel Sennert (1572—1637), Joachim Jungius (1587—1657) und Robert Boyle (1627—1691) weiter verfolgt, wobei sich der Schwerpunkt des Interesses von der allgemeinen philosophischen Fragestellung auf konkrete physikalische und chemische Probleme zu verlagern begann. Besonders bedeutsam war, daß auch Isaac Newton (1643—1727) zu den Verfechtern der Atomhypothese gehörte.

Im Gegensatz zu deren Auffassung stand der sogenannte Plenismus (lateinisch *plenus*: voll, erfüllt), der eine kontinuierliche Erfüllung des Raumes mit Materie behauptete und damit die Vorstellung vom leeren Raum ablehnte. Diese Lehre wurde insbesondere von René Descartes (1596—1650) und von Gottfried Wilhelm Leibniz (1646—1716) vertreten.

Erst unser Jahrhundert konnte, wie bereits im vorigen Abschnitt bemerkt, beide Auffassungen versöhnen: Das heutige Verständnis des physikalischen Geschehens enthält Elemente beider Theorien.

Gegen Ende des 18. Jahrhunderts war der Atomismus von Gasen, d.h. deren Zusammensetzung aus kleinsten Teilchen, vor allem durch den Einfluß Newtons allgemein akzeptiert, führte jedoch zu keinen Konsequenzen für andere Bereiche der Physik, da unklar blieb, in welcher Beziehung die Atome zueinander stehen. Erst mit der Entwicklung der kinetischen Gastheorie, die neben der bloßen Existenz von Atomen auch deren freie Beweglichkeit und in dieser die alleinige Ursache von Druck und Wärme postulierte, wurde die Atomhypothese für die Physik fruchtbar. Ein früher Ansatz hierzu findet sich bereits 1738 bei Daniel Bernoulli (1700—1782). Dessen Arbeit war der Entwicklung der Physik seiner Zeit jedoch um ein Jahrhundert voraus - sie wurde nicht akzeptiert und geriet in Vergessenheit.

Mit John Dalton (1766—1844), der die Idee Antoine Lavoisiers (1743—1794) aufgriff, daß das Unterscheidungsmerkmal verschiedener Atome ihr Gewicht sei, nahm sich zunächst die Chemie der weiteren Entwicklung an, indem sie postulierte, daß verschiedene Elemente aus verschiedenen Atomen zusammengesetzt seien. Dalton konnte sich damit später rühmen, den Atomismus zu neuem Leben erweckt zu haben. Hinfort war es von vorrangiger Bedeutung, die relativen Atomgewichte der Atome zu bestimmen. Dazu wurden zwei wichtige Sätze formuliert. Zunächst von Dalton

- 1803: das Gesetz der multiplen Proportionen:

  Die Gewichtsverhältnisse zweier sich zu verschiedenen Verbindungen vereinigender Elemente stehen im Verhältnis kleiner ganzer Zahlen.

Dieser Satz über die Umsetzung verschiedener Elemente zu einer Verbindung macht jedoch noch keine Aussage über die Gewichtsverhältnisse der Atome untereinander. Das leistete erst

- 1811: der Satz von Amedeo Avogadro (1776—1856):

  Gleiche Volumina idealer Gase enthalten bei gleichem Druck und gleicher Temperatur gleich viele Moleküle.

Avogadro führte damit den neuen Begriff „Molekül“ oder „Molekel“ ein (neu-lateinisch *molecula* : kleine Masse).

Es ist hiernach vielleicht kein Zufall, daß es ein Chemiker war, nämlich August Karl Krönig (1811—1879), der mit einer Arbeit aus dem Jahre 1856 den Beginn des endgültigen Durchbruchs der kinetischen Gastheorie zur allgemeinen wissenschaftlichen Anerkennung markierte. Zuvor war zwei weiteren Autoren, John Herapath (1790—1868) und James Waterston (1811—1883), mit ihren Arbeiten zur elementaren Begründung dieser Theorie, die sie 1821 bzw. 1846 vorlegten, das gleiche Schicksal beschieden wie Bernoulli: Ihre Arbeiten wurden nicht akzeptiert, blieben unbekannt und damit ohne Folgen für die weitere Entwicklung der Atomtheorie.

Daß Krönig, der kaum über Bernoulli und Herapath hinausging, geschweige denn über Waterston, Anerkennung fand, lag vielleicht an der damaligen Bekanntheit des Autors, vor allem aber wohl an der allgemeinen Änderung des geistigen Klimas. Dazu gehörte einerseits die Überwindung der Wärmestofftheorie, die mit ihrem ausgeklügelten System und den damals überzeugenden Argumenten[1] zuvor jeden Erfolg der kinetischen Theorie verhindert hatte. Andererseits war die Erörterung des Prinzips der Erhaltung der Energie oder der Kraft, wie sie damals noch hieß, vorausgegangen, zu deren namhaftesten Exponenten Julius Robert Mayer (1814—1878), James Prescott Joule (1818—1889) und Hermann von Helmholtz (1821—1894) gehörten.

Zuvor muß noch Sadi Carnot (1796—1824) erwähnt werden, dessen Arbeit über den Kreisprozeß (1824) bereits wesentliche Aussagen des Ersten und des Zweiten Hauptsatzes der Wärmelehre enthält. Das wissenschaftliche und geistige Klima damals wurde auch beeinflußt durch die Verbreitung der Erkenntnis über verschiedene Umwandlungsprozesse, die Analyse der neu entstehenden Wärmemaschinen samt dem zugehörigen Begriff der Arbeit, das Bestreben der Naturphilosophie, alle Naturerscheinungen aus einem Grundprinzip heraus zu erklären, und schließlich auch Newtons Programm der Rückführung aller Phänomene auf die Bewegung und Wechselwirkung der Atome.

Wenn es nun zutraf, daß Wärme, mechanische Arbeit und andere physikalische Erscheinungen das Prinzip Energie gemeinsam hatten, dann lag es bei der damaligen Vorliebe für mechanische Erklärungen nahe, die mechanische Energie als die Grundform anzusehen, und es mußte dann nur konsequent erscheinen, die Wärme als kinetische Energie der Moleküle aufzufassen. Diesen Schritt vollzog noch Joule, als Experimentator verfügte er jedoch nicht über die für eine eigene Formulierung der zugehörigen Theorie erforderlichen Mittel.

Als eigentliche Neubegründer der kinetischen Theorie werden Rudolf Clausius (1822—1888) und James Clerk Maxwell (1831—1879) angesehen, als ihre klassischen Vollender Ludwig Boltzmann (1844—1906) und Josiah Willard Gibbs (1839—1903). Clausius' erste Arbeit zur kinetischen Theorie erschien 1857, und seine Beiträge erstrecken sich über etwa zwanzig Jahre. Seine herausragenden Leistungen sind die Formulierung des Zweiten Hauptsatzes der Thermodynamik (1850), die Einführung des Begriffes der mittleren freien Weglänge (1858) und die Weiterführung der mechanischen Wärmetheorie auf der Grundlage des Begriffes der Entropie (1865). Durch die Einführung der mittleren freien Weglänge gelang es ihm, den Molekülen gewissermaßen physikalische Realität zu verleihen, da sie aufgrund der Wirkungssphäre, die er ihnen zuschrieb, auch untereinander zusammenstoßen konnten und nicht nur mit der Wand des Behälters. Mit

[1] Eines davon lieferte die Wärmestrahlung, die ja etwas transportieren mußte, wenn sie ein materiefreies Vakuum durchqueren konnte.

Hilfe der Theorie der freien Weglänge war es möglich, die Koeffizienten vieler Transportphänomene recht genau vorherzusagen, und es gelang mit ihr auch, Einwände, die gegen die errechneten hohen Geschwindigkeiten der Moleküle erhoben wurden (z.B. die vergleichsweise langsame Ausbreitung von Gerüchen), teilweise zu entkräften. Daß das nicht vollständig gelang, lag daran, daß Clausius keine Möglichkeit zur Größenbestimmung der Wirkungssphären der Moleküle hatte.

Während Clausius seine Resultate aufgrund der Annahme gewisser Mittelwerte, z.B. der Geschwindigkeit der Gasmoleküle und ihrer freien Weglänge, herleitete, suchte und fand Maxwell als erster einen statistischen Zugang zur kinetischen Theorie und schuf so auch die Grundlage der modernen statistischen Mechanik (1859/60). Durch die mathematische Analyse eines Modells praktisch unendlich vieler völlig elastischer Teilchen, die nur durch Stöße miteinander wechselwirken, gelangte er zu der heute nach ihm benannten Geschwindigkeitsverteilung der Moleküle eines Gases. Damit konnte er nicht nur wie andere vor ihm die bekannten Relationen zwischen Druck, Volumen und Temperatur herleiten, sondern auch den Satz von Avogadro beweisen. Er gab eine Erklärung für die innere Reibung der Gase, fand, daß diese unabhängig vom Druck sein müsse und berechnete unter Zuhilfenahme experimenteller Ergebnisse die mittlere freie Weglänge eines Teilchens und damit die Wärmeleitung der Luft, in guter Übereinstimmung mit der Erfahrung.

Maxwell befaßte sich auch mit dem Problem der Verteilung der Energie auf die Freiheitsgrade der Bewegung. Ansätze dazu finden sich erstmals bei Waterston (1845), der die Verteilung der Energie auf die Moleküle unterschiedlichen Gewichts bei Gasgemischen darstellte. Clausius hatte dann gezeigt, daß das Verhältnis der Energie der Translation zu dem der Rotation konstant sein müsse, und Maxwell nun konnte keinen überzeugenden Grund dafür finden, daß diese beiden Anteile nicht gleich sein sollten. Damit aber geriet er in Widerspruch zu experimentellen Befunden über die spezifischen Wärmen und schloß daraus richtig, daß sein Modell vollkommen elastischer Teilchen die Wirklichkeit der Gasmoleküle nur unzureichend beschrieb.

Trotz vieler späterer Versuche blieb dieses Problem der Gleichverteilung der Energie auf die Freiheitsgrade der Bewegung bis zum Aufkommen der Quantenmechanik ungelöst – und dann stellte sich heraus (wie wir in Kapitel 13 über zweiatomige Moleküle zeigen werden), daß es mit den Mitteln der klassischen Physik gar nicht zu lösen war.

Maxwell erkannte, daß Transportphänomene mit dem Konzept der freien Weglänge im allgemeinen nicht befriedigend erklärt werden konnten, und stellte für ihre Behandlung ein System von Transportgleichungen auf (1867). In diese Gleichungen geht die Funktion der Geschwindigkeitsverteilung der Moleküle explizit ein, die damals jedoch nur in der besonderen Form der von Maxwell selbst angegebenen Gleichgewichtsverteilung bekannt war. Die allgemeine Lösung dieses Gleichungssystems wurde erst 1916 von Sydney Chapman (1888—1970) angegeben. Boltzmann formulierte für die Zeitabhängigkeit der Geschwindigkeitsverteilungsfunktion eine Integro-Differential-Gleichung (1872), die der Maxwellschen Formulierung der Transportphänomene äquivalent ist, für die er jedoch ebenfalls keine allgemeine Lösung angeben konnte. Das gelang erst 1917 David Enskog (1884—1947).

Die Maxwell-Boltzmann-Chapman-Enskogsche Theorie ist die Vollendung der klassischen kinetischen Theorie der Gase geringer Dichte, und sie ist in ihren Grundlagen bis heute im wesentlichen unverändert geblieben. Damit reicht die Entwicklung der kinetischen Theorie bis weit in die Enstehungsphase der Quantentheorie hinein, und es ist ihr Verdienst, diese befruchtet zu haben, indem sie bis an die Grenzen ihrer Leistungsfähigkeit ausgeschöpft wurde.

Obwohl der Beitrag der kinetischen Gastheorie zur Anerkennung der Atomhypothese kaum überschätzt werden kann, wurde diese, wie fast alle großen Entwicklungen nicht nur aus einer Quelle gespeist, und es ist ein wesentliches Merkmal der Physik des vorigen Jahrhunderts, daß viele Wissensgebiete zur Entstehung der modernen Atomtherie beitrugen. Das soll im folgenden kurz dargestellt werden, doch zuvor sind noch einige Bemerkungen nachzutragen.

Der Name Boltzmann ist heute vor allem durch den nach ihm benannten *Faktor* $\exp(-E/kT)$ bekannt, der die Wahrscheinlichkeit einer Konfiguration bei der Energie E und mit der Boltzmann-Konstanten k multiplizierten Temperatur T angibt. Er ist die Grundlage für alle Berechnungen der Gleichgewichtseigenschaften materieller Systeme vom molekularen Standpunkt. Boltzmann gewann ihn aus der Verallgemeinerung der Maxwell-Verteilung bei Anwesenheit molekularer Kräfte und äußerer Felder.

Bekannt und für die Entwicklung der Quantentheorie bedeutsam ist ebenfalls das Boltzmannsche Prinzip $S = k \ln W$, das eine Beziehung zwischen der thermodynamischen Größe der Entropie S und dem statistischen Konzept der Wahrscheinlichkeit W herstellt. Ebenfalls von Boltzmann stammt ein Theorem, später H-Theorem genannt, nach dem die Irreversibilität natürlicher Prozesse auf dem Anwachsen der Entropie durch molekulare Stöße beruht, die dazu führen, daß eine beliebige Anfangsverteilung fast sicher in den Gleichgewichtszustand mündet. Die Stefan-Boltzmann-Verteilung der Energiedichte der Hohlraumstrahlung schließlich verknüpft die statistische Thermodynamik mit der Elektrodynamik und war für Max Planck (1858—1947) Anlaß für seine epochale Arbeit über die Quantelung der Energie.

Im Gegensatz zu Boltzmanns Werk blieb das des fast gleichzeitig lebenden Willard Gibbs zu dessen Lebzeiten fast unbemerkt, obwohl es mindestens ebenso bedeutsam ist. Der besondere Wert der Gibbsschen Ensemble-Theorie besteht darin, daß diese Formulierung in gleichem Maß auf die Quantenmechanik angewendet werden kann wie auf die klassische Physik. Gibbs' Bedeutung bis auf den heutigen Tag liegt auch in seinem Beitrag zur Theorie chemischer Gleichgewichte und Reaktionen, der ebenfalls auf seinem statistischen Werk fußt.

Trotz der unbestreitbaren Erfolge der kinetischen Theorie bei der Erklärung und quantitativen Beschreibung vieler Phänomene blieben einige Forscher skeptisch. Zu den namhaftesten unter ihnen gehörten Max Planck und die Positivisten Ernst Mach (1828—1916) und Wilhelm Ostwald (1853—1932). Während Planck einen Widerspruch zwischen der kinetischen Theorie und dem Zweiten Hauptsatz der Wärmelehre entdeckt zu haben glaubte und deswegen seinen Schüler Ernst Zermelo (1871—1953) einen Disput mit Boltzmann austragen ließ, taten Mach und Ostwald die Atome als „Gedankendinge“ ab, denen keine physikalische Realität zukäme.

Die letzten Zweifel an der Richtigkeit der kinetischen Theorie und an der Existenz der Atome und Moleküle wurden erst ausgeräumt, als es mit Hilfe dieser Theorie Albert Einstein (1879—1955), Marian von Smoluchowski (1872—1915) und Jean Baptiste Perrin (1870—1942) gelang, die Brownsche Molekularbewegung zu erklären. Eine statistische Theorie dafür lieferten Einstein und Smoluchowski 1905 bzw. 1906 unabhängig voneinander. Diese Theorie beinhaltet insbesondere, daß die Gleichverteilung der Energie im thermischen Gleichgewicht auch für makroskopische Teilchen gilt. Perrin verifizierte diese Theorie im Jahre 1908 und bestimmte aufgrund vier verschiedener, unabhängiger Messungen die Avogadro-Konstante N_A.

Drei weitere, zunächst unabhängige Entdeckungen trugen ebenfalls zum Erfolg des Atommodells bei. Der erste war, daß Materie auch geladen auftreten kann. Michael Faraday (1791–1867) formulierte dazu

- 1833: das Elektrolytische Äquivalenzgesetz:

  Ein Gramm-Mol Ionen führt eine bestimmte elektrische Ladung

$$F = 96\,484.93(13)\,\mathrm{C} \tag{1.1}$$

  oder ein ganzes Vielfaches davon mit sich. F heißt Faraday-Konstante.

Dieser Satz ist gewissermaßen eine Umkehrung des Gesetzes der multiplen Proportionen und mit der Annahme zu erklären, daß die Materie aus Atomen bzw. Molekülen besteht, von denen jedes als Ion im Elektrolyt ein Elementarquantum der elektrischen Ladung oder ein ganzzahliges Vielfaches davon trägt. Das Äquivalenzgesetz war somit nicht nur ein weiterer experimenteller Befund zur Unterstützung der Atomhypothese, sondern brachte darüberhinaus die Chemie mit den elektrischen Eigenschaften der Materie in Verbindung. Ein eng damit zusammenhängender Erfahrungsbereich erschloß sich der Forschung in der Mitte des 19. Jahrhunderts mit der Untersuchung elektrischer Entladungen in Gasen. Bei derartigen Experimenten stellte erstmals Julius Plücker (1801—1868) fest, daß von den Kathoden der Entladungsröhren eine Art Strahlung ausgeht. So fällt in das Jahr

- 1859: die Entdeckung der Kathodenstrahlung,

die ihren Namen allerdings erst 1876 bekam: Eugen Goldstein (1850—1931) konnte sie hinter der durchbohrten Anode nachweisen und nahm ihren Ursprung daher in der Kathode an.

Goldstein beschrieb auch eine andere Art von Strahlen, die Kanalstrahlen genannt wurden, weil sie durch einen Kanal in der Kathode aus dem Reaktionsvolumen austraten:

- 1886: Entdeckung der Kanalstrahlen.

Es dauerte jedoch bis gegen Ende des Jahrhunderts, bis allgemein akzeptiert war, daß es sich bei beiden Strahlungsarten um Korpuskularstrahlung handelt, wobei die Kathodenstrahlen aus negativ geladenen Teilchen bestehen (so bewiesen 1895 von J.B. Perrin und 1897 von Joseph John Thomson, 1859—1940), die jedes ein Elementarquantum der elektrischen Ladung tragen. Für dieses Elementarquantum wurde 1894 von G. Johnstone Stoney (1826—1911) der Name Elektron (von griechisch $\eta\lambda\epsilon\kappa\tau\rho o\nu$: Bernstein) vorgeschlagen. Die Kanalstrahlen dagegen bestehen aus wesentlich schwereren Teilchen (Ionen), die eine oder mehrere *positive* Elementarladungen tragen.

Ebenfalls bei Untersuchungen von Gasentladungen fanden Philipp Lenard (1862—1947) und Wilhelm Conrad Röntgen (1845—1923) schließlich eine Strahlung, die beim Auftreffen schneller Elekronen auf Glaswände entsteht:

- 1895: Entdeckung der Röntgen-Strahlen.

Daß es sich bei ihr um elektromagnetische Strahlung handelt, wurde jedoch nur von Röntgen erkannt (1895). Die Ergebnisse der Spektroskopie der Röntgenstrahlung hatten eine besondere Bedeutung für den Konsistenzbeweis des Atom-Modells.

Ein besonders wichtiger Zweig experimenteller Forschung wurde von Gustav Robert Kirchhoff (1824—1887) und Robert Wilhelm Bunsen (1811—1899) eröffnet. Sie entdeckten

- 1859: die Spektralanalyse:

  Chemische Elemente und ihre Verbindungen lassen sich eindeutig aus ihren optischen Spektren identifizieren.

Daraus mußte gefolgert werden, daß die elektromagnetischen Spektren das Geheimnis des Atombaues enthalten. Das Ziel der Spektroskopie war es folglich, diese Botschaft zu entschlüsseln.

Mit dieser Einsicht war erneut ein enger Bezug zur Chemie hergestellt. Die Verflechtung mit der Chemie setzte sich fort mit der Aufstellung des Periodensystems der chemischen Elemente durch Dimitri Iwanowitsch Mendelejew (1834—1907) und Julius Lothar Meyer (1830—1895):

- 1869: Periodensystem der chemischen Elemente.

Es erfuhr seine vollständige Erklärung allerdings erst durch die Entwicklung des heutigen Atom-Modells und der Quantenmechanik.

Die intensive experimentelle Erforschung der optischen Spektren in zahlreichen Laboratorien beherrschte in der zweiten Hälfte des 19. Jahrhunderts die physikalische Forschung, wobei die Klassifikation nach spektroskopischen Merkmalen eine große Bedeutung hatte (Walter Ritz, 1878—1909, Johannes Robert Rydberg, 1859—1917, Heinrich

Rubens, 1865—1922, Otto Lummer, 1860—1925, Ernst Pringsheim, 1859—1917). Einen wichtigen ersten Schritt dabei machte Johann Jakob Balmer (1825—1898) mit der nach ihm benannten Formel, die das Spektrum des Wasserstoffatoms zu klassifizieren erlaubte:

- 1885: Balmer-Formel für das Wasserstoffspektrum.

Mit ihr begann der Siegeszug der modernen Atomphysik, der schließlich zur Aufklärung der Atomstruktur führte.

Die exakten Untersuchungen des Spektrums des Hohlraumstrahlers durch Lummer, Pringsheim und Rubens veranlaßten Planck, die Formel für dieses Spektrum herzuleiten. Grundlegend neu war dabei der Gedanke einer Quantelung der Energie:

- 1900: Plancksche Quantenhypothese:

  Der Austausch von Energie zwischen dem elektromagnetischen Strahlungsfeld und der Materie erfolgt in Quanten der Größe $h\nu$ (h: Planck-Konstante, ν: Frequenz).

Antoine Henri Becquerel (1852—1908) trug ein weiteres, für das spätere Atom-Modell Bohrs wesentliches Faktum bei:

- 1896: Entdeckung der Radioaktivität.

Die Radioaktivität wurde als Elementtransmutation erkannt. Obwohl zu jenem Zeitpunkt ihre Ursache nicht bekannt war, stellte sich bald aufgrund der Untersuchungen von Ernest Rutherford (1871—1937) und seiner Mitarbeiter Hans Geiger (1882—1945) und Ernest Marsden (1889—1970) heraus, daß es im Inneren des Atoms einen zentralen Bereich gibt, den Atomkern, der eine positive Ladung und fast die ganze Masse des Atoms trägt:

- 1911: Rutherfords Kernmodell des Atoms:

  Das Atom besteht aus einem positiv geladenen Kern mit einem Radius von etwa 10^{-15} m, in dem fast seine ganze Masse konzentriert ist, und einer Hülle aus Elekronen mit einem Radius von etwa 10^{-10} m.

Eine Synthese aus den vorgenannten Entdeckungen gelang Niels Bohr (1885—1962) mit der Aufstellung seines Atom-Modells:

- 1913: Bohrsche Resultate zum Atom-Modell:

  1. Die Atome existieren in stationären Zuständen mit diskreten Energien E_n. Die Zustände werden nach den Gesetzen der klassischen Mechanik berechnet und durch ganze Zahlen charakterisiert, die Hauptquantenzahlen n. Die klassische Elektrody-

namik hat für sie keine Gültigkeit, d.h. die stationären Zustände sind strahlungslos.
2. Der Übergang von einem stationären Zustand E_n in einen anderen $E_{n'}$, läßt sich klassisch nicht beschreiben; er erfolgt durch Aufnahme oder Abgabe von monochromatischer elektromagnetischer Strahlung in Form eines Photons der Energie

$$h\nu = |E_{n'} - E_n| \,. \tag{1.2}$$

Die Übereinstimmung mit vielen experimentellem Fakten und die intensive theoretische Begründung und Erweiterung des Modells durch Arnold Sommerfeld (1868—1951), stützten die Atomhypothese Bohrs. Die Existenz diskreter Energieniveaus bewiesen James Franck (1882—1964) und Gustav Hertz (1887—1975):

- 1914: Franck-Hertz-Versuch:

Nachweis der Existenz von inneren Atomzuständen diskreter Energie und der Aussendung monochromatischer Strahlung bei Zustandsänderungen.

Die Existenz diskreter (quantisierter) Massen im Atomkern wurde aus den Massenspektren gefolgert, die von Francis William Aston (1877—1945) mit einem Gerät mit gekreuzten elektrischen und magnetischen Feldern gemessen wurden:

- 1911: Parabel-Massenspektrograph von Aston.

Von fundamentaler Bedeutung für die theoretische Behandlung des Atoms war das Postulat Louis de Broglies (1892—1987), daß die als Teilchen klassifizierten Elektronen auch als Welle beschrieben werden können:

- 1924: Postulat des Welle-Teilchen-Dualismus.

Die Entwicklung der Theorie des Atom-Modells verlief zwischen 1920 und 1928 atemberaubend schnell. Erwin Schrödinger (1887—1961) stellte im Rahmen einer Wellenmechanik die nach ihm benannte Gleichung auf, mit der sich die Energieniveaus in Atomen berechnen ließen. Parallel dazu entwickelten Werner Heisenberg (1902—1976) und Pascual Jordan (1902—1980) die Matrizenmechanik, die in der Erkenntnis Max Borns (1862—1970), daß die Wellenfunktion eine Wahrscheinlichkeitsamplitude ist, ihre Krönung fand.

Viele experimentelle Befunde konnten in nur kurzen zeitlichen Abständen theoretisch erklärt werden, und umgekehrt ließen sich theoretische Vorhersagen häufig rasch verifizieren. Walter Gerlach (1889—1979) und Otto Stern (1888—1969) konnten

- 1922: die Quantelung des magnetischen Moments an Silber-Atomstrahlen messen.

Georg Eugen Uhlenbeck (1900—1988) und Samuel Goudsmit (1902—1978) postulierten

- 1925: den Spin des Elektrons:

> Das Elektron hat einen Eigendrehimpuls, genannt Spin, dessen Quadrat den Wert $\hbar^2/4$ hat. Mit dem Spin gekoppelt besitzt das Elektron ein magnetisches Moment.

In Anwendung dieser Eigenschaft der Elektronen formulierte Wolfgang Pauli (1902–1958)

- 1925: das Ausschließungsprinzip:

> Es ist ausgeschlossen, daß in einem Atom sich mehr als ein Elektron in ein und demselben, durch einen vollständigen Satz von Quantenzahlen charakterisierten Zustand befinden.

Dieses Prinzip lieferte die Basis der physikalischen Erklärung des Periodensystems der Elemente. Insbesondere konnten mit der Annahme eines Spins der Elektronen auch die magnetischen (1896) und elektrischen (1913) Aufspaltungseffekte von Spektrallinien erklärt werden, die von Pieter Zeeman (1865—1943) bzw. Johannes Stark (1874—1957) entdeckt worden waren.

Die theoretische Behandlung (1928) atomarer Erscheinungen in einer relativistisch invarianten Theorie durch Paul Adrien Maurice Dirac (1902—1984) legte das Fundament zur weiteren Entwicklung einer Quantentheorie der Felder (Quantenelektrodynamik: QED) und des Konzepts der Antiteilchen. Deren Existenz wurde erstmals von Carl David Anderson (geb. 1905) und Seth Henry Neddermeyer (1907—1988) nachgewiesen. Das positiv geladene Antiteilchen zum Elektron nannte man Positron. Die von Hans Albrecht Bethe (geb. 1906) quantenelektrodynamisch berechneten Effekte, z.B. die Wechselwirkung eines Elektrons mit seinem eigenen Strahlungsfeld, die zu einer Verschiebung atomarer Energieniveaus führen, wurde 1947 von Willis Eugene Lamb (geb. 1913) experimentell gefunden. Weitere Strahlungseinflüsse können in äußerst genauen Messungen des magnetischen Moments des Elektrons nachgewiesen werden. Die wesentlichen Fortschritte der Quantenelektrodynamik wurden durch die Arbeiten von Richard Phillips Feynman (1918—1988), Julian Seymour Schwinger (geb. 1918) und Shinitiro Tomonaga (1906—1979) erzielt.

Eine neue Entwicklungslinie der Atomphysik setzte mit der Entdeckung des Laserprinzips (1960) durch Charles Hard Townes (geb. 1915) ein. Mit dem stark kohärenten Laser-Licht ließ sich die atomare Spektroskopie zu extrem hohen Auflösungen erweitern, wie Artur Schawlow (geb. 1921) und Niklaas Bloembergen (geb. 1921) zeigten.

Die Formulierung eines in sich geschlossenen Bildes des Atoms auf der Basis von Quantenmechanik und elektromagnetischer Wechselwirkung erlaubte auch die umfassende Erklärung von Phänomenen in den der Physik benachbarten Disziplinen wie Chemie, Biologie und Mineralogie. So konnte Walter Kossel (1888—1956) bereits 1916 die hetero- und homöopolaren Bindungstypen in Molekülen unterscheiden. Aufgrund der Vorstellung von James Franck, daß die Elektronenbewegung im Molekül von der Kernbewegung getrennt werden kann, konnte er zusammen mit Edward Uhler Condon (1902—1974) Ordnung in die Molekülspektren bringen. In den Arbeiten von Gerhard Herzberg (geb. 1904), Robert Sanderson Mulliken (1896—1986) und Linus Carl Pauling (geb. 1901) wurde die chemische Bindung quantenmechanisch fundiert.

Auf diesem konsistenten physikalischen Bild konnten die Physiker, die sich mit anderen Bereichen wie Festkörperphysik, Kernphysik, Elementarteilchenphysik beschäftigen, aufbauen.

2 Atome als Elemente großer Gesamtheiten

Es ist ein charakteristisches Merkmal der atomaren und der subatomaren Physik, daß in ihren Bereichen ein Zustand als völlig bestimmt gilt, wenn für alle gleichzeitig meßbaren Größen die relativen Wahrscheinlichkeiten aller *möglichen* Werte, d.h. aller Werte, die diese Größen überhaupt annehmen können, bekannt sind. Dagegen verlangt die klassische Physik für die Definition eines Zustandes die Angabe der *tatsächlichen* Werte aller gleichzeitig meßbaren Größen. Die atomphysikalische Definition umfaßt hiernach die klassische, denn sie ist dann mit ihr identisch, wenn für jede Größe ein einziger Wert mit Gewißheit bekannt ist.

Der Begriff der Wahrscheinlichkeit eines Wertes impliziert, daß nicht individuelle Gegenstände oder Beobachtungen Objekte der Untersuchung sind, sondern gewisse Mengen oder Gesamtheiten, über die in geeigneter Weise gemittelt wird. Das kommt in der Bezeichnung „Mittelwert" deutlich zum Ausdruck; ein Mittelwert ergibt sich dann, wenn alle möglichen (d.h. in Betracht kommenden) Werte nach ihrer Wahrscheinlichkeit gewichtet und dann addiert werden.

Weil in der Atomphysik ein Zustand im allgemeinen nur mit Hilfe von Wahrscheinlichkeiten definiert werden kann, ist es wichtig, sich klarzumachen, daß, wenn z.B. von einer bestimmten Messung am Wasserstoffatom die Rede ist, dieser Aussage immer eine Vielzahl von Einzelbeobachtungen zugrunde liegt. Sowohl wegen der hierauf beruhenden zentralen Bedeutung des Begriffs der Wahrscheinlichkeit für die Atomphysik als auch zur Illustration der Mächtigkeit des aus der kinetischen Theorie hervorgegangenen Instruments der statistischen Physik wollen wir uns in diesem Kapitel mit einigen Anwendungen ihrer Methoden befassen. Beginnend mit einem einfachen Modell der Gaskinetik, gelangen wir über eine knappe Darstellung einiger allgemeiner statistischer Aussagen und Begriffe sowie deren Anwendung auf die Herleitung der Maxwell-Boltzmann-Verteilung schließlich zur Statistik eines Photonengases.

2.1 Gaskinetik

Ein einfaches, gut auf Gase geringer Dichte und hoher Temperatur anwendbares Modell der kinetischen Gastheorie geht von folgenden Annahmen aus:

1. In einem Volumen V befindet sich eine sehr große Anzahl N gleicher Moleküle der Masse m in völlig regelloser Bewegung.

2. Die Ausdehnung der Moleküle ist sehr klein gegen ihre mittlere Entfernung voneinander.

3. Die Moleküle stoßen vollkommen elastisch miteinander und mit den Gefäßwänden, wobei die Dauer der Stöße gegen die Dauer des freien Fluges vernachlässigbar ist. Darüber hinaus üben die Moleküle keine Wechselwirkung aufeinander aus.

4. Wärme ist Bewegungsenergie der Moleküle.

Mit Hilfe dieser Annahmen und unter der Voraussetzung, daß wir nur Translationsbewegungen der Gasmoleküle betrachten, läßt sich folgende Beziehung zwischen den makroskopischen Größen Druck p und Volumen V des Gases sowie der mittleren kinetischen Energie $\langle\varepsilon_{\mathrm{k}}\rangle = \langle mv^2\rangle/2$ jedes der N Gasmoleküle herleiten (siehe Anhang A.1):

$$pV = \frac{2}{3}N\langle\varepsilon_{\mathrm{k}}\rangle\,. \tag{2.1}$$

Dieser Beziehung stellen wir die durch Extrapolation aus der thermodynamischen Empirie gewonnene Zustandsgleichung idealer Gase

$$pV = \nu RT \tag{2.2}$$

gegenüber, wobei ν ein dimensionsloses Maß für die Stoffmenge des Gases ist, R die allgemeine Gaskonstante und T die absolute Temperatur des Gases. Durch Vergleich erhalten wir aus diesen beiden Beziehungen

$$\langle\varepsilon_{\mathrm{k}}\rangle = \frac{3}{2}\frac{\nu}{N}RT\,. \tag{2.3}$$

Da sowohl ν als auch N ein Maß für die Menge des Gases ist, müssen beide durch eine universelle Konstante miteinander verbunden sein:

$$N = \nu N_{\mathrm{A}}\,. \tag{2.4}$$

N_{A} ist die sogenannte *Avogadro-Konstante*. Mit ihr erhält Gl. (2.3) die Gestalt

$$\langle\varepsilon_{\mathrm{k}}\rangle = \frac{3}{2}\frac{R}{N_{\mathrm{A}}}T\,. \tag{2.5}$$

Das Maß ν für die Gasmenge in Gl. (2.2) ist zwar willkürlich, aber fest. Seine Definition beeinflußt unmittelbar den Zahlenwert der Gaskonstanten R und über Gl. (2.4) auch den der Avogadro-Konstanten N_A. Dagegen ergibt sich aus Gl. (2.5), daß der Quotient

$$k = R/N_{\mathrm{A}} \tag{2.6}$$

eine von unserer Definition des Maßes ν unabhängige Naturkonstante ist, die Boltzmann-Konstante

$$k = 1.380\,658\,(12) \cdot 10^{-23}\ \mathrm{J\ K^{-1}}\,, \tag{2.7}$$

durch welche die thermodynamische Temperatur mit der kinetischen Energie der Moleküle verknüpft wird. Mit (2.4) und (2.6) lautet die Gleichung (2.2)

$$pV = NkT$$

und liefert damit den Beweis des Avogadroschen Satzes, daß gleiche Volumina idealer Gase bei gleichem Druck und gleicher Temperatur gleich viele Moleküle bzw. Atome enthalten. Die heutige gültige Einheit der Stoffmenge ν ist das Mol:

> Ein Mol (mol) ist diejenige Menge eines beliebigen Stoffes, die ebenso viele Teilchen enthält, wie Atome in 12 g Kohlenstoff des Isotops ^{12}C vorhanden sind (zum Begriff des Isotops siehe Kapitel 3).

Aus dieser Definition ergibt sich für die Avogadro-Konstante der Wert

$$N_{\mathrm{A}} = 6.022\,136\,7(36) \cdot 10^{23}\ \mathrm{mol^{-1}}\,. \tag{2.8}$$

Aus Gl. (2.5) folgt mit (2.6):

$$\langle \varepsilon_{\mathrm{k}} \rangle = \frac{3}{2} kT\,. \tag{2.9}$$

Diese Gleichung bedeutet, daß die mittlere kinetische Energie eines Moleküls eines idealen Gases – und damit auch eines verdünnten realen Gases – nur von der Temperatur abhängt.

Im Anhang A.1 wird gezeigt, daß diese Energie zu gleichen Teilen auf die drei Freiheitsgrade der Translation entfällt. Dies ist eine Teilaussage des Gleichverteilungssatzes, der in vollem Umfang wie folgt lautet:

> Im Gleichgewicht entfällt auf jeden Freiheitsgrad, dessen kinetische Energie eine quadratische Form der Geschwindigkeit ist, der Energiebetrag $kT/2$. Das gleiche gilt für die potentielle Energie, wenn sie eine quadratische Form des Ortes ist.

Der Gleichverteilungssatz folgt unmittelbar aus der im Unterkapitel 2.3 behandelten Maxwell-Boltzmann-Verteilung für klassische Teilchen, wie dort gezeigt wird. Wir werden bei der Behandlung der Hohlraumstrahlung auf diesen Satz zurückkommen und dann später im Kapitel 13 bei der Behandlung zweiatomiger Moleküle näher auf ihn eingehen, dort auch seine Grenzen aufzeigen.

Die Gleichung (2.9), die, wie wir gesehen haben, unmittelbar aus der modellbedingten Beziehung (2.1) und aus der experimentellen Formel (2.2) folgt, läßt nicht nur auf den für die Theorie bedeutsamen Gleichverteilungssatz schließen, sondern erlaubt z.B. auch die Berechnung der mittleren quadratischen Geschwindigkeit eines Gasmoleküls, wenn dessen Masse bekannt ist. Für das Molekül H_2 erhalten wir so z.B. $\langle v^2 \rangle^{1/2} = 1.9 \cdot 10^3$ m/s – ein Wert, der um etwa zehn Prozent über der Durchschnittsgeschwindigkeit $\langle v \rangle$ liegt (vgl. Anhang Gln. (A.16) und (A.17)).

Als weiteres Beispiel für die Folgerungen, die unser Modell erlaubt, berechnen wir noch die spezifische Wärme c eines einatomigen Gases, dessen einzige Freiheitsgrade die der Translation sind (bei mehratomigen Gasen muß man außerdem die Freiheitsgrade der Schwingung und der Rotation berücksichtigen).

Die spezifische Wärme ist definiert als die Wärmemenge Q, die benötigt wird, um die Temperatur der Einheitsmasse einer Substanz um eine Einheit zu erhöhen, also

$$c = \mathrm{d}Q/\mathrm{d}T \,. \tag{2.10}$$

Nach dem ersten Hauptsatz der Thermodynamik ist in einem reversiblen Prozeß

$$\mathrm{d}Q = \mathrm{d}U + p \cdot \mathrm{d}V \,, \tag{2.11}$$

wobei in unserem Modell die innere Energie U nur die Summe der kinetischen Energien der Moleküle bzw. Atome ist.

In der Thermodynamik werden für ein Gas bekanntlich zwei verschiedene spezifische Wärmen definiert, nämlich die bei konstantem Volumen, C_V, und die bei konstantem Druck, C_p. Wir wollen diese Werte jetzt auf ein Mol des Gases beziehen, also die molare Wärme angeben, und schreiben sie daher mit großen Buchstaben. Aus den Gln. (2.10) und (2.11) erhalten wir somit

$$C_V = \left(\frac{\partial U}{\partial T}\right)_V \tag{2.12}$$

und

$$C_p = \left(\frac{\partial U}{\partial T}\right)_p + p\left(\frac{\partial V}{\partial T}\right)_p \,. \tag{2.13}$$

Da die innere Energie unseres Gases nach Gl. (2.9) weder von V noch von p abhängt, ist $(\partial U/\partial T)_V = (\partial U/\partial T)_p$ und daher

$$C_p - C_V = R \,, \tag{2.14}$$

wobei wir die Gl. (2.2) für $\nu = 1$ verwendet haben. Nach Gl. (2.9) ist die innere Energie eines einmolaren Gases

$$U = \frac{3}{2} N_{\mathrm{A}} kT$$

und somit für kleine Änderungen

$$\delta U = \frac{3}{2} N_\mathrm{A} k \, \delta T$$

oder

$$C_V = \frac{\mathrm{d}U}{\mathrm{d}T} = \frac{3}{2} R \,. \tag{2.15}$$

Bei der Herleitung dieser Gleichung haben wir stillschweigend vorausgesetzt, daß es möglich ist, dem Gas Wärme zuzuführen. Das heißt, wir lassen eine schwache Wechselwirkung mit den Gefäßwänden zu, ohne daß zwischen den Atomen (Molekülen) Kräfte wirken. Außerdem haben wir Gl. (2.6) verwendet. Mit Gl. (2.14) erhalten wir nun

$$C_p = \frac{5}{2} R$$

und

$$C_p / C_V = 5/3$$

– ein Wert, der für einatomige Gase, also z.B. für die Edelgase, fast exakt gilt. Die Erörterung der spezifischen Wärme von Gasen, die aus zwei- oder mehratomigen Molekülen bestehen, also aus Teilchen mit inneren Freiheitsgraden (Schwingungen, Rotationen), wollen wir hier vorerst zurückstellen. Wir werden darauf, wie bereits angedeutet, in Kapitel 13 zurückkommen.

2.2 Elemente der statistischen Physik

Für die allgemeine Anerkennung der Hypothese vom atomaren Aufbau der Materie durch die exakte Wissenschaft war es von großer Bedeutung, daß makroskopische Größen aus mikroskopischen Eigenschaften eines aus sehr vielen Teilchen bestehenden Systems abgeleitet werden können (vgl. Unterkapitel 1.2). Einen ersten Schritt in diese Richtung bedeutete die elementare kinetische Theorie der Gase, von deren wichtigen Konsequenzen wir einige im vorigen Abschnitt vorgestellt haben.

Das Gasmodell des vorigen Abschnitts hat allerdings einen erheblichen Mangel: Es liefert keine Vorschrift für die Berechnung der mittleren kinetischen Energie $\langle \varepsilon_k \rangle$ der Gasmoleküle. Dafür wäre einerseits die genaue Kenntnis der Eigenschaften der Moleküle und der Art ihrer Wechselwirkung untereinander und gegebenfalls mit den Gefäßwänden nötig, andererseits aber ist klar, daß es die ungeheuer große Zahl von Molekülen selbst in der kleinsten wägbaren Stoffmenge (siehe Gl. (2.8)) nicht erlauben würde, die Bewegung eines einzelnen Moleküls zu verfolgen. Es stellt sich daher die Frage, ob es trotzdem eine Möglichkeit gibt, von mikroskopischen Eigenschaften der Moleküle (tatsächlichen oder postulierten) auf makroskopisch meßbare Größen zu schließen. Die Antwort hierauf liefern die Methoden der statistischen Physik.

Zentrale Begriffe für deren Aussagen sind der *Zustand* eines Systems, die *Wahrscheinlichkeit* und die *Messung*. Sie sind in dem bereits eingangs des Kapitels gegebenen Fundamentalsatz zusammengefaßt, der so allgemein formuliert ist, daß er auch für die Quantenstatistik gilt:

> Ein Zustand eines Systems ist definiert durch die Wahrscheinlichkeiten der möglichen Ergebnisse der Messungen, die zu einem gegebenen Zeitpunkt an diesem System durchgeführt werden können.

Der mechanische Zustand einer klassischen Punktmasse zu einem bestimmten Zeitpunkt ist bekanntlich gegeben durch deren Ort $\boldsymbol{x}$ und Impuls $\boldsymbol{p}$. Fassen wir die drei Ortskoordinaten x_i und die drei Impulskomponenten p_i als kartesische Koordinaten eines Punktes in einem sechsdimensionalen Raum, dem sogenannten μ-Raum (μ für Molekül) auf, dann können wir sagen: Der mechanische Zustand einer Punktmasse ist definiert durch die Angabe eines Punktes im μ-Raum. Eine erweiterte Beschreibung faßt die $3N$ Ortskoordinaten und die $3N$ Impulskomponenten von N Teilchen als Koordinaten eines einzigen Punktes im sogenannten γ-Raum auf (γ für Gas), und der *Mikrozustand eines Gases* ist folglich definiert durch Angabe eines Punktes im γ-Raum[1].

Da die mechanischen Eigenschaften eines Systems durch die Angabe eines Punktes im γ-Raum exakt bestimmt sind, ist es Ziel und Zweck der statistischen Mechanik, die Wahrscheinlichkeit bzw. Wahrscheinlichkeitsdichte dafür zu berechnen, daß das System an einem bestimmten Punkt des γ-Raums gefunden wird. Dabei wird postuliert, daß all jene Punkte (Mikrozustände) eines isolierten Systems die gleiche Wahrscheinlichkeitsdichte haben, die mit den spezifizierten Werten vom Volumen V, der Gesamtenergie E und Anzahl N der Teilchen konsistent sind (a-priori-Wahrscheinlichkeit).

Der makroskopische Gleichgewichtszustand eines solchen Systems, unter sonst gleichen Bedingungen, ist der Zustand mit der größten Wahrscheinlichkeit, und diesem Zustand entsprechen wohldefinierte Meßwerte der makroskopischen Größen Druck P, Temperatur T und chemisches Potential μ pro Molekül, weswegen dieser Zustand auch *Makrozustand* heißt.

Nach dem Fundamentalsatz und den darauf folgenden Bemerkungen ist klar, daß die Gleichgewichtswerte der makroskopischen Zustandsgrößen eines Gases eigentlich Mittelwerte sind, welche mit einer bestimmten Wahrscheinlichkeit, die sehr nahe bei Eins liegt, gemessen werden. Nennenswerte Abweichungen von diesen Mittelwerten, d.h. solche, die größer sind als die Meßfehler, sind für große Teilchenmengen jedoch äußerst unwahrscheinlich. Eine Faustregel sagt, daß bereits relative Fluktuationen der Größenordnung $10/N^{1/2}$ – für ein Mol oder Kubikzentimeter einer Substanz eine sehr kleine Zahl – eine vernachlässigbare Wahrscheinlichkeit haben. Fluktuationen sind aber z.B. die Grundlage der Theorie der Brownschen Bewegung (siehe Unterkapitel 2.4).

[1]Die Bezeichnungen μ-Raum und γ-Raum stammen von Paul (1880—1933) und Tatjana Ehrenfest 1912.

Nach dieser Skizzierung der Problemstellung der statistischen Mechanik wenden wir uns einigen spezielleren, formalen Aspekten zu, und dabei zunächst dem Problem des Zusammenhangs zwischen Wahrscheinlichkeit und Meßwert.

Wir betrachten dazu ein quaderförmiges Volumen, dessen Kanten parallel zu den Achsen eines kartesischen Koordinatensystems verlaufen mögen und das N Moleküle eines Gases enthält. Als Antwort auf die Frage, wieviele Moleküle dieses Gases zu einem bestimmten Zeitpunkt auf ein Intervall der Länge Δx an der Stelle x der x-Achse entfallen, muß sich eine ganze Zahl ergeben, wenn wir uns die Moleküle als diskrete Massenpunkte vorstellen. Um die Wahrscheinlichkeit w_x dafür zu erhalten, ein Molekül in diesem Intervall vorzufinden, müssen wir sehr viele (im Prinzip unendlich viele) entsprechende Zählungen vornehmen, den Mittelwert $\langle N_x(\Delta x)\rangle$ daraus bilden und diesen durch die Gesamtzahl N der Moleküle teilen:

$$w_x = \langle N_x(\Delta x)\rangle / N\,.$$

Beziehen wir diese Wahrscheinlichkeit auf das Intervall Δx und bilden dann den Grenzwert für $\Delta x \to 0$, so erhalten wir die auf die x-Koordinate bezogene Wahrscheinlichkeitsdichte $w(x)$ der Moleküle:

$$w(x) = \lim_{\Delta x \to 0} \frac{\langle N_x\rangle / N}{\Delta x}\,. \tag{2.16}$$

Aus dieser Definition folgt, daß das Integral $\int w(x)\mathrm{d}x$ der Wahrscheinlichkeitsdichte, über alle zulässigen x-Werte erstreckt, den Wert Eins haben muß, was mit anderen Worten heißt, daß die Teilchen mit Sicherheit in dem zugelassenen Bereich angetroffen werden. Handelt es sich bei unserem Gas um eines ohne innere Wechselwirkung (ideales Gas), dann ist es für den Wert der oben definierten Wahrscheinlichkeiten unerheblich, ob wir N Stichproben machen, wenn das Volumen nur ein Molekül enthält, oder nur eine Stichprobe, wenn es N Moleküle enthält. Ein wesentlicher Unterschied ergibt sich in den beiden Fällen aber für die mittlere Abweichung einer Stichprobe (Zählung) vom Mittelwert $\langle N_x\rangle$. Während diese im ersten Fall sehr groß ist (100 Prozent beispielsweise für das Antreffen eines Teilchens in der Hälfte $I/2$ eines zugelassenen Intervalls I bei über x homogener Wahrscheinlichkeit und $w_{I/2} = 1/2$), ist sie im zweiten Fall bei genügend großem N sehr klein und geht für $N \to \infty$ gegen Null (im vorgenannten Beispiel ist die relative mittlere Abweichung $1/\sqrt{N}$). Dies ist die Aussage des Gesetzes der großen Zahlen. Wir kommen weiter unten auf die Abweichung vom Mittelwert zurück und werden dort auch ein Maß dafür angeben.

Wir stellen uns nun vor, daß eine Variable V von den x-Koordinaten unserer Teilchen abhängt, also $V = V(x)$, und wollen herausfinden, welchen Wert diese Variable annimmt, wenn wir eine entsprechende Messung an dem ganzen Teilchensystem vornehmen. Die Wahrscheinlichkeit dafür, den Wert $V(x)$ zu messen, ist gleich der Wahrscheinlichkeit, ein Teilchen im Intervall $\mathrm{d}x$ um x zu finden, also gleich $w(x)\mathrm{d}x$, und folglich ist der Wert, den wir für V in dem ganzen Volumen messen, gleich dem Integral der mit der jeweiligen Wahrscheinlichkeit gewichteten Variablen über den ganzen zulässigen Bereich:

$$\langle V\rangle = \int V(x)w(x)\mathrm{d}x\,. \tag{2.17}$$

Dieser Wert heißt Mittelwert oder Erwartungswert der Variablen V, und von seiner Art sind alle auf ein Gasvolumen anwendbaren makroskopischen Meßgrößen.

Wir gehen im weiteren ohne nähere Erörterung davon aus, daß das Konzept der Wahrscheinlichkeitsdichte wegen der großen Zahl der vorhandenen Teilchen normalerweise sinnvoll auf die Definition makroskopischer Messungen an unseren Teilchenmodellen angewendet werden kann, wollen jedoch anmerken, daß das nicht selbstverständlich ist und auch nicht immer gilt. Wesentlich dafür ist die Fähigkeit der Meßapparatur, Mittelwerte zu bilden.

Da die x-Koordinate selbst eine Variable ist, gilt für sie natürlich auch die Definition (2.17), und ihr Mittelwert für die Orte aller Teilchen ist

$$\langle x\rangle = \int x w(x)\mathrm{d}x\,.$$

Als Maß für die Streuung um den Mittelwert $\langle V\rangle$ einer Variablen V führen wir die Standardabweichung σ ein, die wie folgt definiert ist:

$$\begin{aligned}\sigma^2(V) &= \int(\langle V\rangle - V)^2 w(x)\mathrm{d}x \\ &= \int(\langle V\rangle^2 - 2\langle V\rangle V + V^2)w(x)\mathrm{d}x \\ &= \langle V^2\rangle - \langle V\rangle^2\,. \end{aligned} \tag{2.18}$$

Dabei wird auf jeden Summanden der zweiten Zeile die Definition (2.17) angewendet. Der Vollständigkeit halber erwähnen wir noch, daß der Mittelwert auch für den Fall definiert werden kann, daß eine Verteilung nicht auf Eins normiert ist, also

$$\int w(x)\mathrm{d}x \neq 1\,.$$

Dann gilt statt (2.17) die Definition

$$\langle V\rangle = \frac{\int V(x)w(x)\mathrm{d}x}{\int w(x)\mathrm{d}x}\,, \tag{2.19}$$

mit der gleichen Übereinkunft bezüglich des Integrationsbereichs.

Die hiermit eingeführten Formeln und Begriffe lassen sich ohne weiteres auf zwei oder mehr unabhängige Veränderliche ausdehnen. So erhalten wir z.B. für den Mittelwert $\langle Q\rangle$ einer Größe Q, die von den voneinander unabhängigen Veränderlichen $\alpha, \beta, \ldots, \omega$ abhängt, über einer nicht-normierten Dichtefunktion ϱ, die von denselben Veränderlichen abhängt, folgende Formel:

$$\langle Q\rangle = \frac{\int \mathrm{d}\alpha \int \mathrm{d}\beta \int \cdots \int \mathrm{d}\omega Q(\alpha,\beta,\cdots,\omega)\varrho(\alpha,\beta,\cdots,\omega)}{\int \mathrm{d}\alpha \int \mathrm{d}\beta \int \cdots \int \mathrm{d}\omega \varrho(\alpha,\beta,\cdots,\omega)}\,.$$

Zum Schluß dieser knappen Darstellung einiger Elemente der statistischen Physik zeigen wir noch, wie sich eine Dichtefunktion bei einer Koordinatentransformation ändert. Wir werden das gleich im nächsten Unterkapitel und später bei der Berechnung der Aufenthaltswahrscheinlichkeit des Elektrons im Wasserstoffatom benötigen. Als Beispiel soll uns der Übergang von kartesischen zu Polarkoordinaten dienen.

Nehmen wir also an, es sei eine Verteilung $w(x, y, z)dxdydz$ über den kartesischen Koordinaten gegeben, und wir wollen wissen, wie die gleiche Verteilung über den Polarkoordinaten r, ϑ, φ aussieht. Dazu müssen wir sowohl die Argumente der Dichtefunktion w als auch das Volumenelement $dxdydz$ in Polarkoordinaten ausdrücken:

$$w(x, y, z)\mathrm{d}x\mathrm{d}y\mathrm{d}z = w[x(r, \vartheta, \varphi), y(r, \vartheta, \varphi), z(r, \vartheta, \varphi)]r^2 \sin\vartheta \mathrm{d}r\mathrm{d}\vartheta\mathrm{d}\varphi\,.$$

Damit erhalten wir als Dichte über den Polarkoordinaten die Funktion

$$v(r, \vartheta, \varphi) = w(x, y, z)r^2 \sin\vartheta\,.$$

Hängt – um ein weiteres Beispiel zu nennen – eine Geschwindigkeitsverteilung $F(v_x, v_y, v_z)\mathrm{d}v_x\mathrm{d}v_y\mathrm{d}v_z$ nur vom Betrag v der Geschwindigkeit $\boldsymbol{v}$ ab, so reicht es, Verteilungsfunktionen $g(v)$ oder $f(E_\mathrm{k})$ anzugeben, mit $g(v)\mathrm{d}v = f(E_\mathrm{k})\mathrm{d}E_\mathrm{k}$, wobei $E_\mathrm{k} = mv^2/2$ die kinetische Energie ist[1]. Den Zusammenhang mit der Verteilungsfunktion $F(\boldsymbol{v})$ über den Geschwindigkeitskomponenten erhalten wir wie folgt: $g(v)\mathrm{d}v$ kann durch Integration von $F(\boldsymbol{v})\mathrm{d}^3\boldsymbol{v}$ über eine Kugelschale vom Radius v im Geschwindigkeitsraum gewonnen werden, deren Fläche $4\pi v^2$ ist. In Polarkoordinaten gilt, wie wir oben gezeigt haben,

$$F(\boldsymbol{v})\mathrm{d}^3\boldsymbol{v} = F(\boldsymbol{v})v^2 \sin\vartheta_v \mathrm{d}v\mathrm{d}\vartheta_v\varphi_v$$

und daher

$$g(v)\mathrm{d}v = v^2\mathrm{d}v \int_0^{2\pi} \mathrm{d}\varphi_v \int_0^{\pi} \mathrm{d}\vartheta_v F(\boldsymbol{v}) \sin\vartheta_v\,,$$

und wenn die Funktion F nur von $v = |\boldsymbol{v}|$, also nicht von ϑ_v undφ_v abhängt, dann gilt

$$g(v)\mathrm{d}v = 4\pi v^2 F(v)\mathrm{d}v\,. \tag{2.20}$$

Aus $E_\mathrm{k} = mv^2/2$ folgt ferner $\mathrm{d}E_\mathrm{k} = mv\mathrm{d}v$ und somit $\mathrm{d}E_\mathrm{k} = \mathrm{d}v(2mE_\mathrm{k})^{1/2}$. Mit dieser Beziehung erhalten wir aus (2.20) für $f(E_\mathrm{k})\mathrm{d}E_\mathrm{k}$ die Zahl der Moleküle je Volumeneinheit mit einer kinetischen Energie zwischen E_k und $E_\mathrm{k} + \mathrm{d}E_\mathrm{k}$:

$$\begin{aligned} f(E_\mathrm{k})\mathrm{d}E_\mathrm{k} &= g(v)\mathrm{d}v = \frac{g(v)}{\sqrt{2mE_\mathrm{k}}}\mathrm{d}E_\mathrm{k} \\ &= \frac{4\pi v^2}{\sqrt{2mE_\mathrm{k}}}F(v)\mathrm{d}E_\mathrm{k} \\ &= 4\pi\sqrt{2E_\mathrm{k}/m^3}\,F(\sqrt{2E_\mathrm{k}/m})\mathrm{d}E_\mathrm{k}\,. \end{aligned} \tag{2.21}$$

2.3 Die Maxwell-Boltzmann-Verteilung

Bei kritischer Durchsicht des Unterkapitels 2.1 und des Anhangs A.1 können wir feststellen, daß sich alle Resultate, die wir bislang aus unserem Gasmodell abgeleitet haben,

[1] Abweichend von unserer Terminologie, in der wir die Bezeichnungen „Verteilung“ und „Dichte“ synonym verwenden, wird in der Wahrscheinlichkeitstheorie das Integral vom niedrigsten Wert einer Zufallsgröße x bis zu einer bestimmten Obergrenze ξ über eine Wahrscheinlichkeitsdichte $\omega(x)$ als Verteilungsfunktion bezeichnet, also z.B. $W(\xi) = \int_{-\infty}^{\xi} \omega(x)\mathrm{d}x$.

auch gewinnen lassen, wenn wir annehmen, daß sich alle Moleküle mit dem gleichen Geschwindigkeitsbetrag bewegen.

Ein solches Modell würde jedoch zu sehr von der Wirklichkeit abweichen, es wäre noch nicht einmal mit der Zustandsgleichung (2.2) für ideale Gase konsistent. Dies folgt bereits aus der barometrischen Höhenformel für eine isotherme Atmosphäre,

$$n(z) = n_0 \mathrm{e}^{-mgz/kT} , \tag{2.22}$$

deren Formulierung auf Laplace[1] zurückgeht. Dabei bedeuten z die Höhe, $n(z)$ und n_0 die Teilchenzahldichte in der Höhe z bzw. am Nullpunkt, m die Masse eines Moleküls, g die Fallbeschleunigung im Erdfeld, k die Boltzmann-Konstante und T die absolute Temperatur. Man gewinnt diese Formel durch Integration des Ansatzes $\mathrm{d}p = -\varrho g \mathrm{d}z$ für den hydrostatischen Druck der Luft, unter Zuhilfenahme der Gasgleichung (2.2) sowie der aus dieser abgeleiteten Beziehung $\varrho = mp/kT$ für das spezifische Gewicht ϱ der Luft. Bei Annahme einer einheitlichen Vertikalgeschwindigkeit v_0 aller Moleküle würden diese eine Höhe von

$$z = v_0^2/2g \tag{2.23}$$

erreichen, was eine scharfe obere Grenze unserer Atmosphäre zur Folge hätte. Dies steht aber im Widerspruch zur Realität und zu der in sich schlüssigen Theorie für ein isothermes ideales Gas, dessen Dichte mit zunehmender Höhe asymptotisch gegen Null geht, wie das die Formel (2.22) ausdrückt. Dabei ist es unerheblich, daß die Erdatmosphäre in Wirklichkeit nicht isotherm ist.

Wir sehen uns infolgedessen gezwungen, für die Gasmoleküle eine Verteilung $f(v_z)\mathrm{d}v_z$ der vertikalen Geschwindigkeitskomponente anzunehmen, entsprechend der regellosen Bewegung in der Formulierung unseres Gasmodells. Ob die Moleküle dabei untereinander zusammenstoßen oder nicht, kann hier offenbleiben.

Unter Zugrundelegung dieser Geschwindigkeitsverteilung ist die Flußdichte der Moleküle mit einer *positiven* Vertikalgeschwindigkeit zwischen v_z und $v_z + \mathrm{d}v_z$ in der Höhe $z = 0$:

$$\mathrm{d}\varphi = (n_0/2) v_z f(v_z) \mathrm{d}v_z , \tag{2.24}$$

wobei durch den Faktor 1/2 berücksichtigt wird, daß ebenso viele Teilchen eine umgekehrte Geschwindigkeitskomponente haben, d.h. daß die Verteilungsfunktion $f(v_z)$ symmetrisch ist. Weil die Moleküle mit der Geschwindigkeit v_z nach Gl. (2.23) nur eine Höhe von

$$z = v_z^2/2g \tag{2.25}$$

erreichen, entspricht die Flußdichte (2.24) am Boden genau der Abnahme der Flußdichte zwischen den Höhen z und $z + \mathrm{d}z$. Diese beträgt $-\langle v_z \rangle (1/2) n'(z) \mathrm{d}z$. Dabei ist n' die Ableitung der Funktion (2.22) nach ihrem Argument, und $\langle v_z \rangle$ ist die mittlere *positive* Vertikalgeschwindigkeit der Moleküle, die nach dem Gleichverteilungssatz überall gleich

[1] Pierre Simon de Laplace (1749—1827)

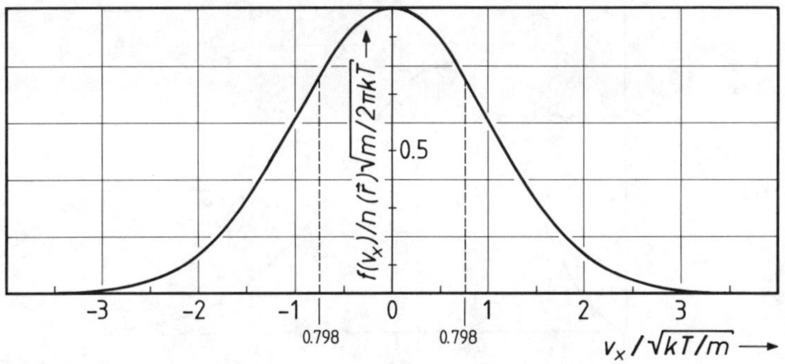

Bild 2.1 Maxwell-Verteilung, Gl. (2.27), für die x-Komponente der Geschwindigkeit. Die Standardabweichung vom Mittelwert $\langle v_x \rangle = 0$ ist wegen Gl. (A.14) $\sqrt{kT/m}$. Die gestrichelten Linien geben die Lage des Mittelwertes des Absolutbetrags, Gl. (A.13), an.

sein muß, da wir ja von einer isothermen Atmosphäre ausgehen. Wir erhalten somit für die Geschwindigkeitsverteilung die Beziehung

$$(n_0/2)v_z f(v_z)\mathrm{d}v_z = (mg/kT)\langle v_z \rangle (n_0/2)\mathrm{e}^{-mgz/kT}\mathrm{d}z\,,$$

die wir durch Kürzen und Einsetzen der Gl. (2.25) sowie ihrer Ableitung $\mathrm{d}z = (v_z/g)\mathrm{d}v_z$ umformen in

$$f(v_z)\mathrm{d}v_z = (m/kT)\langle v_z \rangle \mathrm{e}^{-mv_z^2/2kT}\mathrm{d}v_z\,. \tag{2.26}$$

Das Integral dieser Verteilung über alle Geschwindigkeiten von 0 bis ∞ muß 1/2 ergeben, da sich im Mittel die Hälfte der Teilchen nach oben bewegt:

$$(m/kT)\langle v_z \rangle \int_0^\infty \mathrm{d}v_z \mathrm{e}^{-mv_z^2/2kT} = 1/2\,.$$

Da das uneigentliche Integral in dieser Gleichung den Wert $(1/2)(2\pi kT/m)^{1/2}$ hat (siehe Anhang Gl. (A.9)), erhalten wir für den Mittelwert der positiven Vertikalgeschwindigkeit v_z den Wert

$$\langle v_z \rangle = (kT/2\pi m)^{1/2}$$

und damit schließlich für die Geschwindigkeitsverteilung die Formel

$$f(v_z)\mathrm{d}v_z = (m/2\pi kT)^{1/2}\mathrm{e}^{-mv_z^2/2kT}\mathrm{d}v_z\,. \tag{2.27}$$

Sie gilt für alle Höhen z, weil sie z nicht als Argument enthält. Da sie über Gl. (2.1) den (dynamischen) Druck bestimmt, der isotrop ist, gilt sie auch für die beiden anderen Geschwindigkeitskomponenten. Sie heißt Maxwell-Verteilung für eine Geschwindigkeitskomponente und ist in Bild 2.1 für $v(x)$ dargestellt.

Mit Hilfe des im vorigen Abschnitt entwickelten Formalismus können wir nun sofort die Verteilung für die Geschwindigkeit $\boldsymbol{v}$ angeben:

$$\begin{aligned} F(\boldsymbol{v})\mathrm{d}^3\boldsymbol{v} &= f(v_x)f(v_y)f(v_z)\mathrm{d}v_x\mathrm{d}v_y\mathrm{d}v_z \\ &= (m/2\pi kT)^{3/2}\mathrm{e}^{-mv^2/2kT}\mathrm{d}^3\boldsymbol{v}\,. \end{aligned} \tag{2.28}$$

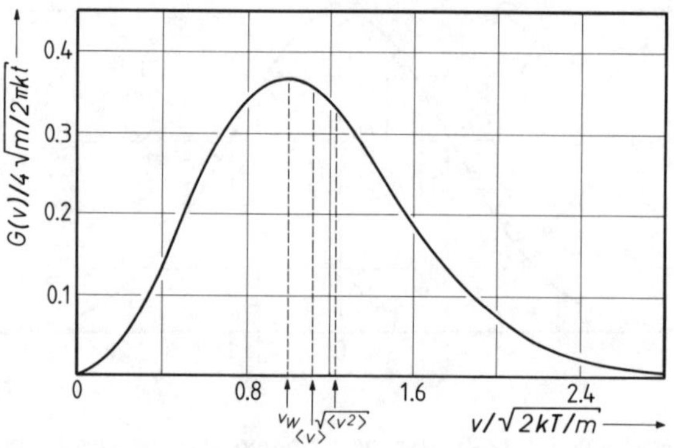

Bild 2.2 Maxwell-Verteilung für den Geschwindigkeitsbetrag, Gl. (2.29). In der Darstellung ist die Lage der folgenden charakteristischen Geschwindigkeiten durch Pfeile markiert: wahrscheinlichste Geschwindigkeit v_w, Gl. (A.19) mittlere Geschwindigkeit $\langle v\rangle$, Gl. (A.16), Wurzel des mittleren Geschwindigkeitsquadrats, $\sqrt{\langle v^2\rangle}$, Gl. (A.17).

Das ist möglich, weil die drei Geschwindigkeitskomponenten v_x,v_y,v_z drei unabhängigen Freiheitsgraden entsprechen.

Wenn wir Gl. (2.28) nun noch über eine Kugelschale im Geschwindigkeitsraum vom Radius $v = |\boldsymbol{v}|$ integrieren (siehe Gl. (2.20)), erhalten wir die Maxwell-Verteilung des Geschwindigkeitsbetrages:

$$G(v)\mathrm{d}v = 4\pi(m/2\pi kT)^{3/2}v^2\mathrm{e}^{-mv^2/2kT}\mathrm{d}v\,. \tag{2.29}$$

Diese Verteilung ist in Bild 2.2 dargestellt. Sie ist im Gegensatz zur Verteilung (2.27) nicht symmetrisch.

Um aus Gleichung (2.29) die Maxwell-Boltzmann-Verteilung der kinetischen Energie ε_k zu erhalten, wenden wir auf sie die Formel (2.21) an. Das Resultat ist

$$K(\varepsilon_\mathrm{k})\mathrm{d}\varepsilon_\mathrm{k} = 2\pi(\pi kT)^{-3/2}\varepsilon_\mathrm{k}^{1/2}\mathrm{e}^{-\varepsilon_\mathrm{k}/kT}\mathrm{d}\varepsilon_\mathrm{k}\,. \tag{2.30}$$

Auf den wichtigen Faktor $\exp(-\varepsilon_\mathrm{k}/kT)$ kommen wir sogleich zurück. Zunächst aber ist es eine nützliche Übung, mit den hergeleiteten Verteilungen einige Mittelwerte zu berechnen, was im Anhang A.4 durchgeführt wird.

Der Vergleich der für eine Maxwell-Verteilung berechneten charakteristischen Geschwindigkeiten, Gln. (A.13), (A.14), (A.16), (A.17), ergibt folgende Relationen:

$$\langle|v_x|\rangle : v_\mathrm{w} : \langle v\rangle : \langle v^2\rangle^{1/2} = 1 : \pi^{1/2} : 2 : (3\pi/2)^{1/2}\,.$$

Die Werte für v_w, $\langle v\rangle$ und $\langle v^2\rangle^{1/2}$ sind in Bild 2.2 eingezeichnet, der für $\langle|v_x|\rangle$ in Bild 2.1. Wir bemerken hier noch, daß sich aus der Konstanz des Quotienten $\langle v^2\rangle^{1/2}/\langle|v_z|\rangle$ nachträglich die Berechtigung für unser Argument des konstanten Werts von $\langle|v_z|\rangle$ für alle Werte von z ergibt. Aus der Isothermie folgt zunächst nur die Konstanz von $\langle v^2\rangle$.

Wir kommen nun noch einmal auf die barometrische Höhenformel (2.22) zurück, um festzustellen, daß sie ja eigentlich auch eine Verteilungsfunktion ist, und zwar für die

z-Koordinate der Moleküle. Weil n in dieser Formel die Teilchenzahldichte ist, haben wir mit $(n/N)\mathrm{d}x\mathrm{d}y\mathrm{d}z$ die Wahrscheinlichkeit dafür, im Volumenelement $\mathrm{d}x\mathrm{d}y\mathrm{d}z$ ein Molekül anzutreffen, wenn N die Gesamtzahl der Moleküle ist. Damit erhalten wir für die Wahrscheinlichkeitsdichte der Moleküle über den Ortskoordinaten die Formel

$$Q(\boldsymbol{r})\mathrm{d}^3\boldsymbol{r} = \frac{n(z)}{N}\mathrm{d}x\mathrm{d}y\mathrm{d}z$$

oder

$$Q(\boldsymbol{r})\mathrm{d}^3\boldsymbol{r} = (n_0/N)\mathrm{e}^{-mgz/kT}\mathrm{d}x\mathrm{d}y\mathrm{d}z\,. \tag{2.31}$$

Daß diese Verteilung nicht von x und y abhängt, ist in Ordnung, denn es gibt keine Kräfte, die in diesen Richtungen auf die Moleküle wirken.

Bezeichnen wir nun mit A die Grundfläche einer Gassäule, die sich von $z = 0$ bis $z = \infty$ erstreckt, dann muß das Integral der Verteilung (2.31) über das Volumen dieser Säule den Wert Eins ergeben:

$$\int_V \mathrm{d}^3\boldsymbol{r}Q(\boldsymbol{r}) = (n_0A/N)\int_0^\infty \mathrm{d}z\mathrm{e}^{-mgz/kT} = 1\,.$$

Das Integral über z läßt sich elementar berechnen. Mit seiner Lösung erhalten wir $n_0 = mgN/AkT$ und damit als normierte Verteilung

$$Q(\boldsymbol{r})\mathrm{d}^3\boldsymbol{r} = (mg/kT)\mathrm{e}^{-mgz/kT}\mathrm{d}x\mathrm{d}y\mathrm{d}z\,. \tag{2.32}$$

Unter Verwendung dieser Verteilung können wir nun z.B. die mittlere Höhe z der Moleküle berechnen. Dazu benötigen wir Integrale des Typs $\int \mathrm{d}x\, x^n \exp(-ax)$, deren Lösung im Anhang A.3 gezeigt wird. Mit Hilfe der Gleichung (A.12) erhalten wir dann

$$\langle z\rangle = (mg/kT)\int_0^\infty \mathrm{d}zz\mathrm{e}^{-mgz/kT} = (mg/kT)(kT/mg)^2 = kT/mg\,. \tag{2.33}$$

Dieses Ergebnis entspricht quantitativ dem, was qualitativ auch bereits der Höhenformel (2.22) zu entnehmen ist: Die Moleküle steigen um so höher, je leichter sie sind, je kleiner die Fallbeschleunigung und je größer die Temperatur ist.

Im Zähler des Exponenten der Dichtefunktion in Gl. (2.32) steht die potentielle Energie $\varepsilon_\mathrm{p} = mgz$, so daß wir die Verteilung wie folgt schreiben können:

$$Q(\boldsymbol{r})\mathrm{d}^3\boldsymbol{r} = (mg/kT)\mathrm{e}^{-\varepsilon_\mathrm{p}/kT}\mathrm{d}^3\boldsymbol{r}\,. \tag{2.34}$$

Indem wir nun in Gleichung (2.28) noch $mv^2/2$ durch ε_k ersetzen und $\mathrm{d}^3\boldsymbol{v}$ durch $(1/m^3)\mathrm{d}^3\boldsymbol{p}$, wobei $\boldsymbol{p}$ der Impuls des Teilchens ist, erhalten wir durch Verknüpfung der Verteilungen (2.34) und (2.28) für eine Gassäule im Schwerefeld die Maxwell-Boltzmann-Verteilung der Moleküle im Phasenraum:

$$\begin{aligned}\Phi(\boldsymbol{r},\boldsymbol{p})\mathrm{d}^3\boldsymbol{r}\,\mathrm{d}^3\boldsymbol{p} &\equiv Q(\boldsymbol{r})F(\boldsymbol{v})\mathrm{d}^3\boldsymbol{r}\,\mathrm{d}^3\boldsymbol{v}\\ &= (2\pi mkT)^{-3/2}(mg/kT)\mathrm{e}^{-\varepsilon/kT}\mathrm{d}^3\boldsymbol{r}\,\mathrm{d}^3\boldsymbol{p}\\ &= (2\pi)^{-3/2}gm^{-1/2}(kT)^{-5/2}\mathrm{e}^{-\varepsilon/kT}\mathrm{d}^3\boldsymbol{r}\,\mathrm{d}^3\boldsymbol{p}\,. \end{aligned} \tag{2.35}$$

Dabei haben wir die Gesamtenergie $\varepsilon = \varepsilon_{\rm p} + \varepsilon_{\rm k}$ eingesetzt.

Diese Verteilung gibt die Wahrscheinlichkeit dafür an, ein Teilchen im Phasenraumelement $\mathrm{d}^3\boldsymbol{r}\,\mathrm{d}^3\boldsymbol{p}$ zu finden.

Wir bemerken hier wieder den Faktor $\exp(-\varepsilon/kT)$ aus der Gl. (2.30), der Boltzmann-Faktor heißt. Seine Bedeutung haben wir exemplarisch anhand einer isothermen Atmosphäre aus idealem Gas aufgezeigt. Sie geht aber weit darüber hinaus. Es gilt nämlich ganz allgemein:

> Ein statistisches Ensemble von Systemen, die sich alle im thermischen Gleichgewicht mit einem Wärmereservoir der Temperatur T befinden, heißt kanonisch. Der Boltzmann-Faktor $\exp(-E/kT)$ gibt die relative Wahrscheinlichkeit dafür an, in einem solchen kanonischen Ensemble ein System in einem Zustand der Energie E anzutreffen. Er gibt außerdem die relative Wahrscheinlichkeit für das Auftreten eines *Einteilchenzustandes* einer bestimmten Energie in einem klassischen System eines solchen Ensembles. Unter der Voraussetzung genügend kleiner Teilchenzahlen und genügend hoher Temperaturen gilt die letzte Aussage auch für quantenstatistische Systeme. Diese Voraussetzung ist für alle gewöhnlichen Gase bei praktisch vorkommenden Drücken und Temperaturen immer erfüllt (vgl. Unterkapitel 2.6). Hieraus folgt die große Bedeutung des Boltzmann-Faktors für viele Gebiete der Physik.

Damit sind wir jetzt in der Lage, den Gleichverteilungssatz in allgemeiner Form zu beweisen. Dazu nehmen wir an, daß die potentielle Energie $\varepsilon_{\rm p}$ und die kinetische Energie $\varepsilon_{\rm k}$ eines Teilchens quadratische Formen der kartesischen Orts- und Impulskoordinaten x_i bzw. p_i sind:

$$\varepsilon_{\rm p} = \sum_{i=1}^{3} a_i x_i^2 ; \qquad \varepsilon_{\rm k} = \sum_{i=1}^{3} b_i p_i^2 .$$

Der Übersichtlichkeit wegen (siehe untenstehende Integrale) nehmen wir ohne Beschränkung der Allgemeinheit an, daß alle Koeffizienten a_i und b_i gleich a beziehungsweise b sind. Dann ergibt sich die Gesamtenergie zu

$$\varepsilon = \varepsilon_{\rm p} + \varepsilon_{\rm k} = \sum_{i=1}^{3} (a x_i^2 + b p_i^2) ,$$

und die entsprechende Maxwell-Boltzmann-Verteilung ist

$$\Phi(\boldsymbol{r}, \boldsymbol{p})\mathrm{d}^3\boldsymbol{r}\,\mathrm{d}^3\boldsymbol{p} = C\mathrm{e}^{-\sum_{i=1}^{3}(a x_i^2 + b p_i^2)/kT}\mathrm{d}^3\boldsymbol{r}\,\mathrm{d}^3\boldsymbol{p} .$$

Zur Normierung integrieren wir über den ganzen μ-Raum:

$$\begin{aligned} \int_\mu \Phi(\boldsymbol{r}, \boldsymbol{p})\mathrm{d}^3\boldsymbol{r}\,\mathrm{d}^3\boldsymbol{p} &= C\left\{\int_{-\infty}^{+\infty} \mathrm{d}x \mathrm{e}^{-a x^2/kT}\right\}^3 \left\{\int_{-\infty}^{+\infty} \mathrm{d}p \mathrm{e}^{-b p^2/kT}\right\}^3 \\ &= C(\pi kT/a)^{3/2} (\pi kT/b)^{3/2} = 1 . \end{aligned}$$

Mit den angegebenen Werten der uneigentlichen Integrale, die wir nach Gl. (A.9) des Anhangs erhalten, ergibt sich die Konstante C zu

$$C = (ab)^{3/2}/(\pi kT)^3 \, .$$

Nun berechnen wir beispielsweise den Mittelwert $\langle \varepsilon_{\mathrm{p}_i} \rangle$ der potentiellen Energie, die auf eine Koordinate x_i entfällt:

$$\begin{aligned} \langle \varepsilon_{\mathrm{p}_i} \rangle &= \int_\mu \varepsilon_{\mathrm{p}_i} \Phi(\boldsymbol{r}, \boldsymbol{p}) \mathrm{d}^3\boldsymbol{r} \, \mathrm{d}^3\boldsymbol{p} \\ &= (ab)^{3/2} (\pi kT)^{-3} (\pi kT/a)(\pi kT/b)^{3/2} \int_{-\infty}^{+\infty} \mathrm{d}x_i a x_i^2 \mathrm{e}^{-a x_i^2/kT} \, . \end{aligned}$$

Den zweiten und dritten Faktor vor dem Integral haben wir dabei durch Ausintegration – wie oben bei der Normierung – erhalten, da die entsprechenden Integrale nicht von x_i abhängen. Das noch übrige Integral ist eines vom Typ (A.10) des Anhangs. Setzen wir seinen Wert

$$\frac{\pi^{1/2}}{2(a/kT)^{3/2}}$$

ein, so erhalten wir

$$\langle \varepsilon_{\mathrm{p}_i} \rangle = kT/2 \, .$$

Wegen der Symmetrie der Verteilungsfunktion in ihren Argumenten ergeben sich der zu diesem Freiheitsgrad gehörende Wert der kinetischen Energie sowie die zu den übrigen Freiheitsgraden gehörenden Werte der potentiellen und der kinetischen Energie auf die gleiche Weise, q.e.d.

2.4 Fluktuationen

Wir haben bei der Definition makroskopischer Meßwerte in Unterkapitel 2.2 bereits kurz das Problem der Abweichung vom Mittelwert erwähnt und dort auch ein Maß dafür angegeben: die Standardabweichung. In diesem Abschnitt nun wollen wir die Frage untersuchen, ob und unter welchen Umständen solche Abweichungen oder Fluktuationen tatsächlich beobachtbar sind. Dabei scheint unmittelbar klar, daß ihre Meßbarkeit zum einen von ihrer relativen Größe abhängt und zum anderen von der Trägheit (zeitliche Fluktuationen) bzw. der Feinheit (räumliche Fluktuationen) der verwendeten Sonden.

Die Klärung dieser Frage war historisch bedeutsam, denn sie beseitigte die letzten Zweifel (Ostwald und Mach) an der kinetischen Gastheorie. Der Nachweis statistischer Schwankungen in materiellen Systemen bewies unwiderlegbar die reale Existenz von Atomen und Molekülen.

Um im folgenden die Möglichkeit numerischer Abschätzungen zu haben, führen wir zunächst – ohne Herleitung und Beweise – drei wichtige Verteilungen und einige ihrer Eigenschaften an. Wir beginnen mit der Binomialverteilung, welche z.B. die Wahrscheinlichkeit dafür liefert, aus einer Menge von weißen und roten Kugeln in N Versuchen genau n rote zu ziehen, wenn deren Anteil an der Gesamtmenge $p < 1$ beträgt und die jeweils gezogenen Kugeln zurückgelegt werden (der Anteil der weißen Kugeln ist dann $1 - p$):

$$w(n) = p^n (1-p)^{N-n} \frac{N!}{n!(N-n)!} \,. \tag{2.36}$$

Verteilen wir, um ein weiteres Beispiel für die Anwendung dieser Formel zu nennen, N Kugeln mit den Wahrscheinlichkeiten p bzw. $(1-p)$ nach einem Zufallsverfahren (wie dem Werfen einer Münze, wenn $p = 1/2$) auf zwei Kästen, dann gibt sie die Wahrscheinlichkeit dafür an, in dem Kasten mit der Wahrscheinlichkeit p genau n Kugeln vorzufinden. Dieses Beispiel haben wir implizit bereits in Unterkapitel 2.2 verwendet, als wir erstmals von Fluktuationen sprachen, und zwar für den Fall $p = 1 - p = 1/2$.

Der Mittelwert von n ist für die Binomialverteilung

$$\langle n \rangle = Np \,,$$

das Quadrat der Standardabweichung

$$\sigma^2 = \langle (n - \langle n \rangle)^2 \rangle = Np(1-p)$$

und die darauf bezogene mittlere quadratische Fluktuation (Fehler)

$$\delta = \sqrt{\frac{\sigma^2}{\langle n \rangle^2}} = \sqrt{\frac{1-p}{\langle n \rangle}} \,.$$

Aus der letztgenannten Formel erhalten wir für $p = 1/2$ die Beziehung $\delta = 1/\sqrt{N}$, d.h. die in Unterkapitel 2.2 genannten Werte für $N = 1$ bzw. $N \to \infty$.

In der Physik haben wir es gewöhnlich mit Situationen zu tun, in denen p praktisch gegen Null geht, $\langle n \rangle$ aber trotzdem endlich bleibt (N also sehr groß ist), z.B. wenn wir die Fluktuationen in sehr kleinen Teilvolumina v aus einem großen Gesamtvolumen V untersuchen wollen. Dann ist die Wahrscheinlichkeit dafür, ein Teilchen in v anzutreffen, $p = v/V \ll 1$. Für diese Fälle lassen sich aus der Binomialverteilung (2.36) durch geeignete Näherungen zwei verschiedene, mathematisch besser handbare Verteilungsformeln gewinnen, nämlich die Poisson-Verteilung und die Gauß- oder Normalverteilung.

Die erste gilt für die Fälle, in denen $\langle n \rangle \approx 1$, die andere für Fälle, in denen $1 \ll \langle n \rangle$. Für beide muß aber N groß gegen $\langle n \rangle$ sein.

Wir beginnen mit der Poisson-Verteilung: $1 \approx \langle n \rangle \ll N$. Sie lautet:

$$w(n) = \frac{\langle n \rangle \, \mathrm{e}^n}{n!} \mathrm{e}^{-\langle n \rangle} \tag{2.37}$$

und findet Anwendung z.B. in der Statistik nuklearer Zerfälle. Sie ist normiert, d.h.

$$\sum_{n=0}^{\infty} w(n) = 1 \, ,$$

und fällt für große Werte von n rasch gegen Null. Ihr Mittelwert ist $\langle n \rangle$, ihre Standardabweichung $\sigma = \sqrt{\langle n \rangle}$ (wie bei der Binomialverteilung für $p \to 0$), und die darauf bezogene mittlere quadratische Fluktuation ist $\delta = 1/\sqrt{\langle n \rangle}$ (ebenfalls wie bei der Binomialverteilung für $p \to 0$).

Für den Fall $1 \ll \langle n \rangle \ll N$ läßt sich aus der Binomialverteilung die Gauß[1]-Verteilung

$$w(n) = \frac{1}{\sqrt{2\pi \langle n \rangle}} \mathrm{e}^{-(n-\langle n \rangle)^2/2\langle n \rangle} \tag{2.38}$$

gewinnen, der wir in ähnlicher Form bereits früher bei der Behandlung der Maxwell-Boltzmannschen Geschwindigkeitsverteilung begegnet sind. Sie gilt, wie dort beschrieben, für beliebige reelle Argumente und ist ebenfalls normiert, was in diesem Fall, wegen der Stetigkeit der Argumente, bedeutet, daß ihr Integral von $-\infty$ bis $+\infty$ Eins ist. Für Mittelwert, Standardabweichung und mittlere quadratische Fluktuation ergeben sich die gleichen Beziehungen wie bei der Poisson-Verteilung.

Die angegebenen Formeln zur Poisson- bzw. Gauß-Verteilung können wir sofort auf die Verteilung von Molekülen im Raum anwenden.

Sei $\varrho = N/V$ die mittlere Teilchenzahl-Dichte von N Molekülen im Volumen V, dann ist $\langle n \rangle = \varrho v$ die mittlere Anzahl von Molekülen in dem kleinen Teilvolumen v. Unabhängig davon, ob $\langle n \rangle$ groß ist (Gauß-Verteilung) oder klein (Poisson-Verteilung), weil entweder das gewählte Volumen klein ist oder der Druck, ergibt sich als Standardabweichung der Teilchenzahl in einem Volumen der Größe v, d.h. als deren mittlere quadratische Fluktuation,

$$\sigma = \sqrt{\varrho v} \, .$$

[1] Carl Friedrich Gauß (1777—1855)

Das bedeutet, daß die Fluktuation um so größer sein wird, je größer das Volumen oder die Dichte ist. Als relative mittlere quadratische Fluktuation erhalten wir dagegen

$$\delta = 1/\sqrt{\varrho v}\,,$$

d.h. wir haben hier die größten Werte für geringe Dichten oder kleine Volumina zu erwarten.

Als numerisches Beispiel nehmen wir ein Volumen von $1(\mu m)^3$ eines Gases, das unter Standardbedingungen[1] im Mittel etwa 10^7 Moleküle enthalte. Diese Zahl fluktuiert nach der obigen Formel im Mittel relativ um $1/\sqrt{10^7} \approx 0.0003$ oder 3000 Moleküle. Bei einem Druck von 100 Pa ist die Dichte um den Faktor 1000 geringer, so daß sich die relative Fluktuation um den Faktor $10^{3/2}$ vergrößert. Wird der Druck weiter auf z.B. 1/10 Pa reduziert, so erhöht sich die relative Fluktuation abermals um den Faktor $10^{3/2}$ auf etwa 30%.

Auf solchen Dichte-Fluktuationen beruhen die bekannten Phänomene der Bewegung von in Gasen oder Flüssigkeiten suspendierten Partikeln und des Verstärkerrauschens (Behandlung des Elektrons als Gas). Sie lassen sich mit den Mitteln der statistischen Physik quantitativ beschreiben.

Die „Zitterbewegung" kleiner kolloidaler Teilchen in ihrer Suspension wurde 1827 von dem schottischen Botaniker Brown[2] bei der mikroskopischen Untersuchung des Befruchtungsvorgangs einer Pflanze entdeckt und später nach ihm benannt. Die ursprüngliche Deutung als eine Form von Lebensäußerung wurde bald aufgegeben, weil man das gleiche Phänomen auch an toten Teilchen beobachten konnte (u.a. in Wasser, das in vulkanischem Gestein eingeschlossen war). Auch der erste physikalische Erklärungsversuch, nämlich die Bewegung thermischen Konvektionsströmungen zuzuordnen, mußte fallengelassen werden, weil die Beobachtung zeigte, daß sich auch eng benachbarte Teilchen völlig unkorreliert bewegen. Systematische Untersuchungen ergaben ferner, daß die Bewegung keine Richtung bevorzugte, unabhängig von der Vorgeschichte ist, niemals aufhört und bei höherer Temperatur und kleinerer Viskosität der Suspension und kleinerem Gewicht des Teilchens schneller wird.

Diese Beobachtungen stehen im Einklang mit der Aussage (2.9) des Gleichverteilungssatzes, und diese Erkenntnis wies der richtigen Erklärung den Weg, die schließlich von Einstein und v. Smoluchowski gegeben und von Perrin experimentell verifiziert wurde (vgl. dazu Unterkapitel 1.2). Danach befinden sich die Brownschen Teilchen im thermischen Gleichgewicht mit den Molekülen der Suspension und auf jeden ihrer Freiheitsgrade der Translation und der Rotation entfallen im Mittel $kT/2$ an kinetischer Energie. Aus der völlig regellosen Bewegung der Moleküle resultiert eine ebenso regellose Bewegung

[1] Als Standardwerte für Druck und Temperatur (STP) werden hier allgemein 101325 Pa (=1atm =760 Torr) und 0 °C gewählt. Eine moderne Definition, SATP (Standard Ambient Temperature and Pressure), legt die Standardwerte als 100 000 Pa (=1bar) für den Druck und 298.15 K für die Temperatur fest.

[2] Robert Brown (1773—1858)

der suspendierten Teilchen. Dabei ist zu beachten, daß die wirklich von den Teilchen zurückgelegte Wegstrecke viel länger ist, als sich aus der Beobachtung in gleichen Zeitabständen ergibt. Die Erklärung der Brownschen Bewegung als zufallsbedingten, auf statistischen Fluktuationen beruhenden Prozeß erwies sich als außerordentlich bedeutsam, nicht nur für die Physik, sondern auch für die mathematische Statistik (Norbert Wiener). „Brownsche Bewegung“ steht deswegen heute quasi als Synonym für zufallsbedingte (stochastische) Prozesse schlechthin.

Es ist bemerkenswert, daß Einstein, als er die Theorie der Brownschen Bewegung formulierte, keine Kenntnis von dem seit langem vorliegenden experimentellen Nachweis hatte. Ihm ging es vielmehr darum, Fakten zu finden, die möglichst nachdrücklich die Existenz von Atomen endlicher Größe belegten. Dabei fand er, daß wenn ein Gas aus Atomen besteht, in diesem Fluktuationen auftreten müssen. Danach schien das Postulat einer „Brownschen“ Bewegung zwingend. Die suspendierten Teilchen sollten danach folgender Wahrscheinlichkeitsverteilung genügen:

$$P(x)\mathrm{d}x = \frac{1}{2\sqrt{\pi Dt}}\mathrm{e}^{-x^2/4Dt}\mathrm{d}x\,. \tag{2.39}$$

Wir treffen mit ihr wiederum auf die nunmehr bereits vertraute Gaußverteilung. Dabei ist $P(x)\mathrm{d}x$ die Wahrscheinlichkeit dafür, das Teilchen nach der Zeit t im Intervall $\mathrm{d}x$ um die Koordinate x zu finden, wenn es zur Zeit $t = 0$ die Koordinate $x = 0$ hatte (für diese Formel wird die Bewegung des Teilchens auf eine beliebige x-Achse projiziert). D ist die Diffusionskonstante für die Bewegung des Teilchens, für die gilt

$$D = \frac{\langle x^2\rangle}{2t} = \frac{RT}{6\pi N_A \eta r}\,. \tag{2.40}$$

Dabei ist $\langle x^2\rangle$ das mittlere Quadrat der Entfernung von der Ausgangslage nach der Zeit t; R ist die allgemeine Gaskonstante, T die absolute Temperatur, N_A die Avogadro-Konstante, η die Viskosität der Flüssigkeit und r der Radius des als kugelförmig angenommenen Teilchens.

Nach den Formeln des Anhangs A.2 können wir aus der Verteilung (2.39) die mittlere Verschiebung $\langle x\rangle$ und die mittlere quadratische Verschiebung $\langle x^2\rangle$ berechnen. Wir erhalten dafür

$$\langle x\rangle = \int_{-\infty}^{+\infty} xP(x)\mathrm{d}x = 0\,,$$

was aus Symmetriegründen offensichtlich ist, und

$$\langle x^2\rangle = \int_{-\infty}^{+\infty} x^2P(x)\mathrm{d}x = 2Dt\,,$$

also Gl. (2.40).

Dieses letzte Resultat ist eines der wichtigsten der Theorie der Irrfahrt, zu der auch die Theorie der Brownschen Bewegung gehört. Danach ist das mittlere Verschiebungsquadrat der verflossenen Zeit proportional. Die Diffusionskonstante (2.40) in dem Ausdruck

(2.39) deutet auf die enge Beziehung der Theorie der Brownschen Bewegung bzw. der Irrfahrt mit der Theorie von Diffusionsvorgängen hin. Auch für diese gilt, daß sie mit der Wurzel der Zeit fortschreiten.

2.5 Die Hohlraumstrahlung

Die Theorie des elektromagnetischen Feldes nach Faraday und Maxwell basiert auf einer völlig anderen Vorstellung von der Struktur ihrer Objekte als die Mechanik der Punktmassen, nämlich auf der eines Kontinuums, und sie erfaßt auch optische Erscheinungen sowie die Temperaturstrahlung.

Aus heutiger Sicht will es daher fast zwangsläufig scheinen, daß beim Versuch der theoretischen Formulierung des thermodynamischen Gleichgewichts zwischen materiellen Körpern und ihrem Strahlungsfeld auf der Grundlage der klassischen Theorien der Strahlung und der Materie Widersprüche auftraten. In diesen zeigten sich die Grenzen der klassischen Physik, in ihnen lag aber auch der Keim für deren Überwindung durch die Quantentheorie – und als Keimschicht dieser Entwicklung diente gewissermaßen die Thermodynamik.

Es ist ein Naturgesetz, daß auch Körper, die durch ein Vakuum voneinander getrennt sind, Energie austauschen. Das Medium hierfür ist das elektromagnetische Strahlungsfeld, und geeignete Kenngrößen sind das spektrale Emissionsvermögen bzw. die spezifische spektrale Ausstrahlung $M(\nu,T)$ und der spektrale Absorptionsgrad $\alpha(\nu,T)$. Die spezifische spektrale Ausstrahlung ist die von einem Körper der Temperatur T je Einheit seiner Oberfläche in der Zeiteinheit und im Frequenzintervall $\mathrm{d}\nu$ in den Halbraum ausgestrahlte Energie, während der spektrale Absorptionsgrad der von ihm absorbierte Bruchteil der auftreffenden Strahlung ist. Beide Größen sind Verteilungen über die Frequenz ν.

Ein von Kirchhoff 1859 entdecktes und nach ihm benanntes Gesetz besagt, daß für jeden Körper bei reiner Temperaturstrahlung der Quotient aus spezifischer spektraler Ausstrahlung und spektralem Absorptionsgrad eine universelle, nur von der Temperatur und der Frequenz abhängige Funktion ist:

$$\frac{M(\nu,T)}{\alpha(\nu,T)} = f(\nu,T)\,.$$

Denkt man sich einen Körper, der alle auftreffende Strahlung absorbiert – der sogenannte Schwarze Körper – so ist für ihn $\alpha(\nu,T) = 1$ und folglich $M_S(\nu,T) = f(\nu,T)$. Das Studium des Schwarzen Körpers müßte also die Funktion $f(\nu,T)$ liefern und damit den Schlüssel zum Verständnis aller Temperaturstrahlungsvorgänge.

Mit der Definition des spektralen Emissionsgrads $\varepsilon(\nu,T)$ eines Körpers als Verhältnis seiner spektralen Ausstrahlung zu der des schwarzen Körpers,

$$\varepsilon(\nu,T) = M(\nu,T)/M_S(\nu,T)\,,$$

können wir dem Kirchhoffschen Gesetz eine etwas andere Form geben:

$$\frac{\varepsilon(\nu,T)}{\alpha(\nu,T)} = 1 \,.$$

Ein idealer Schwarzer Körper mit freier Oberfläche ist in der Natur nicht bekannt. Dagegen stellt jeder Hohlraum, der mit seiner Umgebung im thermischen Gleichgewicht steht, einen Schwarzen Körper dar, dessen Strahlung durch eine kleine Öffnung der Messung zugänglich gemacht werden kann. Die durch die Öffnung verursachte Störung des Gleichgewichts kann durch geeignete Gestaltung, z.B. mit Blenden und durch Schwärzung, so klein gehalten werden, daß die Richtigkeit des Ergebnisses nicht beeinflußt wird. Hieraus ergibt sich die prinzipielle Bedeutung der Hohlraumstrahlung für die Theorie der Temperaturstrahlung. Bezieht man das Kirchhoffsche Gesetz auf sie, dann lautet es wie folgt:

> Bei einem Hohlraumstrahler ist die spezifische spektrale Ausstrahlung eine Funktion nur der Frequenz und der Temperatur. Größe a ist egal. s. S. 42

Die Gültigkeit dieses Satzes folgt unmittelbar aus den ersten beiden Hauptsätzen der Thermodynamik. Zum Beweis denken wir uns zwei Hohlraumstrahler der gleichen Temperatur T_0, deren spezifische spektrale Ausstrahlungs-Funktionen $M_1(\nu,T)$ und $M_2(\nu,T)$ in einem kleinen Spektralbereich um die Frequenz ν_0 voneinander verschieden seien, durch ein Fenster miteinander verbunden, das nur in eben diesem Spektralbereich durchlässig ist. Wäre nun etwa $M_1(\nu_0,T_0) < M_2(\nu_0,T_0)$, so würde mehr Strahlung (d.h. Wärme, nach dem ersten Hauptsatz) vom zweiten Hohlraumstrahler auf den ersten übergehen als umgekehrt, wodurch sich der eine „von selbst“, d.h. ohne sonstige Änderung in der Welt, erwärmen würde, was im Widerspruch zum zweiten Hauptsatz steht.

Zur Zeit der Untersuchung der Hohlraumstrahlung durch Planck gab es bereits einige Ansätze zur theoretischen Interpretation der experimentellen Daten. Um diese zu formulieren, wollen wir zunächst von der experimentellen Größe der spezifischen spektralen Ausstrahlung zur spektralen Energiedichte $w(\nu,T)\mathrm{d}\nu$ übergehen, die der Theorie näher liegt. Diese ist im thermischen Gleichgewicht überall im Hohlraum homogen und isotrop. Mit ihr läßt sich die spektrale Dichte des Strahlungsflusses,der unter einem Winkel ϑ und einem Raumwinkel $\mathrm{d}\Omega$ auf eine infinitesimale Fläche $\mathrm{d}a$ auftrifft, durch die Formel

$$\frac{c}{4\pi} w(\nu,T)\mathrm{d}\Omega \,\mathrm{d}a \cos\vartheta$$

ausdrücken, in der c die Lichtgeschwindigkeit ist. Über den halben Raumwinkel integriert und auf die Fläche $\mathrm{d}a$ bezogen, ergibt dieser Ausdruck genau die Strahlungsenergie, die je Frequenzintervall $\mathrm{d}\nu$ und je Zeit- und Flächeneinheit durch die Oberfläche des Hohlraumstrahlers hindurchtritt, also die spezifische spektrale Ausstrahlung $M(\nu,T)$:

$$M(\nu,T) \;=\; \frac{c}{4\pi}\, w(\nu,T) \int_0^{2\pi} \mathrm{d}\varphi \int_0^{\pi/2} \mathrm{d}\vartheta \sin\vartheta \cos\vartheta$$

$$= \frac{c}{4}\,w(\nu,T)\int_0^{\pi/2} \mathrm{d}\vartheta \sin 2\vartheta$$
$$= \frac{c}{4}\,w(\nu,T)\,.$$

Um hervorzuheben, daß es sich hierbei um Verteilungen handelt, fügen wir noch das Differential $\mathrm{d}\nu$ hinzu und erhalten so die gewünschte Beziehung:

$$w(\nu,T)\mathrm{d}\nu = \frac{4}{c}\,M(\nu,T)\mathrm{d}\nu\,. \tag{2.41}$$

Mit Hilfe der spektralen Energiedichte $w(\nu,T)\mathrm{d}\nu$ formulieren wir nun die theoretischen Resultate, auf denen Planck aufbauen konnte:
das Gesetz für die integrale Energiedichte $w(T)$ von Josef Stefan[1] (1879) und Ludwig Boltzmann (1884),

$$w(T) = \int_0^\infty \mathrm{d}\nu\, w(\nu,T) \sim T^4\,, \tag{2.42}$$

das Verschiebungsgesetz des Maximums der Verteilung $w(\nu,T)\mathrm{d}\nu$ von Wilhelm Wien[2] (1893),

$$\nu_{\max}/T = \text{const.}\,, \tag{2.43}$$

und die ebenfalls von Wien hergeleitete Formel für die spektrale Verteilung der Energiedichte (1896),

$$w(\nu,T)\mathrm{d}\nu = b\nu^3 \mathrm{e}^{-a\nu/T}\mathrm{d}\nu\,. \tag{2.44}$$

Wien hatte 1893 folgende Form der Energiedichteverteilung aus allgemeinen thermodynamischen Betrachtungen als zwingend abgeleitet:

$$w(\nu,T)\mathrm{d}\nu = \nu^3 f(\nu/T)\mathrm{d}\nu\,, \tag{2.45}$$

d.h. eine Form, die aus dem Produkt der dritten Potenz der Frequenz und einer Funktion nur des Quotienten aus Frequenz und Temperatur besteht. Durch diese Form der Verteilung werden die drei Formeln (2.42)-(2.44) miteinander verknüpft. Ihr entspricht die Verteilung (2.44), und aus ihr folgen durch Integration das Stefan-Boltzmannsche-Gesetz (2.42),

$$\int_0^\infty \mathrm{d}\nu\, \nu^3 f(\nu/T) = T^4 \int_0^\infty \mathrm{d}y\, y^3 f(y)\,,$$

sowie durch Differentiation das Wiensche Verschiebungsgesetz (2.43): Die Ableitung der Formel (2.45) nach der Frequenz ergibt

$$\mathrm{d}w/\mathrm{d}\nu = \nu^2[3f(\nu/T) + f'(\nu/T)\nu/T] \equiv \nu^2 G(\nu/T)\,.$$

Da im Maximum der Verteilung diese Ableitung verschwinden muß, muß für jede Temperatur $G(\nu_{\max}/T) = 0$ gelten und daher $\nu_{\max}/T$ = const., wobei wir wieder mit $\nu_{\max}$

---
[1] Josef Stefan (1835—1893)
[2] Wilhelm Carl Werner Wien (1864—1928)

den Wert der Frequenz an der Stelle des Maximums der Verteilung bei der Temperatur T bezeichnen.

Wiens Formel (2.44), deren Konstanten a und b heuristisch aus den experimentellen Daten gewonnen wurden, gibt alle bis 1900 bekannten Meßwerte sehr gut wieder. Ihre Abweichung von den später bekannt gewordenen Messungen von Lummer und Pringsheim sowie Kurlbaum[1] und Rubens reichte aber aus, bei Planck Zweifel an ihrer universellen Gültigkeit zu wecken (vgl. dazu Bild 2.3). Ein erstes Resultat seiner Arbeiten ist eine Formel, die auf ähnlichen theoretischen Argumenten beruht wie die Wiensche und für große Werte von ν/T in diese übergeht, die aber darüberhinaus auch die neueren Meßwerte befriedigend wiedergibt:

$$w(\nu,T)\mathrm{d}\nu = b\nu^3(\mathrm{e}^{a\nu/T}-1)^{-1}\mathrm{d}\nu\,. \tag{2.46}$$

Durch bessere theoretische Begründung dieser Formel und Rückführung ihrer beiden Konstanten a und b auf eine einzige Konstante, nämlich auf das später nach ihm benannte elementare Wirkungsquantum h, gelangte Planck zur Aufstellung der Quantenhypothese.

Etwa aus der gleichen Zeit stammt der aufschlußreiche Lösungsversuch von Rayleigh[2] (1900) und Jeans[3] (1905), die davon ausgingen, daß auch für die Strahlung im Hohlraum der Gleichverteilungssatz gilt. Um den Energieinhalt der Hohlraumstrahlung zu berechnen, braucht man demnach nur ihre Freiheitsgrade abzuzählen. Dazu muß die Strahlung, also z.B. das vom Ort $\boldsymbol{r}$ und der Zeit t abhängige elektrische Feld $\boldsymbol{E}(\boldsymbol{r},t)$ mit Normalkoordinaten beschrieben, d.h. in seine Normalschwingungen zerlegt werden. Jede Normalschwingung gehorcht der Bewegungsgleichung des harmonischen Oszillators, bei dem potentielle und kinetische Energie quadratische Formen der Orts- bzw. der Impulskoordinaten sind. Daher entfällt nach dem Gleichverteilungssatz auf jede von ihnen im Mittel die kinetische Energie $kT/2$ und eine ebenso große potentielle Energie, zusammen also kT.

Wenn das Innere eines Würfels mit ideal leitender Oberfläche und mit der Kantenlänge a den Hohlraum bildet, sind in ihm die Normalschwingungen des elektrischen Feldes

$$\begin{aligned}
E_x^{(\nu)}(\boldsymbol{r},t) &= A_\nu\cos(2\pi\nu t)\cos(l\pi x/a)\sin(m\pi y/a)\sin(n\pi z/a)\\
E_y^{(\nu)}(\boldsymbol{r},t) &= B_\nu\cos(2\pi\nu t)\sin(l\pi x/a)\cos(m\pi y/a)\sin(n\pi z/a)\\
E_z^{(\nu)}(\boldsymbol{r},t) &= C_\nu\cos(2\pi\nu t)\sin(l\pi x/a)\sin(m\pi y/a)\cos(n\pi z/a)\,.
\end{aligned}$$

Dabei stehen die Flächen in den Punkten 0 und a senkrecht auf den Achsen x,y,z eines kartesischen Koordinatensystems und l,m,n sind nicht-negative ganze Zahlen. Aus der Wellengleichung

$$c^2\nabla^2 E - \partial^2 E/\partial t^2 = 0$$

[1] Ferdinand Kurlbaum (1857—1927)
[2] John William Strutt Rayleigh (1842—1919)
[3] James Hopwood Jeans (1877—1946)

folgt für diese Zahlen die Bedingung

$$l^2 + m^2 + n^2 = 4a^2\nu^2/c^2 ,$$

nach der ν nur diskreter Werte fähig ist. Werden die l,m,n als kartesische Koordinaten angesehen, so wird durch diese Beziehung die Fläche einer Kugel mit dem Radius $2a\nu/c$ definiert. Dem Volumen dieser Kugel entspricht die Anzahl der verschiedenen Wertetripel l,m,n, die von 0 bis zur Frequenz ν möglich sind. Da die l,m,n keine negativen Werte annehmen, d.h. auf einen Oktanten beschränkt sind, gibt 1/8 des Volumens dieser Kugel die Zahl $N(\nu)$ der Normalschwingungen bis zur Frequenz ν an:

$$N(\nu) = 4\pi(2a\nu/c)^3/(3 \cdot 8) .$$

Anwendbar, d.h. genügend genau, ist diese Art der Zählung nur dann, wenn $2a\nu/c \gg 1$ bzw. $\lambda/2 \ll a$ gilt, was fast immer erfüllt ist.

Es bleibt jetzt noch zu berücksichtigen, daß das elektromagnetische Feld und damit jede Normalschwingung zwei Freiheitsgrade der Polarisation hat. Daher ist $2N(\nu)$ die Gesamtzahl der Freiheitsgrade der Hohlraumstrahlung im Würfel. Deren Multiplikation mit kT ergibt nach Rayleigh und Jeans die Gesamtenergie $W(\nu,T)$ der Strahlung bis zur Frequenz ν:

$$W(\nu,T) = \frac{8\pi\nu^3}{3c^3}a^3kT .$$

Hieraus erhalten wir durch Differentiation die spektrale Verteilung der Energiedichte der Strahlung

$$w(\nu,T)\mathrm{d}\nu = \frac{\mathrm{d}W/\mathrm{d}\nu}{a^3}\mathrm{d}\nu = (8\pi\nu^2/c^3)kT\mathrm{d}\nu . \qquad (2.47)$$

Daß diese, nach Rayleigh und Jeans benannte Formel nicht stimmen konnte, war sogleich klar, denn einmal wächst sie mit ν über alle Maßen (später als Ultraviolett-Katastrophe bezeichnet), zum andern liefert sie deswegen nicht das experimentell gut bestätigte Wiensche Verschiebungsgesetz (2.42), und schließlich ist ihr Integral über das ganze Spektrum unendlich; d.h. nach ihr wäre überhaupt kein thermisches Gleichgewicht der Strahlung mit der Materie möglich, da schließlich alle Energie von der Strahlung absorbiert würde. Man hätte es folglich auch nicht mit einem Schwarzen Strahler zu tun.

Wegen der Annahme ideal leitender Oberflächen für den Hohlraum besteht offenbar tatsächlich kein Gleichgewicht zwischen der den Hohlraum bildenden Materie und der eingeschlossenen Strahlung, weil eine ideal leitende Fläche auch vollkommen reflektiert. Deswegen ist kein Energieaustausch zwischen der Wandung und der Strahlung des Hohlraums möglich und folglich auch kein Gleichgewicht. Diesem Mangel kann aber durch das Einbringen eines kleinen Stückchens Materie – etwa einer Rußpartikel – abgeholfen werden, wodurch sich ein Gleichgewicht zwischen diesem und der Strahlung einstellt. Die Herleitung der Strahlungsformel (2.47) wird dadurch nicht beeinträchtigt. Ihr Fehler muß deshalb in einer anderen Annahme liegen. Da die Abzählung der Freiheitsgrade theoretisch wohlbegründet ist, bleibt als mögliche Fehlerquelle nur die Annahme des Gleichverteilungssatzes, daß auf jeden Freiheitsgrad die Energie kT entfällt.

Planck ließ sich bei seinen Überlegungen durch die Vermutung eines Zusammenhangs zwischen der Energiedichte und der Entropiedichte der Hohlraumstrahlung leiten. Da nach dem Kirchhoffschen Gesetz im Temperaturgleichgewicht die Art des Materials der den Hohlraum umgebenden Wand keinerlei Einfluß auf die Strahlung hat, dachte er sich die Wandung durch Resonatoren, d.h. harmonische Oszillatoren für alle Frequenzen der Strahlung, ersetzt, die mit der Strahlung im Gleichgewicht stehen. Er nahm an, daß dem Gleichgewichtszustand der größte Entropieinhalt der Oszillatoren entspricht und außerdem, daß das Boltzmannsche Prinzip

$$S = k \ln W \tag{2.48}$$

auch für die Gesamtheit der Oszillatoren gilt. Nach diesem Prinzip ist die Entropie S dem natürlichen Logarithmus der thermodynamischen Wahrscheinlichkeit W proportional, mit der Boltzmann-Konstante k als Proportionalitätsfaktor, wobei unter thermodynamischer Wahrscheinlichkeit die Zahl der Mikrozustände zu verstehen ist, die einem Makrozustand entsprechen. Aus dieser Annahme folgt der entscheidende Schluß, daß die Gesamtenergie E der Oszillatoren - im Widerspruch zur klassischen Theorie - nur in endlichen Bruchteilen auf die den einzelnen Frequenzen entsprechenden Resonatoren verteilt sein kann, da andernfalls W unendlich würde. Diese Annahme eines kleinsten, endlichen Energiequantums führte Planck auf das unten Gl. (2.51) formulierte Strahlungsgesetz.

Unter Verwendung unserer Kenntnis der Existenz eines kleinsten Energiequantums $h\nu$ können wir das Plancksche Strahlungsgesetz auf etwas durchsichtigere Weise herleiten. Dazu betrachten wir die Normalschwingungen der Hohlraumstrahlung mit der Frequenz ν als kanonisches Ensemble, das im thermischen Gleichgewicht mit den Wänden des Hohlraums steht, und dessen Energiezustände also proportional zum Boltzmann-Faktor verteilt sind. Dann ist die Wahrscheinlichkeit dafür, daß eine Normalschwingung den Energieinhalt $nh\nu\,(0 \leq n$, ganz) hat, $A(\nu,T)\exp(-nh\nu/kT)$ (die Nullpunkt-Energie $h\nu/2$ wird außer acht gelassen). Und da die Gesamtwahrscheinlichkeit für alle möglichen Energieinhalte Eins sein muß,

$$A(\nu,T)\sum_{n=0}^{\infty}\exp(-nh\nu/kT) = A(\nu,T)/[1-\exp(-h\nu/kT)] = 1\,, \tag{2.49}$$

erhalten wir[1] $A(\nu,T) = 1 - \exp(-h\nu/kT)$. Der mittlere Energieinhalt der Normalschwingungen der Frequenz ν ist dann

$$\langle\varepsilon_\nu\rangle \;=\; A(\nu,T)\sum_{n=0}^{\infty} nh\nu \mathrm{e}^{-nh\nu/kT}$$

[1] Eine geometrische Reihe mit dem allgemeinen Glied a^n hat für $|a| < 1$ die Summe $(1-a)^{-1}$; wegen $h\nu > 0$, $kT > 0$ ist daher $a = \exp(-h\nu/kT) < 1$.

$$= (1 - \mathrm{e}^{-h\nu/kT}) \sum_{n=0}^{\infty} nh\nu \mathrm{e}^{-nh\nu/kT} .$$

Nun ist

$$nh\nu \mathrm{e}^{-nh\nu/kT} = -\frac{\mathrm{d}}{\mathrm{d}(1/kT)} \mathrm{e}^{-nh\nu/kT} ,$$

und daher folgt

$$\begin{aligned} \langle \varepsilon_\nu \rangle &= \frac{h\nu \mathrm{e}^{-h\nu/kT}}{1 - \mathrm{e}^{-h\nu/kT}} \\ &= \frac{h\nu}{\mathrm{e}^{h\nu/kT} - 1} . \end{aligned} \tag{2.50}$$

Unter Verwendung des Rayleigh-Jeansschen Resultats für die Zahl der Freiheitsgrade erhalten wir damit das Plancksche Gesetz für die spektrale Energiedichte-Verteilung der Hohlraumstrahlung

$$w(\nu, T)\mathrm{d}\nu = \frac{8\pi\nu^2}{c^3} \frac{h\nu}{\mathrm{e}^{h\nu/kT} - 1} \mathrm{d}\nu , \tag{2.51}$$

das vollkommen mit den Meßdaten übereinstimmt.

> Mit der Anerkennung des Planckschen Strahlungsgesetzes wird wegen des zugrundeliegenden Postulats der Existenz kleinster *endlicher* Quanten der Energie ein scharfer Bruch mit der klassischen Theorie vollzogen. Während diese die Möglichkeit der stetigen Verteilung der Energie auf die Zustände eines Systems fordert, führt jenes zu einem energetischen Atomismus und bildet so den Ausgangspunkt der Atomphysik im heutigen Sinne. Die hierdurch eingeführten „Atome" der Energie, die Planckschen Quanten, erhalten später in Einsteins Lichtquanten-Theorie konkrete physikalische Gestalt (vgl. Unterkapitel 4.1).

Durch Vergleich der Formel (2.51) mit gemessenen Verteilungen konnte Planck die ersten Werte für die fundamentalen Naturkonstanten h und k angeben, nämlich $h = 6.55 \cdot 10^{-34}$ J s und $k = 1.347 \cdot 10^{-23}$ J K^{-1}, die bemerkenswert nahe bei den heutigen Werten,

$$h = 6.626\,075\,5(40) \cdot 10^{-34} \text{ J s} \tag{2.52}$$

und dem in Gl. (2.7) für k angegebenen, liegen.

Man sieht leicht, daß mit $h\nu \ll kT$ aus der Beziehung (2.50) $\langle \varepsilon \rangle = kT$ wird, d.h. die Frequenzabhängigkeit von $\langle \varepsilon_\nu \rangle$ verschwindet und damit aus (2.51) die Strahlungsformel von Rayleigh und Jeans wird. Also ist $\langle \varepsilon \rangle = kT$ der klassische Grenzfall der mittleren Energie (2.50). Im entgegengesetzten Grenzfall, $h\nu \gg kT$, ergibt sich aus derselben Formel $\langle \varepsilon_\nu \rangle = h\nu \exp(-h\nu/kT)$ und damit

$$w(\nu, T)\mathrm{d}\nu = \frac{8\pi h\nu^3}{c^3} \mathrm{e}^{-h\nu/kT} \mathrm{d}\nu . \tag{2.53}$$

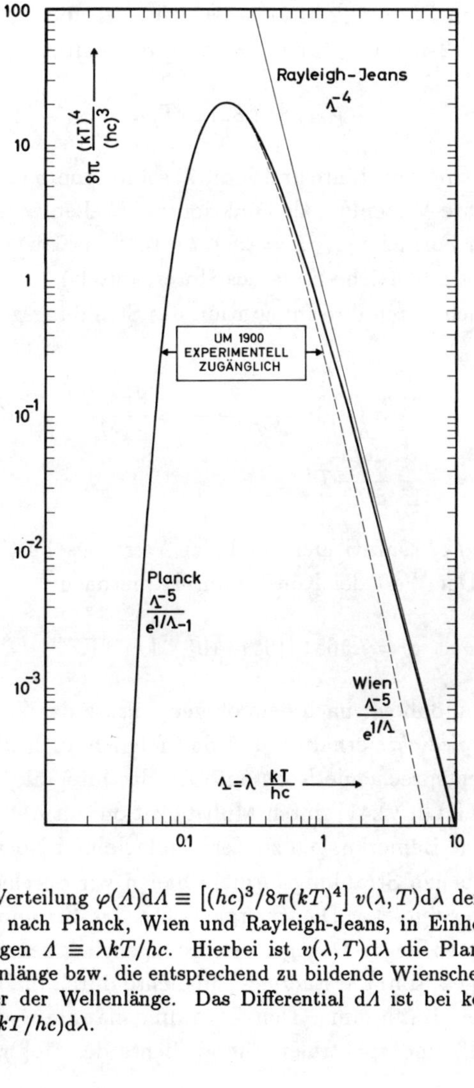

Bild 2.3 Die spektrale Verteilung $\varphi(\Lambda)\mathrm{d}\Lambda \equiv \left[(hc)^3/8\pi(kT)^4\right] v(\lambda, T)\mathrm{d}\lambda$ der Energiedichte der Hohlraumstrahlung nach Planck, Wien und Rayleigh-Jeans, in Einheiten von $8\pi(kT)^4/(hc)^3$, aufgetragen gegen $\Lambda \equiv \lambda kT/hc$. Hierbei ist $v(\lambda, T)\mathrm{d}\lambda$ die Plancksche Verteilung (2.55) über der Wellenlänge bzw. die entsprechend zu bildende Wiensche oder Rayleigh-Jeanssche Verteilung über der Wellenlänge. Das Differential $\mathrm{d}\Lambda$ ist bei konstanter Temperatur zu bilden: $\mathrm{d}\Lambda \equiv (kT/hc)\mathrm{d}\lambda$.

Der Vergleich zeigt, daß das genau die Wiensche Strahlungsformel (2.44) ist, aus der $b = 8\pi h/c^3$ und $a = h/k$ folgt.

Aus der Planckschen Formel (2.51) können wir auch die Konstante des Wienschen Verschiebungsgesetzes (2.43) bestimmen, für die wir erhalten:

$$\nu_{\max} = 2.8214\, kT/h\ .$$

Darin ist k die Boltzmann-Konstante und T die absolute Temperatur. Das Maximum der spektralen Energiedichte-Verteilung als Funktion der Wellenlänge liegt *nicht* bei $c/\nu_{\max}$, es genügt vielmehr der Formel $\lambda_{\max} \cdot T = 2.89779 \cdot 10^{-3}$ m·K, wie sich aus der Verteilung über der Wellenlänge ergibt (siehe Ende des Unterkapitels).

Schließlich ergibt sich durch ihre Integration das Strahlungsgesetz (2.42) von Stefan und Boltzmann:

$$\begin{aligned} w(T) &= \frac{8\pi h}{c^3} \int_0^\infty \mathrm{d}\nu\, \frac{\nu^3}{\mathrm{e}^{h\nu/kT} - 1} = \frac{8\pi k^4 T^4}{c^3 h^3} \int_0^\infty \mathrm{d}\xi \frac{\xi^3}{\mathrm{e}^\xi - 1} \\ &= \frac{8}{15} \frac{\pi^5 k^4}{c^3 h^3} T^4 \end{aligned}$$

Dabei wurde $\xi = h\nu/kT$ substituiert und der Wert des bestimmten Integrals einer Tabelle entnommen. Der Wert der Konstanten ist hiernach

$$\sigma = 7.565\,61(95) \cdot 10^{-16}\,\mathrm{J\,m^{-3}K^{-4}}\ . \tag{2.54}$$

Hierbei ist zu beachten, daß wir nach dem obigen Ansatz das Stefan-Boltzmann-Gesetz für die integrale *Energiedichte* erhalten und daß folglich auch die Konstante σ hierauf zu beziehen ist. Die entsprechende Konstante für das integrale *Emissionsvermögen* ergibt sich hieraus gemäß Gl. (2.41) durch Multiplikation mit $c/4$. An diese Klarstellung knüpfen wir noch einige Bemerkungen zu Terminologie und Notation.

In den hier angegebenen Strahlungsformeln haben wir durchweg Energiedichten der Hohlraumstrahlung verwendet. Die Energiedichte der Strahlung ist die Größe, die der Theorie am nächsten liegt. Dagegen ist die eigentlich gemessene Größe das spektrale Emissionsvermögen, d.h. die Energie-Flußdichte durch die Oberfläche eines strahlenden Körpers in den Halbraum. Den Zusammenhang zwischen spektralem Emissionsvermögen $M(\nu,T)$ und spektraler Energiedichte der Hohlraumstrahlung gibt die Gl. (2.41).

Man kann das Emissionsvermögen auch auf den Raumwinkel normieren, $M(\nu,T)/2\pi = g(\nu,T)$, oder mit $q(\nu,T) = M(\nu,T)/\pi$ die spektrale Strahlungsdichte verwenden und dann z.B. das Plancksche Strahlungsgesetz (2.51) wahlweise für $w(\nu,T)$, $M(\nu,T)$, $q(\nu,T)$ oder $g(\nu,T)$ angeben:

$$w(\nu,T)\mathrm{d}\nu = \frac{4}{c} M(\nu,T)\mathrm{d}\nu = \frac{4\pi}{c} q(\nu,T)\mathrm{d}\nu = \frac{8\pi}{c} g(\nu,T)\mathrm{d}\nu\ .$$

Wichtig ist in diesem Zusammenhang zu erwähnen, daß es natürlich auch möglich ist, die spektralen Größen auf ein Wellenlängennormal statt auf ein Frequenznormal zu beziehen, wobei diese Normale über die Beziehung $\lambda\nu = c$ zusammenhängen. Aus ihr folgt

$$\mathrm{d}\nu = -(c/\lambda^2)\mathrm{d}\lambda\,.$$

Das Minuszeichen in dieser Gleichung drückt aus, daß die Änderung der Wellenlänge der Änderung der Frequenz entgegengerichtet ist. Wenn wir Gl. (2.51) auf ein Wellenlängennormal beziehen, erhalten wir das Plancksche Gesetz in der Form (vgl. Bild 2.3)

$$w(\frac{c}{\lambda},T)\,\frac{c}{\lambda^2}\mathrm{d}\lambda = \frac{8\pi hc}{\lambda^5}\frac{1}{\mathrm{e}^{hc/\lambda kT}-1}\mathrm{d}\lambda$$

oder, mit der Definition $v(\lambda,T) \equiv w(c/\lambda,T)c/\lambda^2$,

$$v(\lambda,T)\mathrm{d}\lambda = \frac{8\pi hc}{\lambda^5}\frac{\mathrm{d}\lambda}{\mathrm{e}^{hc/\lambda kT}-1}\,. \tag{2.55}$$

Ebenso ist es möglich, das spektrale Emissionsvermögen auf ein Wellenlängennormal zu beziehen. Um das entsprechende Resultat zu erhalten, müssen wir Gl. (2.55) entsprechend Gl. (2.41) mit $c/4$ multiplizieren.

2.6 Quantenstatistik und Photonengas

Die im vorigen Abschnitt hergeleitete Plancksche Energiedichteverteilung (2.51) zwingt für sich allein betrachtet, nicht unbedingt zur Annahme der Existenz freier Energiequanten, also der Quanten des Strahlungsfeldes, mit deren Namen „Photonen" wir heute allgemein vertraut sind. Sie läßt vielmehr auch die Deutung zu, daß zwar das Strahlungsfeld kontinuierlich ist, die Oszillatoren des Hohlraums aber Energie nur in Quanten bestimmter Größe aufnehmen bzw. abgeben können, und Planck selbst hat eine solche Deutung anfänglich auch versucht. Erst weitere experimentelle und theoretische Untersuchungen ließen die Quantisierung des Strahlungsfeldes zu einer gesicherten Theorie werden.

Nach der wichtigen Rolle, die Fluktuationen beim Durchbruch der kinetischen Gastheorie und damit der Hypothese der Existenz materieller Atome zur allgemeinen wissenschaftlichen Anerkennung spielten, lag es nahe, auch das Strahlungsfeld auf Fluktuationen zu untersuchen, um so Aufschluß über die der Planckschen Verteilung zugrunde liegenden Prinzipe zu erlangen. Die maßgeblichen Beiträge hierzu stammen wiederum von Einstein. Gegenstand der Untersuchungen sind Schwankungen $\varepsilon = E - \langle E \rangle$ der in einem kleinen Teilvolumen v des Gesamtvolumens V des Hohlraums enthaltenen Strahlungsenergie E um ihren Mittelwert $\langle E \rangle$, und zwar im Frequenzintervall $\nu, \nu + \mathrm{d}\nu$. Das mittlere Schwankungsquadrat $\langle \varepsilon^2 \rangle$ der Energie ist für ein kanonisches Ensemble, als das wir die Normalschwingungen der Frequenz ν ansehen, durch folgenden Ausdruck gegeben (siehe Anhang A.5):

$$\langle\varepsilon^2\rangle = kT^2 \frac{\partial\langle E\rangle}{\partial T}, \tag{2.56}$$

wobei k die Boltzmann-Konstante ist. Da für die Hohlraumstrahlung $\langle E\rangle = v \cdot w\,\mathrm{d}\nu$ gilt, wobei wir $w(\nu, T)$ mit w abkürzen, erhalten wir, mit (2.51) für die Verteilung w:

$$\begin{aligned} \frac{\partial\langle E\rangle}{\partial T} &= \frac{\partial}{\partial T}\left\{\frac{8\pi h\nu^3}{c^3(\mathrm{e}^{h\nu/kT}-1)}\right\} v\mathrm{d}\nu \\ &= \frac{wh\nu}{kT^2}\frac{\mathrm{e}^{h\nu/kT}}{\mathrm{e}^{h\nu/kT}-1} v\mathrm{d}\nu\,. \end{aligned}$$

Das in Gl. (2.56) eingesetzt, ergibt:

$$\begin{aligned} \langle\varepsilon^2\rangle &= h\nu w\left\{\frac{\mathrm{e}^{h\nu/kT}-1}{\mathrm{e}^{h\nu/kT}-1} + \frac{1}{\mathrm{e}^{h\nu/kT}}\right\} v\mathrm{d}\nu \\ &= \left\{h\nu w + \frac{c^3}{8\pi\nu^2}w^2\right\} v\mathrm{d}\nu \\ &= h\nu\langle E\rangle + \frac{c^3}{8\pi\nu^2}\frac{\langle E\rangle^2}{v\mathrm{d}\nu}\,. \end{aligned} \tag{2.57}$$

Unter der Annahme, daß die beiden Terme dieses Ausdrucks statistisch unabhängigen Schwankungen entsprechen, kann jeder von ihnen für sich allein als mittleres Schwankungsquadrat gedeutet werden. Dabei ergibt sich, daß der zweite Term Energieschwankungen entspricht, die aus den Interferenzen klassischer Wellen resultieren. In der Tat erhalten wir, wenn wir die Rayleigh-Jeanssche Verteilung (2.47) statt der Planckschen Verteilung (2.51) in $\langle E\rangle = v \cdot w\mathrm{d}\nu$ und damit in (2.56) einsetzen,

$$\frac{\partial\langle E\rangle}{\partial T} = \frac{8\pi\nu^2}{c^3}kv\mathrm{d}\nu$$

und

$$\begin{aligned} \langle\varepsilon^2\rangle &= k^2T^2\frac{8\pi\nu^2}{c^3}v\mathrm{d}\nu \\ &= \frac{c^3}{8\pi\nu^2}\frac{\langle E\rangle^2}{v\mathrm{d}\nu}\,. \end{aligned}$$

Die Deutung des ersten Summanden des Ausdrucks (2.56) ergibt sich dagegen aus einem ganz anderen Bild. Hierzu benutzen wir die statistische Theorie der Gase, aus der wir in Unterkapitel 2.4 hergeleitet haben, daß das mittlere Schwankungsquadrat der Teilchen $\sigma^2 = \langle n\rangle$ ist, mit $\langle n\rangle = v\varrho$ und ϱ als mittlerer Teilchenzahldichte. Wäre nun n die Anzahl von Strahlungsquanten der Größe $h\nu$ im Volumen v, so wäre die mittlere Energie in diesem Volumen $\langle E\rangle = \langle n\rangle \cdot h\nu$, mit $\langle n\rangle$ als Mittelwert von n, und ihr Schwankungsquadrat wäre

$$\langle\varepsilon^2\rangle = \langle(n - \langle n\rangle)^2\rangle(h\nu)^2 = \sigma^2(h\nu)^2\,.$$

Da für ein Gas aber $\sigma^2 = \langle n \rangle$, würde folgen

$$\langle \varepsilon^2 \rangle = \langle n \rangle (h\nu)^2 = h\nu \cdot \langle E \rangle \,. \tag{2.58}$$

Die Energieschwankungen (2.57) der Hohlraumstrahlung können also mit zwei sich gegenseitig ausschließenden Auffassungen erklärt werden, von denen die eine Stetigkeit des Strahlungsfeldes voraussetzt, während die andere eine quantenhafte Struktur dafür annimmt, in eindrucksvoller Analogie zur Situation bei der Herleitung des Planckschen Verteilungsgesetzes.

Die Paradoxie der Situation wird noch unterstrichen, wenn wir in (2.56) für w die Wiensche Verteilung (2.53) einsetzen:

$$\begin{aligned} \frac{\partial \langle E \rangle}{\partial T} &= \frac{8\pi h\nu^3}{c^3} \cdot \frac{\partial}{\partial T} \left\{ \mathrm{e}^{-h\nu/kT} \right\} v \, \mathrm{d}\nu \\ &= \frac{h\nu}{kT^2} wv \, \mathrm{d}\nu \,. \end{aligned}$$

Damit erhalten wir

$$\langle \varepsilon^2 \rangle = h\nu \, wv \, \mathrm{d}\nu = \langle E \rangle h\nu \,,$$

was (2.58) entspricht und somit dem ersten Term in Gl. (2.57).

Mit der Untersuchung der Energieschwankungen werden wir somit wieder auf die im Zusammenhang mit der Planckschen Verteilung erwähnte Tatsache geführt, daß die Rayleigh-Jeanssche Formel dem klassischen Grenzfall stetiger Verteilung der Hohlraumstrahlung entspricht, die Wiensche Formel aber dem entgegengesetzten eines quantenhaften Charakters der Strahlung.

Wir wollen jetzt die Untersuchung dieser Dichotomie aber nicht weiter vertiefen, sondern statt dessen aus heutiger Sicht eine knappe Darstellung der statistischen Behandlung der Hohlraumstrahlung als Photonengas geben. Dazu betrachten wir ein aus einer sehr großen Zahl N gleicher Teilchen bestehendes System, dessen Energie E mit einem Fehler δE bekannt sei. Wir denken uns diese Energie in kleine Intervalle $\Delta\varepsilon_i$ unterteilt, die sehr klein gegen δE sind, aber immer noch sehr groß gegen die Energieabstände der in diese Intervalle fallenden Einteilchenzustände, und interessieren uns für die Frage, wie viele Teilchen n_i im statistischen bzw. thermischen Gleichgewicht in den Energieintervallen von ε_i bis $\varepsilon_i + \Delta\varepsilon_i$ enthalten sind. Dabei gelten im allgemeinen die Nebenbedingungen:

$$N = \sum_i n_i \qquad \text{und} \qquad E = \sum_i n_i \varepsilon_i \,. \tag{2.59}$$

Die einzelnen Teilchen werden als unabhängig angesehen in dem Sinne, daß sie quantenmechanisch durch langsamen Energieaustausch nur sehr schwach (adiabatisch) miteinander wechselwirken, und weil sich das System im Gleichgewicht befindet, ändert sich die Verteilung der n_i auf die Energiezellen nicht mit der Zeit. Das statistische Gleichgewicht entspricht definitionsgemäß der wahrscheinlichsten Verteilung der n_i, die es zu ermitteln gilt. Die Untersuchung zeigt, daß hierbei prinzipiell drei Fälle zu unterscheiden sind:

Im ersten Fall, (*a*), können die Teilchen von einander unterschieden werden, in den beiden anderen Fällen dagegen nicht. Diese unterscheiden sich dadurch, daß im Fall (*b*) jeweils nur ein Teilchen einen Zustand besetzen kann (es handelt sich hierbei um Teilchen, die Fermionen genannt werden), im Fall (*c*) dagegen beliebig viele (diese Teilchen tragen den Namen Bosonen). Die Unterscheidung der drei Fälle (*a*),(*b*) und (*c*) führt auf drei verschiedene Formen der wahrscheinlichsten mittleren Verteilung auf die Einteilchenenergien ε_i, die wir mit ihren Namen wie folgt angeben:

a) Boltzmann-Verteilung:

$$\langle n_i \rangle = \frac{1}{\exp(\alpha + \beta\varepsilon_i)} ,$$

b) Fermi[1]-Dirac-Verteilung:

$$\langle n_i \rangle = \frac{1}{\exp(\alpha + \beta\varepsilon_i) + 1} , \tag{2.60}$$

c) Bose-Einstein-Verteilung:

$$\langle n_i \rangle = \frac{1}{\exp(\alpha + \beta\varepsilon_i) - 1} .$$

Dabei sind die $\langle n_i \rangle$ die mittleren Besetzungszahlen der Zustände mit der Energie ε_i. Die Größen α und β, die für jeden der drei Fälle und darüber hinaus für jedes System zunächst verschieden sind, lassen sich so behandeln, daß β eine einheitliche Bedeutung bekommt, die mit der Temperatur des Systems zusammenhängt, nämlich $\beta = 1/kT$, wobei T die Temperatur und k die Boltzmann-Konstante ist, während α sowohl von der Temperatur des betrachteten Systems als auch von der Anzahl der Teilchen des Systems abhängt.

Den Formeln (*b*) und (*c*) der Verteilungen (2.60) ist zu entnehmen, daß sie beide für genügend kleine Besetzungszahlen, also für $\exp(\alpha + \beta) \gg 1$, in die Form (*a*), die Boltzmann-Verteilung

$$\langle n_i \rangle = \mathrm{e}^{-(\alpha+\varepsilon_i)/kT} , \tag{2.61}$$

übergehen. Für diese Verteilung können wir den Faktor $\exp(-\alpha)$ bestimmen. Nach der ersten der beiden Nebenbedingungen (2.59) gilt nämlich auch

$$\sum_i \langle n_i \rangle = N ,$$

wobei die Summation wie zuvor über alle Einteilchenzustände läuft. Durch Einsetzen von (2.61) erhalten wir hieraus

$$\mathrm{e}^{-\alpha} = \frac{N}{\sum_i \mathrm{e}^{-\varepsilon_i/kT}} .$$

[1]Enrico Fermi (1901—1954)

Damit nimmt die Boltzmann-Verteilung (2.61) folgende Gestalt an:

$$\langle n_j \rangle = N \frac{e^{-\varepsilon_j/kT}}{\sum_i e^{-\varepsilon_i/kT}} . \tag{2.62}$$

Hieraus folgt nun, daß die Bedingung kleiner Besetzungszahlen, $\langle n_j \rangle \ll 1$, gleichbedeutend ist mit

$$N e^{-\varepsilon_j/kT} \ll \sum_i e^{-\varepsilon_i/kT} . \tag{2.63}$$

Diese Bedingung muß erfüllt sein, um die Bose-Einstein-Verteilung oder die Fermi-Dirac-Verteilung durch die Boltzmann-Verteilung ersetzen zu können, und sie ist gleichbedeutend damit, daß die Zahl der Einteilchenzustände dieses Systems bis zur Energie kT groß gegen die Zahl N der Teilchen des Systems sein muß.

Wir können diesen Zusammenhang durch eine einfache Abschätzung verdeutlichen. Dazu benützen wir, daß Gl. (2.62) invariant gegen die Wahl des Nullpunkts der Energie ist und daß wir infolgedessen für alle i annehmen können, die ε_i seien größer als Null. Dann gilt bestimmt

$$N e^{-\varepsilon_j/kT} \leq N .$$

Teilen wir nun die Summe auf der rechten Seite der Beziehung (2.63) in eine Summe über Zustände mit Energien kleiner als kT und in eine mit Energien größer oder gleich kT auf,

$$\sum_i e^{-\varepsilon_i/kT} \equiv \sum_{\varepsilon<kT} e^{-\varepsilon_i/kT} + \sum_{\varepsilon \geq kT} e^{-\varepsilon_i/kT} ,$$

dann gilt

$$\sum_{\varepsilon<kT} e^{-\varepsilon_i/kT} \leq \sum_i e^{-\varepsilon_i/kT} .$$

Da in der linken Summe alle ε_i kleiner als kT sind, gilt

$$\sum_{\varepsilon<kT} e^{-1} \equiv n_{\varepsilon<kT}\, e^{-1} \leq \sum_{\varepsilon<kT} e^{-\varepsilon_i/kT} ,$$

wobei $n_{\varepsilon<kT}$ die Anzahl der Zustände mit Energien kleiner als kT ist. Daher ist, wenn die Bedingung

$$N \ll n_{\varepsilon<kT}\, e^{-1} \tag{2.64}$$

erfüllt ist, sicher auch die Bedingung (2.63) erfüllt. Die Bedingung (2.64) bedeutet aber, daß die Zahl der Einteilchenzustände bis zur Energie kT groß gegen die Gesamtzahl der Teilchen des Systems sein muß, wie oben behauptet. Diese Bedingung ist dann erfüllt, wenn die Gesamtzahl der Teilchen genügend klein und die Temperatur genügend hoch ist.

Für Teilchen ohne innere Freiheitsgrade, die auf ein Volumen V beschränkt sind, läßt sich mit Hilfe der Quantenmechanik - auf ähnliche Weise wie die Zahl der Normalschwingungen im Unterkapitel 2.5 - die Zahl der Einteilchenzustände Δn in einem

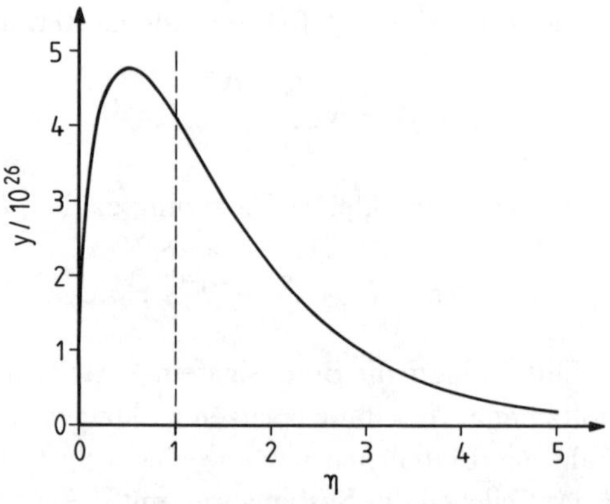

Bild 2.4 Energiedichteverteilung der Besetzungszahlen nach Gl. (2.67) (nicht normiert). Die gestrichelte Linie markiert den Wert $\varepsilon = kT$.

Energieintervall $\Delta\varepsilon$ bei der Energie ε berechnen. Diese Zahl ist

$$\Delta n = \frac{4\pi V}{h^3}\sqrt{2m^3}\sqrt{\varepsilon}\Delta\varepsilon\,. \tag{2.65}$$

Dabei ist h das Plancksche Wirkungsquantum und m die Masse eines Teilchens. Für Teilchen *mit* inneren Freiheitsgraden muß diese Zahl noch größer sein. Wenn wir die Energie auf die Einheit kT beziehen, $\eta = \varepsilon/kT$, erhalten wir hieraus als Niveaudichte

$$\frac{\Delta n}{\Delta\eta} = \frac{4\pi V}{h^3}\sqrt{2k^2T^3m^3}\sqrt{\eta}\,.$$

Durch Einsetzen der Werte für die Konstanten, sowie der Werte $T = 300$ K, $m = 1.67 \cdot 10^{-27}$ kg (Masse eines Wasserstoffatoms) und $V = 10^{-3}$ m^3 erhalten wir für die Niveaudichte in Abhängigkeit von der Energie der Einteilchenzustände

$$\frac{\Delta n}{\Delta\eta} = 1.11 \cdot 10^{27}\sqrt{\eta}\,, \tag{2.66}$$

also eine zwischen Null und Eins sehr schnell mit η wachsende Zahl.

Das Bild 2.4 zeigt eine Darstellung des Produkts dieser Niveaudichte mit dem Boltzmann-Faktor $e^{-\eta}$, das zur Energiedichte-Verteilung der Besetzungszahlen proportional ist:

$$y(\eta) = 1.11 \cdot 10^{27}\sqrt{\eta}\,e^{-\eta}\,. \tag{2.67}$$

Wegen der ungeheuer großen Zahl der Niveaudichte (2.66) schon bei kleinen Energien entsteht nur ein sehr kleiner Fehler, wenn wir im Intervall von Null bis kT die Summation über die ε_i durch Integration ersetzen:

$$\sum_{\varepsilon<kT} e^{-\varepsilon_i/kT} = \int_0^1 d\eta\, y(\eta)\,.$$

Wie aus dem Bild zu ersehen, hat das Integral etwa den Wert $4 \cdot 10^{26}$. Dagegen ist die Zahl der Moleküle in einem Liter bei Normalbedingungen nur etwa $3 \cdot 10^{22}$, so daß die Bedingung (2.63) bei praktisch vorkommenden Drücken und Temperaturen bereits für Wasserstoff immer erfüllt ist. Erst recht ist sie dann wegen des Faktors $m^{3/2}$ in (2.65) für Gase aus schweren Molekülen erfüllt.

Die wichtigsten Systeme, welche die Anwendung der klassischen Boltzmann-Statistik nicht gestatten, sondern die Anwendung der entsprechenden Quantenstatistik erfordern, sind für die Fermi-Dirac-Statistik die Elektronen in einem Leiter und für die Bose-Einstein-Statistik Helium bei sehr tiefen Temperaturen sowie die Hohlraumstrahlung.

Wir wollen nun die Verteilung (2.60c) auf die Hohlraumstrahlung anwenden und zeigen, daß es sich bei den Quanten des elektromagnetischen Strahlungsfeldes, den Photonen, um Bosonen handelt. Weil einzelne Normalschwingungen bzw. Photonen laufend von den Oszillationen des Hohlraumes absorbiert bzw. emittiert werden, müssen wir hier die erste der obigen Nebenbedingungen (2.59), die Konstanz der Teilchenzahl im Hohlraum aufgeben, was unmittelbar dazu führt, daß α Null wird. Wir erhalten damit für die mittlere Besetzungszahl der Zustände mit der Energie ε_i den Ausdruck

$$\langle n_i \rangle = (\mathrm{e}^{\varepsilon_i/kT} - 1)^{-1} ,$$

und wenn wir die Energie ε_i mit $h\nu$ gleichsetzen, den mittleren Energieinhalt dieser Zustände:

$$\langle \varepsilon_\nu \rangle = \langle n_i \rangle h\nu = \frac{h\nu}{\mathrm{e}^{h\nu/kT} - 1} . \tag{2.68}$$

Es bleibt nun nur noch die Aufgabe, diesen Ausdruck mit der Gesamtzahl der Zustände im Intervall $\mathrm{d}\nu$ bei der Frequenz ν zu multiplizieren. Hierzu bedienen wir uns des im Zusammenhang mit der Rayleigh-Jeansschen Formel hergeleiteten Ausdrucks $N(\nu)$ für die Anzahl der Zustände bis zur Frequenz ν,

$$N(\nu) = 4\pi a^3 \nu^3 / 3c^3 ,$$

in welchem a^3 das Volumen des Hohlraums darstellt. Wenn wir diesen Ausdruck nach ν differenzieren, durch das Volumen teilen und wegen der zwei Zustände der Polarisation mit Zwei multiplizieren,

$$\frac{2}{a^3} \frac{\mathrm{d}N}{\mathrm{d}\nu} \equiv \varrho(\nu) ,$$

erhalten wir die auf das Volumen bezogene Zahl der Zustände bei der Frequenz ν im Intervall $\mathrm{d}\nu$:

$$\varrho(\nu)\mathrm{d}\nu = (8\pi\nu^3/c^3)\mathrm{d}\nu . \tag{2.69}$$

Multiplizieren wir Gl. (2.68) mit diesem Ausdruck, so erhalten wir die Energiedichte-Verteilung

$$w(\nu, T)\mathrm{d}\nu = \frac{8\pi\nu^2}{c^3} \frac{h\nu}{\mathrm{e}^{h\nu/kT} - 1} \mathrm{d}\nu$$

und damit das Plancksche Gesetz der Hohlraumstrahlung.

Die unterschiedlichen Zählweisen, die zu den drei verschiedenen Verteilungen (2.60) führen, bilden die Grundlage dreier „Statistiken“, die in der Natur eine Entsprechung haben. Es sind die Boltzmann-, Fermi-Dirac- und Bose-Einstein-Statistik. Die erstgenannte wird als klassisch bezeichnet, weil sie auf der klassischen Mechanik aufbaut, während die beiden anderen auf den Gesetzen der Quantenphysik beruhen und daher Quantenstatistiken sind. Wir werden später wieder auf die Boltzmann-Statistik und auf die Fermi-Dirac-Statistik zurückkommen, die Bose-Einstein Statistik nur noch streifen.

3 Äußere Merkmale und Eigenschaften der Atome

Nachdem die beiden ersten Kapitel den Fragen der Existenz der Atome und deren Verifikation gewidmet waren, wollen wir uns nun mit den äußeren Merkmalen freier Atome befassen.

Als Bausteine der Materie besitzen Atome offenbar Masse und Volumen. Hinweise darauf liefern beispielsweise die kinetische Gastheorie und die Festkörperphysik. Daneben zeigen die Elektrochemie und die Physik der Gasentladungen, daß Atome auch elektrische Ladungen tragen, obwohl sie normalerweise elektrisch neutral auftreten. Die äußeren Eigenschaften der Atome in ihrer Ganzheit, im Gegensatz zu ihrer inneren Struktur, lassen sich weitgehend mit den klassischen Mitteln der Mechanik und der Elektrodynamik bestimmen.

3.1 Die Ladung

Wir beginnen mit den elektrischen Eigenschaften, die wir später zur Bestimmung von Größe und Masse benötigen werden. Der Begriff *elektrische Ladung* wurde im Zusammenhang mit Beobachtungen von Blitzen, die Franklin[1] und Lichtenberg[2] als natürliche elektrische Entladungen erkannten, in die Physik eingeführt. Auf letzteren geht auch die Unterscheidung von positiver und negativer Ladung zurück. Die diesbezügliche Zuordnung von Vorzeichen ist willkürlich. Sie folgt der von Stoney und Thomson gegebenen Definition, nach der dem beweglicheren Teilchen, dem Elektron, eine negative Ladung zugeordnet wird. Wichtige Erkenntnisse über den Transport von Ladungen, wie er auch in Blitzen auftritt, liefern Untersuchungen von Gasentladungen in stark verdünnten Gasen, aus denen sich quantitative Beziehungen zwischen Ladung und Strom ableiten lassen.

---

[1] Benjamin Franklin (1706—1790)
[2] Georg Christoph Lichtenberg (1742—1799)

Auch in dichteren Medien, wie z.B. Flüssigkeiten, findet Elektrizitätstransport statt. Erste quantitative Aussagen stammen von Untersuchungen an Elektrolyten durch Faraday, der die sich in einem Elektrolyten bewegenden Teilchen Ionen nannte.

Die Kraft einer Punktladung q_1 auf eine andere Punktladung q_2 wird durch das von Coulomb gefundene Gesetz

$$\boldsymbol{F}_{12} = \frac{q_1 q_2}{4\pi\varepsilon_0 r_{12}^2} \frac{\boldsymbol{r}_{12}}{|\boldsymbol{r}_{12}|} \equiv q_2 \boldsymbol{E}(q_1, \boldsymbol{r}_{12}) \tag{3.1}$$

beschrieben. Dabei zeigt der Vektor $\boldsymbol{r}_{12}$ von der Ladung q_1 zur Ladung q_2. Der Formel ist zu entnehmen, daß $\boldsymbol{F}_{12}$ bei gleichnamigen Ladungen (gleiches Vorzeichen) in Richtung von $\boldsymbol{r}_{12}$ wirkt, bei ungleichnamigen entgegengesetzt. Die Kraft nimmt mit dem Quadrat des Abstandes zwischen beiden Ladungen ab. Der Faktor $4\pi\varepsilon_0$ mit der Dielektrizitätskonstante ε_0 ist erforderlich, wenn für die beteiligten Größen das SI (Système International) mit dem *Coulomb* als der Einheit der Ladung verwendet wird.

Der zweite Teil der Gleichung bedeutet, daß die Kraftwirkung auf die Ladung q_2 auch als durch das von der Ladung q_1 ausgehende elektrische Feld $\boldsymbol{E}$ vermittelt aufgefaßt werden kann:

$$\boldsymbol{E}(q_1, \boldsymbol{r}_{12}) = \frac{q_1}{4\pi\varepsilon_0 r_{12}^2} \frac{\boldsymbol{r}_{12}}{|\boldsymbol{r}_{12}|} \,. \tag{3.2}$$

Demnach sind elektrische Ladungen Quellen elektrischer Felder. Dabei ist allerdings zu beachten, daß die Gleichung (3.1) symmetrisch in den beiden Ladungen ist. Die Gleichung (3.2) verknüpft eine diskret auftretende Größe, die Ladung, mit einer kontinuierlichen Größe, dem Vektor $\boldsymbol{r}_{12}$, so daß auch das kugelsymmetrische Feld $\boldsymbol{E}$ als kontinuierliche Größe behandelt werden muß.

Es sind viele Verfahren bekannt, mit denen sich der Wert der Elementarladung bestimmen läßt. Eines der genauesten direkten ist das von Ehrenhaft[1] vorgeschlagene, das erstmals von Millikan[2] angewandt und später verbessert wurde. Dabei wird die Bewegung sehr kleiner Öltröpfchen (Durchmesser einige μm), die durch Zerstäubung elektrisch geladen sind, mit einem Meßmikroskop beobachtet (vgl. Bild 3.1).

Das Prinzip der Messung besteht darin, daß an die Meßkammer eine Spannung angelegt wird, die ein vertikales elektrisches Feld (Plattenkondensator) erzeugt, so daß die Gravitationskraft $F_\mathrm{G} = mg$ an der Masse m und die Kraft $F_\mathrm{E} = qE$ des elektrischen Feldes E an der Ladung q eines Öltröpfchens angreifen. Außerdem erfährt das Tröpfchen wie jeder in einer Gasatmosphäre bewegte Körper eine seiner Bewegung entgegengerichtete Reibungskraft F_R, unter deren Einfluß es schließlich eine konstante Geschwindigkeit v erreicht. Die Reibungskraft ist proportional zur Geschwindigkeit: $F_\mathrm{R} = -Kv$. Für die Reibung eines kugelförmigen Körpers mit dem Radius r in einem Medium der Viskosität η ist die Proportionalitätskonstante $K = 6\pi\eta r$ maßgebend (Stokessches Gesetz). Für den stationären Bewegungszustand des Tröpfchens gilt dann

$$F_\mathrm{G} + F_\mathrm{E} + F_\mathrm{R} = 0 \,. \tag{3.3}$$

[1] Felix Albert Ehrenhaft (1879—1951)
[2] Robert Andrews Millikan (1868—1953)

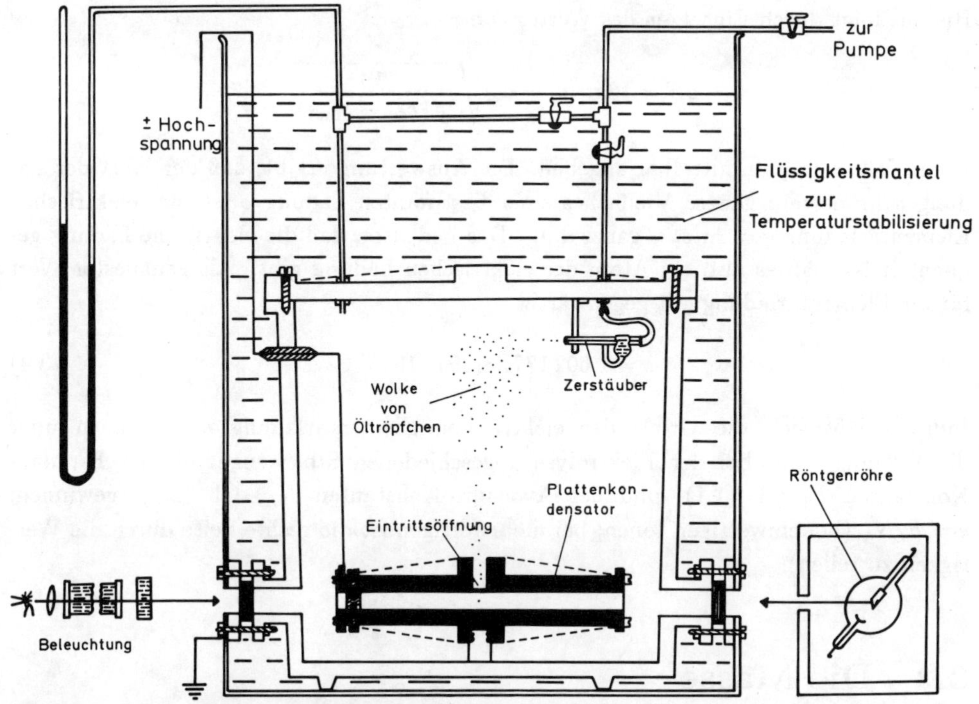

Bild 3.1 Versuchsaufbau von Millikan. Die Beobachtung der Tröpfchen geschieht von vorn. Die Röntgenröhre dient zur Umladung der Tröpfchen.

Durch Veränderung der elektrischen Feldstärke läßt sich im Prinzip das Gleichgewicht $F_G = -F_E$ herstellen. Die Einstellung eines Schwebezustandes ist jedoch schwieriger zu beobachten als eine Bewegung mit konstanter Geschwindigkeit, und der Tröpfchendurchmesser ist nur schwer direkt meßbar.

Um den Radius r zu bestimmen, wird daher zunächst die Geschwindigkeit v_0 des Tröpfchens bei abgeschaltetem elektrischen Feld gemessen. Dann gilt

$$F_G + F_R = \frac{4\pi}{3} r^3 \left(\varrho_{\text{Öl}} - \varrho_{\text{Luft}}\right) g - 6\pi\eta r v_0 = 0$$

und daher

$$r = 3\sqrt{\frac{\eta v_0}{2g\left(\varrho_{\text{Öl}} - \varrho_{\text{Luft}}\right)}} .$$

Dieser Wert für den Radius wird in Gleichung (3.3) für eine Bewegung bei eingeschaltetem elektrischen Feld eingesetzt, wobei sich das Tröpfchen mit der Geschwindigkeit v_1 bewegt:

$$\frac{4\pi}{3} r^3 (\varrho_{\text{Öl}} - \varrho_{\text{Luft}}) g + qE - 6\pi\eta r v_1 = 0 .$$

Hieraus folgt durch Einsetzen des Wertes von r:

$$qE = 18\pi\eta(v_1 - v_0)\sqrt{\frac{\eta v_0}{2g\,(\varrho_{\text{Öl}} - \varrho_{\text{Luft}})}}\,.$$

Damit läßt sich q unmittelbar angeben. Die Auswertung ergibt, daß der Wert der Ladung q immer ein ganzes Vielfaches einer bestimmten Ladung e ist, der elektrischen Elementarladung $q = \pm ne$, n ganzzahlig. Das bedeutet, daß die elektrische Ladung gequantelt ist, daß es also ein Atom der elektrischen Ladung gibt. Als genauester Wert für die Elementarladung gilt gegenwärtig

$$e = 1.602\,177\,33(49) \cdot 10^{-19}\,\text{C}\,. \tag{3.4}$$

Indirekt läßt sich die Größe der elektrischen Elementarladung e z.B. auch über die Wägung einer bei der Elektrolyse abgeschiedenen Stoffmenge mit der Faraday-Konstanten F, Gl. (1.1), und der Avogadro-Konstanten N_A, Gl. (2.8), gewinnen: $e = F/N_\text{A}$ (bei einwertigen Ionen; bei mehrwertigen ist die rechte Seite durch die Wertigkeit zu teilen).

3.2 Die Masse

Bei Kenntnis der Avogadro-Konstanten N_A lassen sich die Massen einzelner Atome bzw. Moleküle bestimmen, beispielsweise durch Messung des Druckes, der Temperatur und der Menge eines Gases.

Für die Bestimmung der Avogadro-Konstanten sind heute etwa sechzig unabhängige Methoden bekannt, von denen nachfolgend einige genannt seien.

1. Die kinetische Gastheorie liefert für die Diffusion kolloider Teilchen mit dem Radius r einen Zusammenhang zwischen der Diffusionskonstanten D, der Temperatur T und dem Koeffizienten η der Viskosität (siehe Gleichung (2.40)), aus deren unabhängiger Messung N_A bestimmbar ist (R ist die allgemeine Gaskonstante):

$$N_\text{A} = \frac{RT}{D \cdot 6\pi\eta r}\,.$$

2. Bei der Elektrolyse ist der Massentransport proportional zur Faraday-Konstanten F, Gleichung (1.1). Aus Zeit- und Strommessung ergibt sich bei Kenntnis der Elementarladung e und der Wertigkeit Z der Ionen:

$$N_\text{A} = \frac{F}{Ze} = \frac{i_F t_F}{Ze}\,.$$

3. Perrin wies nach, daß Sedimentationsgleichgewichte mikroskopisch kleiner Teilchen durch die thermische Bewegung der Moleküle, der Suspension, bestimmt werden. Er stellte eine Formel auf, mit der sich diese Erscheinung (Brownsche Molekularbewegung, siehe Unterkapitel 2.4) quantitativ erfassen läßt. Darauf aufbauend gelang es Kappler[1], die Avogadro-Konstante aus der Brownschen Bewegung eines Galvanometerspiegels, der an einem feinen Torsionsfaden hängt, zu bestimmen.

4. Die Oberflächenenergie ω einer Flüssigkeitsoberfläche a hängt wie folgt mit der Kapillarkonstanten σ zusammen:

$$\omega = \sigma a N_{\mathrm{A}}^{1/3} .$$

5. Die Messung der absoluten Zerfallsrate eines radioaktiven Elements, z.B. die Heliumaufsammlung beim Zerfall des Radiums, liefert bei Kenntnis der Zerfallskonstanten ebenfalls die Avogadro-Konstante.

6. Eine der genauesten Methoden zur Bestimmung der Avogadro-Konstanten, die Messung der Atomabstände eines Kristalls mit Hilfe der Röntgenstrahl-Interferenz (bis zu einer Genauigkeit von 10^{-5}), wollen wir etwas genauer beschreiben. Für die Messung werden, je nach Verfahren, ein Einkristall (Drehkristall-Verfahren) oder ein sehr feines polykristallines Pulver (Debye-Scherrer-Verfahren) sowie eine monoenergetische Strahlung mit einer Wellenlänge etwa der Größe der Atomabstände benötigt (Röntgen-Strahlung, siehe Unterkapitel 8.3).

Die Kristall-Methode geht unmittelbar von der Definition der Avogadro-Konstanten aus, die wir hier wie folgt formulieren:

$$N_{\mathrm{A}} = \frac{\text{Molmasse}}{\text{Dichte/Teilchenzahldichte}} \equiv \frac{M}{\varrho/n} . \tag{3.5}$$

Die drei Größen dieser Definitionsgleichung gilt es, unabhängig voneinander zu bestimmen. Das geschieht nach drei grundsätzlich verschiedenen Verfahren. Während die Molmasse M mit den Mitteln der Massenspektroskopie (siehe Unterkapitel 3.3) sehr genau bestimmt werden kann, wird die Dichte ϱ durch Messen (Volumen, interferometrisch) und Wägen (Masse, hydrostatisch) ermittelt. Die dritte Bestimmungsgröße, die Teilchenzahldichte n, ergibt sich mit Hilfe der hier näher zu beschreibenden Methode. Dazu benötigen wir zunächst einige kristallografische Begriffe.

Ein Kristall zeichnet sich durch seine Regelmäßigkeit aus, die es erlaubt, gewisse Strukturen zu finden, die sich räumlich periodisch wiederholen, seine Einheitszellen. Auf diese Weise lassen sich Raumgitter konstruieren, die je nach Kristall unterschiedliche Symmetrien haben. Nach den Symmetrieeigenschaften lassen sich alle Kristalle

---

[1] Eugen Kappler (1905—1977)

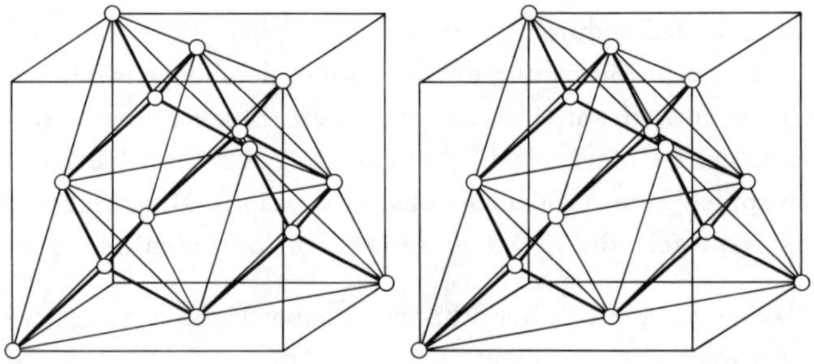

Bild 3.2 Elementarzelle des Diamantgitters. Wenn man die Darstellung so betrachtet, daß beide Bilder zur Deckung kommen, sieht man die Zelle plastisch. Neben den Atomen (Kreise) und ihren Valenzbindungen (starke Striche) sind die geometrischen Beziehungen und Symmetrien angedeutet. Zur Auszählung der Dichte ist zu beachten, daß die Atome in den Würfelflächen zwei, die in den Ecken acht Zellen angehören.

bestimmten Klassen zuordnen, und es ist zweckmäßig, die Einheitszellen des Raumgitters nach der entsprechenden Kristallklasse auszuwählen. Ein weiterer wichtiger Begriff zur Bestimmung einer Kristallstruktur ist die Atombasis des Gitters, die ihrerseits von der Wahl der Einheitszelle abhängt; aber unabhängig davon gilt für jedes Raumgitter: Zu jedem Punkt eines Raumgitters gehört die gleiche Atombasis.

Das wollen wir kurz anhand der Struktur des Diamanten erläutern, die in Bild 3.2 dargestellt ist. Mit der Art der Darstellung unterstreichen wir eine bestimmte Wahl des Raumgitters, nämlich die des kubisch flächenzentrierten, und damit auch die der Einheitszelle (Elementarzelle) und der dazugehörigen Atombasis.

Es läßt sich anhand der Darstellung leicht auszählen, daß die Basis des kubisch flächenzentrierten Gitters des Diamanten aus acht Atomen besteht. Wählen wir als Einheitszelle des Gitters dagegen dasjenige Rhomboeder, das aus zwei räumlich diagonal gegenüberliegenden Eckpunkten des Würfels und dessen sechs Flächenmitten gebildet wird (das sogenannte primitive Parallelepiped des Diamanten), so erkennen wir (nicht ganz so leicht), daß die Basis des so bestimmten Gitters aus zwei Atomen besteht.

Wichtig für unsere Betrachtung ist hier, daß sich sowohl die räumliche Anordnung der Atome als auch deren Distanz röntgeninterferometrisch bestimmen lassen (Röntgen-Strukturanalyse). Wenn wir also zum Beispiel die Abstände der Netzebenen des kubisch flächenzentrierten Gitters des Diamanten messen können und außerdem wissen, daß dessen Basis aus acht Atomen besteht, so kennen wir auch seine Teilchenzahldichte und können nach Gleichung (3.5) die Avogadro-Konstante berechnen.

Die Bestimmung der Abstände beliebiger, aber äquidistanter, von den Atomen eines Kristalls gebildeter Netzebenen läßt sich auf einfache, aber zutreffende Weise mit der Braggschen Reflexionsbedingung erklären (W.H. Bragg [1] und W.L. Bragg [2] 1913, vergleiche Bild 3.3).

[1] William Henry Bragg (1862—1942)
[2] William Lawrence Bragg (1890—1971)

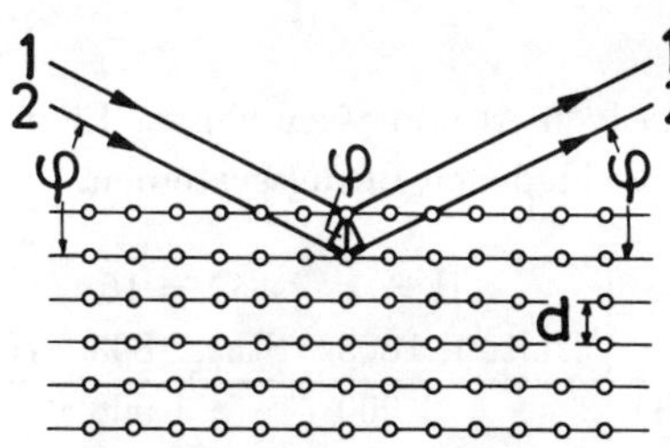

Bild 3.3 Zur Braggschen Reflexionsbedingung. Die Netzebenen, an denen die Strahlen reflektiert werden, stehen senkrecht zur Bildebene. Konstruktive Interferenz ergibt sich, wenn der Gangunterschied (stärker gezeichnet) der beiden Strahlen der Bedingung (3.6) genügt.

Wir erinnern in diesem Zusammenhang an die Interferenz dünner Blättchen (Newton-Ringe). Anders als dort aber spielt die Beschaffenheit der Oberfläche bei der Röntgenstrahl-Interferenz praktisch keine Rolle, es kommt hierbei lediglich auf die Atomebenen an. Die Braggsche Reflexionsbedingung lautet:

$$2d \cdot \sin\varphi = m\lambda\,. \tag{3.6}$$

Dabei ist φ der gegen die Netzebenen gemessene Winkel der einfallenden und der reflektierten Strahlung, λ deren Wellenlänge, d der Abstand der Ebenen und m eine ganze Zahl. Die Erklärung dieser Bedingung ist, daß es nur dann zur konstruktiven Interferenz der an den verschiedenen Ebenen reflektierten Strahlung kommen kann, wenn deren Gangunterschiede ganze Vielfache der Wellenlänge sind.

Während dieses Bild nun für die Ermittlung der Netzebenenabstände völlig ausreicht, ist es unzulänglich für die Beantwortung der Frage, um welche Atomebenen des Kristalls es sich dabei eigentlich handelt. Hierbei, und damit für die Klärung der Atomanordnung im Kristall, kommt es nicht nur auf die verschiedenen möglichen Reflexionswinkel an, sondern auch auf die relative Intensität der unter diesen gemessenen Strahlung. Deren Herleitung allerdings würde weit über den Rahmen dieses Buches hinausführen.

Im Unterkapitel 8.3 werden wir die Röntgen-Strahlung detailliert behandeln, hier sei nur erwähnt, daß für die vorstehend beschriebenen Messungen charakteristische Strahlung des Elements Cu mit einer Wellenlänge von $\lambda = 0.1537303$ nm verwendet wird.

Aus diesem Experiment erhält man d und kann damit N_{A} nach Gleichung (3.5) berechnen. Die Avogadro-Konstante wird gegenwärtig mit einem relativen Fehler von ca. 10^{-6} angegeben (siehe auch Anhang B).

Die Atom- und Molekülmassen werden üblicherweise nicht in kg angegeben, sondern, was praktischer ist und für die Zwecke z.B. der Chemie meist auch genügt, auf die Masse eines Standard-Atoms bezogen. Das war nach Dalton ursprünglich das Wasserstoffatom als das mutmaßlich leichteste Teilchen überhaupt. Dalton gab ihm daher die relative Masse 1. Demnach hatte Sauerstoff die *relative* Masse 15.872. Die Zahl und Zugänglichkeit der Sauerstoffverbindungen der Elemente ist jedoch größer als die der

Tab. 3.1 Vergleich der relativen Atommassen einiger Elemente im natürlichen Isotopengemisch in verschiedenen Bezugssystemen.

	H = 1 Dalton, 1805	O = 16 Stas, 1865	$^{12}C = 12$ IUPAC, 1960
Wasserstoff (H)	1.000	1.008	1.008
Kohlenstoff (C)	11.916	12.011	12.000
Stickstoff (N)	13.896	14.008	14.007
Sauerstoff (O)	15.872	16.000	15.999
Chlor (Cl)	35.175	35.457	35.453

Wasserstoff-Verbindungen, so daß 1865 Stas[1] das Element Sauerstoff als Bezugsgröße einführte.

Nach der Entdeckung der Isotopie der Elemente durch Soddy[2], d.h. des Umstands, daß zu den meisten Elementen Atome unterschiedlicher Massenzahlen gehören, die man Isotope nennt (griech. *ισος τοπος*: gleicher Ort, nämlich im Periodensystem der Elemente; siehe dazu Kapitel 8), fand man aus den überaus genauen Bestimmungen der Massenspektroskopie, daß die Anteile der stabilen Sauerstoff-Isotope nicht immer und überall gleich sind, so daß Atomgewichtsbestimmungen beim Bezug auf ein natürliches Isotopengemisch zu unterschiedlichen Ergebnissen führen können. Seit 1961 wird deshalb international das atomare Massensystem auf das Atom des Kohlenstoff-Isotops der Masse 12, geschrieben ^{12}C, bezogen (IUPAC). In diesem System ist die atomare Masseneinheit (m_u oder u):

$$1 m_u = \frac{1\,g/12}{N_A} = 1.660\,540\,2(10) \cdot 10^{-27}\,kg\,. \quad (3.7)$$

In Tabelle 3.1 sind für einige Elemente die relativen Atommassen nach den verschiedenen Bezugssystemen angegeben.

Kennt man die stöchiometrischen Formeln chemischer Verbindungen, so kann man daraus die Molekülmassen durch Addition der Atommassen berechnen. Die einer relativen Molekül- bzw. Atommasse numerisch entsprechende Gramm-Menge eines Stoffes ist das Mol (vergleiche Kapitel 2).

[1] Jean Servais Stas (1813—1891)
[2] Frederick Soddy (1877—1956)

3.3 Massenspektroskopie

Die Massenspektroskopie ist die genaueste Methode der atomaren Massenbestimmung. Sie beruht auf der Wechselwirkung geladener Teilchen mit elektrischen und magnetischen Feldern und damit auf der Tatsache, daß elektrische Ladung immer an Masse gebunden auftritt und daß Atome als Ionen eine elektrische Überschußladung tragen können. Diese Wechselwirkung ist äußerst wichtig für die Aufklärung atomarer Eigenschaften; so in der Massenspektroskopie, in der Beschleunigerphysik und auch in der optischen Spektroskopie.

Für die Teilchenbewegung im elektromagnetischen Feld können wir hier von der Lorentz-Kraft ausgehen:

$$m\frac{\mathrm{d}\boldsymbol{v}}{\mathrm{d}t} = q\left[\boldsymbol{E} + (\boldsymbol{v} \times \boldsymbol{B})\right] . \tag{3.8}$$

Darin sind $\boldsymbol{E}$ die elektrische Feldstärke, $\boldsymbol{B}$ die magnetische Induktion und $\boldsymbol{v}$ die Teilchengeschwindigkeit. Je nach physikalischer Aufgabenstellung und Geometrie der Felder benützt man die Bewegungsgleichung in kartesischen (x, y, z), zylindrischen (ϱ, φ, z) oder sphärischen $(\varrho, \vartheta, \varphi)$ Koordinaten. Im folgenden werden einige typische Konfigurationen beschrieben. Dabei bleiben die Randverzerrungen der Felder außer Betracht.

1. Homogenes elektrisches Feld (Parallelplatten-Kondensator): Kartesische Koordinaten; $\boldsymbol{B} = 0$; $\boldsymbol{E} = E\boldsymbol{y}/y$ (Bild 3.4).

   Das Feld hat nur eine Komponente in y-Richtung. Es erstreckt sich von $x = 0$ bis $x = l$. Ein Teilchen der Ladung q und der Masse m bewege sich mit der Geschwindigkeit v_0 auf der x-Achse in deren positiver Richtung und sei zur Zeit $t = 0$ im Ursprung. Damit ist im elektrischen Feld $x = v_0 t$ und $y = (qE/2m{v_0}^2)x^2$. Das Teilchen bewegt sich also auf einer Parabel (Wurfparabel). Für seine Gesamtablenkung α gilt:

   $$\tan\alpha = \frac{qEl}{m{v_0}^2} \equiv \frac{qEl}{2\varepsilon_\mathrm{K}} . \tag{3.9}$$

   Das Teilchen wird durch die Ablenkung im Feld beschleunigt. ε_K ist seine kinetische Anfangsenergie.

2. Elektrisches Sektorfeld (Zylinderkondensator): Zylinderkoordinaten; $\boldsymbol{B} = 0$; $\boldsymbol{E} = E(\varrho)\boldsymbol{\varrho}/\varrho$ (Bild 3.4).

   Das Feld liegt zwischen zwei konzentrisch angeordneten Zylindersegmenten, deren Achse die z-Achse ist. Die Feldstärke ist

   $$E(\varrho) = \frac{2U_0}{\varrho \ln(\varrho_2/\varrho_1)} .$$

   Dabei sind $2U_0$ die Spannung, die am Kondensator anliegt und $\varrho_{1,2}$ die Radien von innerem und äußerem Zylindersegment. Die Kreisbahn zwischen den beiden

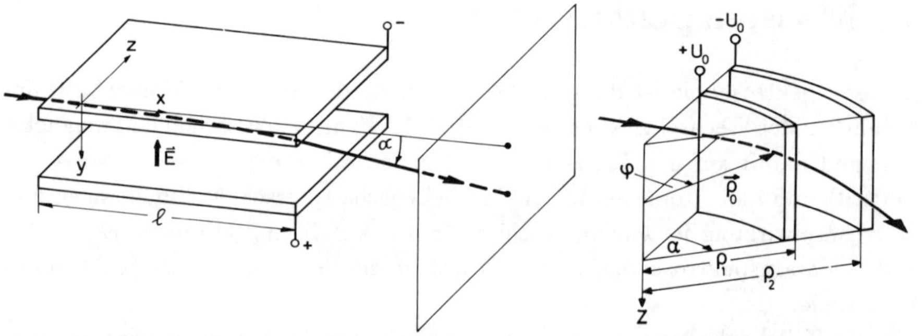

Bild 3.4 Negativ geladene Teilchen im homogenen elektrischen Feld und im elektrischen Sektorfeld. Die Teilchenbahnen sind stärker eingezeichnet.

Segmenten, die auf dem Potential $U = 0$ liegt, heißt Sollbahn. Für ihren Radius ϱ_0 gilt:

$$\int_{\varrho_1}^{\varrho_0} \mathrm{d}\varrho\, E(\varrho) = \int_{\varrho_0}^{\varrho_2} \mathrm{d}\varrho\, E(\varrho)\,,$$

woraus $\varrho_0 = \sqrt{\varrho_1 \varrho_2}$ folgt. Damit das Teilchen sich auf der Sollbahn bewegt, muß die Zentripetalkraft des elektrischen Feldes die Zentrifugalkraft des Teilchens kompensieren:

$$\frac{mv^2}{\varrho_0} + qE(\varrho_0) = \frac{mv^2}{\varrho_0} + \frac{2qU_0}{\varrho_0 \ln(\varrho_2/\varrho_1)} = 0\,.$$

Bei der gewählten Polarität des Feldes kann sich folglich nur ein negativ geladenes Teilchen auf der Sollbahn bewegen, und dafür muß gelten:

$$U_0 = \frac{m}{2} v^2 \frac{\ln(\varrho_2/\varrho_1)}{|q|} \equiv \varepsilon_\mathrm{K} \frac{\ln(\varrho_2/\varrho_1)}{|q|}\,. \tag{3.10}$$

Da hier die Kraft ständig senkrecht zur Bahn steht, bleibt der Betrag der Geschwindigkeit konstant. Der Ablenkwinkel des Strahls ist gleich dem Sektorwinkel α. Nach den Beziehungen (3.9) und (3.10) selektieren elektrische Felder nach dem Quotienten aus kinetischer Energie ε_K und Ladung q der Teilchen:

$$\frac{\varepsilon_\mathrm{K}}{q} = \text{const.}$$

3. a) Homogenes Magnetfeld, Bewegungsrichtung senkrecht zum Feld: Zylinderkoordinaten; $\boldsymbol{E} = 0$; $\boldsymbol{B} = B\boldsymbol{z}/z$ (Bild 3.5).

Nach Gleichung (3.8) steht die Kraft $q(\boldsymbol{v} \times \boldsymbol{B})$, die das Magnetfeld auf ein Teilchen der Ladung q ausübt, immer senkrecht sowohl zum Feld als auch zur Geschwindigkeit des Teilchens. Ein senkrecht zu $\boldsymbol{B}$ eingeschossenes Teilchen bewegt sich darum auf einer Kreisbahn. Auf ihr sind wiederum Zentripetal- und Zentrifugalkraft im Gleichgewicht, so daß gilt:

$$\frac{mv^2}{\varrho_0} = q \cdot v \cdot B \tag{3.11}$$

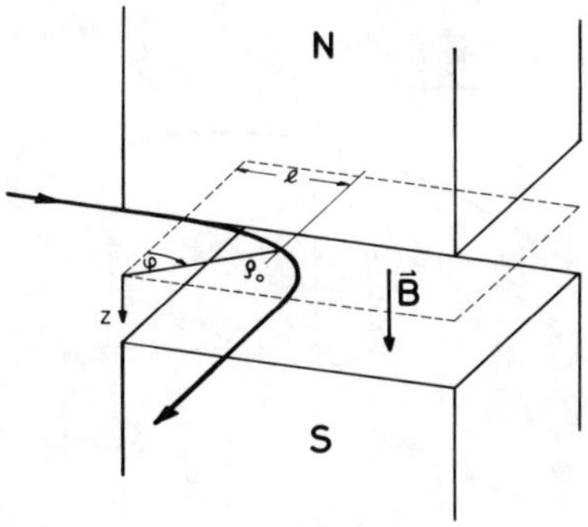

Bild 3.5 Negativ geladenes Teilchen im homogenen Magnetfeld bei senkrechtem Einfall. Die Teilchenbahn ist stärker eingezeichnet.

oder $\varrho_0 = p/qB$. Das homogene Magnetfeld selektiert demnach im Gegensatz zum elektrischen Sektorfeld nach dem Quotienten aus Impuls p und Ladung q der Teilchen. Für den Ablenkwinkel φ gilt

$$\sin\varphi = \frac{qlB}{p}\,. \tag{3.12}$$

Der Geschwindigkeitsbetrag der Teilchen bleibt unverändert.

b) Homogenes Magnetfeld, Bewegungsrichtung schief zum Feld; Zylinderkoordinaten, $\boldsymbol{E} = 0$; $\boldsymbol{B} = B\boldsymbol{z}/z$ (Bild 3.6)

Das Teilchen soll jetzt eine Geschwindigkeitskomponente, u, senkrecht und eine, v_0, parallel zu $\boldsymbol{B}$ haben, also z.B. (in kartesischen Koordinaten) $\boldsymbol{v}_0^{\mathrm{a}} = (0, u, v_0)$. Dann läßt sich die Bewegung zerlegen in eine solche längs der z-Achse, d.h. parallel zu $\boldsymbol{B}$, für die

$$z = v_0 t + z_0$$

gilt, und eine senkrecht dazu. Für diese können wir das vorige Ergebnis (3.11) übernehmen:

$$\varrho_0 = \frac{mu}{qB} = \text{const.}$$

Dann ist

$$\varphi = \frac{q\cdot B}{m}t + \varphi_0\,.$$

Das Teilchen beschreibt demnach eine Schraubenlinie und hat nach der Periode $\tau = 2\pi m/qB$ das gleiche Azimut φ_0 wie zur Zeit $t = 0$.

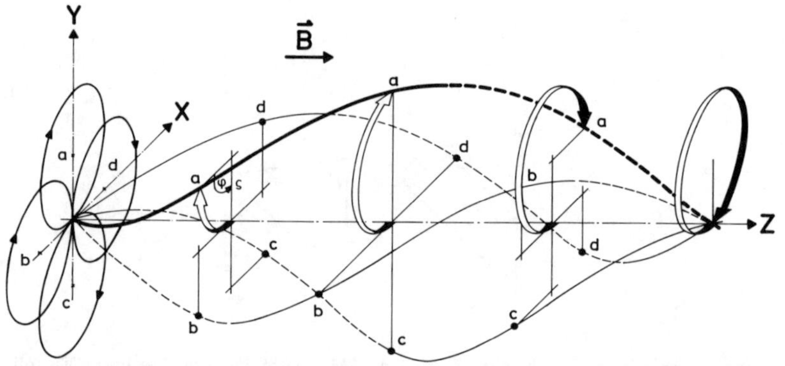

Bild 3.6 Negativ geladene Teilchen im homogenen Magnetfeld bei schiefem Einfall. Die vier eingezeichneten Teilchenbahnen entsprechen folgenden Geschwindigkeiten vor Eintritt in das Feld (in kartesischen Koordinaten): $v_0^a = \{0, u, v_0\}$, $v_0^b = \{-u, 0, v_0\}$, $v_0^c = \{0, -u, v_0\}$, $v_0^d = \{u, 0, v_0\}$.

Zwei der hier geschilderten Feldanordnungen, das elektrische Sektorfeld (siehe Punkt 2. dieses Unterkapitels) und das homogene Magnetfeld (siehe Punkt 3.a) lassen sich kombinieren, wobei sich aus der nacheinander erfolgenden Energie- und Impulsselektion eine Selektion nach q/m ergibt. Man kann daher, wie bereits 1911 Aston zeigte, diese Kombination von Feldern dazu benutzen, Massen zu bestimmen, wenn man den Ladungszustand der Teilchen kennt. Das Prinzip eines solchen *Massenspektrographen*, wie er 1934 von Mattauch[1] und Herzog[2] konstruiert wurde, zeigt Bild 3.7. In modernen Geräten dieser Art wird eine relative Massenauflösung von $\Delta m/m = 10^{-6}$ erreicht, eine Genauigkeit, welche die anderer Verfahren der Massenbestimmung weit übertrifft. Die Teilchen lassen sich nach dem Durchlaufen der elektromagnetischen Felder mit photographischen Platten, auf denen sie Schwärzungsspuren verursachen oder mit anderen geeigneten Geräten, wie z.B. einem Sekundärelektronen-Vervielfacher, nachweisen.

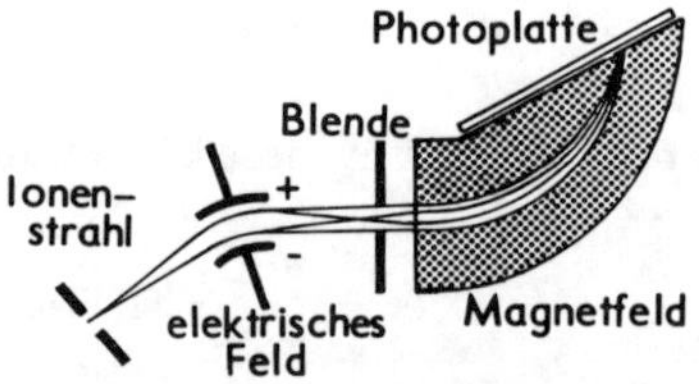

Bild 3.7 Prinzip des Massenspektrographen nach Mattauch und Herzog.

Der früheste Massenspektrograph mit photographischer Registrierung wurde von J.J. Thomson vorgeschlagen. Bei ihm werden im gleichen Raumbereich ein magnetisches Feld $\boldsymbol{B}$ und ein elektrisches Feld $\boldsymbol{E}$ parallel überlagert.

Bild 3.8 zeigt die Anordnung eines solchen „Parabelspektrographen“ mit parallelen Feldern. Nach ihm bewirkt das elektrische Feld eine Ablenkung der Teilchen mit der

[1]Joseph Mattauch (1895—1976)
[2]Richard Herzog (geb. 1911)

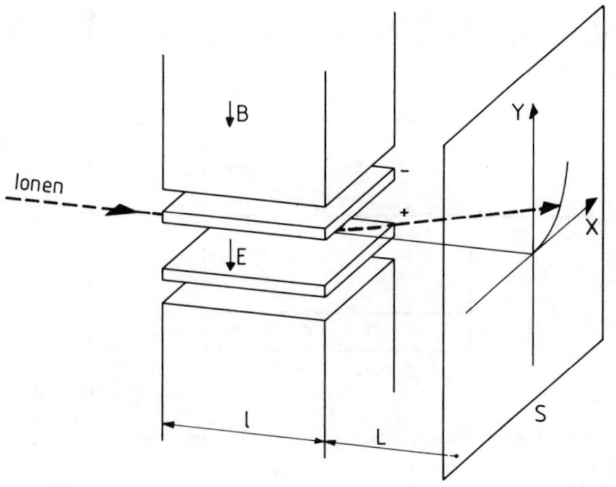

Bild 3.8 Prinzip des Parabelspektrographen (siehe Text).

Ladung e in die positive y-Richtung, das magnetische Feld eine Ablenkung in die positive x-Richtung. Die Teilchen werden auf einem Schirm, der im Abstand L vom Feldbereich steht, aufgefangen. Sie treten in z-Richtung mit der Geschwindigkeit v_0 in den felderfüllten Raum der Länge l ein, den sie nach der Zeit $t = l/v_0$ wieder verlassen. In Bild 3.9 ist die Ablenkung in der xz-Ebene gezeigt. Wir suchen die Teilchenkoordinaten (x_0, y_0) sowohl am Feldausgang als auch auf dem Schirm, (X, Y). Für die X-Koordinate gilt

$$X = x_0 + x = \left(\frac{l}{2} + L\right) \tan\alpha\,, \tag{3.13}$$

wobei α der Ablenkwinkel im Magnetfeld ist, für den $\sin\alpha = l/\varrho$ gilt. Mit dem Krümmungsradius ϱ, der durch die Beziehung $e\varrho B = mv_0$ bestimmt ist, ergibt sich aus Gl. (3.13)

$$X = \left(\frac{l}{2} + L\right) \frac{l}{\varrho\cos\alpha}\,. \tag{3.14}$$

Wenn wir voraussetzen, daß der Ablenkwinkel α im magnetischen Feld klein ist, können wir $\sin\alpha \approx \alpha$ setzen, dann wird $\cos\alpha \approx 1$ und $x \ll L$; das rechtfertigt beiläufig auch das Einsetzen des nicht ganz korrekten Wertes $l/2$ in Gl. (3.13). Damit erhalten wir aus Gl. (3.14)

$$X = \frac{eB}{mv_0}\left(\frac{l^2}{2} + lL\right)\,. \tag{3.15}$$

Die Ablenkung im elektrischen Feld (senkrecht zur Zeichenebene in Bild 3.9) entspricht einer Parabel, so daß wir für y_0 am Feldausgang erhalten:

$$y_0 = \frac{1}{2}\frac{eE}{m}t^2\,.$$

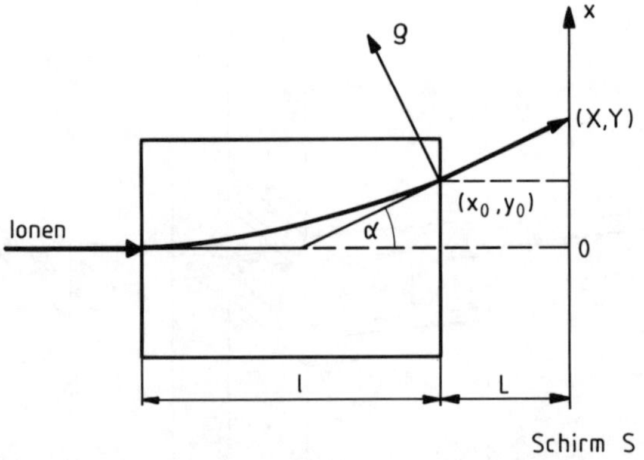

Bild 3.9 Zum Parabelmassenspektrographen (Bild 3.8): Bestimmung der Parabelkoordinaten auf dem Bildschirm S.

Mit der Zeit $t = \varrho\alpha/v_0 = s/v_0$ folgt dann, wobei s die Bogenlänge in der xz-Ebene vom Eintritt in das Feld bis zum Austritt aus diesem ist,

$$y_0 = \frac{1}{2}\frac{eE}{m{v_0}^2}\varrho^2\alpha^2 = \frac{1}{2}\frac{eE}{mv_0^2}s^2 .$$

Die Steigung im Punkt (x_0, y_0) ist dann

$$\frac{\mathrm{d}y_0}{\mathrm{d}s} = \frac{eE}{m{v_0}^2}s .$$

In y-Richtung verändert sich die Koordinate vom Punkt (x_0, y_0) bis zum Schirm um

$$y = \frac{eE}{m{v_0}^2}s\left(x^2 + L^2\right)^{1/2} = \frac{eE}{m{v_0}^2}\varrho\alpha L\left(1 + \frac{x^2}{L^2}\right)^{1/2} .$$

Daraus folgt für kleine Winkel α

$$y = \frac{eE}{m{v_0}^2}lL$$

und damit für die Y-Koordinate auf dem Schirm

$$Y = y_0 + y = \frac{eE}{m{v_0}^2}\left(\frac{l^2}{2} + lL\right) . \tag{3.16}$$

Aus Gleichung (3.15) folgt

$$\frac{1}{{v_0}^2} = \frac{m^2X^2}{\mathrm{e}^2B^2}\left(\frac{l^2}{2} + lL\right)^{-2}$$

und demnach

$$Y = \frac{mE}{eB^2}\left(\frac{l^2}{2} + lL\right)^{-1}X^2 . \tag{3.17}$$

Auf dem Schirm beschreiben Teilchen mit gleichem Verhältnis m/e, aber mit verschiedenen Geschwindigkeiten demnach Parabeln, womit der Name Parabelspektrograph erläutert ist.

Werden die beiden Felder senkrecht zueinander angeordnet, und zwar so, daß die Ablenkung im magnetischen Feld diejenige im elektrischen Feld gerade kompensiert, so können Teilchen genau einer Geschwindigkeit diese Feldanordnung unabgelenkt auf der z-Achse durchlaufen. Die Bedingung dafür ergibt sich aus Gl. (3.8). Man kann so die Geschwindigkeit herausselektieren, weshalb diese Anordnung Geschwindigkeitsfilter oder nach ihrem Erfinder, Wien-Filter genannt wird. In Massenspektrometern neuerer Bauart werden die Teilchen elektronisch in Sekundärelektronen-Vervielfachern nachgewiesen.

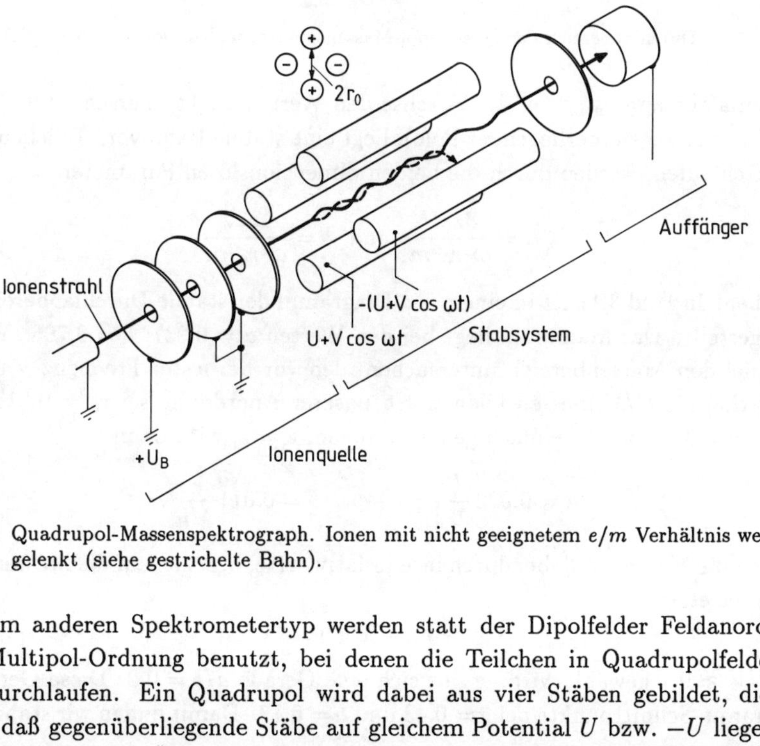

Bild 3.10 Quadrupol-Massenspektrograph. Ionen mit nicht geeignetem e/m Verhältnis werden ausgelenkt (siehe gestrichelte Bahn).

In einem anderen Spektrometertyp werden statt der Dipolfelder Feldanordnungen höherer Multipol-Ordnung benutzt, bei denen die Teilchen in Quadrupolfeldern ihre Bahnen durchlaufen. Ein Quadrupol wird dabei aus vier Stäben gebildet, die so gepolt sind, daß gegenüberliegende Stäbe auf gleichem Potential U bzw. $-U$ liegen (siehe Bild 3.10). Obwohl die Äquipotentiallinien eines Quadrupolfeldes eigentlich Hyperbeln sind, genügt es in den meisten Fällen, diese in Scheitelnähe durch Kreise anzunähern (runde Stäbe sind technisch einfacher herzustellen).

Zusätzlich zur Gleichspannung U wird eine Wechselspannung $V \cos \omega t$ überlagert, wobei mit V die maximale Amplitude bezeichnet wird. Ein Teilchen der Masse m und der Ladung $q = ze$ durchläuft in dieser Feldanordnung komplizierte Bahnen, die um die z-Achse (Längsachse) der Anordnung oszillieren. Es gibt stabile Bahnen und solche, auf denen die Teilchen die Feldanordnung verlassen können und verloren gehen. Wenn

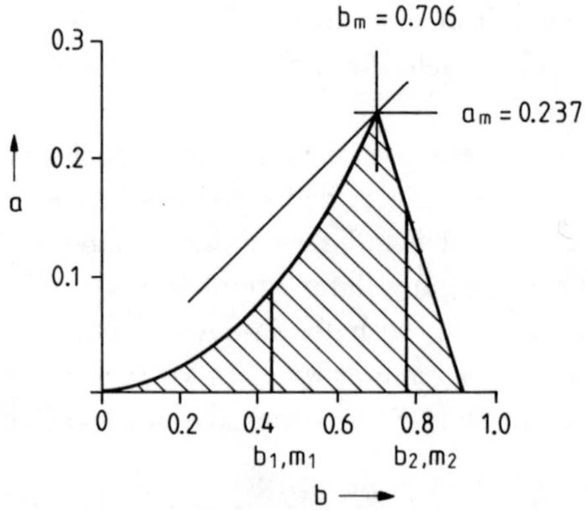

Bild 3.11 Durchlaßbereich des Quadrupol-Massenspektrographen von Bild 3.10 (siehe Text).

der Maximalabstand $r_{\max}$ von der z-Achse den Wert r_0 nicht überschreitet ($2r_0$ ist der Abstand zweier gegenüberliegender Pole), liegt eine stabile Bahn vor. Teilchen, die diese Filter durchlaufen, werden durch die beiden dimensionslosen Parameter

$$a = \frac{8zeU}{\omega^2 {r_0}^2 m} \quad \text{und} \quad b = \frac{4zeV}{\omega^2 {r_0}^2 m}$$

beschrieben. In Bild 3.11 ist in einem a-b-Diagramm der stabile Durchlaßbereich schraffiert dargestellt. Das Maximum liegt bei den Werten $a = 0.237$; $b = 0.706$. Wir wollen als Beispiel den Massenbereich untersuchen, den wir bei fester Frequenz ν und einem festen Verhältnis U/V messen können. In unserer Anordnung sei $r_0 = 0.01$m und die Frequenz $\nu = 3$MHz. Für einfach geladene Ionen, $z = 1$, wird dann

$$a = 0.022\frac{U}{M_R}\,; \qquad b = 0.011\frac{V}{M_R}\,.$$

Wir haben die Massen m dabei durch ihre Relativwerte, bezogen auf die Masseneinheit u, Gl. (3.7), ersetzt:

$$m = M_R\,\mathrm{u}\,.$$

Wenn $U/V \approx 0.1$ gewählt wird, ergibt sich eine Gerade $a/b = 0.2$. Diese Gerade liefert im Diagramm Schnittpunkte bei $b = 0.43$ und $b = 0.77$. Damit finden wir stabile Bahnen im Massenbereich

$$M_{r_1} = \frac{V}{39} \quad \text{bis} \quad M_{r_2} = \frac{V}{70}\,.$$

Je nach Wahl von V liefert dies den Meßbereich unseres Quadrupol-Massenspektrometers.

Nachdem es gelungen ist, Signalfolgen zu registrieren, die einen zeitlichen Abstand unterhalb einer Nanosekunde haben, kann auch die Flugzeit zur Spektroskopie eingesetzt werden. Die Geschwindigkeit der Teilchen läßt sich mit einer guten geometrischen Anordnung durch die Zeit bestimmen, die ein Teilchen benötigt, die Anordnung zu durchlaufen. Wichtig ist allerdings, daß ein Zeitsignal vorhanden ist, das den Eintritt in die Flugstrecke des Teilchens markiert. In der überwiegenden Zahl der Meßanordnungen wird deshalb mit einem unterbrochenen bzw. gepulsten Strahl gearbeitet, um die Flugzeit oder Laufzeit zu messen. Betrachten wir zwei Teilchen mit den Massen m_1 und m_2, die wir auflösen wollen, dann benötigen diese Teilchen zum Durchlaufen der Strecke L die Zeit

$$t = \frac{L}{v} .$$

Wenn beide Teilchen die gleiche Energie $E = zeU$ haben, dann unterscheiden sich ihre Geschwindigkeiten umgekehrt proportional zu ihrer Masse:

$$v = \sqrt{\frac{2E}{m}} .$$

Als Flugzeitdifferenz erhalten wir

$$\Delta t = \frac{L}{\sqrt{2E}} \left(\sqrt{m_2} - \sqrt{m_1}\right) .$$

Beispiel: Wir wollen Masse 100 von 101 abtrennen auf einer Flugstrecke von 2 m, Ionenenergie 20 keV. Für diesen Fall erhalten wir einen Laufzeitunterschied von 5 μs.

3.4 Die spezifische Ladung des Elektrons

Elektronen sind nach heutiger Kenntnis punktförmige Elementarteilchen, die Ladung und Masse besitzen. Das Verhältnis von Ladung zu Masse ist eine wichtige Naturkonstante, deren Wert experimentell bestimmt werden muß. Als geladene Masseteilchen gehorchen sie der Bewegungsgleichung (3.8), und ihre spezifische Ladung e/m läßt sich, wie in Unterkapitel 3.3 beschrieben, bestimmen, indem man sie eine Kombination elektrischer und magnetischer Felder durchlaufen läßt.

Ein einfaches, aber dennoch recht genaues Meßverfahren gab Busch[1] 1922 dazu an (Bild 3.12). In einer Braunschen[2] Röhre werden Elektronen aus einer Glühkathode in einem elektrischen Feld U/d (Abstand $d = \overline{\mathrm{KA_1}}$) auf die axiale Geschwindigkeit

$$v_p = \sqrt{\frac{2eU}{m}}$$

beschleunigt und treffen nach Passieren der Blende A_2 auf den Bildschirm F auf. Das Braunsche Rohr befindet sich innerhalb einer Magnetspule S, die ein achsparalleles Magnetfeld B erzeugt. Wird mit Hilfe des Sechspol-Magneten M das Strahlenbündel auf das Loch in der Hilfsanode A_2 fokussiert, so erhalten die Teilchen dadurch eine

[1] Hans Busch (1884—1973)
[2] Karl Ferdinand Braun (1850—1918)

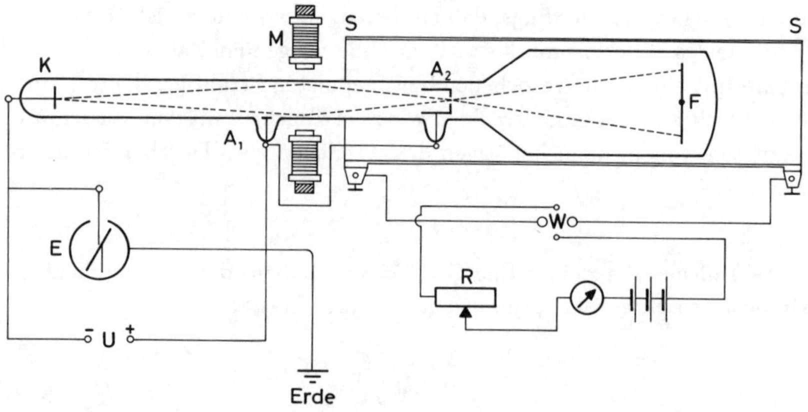

Bild 3.12 Versuchsanordnung von H. Busch zur Bestimmung der spezifischen Elektronenladung e/m.

Geschwindigkeits-Komponente v_s senkrecht zur Achse des Rohrs. Wie in Unterkapitel 3.3 unter (3b) gezeigt, führt ein geladenes Teilchen, dessen Geschwindigkeitsvektor mit dem Feld einen endlichen Winkel bildet, eine Schraubenbewegung aus (Bild 3.6) und berührt nach einem Umlauf wieder die Achse der Anordnung.

Der Radius ϱ der Schraube ergibt sich aus der Gleichgewichtsbedingung (3.11):

$$\varrho = \frac{mv_s}{eB} .$$

Die Zeit t_s für einen Umlauf ist dann

$$t_s = \frac{2\pi\varrho}{v_s} = \frac{2\pi m}{eB} ,$$

das heißt die Umlaufzeit ist unabhängig von der Geschwindigkeit v_s. Infolgedessen erreichen alle Elektronen, die gleichzeitig von A_2 ausgehen, nach der gleichen Zeit wieder die Achse. Die Längsgeschwindigkeit v bringt ein Elektron in der Zeit

$$t_p = \frac{l}{v_p} = l\sqrt{\frac{m}{2eU}}$$

von der Anode zum Schirm (Abstand $l = \overline{A_2F}$). Wird nun die magnetische Induktion B mit dem Widerstand R so geregelt, daß $t_p = t_s$ wird, dann treffen alle Elektronen auf dem Schirmmittelpunkt auf. Für die spezifische Ladung des Elektrons ergibt sich durch Gleichsetzen von t_p mit t_s:

$$\frac{e}{m} = \frac{8\pi^2 U}{l^2 B^2} .$$

Ihr genauer Wert ist

$$\frac{e}{m} = 1.758\,819\,62(53) \cdot 10^{11}\ \mathrm{C\ kg^{-1}}\,. \tag{3.18}$$

Mit dem Wert (3.3) der Ladung e erhalten wir daraus für die Masse des Elektrons den Wert

$$m_e = 9.109\,380\,7(54) \cdot 10^{-31}\ \mathrm{kg}\,. \tag{3.19}$$

3.5 Relativistische Massenzunahme

Einige frühe Experimente zur Bestimmung der spezifischen Ladung des Elektrons hatten ein zunächst unverständliches Resultat. Zu ihnen gehören die Versuche von Kaufmann[1] und Bucherer[2], in parallelen bzw. gekreuzten elektrischen und magnetischen Feldern - der Anordnung, die wir oben als Parabelspektrograph bezeichnet haben - den Wert von e/m für Elektronen aus einem radioaktiven Präparat (Radium) zu bestimmen.

Kaufmann (1906) und Bucherer (1909) stellten bei ihren Messungen eine signifikante Abweichung von der Parabel (3.17) fest, derart, daß die Parabel enger war als erwartet. Daraus ist zu folgern, daß die spezifische Ladung e/m mit der Geschwindigkeit der Elektronen kleiner wird. Es kann aus diesem Experiment aber nicht entschieden werden, ob die Ladung e oder die Masse m von der Geschwindigkeit abhängt.

Die Möglichkeit einer Abhängigkeit der elektrischen Ladung von der Geschwindigkeit können wir jedoch aufgrund der Maxwellschen Gleichungen der Elektrodynamik verneinen. Diese lauten

$$\begin{aligned} \nabla \cdot \boldsymbol{D} = \varrho \qquad & \nabla \times \boldsymbol{E} = -\frac{\partial \boldsymbol{B}}{\partial t} \\ \nabla \cdot \boldsymbol{B} = 0 \qquad & \nabla \times \boldsymbol{H} = -\frac{\partial \boldsymbol{D}}{\partial t} + \boldsymbol{j} \end{aligned} \tag{3.20}$$

mit $\boldsymbol{D} = \varepsilon_0 \boldsymbol{E}$ und $\boldsymbol{B} = \mu_0 \boldsymbol{H}$; ∇ ist der sogenannte Nabla-Operator (siehe Anhang A.6). Aus der ersten und der letzten dieser Gleichungen läßt sich die Kontinuitätsgleichung für die elektrische Ladung ableiten:

$$\frac{\partial \varrho}{\partial t} + \nabla \cdot \boldsymbol{j} = 0\,. \tag{3.21}$$

Da die Ladungsdichte $\varrho = ne$ (n ist die Elektronendichte im Strahl) hier nicht explizit von der Zeit abhängt, ist $\partial\varrho/\partial t = 0$. Damit reduziert sich Gleichung (3.21) auf

$$\boldsymbol{j} = \nabla \cdot (ne\boldsymbol{v}) = 0\,. \tag{3.22}$$

---

[1] Walter Kaufmann (1871—1947)

[2] Alfred Heinrich Bucherer (1863—1927)

Hat ein Elektronenstrahl die Richtung der positiven z-Achse, so ist sein Geschwindigkeitsvektor $\boldsymbol{v} = (0, 0, v_z)$ und dessen z-Komponente ist gleich dem Geschwindigkeitsbetrag v. Damit erhalten wir aus Gl. (3.22)

$$\frac{\partial(nev)}{\partial z} = 0$$

und

$$nev = C_1 = \text{const.} \tag{3.23}$$

Die Kontinuitätsgleichung gilt aber auch für die Teilchenzahl

$$\frac{\partial n}{\partial t} + \nabla \cdot (n\boldsymbol{v}) = 0\,,$$

und da keine Teilchen erzeugt oder vernichtet werden, ist $\partial n/\partial t = 0$ und folglich

$$\nabla \cdot (n\boldsymbol{v}) = 0\,.$$

Mit demselben Geschwindigkeitsvektor $\boldsymbol{v}$ wie oben erhalten wir daraus

$$\frac{\partial nv}{\partial z} = 0$$

und

$$nv = C_2 = \text{const.} \tag{3.24}$$

Der Quotient aus Gl. (3.23) und Gl. (3.24) ergibt

$$e = \frac{C_1}{C_2}\,,$$

also e =const., wie behauptet.

In Verbindung mit dem experimentellen Ergebnis ist daraus zu schließen, daß die Masse der Elektronen von der Geschwindigkeit abhängt. Tatsächlich nimmt sie proportional zur kinetischen Energie zu: $\Delta m = K \cdot E_\text{K}$. Der Proportionalitäts-Faktor K dieser Beziehung läßt sich experimentell aus einer Energie-Eichung gewinnen. Für die kinetische Energie

$$E_\text{K} = 5.110 \cdot 10^5\,\text{eV} = 8.187 \cdot 10^{-14}\,\text{J} \tag{3.25}$$

ergibt sich dabei $\Delta m = m_0$, d.h. die Masse des Elektrons ist bei dieser Energie doppelt so groß wie seine Ruhemasse m_0 (1eV ist die kinetische Energie, die ein Masseteilchen mit der Ladung e bei der Beschleunigung durch ein Volt Potentialdifferenz erhält). Damit erhalten wir

$$\frac{1}{K} = \frac{E_\text{K}}{m_0} = \frac{8.187 \cdot 10^{-14}\,\text{J}}{9.109 \cdot 10^{-31}\,\text{kg}} = 8.988 \cdot 10^{16}\,\text{m}^2\,\text{s}^{-2}\,,$$

oder $1/\sqrt{K} = 2.998 \cdot 10^8\,\text{m}\,\text{s}^{-1}$. Das ist aber die Geschwindigkeit des Lichts im Vakuum. Ihr genauer Wert ist

$$c = 2.997\,924\,58 \cdot 10^8\,\text{m}\,\text{s}^{-1}\,. \tag{3.26}$$

Damit lautet die Beziehung zwischen Energie und Massenzunahme $\Delta m = m - m_0$

$$E_K = (m - m_0)c^2 \,. \tag{3.27}$$

Diese Gleichung geht auf Einstein zurück, der sie jedoch nicht experimentell ermittelte, sondern theoretisch deduzierte. Ausgangspunkt für ihre Herleitung (1905) waren Einsteins Postulate:

1. Für die physikalische Beschreibung sind alle Inertialsysteme gleichberechtigt, d.h. es gibt kein absolutes Bezugssystem.

2. Die Vakuum-Lichtgeschwindigkeit ist in allen Inertialsystemen gleich.

Im Rahmen der darauf aufbauenden Mechanik, die wegen der besonderen Rolle, die das Relativitätsprinzip in ihr spielt, relativistisch genannt wird, ergibt sich für die Massen eines Teilchens die Beziehung

$$m = \frac{m_0}{\sqrt{1-\beta^2}} \,, \tag{3.28}$$

mit $\beta = v/c$. Daraus folgt, daß c die Grenzgeschwindigkeit für den Energietransport ist, weil für $v > c$ die Masse imaginär würde. Die Gleichung (3.28) beschreibt den in Bild 3.13 gezeigten Verlauf der Massenzunahme mit größer werdender Geschwindigkeit. Wir erhalten aus ihr durch Quadrieren und Multiplizieren mit c^2:

$$m^2c^2(c^2 - v^2) = {m_0}^2c^4$$

$$m^2c^4 = m^2v^2c^2 + {m_0}^2c^4 \,.$$

Das ist, mit der relativistischen Fundamentalgleichung

$$E = mc^2 \tag{3.29}$$

und $p = mv$, der relativistische Energiesatz

$$E^2 = p^2c^2 + {m_0}^2c^4 \,. \tag{3.30}$$

Die kinetische Energie E_K ist die Differenz zwischen der relativistischen Gesamtenergie $E = mc^2$ und der Energie m_0c^2, die der Ruhemasse entspricht, d.h. der Ruheenergie:

$$E_K = E - m_0c^2 = (m - m_0)c^2$$

oder

$$E_K = \sqrt{p^2c^2 + {m_0}^2c^4} - m_0c^2 \,. \tag{3.31}$$

Nur für im Vergleich zur Lichtgeschwindigkeit kleine Geschwindigkeiten ($v \ll c$) ist

$$\begin{aligned} E_K &= (m - m_0)c^2 = \left[\frac{1}{\sqrt{1-\beta^2}} - 1\right] m_0c^2 \\ &\approx \left(1 + \frac{\beta^2}{2} - 1\right) m_0c^2 = \frac{m_0v^2}{2} \,. \end{aligned}$$

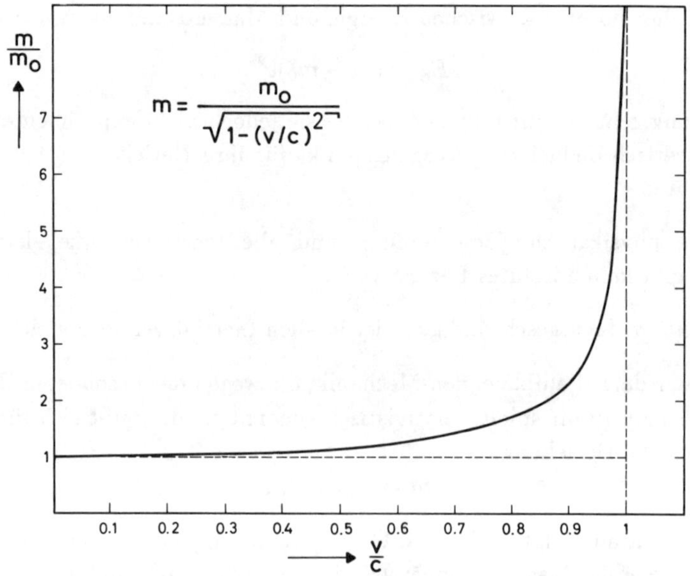

Bild 3.13 Zunahme der Masse eines Teilchens der Ruhemasse m_0 in Abhängigkeit von seiner Geschwindigkeit v. c ist die Geschwindigkeit des Lichts im Vakuum.

Das ist ein Beispiel dafür, daß die nichtrelativistische Mechanik der Grenzfall der relativistischen Mechanik für $v/c \to 0$ ist. Aus der Gl. (3.31) erhalten wir

$$(E_K + m_0c^2)^2 = p^2c^2 + {m_0}^2c^4 \tag{3.32}$$

und daraus, unter Zuhilfenahme von Gl. (3.28),

$$\beta^2 = 1 - \left(\frac{E_K}{m_0c^2} + 1\right)^{-2} . \tag{3.33}$$

Elektronen aus dem radioaktiven Zerfall der Radium-Isotope ^{225}Ra und ^{227}Ra haben kinetische Energien von $3 \cdot 10^5$ eV bzw. $1.3 \cdot 10^6$ eV. Setzen wir das in Gl. (3.33) ein und außerdem den Wert

$$m_0c^2 = 5.110 \cdot 10^5\,\text{eV} \tag{3.34}$$

für die Ruheenergie des Elektrons, der sich aus den Gln. (3.25) und (3.27) ergibt, so erhalten wir $\beta = 0.78$ bzw. 0.96. Das entspricht nach Gl. (3.28) einer Massenzunahme von $0.6m_0$ bzw. $2.5m_0$. Bei 78% und erst recht bei 96% der Lichtgeschwindigkeit treten demnach ausgeprägte relativistische Effekte auf. Man nennt die Elektronen aus dem Zerfall des Radiums daher stark relativistisch und muß sie im Rahmen der relativistischen Mechanik behandeln. Würde man ihre Geschwindigkeit aus der Beziehung $E_K = m_0v^2/2$ berechnen, so erhielte man die Werte 1.1 bzw. 2.3 für β, die nach Gl. (3.28) unmöglich sind. Werte von $\beta > 1$ wurden auch nie gemessen.

Das Meßergebnis von Kaufmann und Bucherer war eine der ersten Manifestationen relativistischer Effekte. Zu jener Zeit war die spezielle Relativitätstheorie Einsteins noch keineswegs akzeptiert.

Die äußere Bewegung des ganzen Atoms läßt sich zwar mit den Gleichungen der klassischen Physik beschreiben, doch in detaillierten Untersuchungen der inneren Struktur der Atome beschreiben wegen der großen Impulse der Elektronen in den inneren Schalen nur noch relativistisch invariante Gleichungen das Verhalten des Systems richtig.

3.6 Die Größe

Die kinetische Gastheorie läßt nicht nur auf die Masse der Atome schließen, sondern sie liefert auch einen ersten Hinweis auf deren Größe, wenn die Atome als Kugeln angenommen werden. Ein reales Gas wird im Bereich mäßiger Abweichung von der Idealität recht gut durch die van der Waalssche Zustandsgleichung beschrieben:

$$\left(p + \frac{\nu^2 a}{V^2}\right)(V - \nu b) = \nu RT\,. \tag{3.35}$$

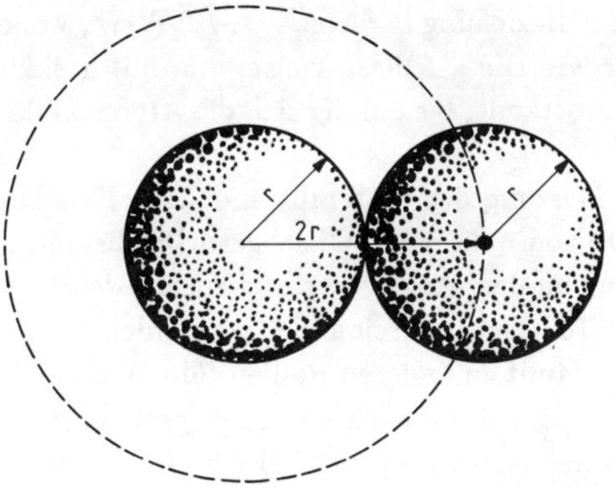

Bild 3.14 Zur Definition und Abschätzung des Kovolumens in Gl. (3.35) (siehe Text).

In dieser Gleichung, einer Verallgemeinerung der Zustandsgleichung (2.2) des idealen Gases, werden Kohäsionskräfte der Moleküle durch den Term $\nu^2 a/V^2$ (a: Proportionalitätskonstante, V: Molvolumen) kompensiert, während das endliche Eigenvolumen der Moleküle zu einer Verringerung des freien Volumens, in dem sich die Gasmoleküle bewegen können, um das molare *Kovolumen b* der Moleküle füht. Aus dem Wert des Eigenvolumens können wir eine Abschätzung für die Größe der Moleküle bzw. Atome bei einatomigen Gasen gewinnen. Jedes Atom des Gases erleidet häufig Stöße mit dessen übrigen Atomen. Betrachten wir nun eines der Atome mit dem Radius r als Probeteilchen, fassen dieses aber als Massenpunkt auf, dann müssen wir für die korrekte Beschreibung der Stöße mit den anderen Gasatomen jedem von diesen den doppelten Radius $2r$ zuschreiben (s. Bild 3.14). Für die Bewegung des Probeteilchens bleibt dadurch ein Teilvolumen von

$$\nu N_\mathrm{A} \frac{4\pi}{3} (2r)^3 \equiv 8\nu N_\mathrm{A} V_0$$

des gesamten zur Verfügung stehenden Volumens V_m verboten. Demzufolge bleibt für die Bewegung jedes wirklichen Atoms mit dem Radius r im Mittel die Hälfte dieses Volumens, also das Kovolumen,

$$\nu b = 4\nu N_\mathrm{A} V_0 \tag{3.36}$$

verboten. Aus den durch Messungen der Isothermen gewonnenen Werten von b (Tabelle 3.2), ergeben sich Atom- bzw. Molekülradien von etwa $r = 1.5 \cdot 10^{-10}$m. Ähnliche Werte ergeben sich bei der Ermittlung der Atomradien aus der freien Weglänge in Gasen. Die Atome haben wir bisher ohne innere Struktur betrachtet. Demzufolge liegt diesen Verfahren die Vorstellung zugrunde, daß Atome starre Kugeln sind. In Wirklichkeit sollten wir uns Atome jedoch nicht als feste Kugeln vorstellen, denn sie sind nicht scharf begrenzt und haben, wie wir gleich sehen werden, auch innere Struktur.

Ein anderes, aber theoretisch ähnlich begründetes Verfahren, Werte für den Atomradius herzuleiten, geht von der Messung der Viskosität η einer Flüssigkeit bzw. eines Gases aus und bedient sich der Beziehung $\eta = \mathrm{const.}\sqrt{MT}/N_\mathrm{A} r^2$, wobei M die Molekülmasse und T die Temperatur ist. Die auf diese Weise, d.h. mit gaskinetischen Methoden bestimmten Radien sind Abstände, bis auf die sich die Atome in ihrer Bewegung annähern können.

Dagegen liefert die Messung der Gitterabstände d in Kristallen (vgl. Verfahren 6 in Unterkapitel 3.2) Werte von r für einen Gleichgewichtsabstand der Atome. Werte nach dieser Methode können von den vorher beschriebenen abweichen, weil im festen Körper Wechselwirkungen der Teilchen untereinander vorhanden sich, die zu anderen Werten der Atomabstände und damit zu anderen Radien führen können. In Tabelle 3.2 werden für einige Atome und Moleküle die nach den drei geschilderten Methoden bestimmten Radien verglichen. Daraus ist zu ersehen, daß der Radius der Atome mit ihrer Masse zunimmt.

Das Aufreten von Elektronen bei elektrischen Gasentladungen läßt vermuten, daß sie durch Trennung von der Materie dargestellt werden können. Dies führte frühzeitig zu Spekulationen über den inneren Aufbau der Atome. Von den zahlreichen daraus resultierenden Atommodellen setzte sich schließlich Rutherfords Kernmodell des Atoms durch, da es als einziges einen von Geiger und Marsden ermittelten experimentellen Befund erklären konnte. Geiger und Marsden hatten 1909 die Streuung von aus dem radioaktiven Zerfall von Radium stammenden α-Teilchen in dünnen Goldfolien untersucht und dabei gefunden, daß ein beträchtlicher Teil der α-Teilchen unter großen Winkeln (90° und mehr) gestreut wird. Rutherfords Atommodell erklärt diesen Effekt durch die

Tab. 3.2 Atom- und Molekülradien in 10^{-10} m

	aus b	aus η	aus d
He	1.33	0.95	2.10
Ne	1.19	1.13	1.59
Ar	1.47	1.44	1.91
Kr	1.85	1.61	1.97
Xe	2.01	1.77	2.20
H_2	1.17	1.20	2.10
N_2	1.58	1.58	1.79
O_2	1.46	1.49	1.87

Annahme der Existenz einer Ladung, die auf ein im Vergleich mit dem Atomvolumen winziges Volumen im Inneren des Atoms konzentriert ist, dessen Radius etwa 10^{-15}m beträgt, gegenüber einem Atomradius von etwa 10^{-10}m. Die Streuung in große Winkel kommt dann durch die große Annäherung der α-Teilchen an die Kerne der streuenden Atome zustande.

Rutherford gab zunächst nur die Größe der Zentralladung an, und ließ ihr Vorzeichen offen, weil das für die Herleitung seines Resultates, Gl. (3.41), gleichgültig war. Da aber die Atome normalerweise neutral sind, muß die Zentralladung kompensiert werden, wofür nur die Elektronen in Frage kommen. Das Vorzeichen der Zentralladung muß deshalb positiv sein, und mit der Gesamtzahl der positiven Ladungen steht auch die Zahl der Elektronen fest; damit aber ebenfalls, daß die Masse der Atome im wesentlichen in ihren Kernen konzentriert sein muß, da mit der Zahl der Elektronen und ihrer kleinen Masse die Gesamtmasse der Atome nicht erklärt werden kann.

Die exakte Beschreibung des Streuvorgangs besteht in der Lösung des Kepler-Problems mit der Coulomb-Kraft als Zentralkraft. Die Bewegungsgleichung läßt sich am einfachsten in ebenen Polarkoordinaten (r, φ) lösen. Die Lösung lautet im *Schwerpunktsystem*, mit den Relativkoordinaten der beiden Stoßpartner (Bild 3.15b)

$$\frac{1}{r} = \frac{1}{b} \sin \varphi + \frac{D}{2b^2} (\cos \varphi - 1) , \tag{3.37}$$

mit $D = Z_1 Z_2 e^2 / 4\pi\varepsilon_0 E_K$. Das ist die Gleichung einer Hyperbel in Polarkoordinaten. Dabei sind $Z_{1,2}$ die Kernladungszahlen der Stoßpartner, E_K ihre kinetische Energie im Schwerpunktsystem bei großer Entfernung, ε_0 die Dielektrizitätskonstante des Vakuums und b der sogenannte Stoßparameter[1].

Um das Streuexperiment theoretisch beschreiben zu können, benötigen wir eine Formel, die angibt, mit welcher Wahrscheinlichkeit Teilchen unter einem durch das Expe-

[1] Wenn das Streuzentrum unendlich schwer ist, hat die Lösung im Laborsystem die gleiche Form.

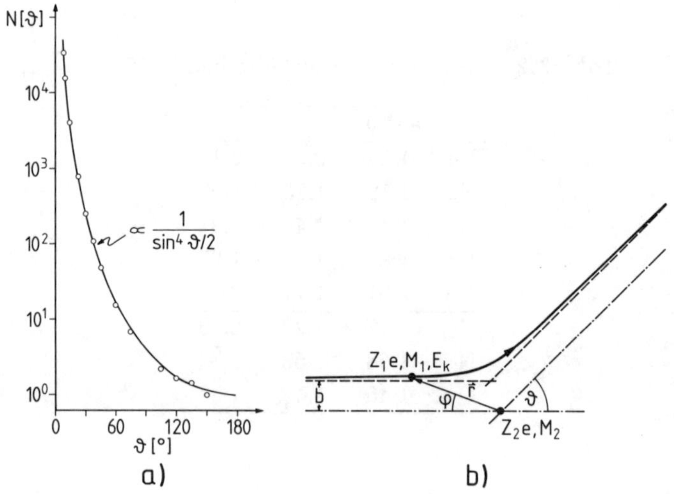

Bild 3.15 Zum Rutherfordschen Streuquerschnitt.
a) Meßergebnisse von Geiger und Marsden (1913) für die Streuung von α-Teilchen an einer Goldfolie, als ausgezogenen Linie der entsprechende theoretische Verlauf für reine Coulomb-Streuung.
b) Bahnverlauf für die Streuung zweier positiv geladener Teilchen mit den Koordinaten r und φ und dem Streuwinkel ϑ; b Stoßparameter, Z_1e, Z_2e, M_1, M_2 Ladungen und Massen von Projektil und Targetteilchen, E_K kinetische Energie des Projektils.

riment vorgegebenen Winkel gemessen werden können. Durch sie wird die Größe *Wirkungsquerschnitt* in die Theorie eingeführt, die ein Maß für die Wahrscheinlichkeit ist, daß beim Zusammentreffen eines Stroms von N_0 Teilchen je Zeiteinheit mit n Teilchen einer anderen Art eine bestimmte physikalische Reaktion eintritt. Derartige Reaktionen sind z.B. elastische Streuung, d.h. Streuung ohne Anregung innerer Freiheitsgrade der Stoßpartner, ferner inelastische Streuung und in der Kernphysik auch Elementumwandlungen.

Sei n die Anzahl der Targetteilchen, die in den Querschnitt F des Strahls fallen, und $j = N_0/F$ die Stromdichte des Teilchenstrahls. Dann ist die Zahl N von Reaktionen pro Zeiteinheit proportional zur Stromdichte j und zur Zahl n der Targetteilchen:

$$N = j \cdot n \cdot \sigma\,. \tag{3.38}$$

Der Proportionalitätsfaktor σ dieser Beziehung heißt Wirkungsquerschnitt. Er hat die Dimension einer Fläche, wie sich aus der Gleichung ergibt:

$$\sigma = \frac{N}{jn} = \frac{N}{N_0 n/F}\,. \tag{3.39}$$

$[N] = s^{-1}$ $[F] = cm^2$
$[N_0] = s^{-1}$
?→ $[n] = -$ $n = n_0/F\cdot d$ mit $[n_0] = cm^{-3}$; $[F] = cm^2$; $[d] = cm$ ⇝ $[n] = -$

Um die der Bezeichnung Querschnitt zugrundeliegende geometrische Vorstellung zu erläutern, betrachten wir ein Stück Material der Fläche F, aus dem wir eine Schicht der Dicke d herausgreifen (Bild 3.15). Jedes Teilchen, kugelförmig mit Radius R angenommen, hat eine kreisförmige Projektion der Fläche $\sigma_g = \pi R^2$, die wir geometrischen Querschnitt nennen. Alle n Teilchen zusammen überdecken dann die Fläche $n\sigma_g$. Der Bruchteil der durch Targetteilchen überdeckten Fläche der Gesamtfläche F, und damit die Wahrscheinlichkeit eines Treffers, ist dann $n\sigma_g/F$. Der als Proportionalitätsfaktor eingeführte Wirkungsquerschnitt σ ist daher ein Maß für die Wahrscheinlichkeit eines Treffers. Dies setzt voraus, daß d so klein ist, daß die Projektionsflächen der Teilchen des Materials sich nicht gegenseitig überlappen. Zur Vereinfachung nehmen wir jetzt an, daß das ganze Target nur die Dicke d hat. Der Wert des Wirkungsquerschnitts ist spezifisch für jede Reaktion. Bei Reaktionen insbesondere zwischen Atomenkernen wird der Wirkungsquerschnitt auch durch das weit reichende Coulomb-Feld Gl. (3.1) bestimmt. Die Coulomb-Streuquerschnitte sind folglich größer als die geometrischen.

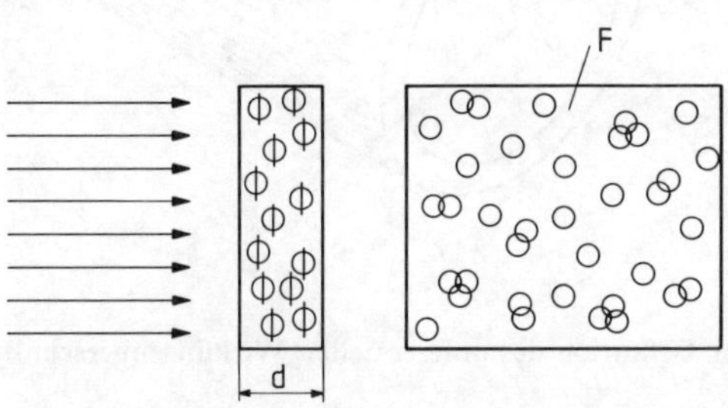

Bild 3.16 Zur Definition des Wirkungsquerschnitts. Querschnitt und Vorderansicht eines Targets. Der Strahl fällt in der Seitenansicht von links bzw. vorn ein.

Gl. (3.39) gibt einen *integralen* Wirkungsquerschnitt an, d.h. N ist die Reaktionsrate für den ganzen Raum, in den die aus der Reaktion entweichenden Teilchen gelangen können. Im Experiment setzt man den integralen Wirkungsquerschnitt aus räumlichen Anteilen zusammen, weil die überwiegende Zahl von Nachweiseinrichtungen (Detektoren, Zähler) nur einen begrenzten Raumwinkel, d.h. ein Raumwinkelelement $\Delta\Omega$, erfassen können. Die Zahl der unter einem Winkel ϑ pro Zeiteinheit in den Raumwinkel $\Delta\Omega$ gestreuten Teilchen ist

$$N(\vartheta) = j \cdot n \cdot \sigma(\vartheta) \cdot \Delta\Omega \,. \tag{3.40}$$

Der so definierte Wirkungsquerschnitt $\sigma(\vartheta)$ heißt *differentieller* Wirkungsquerschnitt. Zur Herleitung des differentiellen Wirkungsquerschnitts für die *Rutherford-Streuung* der α-Teilchen an Gold betrachten wir in Bild 3.17 die Streuung an nur einem Streuzentrum. Das Streuzentrum liegt im Ursprung eines Koordinatensystems, dessen x-Achse die Strahlrichtung ist. Die von dem Strahl senkrecht zu seiner Richtung durchsetzte Fläche teilen wir in Ringe mit Innenradius b und Außenradius $b + db$ ein, wobei b wieder der Stoßparameter ist. Die Ringfläche beträgt $2\pi b db$. Das Streuzentrum liegt auf

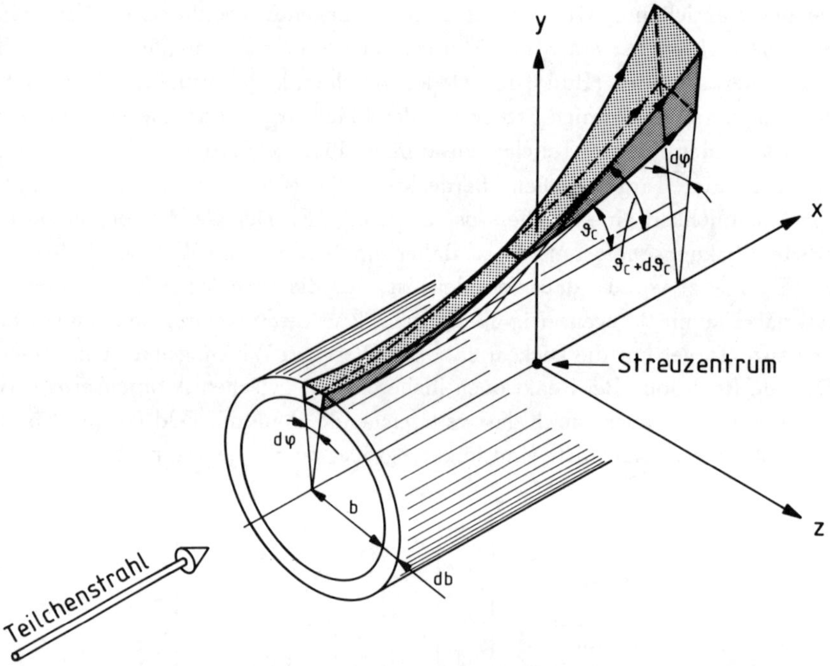

Bild 3.17 Zur Definition des differentiellen Wirkungsquerschnitts (siehe Text).

der Achse des Teilchenstrahls. Dorthinein wird der Ursprung des Koordinatensystems gelegt. Teilchen, die sich durch die Fläche des Rings $2\pi b\mathrm{d}b$ bewegen, werden um Winkel gestreut, die zwischen ϑ und $\vartheta + \mathrm{d}\vartheta$ liegen, bei der vorausgesetzten Kugelsymmetrie also in einen Raumwinkel der Größe $\mathrm{d}\Omega = 2\pi \sin\vartheta \mathrm{d}\vartheta$. Da keine Teilchen verlorengehen, müssen die Ströme vor und nach der Streuung gleich sein:

$$j \cdot 2\pi b \cdot \mathrm{d}b = j \cdot 2\pi \sin\vartheta\, \sigma(\vartheta) \mathrm{d}\vartheta\,.$$

Dabei ist

$$\sigma(\vartheta) = \frac{b}{\sin\vartheta} \left| \frac{\mathrm{d}b}{\mathrm{d}\vartheta} \right|$$

der differentielle Wirkungsquerschnitt. Das Betragszeichen bedeutet, daß die Wahrscheinlichkeit nicht negativ sein kann. Aus Gl. (3.37) erhalten wir den Streuwinkel als Winkel der Asymptote an die Bahnhyperbel (für $r \to \infty$ wird $\varphi \to \pi - \vartheta$, siehe Bild 3.15b):

$$\begin{aligned} \frac{1}{b}\sin\vartheta - \frac{D}{2b^2}(\cos\vartheta + 1) &= 0 \\ b &= \frac{D}{2}\cot\frac{\vartheta}{2}\,. \end{aligned}$$

Mit diesem Zusammenhang zwischen b und ϑ ergibt sich der Rutherford-Streuquerschnitt $\sigma_\mathrm{R}(\vartheta)$ zu

$$\begin{aligned}\sigma_\mathrm{R}(\vartheta) &= \left(\frac{D}{4}\right)^2 \cdot \frac{1}{\sin^4\frac{\vartheta}{2}} \\ &= \left(\frac{Z_1 Z_2 e^2}{4\pi\varepsilon_0 4 E_\mathrm{K}}\right)^2 \frac{1}{\sin^4\frac{\vartheta}{2}} \,. \end{aligned} \qquad (3.41)$$

Die Meßergebnisse von Geiger und Marsden sind in Bild 3.15a gezeigt. Sie stimmen mit den berechneten Wirkungsquerschnitten sehr gut überein.

Stoßprozesse spielen in der Atom- und Molekülphysik eine wichtige Rolle. In Stößen wird Energie übertragen, wodurch die beteiligten Partikel angeregt oder ionisiert werden; es können im Stoß auch Teilchen ausgetauscht werden. Die Stärke der jeweiligen Prozesse wird durch Wirkungsquerschnitte dokumentiert, die Zusatzbezeichnungen wie Ionisations-, Anregungs-, Elektroneneinfang- oder Elektronenverlustquerschnitte tragen (vgl. Kapitel 11). Um den differentiellen Charakter (nicht nur bezüglich des Winkels) hervorzuheben, wird häufig eine andere Schreibweise als die obige verwendet. Man schreibt z.B. statt $\sigma(\vartheta)$ auch $\mathrm{d}\sigma/\mathrm{d}\vartheta$ oder, falls zusätzlich auch nur in einem kleinen Energieintervall gemessen wurde, für einen *doppelt differentiellen* Wirkungsquerschnitt $\mathrm{d}^2\sigma/\mathrm{d}\Omega\,\mathrm{d}E$.

Anstelle des differentiellen Wirkungsquerschnitts wird häufig die stoßparameterabhängige Wahrscheinlichkeit dafür, daß ein bestimmter Prozeß eintritt, verwendet. In vielen Untersuchungen wird diese Wahrscheinlichkeit wie beim Wirkungsquerschnitt als bezüglich des Winkel- und Energiebereichs differentielle Größe angegeben: $\mathrm{d}^2P/\mathrm{d}E\mathrm{d}b$.

$$b = \frac{D}{2}\frac{\cos\vartheta/2}{\sin\vartheta/2} \;;\; \left|\frac{db}{d\vartheta}\right| = \frac{D}{4}\frac{1}{\sin^2\vartheta/2} \;;\; \sin\vartheta = 2\sin\vartheta/2\cos\vartheta/2$$

$$\sigma = \frac{b}{\sin\vartheta}\left|\frac{db}{d\vartheta}\right| = \frac{D}{2}\frac{\cos\vartheta/2}{\sin\vartheta/2}\frac{1}{\sin\vartheta}\cdot\frac{D}{4}\frac{1}{\sin^2\vartheta/2} = \left(\frac{D}{4}\right)^2\frac{1}{\sin^2\vartheta/2}$$

Teil II

Instrumentarium

4 Dualismus Welle-Teilchen

In diesem und den beiden folgenden Kapiteln legen wir uns das Instrumentarium für die Untersuchung und Beschreibung unserer Objekte zurecht, nachdem wir uns zuvor über deren Existenz Gewißheit verschafft haben. Wir beginnen einigermaßen willkürlich mit dem theoretischen Apparat und knüpfen dabei zunächst an die eingangs gemachten Bemerkungen zu dem tiefreichenden Dualismus im physikalischen Naturverständnis an, wie er in den klassischen Theorien der Mechanik und der Elektrodynamik zum Ausdruck kommt.

4.1 Das Licht als Teilchen

Dem Licht wurde aufgrund der experimentellen Evidenz aus Beugung, Interferenz und Polarisation nach Huygens[1] lange Zeit Wellencharakter zugeschrieben, und nach der Erklärung dieser Phänomene durch Maxwells Theorie der elektromagnetischen Felder gegen Ende des vorigen Jahrhunderts schien der alte Streit über die Natur des Lichts endgültig zugunsten der Wellenvorstellung entschieden. Einen ersten Sprung erhielt dieses Bild durch Plancks Theorie der Hohlraumstrahlung, deren Konsequenzen man aber zu entgehen suchte, indem man lediglich dem Energieaustausch zwischen Strahlung und Materie, nicht aber dem elektromagnetischen Feld selbst quantenhaften Charakter zuschrieb. Unter dem Druck neuer experimenteller Fakten, unter denen Photoeffekt und Compton-Effekt besonders hervorragen, mußte diese Auffassung aber schließlich aufgegeben werden.

Als *Photoeffekt* wird die Auslösung von Elektronen aus Materie durch deren Bestrahlung mit Licht bezeichnet. Erste Hinweise auf dieses Phänomen stammen von Hertz[2], die vollständige experimentelle Aufklärung von Lenard, der die zunächst unbekannten

---

[1]Christian Huygens (1629—1695)
[2]Heinrich Hertz (1857—1894)

Ladungsträger als Elektronen identifizierte und die Phänomene des Photoeffekts erschöpfend beschrieb. Unter diesen sind am bedeutsamsten:

> Die kinetische Energie der ausgelösten Elektronen wächst von einem bestimmten unteren Wert an mit der Frequenz des eingestrahlten Lichts.
>
> Die Zahl der ausgelösten Elektronen wächst mit der Intensität des Lichts, ihre Energie ist von dieser aber unabhängig.
>
> Bei fester Frequenz des eingestrahlten Lichts gibt es eine scharfe Obergrenze für die Energie der Elektronen.
>
> Der Abstand der Lichtquelle von der bestrahlten Oberfläche ist für die Energie der Elektronen belanglos.

Diese Befunde sind mit der Wellentheorie des Lichts nicht zu vereinbaren, nach der sich das Energiespektrum der Photoelektronen mit zunehmender Intensität des einfallenden Lichts zu höheren Werten verschieben müßte, weil die Energiedichte des auslösenden elektrischen Feldes der Intensität des einfallenden Lichts proportional ist.

Die richtige, anfangs aber selbst von Planck bezweifelte, Erklärung lieferte Einsteins Hypothese, daß Licht aus Quanten bestehe, die sich mit Lichtgeschwindigkeit fortbewegen. Danach hat das Licht neben seinen Welleneigenschaften wichtige Attribute der Teilchen, wie Energie, Impuls und räumliche Konzentration, die unter dem Begriff *Photon* zusammengefaßt werden. Die Photonen haben dieselbe Energie wie die Planckschen Energiequanten, nämlich

$$E = h\nu \, . \tag{4.1}$$

Aus der Geschwindigkeit der Photonen folgt nach Gl. (3.28) sofort, daß ihre Ruhemasse Null sein muß, da sonst ihre Gesamtmasse, und damit ihre Gesamtenergie unendlich wäre. Nach Gl. (3.30) haben sie wegen $c = \lambda\nu$ den Impuls

$$p = h/\lambda \, . \tag{4.2}$$

Nach der Lichtquanten-Theorie werden die Elektronen durch Photonen ausgelöst, und so verstanden, sind alle experimentellen Phänomene schlüssig zu erklären. Damit ein Elektron überhaupt frei aus der Materie austreten kann, muß mindestens ein Energiebetrag aufgebracht werden, der der Auslösearbeit W der Elektronen aus der Oberfläche entspricht. Der Photoeffekt setzt daher nach Gl. (4.1) bei einer Frequenz $\nu_{min} = W/h$ ein, die Elektronen haben bei Bestrahlung mit Licht der Frequenz ν eine maximale kinetische Energie von

$$T = h\nu - W \, , \tag{4.3}$$

und die Intensität des einfallenden Lichts ist für ihr Energiespektrum belanglos; sie wirkt sich lediglich auf die Zahl der je Zeiteinheit freigesetzten Elektronen aus. Es ergibt sich auch zwanglos, daß das Spektrum der Photoelektronen unabhängig vom Abstand der

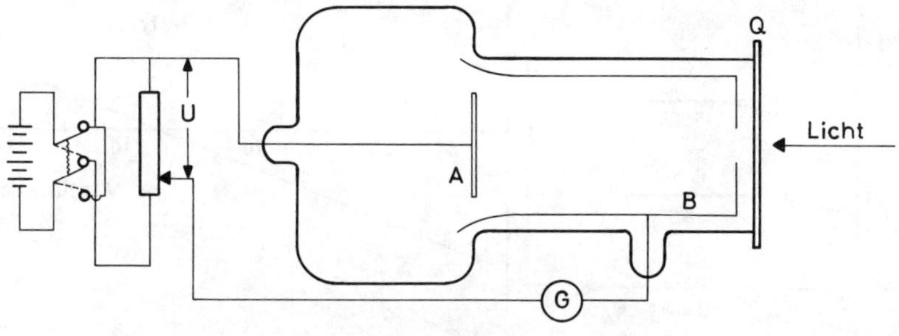

Bild 4.1 Versuchsanordnung von Millikan zur Messung des Photoeffekts (Beschreibung im Text).

bestrahlten Oberfläche von der Lichtquelle ist, anders als die Lichtintensität, die dessen Quadrat umgekehrt proportional ist.

Sehr präzise Messungen zum Photoeffekt wurden von Millikan durchgeführt, die es erlaubten, mit großer Genauigkeit den Wert des Wirkungsquantums h zu bestimmen. Bild 4.1 zeigt die dabei verwendete Meßanordnung: Durch das Quarzfenster Q fällt ultraviolettes Licht auf die Alkali-Photokathode A, von der aus die freigesetzten Elektronen in den Faraday-Becher B gelangen und mit dem Galvanometer G als Strom I nachgewiesen werden können. Das Potential U zwischen A und B kann variiert und umgepolt werden.

In Bild 4.2 ist links die Stromanzeige I des Galvanometers gegen die Potentialdifferenz $U = \phi_{\mathrm{B}} - \phi_{\mathrm{A}}$ zwischen A und B aufgetragen. Ist ϕ_{A} genügend positiv gegen ϕ_{B}, so ist der Strom auf dem Galvanometer $I = 0$. Wird ϕ_{A} gegen ϕ_{B} kleiner, so gelangen mehr und mehr Elektronen in den Auffänger B, bis schließlich alle vom Licht ausgelösten Elektronen dort aufgefangen werden und der Strom einen Sättigungswert, z.B. $I = I_1$ erreicht. Der Schnittpunkt U_0 der Strom-Spannungs-Charakteristik mit der Abszisse hängt von der Frequenz des einfallenden Lichts ab, ist aber unabhängig von der Größe des Sättigungsstroms I_1, die ihrerseits der Intensität der Strahlung proportional ist. Dem doppelt so großen Sättigungswert I_2 der zweiten Kurve entspricht eine doppelt so große Strahlungsintensität.

Rechts in Bild 4.2 ist die Potentialdifferenz $U_0(\nu)$ gegen die Frequenz des eingestrahlten Lichts aufgetragen. Die Energie der Elektronen, die die Oberfläche von A verlassen, ist durch Gl. (4.3) gegeben. Außerdem nehmen sie im elektrischen Feld die Energie eU auf oder geben einen gleich großen Betrag ab, wenn die Spannung umgepolt ist. Ihre kinetische Energie in B ist daher

$$T = eU + h\nu - W \,.$$

$U_0(\nu)$ ist das Potential, bei dem der Strom I und damit die kinetische Energie der Elektronen Null wird:

$$eU_0(\nu) + h\nu - W = 0 \,.$$

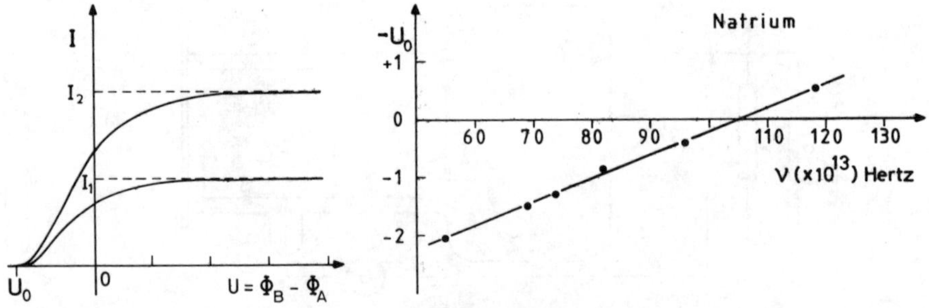

Bild 4.2 Zum Photoeffekt. Linkes Diagramm: Abhängigkeit des Photostroms I von der Potentialdifferenz $U = \phi_B - \phi_A$; rechtes Diagramm: Abhängigkeit der Potentialdifferenz U_0 von der Frequenz ν der einfallenden Strahlung.

Für diejenige Frequenz, bei der $U_0(\nu) = 0$, folgt dann

$$h\nu = W\,.$$

Daraus ergibt sich h bei Kenntnis von W und umgekehrt.

Am *Compton-Effekt* [1], wie man die elastische Streuung von Licht an quasifreien Elektronen bezeichnet, wird die Teilchennatur des Lichts noch deutlicher als am Photoeffekt.

Trifft ein fein kollimierter Lichtstrahl auf Elektronen (siehe Bild 4.3), so können sowohl diese als auch das Licht gestreut werden. Bemerkenswert – und mit dem Wellenbild der klassischen Elektrodynamik nicht erklärbar – ist bei der Comptonstreuung, daß das gestreute Licht eine andere Wellenlänge hat als das einfallende.

Eine Erklärung des Effekts gelingt, wenn wir mit Einstein den Lichtstrahl als Teilchenstrom beschreiben, dessen Teilchen, die Photonen, gemäß Gln. (4.1) und (4.2) die Energie $Q = h\nu$ und den Impuls $Q/c = h/\lambda$ haben. Stößt nun ein Photon mit einem Elektron zusammen, so bleiben Gesamtenergie und Gesamtimpuls erhalten. Bezeichnen wir die Ruhemasse des Elektrons mit m_0, seine relativistische Gesamtenergie mit E und seinen Impuls mit $\boldsymbol{p}$, so folgt

$$Q + m_0c^2 = Q' + E \tag{4.4}$$

und

$$\boldsymbol{n}Q/c = \boldsymbol{n}'Q'/c + \boldsymbol{p}\,, \tag{4.5}$$

wobei die Richtung der Photonen durch Einheitsvektoren angegeben ist und der Apostroph das gestreute Photon kennzeichnet. Daher ist $\boldsymbol{n} \cdot \boldsymbol{n}' = \cos\vartheta$, wenn ϑ dessen Streuwinkel ist. Quadrieren der beiden Gleichungen und anschließendes Subtrahieren der zweiten von der ersten ergibt unter Verwendnung des relativistischen Energiesatzes (3.30)

[1]Arthur Holly Compton (1892—1962)

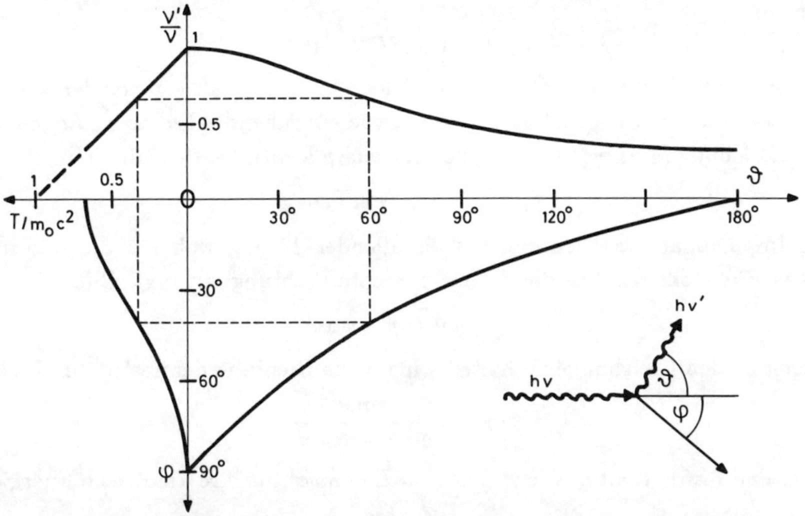

Bild 4.3 Compton-Streuung. Rechts unten: Ein Photon mit der Energie $h\nu$, das auf ein ruhendes Elektron trifft, wird unter dem Winkel ϑ gegen seine ursprüngliche Richtung gestreut. Nach der Streuung hat es die Energie $h\nu'$. Das Elektron wird unter dem Winkel φ gestreut. Links oben: Diagramm der kinematischen Beziehungen für die Streuung eines Photons der Energie $h\nu = m_0c^2$. Das Diagramm hat vier verschiedene, vom gemeinsamen Nullpunkt ausgehende Achsen und stellt somit eigentlich vier verschiedene Diagramme dar. Gestrichelt eingezeichnet sind die Beziehungen für den Photonstreuwinkel $\vartheta = 60°$ (siehe Text).

$$\begin{aligned}(Q-Q')^2 + 2m_0c^2(Q-Q') + {m_0}^2c^4 &= E^2 \\ Q^2 - 2Q'Q\cos\vartheta + Q'^2 &= p^2c^2 \\ Q'Q(1-\cos\vartheta) - m_0c^2(Q-Q') &= 0\,.\end{aligned}$$

Division der letzten Gleichung durch $h\nu'\nu$ und m_0c ergibt wegen $Q = h\nu$ und $c = \lambda\nu$

$$\Delta\lambda \equiv \lambda' - \lambda = \frac{h}{m_0c}(1-\cos\vartheta)\,. \tag{4.6}$$

In dieser Gleichung ist λ' die Wellenlänge des Lichts nach der Streuung. Da die rechte Seite der Gleichung nicht negativ werden kann, ist immer $\lambda' \geq \lambda$, wobei das Gleichheitszeichen nur für $\vartheta = 0$ gilt, also für das nicht gestreute Licht. Wegen $\nu = c/\lambda$ ist daher $h\nu' \leq h\nu$, d.h. die Energie der gestreuten Photonen ist außer für $\vartheta = 0$ immer kleiner als die der einfallenden. $\Delta\lambda$ ist nur von der Richtung ϑ abhängig, in die das Licht gestreut wird, nicht dagegen von dessen ursprünglicher Wellenlänge λ. Der Gleichung (4.6) ist ferner zu entnehmen, daß $\Delta\lambda$ für $\vartheta = \pi$ maximal wird und für $\vartheta = \pi/2$ gleich dem Faktor $\lambda_C \equiv h/m_0c$. Durch Einsetzen der Werte (2.52), (3.19) und (3.26) für die Konstanten erhalten wir

$$\lambda_C = 2.426\,310\,58(22) \cdot 10^{-12}\,\mathrm{m}\,. \tag{4.7}$$

Diese Größe heißt *Compton – Wellenlänge* des Elektrons, da sie gleich der Wellenlänge eines Photons ist, das die gleiche Energie hat wie ein ruhendes Elektron: $hc/\lambda_C = m_0c^2$. Aus der Gleichung (4.5) erhalten wir durch skalare Multiplikation mit $\boldsymbol{n}$

$$Q - Q'\cos\vartheta = pc \cdot \cos\varphi\,,$$

d.h. die Impulsbilanz in Richtung des einfallenden Lichts, wobei φ die Richtung des gestreuten Elektrons ist. Für die dazu senkrechte Richtung gilt (vgl. Bild 4.3)

$$Q'\sin\vartheta = pc \cdot \sin\varphi\,.$$

Aus diesen beiden Gleichungen erhalten wir für die Richtung der gestreuten Elektronen

$$\tan\varphi = \frac{\sin\vartheta}{\nu/\nu' - \cos\vartheta}\,. \tag{4.8}$$

Aus (4.4) und (4.6) erhalten wir wegen $T = E - m_0c^2$ für ihre kinetische Energie

$$T = \frac{h\nu}{1 + m_0c^2/h\nu(1-\cos\vartheta)}\,. \tag{4.9}$$

Bei einem aus zwei miteinander wechselwirkenden Körpern bestehenden System ist aufgrund der Erhaltungssätze die Bewegung jedes von ihnen durch die des anderen kinematisch vollständig bestimmt. Bild 4.3 zeigt eine Darstellung der Beziehungen zwischen den kinematischen Größen von Elektronen und Photonen für die Compton-Streuung von Photonen der Energie $h\nu = m_0c^2$. Sie wurde aus den Beziehungen (4.4), (4.5) und (4.6) errechnet. Legen wir z.B. den Winkel, unter dem die Photonen nachgewiesen werden sollen, auf $\vartheta = 60°$ fest, so entnehmen wir dem Kinematikdiagramm, daß die gestreuten Photonen dann eine Energie von $h\nu' = 2h\nu/3 = 2m_0c^2/3$ haben, die entsprechenden Elektronen unter einem Winkel von $\varphi = 40.9°$ gestreut werden und eine kinetische Energie von $T = m_0c^2/3$ haben. Über die relative Häufigkeit der Streuung in einen bestimmten Winkel gibt die Kinematik dagegen keine Auskunft. Solche Aussagen können nur aus der vollen quantenelektrodynamischen Behandlung des Problems gewonnen werden (Klein-Nishina-Formel).

Die Tatsache, daß unter bestimmten Winkeln für die Photonen bzw. Elektronen wohldefinierte Wellenlängen bzw. Energien gemessen werden und keine Kontinua, ist ein Beweis für die Richtigkeit der Theorie. Ein übriges leisten Koinzidenz-Meßmethoden, mit denen zusammengehörige Paare von gestreuten Photonen und Elektronen registriert werden. Solche Methoden wurden erstmals von Bothe[1] und Kolhörster[2] angegeben. Sie liefern auch den direkten Beweis für die Gültigkeit des Energie- und des Impuls-Erhaltungssatzes bei atomaren Elementar-Ereignissen. Der Erhaltungssatz ist daher streng gültig und nicht nur im statistischen Mittel, wie kurzzeitig zur Überwindung der theoretischen Schwierigkeiten im atomaren Bereich angenommen worden war. Die

[1] Walter Bothe (1891—1957)
[2] Werner Kolhörster (1887—1946)

Compton-Streuung tritt im ultravioletten Teil des elektromagnetischen Spektrums und im Röntgengebiet auf. Im Sichtbaren ist sie bislang nicht nachgewiesen worden. Sie wird auch nicht an freien Elektronen beobachtet, sondern nur an in der Hülle gebundenen, was aber experimentell nicht ins Gewicht fällt, weil die Energie der Photonen im Ultravioletten und erst recht im Röntgengebiet wesentlich größer ist als die Bindungsenergie der Elektronen (größenordnungsmäßig keV gegenüber eV).

4.2 Das Elektron als Welle

Kombinieren wir die von Planck und von Einstein in die Physik eingeführten Energie-Gleichungen $E = h\nu$ bzw. $E = mc^2$, so erhalten wir eine erstmals von de Broglie formulierte Beziehung:

$$h\nu = mc^2 \,. \tag{4.10}$$

Da Masse immer räumlich konzentriert ist, Energie und Masse nach der speziellen Relativitätstheorie aber äquivalent sind, bedeutet diese Beziehung, daß jedem begrenzten Energiestück eine Schwingung zugeordnet werden kann. Nach dem Relativitätsprinzip muß es dann möglich sein, die Schwingung, die z.B. einem ruhenden Teilchen entspricht, auch in einem System zu beschreiben, das sich gegen das Ruhesystem des Teilchens mit konstanter Geschwindigkeit bewegt. Von diesem System aus betrachtet, müßte mit der Schwingung eine Wellenbewegung verbunden sein.

Von diesen Überlegungen ausgehend konnte de Broglie eine Welle angeben, deren Frequenz (4.10) genügt und deren Fortpflanzung im Raum mit der Bahn eines Teilchens der Energie $E = mc^2$ übereinstimmt, und zwar auch für den Fall, daß das Teilchen geladen ist, also z.B. ein Elektron, und sich in einem elektromagnetischen Feld bewegt.

Nun läßt sich aus den räumlichen Komponenten des Impulses $\boldsymbol{p}$ eines Teilchens zusammen mit seiner Energie E der relativistische Energie-Impuls-Vektor P_μ bilden. Er hat die vier Komponenten

$$P_1 = -p_x, \quad P_2 = -p_y, \quad P_3 = -p_z, \quad P_4 = E/c \,, \tag{4.11}$$

mit $P_i = mv_i$ und $E = mc^2$. Analog dazu kann man aus den räumlichen Komponenten des Wellenzahl-Vektors $\boldsymbol{k} = k\boldsymbol{n}$ einer Welle der Wellenlänge λ, zusammen mit deren Kreisfrequenz $\omega = 2\pi\nu$, den relativistischen Wellenzahl-Vektor K_μ bilden, mit den vier Komponenten

$$K_1 = -k_x, \quad K_2 = -k_y, \quad K_3 = -k_z, \quad K_4 = \omega/c \,. \tag{4.12}$$

Dabei ist $\boldsymbol{n}$ der Einheitsvektor in Richtung der Wellenausbreitung und $k = 2\pi/\lambda$.

Aufgrund der Gleichungen (4.10) bis (4.12) besteht zwischen der vierten Komponente der de Broglieschen Welle und der vierten Komponente des entsprechenden Teilchens die

Beziehung

$$K_4 h/2\pi = \omega h/2\pi c = E/c = P_4\,. \tag{4.13}$$

An dieser Stelle vollziehen wir mit de Broglie den entscheidenden Schritt und postulieren aus Symmetriegründen, daß das, was für *eine* Komponente zweier relativistischer Vektoren gilt, auch für deren übrige Komponenten gelten muß, nämlich

$$K_\mu h/2\pi = P_\mu\,.$$

Mit der Abkürzung $h/2\pi = \hbar$ (gesprochen „h quer") lautet diese Gleichung für die räumlichen Komponenten

$$\hbar \boldsymbol{k} = \boldsymbol{p}\,. \tag{4.14}$$

Damit behaupten wir, daß zu jedem Teilchen mit dem Impuls $\boldsymbol{p}$ eine Welle gehört – eine Phasenwelle, wie de Broglie sie nennt – mit der Wellenlänge $\lambda = h/p$, genau wie beim Licht nach Gleichung (4.2).

Die experimentelle Bestätigung dieses theoretischen Postulats erbrachten Davisson[1] und Germer[2], die bei der Streuung von Elektronen an Kristallen Interferenzfiguren erzeugen konnten, wie sie ähnlich von der Beugung des Lichts oder von der Streuung von Röntgen-Strahlen an Kristallen bekannt sind (vgl. Kap. 3). Bild 4.4 zeigt schematisch die benutzte Versuchsanordnung sowie einige Meßergebnisse. Nach Gl. (3.32) ist

$$p^2c^2 = m_0{}^2c^4\left\{(1 + T/m_0c^2)^2 - 1\right\}\,. \tag{4.15}$$

Für Elektronen ist das wegen (3.34)

$$p^2c^2 = 511^2\left\{(1 + T/511\,\mathrm{keV})^2 - 1\right\}(\mathrm{keV})^2\,.$$

Setzen wir die am Ende des Unterkapitels 3.5 angegebenen Energien der Elektronen aus dem radioaktiven Zerfall des Radiums für die kinetische Energie T ein, so erhalten wir daraus, unter Verwendung von Gl. (4.14), $\lambda = 2 \cdot 10^{-12}$ m bzw. $7 \cdot 10^{-13}$ m. Für $T \ll m_0c^2$ wird aus Gl. (4.15)

$$p = \sqrt{2m_0T}\,.$$

Damit und mit Gleichung (4.14) erhalten wir

$$\lambda = \sqrt{h^2c^2/2m_0c^2T} \equiv \sqrt{150/\tilde{T}} \cdot 10^{-10}\,\mathrm{m}\,. \tag{4.16}$$

$\tilde{T}$ bedeutet, daß in diesem Ausdruck die Energie in eV einzusetzen ist. Demnach haben Elektronen von 150 eV eine Wellenlänge von 10^{-10} m.

[1] Clinton Joseph Davisson (1881—1958)
[2] Lester Halbert Germer (1896—1971)

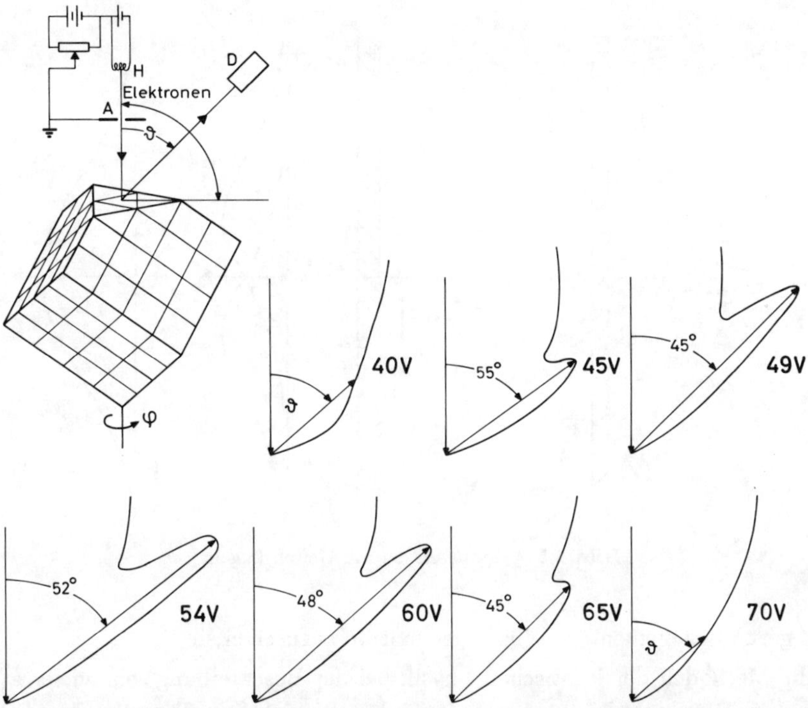

Bild 4.4 Versuchsanordnung und Meßergebnisse von Davisson und Germer (schematisch). Die Elektronen aus der Heizwendel H werden zur Anode A beschleunigt und treffen senkrecht auf eine Oktaeder-Fläche (Millersche Indizes 111) eines Nickel-Kristalls, dessen Gitterstruktur in der Darstellung angedeutet ist. Durch Schwenken des Zählers um eine in dieser Fläche liegende Achse kann der Polwinkel der Zählerposition verändert werden, durch Drehen des Kristalls um die Strahlachse ihr Azimut. Außerdem kann die Anodenspannung und damit die de Broglie-Wellenlänge der Elektronen variiert werden. Bei bestimmten Werten der drei Variablen ergeben sich besonders starke Intensitäten der gestreuten Elektronen. Diese Erscheinung kann mit der Wellennatur der Elektronen und der Kristallstruktur des Nickels erklärt werden. In den Diagrammen gibt der nach rechts oben weisende Vektor Polwinkel und Intensität der gestreuten Elektronen an. Für jede Darstellung ist die zugehörige Anodenspannung angegeben, das Azimut ist überall gleich.

4.3 Welle-Teilchen-Dualismus

In den vorhergehenden Abschnitten haben wir bei der Behandlung der Wärmestrahlung sowie der des Photo- und des Compton-Effekts gezeigt, daß die widerspruchsfreie Beschreibung der Wechselwirkung zwischen Strahlung und Materie im atomaren Bereich mit den Mitteln der klassischen Physik nicht möglich ist. Als atomar in diesem Sinne wollen wir Vorgänge ansehen, bei denen physikalische Größen mit der Dimension einer Wirkung, also z.B. eine Energieänderung ΔE multipliziert mit der dafür benötigten Zeit Δt oder eine Drehimpulsänderung Δl, von der gleichen Größenordnung sind wie das elementare Wirkungsquantum h. Damit präzisieren wir auch gleichzeitig, daß wir Vorgänge dann zur klassischen Physik rechnen, wenn die darin auftretenden Wirkgrößen

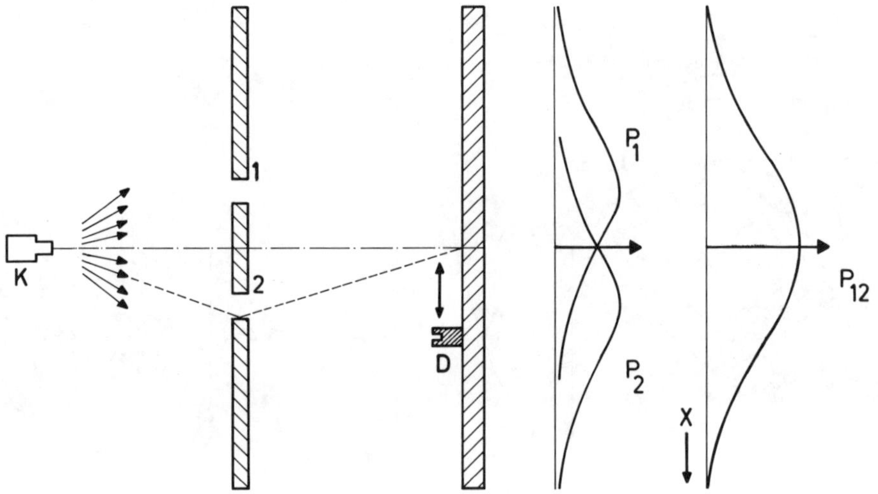

Bild 4.5 Streuversuch mit Gewehrkugeln.

als groß gegen das elementare Wirkungsquantum anzusehen sind.

Da die Methoden der klassischen Physik bei der Beschreibung sehr vieler atomarer Vorgänge versagen, wurde – vor dem Auffinden der richtigen Theorie – zur Erklärung der experimentellen Fakten eine Reihe von Modellen und Hypothesen aufgestellt, an deren Anfang Plancks Quantenhypothese und an deren Ende – gleichzeitig am Beginn der richtigen Theorie – de Broglies Postulat einer mit der Bewegung materieller Teilchen verbundenen Phasenwelle steht. Daneben waren für die weitere Entwicklung der Atomphysik besonders wichtig Einsteins Lichtquantentheorie und vor allem Bohrs Atommodell, auf das wir in Kapitel 7 näher eingehen werden. Sie alle geben Zeugnis sowohl von den Besonderheiten der Atomphysik als auch von den Grenzen der klassischen Theorien.

Eine gute Illustration für beides bietet eine Reihe von Gedankenexperimenten, die in ähnlicher Form eine Rolle bei der Erörterung der Interpretation der Quantenmechanik zwischen Einstein und Bohr spielten. Zum „Gedankenexperiment" ist zu bemerken, daß es in der dargelegten Form nicht unbedingt durchführbar zu sein braucht, daß es aber allen bekannten physikalischen Gesetzen gehorchen muß. Die Versuchsanordnung für die im folgenden erörterterten Experimente besteht aus einer Quelle, einer Wand mit zwei kleinen Öffnungen, die ansonsten undurchlässig ist, einer zweiten, als Absorber ausgebildeten Wand und einem Detektor, der parallel zur Absorberwand bewegt werden kann.

Bei der ersten Versuchreihe (Bild 4.5) besteht die Quelle aus einer stark streuenden Schießvorrichtung K, einer Panzerplatte mit zwei Schlitzen und einem Kugelfang aus Holz. Vor dem Kugelfang kann ein mit Sand gefüllter Kasten hin und her bewegt werden, der als Detektor D dient. Aus der Schießvorrichtung gelangen einige Kugeln,

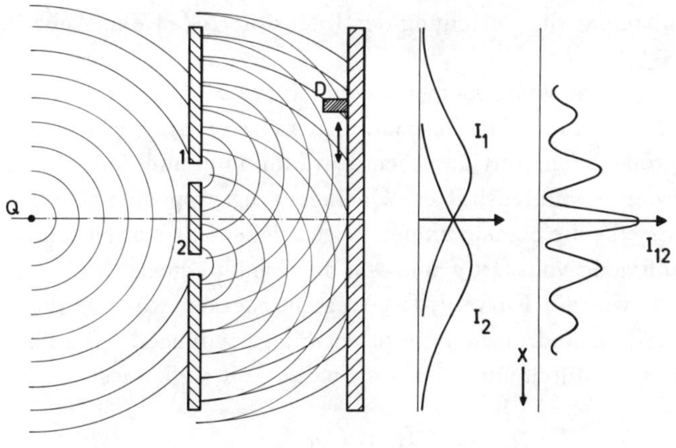

Bild 4.6 Beugungsversuch mit Wasserwellen.

die alle unzerbrechlich sind, durch die Schlitze und werden entweder im Kugelfang oder im Detektor gestoppt. Ist die Schußrate konstant und die Meßzeit für jeden Abstand x des Detektors von der Symmetrieachse gleich, dann ist die Zahl der bei der Position x im Detektor gefundenen Kugeln proportional zur Wahrscheinlichkeit $P_{12}(x)$ dafür, daß eine Kugel, die aus der Schießvorrichtung abgefeuert wird, durch einen der beiden Schlitze geht und am Ort x des Absorbers auftrifft. Wir finden dabei für $P_{12}(x)$ einen Verlauf wie in Bild 4.5 dargestellt.

Decken wir bei einem weiteren Versuch den ersten Schlitz mit Panzerstahl ab, so messen wir als Wahrscheinlichkeit dafür, daß eine Kugel von der Schießvorrichtung durch den zweiten Schlitz am Ort x ankommt, die mit $P_2(x)$ bezeichnete Kurve. Analog messen wir bei Abdeckung des zweiten Schlitzes die Kurve $P_1(x)$. Als Ergebnis finden wir

$$P_{12}(x) = P_1(x) + P_2(x) .$$

Das bedeutet: Die Wahrscheinlichkeit dafür, am Ort x eine Kugel zu finden, wenn beide Schlitze offen sind, ist gleich der Summe der Wahrscheinlichkeiten für die beiden Fälle, in denen nur ein Schlitz offen ist.

Bei der zweiten Versuchsreihe wird die Verteilung der Intensität von Wasserwellen gemessen, die am Ort der Quelle Q (Bild 4.6) z.B. durch einen periodisch eintauchenden Stift erregt werden. Die so erzeugte Ringwelle wird an den beiden Spalten gebeugt. Dabei entsteht nach dem Huygensschen Prinzip an jedem Spalt eine neue Ringwelle. Der Absorber kann hier beispielsweise als flacher Strand ausgebildet sein, auf dem die Wellen auslaufen. Davor kann ein Detektor hin und her bewegt werden, hier ein kleiner Schwimmer, der die Amplitude der Welle mißt, aber mit einer quadratischen Skala versehen ist und somit unmittelbar die Verteilung der Intensität $I_{12}(x)$ der Welle in Abhängigkeit vom Ort x anzeigt.

Die Kurve $I_{12}(x)$ ist völlig anders als die Kurve $P_{12}(x)$ der vorigen Versuchsreihe. Sie weist viele Minima und Maxima auf. Ein weiterer Unterschied besteht darin, daß hier die Signalgröße jeden Wert zwischen dem Minimum und dem Maximum annehmen kann und außerdem der Intensität der Quellerregung proportional ist, während bei der vorigen Versuchsreihe die Signale immer gleich blieben: Es wurden immer ganze Kugeln registriert, unabhängig vom Ort x und von der Schußfrequenz.

Um zu sehen, wie die Kurve $I_{12}(x)$ entsteht, decken wir erst den einen Spalt ab und dann den andern und messen die Intensitätsverteilungen $I_1(x)$ bzw. $I_2(x)$ für den Durchgang der Welle durch nur einen der Spalte. Wir stellen fest:

$$I_{12} \neq I_1 + I_2 \,.$$

Beschreiben wir nun aber die Bewegung des Schwimmers, getrennt für jeweils nur einen offenen Spalt, so erhalten wir

$$a_n(x,t) = A_n(x)\,\mathrm{e}^{i\omega t}\,, \qquad n = 1,2$$

und damit

$$I_n(x) \sim |A_n(x)|^2\,.$$

Dabei sind die Amplituden A_n komplexe Funktionen des Ortes x. Für den Fall, daß beide Spalte offen sind, ist

$$a_{12}(x,t) = a_1(x,t) + a_2(x,t) = [A_1(x) + A_2(x)]\,\mathrm{e}^{i\omega t}$$

und

$$\begin{aligned} I_{12}(x) &\sim |A_1(x) + A_2(x)|^2 = \\ &= |A_1(x)|^2 + |A_2(x)|^2 + 2|A_1(x)||A_2(x)|\cos\varphi(x) \\ &= I_1(x) + I_2(x) + 2[I_1(x)I_2(x)]^{1/2}\cos\varphi(x)\,. \end{aligned} \tag{4.17}$$

$\varphi(x) \equiv 2\pi g(x)/\lambda$ ist die Phasendifferenz zwischen $A_1(x)$ und $A_2(x)$, d.h. $g(x)$ ist der Gangunterschied der von den beiden Spalten ausgehenden Ringwellen der Wellenlänge λ am Ort x. Für $g/\lambda = 0,1,2,\ldots$ ist $\cos\varphi = 1$, d.h. I_{12} maximal. Für $g/\lambda = 1/2, 3/2, 5/2,\ldots$ ist $\cos\varphi = -1$, d.h. I_{12} minimal, und für $I_1 \approx I_2$ ist dann $I_{12} \simeq 0$. Der letzte Term in Gl. (4.17) heißt Interferenzterm, da er durch Zusammenwirken der von den beiden Spalten ausgehenden Wellen zustandekommt.

Wir stellen also fest:

- Klassisches Teilchen: Keine Interferenz, Nachweis unstetig.
- Klassische Welle: Interferenz, Nachweis stetig.

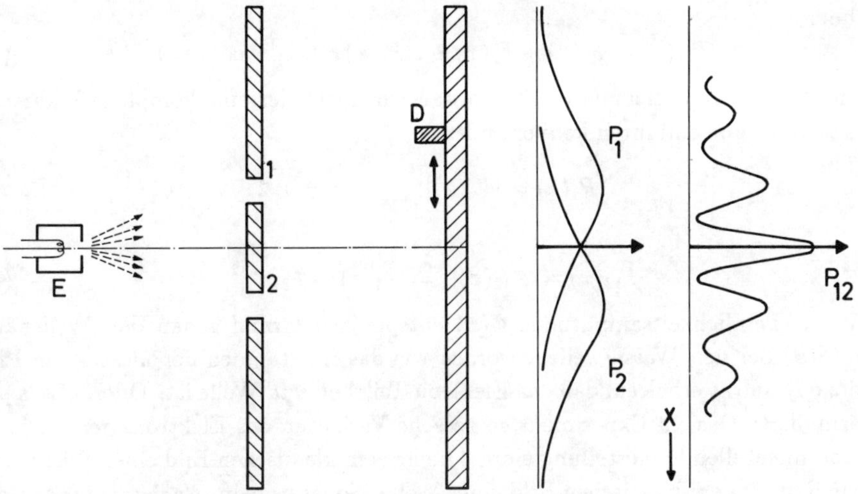

Bild 4.7 Streuversuch mit Elektronen.

Nun führen wir die dritte Versuchsreihe durch, diesmal mit Elektronen. Am Ort der Quelle befindet sich jetzt eine Elektronenkanone E (Bild 4.7), d.h. eine Glühwendel, aus der die Elektronen austreten, und ein Potentialgefälle, in dem sie beschleunigt werden. Der Detektor ist diesmal ein Zählrohr, ein Halbleiterzähler oder ein Sekundärelektronen-Vervielfacher, von denen jeder über eine Verstärkerschaltung an einen Lautsprecher angeschlossen werden kann.

Als Meßsignal stellen wir eine ganz unregelmäßige Folge von Knacklauten fest, die jedoch alle identisch sind. Zählen wir nun die Knacklaute innerhalb eines bestimmten Zeitintervalls, das groß gegen das mittlere Intervall zwischen zwei Knacklauten ist, in Abhängigkeit von x und tragen das Ergebnis gegen x auf, dann erhalten wir eine Kurve wie $P_{12}(x)$. Wiederholen wir den Versuch, indem wir wieder zunächst den einen Spalt und dann den andern abdecken, so erhalten wir die Kurven $P_1(x)$ bzw. $P_2(x)$ und stellen, ähnlich wie bei der Wasserwelle, fest:

$$P_{12} \neq P_1 + P_2 \, .$$

Aber wir hören immer den gleichen Knacklaut, jedenfalls dann, wenn wir die Temperatur der Glühwendel so weit erniedrigen, daß wir die Knacklaute akustisch auflösen können. Es gibt keine halben und keine doppelten Knacklaute, genauso wie es beim Schußversuch keine halben und keine doppelten Kugeln gab. Deshalb sagen wir: Jeder Knack ist ein Zeichen für ein registriertes Elektron.

Wie beim Schußversuch geben die Kurven $P(x)$ daher die relative Wahrscheinlichkeit dafür an, am Ort x ein Elektron zu finden, aber wie bei der Intensität der Wasserwellen findet zwischen den beiden Wahrscheinlichkeitsverteilungen Interferenz statt, denn wir errechnen

$$P_{12}(x) = P_1(x) + P_2(x) + 2[P_1(x)P_2(x)]^{1/2} \cos\varphi(x) . \tag{4.18}$$

Das entspricht der Gleichung (4.17), so daß wir auch hier eine komplexe Wahrscheinlichkeitsamplitude einführen können, mit

$$P_n(x) = |\Phi_n(x)|^2; \qquad n = 1, 2$$

und

$$P_{12}(x) = |\Phi_{12}(x)|^2 = |\Phi_1(x) + \Phi_2(x)|^2 . \tag{4.19}$$

Die Wahrscheinlichkeitsamplituden $\Phi(x)$ entsprechen formal genau den Wellenamplituden $A(x)$ bei den Wasserwellen, woraus wir das im Rahmen der klassischen Physik paradoxe Resultat erhalten, daß das Elektron Teilchen *und* Welle ist. Oder, etwas präziser formuliert: Das im Experiment gemessene Verhalten des Elektrons genügt je nach der experimentellen Fragestellung einmal mehr dem klassischen Bild eines Teilchens, ein andermal mehr dem klassischen Bild einer Welle. So ist es beim *Nachweis* im Zähler ein Teilchen, bezüglich der *Nachweiswahrscheinlichkeit* aber eine Welle. Solches Verhalten zeigen nicht nur die Elektronen, sondern ebenso alle andern Objekte der Atomphysik.

An dieser Auffassung führt kein Weg vorbei. Es ist nicht möglich, die Meßresultate $P_{12}(x)$ mit Teilchenbahnen zu erklären. An manchen Stellen ist $P_{12}(x) > P_1(x) + P_2(x)$, an anderen Stellen ist $P_1(x) > P_{12}(x)$ oder $P_2(x) > P_{12}(x)$. Gingen wir davon aus, daß sich die Elektronen auf klassischen Bahnen von der Elektronenkanone zum Detektor bewegen, so müßten wir annehmen, daß durch das Öffnen des zweiten Spaltes der Fluß durch den ersten Spalt an einigen Stellen der Absorberwand erhöht und gleichzeitig für andere Stellen der Absorberwand erniedrigt wird. Auch die Annahme komplizierterer Bahnen, auf denen die Spalte mehrmals durchlaufen würden, führt zu Widersprüchen. Selbst die Erklärung, mehrere Elektronen wirkten zusammen und erzeugten so die Kurve P_{12}, kann nicht bestehen, denn diese Kurve sieht exakt genauso aus, wenn der Heizstrom der Glühwendel so weit gesenkt wird, daß nur ganz vereinzelt Elektronen registriert werden: Jedes Elektron interferiert nur mit sich selbst!

Wir erfahren eine weitere Belehrung, wenn wir nun versuchen, durch das Aufstellen einer Lampe L hinter den Spalten herauszufinden, durch welchen der beiden Spalte jeweils ein Elektron fliegt (Bild 4.8). Das gelingt durchaus. Wann immer ein Elektron durch einen der beiden Spalte fliegt, registrieren wir einen Lichtblitz, der sich eindeutig einem der beiden Spalte zuordnen läßt. Aber nun messen wir zwar für „Blitz bei 1“ eine Kurve $P_1(x)$, die genauso aussieht wie $P_1(x)$ in Bild 4.7 und desgleichen für Kurve $P_2(x)$, aber $P_{12}(x)$ sieht jetzt aus wie beim Versuch mit den Kugeln, und wir finden wie dort $P_{12}(x) = P_1(x) + P_2(x)$; es gibt keine Interferenz mehr! Wir sehen entweder Interferenzen, dann wissen wir nicht, welchen Spalt die Elektronen passieren; oder wir sehen, welchen Spalt die Elektronen passieren, dann gibt es keine Interferenzen. Das ist darauf zurückzuführen, daß die Photonen, die zur Beobachtung der Elektronen dienen, auf diese einen Rückstoß ausüben, dessen Größe grundsätzlich nicht meßbar ist. Diese

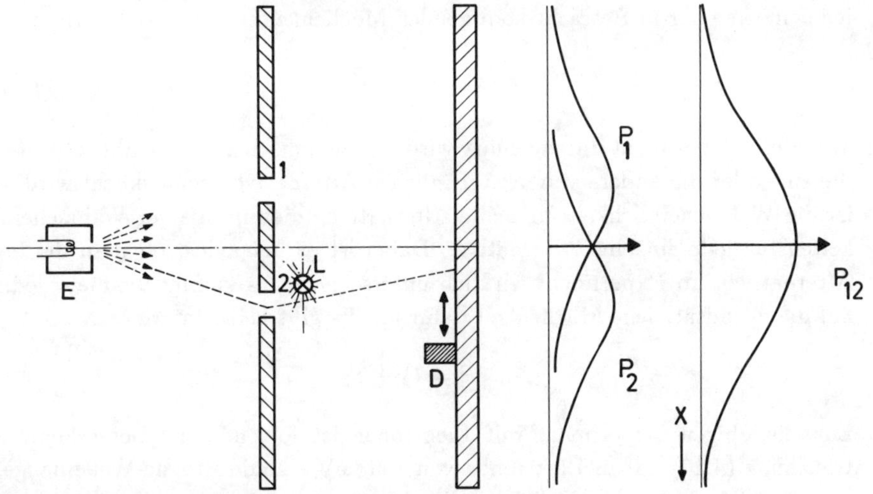

Bild 4.8 Streuversuch mit Elektronen, deren Durchgang durch die Blende beobachtet wird.

Impulsunschärfe genügt, um die Interferenzfigur zu verwischen. Aus diesem Ergebnis ist zu schließen, daß in der Atomphysik ein Meßresultat nur dann eindeutig mitgeteilt werden kann, wenn gleichzeitig das Meßverfahren bzw. die Meßapparatur beschrieben wird. Durch das Anbringen der Lampe wird die Apparatur entscheidend verändert, und ein Elektron befindet sich, nachdem ein Photon an ihm gestreut wurde, in einem anderen Zustand, als vorher. Die Messungen mit und ohne Lampe sind daher nicht ohne weiteres vergleichbar.

Mit der Einführung von Wahrscheinlichkeitsamplituden zur Erklärung der Elektroneninterferenz kommt ein Zug von Unbestimmtheit in die physikalische Beschreibung. Die Bewegung der Elektronen läßt sich nicht im klassischen Sinn raumzeitlich festlegen, ohne das Meßresultat zu verändern. Daher lassen sich bestimmte Meßergebnisse grundsätzlich nicht mit Sicherheit vorhersagen, sondern nur mit einer bestimmten Wahrscheinlichkeit. Man sagt dazu, atomare Vorgänge seien nicht streng determiniert.

Als Ergebnis der Versuche erhalten wir folgende Regeln für die atomphysikalische Beschreibung:

1. Die Wahrscheinlichkeit P für das Eintreten eines Ereignisses ist gegeben durch das Quadrat des Absolutbetrages einer komplexen Zahl Φ, die man Wahrscheinlichkeitsamplitude nennt:

$$P = |\Phi|^2 .$$

2. Wenn ein und dasselbe Ereignis, d.h. ein Übergang von einem bestimmten Anfangs- in einen bestimmten Endzustand, auf mehrere verschiedene Weisen eintreten kann, dann ist die Wahrscheinlichkeitsamplitude dafür die Summe der Amplituden für

jede einzelne der in Betracht kommenden Möglichkeiten. Es tritt Interferenz auf:

$$\Phi = \Phi_1 + \Phi_2; \qquad P = |\Phi_1 + \Phi_2|^2 .$$

3. Wenn ein Experiment durchgeführt wird, das zu entscheiden erlaubt, ob entweder die eine oder die andere von zwei möglichen Alternativen verwirklicht wird, dann ist die Wahrscheinlichkeit für beide Alternativen die Summe der Wahrscheinlichkeiten für jede einzelne Alternative. Dabei ist es belanglos, ob man die beiden Alternativen im Experiment wirklich unterscheidet, es kommt vielmehr lediglich auf die grundsätzliche Möglichkeit dafür an. Es gibt keine Interferenz:

$$P = P_1 + P_2 .$$

Zu dem obigen Experiment mit Elektronen ist folgendes zu bemerken: Nach Gleichung (4.16) haben Elektronen von 150 keV eine de-Broglie-Wellenlänge von $\lambda = 10^{-10}$ m. Da zur Erzielung einer meßbaren Interferenz der Spaltabstand etwa von der gleichen Größenordnung sein muß wie die Wellenlänge der gebeugten Strahlung, ist es nicht möglich, Spalte herzustellen, mit denen eine Elektroneninterferenz zu erzielen wäre. Dagegen zeigt der Vergleich mit Tab. 3.2, daß der Atomabstand in Kristallen von der Größenordnung 10^{-10} m ist. Damit sind Kristalle die richtigen Gitter zur Erzeugung von Elektroneninterferenzen, wie erstmals Davisson und Germer gezeigt haben.

5 Quantenmechanik

Wir haben im vorigen Kapitel gesehen, daß sowohl bei der Anwendung klassischer Teilchenbilder auf die Elektronenstreuung als auch bei der Beschreibung der Phänomene mit dem klassischen Wellenbild Paradoxien auftreten. Im ersten Fall sollte es keine Interferenzen geben, im zweiten müßte der Nachweis stetig und der Quellenintensität proportional sein. Widersprüche solcher Art lassen sich lösen, wenn es gelingt, die betroffenen Begriffe so zu ändern oder zu erweitern, daß unterschiedliche Vorstellungen, die vorher unverträglich waren, koexistieren können.

Die Umdeutung der klassischen Begriffe, die zur widerspruchsfreien Beschreibung der experimentellen Fakten über atomare Prozesse notwendig geworden war, gelang Niels Bohr eher dialektisch mit seinem Komplementaritätsprinzip; Werner Heisenberg durch die Formulierung des *Unbestimmtheitsprinzips* eher quantitativ. Nach dem Komplementaritätsprinzip ergänzen sich Begriffe und Vorstellungen, die sich scheinbar gegenseitig ausschließen, wie z.B. das Wellenbild und das Teilchenbild zu einer vollständigen Beschreibung der Natur (*contraria sunt complementa*, wie es in Bohrs Wappenspruch heißt). Das Unbestimmtheitsprinzip besagt, daß Paare kanonisch konjungierter Variablen, wie Ortskoordinate und Impuls, nicht gleichzeitig mit beliebiger Genauigkeit bestimmt werden können, was unmittelbar die Unmöglichkeit einer exakten Voraussage diese beiden Variablen zur Folge hat.

Die physikalische Theorie, welche die richtige, d.h. widerspruchsfreie und eindeutige, Beschreibung atomarer Vorgänge ermöglicht, ist die Quantenmechanik. Sie umfaßt das Unbestimmtheitsprinzip und genügt dem Komplementaritätsprinzip. Eine ihrer besonderen Ausprägungen, die in der Nachfolge de Broglies von Schrödinger formuliert wurde, heißt Wellenmechanik. Eine äquivalente Formulierung, die Matrizenmechanik, ist Heisenberg gelungen. Da die Wellenmechanik wegen der Verwendung der Differentialrechnung durchsichtiger und leichter zu handhaben ist als die Matrizenmechanik, entscheiden wir uns im folgenden für ihren Gebrauch. In allgemein gültigen Aussagen werden wir den Oberbegriff Quantenmechanik verwenden.

5.1 Wahrscheinlichkeits-Amplituden

Wir haben im vorigen Kapitel folgende Erkenntnis gewonnen: Dem Licht kommen außer seinen klassischen Welleneigenschaften Frequenz und Wellenlänge auch die komplementären Teilcheneigenschaften Energie und Impuls zu. Die beiden Paare von Eigenschaften sind nach Einstein durch die Gleichungen (4.1) und (4.2)

$$E = \hbar\omega \qquad\qquad p = \hbar k$$

verknüpft ($\omega = 2\pi\nu$, $|k| = 2\pi/\lambda$), deren Geltungsbereich de Broglie auf Masseteilchen ausdehnte und damit postulierte, daß Masseteilchen neben ihren klassischen Teilcheneigenschaften Energie und Impuls auch die komplementären Welleneigenschaften Frequenz und Wellenlänge zuzuschreiben sind. Daneben zeigen die Gedankenexperimente mit Elektronen, daß atomare Objekte mit sich selbst interferieren können und daß dieses Verhalten am besten durch komplexe Wahrscheinlichkeitsamplituden beschrieben wird. Das Absolutquadrat dieser Amplituden entspricht der Wahrscheinlichkeit, mit welcher die atomaren Objekte nachgewiesen werden können.

Von hier ausgehend können wir versuchen, eine Wahrscheinlichkeitsamplitude für ein freies Teilchen zu konstruieren. Wegen (4.1) und (4.2) ist es naheliegend anzunehmen, daß diese die Welleneigenschaften Frequenz und Wellenlänge hat. Die einfachste Welle, mit der Kreisfrequenz ω und dem Wellenvektor k, ist die ebene harmonische Welle

$$u_k(r,t) = e^{i(k\cdot r - \omega t)}\,. \tag{5.1}$$

Wir erkennen leicht, daß man durch partielle Ableitung nach der Zeit aus dieser Funktion die Energie gewinnt und durch partielle Ableitung nach dem Ort den Impuls:

$$i\hbar\frac{\partial}{\partial t}u_k(r,t) = \hbar\omega u_k(r,t) = Eu_k(r,t) \tag{5.2}$$

$$\frac{\hbar}{i}\nabla u_k(r,t) = \hbar k u_k(r,t) = p u_k(r,t)\,. \tag{5.3}$$

Solche Gleichungen, bei denen die Anwendung eines Differentialoperators auf eine Funktion gleich deren Multiplikation mit einer Zahl, hier also mit $\hbar\omega$ bzw. $\hbar k$ ist, heißen Eigenwertgleichungen für die entsprechenden Operatoren. Die Eigenwerte der Operatoren sind hier $\hbar\omega$ bzw. $\hbar k$, und die Funktionen, welche die Gleichungen erfüllen, in unserem Fall u_k, nennt man Eigenfunktionen. Verlangen wir in Analogie zur Gleichung $E = p^2/2m$ aus der klassischen Mechanik die Gültigkeit der entsprechenden Beziehung zwischen $\hbar\omega$ und $\hbar k$,

$$\hbar\omega = \frac{\hbar^2 k^2}{2m}\,, \tag{5.4}$$

dann können wir sagen, daß sowohl die Energie als auch der Impuls des Teilchens in (5.1) enthalten sind. Bilden wir jedoch das Absolutquadrat von (5.1), dann finden wir, daß dieses immer und überall gleich eins ist[1]:

$$u_{\boldsymbol{k}}^*(\boldsymbol{r},t)u_{\boldsymbol{k}}(\boldsymbol{r},t) = |u_{\boldsymbol{k}}(\boldsymbol{r},t)|^2 = 1\,. \tag{5.5}$$

Die Funktion (5.1) ist damit im allgemeinen sicherlich keine zutreffende Beschreibung eines Teilchens. Denn nach der heuristischen Interpretation der Wahrscheinlichkeitsamplitude, wonach ihr Absolutquadrat die relative Wahrscheinlichkeit dafür angibt, das Teilchen zur Zeit t am Ort $\boldsymbol{r}$ anzutreffen, bedeutet (5.5), daß die Aufenthaltswahrscheinlichkeit des Teilchens zu jeder Zeit und an jedem Ort gleich ist. Dagegen wissen wir oft, daß die Aufenthaltswahrscheinlichkeit eines Teilchens zu bestimmten Zeiten an manchen Orten größer ist als an anderen. Außerdem muß das Teilchen an irgendeinem Ort sein, d.h. die Wahrscheinlichkeit, es überhaupt zu finden, muß gleich eins sein, doch das über den ganzen Raum erstreckte Integral von (5.5) divergiert und ist somit nicht auf eins normierbar.

Statt (5.1) benötigen wir daher eine Wahrscheinlichkeitsamplitude $\psi(\boldsymbol{r},t)$, deren Absolutquadrat in einem gewissen Raumbereich größer ist als im übrigen Raum und für die das Integral des Absolutquadrates, erstreckt über den ganzen Raum, gleich eins ist. Der Fouriersche Integralsatz (siehe dazu z.B. [Co 55]) schafft die Verbindung einer solchen Funktion mit (5.1). Nach ihm läßt sich nämlich eine Funktion $\psi(\boldsymbol{r},t)$ durch eine Linearkombination von Funktionen der Form $\exp(i\boldsymbol{k}\cdot\boldsymbol{r})$ darstellen:

$$\psi(\boldsymbol{r},t) = (2\pi)^{-3/2}\int \mathrm{d}^3\boldsymbol{k}\, A(\boldsymbol{k},t)\,\mathrm{e}^{i\boldsymbol{k}\cdot\boldsymbol{r}}\,.$$

Dabei ist das Integral über den ganzen k-Raum zu erstrecken. Für die Funktion $A(\boldsymbol{k},t)$ gilt das umgekehrte Integral, das über den ganzen Ortsraum zu erstrecken ist:

$$A(\boldsymbol{k},t) = (2\pi)^{-2/3}\int \mathrm{d}^3\boldsymbol{r}\, \psi(\boldsymbol{r},t)\mathrm{e}^{-i\boldsymbol{k}\cdot\boldsymbol{r}}\,.$$

Der Einfachheit halber beschränken wir uns im folgenden auf den eindimensionalen Fall, an dem sich alles Wesentliche zeigen läßt. Die damit gewonnenen Ergebnisse lassen sich leicht auf mehr Dimensionen verallgemeinern. Statt der beiden obigen Fourier-Integrale erhalten wir dann

$$\psi(x,t) = \frac{1}{\sqrt{2\pi}}\int_{-\infty}^{+\infty} \mathrm{d}k\, A(k,t)\mathrm{e}^{ikx} \tag{5.6}$$

$$A(k,t) = \frac{1}{\sqrt{2\pi}}\int_{-\infty}^{+\infty} \mathrm{d}x\, \psi(x,t)\mathrm{e}^{-ikx}\,. \tag{5.7}$$

Auf diese Weise können wir nun zwar die Funktion $\psi(x,t)$ so bestimmen, daß sie der Wahrscheinlichkeitsinterpretation genügt, aber es ist nicht von vornherein klar, in welcher Form sie Energie und Impuls des Teilchens beinhaltet. Unter Berücksichtigung der Gleichungen (5.1) bis (5.4) ist jedoch unschwer zu erkennen, daß die Anwendung des

[1] Der Stern bedeutet „konjungiert komplex".

Operators $(-\hbar^2/2m)\nabla^2$ auf die Funktion (5.1) dasselbe bewirkt wie deren Muliplikation mit $\hbar^2k^2/2m$:

$$(5.*)\qquad -\frac{\hbar^2}{2m}\nabla^2 u_{\boldsymbol{k}}(\boldsymbol{r},t) = \frac{\hbar^2k^2}{2m}u_{\boldsymbol{k}}(\boldsymbol{r},t)\,. \overset{(5.4)}{=} \hbar\omega\, u_k(r,t) \overset{(5.2)}{=} i\hbar\frac{\partial u_k(r,t)}{\partial t}$$

Wir haben damit neben (5.2) und (5.3) eine weitere Eigenwertgleichung, der die Funktion (5.1) genügt. Daher ist (5.4) gleichbedeutend mit der partiellen Differentialgleichung

$$i\hbar\frac{\partial}{\partial t}u_{\boldsymbol{k}}(\boldsymbol{r},t) \overset{(5.*)}{=} -\frac{\hbar^2}{2m}\nabla^2 u_{\boldsymbol{k}}(\boldsymbol{r},t)\,. \tag{5.8}$$

Postulieren wir nun – wegen der Wichtigkeit der zugrundeliegenden Beziehung $E = p^2/2m$ – die allgemeine Gültigkeit der Gleichung (5.8) für jede mögliche Form einer Wahrscheinlichkeitsamplitude eines freien Teilchens, dann erhalten wir bei der Anwendung auf (5.6)

$$\int \mathrm{d}k\, i\hbar\frac{\partial}{\partial t}A(k,t)\mathrm{e}^{ikx} = \int \mathrm{d}k\, A(k,t)\left(-\frac{\hbar^2}{2m}\right)\frac{\partial^2}{\partial x^2}\mathrm{e}^{ikx}\,. \qquad (5.6a)$$

Hier und im folgenden ist über den ganzen Bereich der Integrationsvariablen zu integrieren, und außerdem nehmen wir an, daß die Reihenfolge von Differentiationen, Integrationen und Summationen vertauscht werden kann, was im Einzelfall allerdings bewiesen werden muß. Die rechte Seite der letzten Gleichung können wir sogleich ausführen und erhalten damit unter Verwendung von (5.4) die Beziehung

$$\int \mathrm{d}k\, A(k,t)\frac{\hbar^2k^2}{2m}\mathrm{e}^{ikx} = \int \mathrm{d}k\, \hbar\omega A(k,t)\mathrm{e}^{ikx} = \int \mathrm{d}k\, i\hbar\frac{\partial}{\partial t}A(k,t)\mathrm{e}^{ikx}\,. \qquad \text{Wiederholung von (5.6a)}$$

Demnach ist

$$i\hbar\frac{\partial}{\partial t}A(k,t) = \hbar\omega A(k,t)\,. \qquad \text{Wiederholung von (5.*)}$$

Diese Eigenwertgleichung können wir mit dem Ansatz $A(k,t) = a(k)\mathrm{e}^{-i\omega t}$ leicht integrieren. Damit wird aus den Gleichungen (5.6) und (5.7)

$$\psi(x,t) = \frac{1}{\sqrt{2\pi}}\int \mathrm{d}k\, a(k)\mathrm{e}^{i(kx-\omega t)} \tag{5.9}$$

$$a(k)\mathrm{e}^{-i\omega t} = \frac{1}{\sqrt{2\pi}}\int \mathrm{d}x\, \psi(x,t)\mathrm{e}^{-ikx}\,. \tag{5.10}$$

Der Vergleich zeigt, daß (5.9) eine Linearkombination von (eindimensionalen) ebenen Wellen der Form (5.1) ist, mit den komplexen Entwicklungskoeffizienten $a(k)$. Eine solche Funktion wird im Gegensatz zur unendlich ausgedehnten, homogenen ebenen Welle auch Wellenpaket genannt. Auf das Wellenpaket (5.9) lassen sich nun die Differentialoperatoren (5.2) und (5.3) anwenden mit dem Resultat

$$i\hbar\frac{\partial}{\partial t}\psi = \frac{1}{\sqrt{2\pi}}\int \mathrm{d}k\, a(k)\hbar\omega\mathrm{e}^{i(kx-\omega t)} \tag{5.11}$$

und

$$\frac{\hbar}{i}\frac{\partial}{\partial x}\psi = \frac{1}{\sqrt{2\pi}}\int \mathrm{d}k\, a(k)\hbar k e^{i(kx-\omega t)} . \tag{5.12}$$

Wenn wir annehmen, daß die Operatoren $i\hbar(\partial/\partial t)$ und $-i\hbar(\partial/\partial x)$ mit der mechanischen Energie und dem Impuls eines Teilchens verknüpft sind, so entnehmen wir den beiden obigen Gleichungen, daß einem Wellenpaket kein scharfer Impuls und damit auch keine scharfe Energie entspricht, sondern daß vielmehr beide Größen mit der Amplitudenfunktion $a(k)$ verteilt sind. Daraus müssen wir schließen, daß mit dem Gewinn an Information über den Ort eines Teilchens, den die Konstruktion eines Wellenpaketes der Form (5.9) gegenüber der ebenen Welle (5.1) bedeutet, ein Verlust an Information über seinen Impuls einhergeht.

Zwischen der Genauigkeit der Kenntnis des Ortes des Teilchens und derjenigen seines Impulses herrscht sogar eine gewisse Reziprozität, denn die Verteilung der Wellenzahl und damit des Impulses ist umso breiter, je stärker das Wellenpaket (5.9) räumlich konzentriert ist. Bezeichnen wir die Unbestimmtheit von Ort und Impuls etwa mit Δx und Δp, dann können wir daher versuchsweise formulieren

$$\Delta x \cdot \Delta p > 0 . \tag{5.13}$$

Durch folgende Überlegung können wir die Unbestimmtheitsrelation zwischen Ort und Impuls noch etwas besser abschätzen: Hat ein physikalischer Wellenzug (zu dem im Unterschied zum mathematischen Wellenzug ein Einschwing- und ein Abklingvorgang gehören) nur eine endliche Ausdehnung, dann kann man keine exakte Wellenlänge für ihn angeben, weil es nicht möglich ist, festzustellen, wie viele Wellenlängen bzw. Schwingungen am Anfang und am Ende dazugehören.

Wenn wir also versuchen, die Wellenlänge eines Wellenpaketes der Länge Δl z.B. durch Abzählen der Nulldurchgänge zu bestimmen, dann ist der Zählfehler mindestens ± 1. Bezeichnen wir mit N die Zahl der Wellenlängen, mit ΔN deren Fehler, dann können wir formulieren

$$\begin{aligned} \lambda_0 &\approx \frac{\Delta l}{2}\Big(\frac{1}{N-\Delta N} + \frac{1}{N+\Delta N}\Big) &= \frac{\Delta l\, N}{N^2-(\Delta N)^2} \\ \Delta\lambda &\geq \frac{\Delta l}{2}\Big(\frac{1}{N-\Delta N} - \frac{1}{N+\Delta N}\Big) &= \frac{\Delta l\, \Delta N}{N^2-(\Delta N)^2} . \end{aligned}$$

Dabei ist λ_0 die mittlere Wellenlänge des Paketes und $\Delta\lambda$ ihr Fehler. Aus den beiden Beziehungen folgt $\Delta\lambda/\lambda_0 \geq \Delta N/N$ und $\Delta l/\lambda_0 \approx [N^2-(\Delta N)^2]/N$.

Nun formulieren wir die Unbestimmtheitsrelation, wobei wir mit Δx, Δp und $\Delta\lambda$ die Absolutwerte der Fehler meinen:

$$\Delta x \cdot \Delta p = \hbar \Delta x \cdot \Delta k = h\Delta x \Delta\lambda/\lambda^2 \approx h\frac{\Delta l}{2\lambda_0}\frac{\Delta\lambda}{\lambda_0} .$$

Für die Ortsunschärfe Δx des Wellenpakets haben wir dabei $\Delta l/2$ eingesetzt und als Wert der Wellenlänge den Mittelwert λ_0. Hieraus folgt durch Einsetzen

$$\Delta x \cdot \Delta p \geq \frac{h}{2} \frac{N^2 - (\Delta N)^2}{N} \cdot \frac{\Delta N}{N} = \frac{h}{2} \cdot \Delta N \left[1 - \frac{(\Delta N)^2}{N^2} \right] .$$

Im ungünstigsten Fall, $\Delta N = N$, erhalten wir hieraus wie bereits zuvor $\Delta x \cdot \Delta p > 0$. Gehen wir aber davon aus, daß das Paket viele Wellenlängen lang ist und die Wellenlänge im Inneren des Pakets nur wenig um den Mittelwert λ_0 streut, dann ist $\Delta N \ll N$, und wir erhalten, mit $\Delta N \approx 1$,

$$\Delta x \cdot \Delta p \geq \frac{h}{2} . \tag{5.14}$$

Wir können den Zusammenhang zwischen Teilchenimpuls bzw. -energie und Wellenpaket noch weiter verfolgen. Wenn nämlich, nach unserer Interpretation der Wahrscheinlichkeitsamplitude, $|\psi(x,t)|^2 \mathrm{d}x$ die Wahrscheinlichkeit dafür ist, das mit ψ beschriebene Teilchen zur Zeit t im Intervall $\mathrm{d}x$ um den Ort x zu finden, d.h. $|\psi(x,t)|^2$ die Verteilungsfunktion für den Ort des Teilchens ist (vgl. dazu Kap. 2.2), dann ist

$$\langle x(t) \rangle = \int \mathrm{d}x \, x |\psi(x,t)|^2 = \int \mathrm{d}x \, \psi^*(x,t) x \psi(x,t) \tag{5.15}$$

der Mittelwert der Ortsmessung an dem Teilchen oder, wie man einfach sagt, der Mittelwert seines Ortes.

Eine charakteristische Eigenschaft der Gleichungen (5.6) und (5.7) ist ihre Symmetrie sowohl in den Variablen x und k als auch in den Funktionen ψ und A. Da das Wellenpaket auf eins normiert sein soll, gilt nach (5.6)

$$\begin{aligned}
\int \mathrm{d}x \, |\psi(x,t)|^2 &= \frac{1}{\sqrt{2\pi}} \int \mathrm{d}x \, \psi^*(x,t) \int \mathrm{d}k \, A(k,t) \mathrm{e}^{ikx} \\
&= \frac{1}{\sqrt{2\pi}} \int \mathrm{d}k \, A(k,t) \int \mathrm{d}x \, \psi^*(x,t) \mathrm{e}^{ikx} \\
&= \int \mathrm{d}k \, |A(k,t)|^2 = 1 .
\end{aligned} \tag{5.16}$$

Dabei haben wir zunächst die Integrationsreihenfolge vertauscht und dann das konjungiert Komplexe von (5.7) eingesetzt. Da die Amplituden $A(k,t)$ somit genau so normiert sind wie das Wellenpaket $\psi(x,t)$, können wir aufgrund der Symmetrie der Beziehungen (5.6) und (5.7) für $A(k,t)$ eine ähnliche Interpretation versuchen wie für $\psi(x,t)$: $|A(k,t)|^2$ entspricht der Wahrscheinlichkeit dafür, daß das Teilchen zur Zeit t den Impuls $\hbar k$ hat. Da jedoch, wie oben gezeigt, $A(k,t) = a(k)\mathrm{e}^{i\omega t}$, ist $|A(k,t)|^2 = |a(k)|^2$, d.h. die Impulsverteilung ist zeitlich konstant, was mit dem Satz von der Erhaltung des Impulses übereinstimmt. Daraus folgt aber auch sofort, daß das Normierungsintegral (5.16) des Wellenpakets zeitlich konstant bleibt.

Wir multiplizieren nun Gleichung (5.12) mit dem konjugiert Komplexen des Wellenpakets, integrieren über alle x und erhalten so, unter Vertauschung der Integrationsreihenfolge und Verwendung des konjugiert Komplexen von (5.7):

$$\begin{aligned}\int \mathrm{d}x\, \psi^* \frac{\hbar}{i}\frac{\partial}{\partial x}\psi &= \frac{1}{\sqrt{2\pi}}\int \mathrm{d}x\, \psi^*(x,t)\int \mathrm{d}k\, a(k)\hbar k \mathrm{e}^{i(kx-\omega t)} \\ &= \frac{1}{\sqrt{2\pi}}\int \mathrm{d}k\, a(k)\hbar k \mathrm{e}^{-i\omega t}\int \mathrm{d}x\, \psi^*(x,t)\mathrm{e}^{ikx} \\ &= \int \mathrm{d}k\, a(k)\hbar k a^*(k) \\ &= \int \mathrm{d}k\, \hbar k |a(k)|^2 \,. \end{aligned} \tag{5.17}$$

Auf gleiche Weise erhalten wir aus (5.11)

$$\int \mathrm{d}x\, \psi^* i\hbar \frac{\partial}{\partial t}\psi = \int \mathrm{d}k\, \hbar\omega |a(k)|^2 \,. \tag{5.18}$$

Ist nun $|a(k)|^2$ die Wahrscheinlichkeitsverteilung für die Wellenzahl k und damit für den Impuls $p = \hbar k$, so legt uns das Unterkapitel 2.2 und dort insbesondere Gleichung (2.17) die Interpretation nahe, daß (5.17) und (5.18) die Mittelwerte $\langle p\rangle$ des Impulses bzw. $\langle E\rangle$ der Energie des Teilchens sind, d.h. die Mittelwerte entsprechender Messungen.

Setzen wir für ψ in Gleichung (5.15) den Ausdruck (5.9) ein, so erhalten wir durch partielle Integration und Vertauschung der Integrationsreihenfolge sowie durch Einsetzen von (5.10)

$$\begin{aligned}\langle x(t)\rangle &= \frac{1}{\sqrt{2\pi}}\int \mathrm{d}x\, \psi^*(x,t) x \int \mathrm{d}k\, a(k)\mathrm{e}^{i(kx-\omega t)} \\ &= \frac{1}{\sqrt{2\pi}}\int \mathrm{d}x\, \psi^*(x,t)\int \mathrm{d}k\, a(k)\mathrm{e}^{-i\omega t}\frac{1}{i}\frac{\partial}{\partial k}\mathrm{e}^{ikx} \\ &= \frac{1}{\sqrt{2\pi}}\int \mathrm{d}x\, \psi^*(x,t)\left\{\frac{a(k)}{i}\mathrm{e}^{i(kx-\omega t)}\Big|_{k=-\infty}^{k=+\infty} - \int \mathrm{d}k\, \mathrm{e}^{ikx}\frac{\partial}{i\partial k}a(k)\mathrm{e}^{-i\omega t}\right\} \\ &= \frac{1}{\sqrt{2\pi}}\int \mathrm{d}k \left\{-\frac{\partial}{i\partial k}a(k)\mathrm{e}^{-i\omega t}\right\}\int \mathrm{d}x\, \psi^*(x,t)\mathrm{e}^{ikx} \\ &= \int \mathrm{d}k\, a^*(k)\mathrm{e}^{i\omega t}\left\{-\frac{\partial}{i\partial k}a(k)\mathrm{e}^{-i\omega t}\right\}. \end{aligned} \tag{5.19}$$

Dabei haben wir angenommen, daß $a(k)$ für $|k| \to \infty$ hinreichend stark gegen Null geht. Fragen wir nun nach der zeitlichen Entwicklung des Mittelwertes $\langle x(t)\rangle$, so finden wir

$$\begin{aligned}\frac{\mathrm{d}}{\mathrm{d}t}\langle x(t)\rangle &= \frac{\mathrm{d}}{\mathrm{d}t}\int \mathrm{d}k\, a^*(k)\mathrm{e}^{i\omega t}\left\{-\frac{\partial}{i\partial k}a(k)\mathrm{e}^{-i\omega t}\right\} \\ &= \int \mathrm{d}k\, a^*(k)\frac{\partial}{\partial t}\left\{\mathrm{e}^{i\omega t}\left[-\frac{\partial}{i\partial k}a(k)\mathrm{e}^{-i\omega t}\right]\right\}\end{aligned}$$

$$
\begin{aligned}
&= \int \mathrm{d}k \left\{ a^*(k) i\omega \mathrm{e}^{i\omega t} \left[-\frac{\partial}{i\partial k} a(k) \mathrm{e}^{-i\omega t} \right] + \right. \\
&\qquad \left. + \; a^*(k) \mathrm{e}^{i\omega t} \left[-\frac{\partial}{i\partial k} a(k)(-i\omega) \mathrm{e}^{-i\omega t} \right] \right\} \\
&= \int \mathrm{d}k \left\{ a^*(k) \mathrm{e}^{i\omega t} \left[-\omega \frac{\partial}{\partial k} + \frac{\partial}{\partial k} \omega \right] a(k) \mathrm{e}^{-i\omega t} \right\} \\
&= \int \mathrm{d}k \left(\frac{\partial \omega}{\partial k} \right) |a(k)|^2 = \left\langle \frac{\partial \omega}{\partial k} \right\rangle . \qquad (5.20)
\end{aligned}
$$

$\partial\omega/\partial k$ ist die Gruppengeschwindigkeit eines Wellenpaketes, im Unterschied zu seiner Phasengeschwindigkeit ω/k, d.h. der Geschwindigkeit, mit der sich die Phase der Welle fortpflanzt. Wenn also die Interpretation der Amplitudenfunktion $a(k)$ als Wahrscheinlichkeitsamplitude für die Wellenzahl k richtig ist, haben wir mit (5.20) gezeigt, daß die Geschwindigkeit des mittleren Ortes im Teilchenbild gleich der mittleren Gruppengeschwindigkeit im Wellenbild ist. Nach der Beziehung (5.4) ist

$$
\frac{\partial \omega}{\partial k} = \frac{\hbar k}{m} , \qquad (5.21)
$$

d.h. die Gruppengeschwindigkeit hängt, wie auch die Phasengeschwindigkeit, von der Wellenzahl k bzw. von der Wellenlänge $\lambda = 2\pi/k$ ab. Diese Erscheinung der *Dispersion* ist keine Eigentümlichkeit der Wahrscheinlichkeitsamplitude, sondern sie ist z.B. auch in der Optik bekannt (s. auch das nächste Kapitel). Dort wird gezeigt, daß der Brechungswinkel eines Prismas von der Wellenlänge des gebrochenen Lichtes abhängt und diese, nach dem Fermatschen Prinzip, von der Geschwindigkeit des Lichtes im brechenden Medium. Während aber ein elektromagnetisches Wellenpaket nur in Materie bzw. in elektromagnetischen Potentialen Dispersion zeigt, ist für Wahrscheinlichkeitswellen bereits das Vakuum dispersiv. Daher ist es nicht möglich zu sagen, das Teilchen *ist* ein Wellenpaket. Ist aber $a(k)$ stark um einen bestimmten Wert k_0 konzentriert, so ist nach (5.16) und (5.17)

$$
p_0 = \hbar k_0 = \hbar k_0 \int \mathrm{d}k \, |a(k)|^2 \approx \int \mathrm{d}k \, \hbar k |a(k)|^2 = \langle \hbar k \rangle
$$

und nach (5.16), (5.20) und (5.21)

$$
\left\langle \frac{\partial \omega}{\partial k} \right\rangle \approx \left(\frac{\partial \omega}{\partial k} \right)_{k=k_0} = \frac{\hbar k_0}{m} .
$$

Daher ist in diesem Fall

$$
m \frac{\mathrm{d}}{\mathrm{d}t} \langle x(t) \rangle \approx \langle p_0 \rangle .
$$

Das bedeutet, daß bei genügender Konzentration des Wellenpaketes, die Mittelwerte der Wellenbeschreibung der klassischen Punktmechanik genügen.

Mit diesen in sich schlüssigen Plausibilitätsbetrachtungen haben wir eine Vorstellung über Möglichkeiten für die Beschreibung atomarer Vorgänge mit Wahrscheinlichkeitsamplituden gewonnen. Ob sie richtig sind, kann letztlich nur ihre Anwendung auf die Experimente zeigen, daneben aber auch die Vollständigkeit und innere Widerspruchsfreiheit der zugrundeliegenden Theorie. Zur Vollständigkeit der hier behandelten Fragen gehört insbesondere auch die Bewegungsgleichung für die Welle, d.h. eine Wellengleichung. Wir können versuchen, durch Fortführung der oben angestellten Überlegungen eine solche zu erraten. Mit der Forderung der allgemeinen Gültigkeit der Gleichung (5.8) für jede Art von Wellenfunktion eines freien Teilchens haben wir bereits einen Anfang dazu gemacht. Bei Anwendung auf die Funktion (5.1) beinhaltet diese Gleichung den Energiesatz (5.4), dem ebenso wie dem Analogon aus der klassischen Mechanik zur vollen Allgemeingültigkeit noch ein Term für die potentielle Energie V fehlt. Wir hätten dann

$$E = \frac{p^2}{2m} + V,$$

entsprechend statt (5.4) die Beziehung

$$\hbar\omega = \frac{\hbar^2 k^2}{2m} + V$$

und statt (5.8) die Wellengleichung

$$i\hbar\frac{\partial}{\partial t}\psi(\boldsymbol{r},t) = \left\{-\frac{\hbar^2}{2m}\nabla^2 + V\right\}\psi(\boldsymbol{r},t)\,. \tag{5.22}$$

Das ist in der Tat die richtige Wellengleichung für ein Einteilchensystem. Sie wurde 1926 von Erwin Schrödinger aufgestellt und heißt nach diesem *Schrödingersche Wellengleichung* oder einfach *Schrödinger-Gleichung.* Schrödinger selbst hat sie wohl eher erraten, allerdings als Eulersche Gleichung eines Variationsproblems.

Nach diesen einführenden Betrachtungen werden wir die Quantenmechanik im folgenden so ausführlich begründen, wie das für ein Verständnis ihrer Prinzipien sowie für die Anwendung in den folgenden Kapiteln erforderlich ist.

5.2 Grundelemente und Wellengleichung

Bei der Beschreibung atomarer Erscheinungen spielt der Begriff des Zustands eines Systems, der in der klassischen Physik nur beiläufig auftritt, eine zentrale Rolle. In der klassischen Mechanik ist ein Zustand eines aus n Punktmassen bestehenden mechanischen Systems im Zeitpunkt t bestimmt durch die Angabe von n Ortsvektoren $\boldsymbol{r}_i(t)$ und n Impulsen $\boldsymbol{p}_i(t)$, bzw. – in der formalen Theorie der Mechanik – durch die Angabe von $3n$ generalisierten Koordinaten $q_k(t)$ und den $3n$ dazu kanonisch konjugierten Impulsen $p_k(t)$. Sind die auf ein Teilchen wirkenden Kräfte bekannt, so können durch Anwendung der Prinzipien der Mechanik die Koordinaten und Impulse für alle Zeiten vorherbestimmt werden und mit diesen auch alle ihre Funktionen. Damit sind alle überhaupt angebbaren dynamischen Variablen des Systems exakt vorhersagbar, d.h. streng determiniert.

Zustandsfunktion

Die klassische Definition eines Zustands ist in der Quantenmechanik nicht möglich, da nach der Aussage der Unbestimmtheitsrelation Ortskoordinate und konjugierter Impuls nicht gleichzeitig exakt bestimmt werden können. Man muß in der Quantenmechanik für die Bestimmung eines Zustands daher mit halb sovielen Variablen wie in der klassichen Mechanik auskommen. In der Wellenmechanik werden vor allem die Ortskoordinaten q aller Teilchen als Variablen benutzt, und ein Zustand ist dann bestimmt durch die Angabe einer komplexen Funktion $\Psi(q,t)$ der Ortskoordinaten q und der Zeit t. Diese Funktion heißt *Zustandsfunktion*, *Wellenfunktion* oder auch *Wahrscheinlichkeitsamplitude*. Ihre Namensvielfalt deutet auf die Aussagekraft der Ψ-Funktion: Sie beinhaltet alle Information, die überhaupt über das entsprechende physikalische System erlangt werden kann. Da in der Quantenmechanik Koordinaten und Impulse nicht gleichzeitig mit beliebiger Genauigkeit bestimmt werden können, ist es dort auch nicht möglich, die künftige Systembewegung im klassischen Sinn exakt vorherzubestimmen.

Die Zustandsfunktionen bilden einen linearen Vektorraum über dem Körper der komplexen Zahlen. Sind daher Ψ und Φ zwei beliebige Zustandsfunktionen und α und β zwei beliebige komplexe Zahlen, so sind sowohl $\alpha\Psi$ als auch $\Xi = \Psi + \Phi$ ebenfalls Zustandsfunktionen. Für die Multiplikation von Zustandsfunktionen mit komplexen Zahlen gilt das Distributivgesetz

$$(\alpha + \beta)(\Psi + \Phi) = \alpha\Psi + \beta\Psi + \alpha\Phi + \beta\Phi\,.$$

Dynamische Variablen

Dynamischen Variablen sind Ortskoordinaten, zu diesen kanonisch konjugierte Impulse, sowie Funktionen von beiden. In der klassischen Physik sind die dynamischen Variablen Zahlen, d.h. sie sind identisch mit ihren Zahlenwerten. Das ist in der Quantenmechanik im allgemeinen nicht der Fall. Dort sind dynamische Variablen Operatoren, im Fall der Wellenmechanik Operatoren im Raum der Zustandsfunktionen, d.h. mathematische Vorschriften darüber, wie aus einer beliebigen Zustandsfunktion Ψ eindeutig eine andere Zustandsfunktion Θ gewonnen werden kann. Ist $\hat{A}$ ein solcher Operator, dann schreibt man für diese Beziehung

$$\hat{A}\Psi = \Theta\,.$$

Der Operator steht dabei immer links von der Funktion, auf die er wirken soll.

Bei Anwendung eines Operators soll die Linearität des Raums der Zustandsfunktionen erhalten bleiben, daher müssen die Operatoren selbst auch linear sein. Das bedeutet, daß für einen beliebigen Operator $\hat{A}$, für zwei beliebige Zustandsfunktionen Ψ und Φ und zwei beliebige komplexe Zahlen α und β immer die Beziehung

$$\hat{A}(\alpha\Psi + \beta\Phi) = \alpha\hat{A}\Psi + \beta\hat{A}\Phi$$

gelten muß. Operatoren, die in der Wellenmechanik dynamischen Variablen entsprechen sind i.a. Differentialoperatoren, können aber bisweilen auch reell- oder komplexwertige Funktionen sein.

Observable

Beobachtbare dynamische Variablen, d.h. solche, die in einer geeigneten experimentellen Apparatur meßbar sind, heißen *Observable.* Diese spielen in der Quantenmechanik eine besondere Rolle. Eines der fundamentalen Postulate besagt, daß zu jeder Observablen ein vollständiges System von Eigenfunktionen mit reellen Eigenwerten gehört. Diese Eigenwerte sind die einzig möglichen Meßwerte der Observablen. Dieses Postulat bedeutet, daß die Eigenwertgleichung

$$\hat{B}b_n(q,t) = \beta_n b_n(q,t) \tag{5.23}$$

für jede Observable B so viele Lösungen $b_n(q,t)$ zu reellen Eigenwerten β_n haben muß, daß jede beliebige Zustandsfunktion $\Psi(q,t)$ nach diesen Eigenfunktionen entwickelt werden kann, also z.B.

$$\Psi(q,t) = \sum_n A_n b_n(q,t)\,. \tag{5.24}$$

Die Eigenfunktionen $b_n(q,t)$ sind normiert und orthogonal zueinander, d.h. es gilt

$$\int \mathrm{d}q\, b_m^*(q,t) b_n(q,t) = \delta_{mn}\,, \qquad \delta_{mn} = \begin{cases} 0 & \text{für} \quad m \neq n \\ 1 & \text{für} \quad m = n\,. \end{cases} \tag{5.25}$$

Dabei ist das Integral über alle erlaubten Werte aller q zu erstrecken. Zu unterschiedlichen Eigenwerten gehören daher zueinander orthogonale Eigenfunktionen. Die Umkehrung gilt nicht immer: Zu einem Eigenwert können mehrere verschiedene Eigenfunktionen gehören. Man sagt dann, der Eigenwert sei *entartet.* Aus den verschiedenen Eigenfunktionen zu einem Eigenwert läßt sich jedoch immer ein orthogonales System konstruieren. Daher nehmen wir im folgenden zunächst an, die Eigenwerte seien nicht entartet.

Aus den Beziehungen (5.24) und (5.25) lassen sich die Entwicklungskoeffizienten A_m gewinnen:

$$\int \mathrm{d}q\, b_m^*(q,t)\Psi(q,t) = \sum_n A_n \int \mathrm{d}p\, b_m^*(q,t) b_n(q,t) = A_m\,. \tag{5.26}$$

Die physikalischen Zustandsfunktionen sind normiert, d.h. es gilt

$$\int \mathrm{d}q\, \Psi^*(q,t)\Psi(q,t) = 1\,. \tag{5.27}$$

Daher ist auch (vgl. dazu (5.16))

$$\begin{aligned}\int \mathrm{d}q\, \Psi^*(q,t)\Psi(q,t) &= \int \mathrm{d}q \sum_m A_m^* b_m^*(q,t) \sum_n A_n b_n(q,t) \\ &= \sum_{m,n} A_m^* A_n \int \mathrm{d}q\, b_m^*(q,t) b_n(q,t) \\ &= \sum_n |A_n|^2 = 1\,. \end{aligned} \tag{5.28}$$

Setzen wir (5.26) in (5.24) ein, so erhalten wir

$$\begin{aligned}\Psi(q,t) &= \sum_n b_n(q,t) \int \mathrm{d}q'\, b_n^*(q',t)\Psi(q',t) \\ &= \int \mathrm{d}q'\, \Psi(q',t) \sum_n b_n^*(q',t) b_n(q,t)\,. \end{aligned} \tag{5.29}$$

Daher muß gelten

$$\sum_n b_n^*(q',t) b_n(q,t) = \delta(q'-q)\,. \tag{5.30}$$

Die sogenannte *Diracsche Deltafunktion* $\delta(x'-x)$ – im mathematischen Sinn ist sie eigentlich gar keine Funktion – ist eine Verallgemeinerung des in (5.25) angegebenen Kronecker-Deltas δ_{mn}. Sie ist durch folgende zwei Gleichungen definiert:

$$\begin{aligned}\delta(x'-x) &= 0 \qquad \text{für } x' \neq x \\ \int_{-\infty}^{+\infty} \mathrm{d}x\, \delta(x'-x) &= 1\,. \end{aligned} \tag{5.31}$$

Nach dieser Definition muß die δ-Funktion für $x \to x'$ in solcher Weise gegen ∞ gehen, daß ihr Integral, d.h. eigentlich nur ihre Multiplikation mit dem Differential $\mathrm{d}x$ Eins ergibt. Eine andere, mit (5.31) äquivalente Definition der δ-Funktion lautet:

$$\int_{-\infty}^{+\infty} \mathrm{d}x\, f(x)\delta(x'-x) = f(x') \tag{5.32}$$

für alle Funktionen, die an der Stelle x' definiert sind.

Die δ-Funktion in (5.30) ist eigentlich ein Produkt aus ebenso vielen δ-Funktionen, wie das System Freiheitsgrade hat. Wegen (5.30) folgt aus (5.29)

$$\Psi(q,t) = \int \mathrm{d}q'\, \Psi(q',t)\delta(q'-q) = \Psi(q,t)\,.$$

Daß die Beziehung (5.30) gelten muß, folgt daraus, daß anderenfalls ψ an der Stelle q von Werten an den Stellen q' abhängen würde. Daher ist (5.30) eine notwendige Bedingung dafür, daß das System der Funktionen $b_n(q,t)$ vollständig ist.

Da meistens nicht die Gefahr einer Verwechslung besteht, wollen wir für Observable, ihre Operatoren und Eigenwerte, sowie für die entsprechenden klassischen Größen unterschiedslos die gleichen Symbole verwenden. Ihre jeweilige Bedeutung ergibt sich aus dem Zusammenhang.

Kommutator

Da die dynamischen Variablen in der Quantenmechanik keine Zahlen sind, ist nicht zu erwarten, daß ihre Multiplikation kommutativ ist. Tatsächlich ist der sogenannte *Kommutator* zweier Operatoren,

$$[A, B] \equiv AB - BA\,,$$

in der Regel nicht gleich Null, sondern gleich einem dritten Operator C:

$$[A, B] = C\,.$$

In der Nicht-Vertauschbarkeit der dynamischen Variablen zeigt sich am deutlichsten die Eigenart der Quantenmechanik. Auf ihr beruht die Möglichkeit der widerspruchsfreien Beschreibung der Quantenerscheinungen und damit der Physik im atomaren Bereich.

Besonders wichtig unter den Kommutatoren ist der Kommutator für die Ortskoordinaten q und die dazu kanonisch konjungierten Impulse p, da aus ihm viele andere Kommutatoren und die Unbestimmtheitsrelation hergeleitet werden können:

$$[q_l, p_k] = i\hbar\delta_{lk}\,. \tag{5.33}$$

Man sagt dazu, Koordinaten und Impulse desselben Freiheitsgrades vertauschen nicht, ihr Kommutator ist $i\hbar$. Gleichung (5.33) ist als Operatorgleichung aufzufassen. Das bedeutet, daß die Anwendung ihrer beiden Seiten auf die gleiche Zustandsfunktion Ψ zum gleichen Ergebnis führt:

$$[q_l, p_k]\,\Psi = i\hbar\delta_{lk}\Psi\,.$$

Das Nicht-Verschwinden des Kommutators von q_l und p_l bedeutet, daß beide Operatoren keine gemeinsame Eigenfunktion außer $\Psi \equiv 0$ besitzen. Denn besäßen sie eine, etwa $X_l^{(n)}(q,t)$, mit den Eigenwerten $Q_l^{(n)}$ und $P_l^{(n)}$, dann wäre

$$\begin{aligned}
i\hbar X_l^{(n)}(q,t) &= (q_l p_l - p_l q_l)\, X_l^{(n)}(q,t) \\
&= q_l \left\{p_l X_l^{(n)}\right\} - p_l \left\{q_l X_l^{(n)}\right\} \\
&= P_l^{(n)} q_l X_l^{(n)} - Q_l^{(n)} p_l X_l^{(n)} \\
&= P_l^{(n)} Q_l^{(n)} X_l^{(n)} - Q_l^{(n)} P_l^{(n)} X_l^{(n)} \\
&= \left\{P_l^{(n)} Q_l^{(n)} - Q_l^{(n)} P_l^{(n)}\right\} X_l^{(n)}(q,t) = 0\,.
\end{aligned}$$

Das ist ein Widerspruch zur Annahme, und daher ist die Behauptung bewiesen. Hierbei wurde benutzt, daß die Eigenwerte Zahlen sind und daher im Gegensatz zu den Operatoren sowohl untereinander als auch mit Operatoren vertauschen. Da, wie oben bemerkt, nur Eigenwerte mögliche Meßwerte einer Observablen sind, bedeutet der Kommutator (5.33), daß die Ortskoordinate und der kanonische Impuls eines Freiheitsgrades nicht gleichzeitig gemessen werden können. Darauf beruht die Unbestimmtheitsrelation.

Bewegungsgleichung

Der Übergang von der nicht relativistischen klassischen zur nicht relativistischen Wellenmechanik wird formal vollzogen, indem man überall in klassischen Beziehungen die Variablen der Koordinaten q_l, der *kanonischen* (nicht der kinetischen) Impulse p_l und der Gesamtenergie E durch die entsprechenden Operatoren ersetzt. Dieser Übergang ist jedoch nur dann richtig und eindeutig, wenn er in kartesischen Koordinaten vollzogen wird. Die Vorschrift lautet (vgl. dazu (5.2) und (5.3)):

$$\boldsymbol{r} \longrightarrow \boldsymbol{r} \qquad \boldsymbol{p} \longrightarrow \frac{\hbar}{i}\nabla \qquad E \longrightarrow i\hbar\frac{\partial}{\partial t}\,. \tag{5.34}$$

Damit können wir jetzt auch die Schrödinger-Gleichung formal einführen: In einem konservativen klassischen System ist die Hamilton-Funktion H gleich der Gesamtenergie E:

$$H = E\,. \tag{5.35}$$

Da H gleich der Summe aus kinetischer Energie T und potentieller Energie V ist und $T = \sum_k (\boldsymbol{p}_k - \boldsymbol{A}_k)^2/2m_k$, wobei $\boldsymbol{p}_k$ der kanonische und $\boldsymbol{A}_k(\boldsymbol{r}_k)$ der potentielle Impuls des k-ten Teilchens ist, $\boldsymbol{p}_k - \boldsymbol{A}_k$ somit der kinetische (s. [Fr 70]), erhalten wir

$$H = \sum_{k=1}^{n} \frac{(\boldsymbol{p}_k - \boldsymbol{A}_k)^2}{2m_k} + V\,. \tag{5.36}$$

wobei n die Gesamtzahl der Teilchen ist. Im Fall eines Teilchens mit der elektrischen Ladung e in einem elektromagnetischen Feld, das von einem elektrischen Potential φ und einem Vektorpotential $\boldsymbol{a}$ ableitbar ist, ist $V = e\varphi$ und $\boldsymbol{A} = e\boldsymbol{a}$. Führen wir die Substitution (5.34) aus, so erhalten wir mit

$$H = \sum_{k=1}^{n} \left(\frac{1}{2m_k}\right)\left(\frac{\hbar}{i}\nabla_k - \boldsymbol{A}_k\right)^2 + V \tag{5.37}$$

aus der Hamiltonfunktion (5.36) den Hamilton-Operator und aus der Gleichung (5.35) die Beziehung

$$\sum_{k=1}^{n} \left(\frac{1}{2m_k}\right)\left(\frac{\hbar}{i}\nabla_k - \boldsymbol{A}_k\right)^2 + V = i\hbar\frac{\partial}{\partial t}\,.$$

Diese Operatorengleichung ergibt bei Anwendung auf eine Zustandsfunktion Ψ die *Schrödinger-Gleichung*

$$\left\{\sum_{k=1}^{n} \left(\frac{1}{2m_k}\right)\left(\frac{\hbar}{i}\nabla_k - \boldsymbol{A}_k\right)^2 + V\right\}\Psi = i\hbar\frac{\partial\Psi}{\partial t} \tag{5.38}$$

oder, mit der Abkürzung H für den Hamilton-Operator geschrieben,

$$H\Psi = i\hbar\dot{\Psi}\,. \tag{5.39}$$

Da ihre Form stark an die klassische Wellengleichung erinnert, nennt man Ψ, wie bereits erwähnt, auch Wellenfunktion. Mit der Schrödinger-Gleichung haben wir neben den Grundelementen der Quantenmechanik, nämlich den Zustandsfunktionen und den Operatoren, auch deren dynamische Grundbeziehung axiomatisch eingeführt. Nur solche Wellenfunktionen Ψ, die der Gleichung (5.39) genügen, entsprechen physikalischen Zuständen.

Damit sind wir in der Lage, den Kommutator (5.33) herzuleiten. Er lautet in kartesischen Koordinaten, $x_1 = x$, $x_2 = y$, $x_3 = z$,

$$[x_l, p_k] = i\hbar\delta_{lk} \,. \tag{5.40}$$

Substituieren wir darin p_k nach (5.34), so können wir den Kommutator explizit hinschreiben und auf eine Wellenfunktion Ψ anwenden:

$$\begin{aligned}
[x_l, p_k]\Psi &= \left\{ x_l \frac{\hbar}{i}\frac{\partial}{\partial x_k} - \frac{\hbar}{i}\frac{\partial}{\partial x_k} x_l \right\} \Psi \\
&= \frac{\hbar}{i}\left\{ x_l \frac{\partial \Psi}{\partial x_k} - \Psi \frac{\partial x_l}{\partial x_k} - x_l \frac{\partial \Psi}{\partial x_k} \right\} \\
&= i\hbar\Psi \frac{\partial x_l}{\partial x_k} \,.
\end{aligned}$$

Da $\partial x_l / \partial x_k = \delta_{lk}$, haben wir damit gezeigt, daß die Kommutatorbeziehung (5.33) aus den Prinzipien der Wellenmechanik hergeleitet werden kann.

5.3 Interpretation

Zur Interpretation der Quantenmechanik genügt es, zunächst nur Zustände eines einzigen Teilchens der Masse m zu betrachten, dessen potentieller Impuls $\boldsymbol{A}$ gleich Null ist und das sich in einem Potential $V(\boldsymbol{r}, t)$ bewegt, das nur vom Ort $\boldsymbol{r}$ des Teilchens und von der Zeit t abhängt. Die so gewonnenen Ergebnisse lassen sich dann ohne weiteres verallgemeinern. Für einen Ein-Teilchen-Zustand erhalten wir aus (5.38) als Schrödinger-Gleichung

$$\left\{ -\frac{\hbar^2}{2m}\nabla^2 + V(\boldsymbol{r}, t) \right\} \Psi(\boldsymbol{r}, t) = i\hbar \frac{\partial \Psi(\boldsymbol{r}, t)}{\partial t} \,. \tag{5.41}$$

Mit dem Produktansatz $\Psi(\boldsymbol{r}, t) = \tau(t)\psi(\boldsymbol{r})$ wird daraus

$$-\frac{\hbar^2}{2m}\tau(t)\nabla^2\psi(\boldsymbol{r}) + V(\boldsymbol{r}, t)\tau(t)\psi(\boldsymbol{r}) = i\hbar\psi(\boldsymbol{r})\frac{\partial \tau(t)}{\partial t} \,.$$

Division dieser Gleichung durch $\tau(t)\psi(\boldsymbol{r})$ ergibt

$$-\frac{\hbar^2\nabla^2\psi(\boldsymbol{r})}{2m\psi(\boldsymbol{r})} + V(\boldsymbol{r}, t) = i\hbar\frac{\partial \tau(t)/\partial t}{\tau(t)} \,. \tag{5.42}$$

Hängt das Potential V nicht explizit von der Zeit ab, ist also $\partial V/\partial t \equiv 0$, dann ist die rechte Seite von (5.42) unabhängig von $\boldsymbol{r}$ und die linke Seite unabhängig von t; also müssen beide Seiten gleich einer Konstanten sein, die wir E nennen wollen:

$$\left\{-\frac{\hbar^2}{2m}\nabla^2 + V(\boldsymbol{r})\right\}\psi(\boldsymbol{r}) = E\psi(\boldsymbol{r}) \tag{5.43}$$

$$i\hbar\frac{\partial\tau(t)}{\partial t} = E\tau(t)\,. \tag{5.44}$$

Beide Gleichungen sind somit Eigenwertgleichungen zum Eigenwert E. Gleichung (5.43) heißt *zeitunabhängige Schrödinger-Gleichung* und ist die Eigenwertgleichung des Hamilton-Operators H. Gleichung (5.44) ist die Eigenwertgleichung des Operators der Gesamtenergie $i\hbar\partial/\partial t$. E ist daher ein Eigenwert der Energie, d.h. ein möglicher Meßwert der Energie des Teilchens. (5.44) können wir mit dem Ansatz $\tau(t) = \exp(-iEt/\hbar)$ sofort integrieren:

$$i\hbar\frac{\partial}{\partial t}\mathrm{e}^{-iEt/\hbar} = E\mathrm{e}^{-iEt/\hbar}\,.$$

Schreiben wir $E = \hbar\omega$, so haben wir den von de Broglie postulierten Zusammenhang der Energie eines Teilchens mit einer Kreisfrequenz ω. Dabei ist zu beachten, daß E hier die nicht-relativistische Gesamtenergie ist.

Eine Wellenfunktion, deren Zeitabhängigkeit separiert werden kann, hat für nicht zeitabhängige Potentiale folglich die Gestalt

$$\Psi(\boldsymbol{r},t) = \psi(\boldsymbol{r})\mathrm{e}^{-i\omega t}\,. \tag{5.45}$$

Für diesen sogenannten stationären Fall braucht die Zeitabhängigkeit der Wellenfunktion daher nicht weiter erörtert zu werden.

Die Interpretation der Wellenmechanik besteht in der Erläuterung des Zusammenhangs zwischen der Zustandsfunktion $\psi(\boldsymbol{r})$ eines aus einem Teilchen bestehenden physikalischen Systems und den Resultaten von Messungen, die an diesem System vorgenommen werden können.

Ist ε der Operator, der einer bestimmten Meßanordnung, d.h. Observablen, entspricht, dann hat seine Eigenwertgleichung nach dem Fundamentalpostulat des vorigen Paragraphen so viele Lösungen, daß man jede Zustandsfunktion $\psi(\boldsymbol{r})$ nach ihnen entwickeln kann. Nach (5.23) und (5.24) haben wir daher

$$\varepsilon\varphi_n(\boldsymbol{r}) = \varepsilon_n\varphi_n(\boldsymbol{r})$$

und

$$\psi(\boldsymbol{r}) = \sum_n a_n\varphi_n(\boldsymbol{r})\,. \tag{5.46}$$

Wenden wir auf (5.46) den Operator ε an, multiplizieren dann von links[1] mit $\psi^*(\boldsymbol{r})$ und integrieren anschließend über den ganzen Raum, so erhalten wir unter Verwendung

[1] Gleichungen mit Operatoren werden immer von links multipliziert

von (5.25)

$$
\begin{aligned}
\int \mathrm{d}^3\boldsymbol{r}\, \psi^*(\boldsymbol{r})\varepsilon\psi(\boldsymbol{r}) &= \int \mathrm{d}^3\boldsymbol{r}\, \psi^*(\boldsymbol{r})\varepsilon \sum_n a_n\varphi_n(\boldsymbol{r}) \\
&= \int \mathrm{d}^3\boldsymbol{r}\, \psi^*(\boldsymbol{r}) \sum_n a_n\varepsilon_n\varphi_n(\boldsymbol{r}) \\
&= \int \mathrm{d}^3\boldsymbol{r} \sum_m a_m^*\varphi_m^*(\boldsymbol{r}) \sum_n a_n\varepsilon_n\varphi_n(\boldsymbol{r}) \\
&= \sum_{n,m} \varepsilon_n a_m^* a_n \int \mathrm{d}^3\boldsymbol{r}\, \varphi_m^*(\boldsymbol{r})\varphi_n(\boldsymbol{r}) \\
&= \sum_{n,m} \varepsilon_n a_m^* a_n \delta_{m,n} = \sum_n \varepsilon_n \left|a_n\right|^2
\end{aligned} \tag{5.47}
$$

(vgl. mit Gl. (5.17) bis (5.20)). Außerdem ist nach (5.28) und (5.46)

$$\int \mathrm{d}^3\boldsymbol{r}\, \psi^*(\boldsymbol{r})\psi(\boldsymbol{r}) = \sum_n \left|a_n\right|^2 = 1\,.$$

Der Vergleich von (5.25) und (5.26) zeigt, daß die Entwicklungskoeffizienten ein Maß für die Übereinstimmung der Funktionen $\psi(\boldsymbol{r})$ und $\varphi_n(\boldsymbol{r})$ darstellen. Wir nennen sie daher ebenfalls Wahrscheinlichkeitsamplituden, und zwar Amplituden dafür, im Zustand $\psi(\boldsymbol{r})$ den Eigenzustand $\varphi_n(\boldsymbol{r})$ anzutreffen, d.h. bei Ausführung der Messung ε den Wert ε_n zu messen. Sie heißen auch *Matrixelemente* der Zustände $\psi(\boldsymbol{r})$ und $\varphi_n(\boldsymbol{r})$. Die Absolutquadrate $|a_n|^2$ der a_n sind demnach die Wahrscheinlichkeiten dafür, im Zustand $\psi(\boldsymbol{r})$ die Zustände $\varphi_n(\boldsymbol{r})$ anzutreffen. Mit dieser Interpretation liefert (5.47) einen mittleren Wert der Observablen ε für den Zustand $\psi(\boldsymbol{r})$. Dieser Mittelwert heißt *quantenmechanischer Erwartungswert* der Observablen ε für den Zustand $\psi(\boldsymbol{r})$. Man schreibt dafür $\langle\varepsilon\rangle_\psi$ oder auch einfach $\langle\varepsilon\rangle$, wenn klar ist, welcher Zustand gemeint ist.

Wir haben damit als Interpretation der Quantenmechanik, daß

$$\langle\varepsilon\rangle = \int \mathrm{d}^3\boldsymbol{r}\, \psi^*(\boldsymbol{r})\varepsilon\psi(\boldsymbol{r}) \tag{5.48}$$

der Erwartungswert der Observablen ε im Zustand $\psi(\boldsymbol{r})$ ist. Das Absolutquadrat der Amplitude a_n gibt die Wahrscheinlichkeit dafür an, im Zustand $\psi(\boldsymbol{r})$ den Wert ε_n der Observablen ε zu messen, und nach (5.48) ist der Erwartungswert $\langle\boldsymbol{r}\rangle$ des Ortes $\boldsymbol{r}$ des Teilchens

$$\langle\boldsymbol{r}\rangle = \int \mathrm{d}^3\boldsymbol{r}\, \psi^*(\boldsymbol{r})\boldsymbol{r}\psi(\boldsymbol{r}) = \int \mathrm{d}^3\boldsymbol{r}\, \boldsymbol{r}\, |\psi(\boldsymbol{r})|^2\,.$$

Demnach ist $|\psi(\boldsymbol{r})|^2\mathrm{d}^3\boldsymbol{r}$ die Wahrscheinlichkeit dafür, das Teilchen im Volumenelement $\mathrm{d}^3\boldsymbol{r}$ um den Ort $\boldsymbol{r}$ zu finden. Man spricht hier von dem wahrscheinlichkeitstheoretischen Erwartungswert, weil es der Mittelwert für eine theoretisch unendlich große Zahl von Messungen am gleichen System ist, d.h. der Wert, zu dem der Mittelwert einer endlichen Zahl von Messungen konvergiert, wenn man deren Zahl beliebig erhöht.

Sowohl aus dem mathematischen Formalismus als auch aus der physikalischen Interpretation der Quantenmechanik ergeben sich Bedingungen, denen die Wellenfunktionen genügen müssen, um physikalische Zustandsfunktionen zu sein. Die Wellenfunktionen müssen als Lösungsfunktionen einer Differentialgleichung zweiten Grades in den Koordinaten, nämlich der Schrödinger-Gleichung, eindeutig und stetig sein und eindeutige und stetige Ableitungen haben. Sodann ergibt sich aus der Wahrscheinlichkeitsinterpretation der Wellenmechanik die Forderung, daß die Wellenfunktionen ebenso wie deren erste Ableitungen normierbar und überall endlich groß sein müssen. Da außerdem Teilchen, die sich im Unendlichen aufhalten, nicht untersucht werden können, wird ferner i.a. als Randbedingung zu fordern sein, daß die Wellenfunktionen und ihre Ableitungen im Unendlichen verschwinden. Sinngemäß gleiche Forderungen ergeben sich für die Koeffizienten der Entwicklung nach Eigenfunktionen der Observablen.

Da die Eigenwerte ε_n einer Observablen ε reell sind, folgt aus (5.47) bzw. (5.48), daß auch $\langle\varepsilon\rangle$ reell ist. Daher ist

$$\int \mathrm{d}^3\boldsymbol{r}\ \{\varepsilon\psi(\boldsymbol{r})\}^*\,\psi(\boldsymbol{r}) = \int \mathrm{d}^3\boldsymbol{r}\,\psi^*(\boldsymbol{r})\varepsilon\psi(\boldsymbol{r}) \tag{5.49}$$

eine notwendige Bedingung dafür, daß ε eine Observable ist. Setzen wir in das rechte Integral den Impuls ein, $\varepsilon = \boldsymbol{p} = (\hbar/i)\nabla$, so erhalten wir

$$\int \mathrm{d}^3\boldsymbol{r}\,\psi^*(\boldsymbol{r})\boldsymbol{p}\psi(\boldsymbol{r}) = \int \mathrm{d}^3\boldsymbol{r}\,\psi^*(\boldsymbol{r})\frac{\hbar}{i}\nabla\psi(\boldsymbol{r})\,.$$

Dieses Integral hat drei Komponenten, von denen die erste wie folgt lautet (das Integral über x wird partiell integriert):

$$\begin{aligned}
&\int_{-\infty}^{+\infty}\mathrm{d}x\int_{-\infty}^{+\infty}\mathrm{d}y\int_{-\infty}^{+\infty}\mathrm{d}z\,\psi^*(\boldsymbol{r})\frac{\hbar}{i}\frac{\partial}{\partial x}\psi(\boldsymbol{r})\\
&\quad=\int_{-\infty}^{+\infty}\mathrm{d}y\int_{-\infty}^{+\infty}\mathrm{d}z\int_{-\infty}^{+\infty}\mathrm{d}x\,\psi^*(\boldsymbol{r})\frac{\hbar}{i}\frac{\partial}{\partial x}\psi(\boldsymbol{r})\\
&\quad=\int_{-\infty}^{+\infty}\mathrm{d}y\int_{-\infty}^{+\infty}\mathrm{d}z\left\{\frac{\hbar}{i}\psi^*(\boldsymbol{r})\psi(\boldsymbol{r})\Big|_{-\infty}^{+\infty}-\int_{-\infty}^{+\infty}\mathrm{d}x\ \frac{\hbar}{i}\left[\frac{\partial}{\partial x}\psi^*(\boldsymbol{r})\right]\psi(\boldsymbol{r})\right\}\\
&\quad=\int_{-\infty}^{+\infty}\mathrm{d}y\int_{-\infty}^{+\infty}\mathrm{d}z\left\{\frac{\hbar}{i}\psi^*(\boldsymbol{r})\psi(\boldsymbol{r})\Big|_{-\infty}^{+\infty}+\int_{-\infty}^{+\infty}\mathrm{d}x\ [p_x\psi(\boldsymbol{r})]^*\,\psi(\boldsymbol{r})\right\}.
\end{aligned}$$

Die beiden anderen Komponenten erhält man daraus durch zyklische Vertauschung von x, y und z, so daß (5.49) für den Impulsoperator auf jeden Fall nur dann gilt, wenn die ausintegrierten Terme verschwinden, also wie oben gefordert, für $|\boldsymbol{r}| \to \infty$ $\psi(\boldsymbol{r}) \to 0$ gilt. Daraus folgt, daß die ebenen Wellen (5.1) keine physikalischen Zustandsfunktionen sind. Setzt man für $\psi(\boldsymbol{r})$ dagegen ein Wellenpaket ein, dann ist das Verschwinden der ausintegrierten Terme gewährleistet.

Fassen wir nun die wichtigsten bisher dargestellten Prinzipien der Quantenmechanik als Axiomensystem zusammen:

1. Ein physikalischer Zustand wird mit einer komplexen Zustandsfunktion $\psi(q,t)$ der Ortskoordinaten q und der Zeit t beschrieben.

2. Dynamische Variablen werden durch Operatoren im Raum der Zustandsfunktion dargestellt. Die Operatoren für Observable haben reelle Eigenwerte. Die Eigenwerte sind die einzig möglichen Meßwerte einer Observablen. Die Eigenfunktionen zu den Eigenwerten einer Observablen bilden ein vollständiges orthonormiertes Funktionssystem, nach dem alle Zustandsfunktionen entwickelt werden können.

3. Der Übergang von der klassischen Mechanik zur Quantenmechanik wird vollzogen, indem man in allen klassischen Beziehungen die kartesischen Koordinaten und die dazu kanonisch konjugierten Impulse, sowie die Gesamtenergie wie folgt substituiert:
$$\boldsymbol{r} \longrightarrow \boldsymbol{r} \qquad \boldsymbol{p} \longrightarrow \frac{\hbar}{i}\nabla \qquad E \longrightarrow i\hbar\frac{\partial}{\partial t}\,. \qquad (5.34)$$

4. Die dynamische Grundgleichung der Wellenmechnik ist die Schrödinger-Gleichung
$$H\psi = i\hbar\dot{\psi}\,. \qquad (5.39)$$
Nur solche ψ-Funktionen, die der Schrödinger-Gleichung genügen, entsprechen physikalischen Zuständen.

5. Das Integral
$$\langle\varepsilon(t)\rangle = \int \mathrm{d}q\,\psi^*(q,t)\varepsilon\psi(q,t)$$
ist der quantenmechanische Erwartungswert der Observablen ε im Zustand $\psi(q,t)$ zur Zeit t.

5.4 Die Unbestimmtheitsrelation

Um das Unbestimmtheitsprinzip quantitativ formulieren zu können, müssen wir zunächst definieren, was wir unter der *Genauigkeit einer Messung* verstehen wollen. Wir wählen als Maß dafür die Standardabweichung Gl. (2.18). Deren Quadrat ist gleich dem mittleren Fehlerquadrat $(\Delta\varepsilon)^2$ für eine beliebige Observable ε, d.h. gleich dem Erwartungswert des Quadrats der Abweichung dieser Observablen von ihrem Erwartungswert $\langle\varepsilon\rangle$, also
$$\begin{aligned}(\Delta\varepsilon)^2 &= \langle(\varepsilon - \langle\varepsilon\rangle)^2\rangle \\ &= \langle\varepsilon^2\rangle - \langle 2\varepsilon\langle\varepsilon\rangle\rangle + \langle\langle\varepsilon\rangle\rangle^2 \\ &= \langle\varepsilon^2\rangle - \langle\varepsilon\rangle^2\,. \end{aligned} \qquad (5.50)$$

Wir untersuchen nun speziell das Produkt aus dem mittleren Fehlerquadrat $(\Delta x)^2$ der Koordinate x und dem mittleren Fehlerquadrat $(\Delta p)^2$ des zu x kanonisch konjugierten Impulses p. Da wir uns damit für nur eine kartesische Koordinate und die zugehörige kanonische Impulskomponente interessieren, brauchen wir auch nur eine Wellenfunktion zu betrachten, die nur von einer Koordinate abhängt, also $\psi(x)$. Mit den Abkürzungen

$$X \equiv x - \langle x \rangle \qquad P \equiv p - \langle p \rangle \tag{5.51}$$

erhalten wir nach (5.50) sowie nach der Definition des Erwartungswertes in Gleichung (5.48)

$$\begin{aligned}(\Delta x)^2(\Delta p)^2 &= \langle X\rangle^2\langle P\rangle^2 \\ &= \int \mathrm{d}x\, \psi^*(x)X^2\psi(x) \cdot \int \mathrm{d}x\, \psi^*(x)P^2\psi(x)\,. \end{aligned} \tag{5.52}$$

Dabei sind die Integrale wieder von $-\infty$ bis $+\infty$ zu erstrecken. Mit der Substitution (5.34) wird aus P in (5.51)

$$P = -i\hbar\left(\frac{\mathrm{d}}{\mathrm{d}x} - \left\langle\frac{\mathrm{d}}{\mathrm{d}x}\right\rangle\right)\,. \tag{5.53}$$

Damit erhalten wir aus (5.52) unter Verwendung von Gl. (5.49)

$$(\Delta x)^2(\Delta p)^2 = \int \mathrm{d}x\,(X^*\psi^*)(X\psi) \cdot \int \mathrm{d}x\,(P^*\psi^*)(P\psi)\,. \tag{5.54}$$

Während sich der erste Faktor auf der rechten Seite dieser Gleichung sofort aus (5.52) ergibt, da X eine reelle Zahl ist, erhalten wir den zweiten Faktor durch Einsetzen von (5.53) und partielle Integration:

$$\begin{aligned}\int \mathrm{d}x\,\psi^*P^2\psi &= (i\hbar)^2\int \mathrm{d}x\,\psi^*\left(\frac{\mathrm{d}^2}{\mathrm{d}x^2} - 2\left\langle\frac{\mathrm{d}}{\mathrm{d}x}\right\rangle\frac{\mathrm{d}}{\mathrm{d}x} + \left\langle\frac{\mathrm{d}}{\mathrm{d}x}\right\rangle^2\right)\psi \\ &= -(i\hbar)^2\int \mathrm{d}x\left\{\left(\frac{\mathrm{d}\psi^*}{\mathrm{d}x}\right)\left(\frac{\mathrm{d}\psi}{\mathrm{d}x}\right) + \left\langle\frac{\mathrm{d}}{\mathrm{d}x}\right\rangle\psi^*\left(2\frac{\mathrm{d}}{\mathrm{d}x} - \left\langle\frac{\mathrm{d}}{\mathrm{d}x}\right\rangle\right)\psi\right\}\,.\end{aligned} \tag{5.55}$$

Dabei wird davon Gebrauch gemacht, daß $\psi(x)$ für $|x| \to \infty$ verschwindet. Aus (5.55) erhalten wir unter Beachtung der Definition (5.48) des Erwartungswertes durch Umformen

$$\begin{aligned}\int \mathrm{d}x\,\psi^*P^2\psi &= -(i\hbar)^2\int \mathrm{d}x\left\{\left(\frac{\mathrm{d}\psi^*}{\mathrm{d}x} + \left\langle\frac{\mathrm{d}}{\mathrm{d}x}\right\rangle\psi^*\right)\frac{\mathrm{d}\psi}{\mathrm{d}x} + \right. \\ &\qquad \left. + \left\langle\frac{\mathrm{d}}{\mathrm{d}x}\right\rangle\psi^*\left(\frac{\mathrm{d}}{\mathrm{d}x} - \left\langle\frac{\mathrm{d}}{\mathrm{d}x}\right\rangle\right)\psi\right\}\end{aligned}$$

$$
\begin{aligned}
&= -(i\hbar)^2 \int \mathrm{d}x \left\{ \left(\frac{\mathrm{d}\psi^*}{\mathrm{d}x} + \left\langle \frac{\mathrm{d}}{\mathrm{d}x} \right\rangle \psi^* \right) \frac{\mathrm{d}\psi}{\mathrm{d}x} - \right. \\
&\qquad - \left(\frac{\mathrm{d}\psi^*}{\mathrm{d}x} + \left\langle \frac{\mathrm{d}}{\mathrm{d}x} \right\rangle \psi^* \right) \left\langle \frac{\mathrm{d}}{\mathrm{d}x} \right\rangle \psi \\
&\qquad + \left(\frac{\mathrm{d}\psi^*}{\mathrm{d}x} + \left\langle \frac{\mathrm{d}}{\mathrm{d}x} \right\rangle \psi^* \right) \left\langle \frac{\mathrm{d}}{\mathrm{d}x} \right\rangle \psi + \\
&\qquad \left. + \left\langle \frac{\mathrm{d}}{\mathrm{d}x} \right\rangle \psi^* \left(\frac{\mathrm{d}}{\mathrm{d}x} - \left\langle \frac{\mathrm{d}}{\mathrm{d}x} \right\rangle \right) \psi \right\} \\
&= \int \mathrm{d}x \, (P^*\psi^*)(P\psi) - (i\hbar)^2 \left\langle \frac{\mathrm{d}}{\mathrm{d}x} \right\rangle \cdot \\
&\qquad \cdot \left\{ \int \mathrm{d}x \, \psi^* \frac{\mathrm{d}\psi}{\mathrm{d}x} + \int \mathrm{d}x \left(\frac{\mathrm{d}\psi^*}{\mathrm{d}x} \right) \psi \right\} .
\end{aligned}
$$

Da das erste Integral in der geschweiften Klammer gleich $\langle \mathrm{d}/\mathrm{d}x \rangle$ und das zweite Integral das konjugiert Komplexe davon ist, verschwindet die Klammer: $\langle -i\hbar \mathrm{d}/\mathrm{d}x \rangle$ ist als Erwartungswert einer Observablen reell, $\langle \mathrm{d}/\mathrm{d}x \rangle$ daher rein imaginär. Damit ist Gleichung (5.54) bewiesen.

Für die weitere Herleitung der Unbestimmtheitsrelation brauchen wir nun die sogenannte Schwarzsche Ungleichung. Sie lautet für zwei beliebige komplexe Funktionen f und g von x, für die die Integrale definiert sind:

$$
\int_a^b \mathrm{d}x \, |f|^2 \int_a^b \mathrm{d}x \, |g|^2 \geq \left| \int_a^b \mathrm{d}x \, f^* g \right|^2 . \tag{5.56}
$$

Ihr Beweis ergibt sich aus der offenbar richtigen Beziehung

$$
\int_a^b \mathrm{d}x \left| f \int_a^b \mathrm{d}x \, |g|^2 - g \int_a^b \mathrm{d}x \, f g^* \right|^2 \geq 0 .
$$

Das Gleichheitszeichen gilt in beiden Ungleichungen genau dann, wenn $f = \xi g$, wobei ξ eine komplexe Konstante ist. Aus (5.54) und (5.56) erhalten wir nun die Beziehung

$$
(\Delta x)^2 (\Delta p)^2 \geq \left| \int \mathrm{d}x \, (X^*\psi^*) \, P\psi \right|^2 = \left| \int \mathrm{d}x \, \psi^* X P \psi \right|^2 .
$$

Wir spalten den Operator XP in einen symmetrischen und einen antisymmetrischen Teil auf, d.h. in einen Teil, der bei Vertauschung von X und P das Vorzeichen beibehält und in einen, der es dabei wechselt:

$$
XP = \frac{1}{2}(XP - PX) + \frac{1}{2}(XP + PX) .
$$

Damit erhalten wir

$$
(\Delta x)^2 (\Delta p)^2 \leq \frac{1}{4} \left| \int \mathrm{d}x \, \psi^* (XP - PX) \, \psi \right|^2 + \frac{1}{4} \left| \int \mathrm{d}x \, \psi^* (XP + PX) \, \psi \right|^2 , \tag{5.57}
$$

da die Kreuzterme verschwinden. Diese lauten

$$\begin{aligned}
&\frac{1}{4}\int \mathrm{d}x\,\psi^*(XP-PX)\,\psi\int \mathrm{d}x\,\psi\,(XP^*+P^*X)\,\psi^* + \\
&\quad +\frac{1}{4}\int \mathrm{d}x\,\psi\,(XP^*-P^*X)\,\psi^*\int \mathrm{d}x\,\psi^*(XP+PX)\,\psi \\
&\quad = \frac{i\hbar}{4}\left\{\int \mathrm{d}x\,\psi\,(XP^*+P^*X)\,\psi^* - \int \mathrm{d}x\,\psi^*(XP+PX)\,\psi\right\}\,. \qquad (5.58)
\end{aligned}$$

Nun ist nach (5.53)

$$P^* = i\hbar\left(\frac{\mathrm{d}}{\mathrm{d}x}+\left\langle\frac{\mathrm{d}}{\mathrm{d}x}\right\rangle\right)\,,$$

denn $\langle \mathrm{d}/\mathrm{d}x\rangle$ ist rein imaginär (siehe oben), und daher ist

$$\begin{aligned}
\int \mathrm{d}x\,\psi X P^*\psi^* &= i\hbar\int \mathrm{d}x\,\psi X\left(\frac{\mathrm{d}}{\mathrm{d}x}+\left\langle\frac{\mathrm{d}}{\mathrm{d}x}\right\rangle\right)\psi^* \\
&= i\hbar\psi X\psi^*\Big|_{-\infty}^{+\infty} - i\hbar\left\{\int \mathrm{d}x\left(\frac{\mathrm{d}}{\mathrm{d}x}\psi X\right)\psi^* - \int \mathrm{d}x\,\psi X\left\langle\frac{\mathrm{d}}{\mathrm{d}x}\right\rangle\psi^*\right\} \\
&= -i\hbar\left\{\int \mathrm{d}x\,\psi^*\frac{\mathrm{d}}{\mathrm{d}x}X\psi - \int \mathrm{d}x\,\psi^*\left\langle\frac{\mathrm{d}}{\mathrm{d}x}\right\rangle X\psi\right\} \\
&= \int \mathrm{d}x\,\psi^* P X\psi\,. \qquad (5.59)
\end{aligned}$$

Auch hier machen wir davon Gebrauch, daß $\psi(x)$ für $|x|\to\infty$ verschwindet. Der konjugiert komplexe Ausdruck von (5.59) ist

$$\int \mathrm{d}x\,\psi^* X P\psi = \int \mathrm{d}x\,\psi P^* X\psi^*\,.$$

Damit aber wird (5.58) Null, weil sich die Summanden des ersten Integrals und die des zweiten paarweise aufheben, und (5.57) ist bewiesen.

Da der zweite Term auf der rechten Seite von (5.57) sicher positiv ist, erhalten wir

$$(\Delta x)^2(\Delta p)^2 \geq \frac{1}{4}\left|\int \mathrm{d}x\,\psi^*(XP-PX)\,\psi\right|^2$$

und daraus wegen $XP-PX = i\hbar$, was aus (5.33) unter Beachtung des Zahlencharakters der Erwartungswerte folgt,

$$(\Delta x)^2(\Delta p)^2 \geq \frac{\hbar^2}{4}$$

bzw.

$$(\Delta x)(\Delta p) \geq \frac{\hbar}{2}\,. \qquad (5.60)$$

Damit haben wir die Heisenbergsche Unbestimmtheitsrelation für die Koordinate x und den zu ihr konjugierten Impuls p exakt und quantitativ hergeleitet.

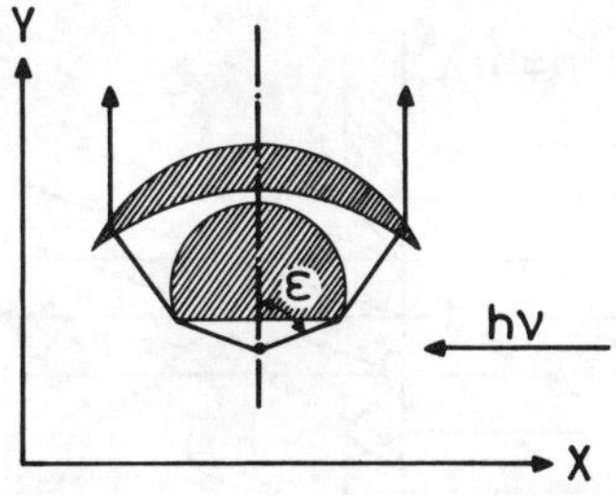

Bild 5.1 Ortsmessung mit dem Mikroskop (gezeigt ist nur das Objektiv). Das von rechts beleuchtete Objekt befindet sich im Brennpunkt des Objektivs. Die vom Objekt ausgehenden Randstrahlen definieren den Winkel ε.

Die Unbestimmtheitsrelation ist eine Aussage über die Möglichkeit gegenwärtiger, gleichzeitiger Kenntnis konjugierter Variablen und damit über die Möglichkeit der Vorhersagbarkeit, nicht dagegen über das was war, bevor die gegenwärtige Messung durchgeführt wurde. Sie ist nicht Ausdruck experimenteller Unzulänglichkeit, sondern ein quantitativer Ausdruck der Meßbarkeit überhaupt. Damit ist sie eine Aussage über den Geltungsbereich der Begriffe *Ort* und *Impuls* des Teilchenbildes.

Eine genaue Analyse der Zusammenhänge, die vor allem von Niels Bohr geleistet wurde, zeigt, daß man in der Physik nur solche Begriffe eindeutig verwenden und mitteilen kann, für die Meßvorschriften angegeben werden können. Es gibt daher keinen Ort oder Impuls an sich als objektive Eigenschaften eines Teilchen, sondern Ort und Impuls sind immer das, was wir als Ort und Impuls des Teilchens messen bzw. messen können. Das Unbestimmtheitsprinzip beruht darauf, daß mit jeder Messung eine Störung des Systems einhergeht, die prinzipiell nicht genau bestimmbar ist. Das kann am besten anhand zweier Gedankenexperimente diskutiert werden, die von Niels Bohr und Werner Heisenberg angegeben worden sind.

Das erste Beispiel ist die Ortsmessung eines Elektrons, dessen Impuls vor der Messung genau bekannt ist, mit einem Mikroskop (Bild 5.1). Zur Messung wird parallel zur Brennebene in Richtung der negativen x-Achse einfallendes Licht der Wellenlänge λ und der Frequenz ν benutzt. Das Auflösungsvermögen des Mikroskops ist

$$\delta = \frac{\sin\varepsilon}{\lambda} ,$$

wobei ε der Öffnungswinkel des vom Objekt ausgehenden Stahlenbündels ist. Daher ist die Unbestimmtheit der Ortsmessung

$$\Delta x \approx \frac{1}{\delta} = \frac{\lambda}{\sin\varepsilon} .$$

Zur Beobachtung des Elektrons muß mindestens ein Photon an ihm gestreut werden, wodurch es einen Compton-Rückstoß erhält (vgl. Unterkapitel 4.1). Die Größe dieses Rückstoßes ist nicht bekannt, da man nicht genau weiß, unter welchem Winkel das

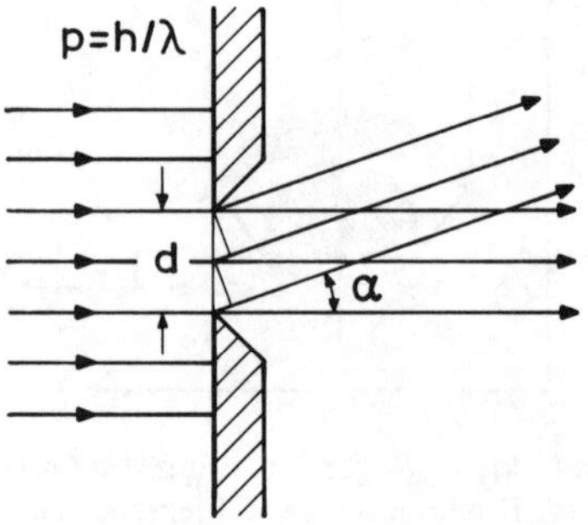

Bild 5.2 Ortsmessung mit einem Spalt. Unter dem Winkel α gegen die Einfallsrichtung ist der Gangunterschied zwischen Rand- und Mittenstrahl gleich der halben de Broglie-Wellenlänge.

Photon in das Objektiv eingetreten ist. Daher ist das Elektron nach der Messung mit einer Impulsunbestimmtheit in x-Richtung von

$$\Delta p_x = \frac{h\nu}{c} \sin \varepsilon$$

behaftet, so daß das Unbestimmtheitsprodukt

$$\Delta x \Delta p_x \approx h$$

ist, in Übereinstimmung mit (5.60). Wir brauchen bei dieser Abschätzung nicht die Compton-Verschiebung (4.6) zu berücksichtigen, da im sichtbaren Bereich ($\lambda = 400 \ldots 750\,\mathrm{nm}$) $\lambda_c/\lambda \approx 5 \cdot 10^{-21}$ ist.

Es ist möglich, dieses Experiment in abgeänderter Form durchzuführen, indem man z.B. das Mikroskop beweglich lagert, so daß man den vom Photon auf das Mikroskop übertragenen Rückstoß messen kann, oder indem man gleichzeitig mit dem am Elektron gestreuten Photon eine Meßskala beobachtet, oder indem man sehr viele Photonen streut und dann die Beugungsfigur ausmißt, immer führt eine sorgfältige Diskussion auf die gleiche Unbestimmtheitsrelation.

Auch beim zweiten Beispiel ist die Geschwindigkeit des Elektrons vor der Messung genau bekannt. Diesmal dient zur Ortsmessung ein Schirm mit einem Spalt der Breite d, mit dem ein Strahl möglicher Elektronenbahnen ausgeblendet werden kann (Bild 5.2). Dann ist der Ort eines Elektrons, das durch den Spalt hindurchgeht, parallel zum Schirm mit der Genauigkeit $\Delta q = d$ bestimmt. Wenn wir das einlaufende Elektron als ebene Welle der Wellenlänge λ darstellen (als Grenzfall eines Wellenpakets), dann folgt, daß mit dem Ausblenden eines Strahles der Breite d eine Beugung der Welle verbunden ist. Nach den aus der Optik bekannten Gesetzen ergibt sich dann unter dem Winkel α das erste Beugungsminimum:

$$\sin \alpha = \frac{\lambda}{d} \,.$$

Die Ungenauigkeit des Impulses des Elektrons parallel zum Schirm ist daher nach dem Durchgang durch den Spalt (der Impuls des Elektrons in Strahlrichtung ist $p = h/\lambda$)

$$\Delta p = \frac{h}{\lambda} \sin \alpha \, .$$

Daher ist wieder

$$\Delta q \Delta p \approx h \, .$$

Charakteristisch für beide Beispiele ist die Verwendung des Welle-Teilchen-Dualismus für die Beschreibung und damit die Anwendung des Komplementaritätsprinzips, im ersten Fall für die Beschreibung des Lichts, im zweiten für die der Elektronen.

5.5 Minimales Wellenpaket

Die Herleitung der Unbestimmtheitsrelation (5.60) erlaubt es uns, eine Wellenfunktion zu konstruieren, für die das Gleichheitszeichen gilt. Das kann höchstens dann der Fall sein, wenn der zweite Term auf der rechten Seite von (5.57) verschwindet,

$$\int \mathrm{d}x \, \psi^*(XP + PX)\psi = 0 \, , \tag{5.61}$$

und wenn außerdem

$$X\psi = \xi P \psi \, . \tag{5.62}$$

Die letzte Gleichung ist nach (5.51) und (5.53) gleichbedeutend mit der Differentialgleichung

$$\frac{\mathrm{d}\psi}{\mathrm{d}x} = \left\{ \frac{i}{\hbar\xi}(x - \langle x \rangle) + \frac{i\langle p \rangle}{\hbar} \right\} \psi \, ,$$

die sofort integriert werden kann:

$$\psi(x) = N \exp \left\{ \frac{i}{2\hbar\xi}(x - \langle x \rangle)^2 + \frac{i\langle p \rangle}{\hbar} x \right\} . \tag{5.63}$$

Aus (5.61) folgt unter Verwendung von (5.59)

$$\int \mathrm{d}x \, (\psi^* X P \psi + \psi X P^* \psi^*) = 0$$

und daraus mit (5.62)

$$\int \mathrm{d}x \left(\psi^* \frac{X^2}{\xi} \psi + \psi \frac{X^2}{\xi^*} \psi^* \right) = \left(\frac{1}{\xi} + \frac{1}{\xi^*} \right) \int \mathrm{d}x \, \psi^* X^2 \psi = 0 \, .$$

Da das Integral in dieser Gleichung nicht verschwindet, muß ξ rein imaginär sein. Außerdem soll die Wellenfunktion (5.63) normiert sein, d.h. das Integral über ihr Absolutquadrat muß konvergieren. Das ist aber nur möglich, wenn ξ negativ imaginär ist. Wir erhalten N dann aus der Normierungsbedingung durch Einsetzen von (5.63):

$$\int \mathrm{d}x \, \psi^* \psi = |N|^2 \int \mathrm{d}x \, \mathrm{e}^{-X^2/\hbar|\xi|} = |N^2| \sqrt{\hbar|\xi|} \int \mathrm{d}\eta \, \mathrm{e}^{-\eta^2} = 1 \, ,$$

d.h.

$$|N|^2 = \frac{1}{\sqrt{\pi\hbar|\xi|}}\,. \tag{5.64}$$

Dabei haben wir $\eta^2 = X^2/\hbar|\xi|$ substituiert und das Ergebnis $\int \mathrm{d}\eta \exp(-\eta^2) = \sqrt{\pi}$ benutzt (Anhang Gl. (A.9)). $|\xi|$ erhalten wir explizit aus der Definition von $(\Delta x)^2$:

$$(\Delta x)^2 = \int \mathrm{d}x\, \psi^* X^2 \psi = \frac{\hbar|\xi|}{\sqrt{\pi}} \int \mathrm{d}\eta\, \eta^2 \exp(-\eta^2)\,. \tag{5.65}$$

Dabei haben wir wieder $\eta^2 = X^2/\hbar|\xi|$ substituiert und außerdem (5.64) eingesetzt. Durch partielle Integration von (5.65) erhalten wir

$$(\Delta x)^2 = \frac{\hbar|\xi|}{\sqrt{\pi}} \left\{ -\frac{\eta}{2} \mathrm{e}^{-\eta^2} \Big|_{-\infty}^{+\infty} + \frac{1}{2} \int \mathrm{d}\eta\, \mathrm{e}^{-\eta^2} \right\} = \frac{\hbar|\xi|}{2}\,.$$

Die Reihenentwicklung von $\exp(-\eta^2)$ zeigt, daß der ausintegrierte Term verschwindet. Damit erhalten wir aus (5.63) die normierte Wellenfunktion

$$\psi(x) = \left\{2\pi\,(\Delta x)^2\right\}^{-1/4} \exp\left\{ -\frac{(x-\langle x\rangle)^2}{4\,(\Delta x)^2} + \frac{i\langle p\rangle x}{\hbar} \right\}\,. \tag{5.66}$$

Wir fassen diese Wellenfunktion als Wellenpaket zur Zeit $t = 0$ auf, so daß wir sie mit dem Fourier-Integral

$$\psi(x,t) = \frac{1}{\sqrt{2\pi}} \int \mathrm{d}k\, a(k)\, \mathrm{e}^{i[kx-\omega(k)t]} \tag{5.67}$$

darstellen können. Der Faktor $1/\sqrt{2\pi}$ dient der Normierung, wie wir gleich sehen werden. Aus (5.67) zur Zeit $t = 0$ erhalten wir

$$\frac{1}{\sqrt{2\pi}} \int \mathrm{d}x\, \mathrm{e}^{-ik'x} \psi(x,0) = \frac{1}{2\pi} \int \mathrm{d}k\, a(k) \int \mathrm{d}x\, \mathrm{e}^{i(k-k')x}\,.$$

Nun ist

$$\begin{aligned}
\int_{-\infty}^{+\infty} \mathrm{d}x\, \mathrm{e}^{i(k-k')x} &= \lim_{b\to\infty} \int_{-b}^{b} \mathrm{d}x\, \mathrm{e}^{i(k-k')x} \\
&= \frac{1}{i(k-k')} \lim_{b\to\infty} \mathrm{e}^{i(k-k')x} \Big|_{x=-b}^{x=b} \\
&= \frac{1}{i(k-k')} \lim_{b\to\infty} \left\{\cos\left[(k-k')x\right] + i \sin\left[(k-k')x\right]\right\} \Big|_{x=-b}^{x=b}\,.
\end{aligned}$$

Da $\cos[(k-k')b] = \cos[-(k-k')b]$, verbleibt

$$\int_{-\infty}^{+\infty} \mathrm{d}x\, \mathrm{e}^{i(k-k')x} = \lim_{b\to\infty} \frac{2\sin(k-k')b}{k-k'}\,.$$

$\lim_{b\to\infty} \sin(bx)/\pi x$ ist eine weitere Darstellung der Diracschen δ-Funktion (5.31) bzw. (5.32):

$$\delta(x) = \lim_{b\to\infty} \frac{\sin(bx)}{\pi x}\,. \tag{5.68}$$

Damit haben wir das Resultat

$$\int \mathrm{d}x\, \mathrm{e}^{i(k-k')x} = 2\pi\delta(k-k')$$

und

$$\frac{1}{\sqrt{2\pi}} \int \mathrm{d}x\, \mathrm{e}^{ik'x} \psi(x,0) = \int \mathrm{d}k\, a(k)\delta(k-k') = a(k')\,.$$

Setzen wir für $\psi(x,0)$ den Ausdruck (5.66) ein, unter der Annahme, daß zur Zeit $t=0$ $\langle x\rangle$ und $\langle p\rangle$ ebenfalls Null sind, so erhalten wir

$$\begin{aligned} a(k) &= \left\{8\pi^3(\Delta x)^2\right\}^{-1/4} \int \mathrm{d}x\, \mathrm{e}^{-ikx-x^2/4(\Delta x)^2} \\ &= \left\{8\pi^3(\Delta x)^2\right\}^{-1/4} \int \mathrm{d}x\, \mathrm{e}^{-(x/2\Delta x+ik\Delta x)^2-k^2(\Delta x)^2} \\ &= \left\{8\pi^3(\Delta x)^2\right\}^{-1/4} \mathrm{e}^{-k^2(\Delta x)^2} \int \mathrm{d}x\, \mathrm{e}^{-(x/2\Delta x+ik\Delta x)^2}\,. \end{aligned}$$

Substituieren wir in dem Integral $x = 2\Delta x(\xi - ik\Delta x)$, ξ reell, dann ist $\mathrm{d}x = 2\Delta x \mathrm{d}\xi$ und

$$\begin{aligned} \int_{-\infty}^{+\infty} \mathrm{d}x\, \mathrm{e}^{-(x/2\Delta x+ik\Delta x)^2} &= 2\Delta x \int (\mathrm{d}\xi + i d\nu)\, \mathrm{e}^{-\xi^2} \\ &= 2\Delta x \int \mathrm{d}\xi\, \mathrm{e}^{-\xi^2} = 2\Delta x\sqrt{\pi}\,. \end{aligned}$$

Dabei ist der Integrationsweg γ die Parallele zur reellen Achse in der komplexen Zahlenebene, die die imaginäre Achse im Punkt $k\Delta x$ schneidet. Längs dieses Weges ist $d\nu \equiv 0$, so daß nur das Integral über ξ von $-\infty$ bis $+\infty$ übrigbleibt. Damit haben wir

$$a(k) = \left\{\frac{2(\Delta x)^2}{\pi}\right\}^{1/4} \mathrm{e}^{-k^2(\Delta x)^2}\,.$$

Setzen wir dieses Ergebnis in (5.67) ein und substituieren nach (5.4), so erhalten wir die Wellenfunktion

$$\psi(x,t) = \left\{\frac{(\Delta x)^2}{2\pi^3}\right\}^{1/4} \int \mathrm{d}k\, \mathrm{e}^{-k^2(\Delta x)^2 - i\hbar k^2 t/2m + ikx}\,. \tag{5.69}$$

Das Integral in dieser Wellenfunktion wird auf die gleiche Weise gelöst wie oben. Dazu formen wir zunächst den Exponenten um:

$$\begin{aligned} F(k) &\equiv -k^2(\Delta x)^2 - \frac{i\hbar k^2 t}{2m} + ikx \\ &= -\left\{(\Delta x)^2 + \frac{i\hbar t}{2m}\right\}\left\{k^2 - \frac{ikx}{(\Delta x)^2 + i\hbar t/2m}\right\} \\ &= -\left\{(\Delta x)^2 + \frac{i\hbar t}{2m}\right\}\left\{\left[k - \frac{ix}{2(\Delta x)^2 + i\hbar t/m}\right]^2 + \frac{x^2}{4[(\Delta x)^2 + i\hbar t/2m]^2}\right\}. \end{aligned}$$

Damit wird

$$\int_{-\infty}^{+\infty} \mathrm{d}x\, \mathrm{e}^{F(k)} = \exp\left\{-\frac{x^2}{4(\Delta x)^2 + 2i\hbar t/m}\right\} \cdot$$
$$\cdot \int_{-\infty}^{+\infty} \mathrm{d}k \, \exp\left\{-\left[(\Delta x)^2 + \frac{i\hbar}{2m}t\right]\left[k - \frac{ix}{2(\Delta x)^2 + i\hbar t/m}\right]^2\right\}.$$

Substitution von

$$k = \kappa \Big/ \left[(\Delta x)^2 + \frac{i\hbar}{2m}t\right]^{1/2} + \frac{ix}{2(\Delta x) + i\hbar t/m},$$

κ reell, ergibt für das noch nicht gelöste Integral

$$\left\{(\Delta x)^2 + \frac{i\hbar}{2m}t\right\}^{-1/2} \int_\gamma \mathrm{d}\kappa\, \mathrm{e}^{-\kappa^2} = \left\{(\Delta x)^2 + \frac{i\hbar}{2m}t\right\}^{-1/2} \sqrt{\pi}\,.$$

Damit erhält die Wellenfunktion (5.69) die folgende endgültige Gestalt:

$$\psi(x,t) = (2\pi)^{-1/4}\left(\Delta x + \frac{i\hbar t}{2m\Delta x}\right)^{-1/2} \exp\left\{-\frac{x^2}{4(\Delta x)^2 + 2i\hbar t/m}\right\}. \tag{5.70}$$

Diese Funktion löst die eindimensionale Schrödinger-Gleichung für ein freies Teilchen

$$i\hbar\frac{\partial\psi}{\partial t} = -\frac{\hbar^2}{2m}\frac{\partial^2\psi}{\partial x^2} \tag{5.71}$$

und beschreibt daher einen physikalischen Zustand.

5.6 Erwartungswerte und klassischer Grenzfall

Zur Herleitung der Wellenfunktion (5.70) hatten wir angenommen, daß zur Zeit $t = 0$ die Erwartungswerte $\langle x(t)\rangle$ des Ortes und $\langle p(t)\rangle$ des Impulses Null sind. Nehmen wir statt dessen für $t = 0$ $\langle p(t)\rangle \neq 0$ an, so erhalten wir, mit der Abkürzung

$$D \equiv (\Delta x)_0 + \frac{i\hbar t}{2m(\Delta x)_0},$$

statt (5.70) die Wellenfunktion

$$\psi(x,t) = \frac{(2\pi)^{-1/4}}{\sqrt{D}} \exp\left\{\frac{\left[2\langle k\rangle_0\,(\Delta x)_0^2 + ix\right]^2}{4\,(\Delta x)_0\,D} - \langle k\rangle_0^2(\Delta x)_0^2\right\}. \tag{5.72}$$

Darin kennzeichnet der Index 0 Größen zur Zeit $t = 0$; ferner ist $\langle k\rangle = \langle p\rangle/\hbar$. Für den Erwartungswert des Ortes zur Zeit $t = 0$ gilt nach wie vor $\langle x(0)\rangle = 0$. Die Wellenfunktion (5.72) erfüllt ebenfalls die Schrödinger-Gleichung (5.71) und ist für $\langle k\rangle_0 = 0$ mit

(5.70) identisch. Sie ist somit eine allgemeinere Zustandsfunktion für ein freies Teilchen als (5.70) und deswegen für die weitere Diskussion nützlicher. Ihre Herleitung ist im Prinzip ebenso einfach wie die der Funktion (5.70), aber noch langwieriger, wir wollen daher hier darauf verzichten. Desgleichen verzichten wir im folgenden auf die ausführliche Herleitung einer Reihe weiterer Ergebnisse, für die das gleiche gilt.

Das Absolutquadrat der Wellenfunktion (5.72) ist

$$|\psi(x,t)|^2 = \frac{1}{|D|\sqrt{2\pi}} \mathrm{e}^{-(x-\hbar\langle k\rangle_0 t/m)^2/2|D|^2} . \tag{5.73}$$

Sein Integral, erstreckt von $-\infty$ bis $+\infty$, ergibt mit der Substitution $x = (\eta + \hbar\langle k\rangle_0 t/m)/|D|\sqrt{2}$

$$\int_{-\infty}^{+\infty} \mathrm{d}x \; |\psi(x,t)|^2 = \frac{1}{\sqrt{\pi}} \int_{-\infty}^{+\infty} \mathrm{d}\eta \, \mathrm{e}^{-\eta^2} = 1 .$$

Der Vergleich mit Bild 2.1 zeigt, daß (5.73) eine normierte Gauß-Verteilung mit der Standardabweichung $|D|$ ist. Wir haben damit das Resultat, daß das Unbestimmtheitsprodukt dann minimal ist, wenn die Aufenthaltswahrscheinlichkeit eines Teilchens durch eine Gauß-Verteilung verteilt ist.

In Bild 5.3 ist der Realteil der Wellenfunktion (5.72), $\mathrm{Re}\psi(x,t)$, zu vier verschiedenen Zeiten t gezeigt, ebenso ihr Absolutbetrag $|\psi(x,t)|$, den die obere Hälfte der Einhüllenden darstellt. Das Bild zeigt nebenbei, daß es nicht möglich ist, die Zahl der Schwingungen innerhalb eines Wellenpakets exakt auszuzählen. Der Darstellung liegt die Wahl von $(\Delta x)_0$ und $\tau = 2m(\Delta x)_0^2/\hbar$ als „natürliche" Einheiten der Länge bzw. der Zeit zugrunde. Außerdem ist $\langle k\rangle_0 = 6/(\Delta x)_0$ gesetzt und damit, wegen des hier geltenden Gleichheitszeichens in (5.60), $\langle k\rangle_0 = 12(\Delta k)_0$. Der Erwartungswert des Teilchenimpulses ist also zwölfmal so groß wie die Impulsunschärfe.

Wir können nun anhand des Wellenpakets (5.72) und der diesem für das Bild 5.3 zugrunde gelegten Parameter erkennen, warum sich die Unbestimmtheits-Relation in der klassischen, also makroskopischen Physik nicht bemerkbar macht. Um das zu illustrieren, nehmen wir als Teilchen, das durch das Wellenpaket dargestellt wird, eine Kugel der Masse $M = 1\,\mathrm{g}$ mit einem Durchmesser von 1 mm an, dessen Mittelpunkt bzw. Schwerpunkt zur Zeit $t = 0$ bis auf 10^{-6} m bekannt sei, also ist $(\Delta x)_0 = 10^{-6}$ m. Daraus folgt dann, unter Beachtung des Gleichheitszeichens in (5.60),

$$(\Delta p)_0 = \frac{1.05 \cdot 10^{-34}\,\mathrm{J\,s}}{2 \cdot 10^{-6}\,\mathrm{m}} = 5 \cdot 10^{-29}\,\mathrm{kg\ m\ s^{-1}}$$

oder

$$(\Delta v)_0 = \frac{\langle p_0\rangle}{M} = 5 \cdot 10^{-26}\,\mathrm{m\ s^{-1}} .$$

Das Wellenpaket würde sich dann mit der überaus kleinen mittleren Geschwindigkeit von $12(\Delta v)_0 = 6 \cdot 10^{-25}\,\mathrm{m\,s^{-1}}$ bewegen. Als natürliche Zeiteinheit dieses Teilchens im

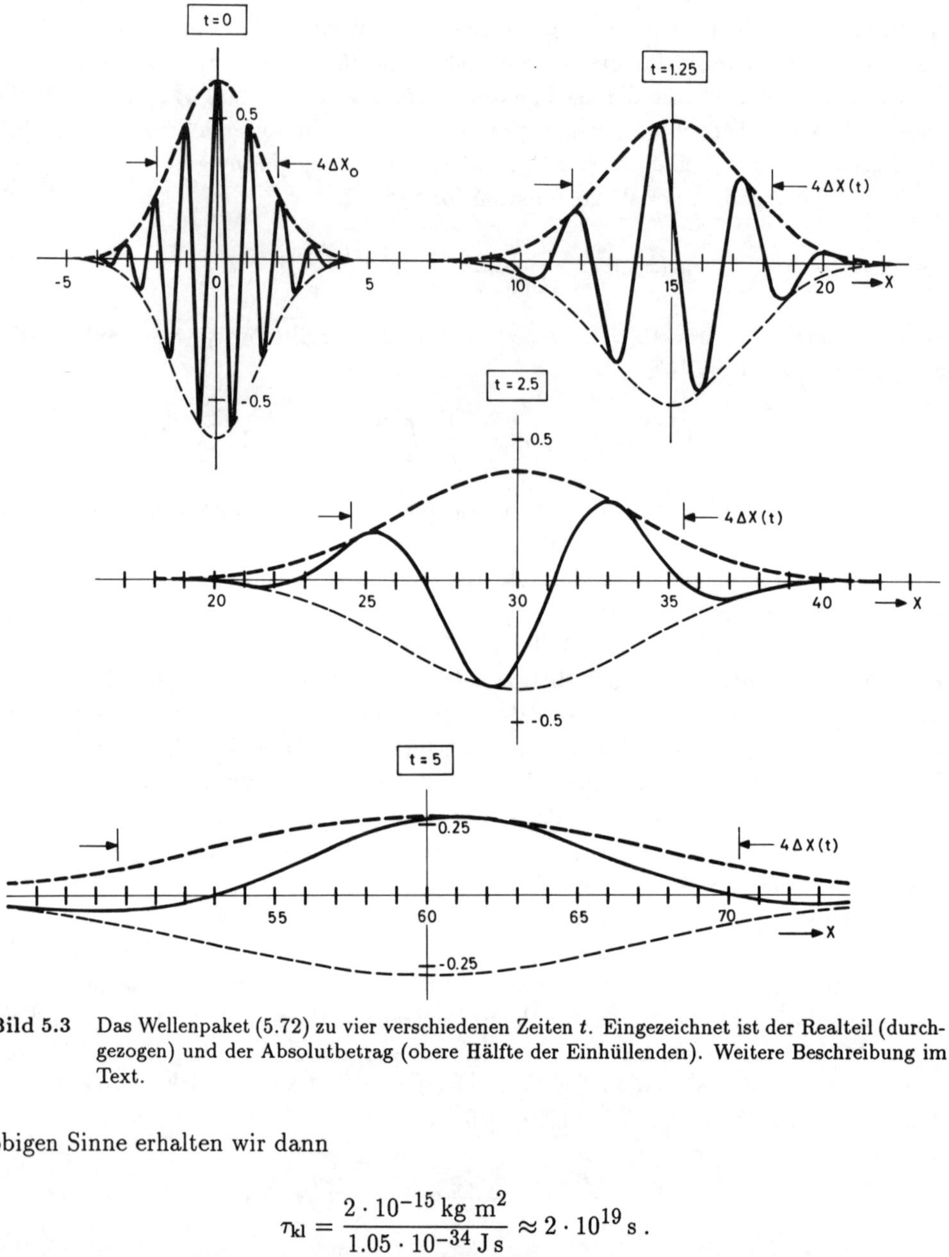

Bild 5.3 Das Wellenpaket (5.72) zu vier verschiedenen Zeiten t. Eingezeichnet ist der Realteil (durchgezogen) und der Absolutbetrag (obere Hälfte der Einhüllenden). Weitere Beschreibung im Text.

obigen Sinne erhalten wir dann

$$\tau_{\text{kl}} = \frac{2 \cdot 10^{-15}\,\text{kg m}^2}{1.05 \cdot 10^{-34}\,\text{J s}} \approx 2 \cdot 10^{19}\,\text{s}\,.$$

Dagegen ist das Alter des Weltalls nur etwa 10^{18} s (30 Mrd. Jahre). Wie Bild 5.3 zu entnehmen ist, wächst die Ortsunschärfe des Teilchens in der Zeit $t = 1.25\tau$ um etwa 60%. Das klassiche Teilchen würde für diese Zunahme der Orts-Unbestimmtheit daher eine Zeitspanne benötigen, die sechzehnmal so groß ist wie das Alter des Weltalls.

Nehmen wir dagegen an, das Teilchen sei ein Elektron ($m_0 = 9.11 \cdot 10^{-31}$kg), dessen Ort zur Zeit $t = 0$ mit einer Unbestimmtheit von $(\Delta x)_0 = 10^{-10}$ m (Atomdurchmesser) bekannt ist, dann ist

$$\tau_{\mathrm{El}} = \frac{2 \cdot 9.11 \cdot 10^{-51}\,\mathrm{kg\,m^2}}{1.05 \cdot 10^{-34}\,\mathrm{J\,s}} \approx 1.7 \cdot 10^{-16}\,\mathrm{s}\,.$$

Das Elektron brauchte nur die sehr kurze Zeitspanne von etwa $2 \cdot 10^{-16}$ s für die Zunahme seiner Ortsunbestimmtheit um 60 %. Die der zwölffachen Impulsunschärfe entsprechende Geschwindigkeit hätte den beachtlichen Wert von $7 \cdot 10^6$ m s^{-1}.

Für das Wellenpaket (5.72) können wir nun nach der Vorschrift (5.48) Erwartungswerte berechnen. Wir erhalten so:

$$\langle x(t)\rangle = \frac{\hbar\langle k\rangle_0 t}{m} = \frac{\langle p\rangle_0 t}{m} = \langle v\rangle_0 t \tag{5.74}$$

$$\langle x^2(t)\rangle = (\Delta x)_0{}^2 + \frac{\hbar^2 t^2}{4m^2(\Delta x)_0{}^2} + \frac{\hbar^2\langle k\rangle_0{}^2 t^2}{m^2}$$

$$\langle p(t)\rangle = \hbar\langle k\rangle_0 = \langle p\rangle_0 \tag{5.75}$$

$$\langle p^2(t)\rangle = \hbar^2\langle k\rangle_0{}^2 + \frac{\hbar^2}{4(\Delta x)_0{}^2} = \langle p\rangle_0{}^2 + (\langle\Delta p\rangle)_0{}^2\,.$$

Damit können wir nach (5.50) die zeitliche Entwicklung der Unbestimmtheit von Ort und Impuls berechnen:

$$\begin{aligned}\{x(t)\}^2 &= \langle x^2(t)\rangle - \langle x(t)\rangle^2 = (\Delta x)_0{}^2 + \frac{\hbar^2 t^2}{4m^2(\Delta x)_0{}^2}\\ &= (\Delta x)_0{}^2\left\{1 + \frac{\hbar^2 t^2}{4m^2(\Delta x)_0{}^4}\right\}\\ &= (\Delta x)_0{}^2\left\{1 + \frac{(\Delta p)_0{}^2 t^2}{m^2(\Delta x)_0{}^2}\right\}\end{aligned} \tag{5.76}$$

$$\{\Delta p(t)\}^2 = \frac{\hbar^2}{4(\Delta x)_0{}^2} = (\Delta p)_0{}^2\,. \tag{5.77}$$

Die Unbestimmtheit des Impulses ist demnach zeitlich konstant. Dagegen wächst die Unbestimmtheit des Ortes mit der Zeit (vgl. Bild 5.3), und zwar umso stärker, je kleiner die Unbestimmtheit des Impulses zur Zeit $t = 0$ war. Damit wächst das Unbestimmtheitsprodukt von Ort und Impuls mit der Zeit:

$$\{\Delta x(t)\}^2\,\{\Delta p(t)\}^2 = \frac{\hbar^2}{4}\left\{1 + \frac{\hbar^2 t^2}{4m^2(\Delta x)_0{}^4}\right\}\,.$$

Da die Abhängigkeit von der Zeit hierbei quadratisch ist, folgt, daß das Unbestimmtheitsprodukt nur zur Zeit $t = 0$ minimal ist. Es ist sowohl vorher als auch nachher größer.

Für ein freies Teilchen ist die mechanische Gesamtenergie $E = p^2/2m$. Wir erhalten den Erwartungswert der Energie demnach aus der zweiten der Gleichungen (5.75):

$$\langle E\rangle = \frac{\langle p^2\rangle}{2m} = \frac{\langle p\rangle_0^2 + (\Delta p)_0{}^2}{2m} \,.$$

Der quantenmechanische Erwartungswert der Energie des Teilchens bleibt also erhalten, wie die klassische Gesamtenergie. Er ergibt sich aber nicht nur aus dem Erwartungswert seines Impulses, sondern es tritt noch ein von der Impulsunbestimmtheit herrührender Term hinzu. Die Konstanz der Impulsunbestimmtheit Δp ist daher wegen des Energiesatzes erforderlich. Wir haben hier ein Beispiel dafür, daß man mit den quantenmechanischen Erwartungswerten nach den Regeln der klassischen Physik nur dann korrekt rechnen kann, wenn die entsprechenden Unbestimmtheiten vernachlässigbar sind.

Wir schließen aus den Gleichungen (5.74) und (5.75), daß für die quantenmechanischen Erwartungswerte die Beziehung $m\dot{x} = p$ aus der klassischen Mechanik gilt:

$$m\frac{\mathrm{d}}{\mathrm{d}t}\langle x(t)\rangle = \langle p\rangle_0 \,. \tag{5.78}$$

Die strenge Gültigkeit des Gleichheitszeichens geht über die Abschätzung in Unterkapitel 5.1 hinaus. Die Gleichung gilt sogar ganz allgemein und nicht nur für die Wellenfunktion (5.72). Für eine beliebige eindimensionale Wellenfunktion $\psi(x,t)$ ist nämlich

$$\begin{aligned} m\frac{\mathrm{d}}{\mathrm{d}t}\langle x(t)\rangle &= m\frac{\mathrm{d}}{\mathrm{d}t}\int \mathrm{d}x\, \psi^*(x,t)x(t)\psi(x,t) \\ &= m\int \mathrm{d}x \left\{\left(\frac{\partial\psi^*}{\partial t}\right)x\psi + \psi^* x\frac{\partial\psi}{\partial t}\right\} . \end{aligned}$$

Die partielle Ableitung nach der Zeit können wir wegen der Schrödinger-Gleichung (5.41) und wegen des konjugiert Komplexen davon durch den Hamilton-Operator ersetzen. Damit erhalten wir, bei Anwendung partieller Integration

$$\begin{aligned} m\frac{\mathrm{d}}{\mathrm{d}t}\langle x\rangle &= m\int \mathrm{d}x \left\{-\frac{1}{i\hbar}\left(-\frac{\hbar^2}{2m}\frac{\partial^2}{\partial x^2} + V\right)\psi^* x\psi \; + \right. \\ &\quad \left. + \;\frac{1}{i\hbar}\psi^* x\left(-\frac{\hbar^2}{2m}\frac{\partial^2}{\partial x^2} + V\right)\psi\right\} \\ &= \int \mathrm{d}x\, \frac{\hbar}{2i}\left\{\frac{\partial^2\psi^*}{\partial x^2}x\psi - \psi^* x\frac{\partial^2\psi}{\partial x^2}\right\} \\ &= \frac{\hbar}{2i}\left\{\frac{\partial\psi^*}{\partial x}x\psi\bigg|_{-\infty}^{+\infty} - \int \mathrm{d}x \left(\frac{\partial\psi^*}{\partial x}\right)\left(\frac{\partial}{\partial x}x\psi\right) - \right. \\ &\quad \left. - \;\psi^* x\frac{\partial\psi}{\partial x}\bigg|_{-\infty}^{+\infty} + \int \mathrm{d}x \left(\frac{\partial}{\partial x}x\psi^*\right)\frac{\partial\psi}{\partial x}\right\} \end{aligned}$$

$$
\begin{aligned}
&= \int \mathrm{d}x \, \frac{\hbar}{2i} \left\{ x \left(\frac{\partial \psi^*}{\partial x} \right) \frac{\partial \psi}{\partial x} + \psi^* \frac{\partial \psi}{\partial x} - \frac{\partial \psi^*}{\partial x} \psi - \left(\frac{\partial \psi^*}{\partial x} \right) x \left(\frac{\partial \psi}{\partial x} \right) \right\} \\
&= \int \mathrm{d}x \, \frac{1}{2} \left\{ \psi^* \frac{\hbar}{i} \frac{\partial}{\partial x} \psi - \left(\frac{\hbar}{i} \frac{\partial}{\partial x} \psi^* \right) \psi \right\} \\
&= \int \mathrm{d}x \, \frac{1}{2} \left\{ \psi^* \frac{\hbar}{i} \frac{\partial}{\partial x} \psi + \left(\frac{\hbar}{i} \frac{\partial}{\partial x} \psi \right)^* \psi \right\} \\
&= \int \mathrm{d}x \, \frac{1}{2} \left\{ \psi^* \frac{\hbar}{i} \frac{\partial}{\partial x} \psi + \psi^* \frac{\hbar}{i} \frac{\partial}{\partial x} \psi \right\} \\
&= \int \mathrm{d}x \, \psi^* \frac{\hbar}{i} \frac{\partial}{\partial x} \psi = \langle p_x \rangle \, .
\end{aligned}
$$

Dabei wurde zuletzt die Symmetriebeziehung (5.49) für Observable eingesetzt und außerdem Gebrauch von der Operatordarstellung (5.34) des Impulses gemacht. Obwohl wir damit die allgemeine Gültigkeit der Beziehung gezeigt haben, können wir mit den quantenmechanischen Erwartungswerten dennoch keine klassische Physik betreiben, denn dazu fehlt uns noch ein Kraftgesetz.

In der klassischen Mechanik ist $\boldsymbol{F} = \mathrm{d}\boldsymbol{p}/\mathrm{d}t$ und, sofern die Kraft von einem Potential V abgeleitet werden kann, $\boldsymbol{F} = -\nabla V$. Wie sieht das nun in der wellenmechanischen Beschreibung aus? Wir finden für $\mathrm{d}\langle p_x \rangle/\mathrm{d}t$

$$
\begin{aligned}
\frac{\mathrm{d}}{\mathrm{d}t} \langle p_x \rangle &= -i\hbar \frac{\mathrm{d}}{\mathrm{d}t} \int \mathrm{d}x \, \psi^* \frac{\partial}{\partial x} \psi \\
&= -i\hbar \int \mathrm{d}x \left\{ \psi^* \frac{\partial}{\partial x} \frac{\partial \psi}{\partial t} + \left(\frac{\partial \psi^*}{\partial t} \right) \frac{\partial \psi}{\partial x} \right\} \\
&= -\int \mathrm{d}x \, \psi^* \frac{\partial}{\partial x} \left(-\frac{\hbar^2}{2m} \frac{\partial^2}{\partial x^2} + V \right) \psi + \int \mathrm{d}x \left[\left(-\frac{\hbar^2}{2m} \frac{\partial^2}{\partial x^2} + V \right) \psi^* \right] \frac{\partial \psi}{\partial x} \\
&= \frac{\hbar^2}{2m} \psi^* \frac{\partial^2 \psi}{\partial x^2} \bigg|_{-\infty}^{+\infty} - \int \mathrm{d}x \left(\frac{\partial \psi^*}{\partial x} \right) \frac{\hbar^2}{2m} \frac{\partial^2 \psi}{\partial x^2} - \int \mathrm{d}x \, \psi^* \frac{\partial}{\partial x} (V\psi) - \\
&\quad - \frac{\hbar^2}{2m} \left(\frac{\partial \psi^*}{\partial x} \right) \frac{\partial \psi}{\partial x} \bigg|_{-\infty}^{+\infty} + \int \mathrm{d}x \, \frac{\hbar^2}{2m} \left(\frac{\partial \psi^*}{\partial x} \right) \frac{\partial^2 \psi}{\partial x^2} + \int \mathrm{d}x \, V \psi^* \frac{\partial \psi}{\partial x} \\
&= -\int \mathrm{d}x \, \psi^* \left(V \frac{\partial \psi}{\partial x} + \psi \frac{\partial V}{\partial x} \right) + \int \mathrm{d}x \, V \psi^* \frac{\partial V}{\partial x} \\
&= -\int \mathrm{d}x \psi^* \left(\frac{\partial V}{\partial x} \right) \psi = \langle -\frac{\partial V}{\partial x} \rangle \, . \qquad (5.79)
\end{aligned}
$$

Dagegen müßte für die Anwendbarkeit der klassischen Mechanik auf quantenmechanische Erwartungswerte gelten

$$
\frac{\mathrm{d}}{\mathrm{d}t} \langle p_x \rangle = -\frac{\partial}{\partial x} \langle V \rangle \, .
$$

Nun ist aber

$$
\langle V \rangle = \int \mathrm{d}x \, \psi^* V \psi \, ,
$$

d.h. die Abhängigkeit von der Koordinate x ist ausintegriert, und somit ist $-\partial\langle V\rangle/\partial x \equiv 0$. Genau das gilt aber auch für V =const. In diesem Fall ist nämlich $\partial V/\partial x \equiv \partial\langle V\rangle/\partial x \equiv \langle\partial V/\partial x\rangle \equiv 0$, d.h. der Erwartungswert des Impulses ist in einem konstanten Potential konstant, in Übereinstimmung mit der klassischen Mechanik. Die Gleichung (5.79) ist aber dennoch nicht wertlos, dann sie gibt uns ein gutes Kriterium für die Anwendbarkeit der klassischen Mechanik: Man kann dann klassisch rechnen, wenn das Potential hinreichend konstant ist, d.h. konstant über die Ausdehnung des Wellenpakets. Das Wellenpaket muß demzufolge klein sein, damit seine Ausdehnung und innere Struktur vernachlässigt werden können.

Abschließend wollen wir uns noch überlegen, ob bzw. wann man ein Elektron in einem Atom durch ein Wellenpaket darstellen kann. Stellen wir uns dabei vor, daß das Elektron den Atomkern auf einer Kreisbahn mit dem Radius a umläuft, dann muß einmal die Ausdehnung des Wellenpakets klein gegen a sein, damit das elektrische Kernpotential über das ganze Wellenpaket als konstant angesehen werden kann, und außerdem darf das Paket in einem Zeitintervall τ, das groß gegen die Umlaufdauer T ist, nicht allzusehr auseinanderlaufen. Wir können mit (5.76) berechnen, wie das Wellenpaket zur Zeit $t = 0$ beschaffen sein muß, damit es zur Zeit τ minimal ist:

$$\frac{\mathrm{d}}{\mathrm{d}(\Delta x)_0}\left\{\Delta x(\tau)\right\}^2 = 2(\Delta x)_0 - \frac{2\hbar^2\tau^2}{4m^2(\Delta x)_0^3} = 0\,.$$

Daraus folgt, daß für $(\Delta x)_0^2 = \hbar\tau/2m$ ein Extremum vorliegt. Die zweite Ableitung zeigt, daß dies ein Minimum ist:

$$\frac{\mathrm{d}^2}{\mathrm{d}(\Delta x)_0^2}\left\{\Delta x(\tau)\right\}^2 = 2 + \frac{6\hbar^2\tau^2}{4m^2(\Delta x)_0^4} = 2 + 6 > 0\,.$$

Zur Zeit τ ist das Quadrat der Unbestimmtheit des Wellenpakets daher

$$\left\{\Delta x(\tau)\right\}^2 = \frac{\hbar\tau}{2m} + \frac{\hbar\tau}{2m} = \frac{\hbar\tau}{m} = 2\,(\Delta x)_0^2\,.$$

Günstigstenfalls vergrößert das Wellenpaket also seine Ausdehnung innerhalb des Zeitintervalls τ um den Faktor $\sqrt{2}$. Das andere Kriterium für die Anwendbarkeit der Beschreibung mit einem Wellenpaket ist nun

$$\left\{\Delta x(\tau)\right\}^2 = \frac{\hbar\tau}{m} \ll a^2\,.$$

Das ist gleichbedeutend mit

$$\hbar \ll \frac{ma^2}{\tau} = \frac{ma^2}{nT}\,,$$

wobei $\tau = nT$ ist, also $n \gg 1$ gelten muß. Nun ist $2\pi ma^2/T = l$ der Bahndrehimpuls des Elektrons auf seiner Kreisbahn mit dem Radius a, daher haben wir als Bedingung

$$\hbar \ll \frac{l}{2\pi n} \qquad \text{oder} \qquad 2n\hbar \ll l\,.$$

Die Beschreibung von Elektronen in einem Atom als Wellenpakete ist daher nur dann zulässig, wenn ihre Bahndrehimpulse groß gegen $\hbar$ sind. Da diese wie wir sehen werden im allgemeinen aber nur von der Größenordnung $\hbar$ sind, ist die Beschreibung der Elektronen in einem Atom durch ein Wellenpaket im allgemeinen nicht anwendbar.

5.7 Teilchen in Potentialfeldern

Man kann zwar am Beispiel eines freien Teilchens einige Gesetzmäßigkeiten der Quantenmechanik aufzeigen, doch ist der allgemeine und wichtigere Fall der, daß Kräfte auf ein Teilchen wirken. Wir wissen bereits, daß Atome aus positiv geladenen Kernen einerseits und negativ geladenen Elektronen andererseits bestehen. Elektromagnetische Kräfte spielen demzufolge in der Atomphysik eine große Rolle.

Die Kraft $\boldsymbol{F}$, die in einem elektromagnetischen Feld auf ein Elektron der Ladung $-e$ wirkt, ist die Lorentz-Kraft:

$$\boldsymbol{F} = -e\left[\boldsymbol{E} + \boldsymbol{v} \times \boldsymbol{B}\right] .$$

In der Elektrodynamik wird gezeigt, und wir können uns anhand der Maxwell-Gleichungen (3.20) auch selbst davon überzeugen, daß man sowohl die elektrische Feldstärke $\boldsymbol{E}$ als auch die magnetische Kraftflußdichte $\boldsymbol{B}$ aus Potentialfunktionen φ bzw. $\boldsymbol{A}$ ableiten kann. Es gelten daher die Beziehungen

$$\boldsymbol{E} = -\nabla\varphi \qquad \text{und} \qquad \boldsymbol{B} = \nabla \times \boldsymbol{A} .$$

Damit ist die Lorentz-Kraft

$$\boldsymbol{F} = \nabla e\varphi - \boldsymbol{v} \times [\nabla \times e\boldsymbol{A}] .$$

$-e\varphi$ ist die potentielle Energie V des Elektrons und $-e\boldsymbol{A}$ sein potentieller Impuls (s. Erläuterung zu Gl. (5.36)). In der Schrödinger-Gleichung (5.38) hatten wir letzteren mit $\boldsymbol{A}$ bezeichnet, so daß $\boldsymbol{A}$ jetzt eine etwas andere Bedeutung hat als zuvor. Setzen wir die Ausdrücke für die potentielle Energie und für den potentiellen Impuls in die zeitunabhängige Form der Schrödinger-Gleichung (5.38) ein, so erhalten wir

$$\left\{\frac{[\boldsymbol{p} + e\boldsymbol{A}(\boldsymbol{r})]^2}{2m} - e\varphi(\boldsymbol{r})\right\}\psi(\boldsymbol{r}) = E\psi(\boldsymbol{r}) . \tag{5.80}$$

Nehmen wir nun zunächst $\boldsymbol{A} \equiv 0$ an, dann sehen wir, daß mit der Substitution (5.34) und $-e\varphi(\boldsymbol{r}) = V(\boldsymbol{r})$ diese Gleichung mit der zeitfreien Wellengleichung der klassischen Physik für ψ identisch wird,

$$\left(\nabla^2 + k^2\right)\psi(\boldsymbol{r}) = 0 , \tag{5.81}$$

in der

$$k^2 = \frac{2m}{\hbar^2}[E - V(\boldsymbol{r})] = \frac{2m}{\hbar^2}E\left[1 - \frac{V(\boldsymbol{r})}{E}\right] . \tag{5.82}$$

k, und damit $\lambda = 2\pi/k$, hängt offenbar nur von der Differenz $E - V$ ab. Folglich ist der Nullpunkt der Energie beliebig.

Setzen wir in der Wellengleichung (5.81)

$$\frac{2mE}{\hbar^2} = k_0^2 \qquad \text{und} \qquad 1 - \frac{V(\boldsymbol{r})}{E} = n^2 , \tag{5.83}$$

dann erhalten wir mit der Beziehung

$$k = nk_0 \qquad \text{bzw.} \qquad \lambda_0 = n\lambda , \tag{5.84}$$

ein Analogon zur Wellenoptik. Ist nähmlich k_0 die Wellenzahl einer Lichtwelle im Vakuum, so ist k die Wellenzahl dieser Welle in einem Medium mit dem Brechungsindex n. Die Wirkung eines elektrischen Potentials auf eine Elektronenwelle ist somit ähnlich der Wirkung eines brechenden Mediums auf eine Lichtwelle. Da der Brechungsindex nach (5.83) von der Gesamtenergie des Elektrons, also von seiner Vakuumwellenlänge abhängt, ist die Wirkung eines elektrischen Potentials auf eine Elektronenwelle die eines dispersiven Mediums. Die Analogie mit der Wellenoptik läßt sich noch weiter führen. Geht nämlich $E - V$ gegen Null, dann muß nach (5.84) λ gegen unendlich gehen. Ist sogar $E - V < 0$, dann wird n rein imaginär, und dies ist ebenfalls aus der Wellenoptik bekannt: Ein imaginärer Brechungsindex kennzeichnet ein absorptives Medium.

Auch (5.83) ist unabhängig vom Nullpunkt der Energie. Denn verschieben wir diesen um den Wert V_0, so erhalten wir aus (5.82)

$$\begin{aligned} k^2 &= \frac{2m}{\hbar^2}(E + V_0)\left(1 - \frac{V + V_0}{E + V_0}\right) \\ &= \frac{2m}{\hbar^2}E\left(\frac{E + V_0}{E}\right)\left(\frac{E + V_0 - V - V_0}{E + V_0}\right) \\ &= \frac{2m}{\hbar^2}E\left(1 - \frac{V}{E}\right) . \end{aligned}$$

Wir können daher dem Potential $V = 0$ den Brechungsindex $n = 1$ zuordnen, wie er sich aus (5.83) ergibt.

Ist die Energie eines Teilchens überall außer in einem endlichen Bereich kleiner als ein Potential $V(\boldsymbol{r})$, dann befindet sich das Teilchen in einem gebundenen Zustand. Gebundenen Zuständen entsprechen stehende Wellen. Da der Nullpunkt der Energie willkürlich gewählt werden kann, definiert man gebundene Zustände bei endlicher Potentialtiefe auch als Zustände negativer Energie. Nach diesen Bemerkungen können wir nun anhand des Bildes 5.4 eine Reihe einfacher, aber aufschlußreicher Potentialkonfigurationen erörtern.

Links im Bild sind die Potentiale sowie die Gesamtenergie der Teilchen schematisch dargestellt. Die Beispiele zerfallen in zwei Gruppen: (a) bis (e) zeigen freie oder Kontinuumszustände, (f) bis (h) gebundene oder diskrete Zustände. Die zweiten Bezeichnungen rühren daher, daß für freie Teilchen beliebige (positive) Energiewerte möglich sind, also ein Energiekontinuum, während für gebundene Teilchen bei gegebenem Potentialverlauf nur bestimmte diskrete (negative) Energiewerte möglich sind.

Jeweils rechts von den Potentialformen sind Realteil Reψ (gestrichelt) und Absolutbetrag $|\psi|$ (ausgezogen) der Lösungsfunktionen dargestellt. Diese Funktionen sind stationär, d.h. Lösungen der zeitunabhängigen Schrödinger-Gleichung (5.81). Für die ungebundenen Zustände (a) bis (e) heißt das, daß von links ein konstanter Teilchenstrom einläuft. Dieser wird teilweise an den Potentialstufen reflektiert, wodurch es zu Interferenzen kommt, die ihren Ausdruck in den Oszillationen von $|\psi|$ für $x < 0$ finden. Die den Darstellungen zugrunde liegenden Wellenfunktionen sind exakt, aber nicht normiert. Eine sinnvolle Normierung wäre bei den Beispielen (a) bis (e) auf den einlaufenden Teilchenstrom, bei (f) bis (h) auf je ein Teilchen in dem gegebenen Zustand.

Zu den Kontinuumszuständen ist noch eine weitere Bemerkung angebracht. Die einlaufende Welle ist in allen fünf Beispielen eine ebene Welle, d.h. proportional zu $\exp i(k_0 x - \omega_0 t)$, obwohl oben festgestellt wurde, daß die ebene Welle nicht Zustandsfunktion für ein Teilchen sein kann, weil das Raumintegral ihres Absolutquadrats nicht normierbar ist. Die ebene Welle stellt aber für den Fall eines kontinuierlichen Teilchenstroms eine geeignete Grenzfunktion dar.

Die Einheiten der Darstellung sind so gewählt, daß $\hbar^2/2m$ den Zahlenwert Eins hat. Die Potentialhöhe hat für (b) bis (f) den Zahlenwert 4, in den Fällen (g) und (h) ist sie unendlich. Als Nullpunkt der Energie wird das Minimum des Potentials gewählt. Für die Erläuterung der Beispiele werden zu allen Größen im folgenden nur die Zahlenwerte angegeben.

(a) $V = 0$; $E = 4$. Keine Reflexion, keine Refraktion und keine Absorption, wie aus Gründen der Symmetrie zu erwarten. Die Wellenlänge und die Teilchendichte sind konstant.

(b) $E = 3$. Am Potentialsprung bei $x = 0$ tritt Reflexion auf, die zur Interferenz zwischen einlaufender Welle und reflektiertem Teil führt. Für $x > 0$ ist $E - V = -1 < 0$, $n = \sqrt{-1/3}$ folglich rein imaginär: Die Welle wird in der Potentialstufe absorbiert, die Teilchendichte geht für $x \to \infty$ gegen Null. Links von der Potentialstufe ist die Wellenlänge konstant, aber größer als in (a), da hier E kleiner ist als dort.

(c) $E = 5$. E ist überall größer als V. Die Welle wird zu einem Teil am Potentialsprung reflektiert (Interferenz für $x < 0$), zum anderen gebrochen, aber nirgends absorbiert. Links der Stufe ist $n = 1$, rechts $n = \sqrt{1/5}$. Die Wellenlänge ist links daher kleiner als rechts und auch kleiner als in den Beispielen (a) und (b).

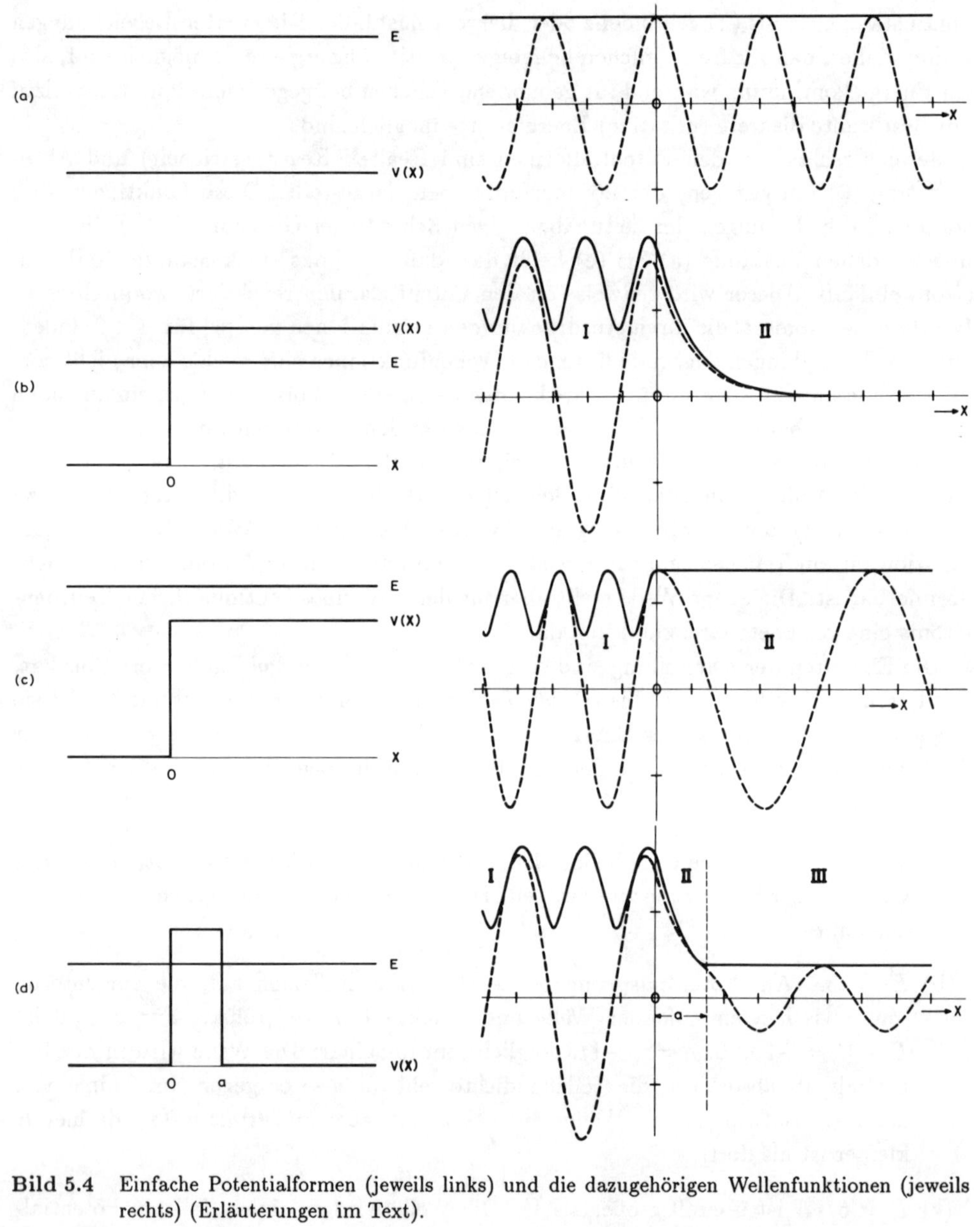

Bild 5.4 Einfache Potentialformen (jeweils links) und die dazugehörigen Wellenfunktionen (jeweils rechts) (Erläuterungen im Text).

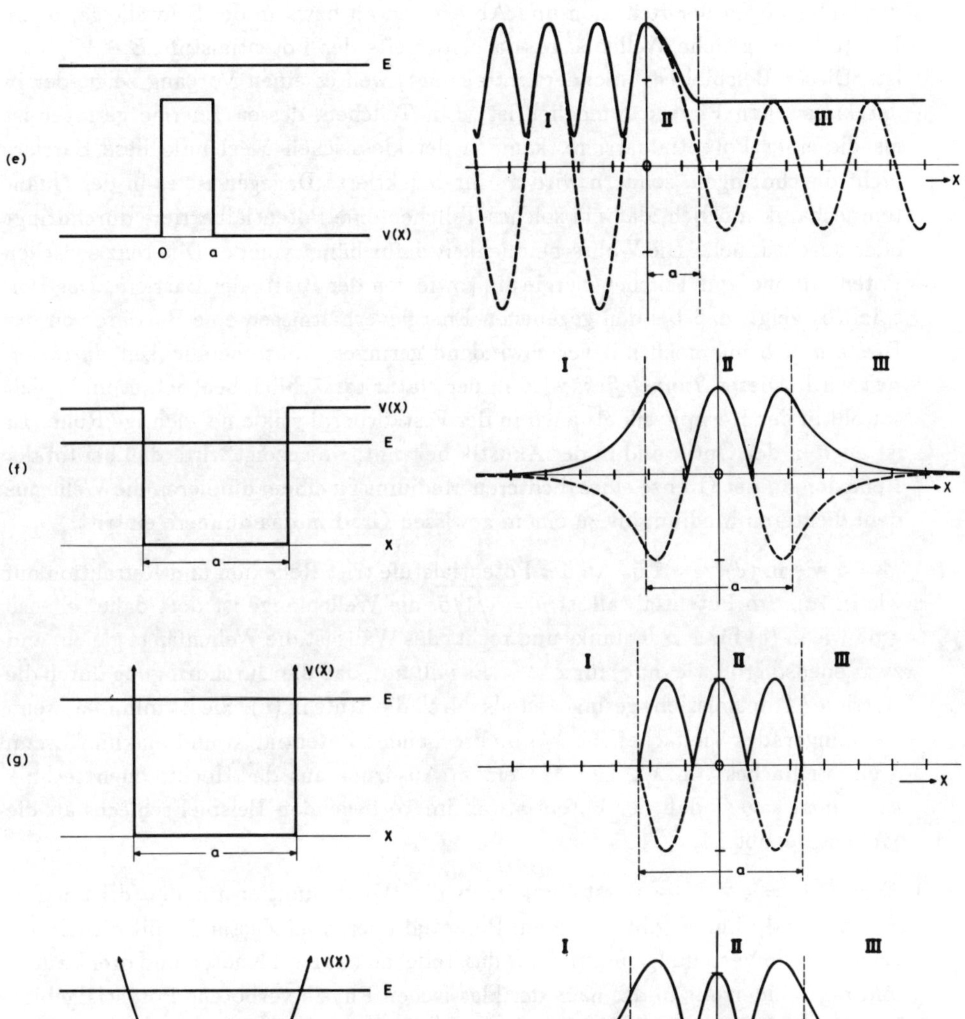
(e)
E
V(X)
0
a
I
II
III
X
a
(f)
V(X)
E
X
a
I
II
III
X
a
(g)
V(X)
E
X
a
I
II
III
X
a
(h)
V(X)
E
X
X′
X″
I
II
III
X
a

(d) $E = 3$ wie in (b), $a = 1.5$. An der Potentialschwelle findet Reflexion statt (Interferenz), in der Schwelle Absorption ($n = \sqrt{-1/3}$). Rechts der Schwelle hat die Welle wegen der Reflexion und Absorption an bzw. in der Schwelle geringere Dichte, aber gleiche Wellenlänge, da beiderseits der Potentialstufe $E - V$ gleich ist. Dieses Beispiel ist besonders interessant, weil es einen Vorgang zeigt, der in der klassischen Physik unmöglich ist: Ein Teilchen, dessen Energie geringer ist als die einer Potentialbarriere, kann in der klassischen Mechanik diese Barriere nicht durchdringen, sondern wird an ihr reflektiert. Dagegen ist es in der Quantenmechanik möglich, daß ein solches Teilchen eine Potentialbarriere durchdringt oder durchtunnelt. Die Wahrscheinlichkeit dafür hängt von der Differenz zwischen Potentialhöhe und Teilchenenergie ab, sowie von der Breite der Barriere. Das Beispiel (b) zeigt, daß bei den gegebenen Energieverhältnissen eine Barriere von der Breite $a = 5$ nur noch mit verschwindend geringer Wahrscheinlichkeit *durchtunnelt* wird. Dieser *Tunneleffekt* wird in der Natur tatsächlich beobachtet und spielt sowohl in der Kernphysik als auch in der Festkörperphysik eine wichtige Rolle. Er ist auch in der Optik und in der Akustik bekannt, wo gezeigt wird, daß bei totaler Reflexion an der Grenze eines dichteren Mediums zu einem dünneren die Welle aus dem dichteren Medium bis zu einem gewissen Grad in das dünnere eintritt.

(e) $E = 5$ wie in (c), $a = 1.5$. An der Potentialstufe tritt Reflexion und Refraktion auf wie in (c). Im Potentialwall ist $n = \sqrt{1/5}$, die Wellenlänge ist dort daher ebenso groß wie in (c) für $x > 0$. Links und rechts des Walls ist die Wellenlänge gleich, und zwar ebenso groß wie in (c) für $x < 0$. Es fällt auf, daß die Durchdringung durch die Barriere (Transmission) geringer ist als durch die Stufe in (c): Sie ist minimal, wenn a ein ungerades Vielfaches von $\lambda/4$ im brechenden Potential ist und maximal, wenn a ein Vielfaches von $\lambda/2$ ist. Mit einem Ausdruck aus der Hochfrequenztechnik kann man sagen, daß der Potentialwall im vorliegenden Beispiel schlecht an die Welle angepaßt ist.

(f) $E = 3$, $a = 4.2$. Die Darstellung zeigt die Wellenfunktion für den dritten Energiezustand, d.h. es gibt in diesem Potential noch zwei Zustände mit niedrigerer Energie. Die Verteilungsfunktion für das Teilchen hat zwei Knoten und drei Bäuche und ragt beiderseits in das nach der klassischen Physik verbotene Potentialgebiet. Das Vorzeichen der Wellenfunktion ist wie alle absoluten Phasenfaktoren bei Wellenfunktionen beliebig.

(g) $E = 4$, $a = 3/2\pi$. Gezeigt ist die Wellenfunktion des dritten Energiezustands wie zuvor. Sie unterscheidet sich von der vorhergehenden dadurch, daß sie nicht in das Gebiet mit $V = 0$ eindringt: Unendlich hohe Potentialsprünge stellen auch für atomare Teilchen undurchdringliche Hindernisse dar.

(h) $E = 4$, $V = 16x^2/25$, $x'' - x' = 5$. Das Potential ist dasjenige des harmonischen Oszillators. Die Wellenfunktion des dritten Energiezustands ist ähnlich wie in (f), allerdings mit umgekehrter Vorzeichenwahl. Obwohl das Potential für $x \to \infty$ gegen unendlich geht, ist der Potentialsprung an allen Stellen innerhalb endlicher Intervalle endlich. Die Wellenfunktion dringt daher auch hier beiderseits in das klassisch verbotene Potentialgebiet ein (siehe auch Kapitel 13).

Die obigen Lösungen der Schrödinger-Gleichung (5.81) sind geschlossen darstellbar, für die meisten Potentialformen ist das aber nicht der Fall. Man kann im allgemeinen, eindimensionalen Fall aber einige Angaben zum möglichen Verlauf der Lösungsfunktion machen. Schreiben wir die Schrödinger-Gleichung in der Form

$$\frac{\psi''}{\psi} = \frac{2m}{\hbar^2}(E - V) ,$$

wobei ψ'' die zweite Ableitung von ψ ist, dann können wir feststellen: Für $V - E > 0$ hat ψ, d.h. ihr Real- bzw. Imaginärteil, einen von der Abszisse weg gekrümmten Verlauf, für $V - E < 0$ dagegen einen zur Abszisse hin gekrümmten. Dies gilt, da jede beliebige Funktion $f(x)$ an der Stelle x einen zur Abszisse hin bzw. von ihr fort gekrümmten Verlauf hat, je nachdem ob der Quotient aus $f''(x)$ und $f(x)$ dort kleiner oder größer als Null ist. Dieses Verhalten der Wellenfunktion ist in Bild 5.5 skizziert.

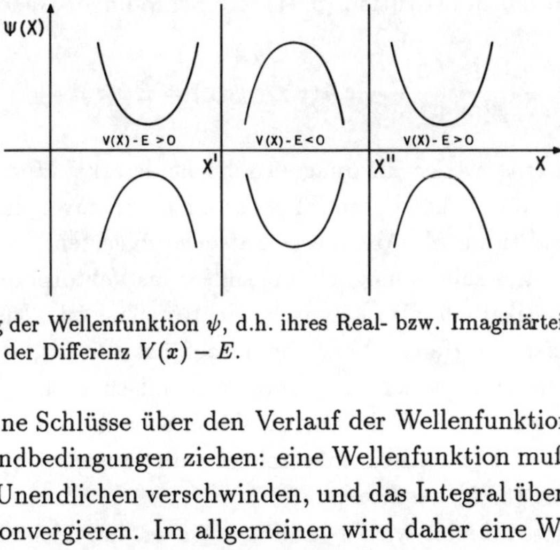

Bild 5.5 Krümmung der Wellenfunktion ψ, d.h. ihres Real- bzw. Imaginärteils in Abhängigkeit vom Vorzeichen der Differenz $V(x) - E$.

Weitere allgemeine Schlüsse über den Verlauf der Wellenfunktion kann man aus den Stetigkeits- und Randbedingungen ziehen: eine Wellenfunktion muß überall stetig differenzierbar sein, im Unendlichen verschwinden, und das Integral über ihr Absolutquadrat muß in der Regel konvergieren. Im allgemeinen wird daher eine Wellenfunktion in Gebieten, in denen $E > V$, um die Abszisse oszillieren, an der Stelle des Übergangs von $E > V$ zu $E < V$ einen Wendepunkt haben und in genügend großen Intervallen, in denen $E < V$, asymptotisch gegen Null gehen. Ist also etwa der im rechten Teil des Bildes 5.6 abgebildete Potentialverlauf gegeben, wie er ähnlich für Moleküle gilt, dann muß für den eingezeichneten Energiewert die Wellenfunktion qualitativ so verlaufen, wie im linken Teil gezeigt.

Für $r > r_2$ ist dabei wegen der Randbedingung $|\psi| \to 0$ für $r \to \infty$ nur der mit III bezeichnete Ast möglich. Über die Zahl der Oszillationen zwischen r_1 und r_2 sowie

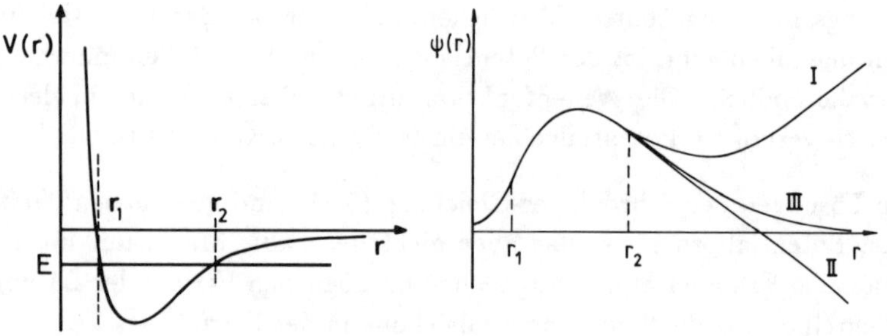

Bild 5.6 Links ist ein Potential $V(\boldsymbol{r})$ und ein Energieniveau E gezeigt, rechts ein möglicher Verlauf (III) der entsprechenden Wellenfunktion $\psi(\boldsymbol{r})$. Die Äste I und II genügen nicht der Randbedingung (siehe Text).

deren Größe und Vorzeichen kann man jedoch keine genaueren Angaben machen, ohne die Schrödinger-Gleichung zu lösen.

Zum Schluß dieses Kapitels wollen wir noch kurz den Einfluß eines magnetischen Feldes auf ein Elektron erörtern. Für diesen Fall ist in Gleichung (5.80) $\boldsymbol{A} \neq 0$. Wir nehmen außerdem an, daß kein elektrisches Feld vorhanden ist, also $\varphi \equiv 0$, und erhalten damit aus (5.80), mit der Substitution (5.34), die Schrödinger-Gleichung

$$\frac{1}{2m}\left\{\frac{\hbar}{i}\nabla + e\boldsymbol{A}(\boldsymbol{r})\right\}^2 \psi(\boldsymbol{r}) = E\psi(\boldsymbol{r})\,. \tag{5.85}$$

In dieser Gleichung tritt weder die magnetische Feldstärke $\boldsymbol{H}$ auf, noch die Kraftflußdichte $\boldsymbol{B}$, sondern das Vektorpotential $\boldsymbol{A}$, ähnlich wie zuvor das elektrische Potential und nicht die Feldstärke $\boldsymbol{E}$. Aus dieser Tatsache folgerten Aharonov[1] und Bohm[2] [Ah 59], daß es mikrophysikalisch möglich sein sollte, das Vektorpotential zu messen, das bekanntlich makrophysikalisch, also klassisch, nicht meßbar ist. Zu derartigen Messungen wurden Elektronen-Interferenz-Versuche ausgeführt [Bo 61],[Mö 62], die zum Verständnis fundamentaler Eigenschaften quantenmechanisch zu beschreibender Systeme beitragen. Die Elektronen eines Elektronenstrahlbündels, die von einer räumlich ausgedehnten Quelle Q (Bild 5.7) zeitlich unkorreliert emittiert werden, lassen sich mit der Schrödinger-Gleichung (5.85) beschreiben.

Das Elektronenstrahlbündel wird – ähnlich wie es für Lichtstrahlen bekannt ist (vgl. dazu die Beschreibung der Interferometer im nächsten Kapitel) – mit einem Strahlteiler (negativ geladener Draht, der als negatives Biprisma wirkt) in zwei kohärente Teilstrahlbündel aufgespalten und durch ein zweites, positives Biprisma (positiv geladener Draht) wieder überlagert, so daß sie in dem in Bild 5.7 doppelt schraffierten Bereich miteinander interferieren. Das Interferenzstreifensystem läßt sich auf einem Leuchtschirm in der Ebene DD' beobachten. Wird zwischen die beiden Teilstrahlbündel senkrecht zu

[1] Yakir Aharonov (geb. 1932)
[2] David Bohm (geb. 1917)

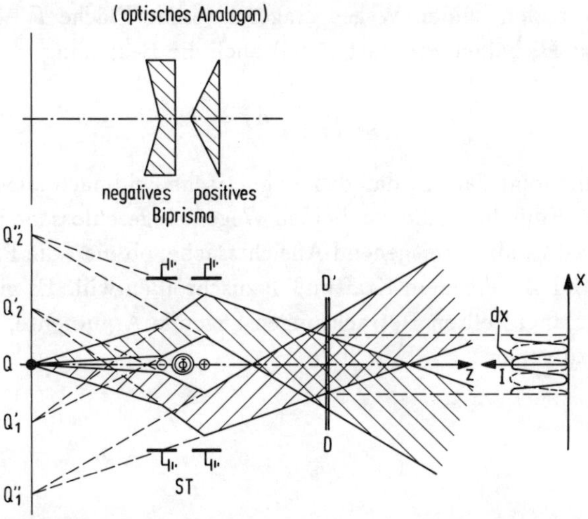

Bild 5.7 Versuchsanordnung (schematisch) zur Messung des Vektorpotentials A. Ein von der Quelle Q emittiertes Elektronenstrahlbündel wird mit dem negativen Biprisma (vgl. optisches Analogon) in die beiden Teilstrahlen 1 und 2 aufgespalten (ST Strahlteiler), die im schraffierten Bereich zur Interferenz gebracht werden. Das Interferenzstreifensystem kann auf einem Leuchtschirm z.B. in der Ebene DD' beobachtet werden. Das abgeschirmte Magnetfeld mit dem Fluß Φ steht senkrecht zur Zeichenebene. Q', Q" virtuelle Quellen. $I_1 = \cos^2 x$ (ausgezogene Linie), $I_2 = \cos^2(x + \mathrm{d}x)$ (gestrichelte Linie). Beugungserscheinungen sind hier vernachlässigt.

der durch sie definierten Ebene ein magnetisches Feld mit dem magnetischen Fluß Φ so eingeführt, daß die Elektronen gegen das magnetische Feld abgeschirmt sind, können die Elektronen nur mit dem Vektorpotential dieses Feldes wechselwirken.

Wesentlich ist dabei, daß auch beim Einbringen dieses, nach außen abgeschirmten Magnetfeldes $\boldsymbol{H}$, oder durch Variation eines dort bereits vorhandenen abgeschirmten Feldes der in Bild 5.7 doppelt schraffierte Interferenzbereich ortsfest bleibt, weil die Elektronen der beiden Teilbündel keine Lorentz-Kraft erfahren, denn sie durchlaufen nur magnetfeldfreie Bereiche. Dagegen wird aber das ursprüngliche Interferenzmuster (ausgezogene normierte Interferenzkurve in Bild 5.7) innerhalb des doppelt schraffierten Interferenzbereichs verändert (gestrichelte Kurve), weil sich die relative Phase der beiden Teilbündel durch die Änderung des Vektorpotentials ändert.

Die wellenmechanische Beschreibung dieses Versuchs ergibt, daß die durch das Vektorpotential bewirkte Änderung Δ des Gangunterschieds der Differenz der Integrale längs der beiden Wege 1 und 2 über das Vektorpotential proportional ist:

$$\Delta \sim \int_1 \boldsymbol{A} \cdot \mathrm{d}\boldsymbol{r} - \int_2 \boldsymbol{A} \cdot \mathrm{d}\boldsymbol{r} \,. \tag{5.86}$$

Diese Differenz ist aber gleich dem Umlaufintegral über die beiden Wege, $\oint \boldsymbol{A} \cdot \mathrm{d}\boldsymbol{r}$, und dieses ist nach dem Stokesschen Integralsatz gleich dem Integral der Rotation $\nabla \times \boldsymbol{A}$

von $\boldsymbol{A}$ über die von den beiden Wegen eingeschlossene Fläche F. Da nun, wie oben bemerkt, $\nabla \times \boldsymbol{A} = \boldsymbol{B}$, haben wir statt (5.86) auch die Beziehung

$$\Delta \sim \int_F \boldsymbol{B} \cdot \mathrm{d}\boldsymbol{f} = \Phi \,.$$

Die letzte Gleichung folgt daraus, daß das magnetische Feld nach außen hin abgeschirmt ist, so daß auch der Fluß durch die von beiden Wegen eingeschlossene Fläche nur gleich Φ sein kann. Damit ist es aber weitgehend Ansichtssache, ob man die Phasenverschiebung dem Vektorpotential $\boldsymbol{A}$ oder dem Kraftfluß Φ zuschreiben will. Es gibt jedoch gewisse, außerhalb der hier angestellten Betrachtungen liegende Argumente, der ersten Auffassung den Vorzug zu geben.

6 Experimentelle Methoden der Spektroskopie

Ziel dieses Kapitels ist es, eine Übersicht über die wichtigsten Methoden und Apparate zu geben, die gegenwärtig in der atomaren und molekularen Spektroskopie eingesetzt werden. Einige Begriffe, die hier auftauchen, können ausführlich erst in späteren Kapiteln erläutert werden. Sofern für die Spektroskopie, besonders im langwelligen Bereich, Festkörpereigenschaften benutzt werden, verweisen wir auf die Lehrbücher der Festkörperphysik.

Die Bezeichnung *Spektrum* wurde ursprünglich von Newton dem Farbband gegeben, das beim Durchgang weißen Lichts durch ein Prisma entsteht. Diese Zerlegung des weißen Lichts entspricht einer Verteilung der Gesamtintensität des Lichts auf unterschiedliche Frequenzen bzw. Wellenlängen. Die Untersuchung und Analyse derartiger Verteilungen physikalischer Größen wird in Analogie hierzu Spektroskopie genannt. Wir können auf die Analyse von Verteilungen die Methoden anwenden, die wir in Kapitel 2 kennengelernt haben. Ausgehend von der Verteilung von Frequenzen oder Energien, wenn wir $E = h\nu$ setzten, wurde der Begriff Spektroskopie auch auf die Untersuchung anderer physikalischer Größen (z.B. Impulse, Massen) oder geometrische Größen (z.B. Radien, Oberflächen, Volumina) übertragen.

Um ein Spektrum zu erzeugen, also eine Größe zu spektroskopieren, bedarf es einer der Fragestellung und der Größe selbst angepaßten Methode. Entstehen z.B. in einem physikalischen Prozeß Teilchen, dann muß eine Teilchenspektroskopie die Antwort auf die Frage nach der Art der Teilchen (Elektronen, Atome, Ionen, Kerne), ihren Energien oder Impulsen liefern.

Die Massenspektroskopie, die wir bereits in Kapitel 3 kennengelernt haben, ist ein Typ einer Spektroskopie, bei der in elektrischen und magnetischen Feldern die Teilchen nach Ladung und Energie bzw. Impuls getrennt werden und sich so als Funktion der Stärke der Felder sortieren lassen. Wie an diesem Beispiel gezeigt, gehört zur Spektroskopie eine Apparatur, die aus drei wesentlichen Komponenten besteht: einem Anregungsbereich, der als Strahlungsquelle bezeichnet wird, einer Einrichtung zur Zerlegung nach Energien oder Impulsen, als dispersivem Element, und einem Detektor, der zur Registrierung von Teilchen oder Strahlung dient. Alle Komponenten eines Spektralapparates haben Eigenschaften, die zwar unabhängig vom Wellenlängenbereich definiert sind, in ihrer Funktion aber von ihm abhängen können. Deshalb müssen alle drei Komponenten einer Spektralapparatur dem zu untersuchenden Energiebereich angepaßt werden. Wir müssen also bei der Auswahl der geeigneten Methode die spezifischen Eigenschaften von Strahlung in einem bestimmten Energie- oder Wellenlängenbereich berücksichtigen.

In einigen Wellenlängenbereichen lassen sich der dispersive und der nachweisende Teil der Spektralapparatur vereinigen, dann nämlich, wenn der Strahlungsnachweis energieabhängig erfolgt.

Einem nicht sehr strikt eingehaltenen Sprachgebrauch folgend, bezeichnet man als Spektrometer oft hochauflösende Geräte, als Spektrographen Geräte mit photographischer oder sonstiger apparativer Aufzeichnung der Spektren, als Spektroskop Geräte mit unmittelbarer visueller Beobachtung; wir bezeichnen hier alle Geräte unterschiedslos als Spektrometer.

Bei der Erforschung des Baus der Atome spielen die Spektren der von den Atomen ausgehenden elektromagnetischen Strahlung eine überragende Rolle. Grundsätzlich lassen sich Informationen aus submikroskopischen physikalischen Systemen, zu welchen Atome, Atomkerne, Elementarteilchen gehören, nur dann gewinnen, wenn man diese Systeme durch Energiezufuhr anregt und dann beobachtet, welche Abregungsvorgänge möglich sind. Die Abregung oder Abgabe der Energie durch das Atom kann durch Strahlungsemission oder durch Teilchenaussendung erfolgen. Als Teilchen kommen bei atomaren Vorgängen nur Elektronen in Betracht.

Ein Spektrum kann aus einem Kontinuum, aus mehr oder weniger getrennten Linien oder aus beiden zusammen bestehen. Das Verständnis der Atomspektren, d.h. der Verteilung der Strahlungsintensität auf die verschiedenen Wellenlängen bzw. Energien, zieht eine detaillierte Kenntnis der Atome nach sich. Die Erforschung des Atombaus wäre ohne die spektroskopische Information nicht möglich.

6.1 Lichtquellen

An einem makroskopischen physikalischen Experiment sind stets Systeme beteiligt, die aus einer großen Anzahl von Teilchen bestehen, so daß sich bei jeder Messung eine große Zahl von Einzelprozessen addieren und überlagern, weil sehr viele Energiezustände daran beteiligt sein können. Selbst wenn für jedes atomare System nur zwei feste Energiezustände angenommen werden, ergeben sich infolge der Unbestimmtheits-Relation stets Energieintervalle endlicher Breite: Das emittierte Licht, das dem Übergang zwischen den beiden Zuständen entspricht, besitzt nicht exakt eine Frequenz, sondern seine Intensität hat in der Mitte des Energieintervalls ein Maximum und fällt zu den Grenzen hin ab. Ein atomarer Übergang hat eine solche *ideale* Intensitätsverteilung (ideal, weil nur zwei Zustände des Systems eine Rolle spielen), die wir Spektral-Linie nennen; jede Spektral-Linie hat eine *natürliche Linienbreite* (s. Kap. 10.3).

Untersuchen wir die Energieabgabe durch Strahlungsemission, so können singuläre schmale Spektral-Linien nur dann beobachtet werden, wenn sich die zu untersuchende Substanz bei niedrigem Druck in der Gasphase befindet, weil dadurch die gegenseitige Beeinflussung der Atome oder Moleküle durch Stöße vermindert wird. Stoßprozesse führen zu einer *Linienverbreiterung.*

In *Absorption* lassen sich Spektral-Linien dann beobachten, wenn eine gasförmige Substanz mit Licht aus einem Frequenzkontinuum durchstrahlt wird[1].

Quellen, die monochromatisches Licht emittieren, heißen Linienquellen. Sie dienen zur Eichung von Spektrometern und Interferometern. Die emittierten Linien sind jedoch nicht unendlich scharf, weil auch bei ihrer Anregung zahlreiche Stoßprozesse auftreten, die kleine Energieverschmierungen verursachen. Eine Spektral-Linie wird durch eine normierte Verteilung $g(\nu, \nu_0)\mathrm{d}\nu$ der Strahlungsintensität über der Frequenz beschrieben:

$$\int_{-\infty}^{+\infty} g(\nu, \frac{\nu - \nu_0}{\Delta\nu})\,\mathrm{d}\nu = 1\,. \tag{6.1}$$

Eine Spektral-Linie ist um die Frequenz ν_0 der Maximalintensität verteilt. Die Ausdehnung des Integrationsintervalls von $-\infty$ bis $+\infty$ hat hierbei nur eine rechentechnische, keine praktische Bedeutung (siehe Kapitel 2). Abhängig von experimentellen Voraussetzungen werden zur Beschreibung von Spektral-Linien im wesentlichen zwei Verteilungsfunktionen benutzt:

1. Die Lorentz-Verteilung

$$g_{\mathrm{L}}(\nu, \frac{\nu - \nu_0}{\Delta\nu})\mathrm{d}\nu = \frac{2}{\pi \cdot \Delta\nu}\,\frac{\mathrm{d}\nu}{1 + [2(\nu - \nu_0)/\Delta\nu])^2}\,. \tag{6.2}$$

2. Die Gauß-Verteilung

$$g_{\mathrm{G}}(\nu, \frac{\nu - \nu_0}{\Delta\nu})\mathrm{d}\nu = \frac{2}{\Delta\nu}\sqrt{\frac{\ln 2}{\pi}}\mathrm{e}^{-\left\{2\sqrt{\ln 2}(\nu-\nu_0)/\Delta\nu\right\}^2}\mathrm{d}\nu\,. \tag{6.3}$$

Die Größe $\Delta\nu$ gibt die Linienbreite bei halber Höhe des Intensitätsmaximums an. In Bild 6.1 sind beide Linienformen im Vergleich gezeigt. Die Ursache für die unterschiedlichen Linienformen werden wir in Unterkapitel 10.3 ausführlich erörtern.

[1]Eine der ersten Beobachtungen von Spektral-Linien überhaupt gelang 1814 Joseph Fraunhofer (1787—1826) bei der Untersuchung der Absorption von Sonnenlicht in gasförmigen Medien (Fraunhofersche Linien).

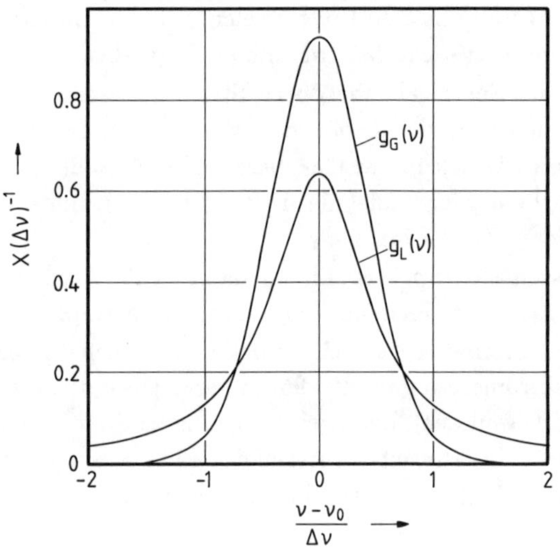

Bild 6.1 Formen von Spektral-Linien (normiert), g_L Lorentz-Verteilung (Gl. (6.2)), g_G Gauß-Verteilung (Gl. (6.3)).

Linienquellen

Als Quellen von Linienspektren dienen häufig Gasentladungen, d.h. der Elektrizitätstransport in verdünnten Gasen, wobei es die Wahl des Gases gestattet, mit Wellenlängen in verschiedenen Bereichen zu arbeiten. Intensive Spektren lassen sich in Bogenentladungen mit Strömen von einigen Ampere und Spannungen um 100 V erzeugen. Ebenfalls als Linienlichtquellen dienen Glimmentladungen in Edelgasen oder Hohlkathodenentladungen. Da sich bei allen diesen Lichtquellen die Lichtintensität infolge von Stößen der Atome und Ionen untereinander verändert, lassen sich Linien einer bestimmten Frequenz durch Variation des Drucks einstellen.

Eine besondere Lichtquelle ist der Laser (vgl. Unterkapitel 10.4). Mit ihm wird intensives, gut gebündeltes kohärentes Licht erzeugt, dessen Wellenlänge von der Substanz, d.h. der Gasart oder dem kristallinen Lasermedium abhängt. Durch Frequenzvervielfachen (siehe Unterkapitel 10.4) läßt sich Laserlicht weiterer Wellenlängen erzeugen.

Kontinuierliche Lichtquellen

Die meisten verwendeten Lichtquellen erzeugen kontinuierliche Spektren. Dazu gehören z.B. erhitzte Metalle (Glühlampen) und Gasentladungen, die im sichtbaren Bereich bzw. im nahen UV-Bereich emittieren. Das Spektrum einer He-Entladung erstreckt

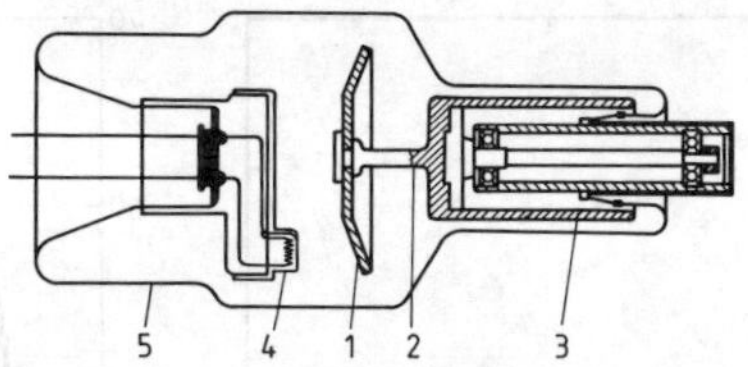

Bild 6.2 Röntgen-Röhre mit Drehanode. (1) drehbarer Anodenteller aus Wolfram, (2) Antriebswelle aus Molybdän, (3) kugelgelagerter Rotor, (4) Glühkathode, (5) Glasgefäß.

sich von 60 bis 100 nm; daran anschließend bis zu Wellenlängen von 200 nm liegen die Spektren der schwereren Edelgase bis zum Xenon.

Zu kürzeren Wellenlängen hin schließen sich die Röntgen-Spektren an, die üblicherweise in Röntgen-Röhren (Bild 6.2) erzeugt werden. Darauf wollen wir etwas näher eingehen. Elektronen, die mit größeren Energien als etwa 20 keV auf die Atome eines festen Körpers treffen, schlagen nur mit einer kleinen Wahrscheinlichkeit ein Elektron heraus. Zum größten Teil dringen sie ohne Zusammenstoß mit den Hüllenelektronen in den Atomverband ein und werden im elektrischen Feld des Atomkerns beschleunigt, was man klassisch damit beschreiben kann, daß sie auf Hyperbelbahnen am Kern vorbeifliegen.

Wie in der Elektrodynamik [Ja 75] gezeigt wird, geben beschleunigte Ladungen Strahlung ab, d.h. auch beim Vorbeiflug an Atomkernen verlieren Elektronen im Coulombfeld der Kerne Energie in Form von elektromagnetischer Strahlung. Dadurch werden sie langsamer, weshalb die dabei ausgesandte Strahlung Bremsstrahlung genannt wird.

Der Energieverlust kann je nach Abstand der Hyperbelbahn vom Atomkern zwischen Null und einer oberen Grenze variieren. Das Bremsstrahlspektrum ist daher kontinuierlich. Die obere Frequenzgrenze ergibt sich aus der maximalen Elektronenenergie:

$$h\nu_{\text{max}} = eU ,$$

wobei e für die Ladung der Elektronen und U für die Spannung, mit der sie beschleunigt werden, steht. Der oberen Grenze der Frequenz entspricht eine untere Grenze der Wellenlänge[1]:

$$\lambda_{\text{min}} = \frac{c}{\nu_{\text{max}}} = \frac{hc}{eU} . \tag{6.4}$$

Die Bilder 6.3a und 6.3b zeigen die spektrale Intensitätsverteilung der Bremsstrahlung der Frequenz bzw. der Wellenlänge. Die Intensität der Bremsstrahlung nimmt gemäß

$$I_\nu = n \cdot \frac{8\pi}{3 \cdot \sqrt{3} \cdot l} \cdot \frac{e^2 \cdot h}{c^3 \cdot m} \cdot Z(\nu_{\text{max}} - \nu)$$

mit zunehmender Frequenz der Strahlung linear ab. Diese Beziehung gilt für eine massive Kathode aus Material mit der Ordnungszahl Z. n ist die Zahl der auftreffenden

[1] Die Formel (6.4), die eine untere Begrenzung der Wellenlänge im Bremsstrahlspektrum zeigt, heißt Duane-Huntsches Gesetz (William Duane (1872—1935), Franklin Livingstone Hunt (geb.1883).)

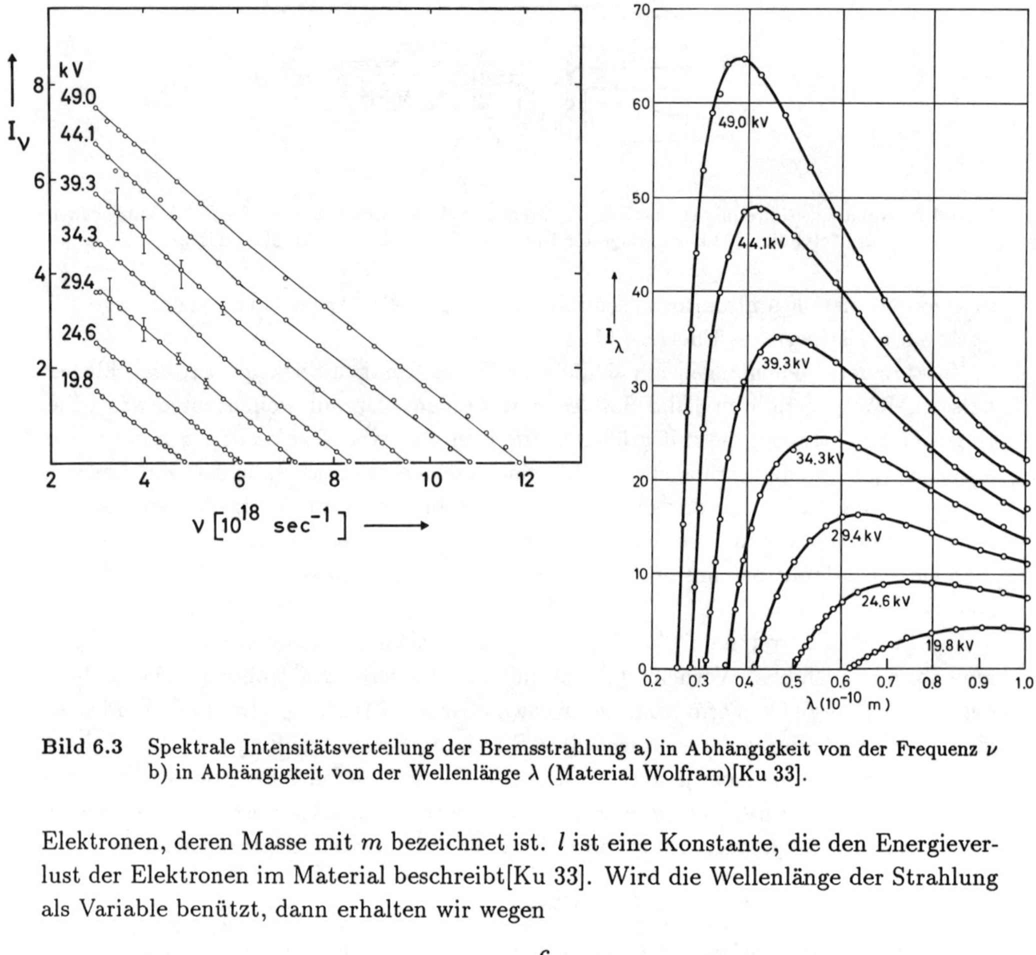

Bild 6.3 Spektrale Intensitätsverteilung der Bremsstrahlung a) in Abhängigkeit von der Frequenz ν b) in Abhängigkeit von der Wellenlänge λ (Material Wolfram)[Ku 33].

Elektronen, deren Masse mit m bezeichnet ist. l ist eine Konstante, die den Energieverlust der Elektronen im Material beschreibt[Ku 33]. Wird die Wellenlänge der Strahlung als Variable benützt, dann erhalten wir wegen

$$\mathrm{d}\nu = -\frac{c}{\lambda^2}\mathrm{d}\lambda$$

die in Bild 6.3b dargestellte Kurvenschar, bei denen ein Maximum der Intensität auftritt. Man entnimmt den beiden Darstellungen, daß die Intensität der Bremsstrahlung stark mit der Energie der Elektronen abnimmt. Sie tritt daher nur im Röntgengebiet mit merklicher Intensität auf. Zum Vergleich der beiden Verteilungen vgl. auch Kapitel 2. Die Energieänderung der Bremsstrahlelektronen läßt sich als Zustandsänderung in einem kontinuierlichen Energiespektrum auffassen (Bild 6.4). Man nennt solche Übergänge frei-frei-Übergänge, da sie zwischen ungebundenen, d.h. freien Zuständen erfolgen.

Die weitaus universellste kontinuierliche Lichtquelle ist ein Teilchenbeschleuniger, das Elektronensynchrotron. Wie schon bei der Diskussion des Röntgen-Spektrums erwähnt, geben Teilchen bei Beschleunigung Energie ab. Im Gegensatz zu den Hyperbelbahnen eines Elektrons im Feld eines Atomkerns werden im Synchrotron Elektronen auf

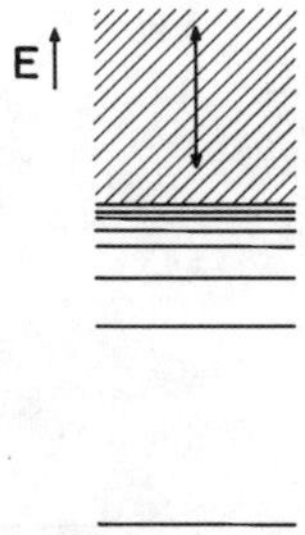

Bild 6.4 Schema der Energieübergänge der Elektronen bei der Bremsstrahlung (sog. frei-frei-Übergänge).

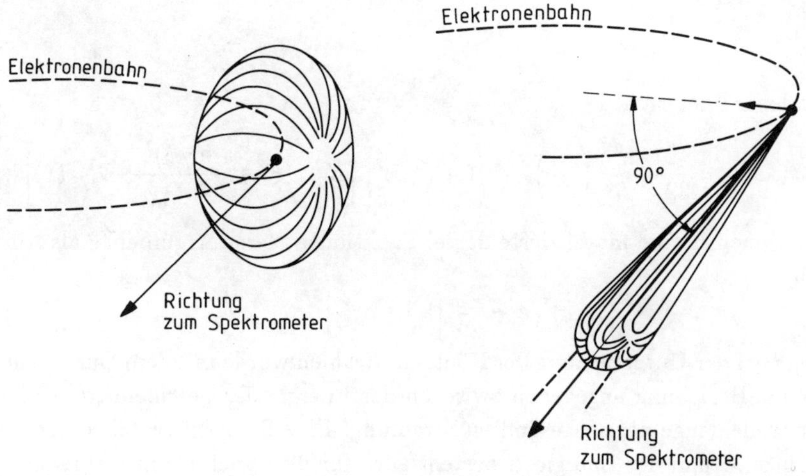

Bild 6.5 Synchrotonstrahlung, a) für langsame b) für schnelle Elektronen.

Kreisbahnen geführt. Wenn ihre Geschwindigkeit klein ist, verglichen mit der Lichtgeschwindigkeit, dann strahlen sie fast isotrop ein kontinuierliches Spektrum ab. Die Strahlungsverteilung entspricht dann Bild 6.5a.

Besitzt das Elektron hingegen eine Geschwindigkeit in der Nähe der Lichtgeschwindigkeit, dann wird die Strahlung tangential an die gekrümmten Sektionen des Synchrotrons in einem Konus ausgestrahl (Bild 6.5b).

Die von einem Synchrotron abgestrahlte Leistung ist gegeben durch

$$P = \int I(\lambda, \psi)\, \mathrm{d}\lambda\, \mathrm{d}\psi = \frac{2e^2c}{3R^2} \frac{E^4}{(m_0c^2)^4} \,. \tag{6.5}$$

Darin ist ψ der Winkel, der aus der Beschleunigerebene herausweist.

Die Verteilung der Strahlung $I(\lambda, \psi)$ hängt von dem Radius R des Synchrotrons und der Energie E der beschleunigten Elektronen, sowie dem Verhältnis $\gamma = E/mc^2$ und

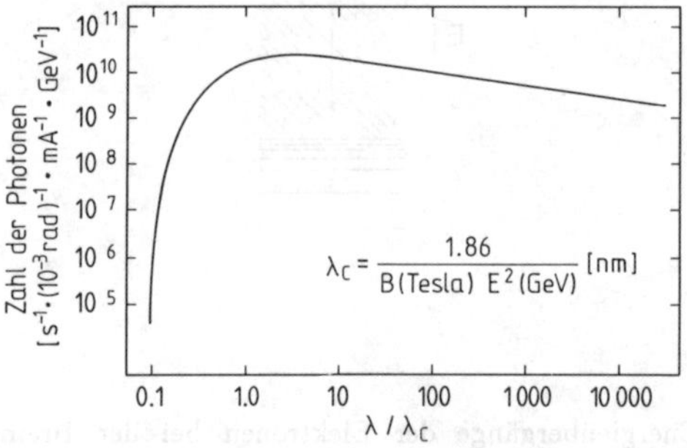

Bild 6.6 Spektrale Verteilung der Synchrotron-Strahlung.

Geometrieparametern ab:

$$I(\lambda,\psi) = \frac{27}{32\pi^3}\frac{e^2c}{R^3}\left(\frac{\lambda_c}{\lambda}\right)^4 \gamma^8\left[1+(\gamma\psi)^2\right]\left[K^2_{2/3}(\xi)+\frac{(\gamma\psi)^2}{1+(\gamma\psi)^2}K^2_{1/3}(\xi)\right] .$$

Die Funktionen K sind modifizierte Bessel-Funktionen, deren Argument ξ als Abkürzung steht für

$$\xi = \frac{\lambda_c}{2\lambda}\left[1+(\gamma\psi)^2\right]^{3/2} .$$

Bereits bei der Untersuchung der Röntgen-Strahlen wurde mit dem Duane-Huntschen Gesetz eine Beziehung angegeben zwischen der Energie der beschleunigten Elektronen und der Wellenlänge der ausgesandten Strahlung. Eine Relation zwischen der kritischen Wellenlänge λ_c und der Energie E besteht auch für die Synchrotronstrahlung:

$$\lambda_c = \frac{4}{3}\pi R\left(\frac{m_0c^2}{E}\right)^3 = 0.559\frac{R}{E^3}\ [\mathrm{nm}] .$$

Hier ist der Radius in m und die Energie der Elektronen in GeV einzusetzen. Die Energie E_c der Photonen, die zur kritischen Wellenlänge gehört, ist dann

$$E_c = \frac{hc}{\lambda_c} = 2.218\frac{E^3}{R}\ [\mathrm{keV}] .$$

Das Spektrum der Synchrotronstrahlung ist für monoenergetische Elektronen in Bild 6.6 gezeigt. Hier ist die Zahl der Photonen, die pro Sekunde in einen Raumwinkel von 1 mrad ausgestrahlt werden, als Funktion der Wellenlänge aufgetragen, wenn der Strom des Elektronenstrahls in mA und seine Energie in GeV angegeben werden.

Die starke Abhängigkeit der abgestrahlten Leistung vom Radius deutet an, daß Beschleuniger, die nicht primär zur Erzeugung von Synchrotronstrahlung benutzt werden sollen, einen möglichst großen Radius haben müssen. Einige Synchrotonquellen sind in Tabelle 6.1 zusammengefaßt.

Tab. 6.1 Auswahl von Synchrotron-Strahlungsquellen.

Name	Ort	Elektronenenergie E /GeV	Radius R /m	mittl. Stromstärke I /mA	krit. Energie E_c /eV	krit. Wellenlänge λ_c /nm
SURF II	Gaithersburg (USA)	0.30	0.84	250	71	17.391
NSLS VUV	Brookhaven (USA)	0.75	1.90	1000	492	2.518
Super ACO	Orsay (Frankreich)	0.80	1.82	370	624	1.987
Bessy I	Berlin	0.80	1.78	500	638	1.943
CAMD	Baton Rouge (USA)	1.20	2.90	200	1322	0.938
Bessy II	Berlin	1.50	3.82	100	1960	0.633
SRS	Daresbury (England)	2.00	5.55	370	3197	0.388
NSLS X-Ray	Brookhaven (USA)	2.50	8.17	500	4241	0.292
DORIS III	Hamburg	4.50	27.50	60	7350	0.169
ESRF	Grenoble (Frankreich)	5.00	3.56	500	77879	0.016

Beispiel: Der PETRA-Speicherring des DESY in Hamburg mit $E_e = 20\,\mathrm{GeV}$ hat einen Umfang von 2.3 km. Beschleuniger dieser Art werden i.a. nicht mehr kreisrund gebaut, sondern besitzen kreissektorförmige Ablenkstrecken, zwischen denen keine Strahlung ausgesandt wird.

Bei einem Vergleich des Lichts von Edelgasspektrallampen mit der Synchrotronstrahlung sieht man jedoch auch den großen Vorteil, den diese Strahlungsquelle bietet (Bild 6.7).

Wenn wir nun vom äußerst kurzwelligen Bereich zum infraroten Wellenlängenbereich übergehen, finden wir unterschiedliche Methoden der Lichterzeugung. So wird zur Erzeugung eines kontinuierlichen Spektrums, mit dem Absorptionsspektren gemessen werden sollen, häufig der sogenannte Globar-Stab verwendet. Ein Globar ist ein SiC-Stab von einigen mm Durchmesser, der durch elektrische Heizung auf 1400 K erhitzt wird.

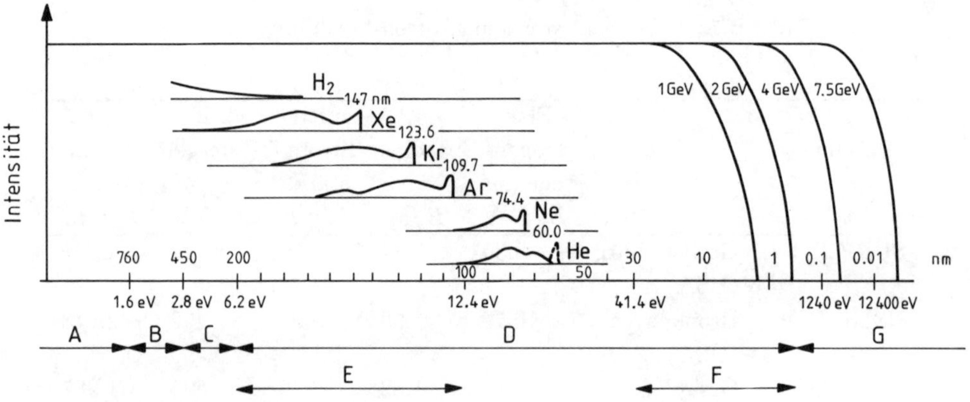

Bild 6.7 Spektrale Verteilung der Strahlung verschiedener Spektrallampen (Ordinatenmaßstäbe verschieden). Spektralbereiche: **A** Infrarot, **B** sichtbar, **C** nahes Ultraviolett, **D** Vakuum-Ultraviolett, **E** Schumann-Ultraviolett, **F** weiche Röntgenstrahlung, **G** harte Röntgenstrahlung.

Oberhalb dieser Temperatur kann schnelle Oxydation zur Zerstörung führen. Diese Lichtquelle kann im Wellenlängenbereich 2 bis 100 μm verwendet werden.

Im Rahmen der Molekularspektroskopie werden noch andere Lichtquellen, wie der Nernst-Stift aus einer Mischung von Zirkon- und Yttriumoxiden, der Kohlelichtbogen (2.5 μm bis 16 μm), die Lampe mit Wolframwendel (1 μm bis 3.3 μm) und die Quecksilberdampflampe im Quarzkolben (40 μm bis 1 mm) verwendet.

6.2 Spektralzerlegung

Der heutige Entwicklungsstand der Meßverfahren erlaubt es, das ganze elektromagnetische Spektrum zur Untersuchung der Materiestrukturen heranzuziehen. Die für die spektrale Zerlegung der elektromagnetischen Strahlung nutzbaren Mechanismen sind die Dispersion, die Refraktion (Brechung), die Diffraktion (Beugung), die Reflexion, die Interferenz und die Absorption. Wir wollen die wichtigsten Aspekte der darauf fußenden spektroskopischen Verfahren nur kurz erläutern. Genauere Erörterungen lassen sich in der optischen und spektroskopischen Spezialliteratur finden, z.B. im Handbuch der Physik, Bd. XXIX.

Nach den Zerlegungsmechanismen lassen sich zunächst vier große Gruppen von Spektralapparaten unterscheiden:

1. Prismenspektrometer benützen die bei der Refraktion auftretende Dispersion in optischen Medien (siehe Bild 6.9 oben),

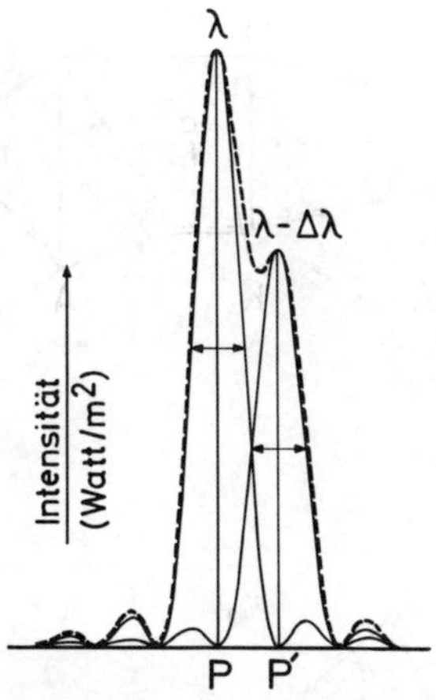

Bild 6.8 Zur Definition der Auflösbarkeit zweier Spektrallinien.

2. Gitterspektrometer die Intensitäts-Maxima bei der Beugung am Gitter (siehe Bild 6.9 unten),

3. Interferenzspektrometer oder Interferometer erzeugen durch Reflexion an und Transmission durch optische Grenzflächen Interferenzen, und

4. Kristall- und Halbleitersysteme verwenden die Absorption der Strahlung direkt zu deren Energiemessung.

Es muß jedoch betont werden, daß außer bei den zu (4) gehörenden Systemen, bei denen der Wellencharakter der Strahlung hinter ihrem Teilchencharakter zurücktritt, bei allen anderen Systemen *alle* Welleneigenschaften der Strahlung ausgenützt werden. So insbesondere bei (1) die Beugung am Spalt und bei (2) die Interferenz der gebeugten Strahlung. Darüber hinaus wird auch bei den den Gruppen (1) bis (3) angehörenden Apparaten die Absorption zur Messung der Strahlungsintensitäten angewendet. Deren Größe, bezogen auf ein kleines Wellenlängen- bzw. Energieintervall, $\delta\lambda$ bzw. δE, ergibt in der Abhängigkeit von λ bzw. E eine Spektralverteilung.

Eine wichtige Größe zur Charakterisierung der Spektralapparate ist das Auflösungsvermögen $\lambda/\Delta\lambda$, d.h. das Verhältnis der Wellenlänge einer Spektrallinie zum Wellenlängenabstand der nächsten noch unterscheidbaren Linie. Die optischen Spektrallinien sind (Fraunhofersche) Beugungsbilder eines Spaltes bzw. eines Gitters. Zwei solcher Linien gelten nach Lord Rayleigh dann noch als auflösbar, wenn sie mindestens so weit auseinander liegen, daß das Hauptmaximum der Intensität der einen in das erste Intensitätsminimum der zweiten fällt (Bild 6.8). Eine praktisch gleichwertige Definition der Auflösbarkeit ist, daß die Maxima der beiden Linien mindestens eine Halbwertsbreite voneinander entfernt sein müssen.

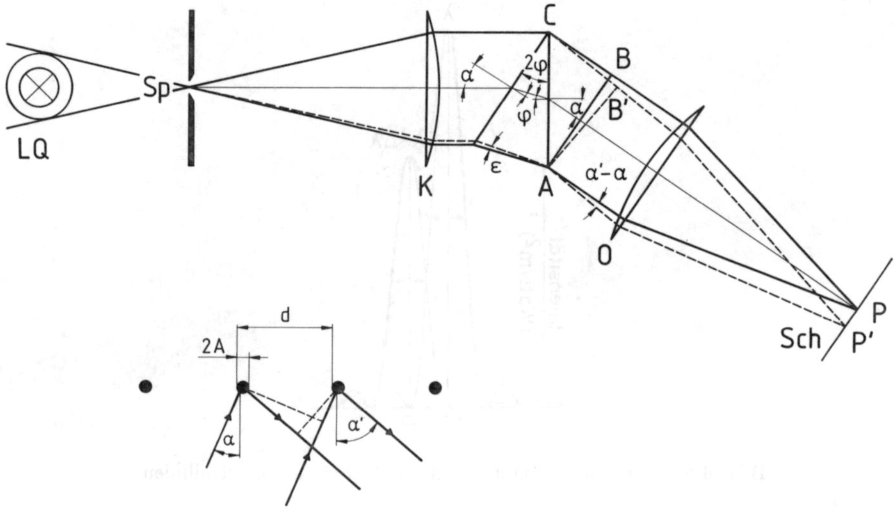

Bild 6.9 Zum Auflösungsvermögen des Prismenspektrometers (oben) und des Gitterspektrometers (unten) (siehe Text).

Beim Prismenspektrometer in Fraunhoferscher Anordnung (Bild 6.9) ist der aus einer Lichtquelle LQ zunächst nur mit monochromatischem Licht der Wellenlänge λ beleuchteten Spalt Sp so schmal, daß von ihm kohärentes Licht ausgeht. Der Spalt befindet sich in der Brennebene der Kollimatorlinse K, so daß in das symmetrisch stehende Prisma ein Parallellichtbündel, d.h. eine ebene Welle eintritt, die an den Prismenflächen zweimal gebrochen und von der Objektlinse O im Punkt P der Brennebene abgebildet wird. Wellenoptisch wirkt dabei die Austrittsfläche des Prismas als unter dem Winkel α schräg beleuchteter Spalt der Breite $\overline{AC} = 2d$, dessen Beugungsbild auf dem Schirm (Sch) an der Stelle P sein Hauptmaximum hat und dessen erstes Minimum im Punkt P' liegt.

Die Wellenfront $\overline{AB}$ ist ein Ort gleicher Phase der ebenen Welle. Damit in den Punkt P' das erste Beugungsminimum fällt, muß nach der Theorie der Beugung am Spalt der Gangunterschied zwischen den Punkten A und B', d.h. aber auch zwischen den Strecken $\overline{CB} = 2d \sin\alpha$ und $\overline{CB'} = 2d \sin\alpha'$ eine Wellenlänge λ betragen (α und α' sind die Austrittswinkel aus dem Prisma). Wir haben daher die Beziehung:

$$2d(\sin\alpha' - \sin\alpha) = \lambda\,. \tag{6.6}$$

Nun wird das Prisma mit Licht der von λ nur wenig verschiedenen Wellenlänge $\lambda - \Delta\lambda$ beleuchtet, wobei $\Delta\lambda$ so groß sein soll, daß das Maximum des Beugungsbildes auf den Punkt P' fällt. Der Strahlengang des Prismas ist nun nicht mehr ganz symmetrisch. Während für λ, also für den symmetrischen Strahlengang,

$$\sin\alpha = n \sin\varphi \tag{6.7}$$

gilt, wobei n der Brechungsindex des Prismas für die Wellenlänge λ und 2φ sein brechender Winkel ist, haben wir nun für den Eintritt in das Prisma $\sin\alpha = n'\sin(\varphi-\varepsilon)$ und für den Austritt $\sin\alpha' = n'\sin(\varphi+\varepsilon)$. Daher folgt $\sin\alpha = \sin\alpha' = 2n'\sin\varphi\cos\varepsilon$, wobei ε ein sehr kleiner Winkel ist und n' der Brechungsindex für $\lambda - \Delta\lambda$. Subtrahieren wir davon das Zweifache von (6.7), so erhalten wir

$$\sin\alpha' - \sin\alpha = 2(n'\cos\varepsilon - n)\sin\varphi \approx -2\frac{\mathrm{d}n}{\mathrm{d}\lambda}\Delta\lambda\sin\varphi\,. \qquad (6.8)$$

Für den letzten Schritt werden in der Entwicklung von $\cos\varepsilon$ das Glied mit ε^2 und alle Glieder höherer Ordnung vernachlässigt und außerdem $n' - n = -(\mathrm{d}n/\mathrm{d}\lambda)\Delta\lambda$ gesetzt.

Der Vergleich von (6.8) mit (6.6) ergibt für einen Wellenlängenunterschied $\Delta\lambda$, der noch aufgelöst wird,

$$\frac{\lambda}{2d} = -2\frac{\mathrm{d}n}{\mathrm{d}\lambda}\Delta\lambda\sin\varphi$$

oder schließlich das theoretische Auflösungsvermögen

$$\frac{\lambda}{\Delta\lambda} = -\frac{\mathrm{d}n}{\mathrm{d}\lambda}\,4d\sin\varphi = S\frac{\mathrm{d}n}{\mathrm{d}\lambda}\,, \qquad (6.9)$$

wobei S die Basislänge des Prismas ist. Es muß ausdrücklich betont werden, daß für diese Herleitung wesentlich ist, daß das Prisma bündelbegrenzend wirkt.

Beim Gitterspektrometer befindet sich an der Stelle des Prismas ein Strichgitter, das aber nicht nur als Transmissionsgitter, sondern auch als Reflexionsgitter eingesetzt werden kann und besonders bei hochauflösenden Geräten (siehe z.B. Bild 6.12) so benützt wird. Für die Intensität I der vom Objektiv O in der Brennebene abgebildeten Beugungsfigur gilt die Beziehung

$$I = \frac{\sin^2 x}{x^2}\frac{\sin^2\frac{N\delta}{2}}{\sin^2\frac{\delta}{2}}\,, \qquad (6.10)$$

wobei $x = 2\pi aA/\lambda$ und $\delta = 2\pi ad/\lambda$ ist (siehe Bild 6.9, unten). $a = \sin\alpha' - \sin\alpha$, wobei α der Winkel des einfallenden- und α' der Winkel des gebeugten Lichts gegen die Gitternormale ist. δ ist daher der Phasenunterschied der von zwei benachbarten Gitterstrichen unter dem Winkel α' ausgehenden Strahlen. N ist die Zahl der Gitterstriche, d die Gitterkonstante und $2A$ die Breite eines Gitterstrichs. Da immer $A < d$ und außerdem N eine große Zahl ist (bis über 10^5), ist der erste Faktor in (6.10) in Abhängigkeit von a eine gegenüber dem zweiten langsam veränderliche Funktion. Für die Struktur des Beugungsbildes ist daher in erster Linie der zweite Faktor verantwortlich. Die Hauptmaxima der Beugungsfigur ergeben sich, wenn der Phasenunterschied δ ein ganzes Vielfaches m von 2π ist, also für

$$a = \frac{m\lambda}{d}\,; \qquad (6.11)$$

m heißt die Ordnung des Spektrums. Für $m = 0$ liegt reguläre Reflexion (bzw. gerade Transmission) vor, für $m = 1$ das Spektrum erster Ordnung usw. Der erste Faktor in (6.9) ist dafür verantwortlich, daß die Intensität der Spektren mit zunehmender Ordnung immer schwächer wird.

Für das Hauptmaximum m-ter Ordnung gilt also bei Verwendung von Licht der Wellenlänge λ: $N\delta/2 = N\pi m$, und das erste Minimum m-ter Ordnung liegt demzufolge bei

$$N\pi m + \pi = N\pi a d/\lambda \,. \tag{6.12}$$

Wenn bei Verwendung von Licht der Wellenlänge $\lambda + \Delta\lambda$ an diese Stelle das Hauptmaximum m-ter Ordnung fallen soll, so muß dafür gelten

$$N\pi m = N\pi \frac{d}{\lambda + \Delta\lambda} a \,. \tag{6.13}$$

Division von (6.12) durch (6.13) ergibt $1 + 1/Nm = 1 + \Delta\lambda/\lambda$ oder als theoretisches Auflösungsvermögen des Gitters

$$\frac{\lambda}{\Delta\lambda} = Nm \,. \tag{6.14}$$

Das Auflösungsvermögen des Strichgitters hängt also nur von der Ordnung des Spektrums und von der Zahl der Gitterstriche ab. Die enge Führung der Gitterstriche ist erforderlich, um das Lichtbündel möglichst schmal zu halten (Linsengröße) und um größere Dispersion, d.h. weiteres Auseinanderfallen der Linien zu erreichen; sie hat nichts mit dem Auflösungsvermögen zu tun.

Das beste Auflösungsvermögen des Gitters läßt sich für fast streifende Beobachtung erreichen, d.h. $\alpha' = \pi/2$ und senkrechte Inzidenz, d.h. $\alpha = 0$. Dann ist $\alpha \approx 1$ und nach (6.11) $m \approx d/\lambda$. Damit erhält man aus (6.14)

$$\frac{\lambda}{\Delta\lambda} \approx \frac{Nd}{\lambda} \,.$$

Die Beziehung ist nur von der Breite Nd des Gitters, d.h. vom Gangunterschied der beiden Randstrahlen, und nicht von seiner Strichzahl abhängig. Gitterspektrometer haben gegenüber Prismenspektrometern folgende Vorteile:

1. Die Ablenkung nimmt mit der Wellenlänge zu, während sie beim Prisma mit der Wellenlänge stark abnimmt.

2. Sie haben ein bis zu hundertfach größeres Auflösungsvermögen.

3. Sie lassen sich als Rowlandsche Konkavgitter (siehe unten) in einem großen Spektralbereich einsetzen, da die Reflexion wesentlich weniger stark von der Wellenlänge der Strahlung abhängt als die Absorption in den Prismenmaterialien.

   Sie haben den Nachteil geringerer Intensität, insbesondere in den Spektren höherer Ordnung, in denen sich überdies Spektren verschiedener Ordnung überlappen können (Bild 6.10): Nach Gl. (6.11) fällt das Hauptmaximum $(m-1)$-ter Ordnung

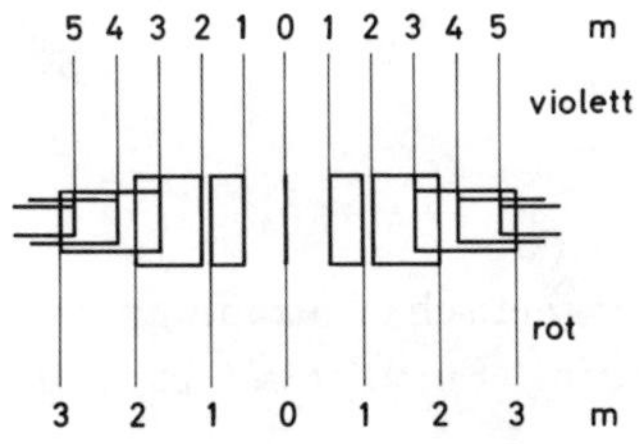

Bild 6.10 Überlappung der Spektren verschiedener Ordnung m beim Gitterspektrometer (schematisch).

für die Wellenlänge $\lambda + \Lambda$ mit dem Hauptmaximum m-ter Ordnung für die Wellenlänge λ zusammen, wenn gilt $m\lambda = (m-1)(\lambda + \Lambda)$. Wenn die beiden Linien noch getrennt werden sollen, muß folglich gelten $\Lambda < \lambda/(m-1)$. Der nutzbare Spektralbereich kann daher so klein werden, daß zur Vorzerlegung ein Prismenspektrometer vorgeschaltet werden muß, das ja nur ein einziges Spektrum erzeugt.

In Tabelle 6.2 sind einige der für die Spektroskopie in den verschiedenen Wellenlängenbereichen entwickelten Methoden und Geräte zusammengestellt, die im folgenden etwas näher erläutert werden.

1. *γ- und Röntgen-Bereich.* Die Strahlung wird nach der Braggschen Reflexionsbedingung Gl. (3.6) mit Kristallgittern zerlegt. In hoch auflösenden Röntgenspektrometern, mit denen ein Auflösungsvermögen $\lambda/\Delta\lambda$ bis zu 10^4 erreicht wird, können statt ebener auch gebogene Kristalle verwendet werden.

2. *Vakuum-Ultraviolett.* Die Strahlung in diesem Energiebereich unterliegt starker Absorption nicht nur in festen Substanzen, sondern auch in Luft (hier vor allem im Sauerstoffmolekül). Daher muß der Strahlengang im Vakuum angeordnet werden. Man zerlegt die Strahlung mit Strichgittern und verwendet zur Strahlführung eine Spiegeloptik, vorwiegend mit Aluminium als Reflexionsmaterial. Im Bereich $\lambda >$ 108 nm lassen sich LiF und jenseits von 130 nm auch Flußspat (CaF_2) als optische Medien verwenden.

3. *Quarz-Ultraviolett.* Als dispergierendes Medium werden hier am häufigsten Quarzprismen verwendet. Auch Spezialgläser eignen sich von etwa 300 nm an aufwärts. Kristalliner Quarz ist optisch aktiv, d.h. er hat für linkszirkular polarisiertes Licht einen anderen Brechungsindex als für rechtszirkular polarisiertes, wodurch eine Spektrallinie im Quarzprisma aufspaltet. Man kann diesen Effekt jedoch kompensieren, indem man ein Prisma aus einer rechtsdrehenden und aus einer linksdrehenden Hälfte zusammensetzt (Cornu-Prisma).

Tab. 6.2 Einteilung der elektromagnetischen Strahlung nach den zu ihrer Untersuchung benützten Methoden. (Für Ultrarot ist auch die Bezeichnung Infrarot gebräuchlich).

	Wellenlänge	Energie(eV)	Bezeichnung	Spektral-apparat	Nachweis[1]
(a)	unter 10 nm	> 125	γ und Röntgen	Kristall-gitter	Röntgen-Film, Zählrohr, Ionisationskammer
					Si(Li)- u. Ge(Li)-Detektoren Halbleiter (HL)-Zähler, SEV
(b)	10–180 nm	125–7	Vakuum-Ultra-violett (VUV)	Vakuum-Konkavgitter, Flußspat ($\lambda > 108$ nm)	Schumann-Platte, SEV
(c)	180–400 nm	7–3	Quarz-UV	Quarz-Prisma oder Gitter	Photoplatte, SEV
(d)	400–700 nm	3–1.8	Sichtbares Licht	Glas-Prisma oder Gitter	Photoplatte, SEV
(e)	700–1000 nm	1.8–1.2	Ultrarot (UR)	Glas-Prisma oder Gitter	UR-Photoplatten, HL-Detektoren
	1–5 μm	1.2–0.2	kurzwelliges UR	Gitter	Photozellen und -platten
	5–40 μm	0.2–0.03	mittleres UR	Gitter	Photozellen und -platten
	40–400 μm	0.03–0.003	langwelliges UR	Echelette-Gitter	Photozellen
(f)	über 400 μm	< 0.003	Mikrowellen	durchstimmbare Resonatoren	

[1]siehe Unterkapitel 6.3

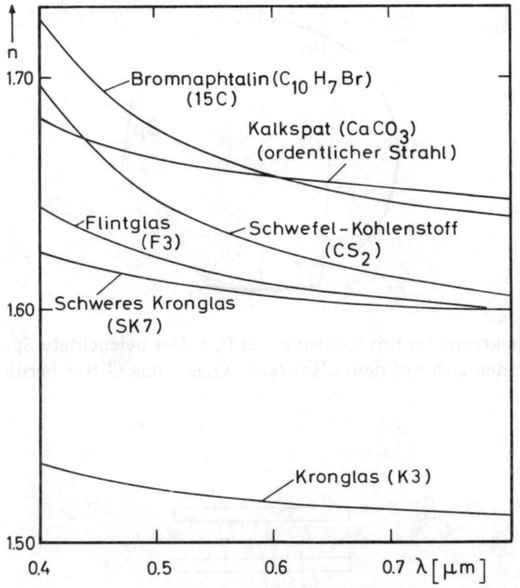

Bild 6.11 Dispersion verschiedener Stoffe. Der Brechungsindex n ist als Funktion der Wellenlänge λ gezeigt.

4. *Sichtbares Licht.* Für die Spektroskopie im Sichtbaren können sowohl Prismenspektrometer aus verschiedenen Glassorten als auch Gitterspektrometer und Interferometer verwendet werden. Das Auflösungsvermögen ist wie oben, Gl. (6.9), hergeleitet, der Dispersion $dn/d\lambda$ des verwendeten Materials proportional. Bild 6.11 zeigt für verschiedene Materialien den Brechungsindex n in Abhängigkeit von der Wellenlänge λ im sichtbaren Bereich des Spektrums. Die Dispersion im Sichtbaren ist danach im allgemeinen negativ, dadurch wird das Auflösungsvermögen (6.9) positiv. Für leichtes Flintglas z.B. ist bei $\lambda = 590$ nm $dn/d\lambda = -930$ cm^{-1}, d.h. das Auflösungsvermögen eines Prismas aus diesem Glas ist bei 590 nm etwa 930 je cm Basislänge. Das höchste mit Prismenspektrometern tatsächlich erreichte Auflösungsvermögen liegt bei 10^4. Sehr enge Wellenlängenbereiche können durch hintereinander gestellte Spektrometer, sogenannte Monochromatoren, ausselektiert werden.

Besonders hoch auflösende Gitterspektrometer sind die Rowlandschen Konkavgitter (Bild 6.12)[1]. Sie haben bis zu 6000 Teilstriche je mm, insgesamt einige 10^5, und Längen bis zu 30 cm.

[1] Henry Augustus Rowland (1848—1901), Rowlands photographische Aufzeichnung des Sonnenspektrums von 1888 war über 11 m lang!

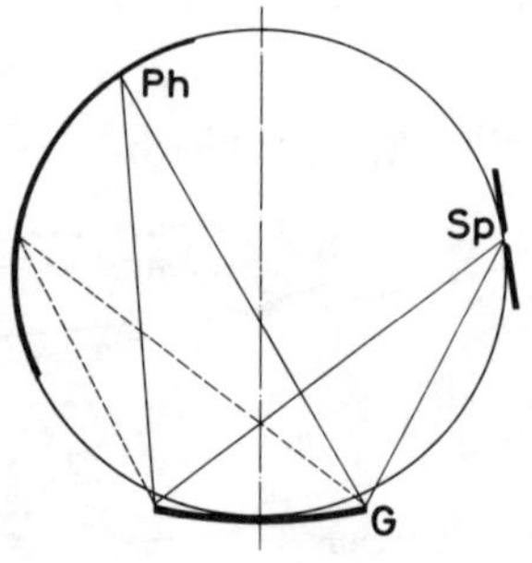

Bild 6.12 Rowland-Spektrometer mit Konkavgitter (G). Der beleuchtete Spalt Sp und die Photoplatten Ph befinden sich auf dem „Rowland-Kreis", das Gitter berührt ihn im Scheitelpunkt.

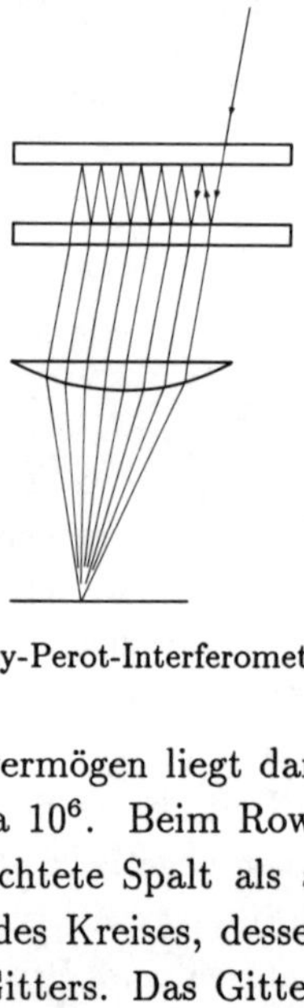

Bild 6.13 Fabry-Perot-Interferometer (schematisch).

Ihr theoretisches Auflösungsvermögen liegt damit weit über 10^6. Tatsächlich erreicht werden Werte bis etwa 10^6. Beim Rowlandschen Gitterspektrometer befinden sich sowohl der beleuchtete Spalt als auch die Projektionsfläche für die Spektren auf der Peripherie des Kreises, dessen Radius halb so groß ist wie der Krümmungshalbmesser des Gitters. Das Gitter selbst berührt den Kreis mit seinem Scheitel so, daß seine Flächennormale im Berührungspunkt zum Mittelpunkt des Kreises zeigt. Durch diese Anordnung werden Kollimator- und Objektivlinsen überflüssig, in denen Absorption auftreten kann. Daher ist das Gerät über einen weiten Wellenlängenbereich vom Ultravioletten bis ins Infrarote einsetzbar.

Noch größere Auflösungsvermögen werden in der Interferenzspektroskopie erzielt, für die sich prinzipiell jedes Interferometer eignet. Zwei sehr gebräuchliche und leistungsfähige Interferometer sind das Fabry-Perot-Interferometer[1] (Bild 6.13) und die Lummer-Gehrcke-Platte[2] (Bild 6.14). Beide beruhen auf der Interferenz glei-

[1] Charles Fabry (1867—1945), Alfred Pérot (1863—1925)
[2] Otto Lummer (1860—1925), Ernst Gehrcke (1878—1960)

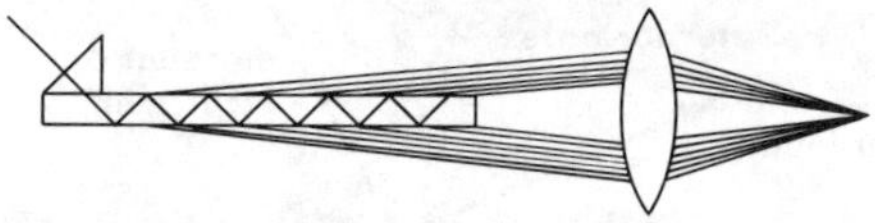

Bild 6.14 Lummer-Gehrcke-Platte (schematisch).

cher Neigung an planparallelen Platten, d.h. an den planparallelen Grenzflächen einer Substanz zu einer anderen.

Beim Fabry-Perot-Interferometer besteht diese Platte aus Luft, deren Druck zur Änderung der optischen Weglänge unter Umständen variiert werden kann und die von teilverspiegelten Glasplatten begrenzt wird.

Bei der Lummer-Gehrcke-Platte besteht sie aus Glas, das an Luft angrenzt. Intensitätsmaxima kommen dann zustande, wenn zwei benachbarte aus der Platte austretende Parallelstrahlen jeweils einen Gangunterschied eines ganzen Vielfachen einer Wellenlänge haben. Hohes Reflexionsvermögen an den Grenzflächen der Platten läßt sich bei der Lummer-Gehrcke-Platte erreichen, wenn man nahe dem Winkel der Totalreflexion arbeitet, beim Fabry-Perot-Interferometer durch teilweise Verspiegelung der Glasoberfläche mit Silber.

Zwischen den sehr steilen Maxima der Interferometer liegen sehr flache Minima, die aber nicht den Wert Null erreichen, so daß hier bei der Bestimmung des Auflösungsvermögen das zweite der in Bild 6.8 gegebenen Kriterien für die Auflösbarkeit zweier Linien benützt werden muß.

Aus der Halbwertsbreite der Interferenzmaxima ergibt sich für die Lummer-Gehrcke-Platte das Auflösungsvermögen zu

$$\frac{\lambda}{\Delta\lambda} = \frac{\pi}{1-R} m ,$$

wobei R das Reflexionsvermögen ist und m die Ordnung der Interferenz: Beim Fabry-Perot-Interferometer gilt

$$\frac{\lambda}{\Delta\lambda} = \frac{1+g}{2} m ,$$

wobei g ein Maß für das Reflexionsvermögen und die elektrische Leitfähigkeit der Silberschicht ist und m wieder die Ordnung der Interferenz angibt. Diese liegt bei beiden Interferometern in der Größenordnung des Quotienten aus der doppelten Dicke der Platte und der Wellenlänge des Lichts. Bei der Lummer-Gehrcke-Platte ist $m \approx 2\,\mathrm{cm}/500\,\mathrm{nm} = 4 \cdot 10^4$, $R \approx 0.9$, also $\lambda/\Delta\lambda \approx 10^6$. Beim Fabry-Perot-Interferometer ist $m \approx 10\,\mathrm{cm}/550\,\mathrm{nm} = 2 \cdot 10^5$ und $g \approx 9$, also ebenfalls $\lambda/\Delta\lambda \approx 10^6$.

5. *Ultraroter Bereich.* Je länger die Wellenlängen des zu untersuchenden Bereichs werden, um so größer können die Gitterabstände des Interferenzgitters werden.

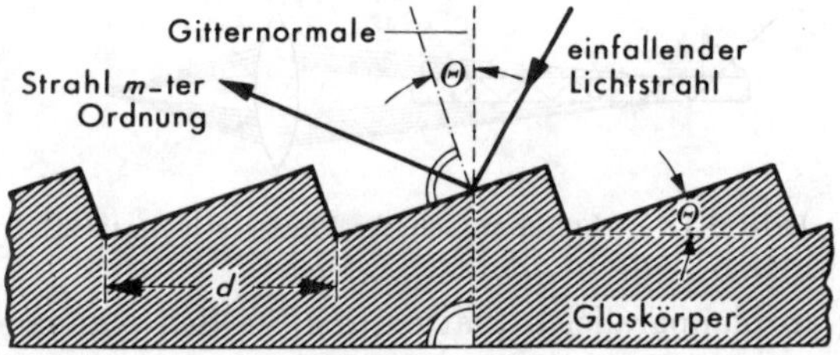

Bild 6.15 Echelette-Gitter. Es wird vorwiegend in Reflexion verwendet. Im Gegensatz zur Lage der Beugungs-Ordnung, die für eine bestimmte Wellenlänge nur von der Gitterkonstante *d* abhängt, wird die relative Intensität der Ordnungen durch die Winkelabhängigkeit des Beugungs-Bildes eines Gitterelements bestimmt.

Prismen kann man in diesem Bereich wegen fast vollständiger Absorption der Strahlung nicht verwenden. Ein hier besonders häufig benutztes Gitter ist das „Echelette"-Gitter (Bild 6.15)[1]. Der Vorteil dieser Art Gitter ist, daß fast die gesamte Intensität in einem Spektrum bestimmer Ordnung vereinigt wird. Man erreicht damit die Kombination eines hohen Auflösungsvermögen von etwa $2 \cdot 10^4$ mit einer großen Intensität.

6.3 Strahlungsnachweis

Für den Nachweis der Strahlung sind Meßverfahren entwickelt worden, die den jeweiligen Energien der Photonen angepaßt sind, d.h. die deren jeweils günstigste Wechselwirkung mit Materie berücksichtigen.

Wir können prinzipiell unterscheiden zwischen Verfahren, die Strahlungsquanten lediglich registrieren und solchen, die die Quanten aufgrund ihrer Wechselwirkung mit Materie energieabhängig nachzuweisen gestatten. In diesen Fällen ist dann ein energiezerlegendes Modul entbehrlich. Methoden, die nur registrieren, geben nur die Zahl der Quanten bzw. die registrierte gesamte Strahlungsenergie an. In vielen Fällen sind das photographische Schichten, die dann in einem ausgewertet werden. Diese Methoden sind weitgehend von Verfahren abgelöst worden, bei denen elektrische Signale, Spannungs- oder Stromstöße, erzeugt werden, die über elektronische Schaltungen, Verstärker, Diskriminatoren, Wandler, schließlich Computer direkt weiterverarbeitet werden können.

[1] Robert Williams Wood (1868—1955)

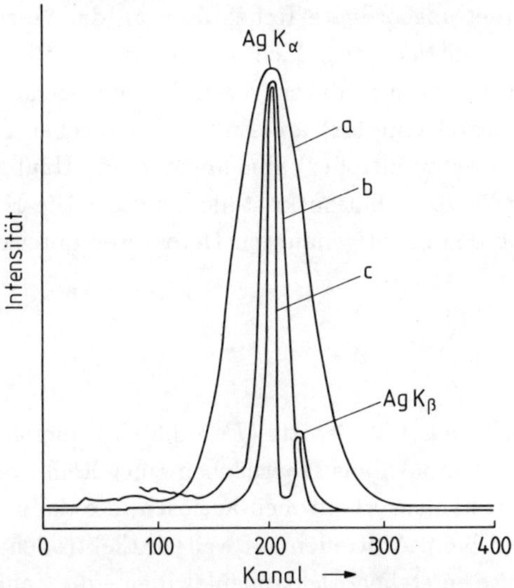

Bild 6.16 Die Ag-K_α-Linie gemessen mit verschiedenen Detektoren: *a*) Na J(Tl)-Szintillationszähler *b*) mit Xenon gefülltes Proportionalzählrohr *c*) Si(Li)-Halbleiterzähler (die Ag-K_β-Linie ist vollständig getrennt).

Röntgen-Bereich

Die Photonen im Röntgen-Bereich haben genügend Energie, um mit einzelnen Atomen wechselwirken zu können (vgl. Kapitel 8.3). Sie geben im Photoeffekt oder Compton-Effekt ihre Energie ab oder wandeln sie um (Paarerzeugung). Ionisationsprozesse sowie Anregungsprozesse können aufgrund dieser Energieabgabe auch in mehreren Einzelschritten erfolgen. Um die Gesamtenergie der Röntgen-Photonen zu bestimmen, müssen auch alle Folgeprodukte, niederenergetische Photonen und Elektronen gemessen werden.

Zum Nachweis verwendet man Zählrohre mit Fenstern, d.h. dünnen Folien, durch die Röntgen-Strahlung durchtreten kann. Die Ionisation kann außer in Gasen auch in festen Körpern stattfinden, wenn ein Teilchen durch ein geeignetes Material hindurchgeht. Geeignet sind Einkristalle aus Halbleitermaterialien (HL) wie Silizium und Germanium. Aus beiden Elementen kann man Dioden herstellen, die bei Anlegen einer Spannung in Sperrichtung wie eine Ionisationskammer wirken. Erzeugt ein Photon in einem Halbleiter Ladungsträgerpaare, so werden diese im elektrischen Feld der Diode getrennt und erzeugen an den Elektroden der Diode einen Impuls. Dieses Signal läßt sich dann weiterverarbeiten. Die Auflösung eines Halbleiterzählers ist wesentlich besser als die eines Zählrohres und übertrifft ganz wesentlich den Szintillationszähler (Bild 6.16).

Der Szintillationszähler wandelt die Energie energiereicher Photonen über einen Anregungsmechanismus im Szintillationskristall in Strahlung im sichtbaren Bereich um. Das

Licht wird durch geeignet angeordnete Reflektoren an der Oberfläche gesammelt und kann auf eine elektronenemittierende Schicht (Photoschicht, Photokathode) treffen. Die dort ausgelösten Elektronen können durch Vervielfachung so zahlreich werden, daß man sie schließlich als Stromstoß (Impuls) am Ende eines solchen Sekundärelektronenvervielfachers (SEV, engl. Photomultiplier) abnehmen kann. Häufig werden NaJ-Kristalle mit einer Tl-Dotierung als Szintillationskristalle benutzt. Die Handhabung ist einfach, jedoch ist die Auflösung den zuvor genannten Detektoren unterlegen.

Vakuum-UV

Die Energie der Photonen des UV-Gebiets ($E > 3.3$ eV) übersteigt die Austrittsarbeit oder Ablöseenergie der Elekronen aus Oberflächen einer Reihe von Metallen und Legierungen. Diese Photonen können Elektronen auslösen, die dann in elektrischen Feldern beschleunigt werden und beim Auftreffen auf weitere Elektroden zusätzliche Elektronen auslösen. Auf diese Weise entstehen Elektronenlawinen - die Zahl der Elektronen wurde um ein Vielfaches erhöht. Am Ausgang eines solchen Sekundärelektronenvervielfachers läßt sich ein elektrisches Signal abnehmen.

Der SEV mit getrennten Dynoden, an denen über einen Spannungsteiler feste Potentiale liegen, liefert eine stufenweise Verstärkung. Homogene Widerstandsschichten aus Bleioxid mit einem Zusatz BiO_2 können auch als kontinuierliche SEV behandelt werden. Die Sekundärelektronen emittierende Schicht entsteht hier auf der Innenseite von Blei-Glasröhren bei Reduktion in einer Wasserstoffatmosphäre. Sie ist gleichzeitig eine Widerstandsschicht, längs derer sich bei angelegter Spannung ein Potentialgefälle ausbildet. Der Vervielfachungsprozeß ist schematisch in Bild 6.17 oben gezeigt.

Vereinigt man ein Bündel solcher Röhren und schneidet daraus Platten, so entsteht eine Kanalplatte (channel plate), Bild 6.17 unten, die als Strahlungsnachweiseinrichtung in vielen Experimenten eingesetzt wird.

Normales photographisches Material läßt sich zur Registrierung der Strahlung wegen der Absorption der Strahlung in der zur Abdeckung benützten Gelatineschicht nicht verwenden. Dagegen werden die - allerdings schwierig zu handhabenden - Schumann-Platten benutzt, die eine gelatinefreie Silber-Bromid-Schicht als empfindliche Substanz haben[1].

Quarz-UV und sichtbarer Bereich

Intensitäten werden in diesem Spektralbereich mit Photoplatten aufgenommen und in Densitometern (Schwärzungskurvenmessung) ausgemessen.

[1] Viktor Schumann (1841—1913)

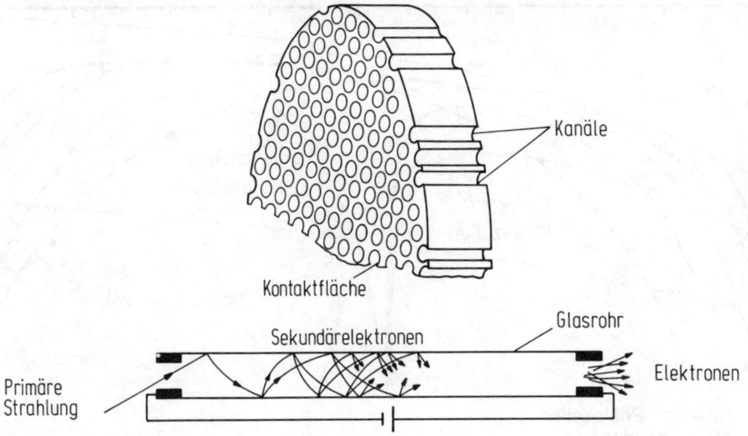

Bild 6.17 Oben: Signalverstärkung (Zahl der Elektronen) in einem Ein-Kanal-Sekundärelektronenvervielfacher. Unten: Kanalplatte, aus sehr vielen Einzelkanälen zusammengesetzt.

Direkte elektrische Signalverarbeitung ist wiederum mit den Pulsen aus SEVn möglich, wobei die empfindliche, Elektronen emittierende Schicht dem Wellenlängenbereich angepaßt sein muß. Die Empfindlichkeitskurve von Kanalplatten ist in Bild 6.18 gezeigt.

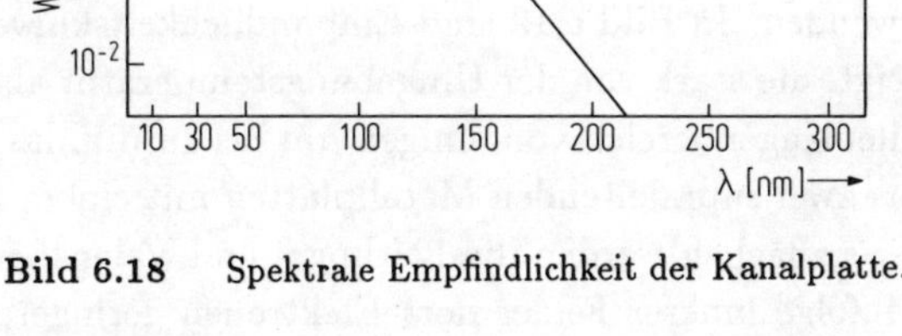

Bild 6.18 Spektrale Empfindlichkeit der Kanalplatte.

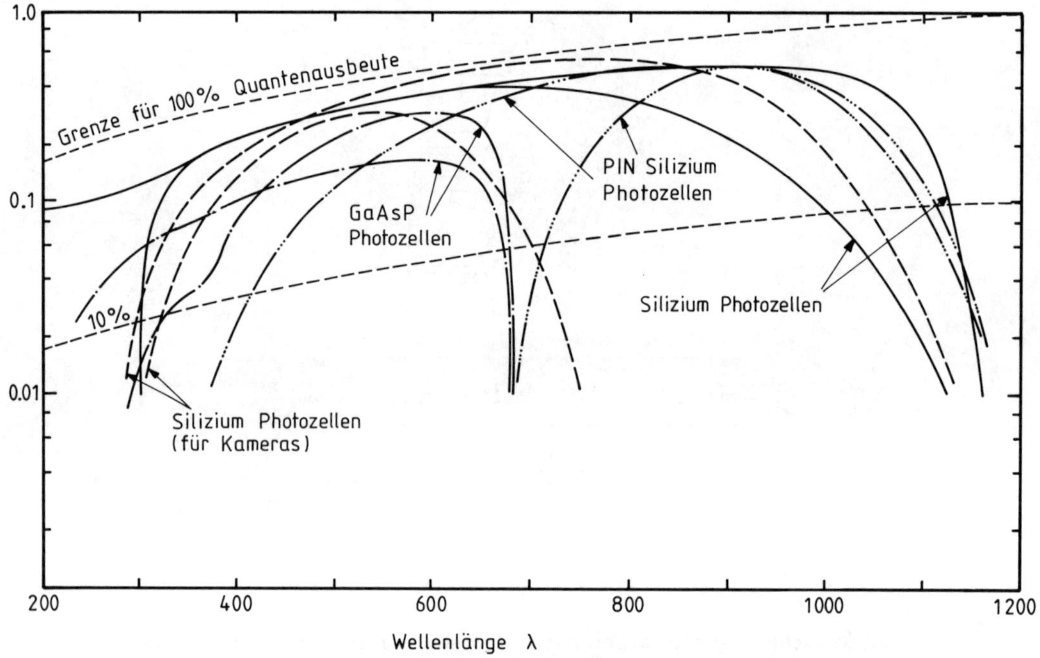

Bild 6.19 Quantenausbeute als Funktion der Wellenlänge λ verschiedener Photodioden.

Ultrarot

Die Energie der Photonen dieses Spektralbereichs reicht nicht meht aus, Elektronen aus Atomverbänden zu entfernen. Diese Photonen können jedoch Atome in Festkörpern anregen. Infolge der festen Struktur eines Festkörpers sind die vielen Niveaus der Atome zu Bändern entartet [Ki 80, Ib 81]. Wichtig für die Anregung ist die Energielücke zwischen Valenzband und Leitfähigkeitsband. Werden Elektronen durch einfallende Photonen in das Leitfähigkeitsband gebracht, so läßt sich an diesem Festkörper ein Strom messen, den man Photostrom nennt. Die Photoleitfähigkeit erlaubt es, die einfallende Energie zu messen. Besonders häufig als Detektoren verwendete Halbleiter sind die PbS- und InSb-Zähler. Andere Verbindungshalbleiter aus Elementen der 3. und 5. oder 2. und 6. Gruppe können ebenfalls eingesetzt werden. InSb-Detektoren lassen sich bis in den Bereich 5.55 μm verwenden. In Bild 6.19 sind Empfindlichkeitskurven für einige photoleitende Dioden gezeigt, die stark von der Umgebungstemperatur abhängen (Bild 6.20).

Photonen im Wellenlängenbereich von einigen μm bis zu mm lassen sich mit Detektoren messen, die aus zwei supraleitenden Metallplatten mit einem Isolator dazwischen bestehen. An den Grenzflächen werden die Leitungs- und Valenzbänder gegeneinander verschoben, so daß infolge innerer Felder dort Elektronen geringerer Energie, als dem Bandabstand entspricht, ihre energetische Position verändern können, wenn Licht ent-

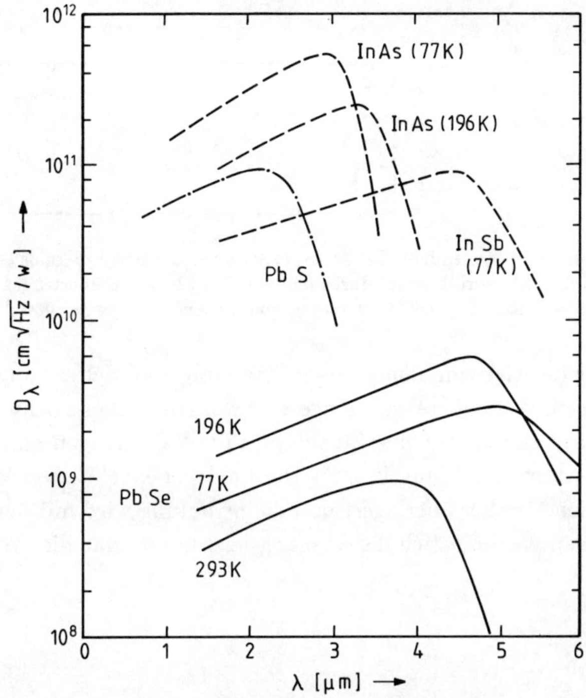

Bild 6.20 Spektrale Empfindlichkeit von Ultrarotdetektoren, zum Teil bei unterschiedlichen Umgebungstemperaturen.

sprechender Energie auf diesen Detektor trifft. Da die Schichten dünn sind, können die Elektronen den Potentialsprung infolge des Tunneleffekts (Kapitel 5.7) passieren. Dieser Effekt wird Josephson-Effekt genannt. Schließlich wird an einem solchen SIS-Detektor (Supraleiter-Isolator-Supraleiter) ein Strom gemessen. Als supraleitendes Material wird vorwiegend Niobium (Nb) eingesetzt.

Im langwelligen Ultrarot (UR), besonders zum Nachweis der Strahlung von CO_2-Lasern, werden Photonendrift-Detektoren (Photon Drag Detector) benutzt. Der Detektor besteht aus einem Stab aus dotiertem Germanium oder Galliumphosphid (GaP).

Das nachzuweisende Licht fällt (siehe Bild 6.21) auf eine der Stirnflächen des Stabes. Im Material übertragen die Photonen Impulse auf die frei beweglichen Ladungsträger, die sich dadurch längs der Stabachse bewegen. Es entsteht zwischen zwei Elektroden ein Potentialgradient, der direkt oder nach äußerer Verstärkung gemessen werden kann. Die Spannung ist proportional der einfallenden Lichtintensität. Für Licht mit $\lambda = 10.6\mu m$ erreicht die Ansprechwahrscheinlichkeit für Ge den Wert 1. Die Leistung, die mit einem solchen Detektor nachgewiesen werden kann, liegt bei $10^{-4}\ W/\sqrt{\nu}$. Als integrale Nachweiseinrichtung für langwellige Strahlung (Wärmestrahlung) werden häufig Bolometer benutzt.

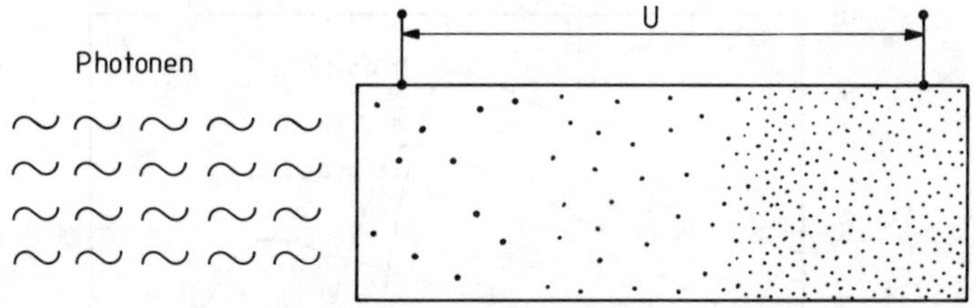

Bild 6.21 Schema eines Photonendrift-Detektors, (z.B. eines Germanium- oder GaP-Detektors). Die Elektronendichte wird bedingt durch den von den Photonen übertragenen Impuls im strahlungsabgewandten Teil größer, wodurch eine Potentialdifferenz entsteht.

Weit verbreitet für die Messung langwelliger Strahlung sind Schwebungsverstärker[1], die aber nur in sehr engen Wellenbereichen eingesetzt werden können. Schwebungsverstärker bestehen aus einem Sender, der eine Strahlung mit Wellenlängen emittiert, die in der Nähe der zu messenden Strahlung liegen. Die beiden benachbarten Wellen werden in einem elektronischen Mischer überlagert und die Strahlung wird mit der Schwebungsfrequenz verstärkt. Damit erhöht sich die Ausgangsleistung so, daß die Wellen nachweisbar sind.

[1] Heterodyne-Empfänger

Teil III

Das freie Atom

7 Das Wasserstoffatom

Der Wasserstoff ist nicht nur das leichteste aller Elemente, sondern gleichzeitig dasjenige mit dem einfachsten Atombau. Sein Atom besteht nur aus einem Proton und einem Elektron und kann daher zumindest soweit exakt behandelt werden, als sich das mit ihm gegebende Zweikörperproblem auf ein Einkörperproblem zurückführen läßt. Bei allen anderen Atomen ist das nicht oder nur näherungsweise möglich. Darüber hinaus nimmt das Atom des Wasserstoffs auch deswegen eine Sonderstellung ein, weil sich die Lösung seiner Bewegungsgleichung bei Vernachlässigung der (vergleichsweise kleinen) magnetischen Wechselwirkungen geschlossen darstellen läßt.

Das Wasserstoffatom ist daher nicht nur von grundlegendem Interesse für die Verifizierung der Quantenmechanik, sondern auch wichtig für Näherungsverfahren, die insbesondere für Mehrelektronenatome erforderlich sind (Kapitel 9).

7.1 Serien-Formel und Bohrsches Atommodell

Eine Zusammenfassung der Wellenlängen der Spektral-Linien des Wasserstoffatoms im sichtbaren Bereich liefert die Formel

$$\lambda_m = C\frac{m^2}{m^2-4}, \quad m = 3,4,5,\dots, \tag{7.1}$$

die nach ihrem Entdecker Balmer-Formel heißt. C ist eine Konstante. Balmer selbst verallgemeinerte diese Formel, indem er $R_{\mathrm{H}} = 4/C$ und statt der festen Zahl 4 die Variable n^2 einsetzte. Damit ergibt sich der heute in der Spektroskopie übliche Ausdruck

$$\tilde{\nu}_{nm} = R_{\mathrm{H}}(\frac{1}{n^2} - \frac{1}{m^2}), \quad n < m. \tag{7.2}$$

Dabei haben wir $\tilde{\nu}_{nm} = 1/\lambda_m$ gesetzt. In diesem Ausdruck tritt das Bildungsgesetz für Spektralserien – wie die zu festem n bei variablem m gehörenden Linien heißen – klarer hervor. Die reziproke Wellenlänge $\tilde{\nu}$ heißt in der Spektroskopie Wellenzahl (gemessen in der Einheit cm^{-1}, die auch als Kayser bezeichnet wird), im Gegensatz zum sonst üblichen physikalischen Sprachgebrauch, der $k = 2\pi/\lambda$ als Wellenzahl bezeichnet; um diesen Unterschied hervorzuheben, wird k gelegentlich reduzierte Wellenzahl genannt. Der Ausdruck (7.2) ist die Differenz zweier Ausdrücke der Form $T_n = R_H/n^2$, für die Rydberg, nach dem die Konstante

$$R_H = 109\,677.580(10)\,\mathrm{cm}^{-1} \tag{7.3}$$

Rydberg-Konstante (des Wasserstoffs) heißt, die Bezeichnung Term einführte; der erste Term heißt dabei fester Term, der zweite Laufterm.

Nach der klassischen Physik wäre zu erwarten, daß in den Atomspektren zu den Grundfrequenzen auch Oberschwingungen auftreten, was jedoch nie beobachtet wurde. Dagegen stellte Ritz fest (1908), daß Differenzen von Wellenzahlen wiederum Wellenzahlen ergeben können, die in den Atomspektren eine Entsprechung haben. Dieses *Ritzsche Kombinations-Prinzip* ist für das Wasserstoffatom ohne weiteres aus der Formel (7.2) verständlich. Nach ihr gilt z.B.

$$\tilde{\nu}_{13} - \tilde{\nu}_{12} = (T_1 - T_3) - (T_1 - T_2) = \tilde{\nu}_{23}\,.$$

Ausgehend von Rutherfords Kernmodell des Atoms und gestützt auf die Existenz des elementaren Wirkungsquantums h, gelang Niels Bohr als erstem die Formulierung eines Atommodells, das die experimentellen Fakten, zumindest so weit sie sich auf das Wasserstoffatom beziehen, befriedigend erklärt. Zentrale Aussage des Modells sind die beiden Postulate

1. Die Atome existieren in stationären Zuständen mit diskreten Energien E_n, die durch ganze Zahlen n, die sogenannten Hauptquantenzahlen, charakterisiert werden. Die klassische Elektrodynamik hat für die stationären Zustände keine Gültigkeit, d.h. sie sind strahlungslos.

2. Den Übergang von einem stationären Zustand E_m in einen anderen, E_n, kann man klassisch nicht beschreiben. Er erfolgt durch Aufnahme oder Abgabe monochromatischer elektromagnetischer Strahlung in Form eines Photons der Energie

$$h\nu = |E_n - E_m|\,. \tag{7.4}$$

Diese Postulate sind durch die Quantenmechanik gestützt und begründet worden, also gültig geblieben, während andere Aussagen des Bohrschen Modells von der Entwicklung überholt wurden und schließlich aufgegeben werden mußten. Erhalten hat sich auch ein gewisser heuristischer Wert des Modells, der sich z.B. im fortdauernden Gebrauch von Bezeichnungen wie „Elektronenbahn“ ausdrückt, die eigentlich als klassische Begriffe im Atominnern ihren Sinn verlieren, aber dem, was wir heute für wahr halten, mit wachsenden Quantenzahlen immer näher kommen. Wir haben damit ein Beispiel für das ebenfalls von Bohr entwickelte „Korrespondenzprinzip", nach dem sich Quantensysteme im Grenzfall großer Quantenzahlen wie klassische Systeme verhalten.

Durch Multiplikation der Termdifferenz (7.2) mit hc ergibt sich eine formale Übereinstimmung mit dem zweiten der obigen Postulate, Gl. (7.4)

$$hc\,\tilde{\nu}_{nm} = hc\frac{\nu_{nm}}{c} = h\nu_{nm} = \frac{hc \cdot R_{\mathrm{H}}}{n^2} - \frac{hc \cdot R_{\mathrm{H}}}{m^2}\,.$$

Bohr konnte die Energiewerte E_n des Wasserstoffs berechnen und war damit in der Lage, einen theoretischen Wert für die Rydberg-Konstante R_{H} anzugeben, der sehr genau mit dem experimentellen Wert übereinstimmt. Dadurch kommt seiner Interpretation, daß die Termdifferenzen als Differenzen zwischen den Energien stationärer Atomzustände anzusehen sind, ein hoher Wahrheitsgehalt zu. Man hat sich demnach ein Atom als ein System aus positiven und negativen Ladungen vorzustellen, dessen diskrete Energien stationären Zuständen entsprechen.

Ähnlich der Balmer-Serie lassen sich entsprechend der Spektralformel (7.2) auch die übrigen Linien des Wasserstoffspektrums in Serien zusammenfassen, so daß sich insgesamt das Schema des Bildes 7.1 ergibt. Der Zustand mit der Hauptquantenzahl $n = 1$ heißt Grundzustand. Mit zunehmendem Wert des festen n rücken der feste Term und die Laufterme einer Serie immer dichter zusammen; die Übergangsenergien werden kleiner und die Spektrallinien verschieben sich zu längeren Wellenlängen. Die Paschen[1]-, Brackett[2]- und Pfund[3]-Serien liegen daher im infraroten Bereich des Spektrums, die Lyman[4]-Serie dagegen im ultravioletten.

Der Zustand, für den die Laufzahl m unendlich wird, bezeichnet eine Grenze, von der an keine Bindung zwischen positiver und negativer Ladung mehr existiert. Man nennt sie Seriengrenze und die entsprechende Energie Ionisierungsenergie. Oberhalb diese Grenze, die oft als Nullpunkt der Energieskala gewählt wird, liegt kein neutrales Atom mehr vor, sondern ein positives Ion und ein freies Elektron. An das diskrete Spektrum, dem Übergänge zwischen diskreten Zuständen entsprechen, schließt sich daher ein Kontinuum an, dem Übergänge zwischen den kontinuierlichen kinetischen Energien des freien Elektrons und den stationären Zuständen diskreter Energie entsprechen. Die Zustände mit diskreten negativen Energiewerten weden auch als Zustände potentieller Energie bezeichnet und die Zustände des positiven Energiekontinuums als Zustände kinetischer Energie.

Setzen wir in der Formel für die Lyman-Serie $m \to \infty$, so erhalten wir $\tilde{\nu}_{1\infty} = R_{\mathrm{H}}$. Die experimentelle Konstante (7.3) in den Serienformeln entspricht also der Ionisierungsenergie

$$E_{\mathrm{Ion}} = 13.595\,\mathrm{eV}$$

[1] Friedrich Paschen (1865—1947)
[2] Franck Parkhurst Brackett (1865—1953)
[3] August Hermann Pfund (1879—1949)
[4] Theodore Lyman (1874—1954)

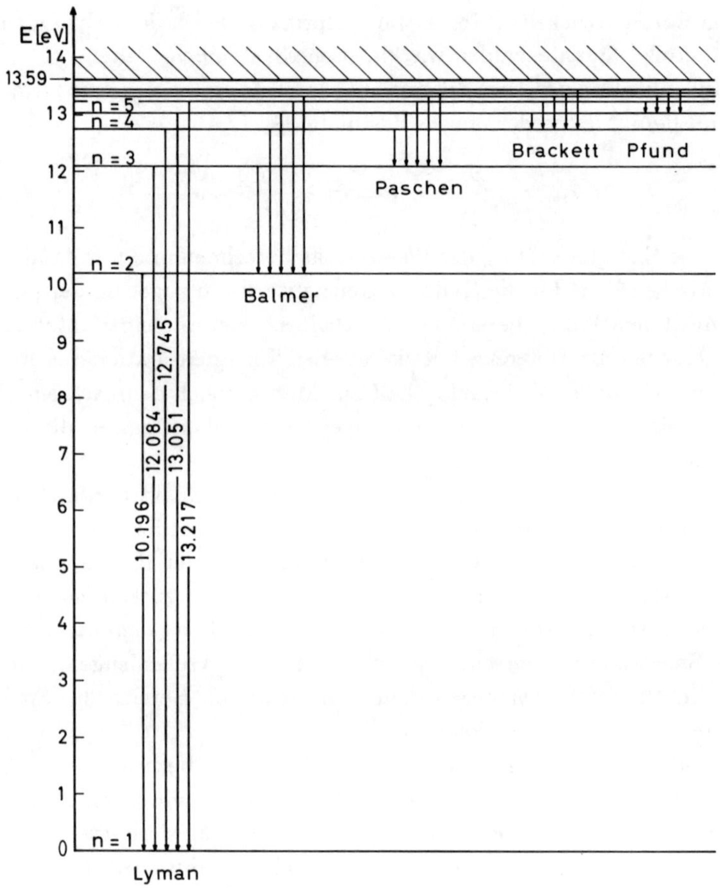

Bild 7.1 Die Wasserstoff-Spektralserien. Eingezeichnet sind die den Hauptquantenzahlen n entsprechenden Energieniveaus und die Seriengrenze. Die Pfeile bezeichnen Übergänge der Emission. Die umgekehrte Pfeilrichtung würde Absorption andeuten.

des Wasserstoffs. Formal die gleichen Serienformeln wie der Wasserstoff haben alle Ionen, die nur ein Elektron besitzen. Man nennt sie und ihre Spektralserien daher wasserstoffähnlich. In den Formeln für sie ist die Rydberg-Konstante (7.3) des Wasserstoffs mit dem jeweiligen Quadrat der Ordnungszahl des Elements, sowie mit dem Quotienten aus der reduzierten Elektronenmasse des betreffenden Elements und der des Wasserstoffs zu multiplizieren (siehe Unterkapitel 7.3). Wasserstoffähnliche Ionen anderer Elemente sind z.B. He^+, Li^{++}, Be^{+++}, C^{4+} usw.

7.2 Der Franck-Hertz-Versuch

Die Bohrschen Postulate finden eine eindrucksvolle experimentelle Bestätigung in dem sogenannten Franck-Hertz-Versuch. Franck und Hertz verwendeten die in Bild 7.2 skizzierte Apparatur, um die Ionisierungsarbeit des Quecksilbers zu untersuchen. In einem Glaskolben befinden sich das Elektrodensystem einer Triode und etwas flüssiges Quecksilber. Der Kolben selbst befindet sich während der Untersuchungen in einem elektrisch geheizten Paraffinbad und wird ständig evakuiert, wodurch sich in ihm eine stabile Atmosphäre aus Quecksilbergas einstellt. Die aus der direkt beheizten Kathode H austretenden Elektronen werden durch das elektrische Feld zwischen Kathode und Gitter G zum Gitter beschleunigt. Auf ihrem Weg dorthin können sie mit den Atomen der Quecksilberatmosphäre zusammenstoßen.

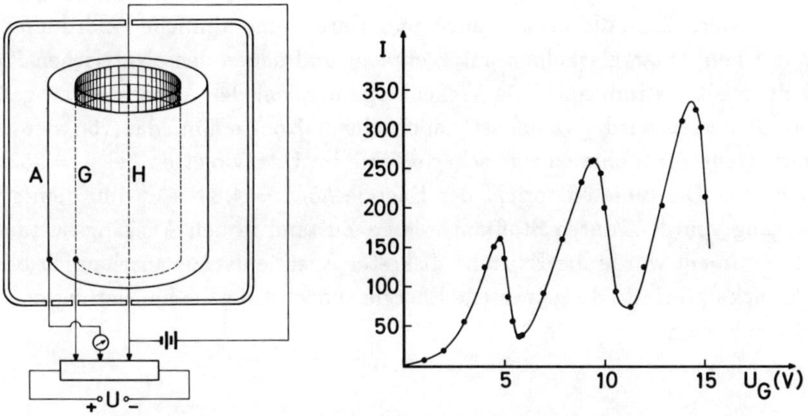

Bild 7.2 Schema des Franck-Hertz-Versuchs (links), ein Meßergebnis (rechts) (siehe Text).

Aus dem Bild ist ersichtlich, daß man das Potential aller drei Elektroden unabhängig voneinander einstellen und den Anodenstron I messen kann. Bei der Messung wird die Spannung zwischen Anode und Gitter fest eingestellt und zwar so, daß die Anode gegenüber dem Gitter ein negatives Potential erhält. Die Spannung U_G zwischen Kathode und Gitter wird variiert und der Anodenstrom I gemessen. Ein Meßergebnis ist im rechten Teil des Bildes 7.2 gezeigt: Der Strom fängt bei Null an, erreicht für $U_G = 5$ V ein Maximum, fällt danach steil ab und erreicht knapp unterhalb von 10 V erneut ein Maximum; das nächste Maximum liegt bei 14.5 V. Die Auswertung aller Messungen ergibt, daß der Abstand des ersten Maximums vom Nullpunkt sowie der aller übrigen Maxima voneinander im Mittel bei 4.9 V liegt. Dieses Ergebnis ist wie folgt zu erklären: Solange die Gitterspannung unter etwa 4.9 V liegt, d.h. die Energie der Elektronen unter 4.9 eV, erleiden die Elektronen nur elastische Stöße mit den Quecksilberatomen, bei denen sie fast keine Energie verlieren. Ist die Gegenspannung zwischen Gitter und Anode klein genug, so steigt der Anodenstrom daher zunächst mit der Gitterspannung an. Bei 4.9 V jedoch ist die Energie der Elektronen ausreichend, um durch Stoß einen diskreten Energiezustand im Quecksilber anzuregen. Die Elektronen verlieren dabei ihre ganze Energie und können folglich nicht mehr gegen das Potential der Anode anlaufen. Wird die Gitterspannung weiter erhöht, so erfolgt die Anregung des Quecksilbers in größerem Abstand vom Gitter, und die Elektronen können nach dem Stoß auf der verbleibenden Strecke wieder beschleunigt werden. Der Anodenstrom steigt folglich wieder mit der Gitterspannung an, bis beim Wert von etwa 9.8 V die Spannung so groß ist, daß die Elektronen, die beim ersten Stoß ein Quecksilberatom angeregt hatten, bis zum Gitter eine für die Anregung eines weiteren Atoms genügend große kinetische Energie erreichen können. Dabei verlieren sie wieder ihre ganze Energie, der Anodenstrom fällt scharf ab usf. Daß der Strom zwischen den Maxima nicht ganz auf Null fällt, liegt daran, daß neben dem beschriebenen Prozeß noch andere auftreten, die aber hier belanglos sind.

Diese Interpretation der Meßresultate wird durch eine ergänzende Untersuchung erhärtet, bei der, ebenfalls nach Franck und Hertz, eine ähnliche Anordnung wie in Bild 7.2 in einem Quarzglaskolben untergebracht und neben den elektrischen Potentialen und dem Gitterstrom auch die Wellenlänge der von der Apparatur ausgesandten Strahlung gemessen wird. Dabei ist neben einem Kontinuum, das von der Glühkathode verursacht wird, eine einzige scharfe Linie im Ultravioletten bei $\lambda = 253.6$ nm, zu beobachten. Die Linie entspricht der Energie $hc/\lambda = 4.89$ eV, d.h. dem strahlenden Übergang von dem durch Stoß angeregten Zustand in den Ausgangszustand. Mit diesem Experiment wurde die Existenz diskreter Energieniveaus anschaulich bewiesen, obwohl Franck und Hertz die gemessene Energie zunächst für die Ionisierungsenergie des Quecksilbers hielten.

7.3 Die Schrödinger-Gleichung mit Coulomb-Wechselwirkung

Der erste Schritt bei der Behandlung des Wasserstoffatoms im Rahmen der Quantenmechanik ist die Aufstellung und Lösung seiner Schrödinger-Gleichung, d.h. die Ermittlung seiner Eigenfunktionen und Eigenwerte. Dazu berücksichtigen wir von den elektromagnetischen Wechselwirkungen zunächst nur die Coulomb-Kraft

$$\boldsymbol{F} = -\frac{Ze^2}{4\pi\varepsilon_0 r^2}\cdot\frac{\boldsymbol{r}}{r} = -\alpha\hbar c\frac{Z}{r^2}\cdot\frac{\boldsymbol{r}}{r}, \tag{7.5}$$

zwischen der Zentral-Ladung Ze und der Ladung $-e$ des Elektrons[1]. Indem wir die Rechnung mit der allgemeinen Kernladung Ze durchführen, erhalten wir gleichzeitig die

[1] α ist die sogenannte Feinstrukturkonstante, $\alpha = e^2/4\pi\varepsilon_0\hbar c \approx 1/137$ (s. Unterkapitel 7.7), die eine einfachere, von den elektromagnetischen Einheitensystemen unabhängige Notation ermöglicht.

Lösung für wasserstoffähnliche Ionen. Der Vektor

$$\boldsymbol{r} = \boldsymbol{r}_e - \boldsymbol{r}_Z \tag{7.6}$$

ist der Relativ-Vektor zwischen den Ortsvektoren $\boldsymbol{r}_e$ des Elektrons und $\boldsymbol{r}_Z$ des Kerns; $r = |\boldsymbol{r}|$. Die Größe ε_0 ist die dielektrische Feldkonstante, c ist die Vakuumlichtgeschwindigkeit. Da die Kraft zwischen Kern und Elektron längs ihres Abstandes wirkt und nur von diesem abhängt, kann sie von einem Potential abgeleitet werden: $\boldsymbol{F} = -\nabla V$,

$$V = -\alpha \hbar c \frac{Z}{r} . \tag{7.7}$$

Zur mechanischen Gesamtenergie gehören neben der potentiellen Energie V noch die kinetischen Energien $p_Z{}^2/2m_Z$ des Kerns und $p_e{}^2/2m_e$ des Elektrons. Da das System konservativ ist, kann man die Hamilton-Funktion H und die Gesamtenergie W des Systems gleichsetzen:

$$W = H = p_Z{}^2/2m_Z + p_e{}^2/2m_e + V .$$

Demnach (s.a. 5.34) lautet seine Schrödinger-Gleichung

$$\left\{-\hbar^2\left(\frac{1}{2m_Z}\nabla_Z{}^2 + \frac{1}{2m_e}\nabla_e{}^2\right) + V\right\}\Psi = W\Psi . \tag{7.8}$$

Darin sind die Operatoren ∇_Z und ∇_e bezüglich der Koordinaten von $\boldsymbol{r}_Z$ bzw. von $\boldsymbol{r}_e$ auszuführen (Bild 7.3).

Durch Einführung des Relativ-Vektors (7.6) und des Schwerpunktvektors

$$\boldsymbol{R} = \frac{m_Z \boldsymbol{r}_Z + m_e \boldsymbol{r}_e}{m_Z + m_e}$$

können wir die Bewegung des Schwerpunktes separieren und das Zweikörperproblem auf ein Einkörperproblem reduzieren. Dazu setzen wir $M = m_Z + m_e$, $\boldsymbol{P} = M\dot{\boldsymbol{R}}$, sowie $m = m_Z m_e/M$ (m: reduzierte Masse) und $\boldsymbol{p} = m\dot{\boldsymbol{r}}$, was uns die Beziehung

$$P^2/2M + p^2/2m = p_Z{}^2/2m_Z + p_e{}^2/2m_e$$

liefert und damit statt (7.8) die Schrödinger-Gleichung

$$\left\{-\hbar^2\left(\frac{1}{2M}\nabla_R{}^2 + \frac{1}{2m}\nabla_r{}^2\right) + V(\boldsymbol{r})\right\}\Psi = W\Psi .$$

Der Produktansatz $\Psi = \xi(\boldsymbol{R})\psi(\boldsymbol{r})$ und die Division durch $\xi\psi$ führt sie über in

$$\frac{\hbar^2}{2M\xi}\nabla_R{}^2\xi(\boldsymbol{R}) = -\frac{\hbar^2}{2m\psi}\nabla_r{}^2\psi(\boldsymbol{r}) + V(\boldsymbol{r}) - W .$$

Da die zwei Seiten dieser Gleichung von verschiedenen Variablen abhängen, müssen beide gleich einer Konstanten sein, die wir mit $-\varepsilon$ bezeichnen wollen. Damit erhalten wir die beiden entkoppelten Differentialgleichungen

$$-\frac{\hbar^2}{2M}\nabla_R{}^2\xi(\boldsymbol{R}) = \varepsilon\xi(\boldsymbol{R}) \tag{7.9}$$

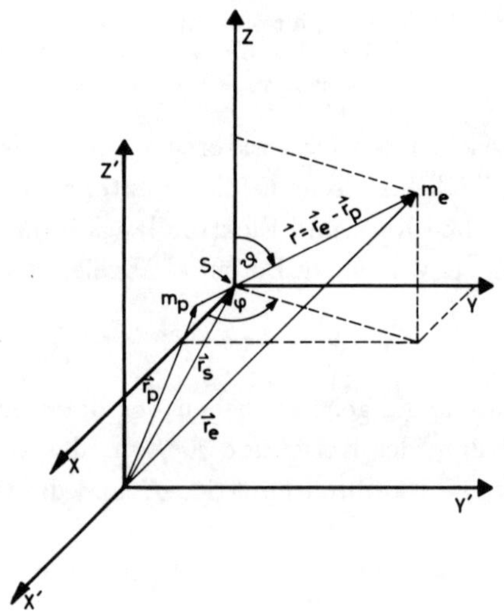

Bild 7.3 Labor- und Schwerpunkt-System für das Wasserstoff-Atom. Im Laborsystem (gestrichene Koordinaten-Achsen) haben das Proton, das Elektron und ihr gemeinsamer Schwerpunkt die Ortsvektoren $\boldsymbol{r}_p$, $\boldsymbol{r}_e$, $\boldsymbol{r}_s$. Im Schwerpunktsystem (nicht gestrichene Koordinaten-Achsen) ruht der Schwerpunkt S, und die Bewegung wird beschrieben als Bewegung der reduzierten Masse $m_p m_e/(m_p + m_e)$ von Elektron und Proton. Der Ortsvektor der reduzierten Masse in diesem System ist der Relativ-Vektor $\boldsymbol{r} = \boldsymbol{r}_e - \boldsymbol{r}_p$. Seine sphärischen Koordinaten sind (r, ϑ, φ).

und

$$-\frac{\hbar^2}{2M}\nabla_r{}^2\psi(\boldsymbol{r}) + [V(r) - W]\,\psi(\boldsymbol{r}) = -\varepsilon\psi(\boldsymbol{r})\,.$$

Setzen wir in der letzten Gleichung $W = \varepsilon + E$, und unterdrücken wir den Index r am Nabla-Operator, so erhalten wir daraus

$$\frac{\hbar^2}{2m}\nabla^2\psi(\boldsymbol{r}) + [E - V(r)]\,\psi(\boldsymbol{r}) = 0\,. \tag{7.10}$$

ε ist die Energie der gleichförmigen Bewegung des Schwerpunkts des Systems, die durch Gl. (7.9) beschrieben wird. Sie interessiert uns hier nicht weiter, weil die gleichförmige Bewegung einer Punktmasse im vorigen Kapitel ausführlich erörtert wurde und weil sie für den inneren Zustand der Atome belanglos ist. Somit bleibt nur Gl. (7.10) als die eigentliche Zustandsgleichung des Atoms.

Das kugelsymmetrische Wechselwirkungspotential (7.7) legt für die weitere Rechnung die Verwendung sphärischer Koordinaten (r, ϑ, φ) nahe. In diesen lautet Gl. (7.10) wie folgt:

$$\frac{\hbar^2}{2m}\left\{\frac{1}{r^2}\frac{\partial}{\partial r}r^2\frac{\partial}{\partial r} + \frac{1}{r^2}\left(\frac{1}{\sin\vartheta}\frac{\partial}{\partial\vartheta}\sin\vartheta\frac{\partial}{\partial\vartheta} + \frac{1}{\sin^2\vartheta}\frac{\partial^2}{\partial\varphi^2}\right)\right\}\psi + \left(E + \alpha\hbar c\frac{Z}{r}\right)\psi = 0\,. \tag{7.11}$$

Der Ausdruck in der geschweiften Klammer ist der Operator der kinetischen Energie in sphärischen Koordinaten (seine Herleitung ist eine gute Übung). Um mit dimensionslosen Größen weiterrechnen zu können, substituieren wir in Gl. (7.11) nun noch

$$r = a_0' \varrho \, ; \qquad E = E_0' \eta \, , \tag{7.12}$$

mit den Abkürzungen

$$a_0' = \frac{\hbar}{\alpha m c} = 0.529 \cdot 10^{-10}\,\mathrm{m}$$

als atomarer Längeneinheit (worin m die reduzierte Masse des Elektrons ist; $a_0 = a_0' m/m_e$ ist der Bohrsche Radius, siehe Gl. (7.52)) und

$$E_0' = \frac{\alpha \hbar c}{2a_0'} = \frac{m\alpha^2 c^2}{2}$$

als atomarer Energie-Einheit. Wir erhalten dadurch die Gleichung

$$\frac{1}{\varrho^2}\frac{\partial}{\partial\varrho}\varrho^2\frac{\partial\psi}{\partial\varrho} + \frac{1}{\varrho^2}\left(\frac{1}{\sin\vartheta}\frac{\partial}{\partial\vartheta}\sin\vartheta\frac{\partial\psi}{\partial\vartheta} + \frac{1}{\sin^2\vartheta}\frac{\partial^2\psi}{\partial\varphi^2}\right) + \left(\eta + \frac{2Z}{\varrho}\right)\psi = 0 \, . \tag{7.13}$$

Zu ihrer Lösung versuchen wir erneut einen Produktansatz:

$$\psi(\boldsymbol{r}) = \chi(\varrho) \cdot Y(\vartheta, \varphi) \, . \tag{7.14}$$

χ hängt nur von ϱ ab und muß für unendlich große Werte seines Arguments verschwinden. Setzen wir (7.14) in (7.13) ein, dividieren durch $\chi \cdot Y$ und multiplizieren mit ϱ^2, dann erhalten wir

$$\frac{1}{\chi}\frac{\mathrm{d}}{\mathrm{d}\varrho}\varrho^2\frac{\mathrm{d}\chi}{\mathrm{d}\varrho} + \varrho^2\left(\eta + \frac{2Z}{\varrho}\right) = -\frac{1}{Y}\left(\frac{1}{\sin\vartheta}\frac{\partial}{\partial\vartheta}\sin\vartheta\frac{\partial Y}{\partial\vartheta} + \frac{1}{\sin^2\vartheta}\frac{\partial^2 Y}{\partial\varphi^2}\right) .$$

Wie oben müssen wieder beide Seiten gleich einer Konstanten sein, die beide Seiten der Gleichung verbindet. Bezeichnen wir diese Konstante mit A, dann erhalten wir folgende Gleichungen:

$$\frac{\mathrm{d}}{\mathrm{d}\varrho}\varrho^2\frac{\mathrm{d}\chi}{\mathrm{d}\varrho} + \varrho^2\left(\eta + \frac{2Z}{\varrho}\right)\chi = A\chi \tag{7.15}$$

$$\frac{1}{\sin\vartheta}\frac{\partial}{\partial\vartheta}\sin\vartheta\frac{\partial Y}{\partial\vartheta} + \frac{1}{\sin^2\vartheta}\frac{\partial^2 Y}{\partial\varphi} + AY = 0 \, . \tag{7.16}$$

Die erste Gleichung heißt radiale Wellengleichung, die zweite ist die Differentialgleichung der sogenannten Kugelflächenfunktionen, die wir im nächsten Unterkapitel behandeln werden. Schreiben wir für die Konstante $A = l(l+1)$ ($0 \leq l$, l ganzzahlig; der Grund dafür wird im nächsten Unterkapitel klar werden), dann lautet die Radialgleichung, nach Differentiation des ersten Terms und anschließender Division der ganzen Gleichung durch ϱ^2,

$$\frac{\mathrm{d}^2\chi}{\mathrm{d}\varrho^2} + \frac{2}{\varrho}\frac{\mathrm{d}\chi}{\mathrm{d}\varrho} + \left\{\eta + \frac{2Z}{\varrho} - \frac{l(l+1)}{\varrho^2}\right\}\chi = 0 \, . \tag{7.17}$$

Substituieren wir hier $\chi = u/\varrho$, dann erhalten wir

$$\frac{\mathrm{d}^2u}{\mathrm{d}\varrho^2} + \left\{\eta + \frac{2Z}{\varrho} - \frac{l(l+1)}{\varrho^2}\right\} u = 0$$

und durch Einsetzen der Werte für ϱ und für η

$$-\frac{\hbar^2}{2m}\frac{\mathrm{d}^2u}{\mathrm{d}r^2} + \left\{V + \frac{\hbar^2 l(l+1)}{2mr^2} - E\right\} u = 0\,.$$

Der Vergleich mit Gl. (7.10) zeigt, daß dies eine eindimensionale Schrödinger-Gleichung ist, wenn der zweite Term in der geschweiften Klammer als Teil entweder der potentiellen oder der kinetischen Energie aufgefaßt wird. Dieser Term tritt infolge der Entkopplung der Wellenfunktion in einen radialen und in einen winkelabhängigen Teil auf. $\hbar$ hat die Dimension eines Drehimpulses; betrachten wir daher den Zähler des zweiten Terms als Quadrat L^2 eines Drehimpulses, dann lautet dieser Term $L^2/2mr^2$. Bilden wir die negative Ableitung dieses Ausdrucks nach r, also $-\mathrm{d}(L^2/2mr^2)\mathrm{d}r = L^2/mr^3$, so haben wir damit die Zentrifugalkraft, die auf ein Teilchen der Masse m auf einer Kreisbahn mit dem Radius r wirkt. Wir werden im nächsten Unterkapitel sehen, daß diese Interpretation richtig ist und daß $\hbar^2 l(l+1)$ der quantenmechanische Wert des Quadrats des Drehimpulses ist; $\hbar^2 l(l+1)/2mr^2$ heißt daher Zentrifugalpotential (Bild 7.4).

Prinzipiell ändern sich natürlich die Energie-Eigenwerte, wenn man in der Schrödinger-Gleichung zu einem gegebenen Potential einen weiteren Term hinzunimmt. Wir werden aber sehen, daß das hier nur bedingt der Fall ist.

Wie bereits bemerkt, soll die Lösung von Gl. (7.17) aus physikalischen Gründen für große Werte von ϱ verschwinden. Für diese Werte werden alle Glieder der Gleichung, bei denen ϱ im Nenner vorkommt, sehr klein, so daß wir diese für große Werte von ϱ vernachlässigen können. Statt (7.17) erhalten wir dann die asymptotische Gleichung

$$\frac{\mathrm{d}^2\chi}{\mathrm{d}\varrho^2} + \eta\chi = 0\,.$$

Sie hat die allgemeine Lösung

$$\chi_\infty = K_1 \mathrm{e}^{\varrho\sqrt{-\eta}} + K_2 \mathrm{e}^{-\varrho\sqrt{-\eta}}\,. \tag{7.18}$$

Die Forderung $\chi(\varrho) \to 0$ für $\varrho \to \infty$ wird von (7.18) nur dann erfüllt, wenn $\eta < 0$ und $K_1 = 0$, d.h. wenn gilt

$$\chi_\infty = K_2 \mathrm{e}^{-\varrho\sqrt{-\eta}}\,. \tag{7.19}$$

Diese Gleichung erfüllt zwar nicht die Ausgangsgleichung (7.17), doch gibt sie das asymptotische Verhalten ihrer Lösung wieder. Als nächsten Schritt ersetzen wir daher versuchsweise die Konstante durch eine Funktion von ϱ: $K_2 = U(\varrho)$. Damit geht (7.19) über in

$$\chi(\varrho) = U(\varrho)\mathrm{e}^{-\varrho\sqrt{-\eta}}\,. \tag{7.20}$$

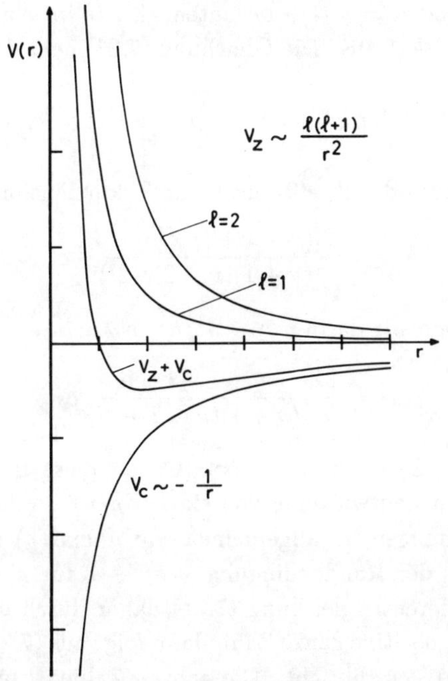

Bild 7.4 Verlauf des Coulomb-Potentials V_C sowie des Zentrifugal-Potentials V_Z für $l = 1$ und $l = 2$ als Funktionen von r in willkürlichen Einheiten (Zahlwert Eins für $Zme^2/4\pi\varepsilon_0 h^2$ angenommen). Für $l = 1$ ist auch $V_Z + V_C$ eingezeichnet.

In (7.17) eingesetzt, ergibt dieser Ansatz eine Gleichung für $U(\varrho)$:

$$\varrho^2 U'' + 2\left(1 - \varrho\sqrt{-\eta}\right)\varrho U' + \left\{2\left(Z - \sqrt{-\eta}\right)\varrho - l(l+1)\right\}U = 0\,. \qquad (7.21)$$

Diese Differentialgleichung hat bei $\varrho = 0$ eine Polstelle. Da die Koeffizienten bei U und bei dessen Ableitung U' Polynome in ϱ sind, kann die Gleichung durch einen allgemeinen Potenzreihenansatz gelöst werden:

$$U(\varrho) = \varrho^\alpha \sum_{\nu=0}^{\infty} c_\nu \varrho^\nu\,, \qquad c_0 \neq 0 \qquad (7.22)$$

(α und ν sind darin mathematische Größen, die nichts mit der Feinstrukturkonstanten oder der Frequenz gemein haben). Einsetzen in (7.21) ergibt

$$\sum_{\nu=0}^{\infty} \varrho^\alpha \left\{[\alpha(\alpha+1) + \nu(\nu+1) + 2\alpha\nu - l(l+1)]\,c_\nu \varrho^\nu \right.$$
$$\left. +2\left[Z - (1+\alpha+\nu)\sqrt{-\eta}\right] c_\nu \varrho^{\nu+1}\right\} = 0\,. \qquad (7.23)$$

Damit diese Gleichung für alle Werte von ϱ erfüllt ist, müssen die Koeffizienten aller Potenzen von ϱ einzeln verschwinden. Für die niedrigste Potenz, ϱ^α, ergibt diese Bedingung die Indexgleichung (charakteristische Gleichung)

$$\alpha(\alpha+1) - l(l+1) = 0\,,$$

deren Lösungen $\alpha = l$ und $\alpha = -(l+1)$ lauten. Da U im Nullpunkt endlich bleiben muß, scheidet der zweite Wert aus. Die Gleichung (7.23) geht damit über in

$$\sum_{\nu=0}^{\infty} \varrho^l \left\{\nu\,(\nu+1+2l)\,c_\nu \varrho^\nu + 2\left[Z-(\nu+1+l)\sqrt{-\eta}\right] c_\nu \varrho^{\nu+1}\right\} = 0\,,$$

woraus wir durch Nullsetzen der Koeffizienten die Rekursionsformel

$$c_{\nu+1} = \frac{2[(\nu+1+l)\sqrt{-\eta}-Z]}{(\nu+1)(\nu+2+2l)}\,c_\nu$$

erhalten. Da $\eta < 0$, können wir darin $\eta = -Z^2/n^2$ setzen:

$$c_{\nu+1} = \frac{2Z}{n}\frac{\nu+1+l-n}{(\nu+1)(\nu+2+2l)}\,c_\nu\,. \tag{7.24}$$

Daraus folgt $c_{\nu+1}/c_\nu \to 2Z/n\nu$ für $\nu \to \infty$. Genau diese Beziehung ergibt sich für die Koeffizienten der Reihenentwicklung von $\exp(2Z\varrho/n)$, so daß sich die Reihe (7.22) bis auf endliche Abweichungen im allgemeinen wie $\varrho^\alpha \exp(\varrho)$ verhält. Der Vergleich mit (7.20) zeigt, daß das der Randbedingung $\chi(\varrho) \to 0$ für $\varrho \to \infty$ widerspricht. Im allgemeinen wird die Differentialgleichung (7.21) daher durch den Ansatz (7.22) nicht gelöst. Ist dagegen n eine positive ganze Zahl, dann folgt aus (7.24), daß die Reihe (7.22) mit dem Glied $\nu = n-1-l$ abbricht. Die ganzen Zahlen l und n müssen dabei der Bedingung

$$l \leq n-1$$

genügen. Da $\alpha = l$ ist, hat die Reihe (7.22) dann die Gestalt

$$U(\varrho) = \sum_{\nu=0}^{n-1-l} c_\nu \varrho^{l+\nu} = \sum_{\nu=l}^{n-1} c_{\nu-l}\varrho^\nu\,.$$

Damit und mit $b_\nu = c_{\nu-l}$ lautet die radiale Wellenfunktion (7.20) dann

$$\chi(\varrho) = \mathrm{e}^{-\varrho Z/n}\sum_{\nu=l}^{n-1} b_\nu \varrho^\nu\,; \tag{7.25}$$

sie verschwindet für $\varrho \to \infty$.

Wir setzen nun $\eta = -Z^2/n^2$ in (7.12) ein und erhalten damit als Eigenwerte der Gl. (7.10), d.h. als Eigenwerte der Energie des Wasserstoffatoms und der wasserstoffähnlichen Ionen (mit α als der Feinstrukturkonstante)

$$E_n = -\frac{m\alpha^2c^2}{2}\frac{Z^2}{n^2}\,, \tag{7.26}$$

speziell für das Wasserstoffatom mit der Kernladungszahl $Z = 1$ also

$$E_n = -\frac{m\alpha^2c^2}{2}\frac{1}{n^2}\,. \tag{7.27}$$

Die Schrödingersche Theorie liefert somit für das Wasserstoffatom negative Energiewerte und für die Ionisierungsenergie (d.h. für $n \to \infty$) $E_\infty = 0$. Der Abstand von der Energie des Grundzustandes ($n = 1$) bis zur Ionisierungsenergie ist $-E_1 = \alpha^2 \cdot m \cdot c^2/2 = 13.598$ eV. Um diesen Betrag ist die Energieskala in Bild 7.1 zu negativen Energien verschoben, so daß die Wasserstoffenergien dort positiv erscheinen. Um die Energien der vom Wasserstoffatom emittierten Photonen zu erhalten, müssen wir die Energien der niedrigeren Zustände $E_{n'}$ von denen der höheren Zustände E_n subtrahieren und erhalten so, in Übereinstimmung mit (7.4):

$$h\nu = \frac{m}{2}\alpha^2 c^2 \left(\frac{1}{n^2} - \frac{1}{n'^2}\right)$$

(hier verwenden wir für die Laufzahl nicht das sonst übliche Symbol m, sondern n', um Verwechselungen mit dem Symbol für die Masse zu vermeiden). Die Division dieses Ausdrucks durch hc ergibt die Termdifferenzen (vgl. (7.2))

$$\tilde{\nu}_{nn'} = \frac{\alpha^2 mc}{2h}\left(\frac{1}{n^2} - \frac{1}{n'^2}\right) .$$

Demnach ist

$$R_{\mathrm{H}} = \frac{m}{2} \cdot \frac{\alpha^2 c}{h} = 109\,677.5648\,\mathrm{cm}^{-1}$$

der theoretische Wert der Rydberg-Konstante, in ausgezeichneter Übereinstimmung mit dem experimentellen Wert (7.3). Die ganze Zahl n in Gl. (7.27) ist die im Bohrschen Modell eingeführte Hauptquantenzahl. Die hier mit der Lösung der Radialgleichung (7.17) gewonnenen Eigenwerte der Energie des Wasserstoffatoms und der wasserstoffähnlichen Ionen stimmen mit den spektroskopischen Daten sehr gut überein.

Statt R_{H} wird in der Literatur meist der Wert R_∞ verwendet, der sich ergibt, wenn R_{H} mit der wahren Masse des Elektrons multipliziert und durch dessen reduzierte Masse im Wasserstoffatom dividiert wird. Also ist

$$R_\infty = R_{\mathrm{H}}(m_{\mathrm{e}} + m_{\mathrm{p}})/m_{\mathrm{p}} = 109\,737.314\,3(10)\,\mathrm{cm}^{-1} , \tag{7.28}$$

wobei m_{e} die Masse des Elektrons und m_{p} die Masse des Protons ist. Die Rydberg-Konstante R_∞ entspricht einem unendlich schweren Kern. Die Rydberg-Konstante für ein beliebiges wasserstoffähnliches Ion mit einem Kern der Masse M und der Ladungszahl Z ist dann

$$R = R_\infty Z^2 M/(m_{\mathrm{e}} + M) .$$

Die Ausdrücke (7.26) und (7.27) hängen ersichtlich nicht von den Zahlen l ab, und außerdem ist immer $0 \leq l \leq n-1$, so daß für jedes mögliche n insbesondere der Wert $l = 0$ erlaubt ist. Mit $l = 0$ aber verschwindet das Zentrifugalpotential, und das wiederum bedeutet, daß (7.26) und (7.27) von ihm unabhängig sein müssen. Andererseits sind bei gegebenen n aber nicht beliebig große Werte von l möglich, so daß, wie bereits oben angedeutet, die Energie-Eigenwerte zwar nicht ganz unabhängig vom Zentrifugalterm sind, aber doch innerhalb eines bestimmten Intervalls. Wir werden darauf im nächsten Unterkapitel zurückkommen.

Unter Verwendung der Konstante R_∞ erhalten wir für die Energie-Eigenwerte wasserstoffähnlicher Ionen

$$E_n = -R_\infty hc \frac{Z^2}{n^2} \frac{M}{m_e + M} = -R_\infty hc \frac{Z^2}{n^2} \frac{1}{1 + m_e/M} \, .$$

Da $m_e \ll M$, können bei der Reihenentwicklung des letzten Faktors,

$$(1 + m_e/M)^{-1} = 1 - \frac{m_e}{M} + \left(\frac{m_e}{M}\right)^2 - \cdots \, ,$$

alle Terme zweiter und höherer Ordnung vernachlässigt werden, so daß wir erhalten:

$$E_n \approx -R_\infty hc \frac{Z^2}{n^2} \left(1 - \frac{m_e}{M}\right) \, .$$

Daraus erhalten wir in Abhängigkeit von einer Änderung δM der Kernmasse die Energieverschiebung

$$\delta E_n = -R_\infty hc \frac{Z^2}{n^2} \frac{m_e}{M^2} \delta M$$

oder als relative Energieverschiebung

$$\frac{\delta E_n}{E_n} = \frac{1}{(M/m_e) - 1} \frac{\delta M}{M} \approx \frac{m_e}{M^2} \delta M \, .$$

Unter Verwendung der Beziehung $M \approx m_u A$, wobei A die Massenzahl des Atomkerns ist (Summe der Zahlen der Protonen und Neutronen) und m_u die atomare Masseneinheit (3.7), ergibt sich daraus (unter Weglassung des Index n)

$$\frac{\delta E}{E} \approx \frac{m_e}{m_u} \frac{\delta A}{A^2} \, .$$

Die Abhängigkeit der Energieunterschiede von Massenunterschieden wird Isotopieverschiebung der Energien genannt. Sie ist für leichte Atome am größten, denn sie liegt im Bereich

$$\frac{\delta E}{E} \approx 5 \cdot 10^{-4} \text{ bis } 2 \cdot 10^{-5} \, ,$$

während sie für schwere Atome sehr klein wird z.B. für $A = 100$ wird $\delta E/E \approx 10^{-7}$. Bei den schweren Atomen tritt allerdings ein weiterer Isotopieeffekt auf, der mit dem Volumen verbunden ist: Die Ladung der schweren Kerne kann nicht mehr als punktförmig angesehen werden, wodurch das $1/r$-Potential in ein parabelförmiges Potential übergeht. Von diesem Potential werden vorwiegend s-Elektronen beeinflußt, deren Aufenthaltswahrscheinlichkeit in der Nähe des Kerns am größten ist (vgl. auch Kapitel 7.5).

Berücksichtigen wir die Radiusänderung δR eines Kerns, die proportional der Massenänderung δA ist, dann finden wir als Größenordnung für die Energieverschiebung

$$\delta E \approx 2 \cdot 10^{-9} A^{5/3} \delta A \,.$$

Danach hat z.B. bei den Isotopen mit den Massen $A = 200$ und $A = 202$ das s-Elektron im schwereren Isotop eine um ca. $3 \cdot 10^{-5}$ eV kleinere Bindungsenergie als dasjenige im leichteren.

7.4 Der Bahndrehimpuls

Zur physikalischen Deutung der winkelabhängigen Differentialgleichung (7.16) gelangen wir durch folgende Überlegung. Die Bewegung in einem Zentralpotential wie dem Coulomb-Potential (7.7) ist ein ebenes Problem und kann folglich in ebenen Polarkoordinaten (r, φ) beschrieben werden. Die Geschwindigkeit des Teilchens läßt sich dann in eine Komponente $\dot{r}$ längs seines Ortsvektors $\boldsymbol{r}$ und in eine Komponente senkrecht dazu, $r\dot{\varphi}$ zerlegen, so daß seine kinetische Energie T mit diesen beiden Geschwindigkeiten ausgedrückt werden kann:

$$T = \frac{m}{2}\left(\dot{r}^2 + r^2\dot{\varphi}^2\right).$$

Das Quadrat des Drehimpulses des Teilchens ist $L^2 = (mr^2\dot{\varphi})^2$, und für den Impuls gilt $p_r = m\dot{r}$, so daß wir für die kinetische Energie auch schreiben können

$$T = \frac{p_r^2}{2m} + \frac{L^2}{2mr^2}\,. \tag{7.29}$$

Dieselbe Gleichung ergibt sich, wenn man von sphärischen Polarkoordinaten (r, ϑ, φ) ausgeht.

Wir wollen nun den quantenmechanischen Ausdruck für L^2 in diese Gleichung einsetzen. Diesen gewinnen wir, indem wir zunächst in $\boldsymbol{L} = \boldsymbol{r} \times \boldsymbol{p}$ die Variablen der rechten Seite nach der Vorschrift (5.34) substituieren:

$$\begin{aligned} L_x &= yp_z - zp_y = -i\hbar\left(y\frac{\partial}{\partial z} - z\frac{\partial}{\partial y}\right) \\ L_y &= zp_x - xp_z = -i\hbar\left(z\frac{\partial}{\partial x} - x\frac{\partial}{\partial z}\right) \\ L_z &= xp_y - yp_x = -i\hbar\left(x\frac{\partial}{\partial y} - y\frac{\partial}{\partial x}\right). \end{aligned} \tag{7.30}$$

Die Transformation auf sphärische Polarkoordinaten ergibt

$$\begin{aligned} L_x &= i\hbar\left(\sin\varphi\frac{\partial}{\partial\vartheta} + \cot\vartheta\cos\varphi\frac{\partial}{\partial\varphi}\right) \\ L_y &= -i\hbar\left(\cos\varphi\frac{\partial}{\partial\vartheta} - \cot\vartheta\sin\varphi\frac{\partial}{\partial\varphi}\right) \\ L_z &= -i\hbar\frac{\partial}{\partial\varphi} \end{aligned} \tag{7.31}$$

und, wegen $L^2 = L_x^2 + L_y^2 + L_z^2$,

$$L^2 = -\hbar^2\left(\frac{1}{\sin\vartheta}\frac{\partial}{\partial\vartheta}\sin\vartheta\frac{\partial}{\partial\vartheta} + \frac{1}{\sin^2\vartheta}\frac{\partial^2}{\partial\varphi^2}\right) . \tag{7.32}$$

Bei der formalen Quadrierung der Drehimpulskomponenten (7.32) ist zu beachten, daß es sich dabei um Differentialoperatoren handelt. Quadrieren bedeutet demnach zweimaliges Anwenden des gleichen Operators. Vergleichen wir nun (7.32) mit dem zweiten Term in der geschweiften Klammer von Gl. (7.11), so sehen wir, daß dieser gleich $-L^2/2mr^2$ ist. Da der ganze Ausdruck in der geschweiften Klammer gleich dem negativen Operator $\hbar^2\nabla^2/2m$ der kinetischen Energie ist (siehe Gl. 7.10), d.h. nach (5.34) gleich $-p^2/2m$, erkennen wir, daß die Verwendung von sphärischen Koordinaten in Gl. (7.10) einer Aufspaltung der kinetischen Energie nach Gl. (7.29) entspricht. Folglich muß (7.16) als Eigenwertgleichung für das Quadrat des Bahndrehimpulses interpretiert werden:

$$L^2 Y(\vartheta,\varphi) = \hbar^2 A\, Y(\vartheta,\varphi) . \tag{7.33}$$

Unter Verwendung der Vertauschungsrelationen (5.33) erhalten wir aus (7.31) für den Bahndrehimpuls die Vertauschungsrelationen

$$[L_x, L_y] = i\hbar L_z , \quad x,y,z \text{ zyklisch} \tag{7.34}$$

$$\left[L_k, L^2\right] = 0 , \quad k = x,y,z .$$

Diese Relationen besagen, daß zwei verschiedene kartesische Komponenten des Drehimpulses keine gemeinsamen Eigenzustände haben, daß sie also nicht gleichzeitig gemessen werden können (vgl. Unterkapitel 5.2). Dagegen gibt es für jede beliebige der drei Komponenten gemeinsame Eigenzustände mit dem Quadrat des Drehimpulses, d.h. das Quadrat des Drehimpulses und eine seiner Komponenten sind gleichzeitig meßbar; der Wert der übrigen beiden Komponenten bleibt dabei unbestimmt. Wenn also die Herleitung der Beziehung (7.32) vielleicht zu dem Schluß verleiten mag, man könne den Eigenwert $\hbar^2 A$ des Quadrats des Bahndrehimpulses durch das Messen oder Berechnen seiner Komponenten erhalten, so zeigen auf jeden Fall die Vertauschungsrelationen (7.34), daß dieser Schluß irrig ist.

Wir kehren nun zur Gl. (7.16) zurück. Auch sie kann durch einen Produktansatz gelöst werden:

$$Y(\vartheta,\varphi) = \Theta(\vartheta)\Phi(\varphi)\,. \tag{7.35}$$

Dies, in (7.16) eingesetzt, ergibt:

$$\frac{\Phi}{\sin\vartheta}\frac{\mathrm{d}}{\mathrm{d}\vartheta}\sin\vartheta\frac{\mathrm{d}\Theta}{\mathrm{d}\vartheta} + \frac{\Theta}{\sin^2\vartheta}\frac{\mathrm{d}^2\Phi}{\mathrm{d}\varphi^2} = -A\Theta\Phi\,.$$

Dividieren wir diese Gleichung durch $\Theta\Phi/\sin^2\vartheta$, dann erhalten wir

$$\frac{1}{\Theta}\sin\vartheta\frac{\mathrm{d}}{\mathrm{d}\vartheta}\sin\vartheta\frac{\mathrm{d}\Theta}{\mathrm{d}\vartheta} + A\sin^2\vartheta = -\frac{1}{\Phi}\frac{\mathrm{d}^2\Phi}{\mathrm{d}\varphi^2}\,.$$

Diese Gleichung zerfällt in zwei gewöhnliche Differentialgleichungen, da jede ihrer Seiten von einer anderen Variablen abhängt. Nennen wir die Separationskonstante m^2, dann lauten die beiden Gleichungen:

$$\frac{1}{\sin\vartheta}\frac{\mathrm{d}}{\mathrm{d}\vartheta}\sin\vartheta\frac{\mathrm{d}\Theta}{\mathrm{d}\vartheta} + A\Theta - \frac{m^2}{\sin^2\vartheta}\Theta = 0 \tag{7.36}$$

$$\frac{\mathrm{d}^2\Phi}{\mathrm{d}\varphi^2} = -m^2\Phi\,. \tag{7.37}$$

Gl. (7.37) hat die Lösung

$$\Phi(\varphi) = \mathrm{e}^{\pm im\varphi}\,. \tag{7.38}$$

Wegen der Forderung der Eindeutigkeit der Wellenfunktion muß diese die Bedingung $\Phi(\varphi+2\pi) = \Phi(\varphi)$ erfüllen, weil (r,ϑ,φ) der gleiche Punkt im Raum ist wie $(r,\vartheta,\varphi+2\pi)$. Aus dieser Bedingung folgt, daß m ganzzahlig sein muß.

Wenden wir auf (7.38) den Operator der z-Komponente des Drehimpulses an, so erhalten wir

$$L_z\Phi = -i\hbar\frac{\mathrm{d}}{\mathrm{d}\varphi}\Phi = -i\hbar\frac{\mathrm{d}}{\mathrm{d}\varphi}\mathrm{e}^{\pm im\varphi} = \pm m\hbar\Phi\,. \tag{7.39}$$

Das bedeutet, daß (7.38) auch die Eigenwertgleichung der z-Komponente des Bahndrehimpulses löst. Zur Vereinfachung der weiteren Rechnung substituieren wir in Gl. (7.36)

$$x = \cos\vartheta \quad \text{und} \quad y(x) = \Theta(\vartheta) \tag{7.40}$$

und, daraus folgend,

$$\sin\vartheta\,\mathrm{d}\vartheta = -\mathrm{d}x \quad \text{und} \quad \sin\vartheta\,\mathrm{d}\Theta/\mathrm{d}\vartheta = -(1-x^2)y'\,.$$

Der Strich bedeutet die Ableitung nach dem Argument. Die Gleichung geht damit über in

$$(1-x^2)y'' - 2xy' + (A - \frac{m^2}{1-x^2})y = 0\,. \tag{7.41}$$

Führen wir nun die Substitution $y = (1-x^2)^{m/2}\,v_m(x)$ durch, so erhalten wir eine Differentialgleichung für v_m:

$$(1-x^2)v_m'' - 2(m+1)xv_m' + [A - m(m+1)]\,v_m = 0\,. \tag{7.42}$$

Differenzieren dieser Gleichung führt sie über in

$$(1-x^2)(v_m')'' - 2(m+2)x(v_m')' + [A-(m+1)(m+2)]\,(v_m') = 0\,.$$

Ihre Lösungen genügen daher der Bedingung $v_m' = v_{m+1}$ oder

$$v_m(x) = \frac{\mathrm{d}^m v_0(x)}{\mathrm{d}x^m}\,. \tag{7.43}$$

Für $m = 0$ ergibt sich aus (7.42) die Differentialgleichung

$$(1-x)\,v_0'' - 2xv_0' + Av_0 = 0\,, \tag{7.44}$$

die wir durch Einsetzen des Potenzreihenansatzes

$$v_0(x) = \sum_{n=0}^{\infty} g_n x^n$$

lösen. Die sich daraus ergebende notwendige Bedingung, daß alle Koeffizienten aller Potenzen von x verschwinden, führt zu einer Rekursionsformel für die g_n, aus der sich die vollständige Lösung ergibt:

$$\begin{aligned} v_0(x) &= g_0\left\{1 - A\frac{x^2}{2!} + A(A-2\cdot 3)\frac{x^4}{4!} - A(A-2\cdot 3)(A-4\cdot 5)\frac{x^6}{6!} + \ldots\right\} + \\ &+ g_1\left\{x - (A-1\cdot 2)\frac{x^3}{3!} + (A-1\cdot 2)(A-3\cdot 4)\frac{x^5}{5!} + \ldots\right\}\,. \end{aligned} \tag{7.45}$$

g_0 und g_1 sind zwei willkürliche Konstanten, und zwar die beiden Integrationskonstanten der Differentialgleichung zweiten Grades (7.44). Beide Reihen in (7.45) divergieren im allgemeinen für $|x| = 1$ und kommen somit für die Lösungsfunktion der Schrödinger-Gleichung nicht in Betracht, die ja stetig und endlich sein soll ($|x| = 1$ entspricht nach (7.40) $\vartheta = n\pi$, n ganz). Dagegen sehen wir, daß für

$$A = l(l+1)\,, \qquad l = 0, 1, 2, \ldots \tag{7.46}$$

bei beliebiger Wahl der ganzen Zahl l jeweils eine der beiden Reihen nach endlich vielen Gliedern abbricht. Die auf diese Weise entstehenden Lösungen sind überall im Intervall $-1 \le x \le 1$ regulär. Sie heißen Legendresche[1] Polynome $P_l(x)$ und werden üblicherweise so normiert, daß $P_l(1) = 1$. Sie lassen sich z.B. nach der Formel von Rodrigues,

$$P_l(x) = \frac{1}{2^l l!}\frac{\mathrm{d}^l(x^2-1)^l}{\mathrm{d}x^l}\,,$$

berechnen. Damit haben wir den Grund für die besondere Wahl der Konstante A im vorigen Unterkapitel. Mit diesem Wert von A heißt (7.44) Legendresche Differentialgleichung und (7.41) zugeordnete Legendresche Gleichung.

[1] Adrien Marie Legendre (1752—1833)

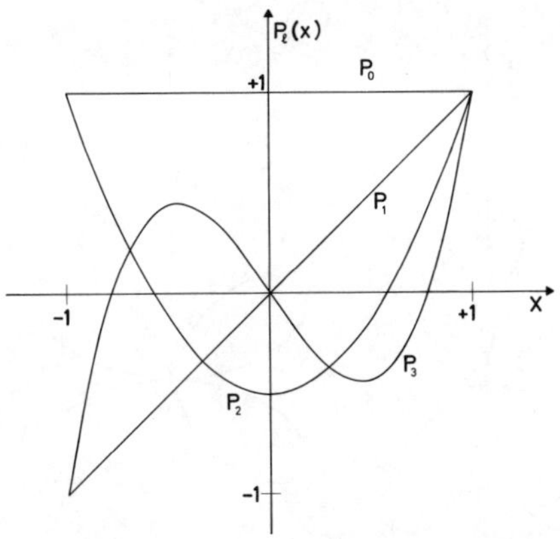

Bild 7.5 Verlauf der ersten Legendre-Polynome $P_l(x)$ in Abhängigkeit von x.

Die Legendre-Polynome $P_l(x)$ ergeben mit (7.43) die Lösung der Gl. (7.42) und damit

$$y(x) = (1 - x^2)^{m/2} \frac{\mathrm{d}^m}{\mathrm{d}x^m} P_l(x)$$

oder, wegen $x = \cos\vartheta$,

$$P_l^m(\cos\vartheta) = \sin^m \vartheta \frac{\mathrm{d}^m}{\mathrm{d}(\cos\vartheta)^m} P_l(\cos\vartheta) \,.$$

Da die Legendre-Polynome vom Grade l sind und $l > 0$, ist notwendigerweise $0 \leq m \leq l$.

Die Kombination der P_l^m mit (7.38) ergibt schließlich (7.35) und damit als Lösung der Differentialgleichung (7.16) die sogenannten Kugelflächenfunktionen

$$Y_{lm}(\vartheta, \varphi) = \mathrm{e}^{im\varphi} \sin^{|m|} \vartheta \frac{\mathrm{d}^{|m|}}{\mathrm{d}(\cos\vartheta)^{|m|}} P_l(\cos\vartheta) \,, \qquad (7.47)$$

mit $-l \leq m \leq l$. Die Funktionen P_l^m heißen zugeordnete Legendresche Polynome. Die mit den niedrigsten Indizes lauten

$$\begin{aligned}
P_0^0(x) &= 1 \,, & P_1^0(x) &= x \,, \\
P_1^1(x) &= \sqrt{1 - x^2} \,, & P_2^0(x) &= \tfrac{1}{2}(3x^2 - 1) \,, \\
P_2^1(x) &= 3x\sqrt{1 - x^2} \,, & P_2^2(x) &= 3(1 - x^2) \,, \\
P_3^0(x) &= \tfrac{1}{2}(5x^3 - 3x) \,, & P_3^1(x) &= \tfrac{3}{2}(5x^2 - 1)\sqrt{1 - x^2} \,, \\
P_3^2(x) &= 15x(1 - x^2) \,, & P_3^3(x) &= 15\sqrt{(1 - x^2)^3} \,.
\end{aligned}$$

Für $m = 0$ sind die P_l^m mit den P_l identisch, deren Verlauf bis $l = 3$ in Bild 7.5 gezeigt ist.

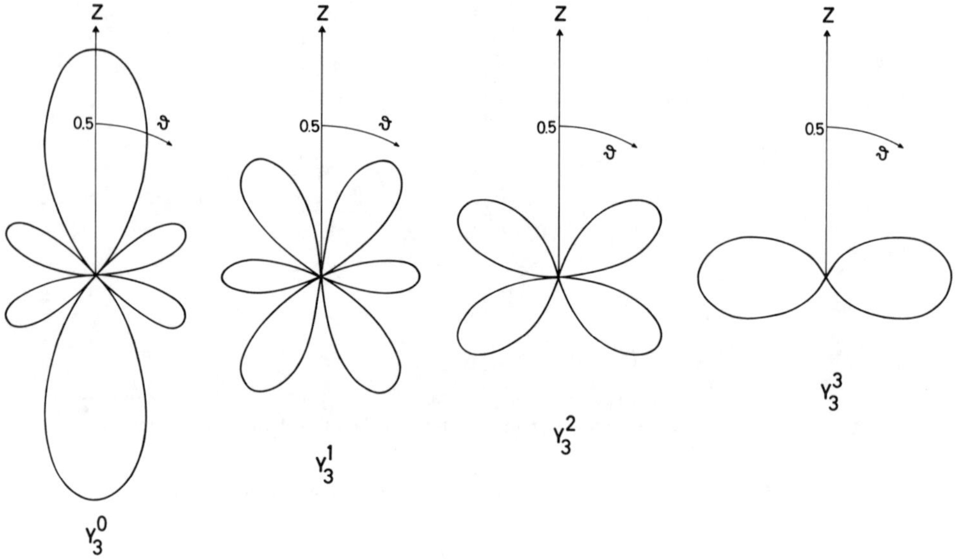

Bild 7.6 Absolutbeträge der Kugelflächenfunktionen (7.48) für $l = 3$ und $|m| = 0, 1, 2, 3$ als Polardiagramm. Die Länge des Fahrstrahls gibt $|Y_{lm}|$ an, der von ihm und der z-Achse eingeschlossene Winkel ist ϑ. $|Y_{lm}|^2$ ist rotationssymmetrisch mit der z-Achse als Symmetrieachse.

Werden die Funktionen (7.47) auf Eins normiert,

$$\int_\Omega Y^*_{lm}(\vartheta, \varphi) Y_{l'm'}(\vartheta, \varphi) \mathrm{d}\Omega = \delta_{m'm}\delta_{l'l} ,$$

dann bilden sie auf der Fläche der Einheitskugel ein vollständiges orthonormiertes Funktionensystem, so daß sich jede Funktion auf der Einheitskugel nach ihnen entwickeln läßt (vgl. Kapitel 5.2); $\mathrm{d}\Omega$ ist das Raumwinkelelement $\sin\vartheta \mathrm{d}\vartheta \mathrm{d}\varphi$. Die so normierten Kugelflächenfunktionen lauten

$$Y_{lm}(\vartheta, \varphi) = (-1)^m \left[\frac{2l+1}{4\pi} \frac{(l-|m|)!}{(l+|m|)!}\right]^{1/2} P_l^{|m|}(\cos\vartheta) \mathrm{e}^{im\varphi} . \tag{7.48}$$

Da m im Exponenten von (7.48) sowohl positiv als auch negativ sein kann, ist die Zahl der Lösungen Y_{lm}, die zu einem bestimmten Wert von l gehören, nicht bloß $l + 1$, sondern $2l + 1$. In Bild 7.6 ist $|Y_{lm}(\vartheta, \varphi)|$ für $l = 3$ und $m = 0, 1, 2, 3$ als Polardiagramm aufgetragen.

Zu den Kugelflächenfunktionen ist zu bemerken, daß vor allem in der mathematischen Literatur weder die Bezeichnungen noch die Notation einheitlich sind, desgleichen ihre Normierung und Phase. Das ist bei ihrer Anwendung zu beachten.

Mit den Zahlen l und m haben wir neben der Hauptquantenzahl n zwei weitere Quantenzahlen zur Charakterisierung der atomaren Zustände. l heißt Bahndrehimpulsquantenzahl, sie bestimmt nach (7.46) und (7.33) den Eigenwert $l(l+1)\hbar^2$ des Drehimpulses.

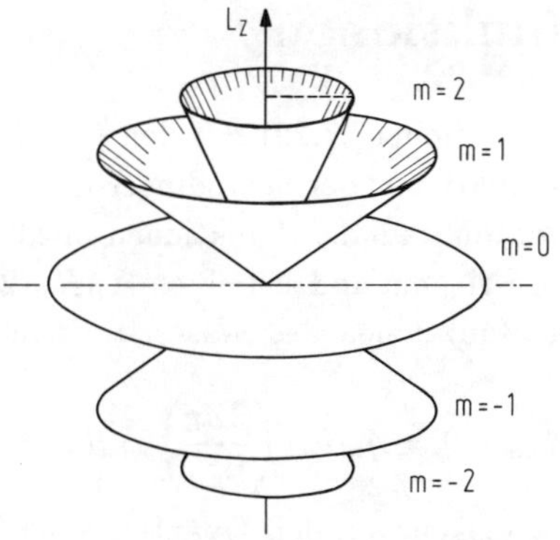

Bild 7.7 Richtungsquantisierung: Die Einstellmöglichkeiten des Drehimpulses $\boldsymbol{L}$ mit der Drehimpuls-Quantenzahl $l = 2$ (siehe Text).

m heißt magnetische Bahndrehimpulsquantenzahl, sie bestimmt nach (7.39) den Eigenwert $m\hbar$ der z-Komponente des Bahndrehimpulses. Die Bezeichnung „magnetisch" wird erst im Kapitel 12 richtig klar werden.

Daß sowohl der Betrag als auch die z-Komponente des Drehimpulses durch ganze Zahlen bestimmt werden, bedeutet, daß in einem Atom der Drehimpuls ebenso wie die Energie nur diskrete Werte annehmen kann. Ist mit dem Eigenwert $l(l+1)\hbar^2$ des Quadrates L^2 eines Drehimpulses dessen Betrag fest vorgegeben – man sagt statt dessen vereinfachend „ist der Drehimpuls l vorgegeben" – dann läßt sich die Quantisierung (des Eigenwertes) der z-Komponente durch die Vorstellung veranschaulichen, daß der Vektor $\boldsymbol{L}$ nur bestimmter Orientierungen im Raum fähig ist. Man nennt das Richtungsquantisierung. Das wird durch Bild 7.7 für den Drehimpuls $l = 2$ verdeutlicht. Darin geben die Pfeile den Betrag und die mögliche Orientierung von $\boldsymbol{L}$ bezüglich einer vorgegebenen z-Richtung an. Die Rotationssymmetrie der Darstellung um die z-Achse ist so zu verstehen, daß der Vektor $\boldsymbol{L}$ völlig regellos auf den erlaubten Kegelmänteln präzediert, für deren Öffnungswinkel ϑ gilt: $\cos\vartheta = m/\sqrt{l(l+1)}$. Die x- und y-Komponenten des Drehimpulses bleiben dabei innerhalb des durch l und m vorgegebenen Rahmens unbestimmt. Da für $l < \sqrt{l(l+1)}$ und folglich auch für den größtmöglichen Wert der z-Komponente $\vartheta > 0$ gilt, kann sich der Drehimpuls nie parallel zur z-Achse stellen, in Übereinstimmung mit den Vertauschungsrelationen (7.34). Denn stünde $\boldsymbol{L}$ parallel zur z-Achse, dann hätten L_x und L_y den gemeinsamen (Eigen-)Wert Null, und es wäre $[L_x, L_y] = 0$, im Widerspruch zu (7.34).

7.5 Die Eigenfunktionen

Das Produkt der radialen Funktionen (7.25) mit den Kugelflächenfunktionen (7.48) ergibt wegen (7.14) die Eigenfunktionen der Schrödinger-Gleichung (7.10) bzw. (7.11). Sie sind noch nicht normiert, da die radialen Funktionen nicht normiert sind. Wir führen daher den Normierungsfaktor A_{nl} ein und schreiben $A_{nl}R_{nl}(2Zr/na_0')$ statt $\chi(\rho)$. Damit lauten die normierten Eigenfunktionen des Wasserstoffs und der wasserstoffähnlichen Ionen

$$\psi_{nlm}(\boldsymbol{r}) = A_{nl}R_{nl}\left(\frac{2Zr}{na_0'}\right) Y_{lm}(\vartheta,\varphi)\,, \tag{7.49}$$

wobei die Indizes die Abhängigkeit von den Quantenzahlen n, l und m andeuten. Die Radialfunktion hängt nach (7.25) nur von den Quantenzahlen n und l ab. Weil die Y_{lm} nach (7.48) bereits normiert sind, hängt die Normierungskonstante nicht von m ab. Sie ergibt sich aus der Bedingung

$$\begin{aligned}\int \mathrm{d}^3\boldsymbol{r}\ |\psi_{nlm}|^2 &= \int_0^{2\pi} \mathrm{d}\varphi \int_0^{\pi} \mathrm{d}\vartheta\ \sin\vartheta\, Y_{lm}^* Y_{lm} \int_0^{\infty} \mathrm{d}r\, r^2\, |A_{nl}R_{nl}|^2 \\ &= |A_{nl}|^2 \int_0^{\infty} \mathrm{d}r\, r^2\, |R_{nl}|^2 = 1\,.\end{aligned}$$

Die Radialfunktionen (7.25) bzw. $R_{nl}(\tilde{\varrho})$ (mit der Abkürzung $\tilde{\varrho} = 2Zr/na_0'$) lassen sich durch die sogenannten zugeordneten Laguerreschen Polynome $L_j^k(x)$ ausdrücken. Damit wird es möglich, die A_{nl} zu berechnen, und wir erhalten statt (7.49) als normierte Eigenfunktionen explizit

$$\psi_{nlm}(\boldsymbol{r}) = \left[\left(\frac{2Z}{na_0'}\right)^3 \frac{(n-l-1)!}{2n(n+l)!^3}\right]^{1/2} \mathrm{e}^{-\tilde{\varrho}/2}\,\tilde{\varrho}^l\, L_{n+l}^{2l+1}(\tilde{\varrho})\, Y_{lm}(\vartheta,\varphi)\,. \tag{7.50}$$

Die zugeordneten Polynome $L_j^k(x)$ ergeben sich aus den Laguerreschen Polynomen $L_j(x)$ durch die Formel

$$L_j^k(x) = \frac{\mathrm{d}^k}{\mathrm{d}x^k} L_j(x)\,.$$

Die $L_j(x)$ sind die Lösungsfunktionen der Laguerreschen Differentialgleichung

$$xL_j'' + (1-x)L_j' + jL_j = 0\,.$$

Sie lassen sich mit Hilfe der Formel

$$L_j(x) = \mathrm{e}^x \frac{\mathrm{d}^j}{\mathrm{d}x^j}\left(x^j \mathrm{e}^{-x}\right)$$

darstellen. In Tabelle 7.1 sind die Eigenfunktionen (7.50) mit den niedrigsten Quantenzahlen zusammengestellt. Der Verlauf der entsprechenden Radialteile $A_{nl}R_{nl}$ der sogenannten normierten Laguerreschen Funktionen ist in Bild 7.8 links gezeigt.

Tab. 7.1 Normierte Eigenfunktionen des Wasserstoff-Atoms mit den Abkürzungen $\zeta = Z/a_0'$ und $\tilde{\varrho} = 2Zr/na_0'$.

n	l	m	
1	0	0	$\psi_{100} = \frac{\zeta^{3/2}}{\sqrt{\pi}}\, e^{-\tilde{\varrho}/2}$
2	0	0	$\psi_{200} = \frac{\zeta^{3/2}}{4\sqrt{2\pi}}\,(2-\zeta r)\, e^{-\tilde{\varrho}/2}$
2	1	0	$\psi_{210} = \frac{\zeta^{3/2}}{4\sqrt{2\pi}}\,\zeta r\, e^{-\tilde{\varrho}/2}\cos\vartheta$
2	1	±1	$\psi_{21\pm1} = \frac{\zeta^{3/2}}{8\sqrt{\pi}}\,\zeta r\, e^{-\tilde{\varrho}/2}\sin\vartheta\, e^{\pm i\varphi}$
3	0	0	$\psi_{300} = \frac{\zeta^{3/2}}{81\sqrt{3\pi}}\,(27-18\zeta r+2\zeta^2 r^2)\, e^{-\tilde{\varrho}/2}$
3	1	0	$\psi_{310} = \frac{\zeta^{3/2}\sqrt{2}}{81\sqrt{\pi}}\,(6-\zeta r)\,\zeta r\, e^{-\tilde{\varrho}/2}\cos\vartheta$
3	1	±1	$\psi_{31\pm1} = \frac{\zeta^{3/2}}{81\sqrt{\pi}}\,(6-\zeta r)\zeta r\, e^{-\tilde{\varrho}/2}\sin\vartheta\, e^{\pm i\varphi}$
3	2	0	$\psi_{320} = \frac{\zeta^{3/2}}{81\sqrt{6\pi}}\,\zeta^2 r^2\, e^{-\tilde{\varrho}/2}(3\cos^2\vartheta-1)$
3	2	±1	$\psi_{32\pm1} = \frac{\zeta^{3/2}}{81\sqrt{\pi}}\,\zeta^2 r^2\, e^{-\tilde{\varrho}/2}\sin\vartheta\cos\vartheta\, e^{\pm i\varphi}$
3	2	±2	$\psi_{32\pm2} = \frac{\zeta^{3/2}}{162\sqrt{\pi}}\,\zeta^2 r^2\, e^{-\tilde{\varrho}/2}\sin^2\vartheta\, e^{\pm 2i\varphi}$

Nach der Interpretation der Quantenmechanik ist das Absolutquadrat einer Wellenfunktion die Verteilungsfunktion für die Aufenthaltswahrscheinlichkeit der entsprechenden Teilchen im Konfigurationsraum. Die Absolutquadrate sind daher die Wahrscheinlichkeitsverteilungen der reduzierten Massen m und damit des Elektrons in den durch die Quantenzahlen n, l, m charakterisierten Zuständen. Die Verwendung des gleichen Symbols für die Masse und für die magnetische Quantenzahl ist zwar nicht schön, aber kaum zu umgehen; Verwechselungen sind wohl kaum zu befürchten. In sphärischen Polarkoordinaten haben wir

$$|\psi_{nlm}|^2\, d^3\boldsymbol{r} = r^2\,(A_{nl}R_{nl})^2\, dr\; |Y_{lm}|^2 \sin\vartheta d\vartheta\, d\varphi\,. \tag{7.51}$$

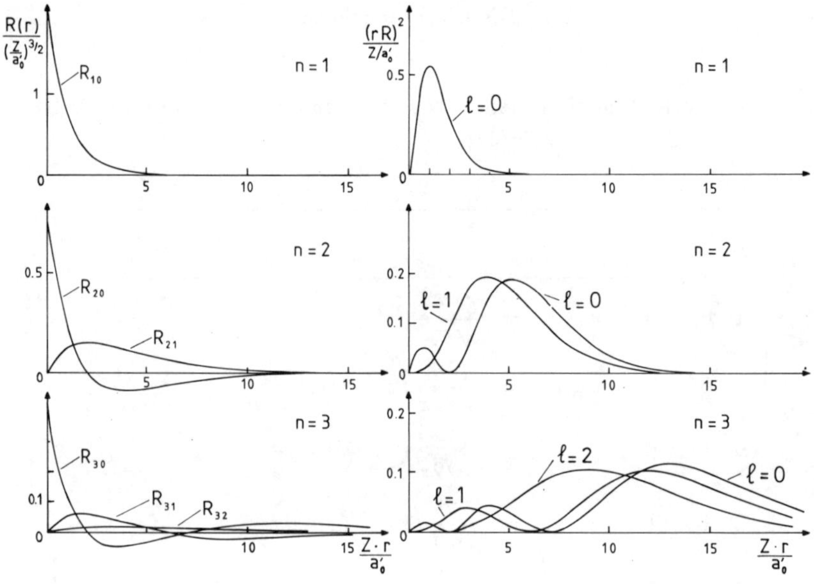

Bild 7.8 Radiale Wellenfunktionen (links) und radiale Wahrscheinlichkeitsverteilungen (rechts) für das Wasserstoffatom (siehe Text).

Die $(rA_{nl}R_{nl})^2$ sind daher die radialen Verteilungsfunktionen der Aufenthaltswahrscheinlichkeit des Elektrons (vgl. Kapitel 2.2). Diese Funktionen sind für die niedrigsten Quantenzahlen in Bild 7.8 rechts dargestellt. Die Einheiten der Abszissen und Ordinaten in Bild 7.8 sind so gewählt, daß die Darstellungen für alle wasserstoffähnlichen Ionen gelten und nicht nur für das Wasserstoffatom; für das jeweilige System ist die entsprechende Kernladungszahl Z einzusetzen und in a_0' die entsprechende reduzierte Masse des Elektrons.

Das Maximum von $(rR_{10})^2$ liegt exakt bei $Zr/a_0' = 1$, für das Wasserstoffatom mit $Z = 1$ also bei $r = a_0'$, wobei zu beachten ist, daß in unserer Rechnung r der Abstand zwischen Kern und Elektron und m die reduzierte Masse ist. Bohr verwendet in seinem Modell statt dessen als Bahnradius r_s den Abstand zwischen Schwerpunkt und Elektron und entsprechend die wahre Elektronenmasse m_e. In seinem Modell ergibt sich

$$a_0 = \frac{\hbar}{\alpha c m_e} = 5.291\,770\,6(44) \cdot 10^{-11}\,\mathrm{m} \qquad (7.52)$$

als Radius derjenigen Kreisbahn, auf der das Elektron den niedrigsten der möglichen Energiewerte hat[1]. a_0 heißt Bohrscher Radius.

Zwischen den Größen in den beiden verschiedenen Bezugssystemen besteht die Beziehung $r_s \cdot m_e = r \cdot m$, und diese Beziehung besteht auch zwischen a_0' und a_0, wie der

[1] Eine Kreisbahn ist zwar nicht mit dem Drehimpuls $l = 0$ vereinbar, die Energie der Bewegung auf einer Kepler-Ellipse wird jedoch nur durch deren große Halbachse festgelegt; ihre kleine Halbachse bestimmt den Drehimpuls. Für $l = 0$ artet die Ellipse in eine Strecke aus, und die große Halbachse ist dann die Amplitude einer linearen Schwingung.

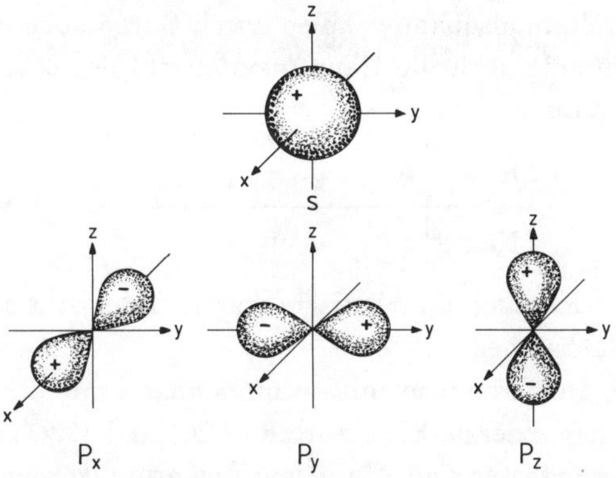

Bild 7.9 Polardiagramme der Kugelflächenfunktionen $|Y_{00}|^2$ für einen s-Zustand (oben) sowie $|Y_{11} + Y_{1-1}|^2$, $|Y_{11} - Y_{1-1}|^2$ für p-Zustände (unten, als p_x, p_y und p_z bezeichnet); s. Gl. (7.48) und Text.

Vergleich zeigt (Gln. (7.12) und (7.52)):

$$a_0' m = a_0 m_e = \frac{\hbar}{\alpha} \cdot c\,.$$

Die Quantenmechanik liefert also für die Lage des Maximums der radialen Verteilung $(rR_{10})^2$ genau den Bohrschen Radius a_0.

Auch für die Maxima der übrigen Verteilungsfunktionen ergeben sich Übereinstimmungen mit den Bahnparametern der Bohrschen Theorie. Allerdings haben die meisten Verteilungen wegen der Nullstellen der Radialfunktionen R_n – ihre Zahl ist gleich der Hauptquantenzahl n, wobei die Nullstelle im unendlich fernen Punkt mitgezählt wird – mehrere Maxima (die Zahl der Knoten der Verteilungsfunktion ist $n - l$), während in der Bohrschen Theorie jedem Zustand genau eine Elektronenbahn entspricht. Um die vollständigen räumlichen Verteilungen der Elektronen in den Quantenzuständen ψ_{nlm} zu erhalten, sind entsprechend (7.51) die radialen Verteilungen noch mit $|Y_{lm}|^2 \sin\vartheta$ zu multiplizieren.

Da die Eigenfunktionen Y_{lnm} zu fester Hauptquantenzahl n (Tab. 7.1) energetisch entartet sind, sind auch Linearkombinationen aus ihnen Energie-Eigenfunktionen. In Bild 7.9 sind die Absolutquadrate der Winkelanteile (Kugelflächenfunktionen) von zwei solcher Kombinationen (als p_x und p_y bezeichnet) neben den Kugelflächenfunktionen für einen s-Zustand sowie für einen p-Zustand mit $l = 1$ und $m = 0$ (p_z) als Polardiagramme dargestellt. Von solchen Linearkombinationen wird insbesondere in der Theorie der kovalenten Molekülbindung Gebrauch gemacht. In der chemischen Literatur werden Einteilchen-Wellenfunktionen als Orbitale bezeichnet, Linearkombinationen von Eigenfunktionen zu verschiedenen Drehimpulsquantenzahlen (z.B. s und p) als Hybridorbitale.

Zur Bezeichnung der Elektronen bzw. ihrer Zustände im Atom dient eine Nomenklatur, die in der Spektroskopie historisch entstanden ist (siehe Unterkapitel 8.1). Mit ihr werden die Bahndrehimpulsquantenzahlen durch Buchstaben charakterisiert, denen zur näheren Kennzeichnung noch die Hauptquantenzahl des entsprechenden Zustands vorangestellt werden kann:

l	0	1	2	3	4	...
Name	s	p	d	f	g	...

Von f an geht die Bezeichnung alphabetisch weiter, unter Auslassung von j und der bereits verwendeten Buchstaben.

Anknüpfend an die Bemerkungen im Zusammenhang mit der radialen Wellengleichung (7.17) und mit den Energie-Eigenwerten (7.26) und (7.27) stellen wir jetzt fest, daß letztere hochgradig entartet sind: Zu jedem Eigenwert E_n der Energie gehört nicht nur *eine* Eigenfunktion der Schrödinger-Gleichung (7.10), sondern, wegen (7.14) und der Orthogonalität der Kugelfächenfunktionen sowie der Laguerrschen Polynome, n^2 orthogonale Funktionen. Wegen $0 < l < n-1$ gehören zu einer bestimmten Hauptquantenzahl n auch n verschiedene Drehimpulsquantenzahlen l. Ferner gehören zu jedem Wert von l wegen $-l < m < l$ noch einmal $2l+1$ verschiedene magnetische Quantenzahlen m. Daraus folgt, daß zu jeder Hauptquantenzahl n insgesamt n^2 verschiedene Eigenfunktionen gehören.

Diese Entartung entspricht der hohen Symmetrie des Systems. Daß mehrere verschiedene Bahndrehimpulse l zu nur einem Energie-Eigenwert gehören, liegt nicht an der Kugelsymmetrie des Coulomb-Potentials, sondern an seiner besonderen r-Abhängigkeit. Eine Störung dieser Abhängigkeit hebt die Drehimpulsentartung auf (vgl. Unterkapitel 9.1), eine Störung der Symmetrie darüber hinaus die magnetische Entartung (siehe Kapitel 12).

7.6 Der Spin des Elektrons

Genaue Untersuchungen des Wasserstoffspektrums zeigen, daß die Wellenlängen, die nach Verfahren berechnet werden, wie sie in den vorhergehenden Kapiteln beschrieben wurden, geringfügig, aber eindeutig von den gemessenen abweichen. Das legt den Schluß nahe, daß der einfache Ansatz (7.10) bzw. (7.11) der Schrödinger-Gleichung nicht alle physikalischen Phänomene berücksichtigt.

Die Abweichung des nach der bis jetzt entwickelten Theorie berechneten Wasserstoffspektrums vom gemessenen Spektrum sowie vor allem die Komplexstruktur der übrigen Atomspektren sind in erster Linie auf den Eigendrehimpuls und das magnetische Moment des Elektrons zurückzuführen, die von Uhlenbeck und Goudsmit entdeckt wurden. Der Eigendrehimpuls oder Spin des Elektrons, dessen Quadrat den Wert $3\hbar^2/4$ hat, unterliegt als Drehimpuls den gleichen formalen Vorschriften wie der Bahndrehimpuls. Bezeichnen wie ihn mit $\boldsymbol{S}$ und seine kartesischen Komponenten mit S_x, S_y, S_z, so gelten für diese folglich insbesondere die Vertauschungsrelationen (7.34):

$$[S_i, S_j] = i\hbar S_k\,, \qquad i,j,k = x,y,z \text{ und zyklisch}$$

und

$$\left[S_i, S^2\right] = 0\,, \qquad i = x,y,z$$

sowie die Eigenwertgleichungen (7.33) mit (7.46) und (7.39):

$$S^2\chi = s(s+1)\hbar^2\chi \qquad s = \frac{1}{2}$$

und

$$S_z\chi = m_s\hbar\chi\,.$$

Da das Elektron die feste Spinquantenzahl - oder den Spin, wie man oft vereinfachend sagt - $s = 1/2$ hat, sind für seine magnetische Quantenzahl m_s nur die beiden Werte $\pm 1/2$ möglich, und folglich hat er auch nur zwei verschiedene Eigenfunktionen.

In der klassischen Physik ist ein Eigendrehimpuls einer Punktmasse nicht erklärbar, und deshalb gibt es für den Spin kein klassisches Analogon. Aus diesem Grund können die Operatoren des Spins keine Operatoren sein, die auf die Koordinaten des Ortsraums wirken. Die Spinfunktionen χ müssen daher von einer anderen Koordinate, der sogenannten Spinkoordinate σ, abhängen. Um die Theorie widerspruchsfrei zu halten, darf der Wertebereich der Spinkoordinate nur aus den beiden Werten ± 1 bestehen. Die beiden Spineigenfunktionen sind daher im Prinzip nur Kronecker-Deltas:

$$S_z\delta_{\sigma,+1} = \frac{\hbar}{2}\delta_{\sigma,+1} \qquad S_z\delta_{\sigma,-1} = -\frac{\hbar}{2}\delta_{\sigma,-1}\,.$$

Da die beiden Eigenfunktionen ein vollständiges System bilden, hat eine beliebige Spinfunktion die Gestalt

$$\varphi(\sigma) = a\delta_{\sigma,+1} + b\delta_{\sigma,-1}\,.$$

Eine beliebige Wellenfunktion für ein Elektron hat somit die Gestalt

$$\varphi(x,y,z,\sigma) = \varphi_+(x,y,z)\delta_{\sigma,+1} + \varphi_-(x,y,z)\delta_{\sigma,-1}\,.$$

Als innere Variable des Elektrons muß dessen Spin in die Beschreibung der Atome eingehen. Das kann zwar auf eine rein heuristische Weise geschehen, indem man einfach den Hamilton-Operator der Schrödinger-Gleichung um einen oder gegebenenfalls um mehrere Terme erweitert, die den Spin und das magnetische Moment des Elektrons berücksichtigen. Andererseits kann man jedoch aus den beiden Fakten, daß der Spin klassisch nicht erklärbar ist und die Schrödingersche Wellenmechanik keine relativistische Theorie darstellt, schließen, daß der Spin des Elektrons aus einer korrekten relativistischen Quantenmechanik als physikalische Realität hervorgehen sollte[1].

[1] Aus dem Erfolg und damit aus der bis heute nicht widerlegten Gültigkeit der speziellen Relativitätstheorie ergibt sich die Forderung der relativistischen Invarianz aller physikalischen Theorien, d.h. der Invarianz gegen die relativistisch richtige Transformation von einem Inertialsystem in ein anderes (Lorentz-Transformation).

Dirac formulierte eine relativistische Theorie des Wasserstoffatoms, dessen Wellengleichung in der für unsere Zwecke genügenden Näherung lautet:

$$\left\{\frac{p^2}{2m} - \frac{p^4}{8m^3c^2} + V - \frac{\hbar^2}{4m^2c^2}\frac{\mathrm{d}V}{\mathrm{d}r}\frac{\partial}{\partial r} + \frac{1}{2m^3c^2}\frac{1}{r}\frac{\mathrm{d}V}{\mathrm{d}r}\boldsymbol{L}\cdot\boldsymbol{S}\right\}\psi = E\psi\,. \tag{7.53}$$

Dabei ist $\boldsymbol{S}$ der Operator des Elektronenspins und $\boldsymbol{L}$ der des Bahndrehimpulses. Diese Gleichung unterscheidet sich von der Schrödinger-Gleichung (7.10) durch das Hinzukommen des zweiten, vierten und fünften Terms.

In der Diracschen Theorie ergibt sich der Spin ohne sonstige spezielle Annahmen allein aus der Forderung der Drehimpulserhaltung: Ein Drehimpuls als Erhaltungsgröße ergibt sich nur dann, wenn man zum Bahndrehimpuls, der allein nicht erhalten bleibt, eine bestimmte Größe addiert. Diese Größe ist der Spin. Unter Erhaltung des Drehimpulses ist dabei zu verstehen, daß seine Quantenzahlen erhalten bleiben. Der zweite Term der Wellengleichung (7.53) ist eine relativistische Korrektur zum ersten, dem nicht relativistischen Ausdruck für die kinetische Energie. Wir erhalten beide aus der Taylor-Entwicklung des relativistischen Ausdrucks für die kinetische Energie E_k nach p^2 (m ist hier die Ruhemasse):

$$\begin{aligned} E_\mathrm{k} &= \sqrt{p^2c^2 + m^2c^4} - mc^2 \\ &= \left(mc^2 + \frac{p^2}{2m} - \frac{p^4}{8m^3c^2} + \cdots\right) - mc^2 \\ &\approx \frac{p^2}{2m} - \frac{p^4}{8m^3c^2}\,. \end{aligned}$$

Auch den letzten Term der Gl. (7.53) können wir halb-klassisch herleiten, wenn wir das magnetische Moment des Elektrons als empirisch gegeben voraussetzen.

Dazu betrachten wir zunächst ein Elektron, das sich strahlungslos im elektrischen Feld einer unendlich schweren positiven Zentralladung bewegt (Bohrsches Atommodell). Wenn seine Energie negativ ist, wird das Elektron auf einer geschlossenen Keplerschen Bahn, im allgemeinen einer Ellipse, umlaufen. Mit der Bewegung einer Ladung ist aber ein Strom verknüpft. Ist nun τ die Umlaufzeit des Elektrons auf seiner Bahn, so fließt auf ihr im Mittel der Ringstrom $I = -e/\tau$. Mit einem solchen Strom ist ein magnetisches Moment μ verknüpft, das gleich dem Produkt aus Strom I und eingeschlossener Fläche f ist:

$$\mu = I \cdot f\,. \tag{7.54}$$

Beschreiben wir die Bewegung des Elektrons in sphärischen Polarkoordinaten so, daß die Ellipse in der Äquatorebene liegt, die Polachse also auf der Ellipse senkrecht steht (Bild 7.10), dann ist

$$L = mr^2\dot{\varphi}$$

der Betrag des Drehimpulses $\boldsymbol{L} = \boldsymbol{r} \times \boldsymbol{p}$ (vgl. Unterkapitel 7.4).

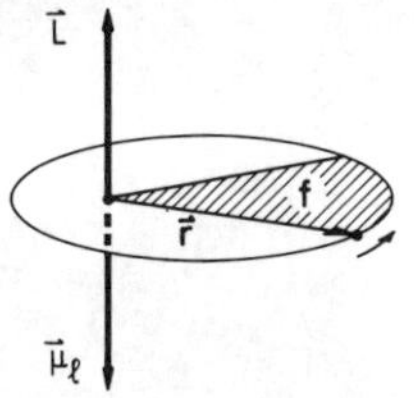

Bild 7.10 Klassisches Elektron auf einer Kepler-Ellipse. $\boldsymbol{L}$ ist sein Drehimpuls, $\boldsymbol{\mu}_l$ das durch die Bahnbewegung induzierte magnetische Moment. Schraffiert eingezeichnet ist die vom Radiusvektor $\boldsymbol{r}$ im Zeitintervall t überstrichene Fläche $f(t)$. Die Gesamtfläche der Ellipse ist $f(\tau)$, $\tau > t$ (siehe Text).

Da $\mathrm{d}f = (r^2\dot{\varphi}/2)\mathrm{d}t$ die in der Zeit $\mathrm{d}t$ vom Radiusvektor $\boldsymbol{r}$ überstrichene Fläche der Ellipse ist, können wir mit $\dot{f} = r^2\dot{\varphi}/2$ auch schreiben:

$$\boldsymbol{L} = 2m\dot{\boldsymbol{f}} .$$

Dabei ist vorausgesetzt, daß wir die Orientierung der Ellipse durch die Richtung ihrer Flächennormale im Sinne einer Rechtsschraube angeben, wobei die Umlaufrichtung des Elektrons den Drehsinn bestimmt. Nach dem zweiten Keplerschen Gesetz sind die in gleichen Zeitintervallen überstrichenen Flächen der Ellipse gleich, so daß $\dot{\boldsymbol{f}} = \boldsymbol{f}/\tau$ und

$$\boldsymbol{L} = \frac{2m\boldsymbol{f}}{\tau} .$$

Setzen wir das in Gl. (7.54) ein, so erhalten wir

$$\boldsymbol{\mu} = \frac{I\boldsymbol{L}\tau}{2m} = -\frac{e\hbar}{2m_e}\frac{\boldsymbol{L}}{\hbar} \equiv -\mu_B\frac{\boldsymbol{L}}{\hbar} . \tag{7.55}$$

Der Faktor

$$\mu_B = \frac{e\hbar}{2m_e} = 9.274\,015\,4(31) \cdot 10^{-24}\,\mathrm{J} \cdot \mathrm{T}^{-1} \tag{7.56}$$

heißt Bohrsches Magneton (in Anlehnung an „Elektron“); dieses dient als atomare Einheit des magnetischen Dipolmoments.

Da in der Quantenmechanik der Drehimpuls $\boldsymbol{L}$ durch einen Operator dargestellt wird, ist auch das magnetische Moment ein Operator, dessen Quadrat die Eigenwerte $\mu_B{}^2 l(l+1)$ besitzt. Die Eigenwerte seiner z-Komponente sind entsprechend

$$\mu_z = -\mu_B m_l .$$

Im Gegensatz zu der auf die obige Ableitung gegründeten Erwartung ergibt sich dagegen für die Beziehung zwischen magnetischem Moment und Spin des Elektrons sowohl aus den Messungen als auch aus der Diracschen Theorie

$$\mu_{S_z} = -2\mu_B m_s$$

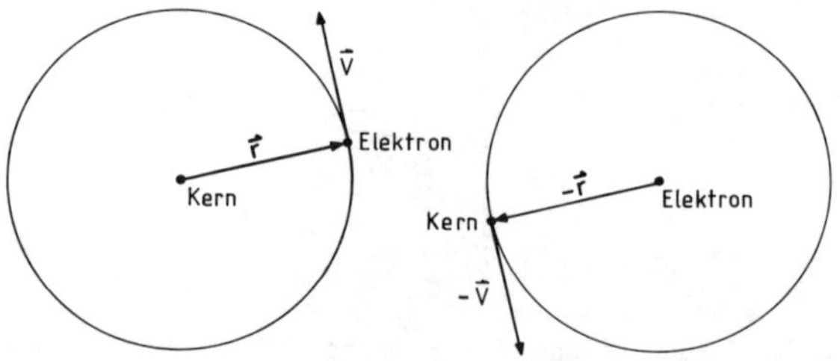

Bild 7.11 Übergang vom Ruhesystem des Kerns (links) zum Ruhesystem des Elektrons (rechts).

und damit

$$\boldsymbol{\mu}_s = 2\frac{\mu_\mathrm{B}}{\hbar}\boldsymbol{S}\,. \tag{7.57}$$

Auf diesen Unterschied zwischen Bahndrehimpuls und Spin – man spricht häufig von der magnetomechanischen Anomalie des Spins – werden wir im folgenden näher eingehen. Durch ihre Verbindung mit dem Bahndrehimpuls bzw. dem Spin, unterliegen die magnetischen Momente (7.55) und (7.57) auch der Richtungsquantisierung (siehe Unterkapitel 7.4).

In einem magnetischen Feld $\boldsymbol{B}$, das über die Ausdehnung des Dipols $\boldsymbol{\mu}$ als konstant angesehen werden kann, insbesondere also in einem homogenen Feld, hat dieser die potentielle Energie $V = -\boldsymbol{\mu}\cdot\boldsymbol{B}$. Setzen wir in diese Beziehung das magnetische Spinmoment (7.57) des Elektrons ein, so erhalten wir mit

$$V_S = 2\,\frac{\mu_\mathrm{B}}{\hbar}\,\boldsymbol{S}\cdot\boldsymbol{B} \tag{7.58}$$

im Prinzip einen Ausdruck, um den wir den Schrödingerschen Hamilton-Operator zur Berücksichtigung des Elektronenspins erweitern können – nur: Wo ist im Atom ein Magnetfeld?

Wir haben uns bislang nur auf den Standpunkt gestellt, daß der Kern ruht und das Elektron um ihn kreist. Nun begeben wir uns dagegen in das System, in dem das Elektron ruht, von dem aus gesehen sich folglich der Kern bewegt (Bild 7.11). Da dieser eine elektrische Ladung hat, ist mit seiner Bewegung ein Strom verbunden. Jedoch ist hier eine gewisse Vorsicht angebracht. Da wir augenblicklich den Kern als gegenüber dem Elektron unendlich schwer ansehen, ist sein Ruhesystem auf jeden Fall ein Inertialsystem, in dem das Elektron auf seiner Bahn eine beschleunigte Bewegung ausführt. Demnach ist das System, in dem das Elektron ruht, beschleunigt und auf jeden Fall kein Inertialsystem. Wenn jedoch der Geschwindigkeitsbetrag eines Teilchens in dem Inertialsystem, in dem sein mittlerer Geschwindigkeitsvektor verschwindet – im vorliegenden Fall das Ruhesystem des Kerns –, klein gegen die Lichtgeschwindigkeit c ist, kann man mit hinreichender Genauigkeit als momentanes Inertialsystem dasjenige System ansehen, das sich mit der augenblicklichen Geschwindigkeit des Teilchens linear und unbeschleunigt bewegt. Diese Annahme trifft für die Geschwindigkeit der Elektronen in den Atomen zu.

Ist daher augenblicklich die Geschwindigkeit des Elektrons im Wasserstoffatom $\boldsymbol{v}$, dann ist nach dem Transformationsgesetz (Lorentz-Transformation) der Maxwellschen Gleichungen (3.20)

$$\boldsymbol{B} = -c^{-2}(\boldsymbol{v} \times \boldsymbol{E})$$

das magnetische Feld in demjenigen Inertialsystem, in dem $\boldsymbol{v}$ verschwindet. $\boldsymbol{E} = Ze\boldsymbol{r}/4\pi\varepsilon_0 r^3$ ist darin das elektrische Feld des Kerns in seinem eigenen Ruhesystem, am Ort des Elektrons. Daher ist, mit $V = Ze^2/4\pi\varepsilon_0 r$ als potentieller Energie des Elektrons,

$$\boldsymbol{B} = -\frac{c^{-2}}{er}\frac{\mathrm{d}V}{\mathrm{d}r}(\boldsymbol{v} \times \boldsymbol{r}) = \frac{c^{-2}}{em_e}\frac{1}{r}\frac{\mathrm{d}V}{\mathrm{d}r}\boldsymbol{L}\,. \tag{7.59}$$

Setzen wir diesen Ausdruck für das Feld in (7.58) ein, so erhalten wir, unter Verwendung von (7.56),

$$V_S = \frac{2\mu_\mathrm{B}}{e\hbar m_e c^2}\frac{1}{r}\frac{\mathrm{d}V}{\mathrm{d}r}\boldsymbol{L}\cdot\boldsymbol{S} = \frac{1}{m_e^2 c^2}\frac{1}{r}\frac{\mathrm{d}V}{\mathrm{d}r}\boldsymbol{L}\cdot\boldsymbol{S}\,, \tag{7.60}$$

was bis auf den Faktor 1/2 mit dem letzten Term der Gl. (7.53) übereinstimmt, wenn wir entsprechend der Rechnung im Schwerpunktsystem statt m_e die reduzierte Masse m einsetzen.

Die Erklärung des Faktors 1/2 ergibt sich aus der relativistischen Kinematik, wie erstmals 1926 von Thomas[1] hergeleitet. Danach fassen wir den Spin als mechanischen Drehimpuls auf und bilden die Ableitung der Gl. (7.58) nach dem von $\boldsymbol{S}$ und $\boldsymbol{B}$ eingeschlossenen Winkel:

$$\frac{\mathrm{d}V_S}{\mathrm{d}\vartheta} = \frac{2}{\hbar}\mu_\mathrm{B}\frac{\mathrm{d}}{\mathrm{d}\vartheta}(SB\cos\vartheta) = -\frac{2}{\hbar}\mu_\mathrm{B}SB\sin\vartheta\,. \tag{7.61}$$

Diese Ableitung liefert einen Wert, der gleich ist dem Betrag des im Magnetfeld $\boldsymbol{B}$ auf dem Dipol $\boldsymbol{\mu}_S$ (siehe Gl. (7.57)) wirkenden Drehmoments $\boldsymbol{N}$, das sowohl auf $\boldsymbol{B}$ als auch auf $\boldsymbol{\mu}_S$ senkrecht steht. Da $\boldsymbol{N}$ gleich der zeitlichen Änderung des Drehimpulses ist und der Betrag von $\boldsymbol{S}$ eine Konstante ist, können wir statt (7.61) auch schreiben

$$\boldsymbol{N} = \frac{\mathrm{d}\boldsymbol{S}}{\mathrm{d}t} = -\frac{2}{\hbar}\mu_\mathrm{B}\boldsymbol{S}\times\boldsymbol{B}\,, \tag{7.62}$$

wobei wir $\boldsymbol{N}$ im Sinne einer Rechtsschraube angeben. Dies ist die Bewegungsgleichung des Spins im Magnetfeld. Der Spin führt danach eine Präzession um eine zu $\boldsymbol{B}$ parallele Achse aus, die Larmor-Präzession[2] genannt wird. Diese Präzession ergibt sich auch daraus, daß die Änderung $\mathrm{d}\boldsymbol{S} = -(2/\hbar)\mu_\mathrm{B}(\boldsymbol{S}\times\boldsymbol{B})\mathrm{d}t$ des Spins in der Zeit $\mathrm{d}t$ immer senkrecht zu der von $\boldsymbol{S}$ und $\boldsymbol{B}$ aufgespannten Ebene steht. $\boldsymbol{S}\sin\vartheta$ ist die Komponente von $\boldsymbol{S}$ senkrecht zu $\boldsymbol{B}$. Die Präzession des Spins erfolgt um diejenige Achse, auf der diese Normalkomponente senkrecht steht. Demnach ist $\mathrm{d}S/S\sin\vartheta = \mathrm{d}\varphi$ der Winkel,

[1] Llewellyn Hilleth Thomas (geb. 1903)
[2] Sir Joseph Larmor (1857—1942)

um den sich die Normalkomponente in der Zeit dt dreht. Die Drehachse soll die gleiche Orientierung haben wie $\boldsymbol{B}$. Nach (7.62) ist $\mathrm{d}S = -(2/\hbar)\mu_{\mathrm{B}} SB \sin\vartheta dt$ und daher $\mathrm{d}\varphi = -(2/\hbar)\mu_{\mathrm{B}} B\,\mathrm{d}t$, oder

$$\omega = \frac{\mathrm{d}\varphi}{\mathrm{d}t} = \frac{2}{\hbar}\mu_{\mathrm{B}}\boldsymbol{B}\,. \tag{7.63}$$

Dabei haben wir aus (7.62) auch die Drehrichtung entnommen, die durch $\boldsymbol{\omega}$ im Sinne einer Rechtsschraube angegeben werden soll. Gl. (7.63) ist die Larmor-Frequenz des Elektrons; sie gilt so in einem Inertialsystem. Setzten wir in diese Gleichung das Magnetfeld (7.59) ein, das in dem Bezugssystem vorhanden ist, in dem das den Kern umkreisende Elektron ruht, so erhalten wir, unter Verwendung von (7.56):

$$\omega' = \frac{1}{m_{\mathrm{e}}{}^2c^2}\frac{1}{r}\frac{\mathrm{d}V}{\mathrm{d}r}\boldsymbol{L}\,.$$

Wir versehen $\boldsymbol{\omega}$ hier mit einem Strich, weil zur wahren Kreisfrequenz der Präzession des Spins in dem relativ zu einem Inertialsystem beschleunigten Ruhesystem des Elektrons noch ein Term fehlt, nämlich die sogenannte Thomas-Präzession:

$$\boldsymbol{\Omega} = -\frac{1}{v^2}(\gamma - 1)\,\boldsymbol{v}\times\dot{\boldsymbol{v}}\,.$$

Dies ist die Kreisfrequenz, mit der eine bezüglich eines Inertialsystems feste Richtung in einem mit der Geschwindigkeit $\boldsymbol{v}$ und der Beschleunigung $\dot{\boldsymbol{v}}$ bewegten Bezugssystem präzediert. Dabei ist vorausgesetzt, daß das bewegte Bezugssystem ein begleitendes Dreibein der Bewegung ist.

$\gamma = (1 - v^2/c^2)^{-1/2}$ kann für $v \ll c$ durch $\gamma = 1 + v^2/2c^2$ genähert werden, und im elektrischen Feld des Kerns ist die Beschleunigung des Elektrons, d.h. auch die seines Ruhesystems, $\dot{\boldsymbol{v}} = -e\boldsymbol{E}/m_{\mathrm{e}}$. Damit ergibt sich, unter Verwendung von V für die potentielle Energie des Elektrons,

$$\boldsymbol{\Omega} = \frac{1}{2m_{\mathrm{e}}c^2}\frac{1}{r}\frac{\mathrm{d}V}{\mathrm{d}r}(\boldsymbol{v}\times\boldsymbol{r}) = -\frac{1}{2m_{\mathrm{e}}^2c^2}\frac{1}{r}\frac{\mathrm{d}V}{\mathrm{d}r}\boldsymbol{L}$$

und als wahre Präzessionsfrequenz des Elektrons in seinem Ruhesystem

$$\boldsymbol{\omega} = \boldsymbol{\omega}' + \boldsymbol{\Omega} = \frac{1}{2m_{\mathrm{e}}^2c^2}\frac{1}{r}\frac{\mathrm{d}V}{\mathrm{d}r}\boldsymbol{L}\,.$$

Setzten wir diesen Wert statt (7.63) in (7.62) bzw. (7.61) ein, so erhalten wir durch Integration über ϑ und Einsetzen der reduzierten Masse m an der Stelle von m_{e} statt (7.60) den richtigen Energieterm der Spin-Bahn-Wechselwirkung

$$V_{LS} = \frac{1}{2m^2c^2}\frac{1}{r}\frac{\mathrm{d}V}{\mathrm{d}r}\boldsymbol{L}\cdot\boldsymbol{S}\,. \tag{7.64}$$

Der Ausdruck gilt so eigentlich nur im Ruhesystem des Elektrons. In der Näherung der Gl. (7.52) jedoch stellt er auch im Ruhesystem des Kerns bzw. Schwerpunkts die richtige Wechselwirkungsenergie dar.

Der dritte relativistische Term in Gl. (7.52) kann nicht auf ähnlich einfache Weise halb-klassisch erklärt werden wie die beiden anderen. Er heißt Darwin-Term[1] und wirkt nur auf s-Zustände der Elektronen, d.h. auf Zustände mit dem Drehimpuls $l = 0$, im Gegensatz zum Spin-Bahn-Kopplungsterm (7.64), der ersichtlich auf s-Zustände nicht wirkt.

Die Diracsche Theorie wurde für punktförmige Teilchen formuliert. Wenn jedoch das Elektron eine Ausdehnung besitzen sollte, wäre der Faktor 2 in Gl. (7.57) nicht exakt richtig, sondern es kämen Korrekturterme hinzu, die im Rahmen einer Quantentheorie der Felder, der Quantenelektrodynamik, berechnet werden können. Es ist deshalb interessant, das mit dem Spin des Elektrons verknüpfte magnetische Moment $\boldsymbol{\mu}$ nicht nur indirekt, wie im Stern-Gerlach Experiment (vgl. Kapitel 12.1) aus der Aufspaltung der Bahnen bewegter Atome zu schließen, sondern direkt zu messen. Die allgemeine Beziehung zwischen dem Spin des Elektrons und seinem magnetischen Moment lautet

$$\boldsymbol{\mu}_S = -g\frac{\mu_\mathrm{B}}{\hbar}\boldsymbol{S}\,. \tag{7.65}$$

Der gyromagnetische Faktor g ist eine Proportionalkonstante, die das magnetische Moment mit dem Spin, der Masse und der Ladung des Elektrons verknüpft. Das Minuszeichen zeigt, daß der Vektor $\boldsymbol{\mu}$ antiparallel zum Vektor $\boldsymbol{S}$ steht.

Die genaue Messung der Abweichung des g-Faktors vom Wert 2 ist ein Test auf die Genauigkeit der Vorstellungen der Quantenelektrodynamik. Entsprechende Experimente werden so konzipiert, daß entweder $g - 2$ oder das Verhältnis $(g - 2)/2$ gemessen wird. Die Meßanordnung von Dehmelt[1] [Va 76] erlaubt es, die Messung an einem einzelnen Elektron auszuführen. Das Elektron wird dazu in elektrischen und magnetischen Feldern in einem kleinen Raumbereich eingefangen und gespeichert. Die Apparatur (Bild 7.12) besteht aus zwei hyperbolischen Polkappen und einer Ringelektrode, zwischen denen ein elektrisches Wechselfeld liegt. Die ganze Anordnung befindet sich in einem homogenen Magnetfeld.

Um die Bewegung des Elektrons in den überlagerten Feldern, wie sie in Bild 7.13 gezeigt sind, zu beschreiben, betrachten wir den Einfluß der einzelnen Felder zunächst getrennt.

Im elektrischen Feld führt das Elektron vertikale Schwingungen aus, weil alle Feldlinien des inhomogenen Feldes eine vertikale Komponente haben, wodurch das Elektron, das sich aus der Mittelebene der Ringelektrode herausbewegt, wieder auf diese zurückgedrängt wird. Die Feldlinien des inhomogenen elektrischen Feldes besitzen auch eine radiale Komponente, durch die das Elektron in Richtung der Ringelektrode bewegt wird. Diese Bewegung wird aber durch das überlagerte homogene Magnetfeld kompensiert, wodurch sich das Elektron auf einer großen Kreisbahn bewegt, die Magnetron-Bewegung genannt wird. Dadurch wird das Elektron im Bereich der Felder gehalten. Schließlich

[1] Charles Galton Darwin (1887—1962)
[1] Hans Dehmelt (geb. 1922)

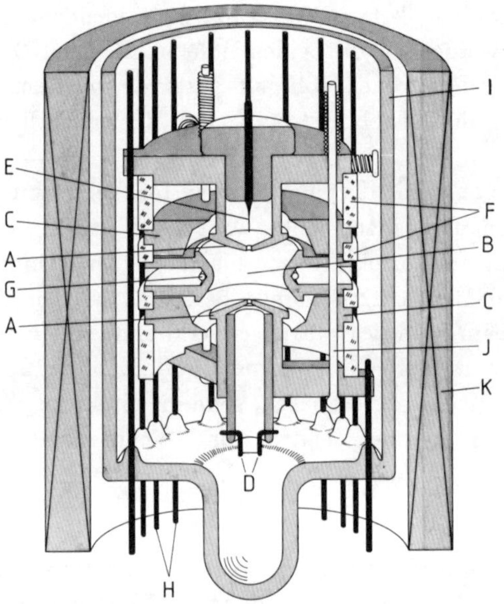

Bild 7.12 Apparatur zur Bestimmung des g-Faktors des Elektrons [Va 76]. **A** Elektrodenkappen des Hauptfeldes, **B** Ringelektrode, **C** Abschirmringe, **D** Heizzuführung für Elektronenquelle, **E** Feldemissionselektrode, **F** Abstands- und Isolierringe (Glas), **G** Nickelring, **H** elektrische Anschlüsse, **I** Glasgehäuse, **J** islolierter Justierstab, **K** Solenoidspule.

präzediert das magnetische Moment des Elektrons nach Gl. (7.10) um die Richtung der magnetischen Feldlinien mit der Kreisfrequenz (Gl. (7.63)).

$$\omega_S = \frac{g}{\hbar}\mu_\mathrm{B} B\,, \tag{7.66}$$

wobei wir jetzt den Faktor 2 durch g ersetzt haben. Für die Einstellung ist nur der Öffnungswinkel des Kegels festgelegt, die Position des Vektors selbst kann noch parallel oder antiparallel zum Magnetfeld ausgerichtet sein. Diesen beiden möglichen Einstellungen des Vektors entsprechen zwei Energiezustände des Elektrons im Magnetfeld.

In einem homogenen Magnetfeld führen aber geladene Teilchen, wie in Gl. (3.11) gezeigt, infolge der Lorentz-Kraft Kreisbewegungen aus, die Zyklotronbewegung genannt werden. Die Umlauffrequenz ist

$$\omega_Z = \frac{e}{m_\mathrm{e}} B\,.$$

Diese Bewegung ist in Bild 7.13 (rechts) durch die zahlreichen kleinen Kreise angedeutet. Wenn wir diesen Ausdruck so erweitern, daß wir wieder das Bohrsche Magneton (Gl. (7.56)) einführen, erhalten wir

$$\omega_Z = \frac{2\mu_\mathrm{B}}{\hbar} B\,. \tag{7.67}$$

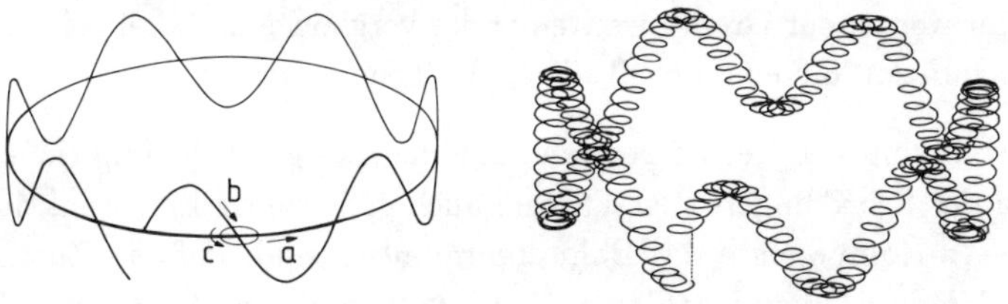

Bild 7.13 Elektronenbewegung im Feldraum: links separiert, rechts überlagert.

Bilden wir die Differenz von (7.66) und (7.67), dann folgt für die „Anomalie"-Frequenz:

$$\omega_a = (g-2)\frac{\mu_B}{\hbar}B\,. \tag{7.68}$$

Daraus ergibt sich dann die Anomalie

$$\frac{\omega_a}{\omega_Z} = \frac{g-2}{2}\,.$$

Im Experiment führen Elektronen pro Magnetron-Bahnumlauf ca. 2000 axiale Schwingungen und ca. $1.4 \cdot 10^6$ Zyklotronbewegungen aus. Nun wird eine Frequenz eingespeist, mit der die Ausrichtung des Vektors des magnetischen Moments aus der Richtung parallel zum Magnetfeld in diejenige antiparallel dazu umgeklappt wird. Das dabei entstehende Signal kann gemessen werden und liefert einen Wert für die Larmor-Frequenz. Dieses Experiment liefert den gegenwärtig genauesten Wert für g:

$$g = 2.002\,319\,304\,386 \pm 2 \cdot 10^{-11}\,. \tag{7.69}$$

Da das eine Elektron in diesem Experiment mittels der elektrischen und magnetischen Felder eine feste Lage zum Bezugssystem „Erde" besitzt, nennt man dieses System Elektron-Erde auch Geoniumatom.

Mit der Quantenelektrodynamik wird versucht, alle Wechselwirkungen, die ein Atom mit dem elektromagnetischen Feld der Strahlung erfährt, zu berechnen. Dies gelingt jedoch nur genähert, wobei die einzelnen Beiträge in einer Reihe aufsummiert werden. Diese Reihe ist nach Potenzen der Feinstrukturkonstante α geordnet. Je mehr Glieder dieser Reihe, die nur bedingt konvergiert, bekannt sind, um so genauer lassen sich physikalisch meßbare Größen berechnen.

Eine dieser Größen ist der g-Faktor des Elektrons. Die Genauigkeit einer Messung dieser Größe liefert einen Test für die Güte der theoretischen Beschreibung. Danach ist bis zur Grenze der gegenwärtigen Meßgenauigkeit die Quantenelektrodynamik korrekt.

7.7 Feinstrukturen im Energiespektrum

Mit der Verfeinerung der spektroskopischen Methoden (siehe Kapitel 6) lassen sich theoretische und experimentelle Werte von Energien in atomaren Zuständen innerhalb ständig kleiner werdender Grenzen miteinander vergleichen. Dabei zeigen sich systematische Abweichungen, die eine physikalische Ursache haben müssen.

Wir haben in Unterkapitel 7.5 gesehen, daß die Energie-Eigenfunktionen des Wasserstoffatoms in der Schrödingerschen Theorie auch gleichzeitig Eigenfunktionen des Quadrats und der z-Komponente des Bahndrehimpulses sind, daß ein Zustand daher mit der Angabe der drei Quantenzahlen n, l, m_l vollständig bestimmt ist. Dem mit dem Spin des Elektrons hinzukommenden weiteren Freiheitsgrad entspricht eine zusätzliche Quantenzahl. Da die magnetische Spinquantenzahl m_s den Spinzustand eines freien Elektrons eindeutig festlegt, liegt die Vermutung nahe, daß man diese zur vollständigen Beschreibung eines Zustandes des Wasserstoffatoms als vierte Quantenzahl verwenden kann. Das ist jedoch nicht der Fall, wie eine einfache Prüfung zeigt, und darüber hinaus hört bei Berücksichtigung der Spin-Bahn-Wechselwirkung (7.64) auch die magnetische Bahndrehimpulsquantenzahl m auf, eine „gute“ Quantenzahl zu sein, d.h. sie ist keine Erhaltungsgröße mehr, die sich zur Charakterisierung eines Zustands eignen würde (vgl. dazu die Bemerkung zur Drehimpulserhaltung in der Dirac-Theorie in Unterkapitel 7.6).

Um die Zusammenhänge besser zu verstehen, rufen wir uns die Erörterung der Vertauschbarkeit von Operatoren ins Gedächtnis, bei der wir feststellten, daß das Nicht-Verschwinden des Kommutators zweier Operatoren gleichbedeutend damit ist, daß die beiden Operatoren keine gemeinsamen Eigenfunktionen haben; umgekehrt gilt, daß der Kommutator zweier Operatoren, die gemeinsame Eigenfunktionen haben, verschwindet.

Um die Vertauschbarkeit bzw. Nicht-Vertauschbarkeit der Operatoren $\boldsymbol{L}$ und $\boldsymbol{S}$ sowie ihrer Quadrate mit dem Hamilton-Operator der Wellengleichung (7.53) zu zeigen, können wir uns auf folgende Bemerkungen beschränken:

Der Spinoperator $\boldsymbol{S}$ (und alle Funktionen von ihm) wirkt nicht auf die Ortsvariablen und vertauscht daher mit allen Termen des Hamilton-Operators, außer mit dem letzten. $\boldsymbol{L}$ und L^2 hängen nur von den Winkelvariablen ab und wirken nur auf diese (s. Gln. (7.32) und (7.33)). Beide vertauschen daher mit dem Operator der kinetischen Energie $T = p^2/2m$ (siehe Gl. (7.29) und geschweifte Klammer in (7.11)) und folglich auch mit p^4 sowie mit V und dem Darwin-Term, die beide nur vom Betrag r abhängen bzw. auf ihn wirken.

Damit bleibt nur der letzte Term, die Spin-Bahn-Wechselwirkung, näher zu untersuchen und auch davon nur das Operatorprodukt $\boldsymbol{L} \cdot \boldsymbol{S}$, weil der davor stehende Faktor weder von den Winkeln und der Spinkoordinate abhängt, noch auf sie wirkt. Schreiben wir das innere Produkt $\boldsymbol{L} \cdot \boldsymbol{S}$ in kartesischen Koordinaten, dann sehen wir wegen der für die Drehimpulse geltenden Vertauschungsrelationen (7.34) sofort, daß es mit L^2 und S^2 vertauscht, mit $\boldsymbol{L}$ und $\boldsymbol{S}$ aber nicht. Als Beispiel sei das für die kartesische Bahndrehimpulskomponente L_j gezeigt:

$$
\begin{aligned}
[\boldsymbol{L}\cdot\boldsymbol{S}, L_j] &= \sum_{i=1}^{3}(L_iS_iL_j - L_jL_iS_i) \\
&= \sum_{i=1}^{3}(L_iL_j - L_jL_i)S_i = i\hbar\sum_{i=1}^{3}\varepsilon_{ijk}L_kS_i \neq 0\,.
\end{aligned}
$$

Dabei ist

$$
\varepsilon_{ijk} = \begin{cases} 1 & \text{wenn } ijk \text{ eine gerade Permutation von } 1,2,3 \\ -1 & \text{wenn } ijk \text{ eine ungerade Permutation von } 1,2,3 \\ 0 & \text{wenn } ijk \text{ keine Permutation von } 1,2,3 \end{cases}
$$

ist. Außerdem wird ausgenutzt, daß $\boldsymbol{L}$ und $\boldsymbol{S}$ vertauschen, da beide von unterschiedlichen Variablen abhängen bzw. auf sie wirken. Wir überzeugen uns ebenso leicht davon, daß $\boldsymbol{L}\cdot\boldsymbol{S}$ und damit der ganze Hamilton-Operator mit dem Gesamtdrehimpuls

$$
\boldsymbol{J} = \boldsymbol{L} + \boldsymbol{S} \tag{7.70}
$$

und dessen Quadrat vertauscht. $\boldsymbol{J}$ gehorcht als Drehimpuls ebenfalls den gleichen Vertauschungsrelationen und Eigenwertgleichungen wie der Bahndrehimpuls und der Spin. Mit der Gesamtdrehimpuls-Quantenzahl j und der dazu gehörigen magnetischen Quantenzahl m_j $(-j \leq m_j \leq j)$ haben wir die beiden Quantenzahlen, die wir zusätzlich zu n und l zur Klassifikation der Wasserstoffzustände bei Berücksichtigung der Spin-Bahn-Wechselwirkung benötigen.

Es entspricht auch der Anschauung, daß Bahndrehimpuls und Spin wegen des Drehmoments, das sie vermittels der zugehörigen Felder aufeinander ausüben, ihre gegenseitige Unabhängigkeit verlieren. Das gilt jedoch nur für die Richtung bzw. die z-Komponente, während wir uns davon überzeugt haben, daß die Beträge bzw. Quadrate erhalten bleiben. Deren Quantenzahlen erfüllen mit j die Dreiecks-Ungleichung

$$
|l - s| \leq j \leq l + s\,, \tag{7.71}
$$

mit der Einschränkung, daß das erlaubte Intervall von j nur in ganzzahligen Schritten durchlaufen werden kann (siehe Bild 7.12).

Wir können uns die drei Drehimpulse bei der Spin-Bahn-Kopplung etwa so vorstellen, daß $\boldsymbol{J}$ bezüglich einer z-Achse so richtungsquantisiert ist wie $\boldsymbol{L}$ in Bild 7.15, also völlig regellos auf den erlaubten Kegelmänteln mit den diskreten Öffnungswinkel $\arccos(m_j/\sqrt{j(j+1)})$ präzediert, während $\boldsymbol{L}$ und $\boldsymbol{S}$ so um $\boldsymbol{J}$ präzedieren, daß (7.71) erfüllt ist (Bild 7.14).

Man darf die quantenmechanischen Drehimpulse jedoch nur in einem sehr vagen Sinn als Vektoren des dreidimensionalen Ortsraums auffassen. Der Grund liegt darin, daß

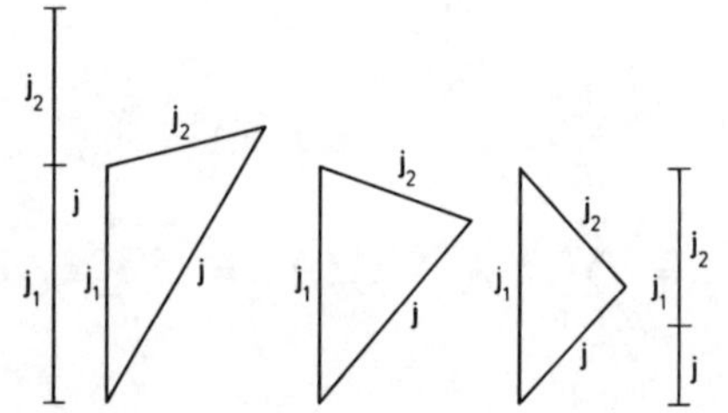

Bild 7.14 Zur Addition zweier Drehimpulse $\boldsymbol{J}_1$ und $\boldsymbol{J}_2$ zum Gesamtdrehimpuls $\boldsymbol{J}$. Die Quantenzahlen j_1, j_2 und j gehorchen der Dreiecks-Ungleichung, wobei sich die erlaubten Werte von j um ganze Zahlen voneinander unterscheiden.

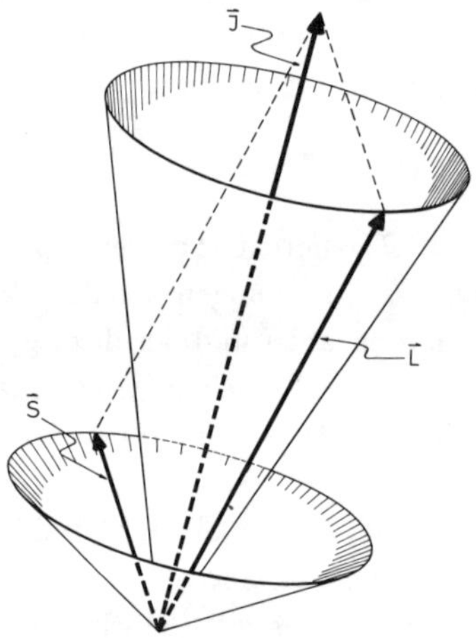

Bild 7.15 $\boldsymbol{L}$ und $\boldsymbol{S}$ bei Spin-Bahn-Kopplung zum Gesamtdrehimpuls $\boldsymbol{J}$. Bezüglich einer vorgegebenen z-Richtung ist dieser richtungsquantisiert, während $\boldsymbol{L}$ und $\boldsymbol{S}$, die so um $\boldsymbol{J}$ präzedierend gedacht werden, daß die Dreiecks-Ungleichung erfüllt ist, unbestimmte z-Komponenten haben.

Vektoren nach Betrag und Richtung, d.h. mit allen drei Komponenten, exakt festgelegt sind, während Drehimpulse nur für den Betrag und für eine Komponente einen bestimmten Wert haben. Aus diesem Grund ist es wichtig, zu betonen, daß die Präzession in Bildern wie 7.7 und 7.15 regellos zu denken ist. Eine weitere Schwierigkeit der geometrischen Darstellung ergibt sich daraus, daß die Längen der in Bild 7.15 eingezeichneten Vektoren $\boldsymbol{L}$, $\boldsymbol{S}$, $\boldsymbol{J}$ gemäß (7.71) den Quantenzahlen l, s und j entsprechen, während $\boldsymbol{J}$ für die Projektion m_j auf die z-Achse die Länge $\sqrt{j(j+1)}$ haben muß. Das Quadrat von (7.70) ist

$$J^2 = L^2 + S^2 + 2\boldsymbol{L}\cdot\boldsymbol{S}\,.$$

Da die Quadrate der Drehimpulse Erhaltungsgrößen sind, können wir ihre Operatoren durch die Eigenwerte ersetzen:

$$\boldsymbol{L}\cdot\boldsymbol{S} = \frac{1}{2}\left\{j(j+1) - l(l+1) - s(s+1)\right\}\hbar^2\,.$$

Mit diesem Ausdruck lautet der Spin-Bahn-Kopplungsterm (7.64)

$$V_{LS} = \frac{\hbar^2}{4m^2c^2}\frac{1}{r}\frac{\mathrm{d}V}{\mathrm{d}r}\left\{j(j+1) - l(l+1) - \frac{3}{4}\right\}\,. \tag{7.72}$$

Dabei haben wir den festen Wert $s = 1/2$ eingesetzt.

Die Abweichung der Linien des experimentellen Energiespektrums von den nach der Schrödingerschen Theorie berechneten (siehe Gln. (7.27) bzw. (7.26)) sind gegenüber dem Abstand zweier solcher Linien voneinander so klein (das Verhältnis ist kleiner als 10^{-4}), daß man die zusätzlichen Terme in der Wellengleichung (7.53) als kleine Störung der Schrödinger-Gleichung (7.10) ansehen kann. Es ist daher möglich, ihre Auswirkung auf das Energiespektrum störungstheoretisch zu behandeln. In der quantenmechanischen Störungsrechnung erster Ordnung (siehe z.B. [Sc 68]) ist die durch zusätzliche „Störterme" im Hamilton-Operator verursachte Abweichung vom ungestörten Energiespektrum gleich dem Erwartungswert der Störterme in den ungestörten Zuständen (Tabelle 7.1). Für den Energieterm der Spin-Bahn-Kopplung ist dieser Erwartungswert daher

$$\langle V_{LS}\rangle = \frac{Z\alpha\hbar^3}{4m^2c}\left\{j(j+1) - l(l+1) - \frac{3}{4}\right\}\int \mathrm{d}^3\boldsymbol{r}\,\psi^*_{nlm_l} r^{-3}\psi_{nlm_l}\,.$$

Dabei ist α die nach Sommerfeld benannte Feinstrukturkonstante:

$$\alpha = \frac{\mathrm{e}^2}{4\pi\varepsilon_0\hbar c} = \frac{1}{137.035\,989\,5(61)}\,. \tag{7.73}$$

Wir wollen dieses Integral jedoch nicht explizit berechnen und auch nicht die Erwartungswerte der anderen Störterme, sondern geben statt dessen die Formel für die Energie-Eigenwerte an, die sich aus der Diracschen Theorie ergibt:

$$E_{nj} = -\frac{mc^2}{2}\frac{Z^2\alpha^2}{n^2}\left[1 + \frac{Z^2\alpha^2}{n}\left(\frac{1}{j+\frac{1}{2}} - \frac{3}{4n}\right)\right]\,. \tag{7.74}$$

Da $0 \leq l \leq n-1$, ist wegen (7.71) $1/2 \leq j \leq n - 1/2$. Der Vergleich zeigt, daß die Formel (7.74) sich von (7.26) durch den zweiten Term in der eckigen Klammer unterscheidet. Im einzelnen bemerken wir dazu folgendes:

1. Der Unterschied zwischen (7.74) und (7.26) wird mit zunehmenden Quantenzahlen immer kleiner, sowohl absolut als auch bezüglich des Abstands zweier Niveaus, deren Hauptquantenzahl n sich um Eins unterscheidet (der relative Unterschied nimmt etwa mit $1/r$ ab).

2. Da $s = 1/2$, ist $j = l \pm 1/2$. Zu jedem Wert außer zu $l = 0$ gehören zwei verschiedene Energie-Eigenwerte, d.h. die Energieniveaus spalten auf („Feinstruktur-Aufspaltung"). Zustände mit gleicher Gesamtdrehimpuls- und Hauptquantenzahl, deren Bahndrehimpulsquantenzahlen um den Betrag Eins verschieden sind, haben jedoch den gleichen Energieeigenwert und sind somit entartet. Davon ausgenommen sind die Zustände mit $j = n - 1/2$, also auch der Grundzustand. Alle Energiewerte E_{nj} sind bezüglich der magnetischen Quantenzahlen m_j darüber hinaus $(2j+1)$-fach entartet.

3. Alle Energiewerte liegen niedriger als in der Schrödinger-Theorie (vgl. Bild 7.16).

Zur Bezeichnung von Atomzuständen, bei denen Bahndrehimpuls- und Spinquantenzahlen gute Quantenzahlen sind, hat sich in der Spektroskopie eine besondere Notation herausgebildet. In ihr werden die Bahndrehimpulse nach dem in Unterkapitel 7.5 erläuterten Schema mit Buchstaben bezeichnet, also S, P, D, F,... für $L = 0, 1, 2, 3, \ldots$ Diesen Symbolen werden links oben die Zahlen $2S+1$ vorangestellt, wobei S die Spinquantenzahl des Zustands ist, und rechts unten werden die Gesamtdrehimpulsquantenzahlen J angehängt. Außerdem kann dem Symbol die Hauptquantenzahl n des Zustands vorangestellt werden, wenn das erforderlich ist. Die spektroskopische Notation eines Zustands hat damit die Gestalt

$$n^{2S+1}(L)_J \,. \tag{7.75}$$

Für das L in Klammern ist das Buchstabensymbol der Bahndrehimpulsquantenzahl einzusetzen und für n, S und J die entsprechenden Zahlenwerte. Es ist zu beachten, daß S die Spinquantenzahl bedeutet und S den Wert $L = 0$ der Bahndrehimpulsquantenzahl. Die jeweilige Bedeutung ergibt sich aus der Stellung im Symbol. Ferner fällt auf, daß hier, im Gegensatz zum bisherigen Gebrauch, sowohl für die Symbole der Bahndrehimpulsquantenzahlen als auch für ihre Zahlwerte Großbuchstaben verwendet werden, also L, S, J statt bisher l, s, j und S, P, D... statt s, p, d... Das liegt daran, daß mit den Großbuchstaben die Drehimpulszustände der vollständigen Atome bezeichnet werden und nicht die einzelner Elektronen. Dieser Unterschied wird erst bei der Anwendung auf Mehrelektronenatome klar hervortreten (vgl. Kapitel 9).

Beim Wasserstoffatom, das nur ein Elektron hat, ist $S = s$, $L = l$ und $J = j$. Sein Grundzustand hat daher die spektroskopische Notation $1\,^2\mathrm{S}_{1/2}$, er wird gebildet von einem 1s-Elektron. Die nächsten Zustände sind ($2\,^2S_{1/2}$, $2\,^2P_{1/2}$), $2\,^2P_{3/2}$, ($3\,^2S_{1/2}$, $3\,^2P_{1/2}$), ($3\,^2P_{3/2}$, $3\,^2D_{3/2}$), $3\,^2D_{5/2}$ usw.

Die in den Klammern stehenden Zustände sind nach der Dirac-Theorie energetisch entartet. Lamb und Retherford[1] gelang jedoch 1947 der Nachweis, daß diese Entartung nicht den experimentellen Tatsachen entspricht. Sie konnten mit Methoden der Hochfrequenzspektroskopie (siehe Kapitel 9.6) zeigen, daß der Zustand $2\,^2P_{1/2}$ im Wasserstoff um die Wellenzahl 0.03528 cm^{-1} niedriger liegt als der Zustand $2\,^2S_{1/2}$, was einer Frequenz der Strahlung von 1057.55 MHz entspricht. Damit war erwiesen, daß auch die Diracsche Theorie noch nicht exakt genug ist und einer Modifikation bedarf.

Die Aufspaltung der Niveaus, die nach dem einen ihrer Entdecker „Lamb-Shift" heißt, wird wie Bethe nachwies, korrekt beschrieben von der bereits erwähnten Quantenelektrodynamik, der Quantentheorie des elektromagnetischen Feldes. Die Quantenelektrodynamik gilt heute als die exakteste physikalische Theorie überhaupt.

Man kann die Lamb-Shift qualitativ erklären, indem man die Wechselwirkung des als Punktladung gedachten Elektrons mit den Vakuumfluktuationen des elektromagnetischen Feldes betrachtet. Das elektromagnetische Feld läßt sich, wie bei der Hohlraumstrahlung beschrieben, in Normalschwingungen zerlegen, die analog dem harmonischen Oszillator quantisiert werden. Dabei kommt jeder Normalschwingung die Nullpunktsenergie $\hbar\omega/2$ zu. Das bedeutet, daß fluktuierende elektromagnetische Felder vorhanden sind, auch wenn keine äußeren Felder einwirken. Die Folge ist, daß, obwohl die mittleren Feldstärken selbst verschwinden, die quadratischen Mittelwerte der Felder ungleich Null sind, was zu mittleren quadratischen Schwankungen der Ortskoordinaten führt. Das Elektron erfährt daher sozusagen nicht eine Wechselwirkung mit einem scharfen Coulomb-Feld, sondern mit einem verschmierten, was sich auf die in der Dirac-Theorie entarteten Zustände unterschiedlich auswirkt.

Bild 7.16 zeigt einen Ausschnitt aus dem Termschema des Wasserstoffs, mit der Feinstrukturaufspaltung der 2 P-, 3 P- und 3 D-Zustände und der Lamb-Shift der $2\,^2S_{1/2}$- und $3\,^2S_{1/2}$-Zustände gegen die $2\,^2P_{1/2}$- bzw. $3\,^2P_{1/2}$-Zustände. Die Lamb-Shift zwischen dem $3\,^2P_{3/2}$- und dem $3\,^2D_{3/2}$-Zustand ist nicht eingezeichnet.

Der Abstand zwischen dem $3\,^2S_{1/2}$- und dem $2\,^2P_{1/2}$-Niveau beträgt 15 233.32 cm^{-1}, entsprechend einer Wellenlänge von 656.456 nm; der zwischen dem $3\,^2S_{1/2}$- und dem $2\,^2P_{3/2}$-Niveau ist 15 232.94 cm^{-1}, entsprechend einer Wellenlänge von 656.477 nm. Die Differenz der beiden Wellenlängen von 0.016 nm erfordert zu ihrer Messung also ein Auflösungsvermögen des verwendeten Spektralapparats von $656.464/0.016 = 4 \cdot 10^4$.

Da die Übergänge im Sichtbaren liegen, kann man dafür hoch auflösende Gitterspektrometer oder Interferenzspektrometer benutzen (siehe Kapitel 6). Wegen des erforderlichen Auflösungsvermögens, das an der Grenze der Leistungsfähigkeit der Prismenspektrometer liegt, werden diese in der Regel für die Untersuchung der Feinstruktur nicht in Frage kommen. Ein nochmals mindestens zehnmal so großes Auflösungsvermögen erfor-

---

[1] Robert Curtis Retherford (geb. 1912)

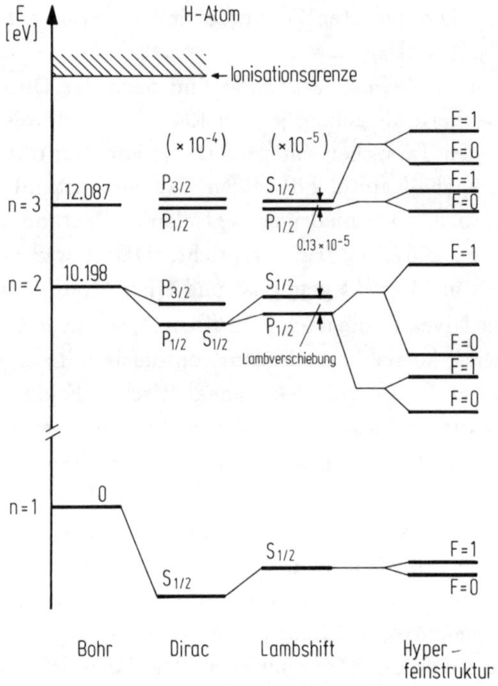

Bild 7.16 Terme des Wasserstoffatoms nach Theorien von Bohr und Dirac (Feinstruktur) sowie Lamb-Shift und Hyperfeinstrukturaufspaltung. Die Dirac-Aufspaltung ist um einen Faktor 10^4, die Lamb-Shift und die Hyperfeinstruktur-Aufspaltung um einen Faktor 10^5 gespreizt.

dert die Untersuchung des Lamb-Shift, wenn man nicht, wie es Lamb und Retherford getan haben, den zugehörigen Übergang direkt mißt. Die Wellenlänge der entsprechenden Strahlung gehört in den Dezimeterbereich, also in den Bereich der Radarwellen. Das ist das in Tabelle 6.1 mit (f) bezeichnete Gebiet der Spektroskopie.

Atomare Spektren zeigen noch eine weitere Aufspaltung in ihrer Struktur und zwar tritt eine „Hyperfeinstruktur" der Spektrallinien auf, wenn die Spektren mit extrem guter Auflösung gemessen werden. Die Hyperfeinstruktur wird durch die Wechelwirkung des mit der Elektronenbewegung verknüpften Magnetfeldes mit dem Kernspin hervorgerufen.

Der Kern des Wasserstoffatoms, das Proton, besitzt wie das Elektron den Spin $s = 1/2$. Mit diesem Spin ist ein magnetisches Moment verknüpft:

$$\boldsymbol{\mu}_\mathrm{p} = -g\frac{e\hbar}{2m_\mathrm{p}} \cdot \frac{\boldsymbol{S}_\mathrm{p}}{\hbar}\,. \tag{7.76}$$

Der Vergleich mit der analogen Formel für das magnetische Moment des Elektrons (Gl. (7.57)) zeigt, daß sich die beiden magnetischen Momente durch die Masse der Teilchen unterscheiden. Ein dem Bohrschen Magneton (7.56) entsprechendes Kernmagneton

$$\mu_K = \frac{e\hbar}{2m_p} = 5.050\,786\,6(17) \cdot 10^{-27}\,\mathrm{J\ T^{-1}} \tag{7.77}$$

ist um das Massenverhältnis m_p/m_e kleiner. Der Faktor g in (7.76) ist analog der Formel (7.65) als Proportionalitätsfaktor eingeführt. Das durch das Elektron erzeugte Magnetfeld ändert sich über das Kernvolumen kaum, so daß man ein mittleres Feld dafür annehmen kann.

Dieses mittlere Feld $\langle B_0 \rangle$ steht in Richtung des Drehimpulsvektors $\boldsymbol{j}$, wenn zeitlich über die Präzessionsbewegung von $\boldsymbol{l}$ und $\boldsymbol{s}$ gemittelt wird. Die Richtung von $\boldsymbol{j}$ definiere jetzt die z-Achse eines Koordinatensystems, so daß auch $\langle B_0 \rangle$ in die z-Richtung zeigt. Messen wir j_z, dann erhalten wir als Erwartungwert $j\hbar$. Wegen der Parallelstellung von j und B_0 erhalten wir $\langle B_0 \rangle$ als Erwartungswert des zeitlichen Mittels der Feldkomponente B_z:

$$\langle B_0 \rangle = \int \mathrm{d}^3\boldsymbol{r}\, \psi_{j,m_j=j} B_z \psi_{j,m_j=j} \,,$$

also:

$$\boldsymbol{B}_0 = \langle B_0 \rangle \frac{\boldsymbol{j}}{j\hbar} \,.$$

Die Energie, die aus der Wechselwirkung des Magnetfeldes mit dem Moment des Kerns folgt, ist gegeben durch

$$V_{\mathrm{HFS}} = -\boldsymbol{\mu}_p \cdot \boldsymbol{B}_0 \,. \tag{7.78}$$

Wir müssen analog zur Feinstrukturkopplung (7.70) jetzt $\boldsymbol{S}_p$ und $\boldsymbol{j}$ koppeln, woraus eine neue Größe entsteht:

$$\boldsymbol{F} = \boldsymbol{S}_p + \boldsymbol{j} \,. \tag{7.79}$$

$\boldsymbol{F}$ muß ebenfalls den Regeln folgen, die für Drehimpulse gelten, also:

$$F^2 = \hbar^2 F(F+1)\,; \qquad F_z = m_F \hbar \,.$$

m_F kann $(2F+1)$-Werte annehmen: $m_F = -F, -F+1 \ldots F$.

Für die Hyperfein-Energie ergibt sich dann

$$V_{\mathrm{HFS}} = -\boldsymbol{\mu}_p \cdot \boldsymbol{B}_0 = -g\mu_K \frac{\boldsymbol{S}_p}{\hbar} \langle B_0 \rangle \frac{\boldsymbol{j}}{j\hbar} \,.$$

Analog zum Ausdruck für die Feinstruktur erhalten wir

$$V_{\mathrm{HFS}} = -g_p \mu_K \frac{\langle B_0 \rangle}{j\hbar^2} (\boldsymbol{S}_p \cdot \boldsymbol{j}) \,. \tag{7.80}$$

Das skalare Produkt berechnen wir analog zur Spin-Bahn-Kopplung durch Quadrieren von (7.79). Da die Quadrate auch hier Erhaltungsgrößen sind, die wir durch ihre Erwartungswerte ersetzen können, lautet schließlich der Erwartungswert für die Hyperfein-Energie

$$\langle V_{\mathrm{HFS}} \rangle = -g_p \mu_K \frac{\langle B_0 \rangle}{2j} \{F(F+1) - j(j+1) - S_p(S_p+1)\} \,. \tag{7.81}$$

Analog zum g-Faktor des Elektrons besitzen auch die Nukleonen einen gyromagnetischen Faktor, der für das Proton g_p, für das Neutron g_n heißt. Im Gegensatz zum g-Faktor des Elektrons lassen sich g_p und g_n bisher aus keinem Modell ableiten.

Im Wasserstoffatom gibt es nur zwei Werte von F, weil Proton und Elektron jeweils nur den Spin 1/2 haben:

$$j = s_e = \frac{1}{2}, \qquad S_p = \frac{1}{2}$$

$F = j \pm S_p$ liefert $F = 0$ für antiparallele und $F = 1$ für parallele Spins.

Für das Wasserstoffatom erhält man eine Aufspaltung, wie sie in Bild 7.16 gezeigt ist. Von der ursprünglichen Lage verschiebt sich der Term mit $F = 1$, $j = 1/2$, $S_p = 1/2$ um 1/4 nach oben und der Term mit $F = 0$, $j = 1/2$, $S_p = 1/2$ um 3/4 nach unten.

Zwischen beiden Einstellungen der Protonen- und Elektronenspins können Übergänge stattfinden, die als Spin-Umklapp- oder Spinflip-Übergänge bezeichnet werden. Die Energie ist durch die Faktoren im Ausdruck (7.81) gegeben.

Die Frequenz des Übergangs liegt im Mikrowellenbereich: $\nu = 1.4204\,\text{GHz}$, was einer Wellenlänge von $\lambda = 21$ cm entspricht. Diese Spektrallinie spielt in der Radioastronomie eine große Rolle. Sie wird vom interstellaren Gas ausgesandt und läßt sich mit Radioteleskopen beobachten. Aus der Stärke der Linie, ihrem genauen Profil und einer meßbaren Frequenzverschiebung aufgrund des Doppler-Effekts können die Temperatur, die mittlere Dichte und die Radialgeschwindigkeit der emittierenden Wolken bestimmt werden.

Die „Hyperfeinstruktur-Aufspaltung", liegt in der Größenordnung der Lamb-Shift. Die Untersuchung der Hyperfeinstruktur ist vor allem für die Kernphysik von Bedeutung, da aus ihr Informationen über die Eigenschaften der Kerne, insbesondere über deren Spins, gewonnen werden können. Bei Berücksichtigung aller hier angeführten Wechselwirkungen in der Theorie zeigt diese eine außerordentlich gute Übereinstimmung mit den Messungen.

In der vollständigen Behandlung der Hyperfeinstruktur [Ko 56] tritt ein weiterer Term auf, der eine Abweichung von einer kugelförmigen Ladungsverteilung im Kern berücksichtigt. Der Beitrag dieses Quadrupolterms ist jedoch um eine Größenordnung kleiner als der des magnetischen Dipolterms und hat für Aussagen in der Atomphysik nur eine geringe Bedeutung.

8 Periodensystem und Schalenstruktur

Der Aufbau des Periodensystems der chemischen Elemente, d.h. deren Anordnung nach Perioden und Gruppen, ergibt sich aus der chemischen Systematik und aus spektroskopischen Daten. Seine Erklärung ist ein wichtiges Kriterium für die Richtigkeit der Atomtheorie und für die dieser zugrundeliegenden Prinzipe der Quantenmechanik. Das ursprüngliche Ordnungsprinzip Mendelejews waren die Atomgewichte, Moseley zog dazu die Ordnungszahlen heran und von Bohr und Pauli wurde schließlich die Schalenstruktur der Atome als bestimmend angesehen. Aus dieser ergibt sich das zweidimensionale Schema, in dem die Elemente nicht nur linear geordnet sind, sondern außerdem nach Merkmalen ihrer Eigenschaften, die in der Reihenfolge der Elemente mehrmals durchlaufen werden.

8.1 Pauli-Prinzip und Schalenbau

Der Zusammenhang zwischen der Anordnung der Elemente im Periodensystem und dem Bau der Atome folgt aus dem von Wolfgang Pauli formulierten Prinzip:

> Es ist ausgeschlossen, daß in einem Atom sich mehr als ein Elektron in ein und demselben, durch einen vollständigen Satz von Quantenzahlen charakterisierten Zustand befinden.

Ein solcher Satz besteht z.B. aus den für das Wasserstoffatom eingeführten Quantenzahlen n, l, m_l, m_s. Hiervon ausgehend läßt sich das Periodensystem durch stufenweise Vergrößerung der Zahl der Elektronen aufbauen. Außer dem Paulischen „Ausschließungsprinzip“ braucht man dazu die weiteren Annahmen, daß der Grundzustand, d.h. der energetisch niedrigste Zustand der Atome, maßgeblich ist und daß durch Hinzufügen eines weiteren Elektrons (bei entsprechender Erhöhung der Kernladungszahl) die bereits vorhandenen Struktur nicht grundsätzlich verändert wird (Bohrsches Aufbauprinzip).

Wie wir im nächsten Kapitel zeigen werden, gibt es numerische Verfahren zur Bestimmung der energetisch niedrigstmöglichen Zustände. Für unseren Zweck des stufenweisen Aufbaus des Periodensystems genügen jedoch einige semi-empirische Regeln.

Zunächst schreiben wir in einem Schema auf, wie viele Elektronen nach dem Pauli-Prinzip jeweils gleiche Haupt- und Bahndrehimpuls-Quantenzahlen haben können. Dabei benützen wir die bereits bekannten Symbole zur Bezeichnung der Elektronen-Konfiguration und außerdem die ebenfalls historisch bedingten Symbole K, L, M, N,... für die Hauptquantenzahlen 1, 2, 3, 4, ... Da die Energie der Zustände im wesentlichen durch die Hauptquantenzahl n bestimmt ist, die räumliche Verteilung der Elektronen aber durch die Bahndrehimpuls- Quantenzahlen l und m_l, bezeichnen wir Zustände mit einer gemeinsamen Hauptquantenzahl „Energieschale" oder einfach „Schale" und solche mit einer gemeinsamen Drehimpuls-Quantenzahl als „Unterschale". In der chemischen Literatur werden die entsprechenden Einteilchenwellenfunktionen Orbitale genannt.

Tab. 8.1 Besetzungszahlen der Elektronenkonfigurationen.

	K	L		M			N				O				
Hauptquantenzahl	1	2		3			4				5				
Konfiguration	1s	2s	2p	3s	3p	3d	4s	4p	4d	4f	5s	5p	5d	5f	5g
Besetzungszahlen:															
Unterschale	2	2	6	2	6	10	2	6	10	14	2	6	10	14	18
Summe	2	8		18			32				50				

Die Besetzungszahlen der Schalen und Unterschalen ergeben sich aus der in Unterkapitel 7.5 erörterten Bedingung, daß zu jedem Wert n der Hauptquantenzahl $n-1$ verschiedene Werte l der Bahndrehimpuls-Quantenzahl gehören und zu jedem Wert l wiederum $2l+1$ verschiedene magnetische Quantenzahlen m_l. Für jede Kombination dieser Zahlen sind zwei verschiedene magnetische Spinquantenzahlen m_s möglich. Damit sind zu jeder Hauptquantenzahl $2n^2$ Zustände besetzbar, d.h. jede Periode enthält $2n^2$ Elemente. Für die Hauptquantenzahlen: 2, 3, 4, 5 ergeben sich daraus die Periodenlängen: 2, 8, 32, 50.

Die Reihenfolge der zu besetzenden Niveaus wird durch deren Energien in der Weise bestimmt, daß Niveaus mit minimaler Energie zuerst besetzt werden. Das dabei befolgte Ordnungsschema ist die Folge

$$E(1s) < E(2s) < E(2p) < E(3s) < E(3p) < E(4s, 3d)\ldots$$

Das letzte Glied bringt zum Ausdruck, daß die entsprechenden Orbitale energetisch weitgehend äquivalent sind.

Wir geben im folgenden für die Elemente an erster Stelle in runden Klammern die Ordnungszahl an, dann das Elementsymbol und dann die Elektronen-Konfiguration mit den Besetzungszahlen als hochgestellten Indizes. Dabei lassen wir voll besetzte Unterschalen weg, weil in ihnen die Drehimpulse und die Spins der einzelnen Elektronen sich jeweils gegenseitig kompensieren und daher zum Gesamtdrehimpuls nicht beitragen. Zuletzt nennen wir die spektroskopische Term-Notation für den Grundzustand.

Das Elektron des Wasserstoffs hat die Quantenzahlen $n = 1$, $l = 0$, und $m_s = 1/2$. Das Atom hat im Grundzustand folglich den Gesamt-Bahndrehimpuls $L = 0$ und den Gesamtspin $S = 1/2$ und folglich den Gesamtdrehimpuls $J = 1/2$. Die Wahl $m_s = 1/2$ für das Elektron des Wasserstoffs ist zwar willkürlich, wir treffen sie aber, um uns bezüglich der Wahl der Quantenzahlen festzulegen. Da die K-Schale nur zwei Elektronen enthalten kann, hat in ihr nur noch ein weiteres Elektron Platz, und dieses muß dann die magnetische Quantenzahl $m_s = -1/2$ haben. Wir sind damit beim Helium, das folglich den Gesamtspin $S = 0$ hat, beim gleichen Gesamt-Bahndrehimpuls wie der Wasserstoff; sein Gesamtdrehimpuls ist daher $J = 0$.

$$(1)\quad \mathrm{H}\quad 1\mathrm{s}\quad {}^2\mathrm{S}_{1/2}\quad (2)\quad \mathrm{He}\quad 1\mathrm{s}^2\quad {}^1\mathrm{S}_0$$

Damit ist die K-Schale besetzt, und das nächste Elektron muß bereits in die L-Schale. Die im Wasserstoffatom entarteten Drehimpulszustände (vgl. Kapitel 7.5) spalten nun auf, da für das dritte Elektron die Ladung des Kerns durch die beiden 1s-Elektronen teilweise abgeschirmt wird. Von den beiden möglichen Drehimpuls-Zuständen s und p der L-Schale liegt der s-Zustand energetisch tiefer, da sich für ihn wegen seines kleineren mittleren Abstandes vom Kern (vgl. Bild 7.8) die Abschirmung durch die beiden K-Elektronen weniger bemerkbar macht als für den p-Zustand. Das dritte Elektron ist daher ein 2s-Elektron mit $m_s = 1/2$, und das dritte Element, Lithium, hat den Gesamtspin S= 1/2. Das nächste Element, Beryllium, hat analog zum Helium ein zusätzliches Elektron mit $m_s = -1/2$ und folglich den Spin S= 0.

$$(3)\quad \mathrm{Li}\quad 2\mathrm{s}\quad {}^2\mathrm{S}_{1/2}\quad (4)\quad \mathrm{Be}\quad 2\mathrm{s}^2\quad {}^1\mathrm{S}_0$$

Damit ist die s-Unterschale gefüllt, und das nächste Elektron muß in die p-Unterschale.

Während die Atome bis zum Beryllium nur s-Elektronen enthalten, hat das Bor-Atom ein p-Elektron, so daß nun zur Ermittlung des spektroskopischen Terms zusätzlich zum Abschirmeffekt zu berücksichtigen ist, in welcher Weise die Kopplung von Gesamt-Spin und Gesamt-Bahndrehimpuls zum Gesamt-Drehimpuls J erfolgt (vgl. Gl. (7.70)).

Dabei hilft uns die Regel, daß die Elektronen dann sogenannte *reguläre Multipletts* bilden, d.h. solche, bei denen der Zustand mit dem kleinsten J-Wert die niedrigste Energie ausweist, wenn eine Unterschale weniger als zur Hälfte gefüllt ist. Bei mehr als halber Füllung hat der Zustand mit dem größten J die kleinste Energie. Das Multiplett heißt dann *invertiert.* Für die Bestimmung des spektroskopischen Terms des Kohlenstoffs müssen wir auf eine weitere Regel zurückgreifen, nach der die Elektronen-Konfiguration mit der größten Multiplizität energetisch am tiefsten liegt (*Hundsche Regel*)[1]. Bei gleichen Multiplizitäten liegt die mit dem größten Gesamt-Drehimpuls am niedrigsten. Nach

[1] Friedrich Hund (geb. 1896)

diesen beiden Regeln ist der Grundzustand des Kohlenstoffs ein Triplett mit dem Drehimpuls $J = 0$.

$$(5) \quad \mathrm{B} \quad 2\mathrm{p} \quad {}^2\mathrm{P}_{1/2} \quad (6) \quad \mathrm{C} \quad 2\mathrm{p}^2 \quad {}^3\mathrm{P}_0 \,.$$

Für den Stickstoff und den Sauerstoff erhalten wir entsprechend

$$(7) \quad \mathrm{N} \quad 2\mathrm{p}^3 \quad {}^4\mathrm{S}_{3/2} \quad (8) \quad \mathrm{O} \quad 2\mathrm{p}^4 \quad {}^3\mathrm{P}_2 \,.$$

Beim Stickstoff ergibt sich der Drehimpuls $J = 3/2$, weil die drei Elektronen mit den m_l-Werten -1, 0 bzw. 1 zum Gesamt-Drehimpuls $L = 0$ koppeln. Beim Sauerstoff ist der Grundzustand ein invertiertes Triplett. Nach den gleichen Regeln erhalten wir für Fluor und für Neon

$$(9) \quad \mathrm{F} \quad 2\mathrm{p}^5 \quad {}^2\mathrm{P}_{3/2} \quad (10) \quad \mathrm{Ne} \quad 2\mathrm{p}^6 \quad {}^1\mathrm{S}_0 \,.$$

Mit Neon ist die L-Schale gefüllt, und mit dem nächsten Element muß der Aufbau der M-Schale beginnen. Nach den gleichen Regeln wie zuvor erhalten wir für deren Elemente

$$\begin{array}{cccccccc}
(11) & \mathrm{Na} & 3\mathrm{s} & {}^2\mathrm{S}_{1/2} & (12) & \mathrm{Mg} & 3\mathrm{s}^2 & {}^1\mathrm{S}_0 \\
(13) & \mathrm{Al} & 3\mathrm{p} & {}^2\mathrm{P}_{1/2} & (14) & \mathrm{Si} & 3\mathrm{p}^2 & {}^3\mathrm{P}_0 \\
(15) & \mathrm{P} & 3\mathrm{p}^3 & {}^4\mathrm{S}_{3/2} & (16) & \mathrm{S} & 3\mathrm{p}^4 & {}^3\mathrm{P}_2 \\
(17) & \mathrm{Cl} & 3\mathrm{p}^5 & {}^2\mathrm{P}_{3/2} & (18) & \mathrm{Ar} & 3\mathrm{p}^6 & {}^1\mathrm{S}_0
\end{array}$$

Obwohl hiermit die M-Schale noch nicht ganz gefüllt ist, beginnt mit dem 19. Element der Aufbau der N-Schale. Das hat seinen Grund in der bereits erwähnten Drehimpulsabhängigkeit der mittleren Abstände der Elektronen vom Kern. Abhängig vom jeweiligen Elektron-Kern-Abstand wirkt sich die Abschirmung des Kernpotentials durch die Elektronen der inneren Schalen unterschiedlich aus. Da die Eigenwerte der Energie mit zunehmender Hauptquantenzahl immer dichter liegen, treten die s-Zustände der nächsten Schale energetisch immer mehr in Konkurrenz mit den Unterschalen höheren Drehimpulses der vorausgehenden Schale, und beim 19. und 20. Element schließlich liegen die 4s-Zustände bereits energetisch tiefer als die 3d-Zustände. Hier tritt die oben erwähnte Abweichung von der regulären Energiefolge auf, so daß für die Grundzustände gilt:

$$(19) \quad \mathrm{K} \quad 4\mathrm{s} \quad {}^2\mathrm{S}_{1/2} \quad (20) \quad \mathrm{Ca} \quad 4\mathrm{s}^2 \quad {}^1\mathrm{S}_0 \,.$$

Erst beim 21. Element beginnt die Auffüllung der 3d-Schale,

$$(21) \quad \mathrm{Sc} \quad 3\mathrm{d}\, 4\mathrm{s}^2 \quad {}^2\mathrm{D}_{3/2} \,,$$

die mit dem 30. Element vollendet ist:

$$(30)\quad \mathrm{Zn}\quad 3d^{10}4s^2\quad {}^1S_0.$$

Die dazwischenliegenden Elemente sind zusammen mit ihren Konfigurationen und Termsymbolen in Bild 8.1 aufgeführt. Zu erwähnen ist, daß die Elemente Fe, Co, Ni chemisch sehr ähnlich sind. Im festen Körper zeigen sie alle Ferromagnetismus, während die freien Atome paramagnetisch sind. Ihre Salze zeichnen sich durch starke Farben aus.

Der Abschluß der d-Unterschale wird allerdings schon beim Element Cu erreicht. Beim Übergang vom Element Ni zum Element Cu werden zwei Elektronen in die d-Unterschale eingebaut, während der 4s-Zustand mit nur einem Elektron besetzt ist. Dies stellt eine besondere Stabilität der d-Schale dar, die sich in dem „edlen" Charakter des Elements ausdrückt. Das gleiche Schema finden wir beim Element Ag, bei dem die 4d-Schale und am ausgeprägtesten beim Element Au, bei dem die 5*d*-Schale abgeschlossen wird. Mit dem 31. Element wird die Auffüllung der N-Schale fortgesetzt.

(31)	Ga	4p	${}^2P_{1/2}$	(32)	Ge	$4p^2$	${}^3P_0$
(33)	As	$4p^3$	${}^4S_{3/2}$	(34)	Se	$4p^4$	${}^3P_2$
(35)	Br	$4p^5$	${}^2P_{3/2}$	(36)	Kr	$4p^6$	${}^1S_0$

Diese Reihenfolge wiederholt sich vom 37. zum 54. Element, dem Edelgas Xenon, womit die K-, L- und M-Schalen ganz besetzt sind (für spektroskopische Details siehe Bild 8.1). In der N-Schale ist noch die f-Unterschale frei und in der O-Schale, die d-, f- und g-Unterschalen.

Mit den beiden nächsten Elementen, Cäsium und Barium, wird jedoch zunächst die 6s-Schale besetzt und erst danach beim Element Lanthan mit der Besetzung der 5d-Schale begonnen. Dieser Aufbau wird jedoch sofort wieder unterbrochen. Mit dem 58. Element, dem Cer, beginnt der Aufbau der 4f-Schale. Dabei treten bereits zwei Elektronen in der f-Schale auf, während die 5d-Zustände zunächst wiederum leer sind. Eine starke Kopplung zweier Elektronen bedingt dieses Verhalten. Mit dem 71. Element, Lutetium, ist der Aufbau der 4f-Schale abgeschlossen. Bei allen Lanthaniden liegen die Aufenthaltswahrscheinlichkeiten der 6s- und 5p-Elektronen bei fast gleich großen Abständen vom Kern. Sie bestimmen die chemischen Eigenschaften, daher verhalten sich alle Lanthaniden sehr ähnlich. Die Bindungsenergie der 4f-Elektronen liegt im gleichen Bereich wie die der 5d-Niveaus, so daß nicht immer eine eindeutige Zuordnung möglich ist. Die 4f-Elektronen tragen jedoch sowohl mit ihrem Spin als auch mit ihrem großen Bahndrehimpuls stark zum magnetischen Moment bei. Alle Lanthaniden sind paramagnetisch. Die Spektren weisen schärfere Banden (zahlreiche dicht beieinander liegende Linien) wegen der abschirmenden Wirkung der äußeren Elektronen auf, als sie bei d-Elektronen beobachtet werden. Vom 72. Element, Hafnium, bis zum 80. Element, Quecksilber, wird die Besetzung der 5d-Schale fortgesetzt.

Betrachten wir einige Besetzungszahlen von Zuständen im Detail, dann finden wir an mehreren Stellen, z.B. bei Pd und Gd, irreguläre Besetzungen im Grundzustand, die sich im einzelnen nur durch die Berechnung der Energie erklären lassen. Der Aufbau der

O-Schale wird nach der Besetzung der 5d-Schale zunächst unterbrochen, und es wird mit der Auffüllung der 6p-Schale fortgefahren. Mit dem 86. Element, dem Radon, ist die 6p-Schale ganz besetzt.

Als nächstes folgt die 7s-Schale. Darauf wird mit der 6d-Schale begonnen. Nach dem 90. Element, dem Thorium, jedoch wird zunächst die 5f-Schale besetzt und erst dann, vom 104. Element an, das zwar anhand der Eigenschaften seines Atomkerns identifiziert aber noch nicht benannt ist, mit der 6d-Schale fortgefahren. Damit bricht die Reihe der bekannten Elemente ab. Die folgenden Elemente bis zur Ordnungszahl 109 sind kernphysikalisch nachgewiesen, darüberhinaus sind sie jedoch noch unbekannt. Es wird nicht bezweifelt, daß das Aufbau-Prinzip der Elektronen-Schalen auch für die folgenden Elemente weitergilt. Das nächste Edelgas würde danach bei der Ordnungszahl 118 auftreten. Daß die Reihe abbricht, liegt nicht am Bau der Elektronen-Hülle, sondern daran, daß alle bekannten Elemente oberhalb des Urans instabile Kerne haben. Die Eigenschaften der Atomkerne jedoch gehören in ein anderes Kapitel der Physik.

Zusammenfassend können wir nun feststellen, daß im Periodensystem die Reihenfolge der Elemente durch die *Zahl* der Elektronen der Atomhülle bestimmt wird, die Gruppen und Perioden dagegen durch deren *strukturelle Anordnung*, d.h. insbesondere durch die Struktur der unvollständigen Schalen. Am Ende der Periode stehen immer die chemisch inerten Edelgase. Bei ihnen sind die s- und p-Schalen vollständig besetzt, womit offenbar eine besonders stabile Konfiguration erreicht wird. Am Anfang aller Perioden stehen die chemisch besonders aktiven Alkali-Metalle, deren Reaktionsfreudigkeit darauf beruht, daß das Elektron, das sie außerhalb der Edelgas-Konfiguration haben, besonders schwach gebunden ist. In ähnlicher Weise lassen sich alle periodischen Eigenschaften der Elemente auf die Periodizität im Aufbau der Elektronenhülle zurückführen.

Entsprechend den Besetzungszahlen der einzelnen Konfigurationen werden die Perioden mit zunehmender Ordnungszahl immer länger. Die erste Periode bis zum Helium hat 2 Elemente, die 2. und 3. Periode bis zum Neon bzw. Argon haben je 8, und die 4. und 5. Periode bis zum Krypton bzw. Xenon haben je 18. Die 6. Periode ist mit 32 Elementen noch länger. Die 7. Periode bricht wegen der Instabilität der Kerne ab, bevor sie vollständig ist. Die für den Aufbau des Periodensystems bestimmende Wechselwirkung ändert sich vom ersten bis zum letzten Element. Während am Anfang des Systems die elektrostatische Wechselwirkung dominiert, durch die besonders die Abschirmung der Kernladung durch weitere Elektronen berücksichtigt wird, tritt bei mittelschweren Elektronen ein konkurrierender Einfluß von elektrostatischer und magnetischer Wechselwirkung auf. Diese magnetische Wirkung der magnetischen Momente untereinander bestimmt schließlich bei den schweren Elementen die Lage der Energiezustände. Diese unmittelbare Auswirkung auf den Atombau im Periodensystem ist eine Folge der im folgenden Kapitel noch zu erörternden Kopplungsschemata.

Dem systematischen Aufbau des Periodensystems ließen sich mit Hilfe der Quantenmechanik auch andere Quantenzahlen als l, m, m_l, und m_s zugrunde legen, die jedoch die gleiche Zahl an Kombinationen, d.h. an Zuständen für die Atome liefern.

8.2 Experimentelle Daten zum Periodensystem

Lange bevor Mendelejew und Meyer ein System für die Anordnung der chemischen Elemente vorstellten, versuchte Döbereiner[1], eine erste Ordnung in die bis dahin bekannten chemischen Elemente mit der im Jahre 1819 aufgestellten sogenannten Triaden-Regel zu bringen. Nach ihr ist das Atomgewicht des mittleren je dreier Elemente das arithmetische Mittel der Atomgewichte der beiden anderen Elemente. Solche Triaden bilden die Alkalien, Erdalkalien bzw. Halogene (in Klammern die Atomgewichte): Li(6.9), Na(23.0), K(39.1); Ca(40.1), Sr(87.6), Ba(137.3), Cl(35.5), Br(79.9), I(126.9). Später wurden sie zum Teil durch Hinzufügen eines vierten Elements vergrößert und andere Familien von Elementen zusammengestellt. Auch bei weitergehenden Versuchen zur systematischen Ordnung der Elemente war deren Atomgewicht maßgebend.

Den entscheidenden Schritt, mit der Aufstellung eines Schemas, das weitgehend dem heute gebräuchlichen Periodensystem entspricht (Bild 8.1), taten 1869 Mendelejew und, unabhängig davon, Meyer. Dieses Gesetz besagt, daß bei der Anordnung der Elemente nach steigendem Atomgewicht bestimmte Merkmale periodisch durchlaufen werden. Beide Forscher stellten fest, daß die Periodizität der Eigenschaften sogar ein stärkeres Ordnungsprinzip ist als die Zunahme des Atomgewichtes: An drei Stellen in der Reihenfolge der Elemente ist das folgende Element leichter als das vorherige (der tiefgestellte Index ist die Ordnungszahl des Elements, die identisch ist mit der Kernladungszahl, d.h. der Zahl der Protonen im Atomkern):

$$\begin{array}{ll} {}_{18}\mathrm{Ar}(39.848) & {}_{19}\mathrm{K}(39.098) \\ {}_{27}\mathrm{Co}(58.933) & {}_{28}\mathrm{Ni}(58.688) \\ {}_{52}\mathrm{Te}(127.586) & {}_{53}\mathrm{I}(126.905) \; . \end{array}$$

Diese Inversion der Atomgewichte ist bedingt durch die *Isotopie* der chemischen Elemente. Damit wird die Tatsache bezeichnet, daß zu allen Elementen Atome mit unterschiedlichem Atomgewicht gehören, die man als *Isotope* der Elemente bezeichnet. Die einzelnen Isotope eines Elements haben in ihrem Kern zwar gleich viele Protonen, aber unterschiedlich viele Neutronen. Sie unterscheiden sich voneinander daher durch die Massenzahl (d.h. die Summe von Neutronen und Protonen im Atomkern), die als hochgestellter Index vor das Elementsymbol geschrieben wird. Die Summe der mit ihrer relativen Häufigkeit gewichteten Atomgewichte der Isotope ergibt das im Periodensystem genannte Atomgewicht eines Elements.

Die Inversion beruht z.B. beim Elementpaar Ar-K darauf, daß beim Argon das schwerste der stabilen Isotope mit der Massenzahl 40 (99.6 %), beim Kalium dagegen das leichteste der stabilen Isotope mit der Massenzahl 39 (93.6 %), am häufigsten im natürlichen Isotopengemisch auftritt. Besonders auffällig ist die Periodizität bei den chemischen

[1]Johann Wolfgang Döbereiner (1780—1848)

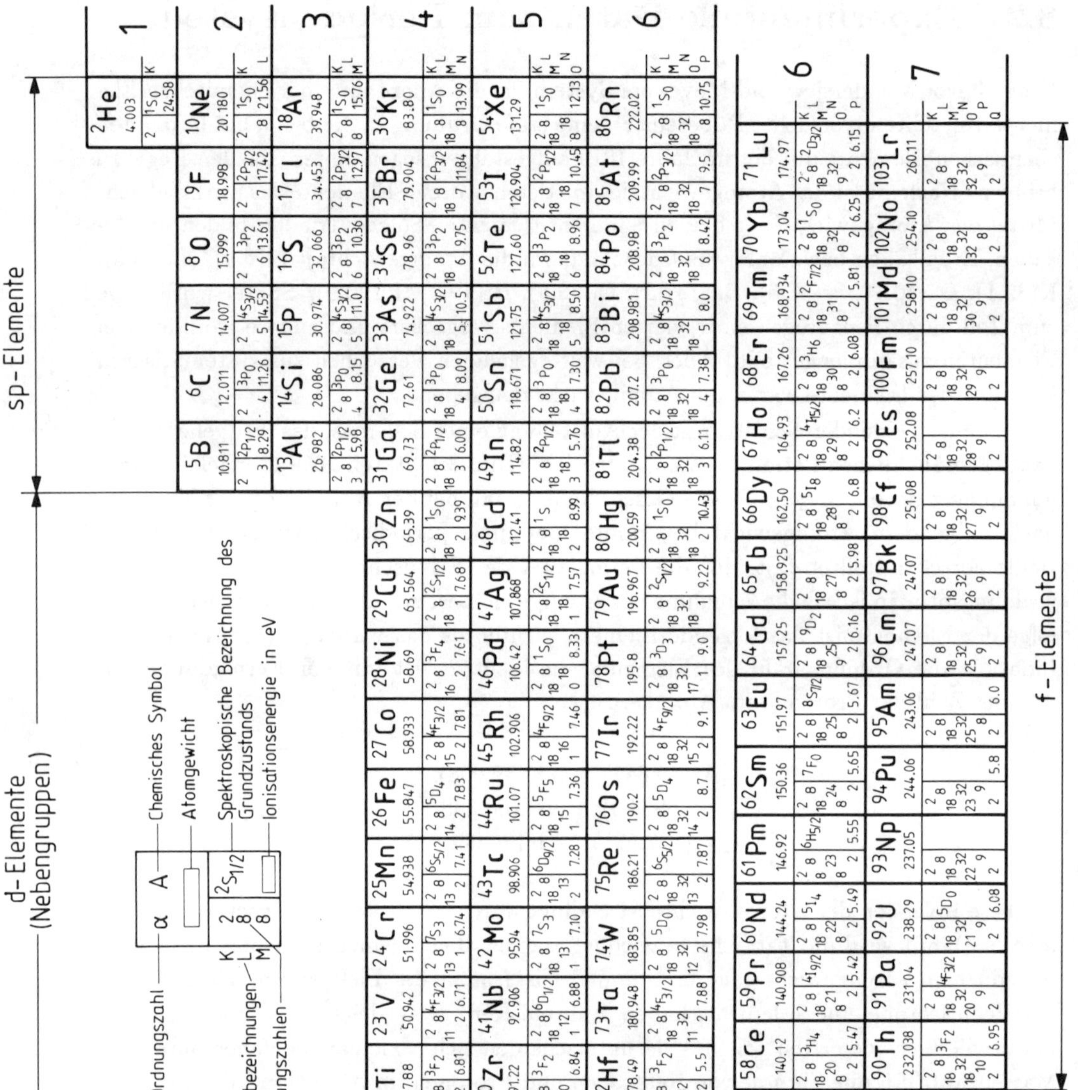

Bild 8.1 Das Periodensystem der Elemente.

Verbindungen, die die Elemente eingehen. Daneben aber gibt es viele weitere chemische und physikalische Eigenschaften, die sich in der Reihenfolge der Elemente ebenfalls periodisch wiederholen. Wie ausgeprägt diese Periodizität ist, ersieht man daraus, daß sie es ermöglichte, die Existenz bislang nicht bekannter Elemente vorauszusagen. So konnte bereits Mendelejew aufgrund seines Schemas die Eigenschaften des Germaniums („Eka-Silizium") vorhersagen:

Vorhersage durch *Mendelejew* (1871)	Nachweis durch *Winkler*[1] (1886)
Masse ungefähr 72	Masse 72.59
graues Metall	weißlich graues Metall
Dichte 5.5 g/cm^3	Dichte 5.39 g/cm^3
Spezifische Wärme 0.31 J/g K	Spezifische Wärme 0.32 J/g K
XCL_4 leicht flüchtig	
Siedepunkt unter 100° C	Siedepunkt des $GeCl_4$ 83° C
Dichte 1.9 g/cm^3	Dichte 1.88 g/cm^3

Aufgrund der Systematik von Röntgenübergängen in die K-Schale gelang es im Jahre 1925 W. Noddack[2] und I. Tacke[3] das bis dahin unbekannte Element mit der Ordnungszahl $Z = 75$, das Rhenium, in Mineralien zu entdecken.

Bild 8.1 zeigt eine moderne Form des Periodensystems der Elemente. Die sieben waagerechten Reihen heißen „Perioden", die acht senkrechten Spalten (s- und sp-Elemente) „Hauptgruppen"; außer den Hauptgruppen gibt es noch die „Nebengruppen" (d-Elemente). Verwandte Eigenschaften der Elemente finden wir innerhalb einer Gruppe, sie wiederholen sich von Periode zu Periode. Einige dieser Eigenschaften werden nachfolgend erläutert.

- *Atom- und Ionenradien.* Die Größe der Atome variiert periodisch, wie in Bild 8.2 gezeigt.

  Innerhalb jeder Periode sind die Alkali-Atome (die Elemente der ersten Gruppe) am größten, dann nehmen die Radien mit steigender Ordnungszahl ab. Ein einfach ionisiertes Alkali-Atom schrumpft in seiner Größe beträchtlich. Das kann mit der Vorstellung erklärt werden, daß eines der Elektronen (das Valenzelektron) die größte Aufenthalts-Wahrscheinlichkeit in größerem Abstand vom Kern als alle anderen hat. Es befindet sich allein in diesem Elektronenzustand. Da jede Schale mit einem Alkali-Atom beginnt, treten die größten Radien am Anfang der Periode auf. Mit steigender Ordnungszahl werden die Schalen aufgefüllt, gleichzeitig nehmen

[1] Clemens Winkler (1838—1904)
[2] Walter Noddak (1893—1960)
[3] Ida Eva Tacke (1896—1978)

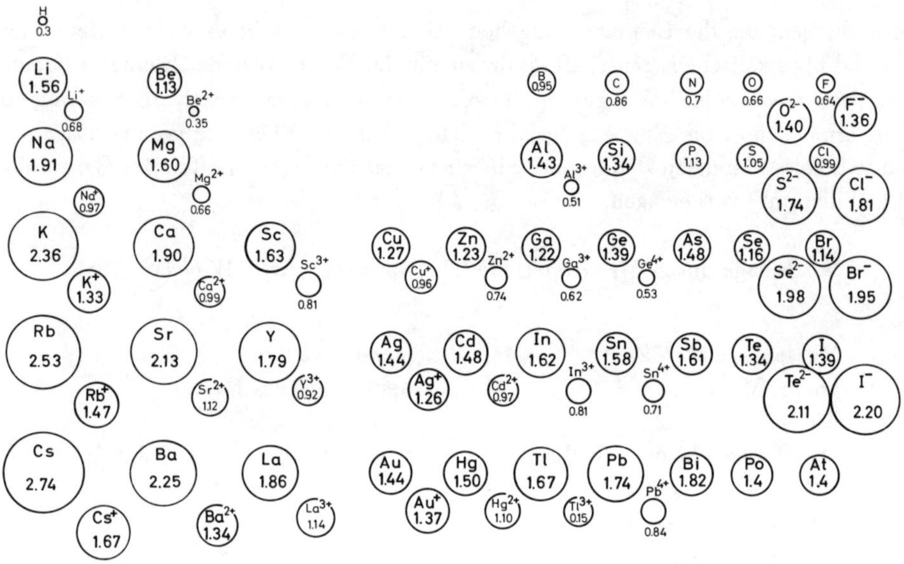

Bild 8.2 Atom- und Ionenradien in 10^{-10} m. Die Elemente sind nach dem Periodensystem angeordnet.

die Radien der Atome ab. Dies läßt sich mit der stärker werdenden Coulomb-Anziehung zwischen Elektronen und Protonen begründen, weil die Protonenzahl innerhalb einer Periode ebenfalls steigt. Innerhalb einer Gruppe nehmen die Radien der Atome und Ionen mit der Ordnungszahl ebenfalls zu, weil am Anfang einer Periode jeweils eine neue Schale mit größerem Abstand vom Kern aufgebaut wird.

- *Ionisierungsenergie.* Bild 8.3 zeigt, daß auch die Ionisierungsenergien einen periodischen Verlauf haben. Die Alkalien, Li, Na, K, Rb, Cs, Fr, haben sehr kleine Ionisierungsenergien, die Edelgase He, Ne, Ar, Kr, Xe, Rn dagegen sehr große.

  Das ist ebenfalls darauf zurückzuführen, daß die mittlere Aufenthalts-Wahrscheinlichkeit für die äußeren Elektronen bei den Alkalien in größerem Abstand vom Kern liegt als bei den Edelgasen, in denen sie fester gebunden sind.

- *Elektronenaffinität*, d.h. die Bindungsenergie des zusätzlichen Elektrons in einfach negativ geladenen Ionen. Die größten Elektronenaffinitäten haben die Halogene F, Cl, Br, I, At, die die siebte Gruppe bilden. Die Edelgase besitzen für zusätzliche Elektronen negative Bindungsenergien, d.h. sie können im Grundzustand keine negativen Ionen bilden. Das Elektronenschalen-Bild liefert die anschauliche Begründung: Die Halogene schließen mit einem zusätzlichen Elektron eine Schale ab, während bei den Edelgasen damit eine neue beginnen würde, für die aber die

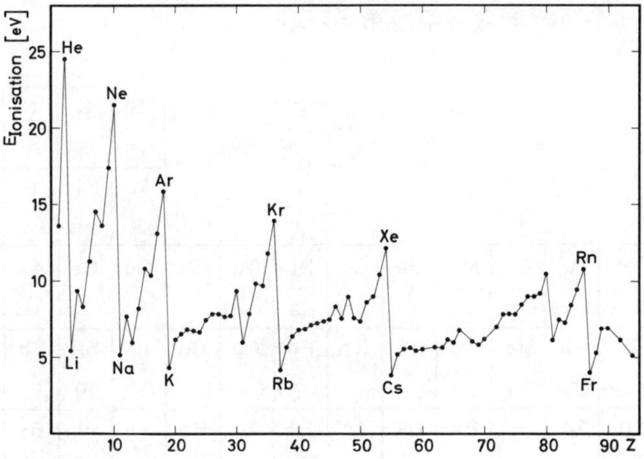

Bild 8.3 Ionisierungsenergien der Elemente, aufgetragen gegen deren Ordnungszahlen Z.

Anziehung durch die Protonen zu gering ist. Bild 8.4 zeigt ein verkürztes Periodensystem mit den bisher bekannten Elektronenaffinitäten für die Grundzustände der negativen Ionen.

- *Oxidationszahlen.* Der ursprünglich in der Chemie benützte Begriff der Wertigkeit oder Valenz eines Elements hängt stark von der Art der Bindung ab, so daß er oft zu Unklarheiten führte. Zur eindeutigen Charakterisierung des Bindungsverhaltens der Elemente wurde daher die „Oxidationszahl" eingeführt, die ganze positive oder negative Werte annehmen kann. Sie gibt die Ladung an, die ein Atom haben würde, wenn man in einer chemischen Verbindung die Elektronen dem mehr elektro-negativen Atom zuordnen würde. Für ein freies Atom ist sie Null, für ein einatomiges Ion gleich seiner Ladung. Aus dem in Bild 8.5 dargestellten Schema ersieht man, daß die Oxidationszahlen aller Edelgase Null sind. Sie gehen demzufolge – was bereits ihr Name andeuten soll – nur schwer eine Verbindung ein. Die Periodizität der Oxidationszahlen entspricht ähnlichen Eigenschaften äquivalenter chemischer Verbindungen. So liegen z.B. deren Schmelzpunkte und Siedepunkte bei jeweils ähnlichen Temperaturen.

- *Metalle, Halbmetalle, Nichtmetalle.* Das Kriterium für die Unterscheidung der Elemente nach diesen drei Kategorien ist die elektrische Leitfähigkeit. Bei Metallen nimmt sie mit der Temperatur ab, bei Halbmetallen dagegen zu. Nichtmetalle sind Nichtleiter. Der Metallcharakter nimmt innerhalb einer Gruppe mit steigender Ordnungszahl zu, z.B. in der 5. Gruppe vom Nichtmetall Stickstoff (N) zum Metall Wismut (Bi); innerhalb einer Periode nimmt er im wesentlichen mit der Ornungszahl ab. Das ist in Bild 8.6 für die Elemente der Hauptgruppe gezeigt. Der Vergleich mit den Bildern 8.2 und 8.3 zeigt, daß offenbar vor allem die äußersten,

Elektronenaffinitäten in eV

H 0.754																	He (0.075)
Li 0.618	Be < 0											B 0.277	C 1.263	N ≤ 0	O 1.461	F 3.399	Ne < 0
Na 0.548	Mg < 0											Al 0.441	Si 1.385	P 0.746	S 2.077	Cl 3.617	Ar < 0
K 0.501	Ca < 0	Sc 0.188	Ti 0.079	V 0.525	Cr 0.666	Mn < 0	Fe 0.151	Co 0.661	Ni 1.156	Cu 1.228	Zn < 0	Ga 0.3	Ge 1.233	As 0.81	Se 2.021	Br 3.365	Kr < 0
Rb 0.486	Sr < 0	Y 0.307	Zr 0.426	Nb 0.893	Mo 0.746	Tc 0.55	Ru 1.05	Rh 1.137	Pd 0.557	Ag 1.302	Cd < 0	In 0.3	Sn 1.112	Sb 1.07	Te 1.971	J 3.06	Xe < 0
Cs 0.471	Ba < 0	La 0.5	Hf ~0	Ta 0.322	W 0.815	Re 0.15	Os 1.1	Ir 1.505	Pt 2.128	Au 2.309	Hg < 0	Tl 0.2	Pb 0.364	Bi 0.946	Po 1.9	At 2.8	Rn < 0
Fr	Ra	Ac	104	105	106	107	108	109									
119	120																

Ce	Pr	Nd	Pm	Sm	Eu	Gd	Tb	Dy	Ho	Er	Tm	Yb	Lu
← ≃ 0.5 →													
Th	Pa	U	Np	Pu	Am	Cm	Bk	Cf	Es	Fm	Md	No	Lr

Bild 8.4 Periodensystem mit Elektronenaffinitäten.

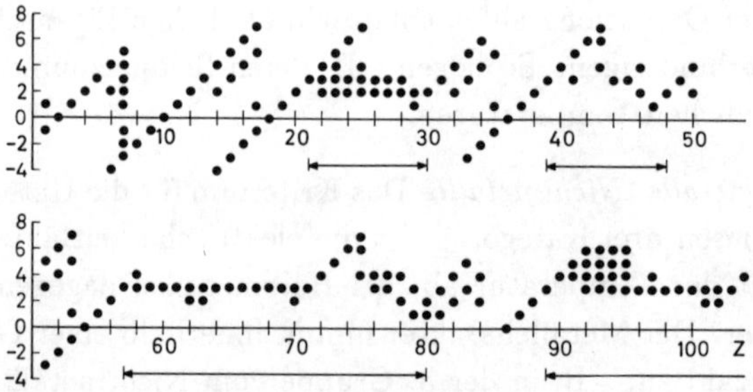

Bild 8.5 Die häufigsten Oxidationszahlen der Elemente, aufgetragen gegen deren Ordnungszahlen Z. Die Pfeile geben die Lage der Nebengruppen-Elemente einschließlich der Lanthaniden und Actiniden an.

Li 11.8	Be 35.9	B	C	N	O	F
Na 23.4	Mg 25.3	Al 40	Si	P	S	Cl
K 15.9	Ca 27.7	Ga 7.3	Ge	As	Se	Br
Rb 8.6	Sr 5	In 12.2	Sn 10	Sb 3.1	Te	J
Cs 5.3	Ba 2.8	Tl 6.7	Pb 5.2	Bi 1.0	Po 2.2	At

Bild 8.6 Spezifische elektrische Leitfähigkeit einiger Elemente in Einheiten von $10^8\,\Omega^{-1}\,\text{cm}^{-1}$.

am schwächsten gebundenen Elektronen für den metallischen Charakter eines Elements verantwortlich sind.

8.3 Röntgen-Spektren

Nach Gl. (7.26) sind für wasserstoffähnliche Ionen die Energie-Eigenwerte und mit diesen auch ihre Differenzen proportional zum Quadrat der Kernladungszahl Z. Die Wellenlänge der Strahlung, die beim Übergang in die K-Schale emittiert wird (beim Wasserstoff die Lyman-Serie), verschiebt sich daher mit zunehmender Kernladungszahl zu immer kleineren Werten, und für schwere Atome liegt sie bei einigen nm, d.h. weit jenseits des Ultravioletten. Die Strahlung dieses Bereichs heißt nach ihrem Entdecker Röntgen-Strahlung; im angelsächsischen Sprachgebrauch heißt sie X-Strahlung, so, wie Röntgen selbst sie ursprünglich genannt hat.

Bei den schweren Elementen sind die Übergänge in die K-Schale normalerweise nicht möglich, da diese, auch bei angeregten Atomen besetzt ist. Werden diese Atome jedoch mit Elektronen bestrahlt, deren kinetische Energie größer ist als die Bindungsenergie der in den inneren Schalen gebundenen Elektronen (Größenordnung der Bindungsenergie: einige 10 keV), so können diese aus dem Atomverband herausgeschossen werden (vgl. auch Kapitel 11.2). Die dabei entstehenden „Löcher" in den inneren Schalen können durch erlaubte Übergänge von Elektronen aus den höheren Schalen, meistens unter Aussendung von elektromagnetischer Strahlung, wieder besetzt werden. Da dieser Prozeß zwischen stationären Zuständen verläuft, ist die dabei ausgesandte Strahlung charakteristisch für das jeweilige Element. Sie heißt deshalb charakteristische Röntgen-Strahlung.

Bremsstrahlung. Bereits in Unterkapitel 6.1 haben wir die Bremsstrahlung als Quelle kurzwelliger elektromagnetischer Strahlung kennengelernt und in Bild 6.3 und Bild 6.4 auch deren spektrale Verteilung gesehen. Elektronen, die mit größeren Energien als etwa 20 keV auf die Atome eines festen Körpers treffen, schlagen nur mit einer kleinen Wahr-

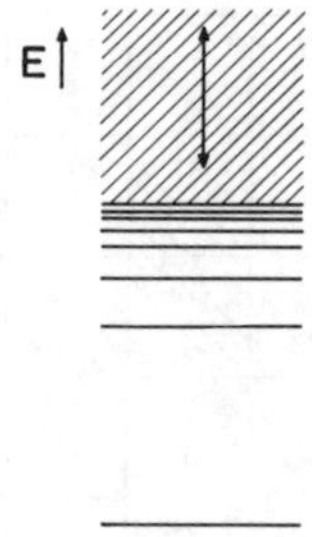

Bild 8.7 Schema der Energieübergänge der Elektronen bei der Bremsstrahlung (sogenannte frei-frei-Übergänge).

scheinlichkeit ein Elektron aus der Atomhülle heraus, weil die Zeit, in der die Coulomb-Kraft wirken kann zum Erreichen starker Beeinflussung der gebundenen Elektronen zu kurz ist. Zum größten Teil dringen sie ohne Wechselwirkung mit den Hüllen-Elektronen in den Atomverband ein und werden im elektrischen Feld des Atomkerns beschleunigt, was man klassisch damit beschreiben kann, daß sie auf Hyperbelbahnen am Kern vorbeifliegen. Die Beschleunigung ändert die Richtung der Bewegung und die ursprüngliche kinetische Energie der Elektronen T. Da beschleunigte Ladungen Energie abstrahlen, verlieren diese Elektronen unter Strahlungsaussendung einen Teil ihrer kinetischen Energie, denn die Gesamtenergie des Systems aus kinetischer und Strahlungsenergie bleibt konstant, also $E = h\nu = T - T'$. Wenn die kinetische Energie der Elektronen auf T' abnimmt, werden sie langsamer. Die so erzeugte Strahlung $h\nu$ heißt daher Bremsstrahlung. Der Energieverlust kann je nach Abstand der Hyperbelbahn vom Atomkern zwischen Null und einer oberen Grenze variieren. Das Bremsstrahlungsspektrum ist daher kontinuierlich. Die Energieänderung der Bremsstrahlungselektronen läßt sich deshalb als Zustandsänderung in einem kontinuierlichen Energiespektrum darstellen (siehe Pfeil in Bild 8.7). Man nennt solche Übergänge frei-frei-Übergänge, da sie zwischen ungebundenen, d.h. freien Zuständen oder Kontinuumszuständen erfolgen.

Charakteristische Strahlung. Für die Erkenntnis über den Atomaufbau liefern die charakteristischen Röntgen-Spektren wichtige Informationen. Bei Löchern in der K-Schale ist die Übergangswahrscheinlichkeit für Elektronen der L-Schale am größten, weil diese sich räumlich am nächsten aufhalten. Das durch den Übergang in der L-Schale entstehende Loch wird meistens durch den Übergang eines Elektrons aus der M-Schale gefüllt usf. Es entsteht demzufolge eine ganze Sequenz charakteristischer Röntgen-Strahlung, die auch Röntgen-Kaskade genannt wird. Experimentell lassen sich das charakteristische Spektrum und das Bremsstrahlungsspektrum nicht trennen. Daher ist einem charakteristischen Spektrum stets ein Bremsstrahlungsspektrum überlagert (Bild 8.8).

Die Spektrallinien der Übergänge von L nach K heißen K_α- Linien, die der Übergänge von M nach K heißen K_β-Linien und die von N nach K heißen K_γ-Linien. Die Nomenklatur wird jedoch nicht ganz konsequent weitergeführt und ist insgesamt in der Literatur

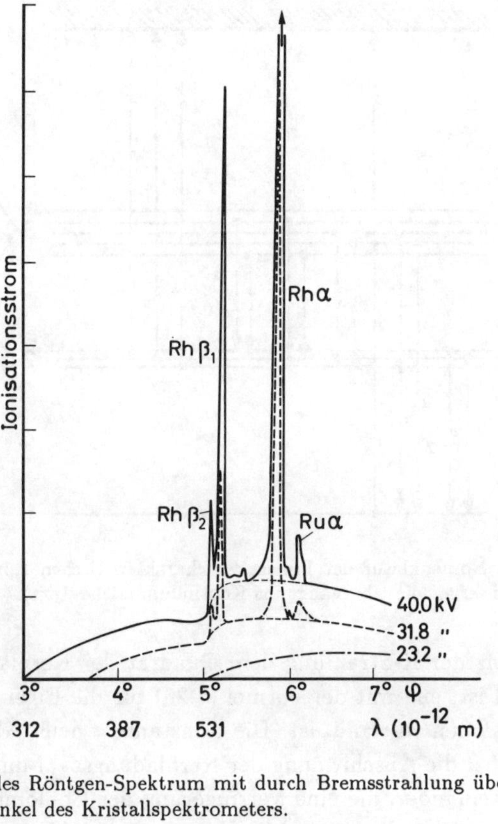

Bild 8.8 Experimentelles Röntgen-Spektrum mit durch Bremsstrahlung überlagerten Linien. φ ist der Bragg-Winkel des Kristallspektrometers.

nicht einheitlich.

Bei hinreichend guter Auflösung erscheint die K_α-Linie als Dublett, dessen Komponenten mit $K_{\alpha 1}$ und $K_{\alpha 2}$ bezeichnet werden. Aus der Auswahlregel $\Delta J = \pm 1$ folgt, daß beide Übergänge von P-Zuständen ausgehen, die wegen der Spin-Bahn-Kopplung aufgespalten sind. Die Röntgen-Spektroskopie ermöglicht somit eine Messung der Feinstrukturaufspaltung der inneren Schalen. Ein Schema der Röntgen-Übergänge und ihrer Bezeichnungen ist in Bild 8.9 gezeigt.

Eine für die Systematik der Röntgen-Spektren wichtige Beziehung stellte Moseley[1] mit einer Formel auf, die z.B. für K_α-Übergänge wie folgt lautet:

$$E_{\mathrm{L}} - E_{\mathrm{K}} = \hbar\omega_{\mathrm{K}_\alpha} = \frac{m}{2}\alpha^2 c^2 (Z-\sigma)^2 \left(\frac{1}{1^2} - \frac{1}{2^2}\right) = \frac{3}{8} m\alpha^2 c^2 (Z-\sigma)^2 \,. \qquad (8.1)$$

E_{K} und E_{L} sind die positiv gerechneten Bindungsenergien der Elektronen in der K- bzw. L-Schale. Der Vergleich zeigt, daß die Formel (8.1) des Moseleyschen Gesetzes,

[1]Henry Gwyn Jeffreys Moseley (1887—1915)

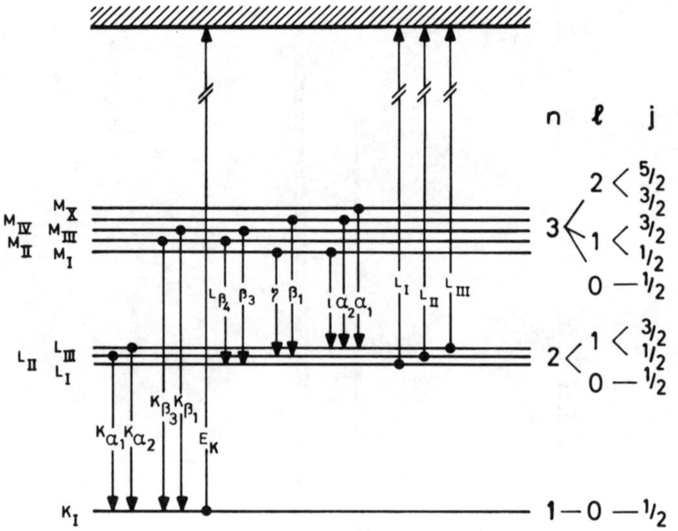

Bild 8.9 Schema und Nomenklatur der Linien des charakteristischen Röntgen-Spektrums. Eingezeichnet sind ferner die Übergänge ins Kontinuum (siehe Text).

nach der die Frequenz der K-Strahlung dem Quadrat der Kernladung des strahlenden Atomes proportional ist, eng mit der Formel (7.26) für die Eigenwerte der Energie der wasserstoffähnlichen Ionen verwandt ist. Die Konstante σ heißt Abschirmkonstante. Sie berücksichtigt pauschal die Abschirmung der Kernladungszahl und die Wechselwirkung der Elektronen untereinander, die eine Verringerung der Coulombschen Anziehung der äußeren Elektronen bewirkt. Sie ist ein Mittelwert der Abschirmung für beide am Übergang beteiligten Niveaus, denn jedes Niveau im Atom hat wegen der unterschiedlichen Elektronenverteilung auch unterschiedliche Abschirmungen.

Die einfache Abhängigkeit der K-Strahlung von der Kernladung zeigt, daß die Elektronen der inneren Schalen nur wenig durch die Elektronen der äußeren Schalen gestört werden. Sie war die erste eindeutige Gesetzmäßigkeit für die Anordnung der Elemente im Periodensystem und erlaubte daher sowohl das Auffinden von Lücken innerhalb der Reihe der bekannten Elemente als auch Vorhersagen auf weitere Elemente am Ende des Periodensystems (siehe Bild 8.10).

Die Spektren innerer Schalenübergänge zeigen nicht die Periodizität, wie sie von den äußeren Leuchtelektronen bekannt ist. Wenn jedoch Atome in hohem Grad ionisiert werden, wird das Gleichgewicht zwischen positiver Kernladung und negativer Gesamtelektronenladung gestört. Dadurch werden die Energieniveaus im Ion gegenüber denjenigen im Atom verschoben. In Bild 8.11 ist diese Verschiebung für den $S_{1/2}$-Zustand gezeigt. Dabei ist mit I der Ionisationsgrad bezeichnet.

Im Gegensatz zu den optischen Spektren, bei denen Übergängen zwischen diskreten Atomzuständen sowohl in Emission als auch in Absorption beobachtbar sind, treten Ab-

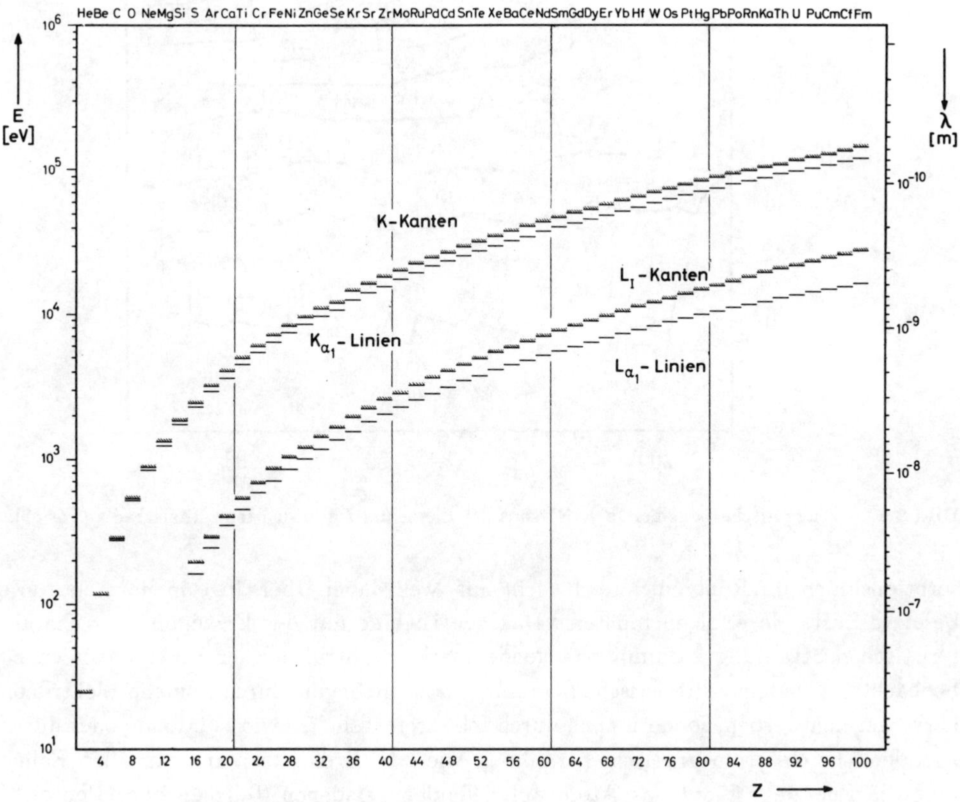

Bild 8.10 Zum Moseleyschen Gesetz. Das Bild zeigt die eindeutige Zuordnung der K-und L-Linien zur Ordnungszahl Z. Eingezeichnet sind ferner K-und L-Absorptionskanten (siehe Text).

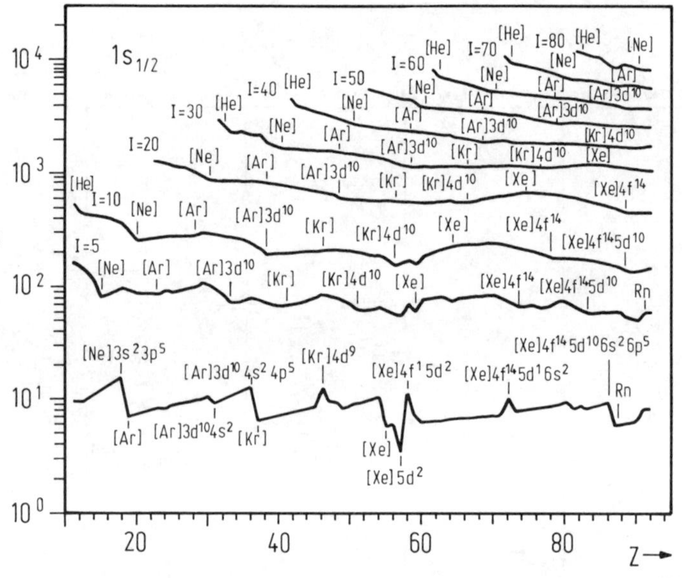

Bild 8.11 Energetische Lage der $1s_{1/2}$-Niveaus der Elemente, I gibt den Ionisationsgrad an [Zs 89].

sorptionslinien im Röntgen-Bereich nicht auf, weil dabei Übergänge in normalerweise besetzte Zustände erfolgen müßten. Dagegen ist eine mit der Erzeugung der charakteristischen Strahlung zusammenhängende markante Struktur der Emissionslinien zu beobachten. Die charakteristische Strahlung kann nicht nur durch schnelle Elektronen hervorgerufen werden, sondern auch durch schwerere Teilchen wie z.B. Ionen oder durch energiereiche elektromagnetische Strahlung, wie z.B. Bremsstrahlung. In allen Fällen muß die Energie der auf das Atom auftreffenden geladenen Teilchen oder Photonen mindestens so groß sein, daß die auf ein in der K- oder L-Schale gebundenes Elektron übertragende Energie ausreicht, um es aus dem Atomverband zu lösen. Diesen Ionisationsprozeß wollen wir für den Fall, daß er durch elektromagnetische Strahlung bewirkt wird, etwas näher betrachten.

Die Methode der regulären Reflexion der Röntgen-Strahlung an Kristallen läßt sich nicht nur dazu benützen, mit Hilfe charakteristischer Strahlung bekannter Wellenlänge nach der Braggschen Reflexionsbedingung (3.6) unbekannte Gitterkonstanten zu bestimmen, sondern auch dazu, aus einem Strahlungskontinuum Strahlung bekannter Wellenlänge zu selektieren. Auf diese Weise können Absorptionsexperimente mit monochromatischer Röntgen-Strahlung von kontinuierlich variabler Wellenlänge durchgeführt werden. Durchdringt solche Strahlung Materie, dann wird ihre Intensität nach dem exponentiellen Gesetz

$$I(x) = I_0 e^{-\mu \varrho x} \tag{8.2}$$

abgeschwächt. Dabei ist I_0 die ursprüngliche Intensität und x die Dicke der durchsetzten

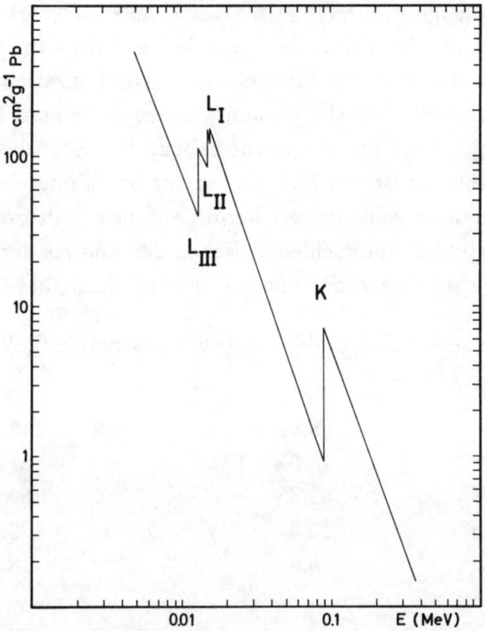

Bild 8.12 Absorptionskanten beim Blei. Verlauf des Massen-Absorptions-Koeffizienten in Abhängigkeit von der Energie der Strahlung.

Materie mit der Dichte ϱ; μ heißt Massen-Absorptions-Koeffizient und hat die Dimension einer Fläche dividiert durch Masse (z.B. $\mathrm{cm}^2\,\mathrm{g}^{-1}$). Aus der Intensitätsabschwächung der Strahlung, die durch Materie konstanter Dichte und Dicke dringt, kann mit Hilfe von Gl. (8.2) der Massen-Absorptions-Koeffizient bestimmt werden. Wird die Wellenlänge bzw. Energie der Strahlung verändert, so finden wir die Energieabhängigkeit des Koeffizienten. Für Blei ergibt sich dabei der in Bild 8.12 schematisch gezeigte Verlauf mit den sogenannten Absorptionskanten.

Zwischen den Kanten ist der Verlauf nahezu linear, mit dem Proportionalitätsfaktor -3, und da Abszisse und Ordinate in der Darstellung logarithmisch sind, gilt näherungsweise

$$\ln \mu = \ln C - 3 \ln E$$

oder

$$\mu = \frac{C}{E^3} = \frac{c}{h^3 \nu^3} \, ,$$

wobei der Koeffizient C eine Konstante ist.

An den Stellen der Absorptionskanten wird dieser glatte Verlauf unterbrochen, C macht dort jeweils einen Sprung. Die Lagen der Kanten entsprechen genau den entsprechenden Schalen (siehe auch Bild 8.9), was bedeutet, daß die Absorption der Strahlung besonders groß ist, wenn sie diese Energien besitzt. Die drei Kanten L_I, L_{II}, L_{III} entsprechen der Aufspaltung in die drei energetisch verschiedenen Elektronenzustände $^2P_{3/2}$, $^2P_{1/2}$, $^2S_{1/2}$. Die Zustände der K-Schale zeigen keine Aufspaltung, die der (nicht eingezeichneten) M-Schale dagegen eine fünffache usw. Die Ionisation der inneren Schalen eines Atoms wird innerer Photoeffekt genannt, in Analogie zum äußeren Photoeffekt, wie wir ihn in Unterkapitel 4.1 kennengelernt haben. Die Kenntnis dieses Prozesses ist wichtig, wenn zu entscheiden ist, ob Materialien zur Strahlungsabsorption hinreichend geeignet sind, d.h. auch der Strahlenschutz beruht auf diesem Prozeß. Im folgenden wird noch für einige Elemente der Unterschied zwischen der Energie der $K_{\alpha 1}$- Strahlung und der Bindungsenergie der K-Elektronen angegeben (vgl. dazu Bild 8.9).

Element	$E_{K_{\alpha 1}}$(keV)	K-Bindungsenergie (keV)
$_{92}$U	98.4	115.0
$_{82}$Pb	75.0	87.6
$_{74}$W	59.3	69.3
$_{50}$Sn	25.3	29.1
$_{40}$Zr	15.8	18.0

9 Mehrelektronenatome

Das zunächst hoffnungslos kompliziert scheinende Problem, das sich der Theorie in Gestalt der Atome mit mehr als einem Elektron - und das sind fast alle! - stellt, wird erheblich gemildert durch die Schalenstruktur der Elektronenhülle, die wir im vorigen Kapitel kennengelernt haben. Danach sind bei allen Atomen nur wenige äußere Elektronen für die charakteristischen Eigenschaften der Elemente verantwortlich, während die inneren Strukturen der Hüllen weitgehend identisch sind. Diese Tatsache eröffnet die Möglichkeit der Anwendung eines Näherungsverfahrens, bei dem sich die Wirkung aller Elektronen außer einem, das betrachtet wird, mit dem Kernpotential zu einem pauschalierten Zentralpotential zusammenfassen läßt. Die Bewegung des jeweils betrachteten Elektrons in diesem Potential wird somit als unabhängig von den anderen Elektronen behandelt und demgemäß durch eine sogenannte Einteilchen-Wellenfunktion beschrieben.

Aufgrund der in den Kapiteln 5, 7 und 8 erarbeiteten theoretischen Zusammenhänge und Gesetzmäßigkeiten sind wir in der Lage, dieses Näherungsverfahren zu entwickeln. Seine wichtigsten Elemente sind die allgemeinen Prinzipe der Quantenmechanik, die Theorie des Wasserstoff-Atoms, der Spin des Elektrons und das Paulische Ausschließungsprinzip.

Wir werden nun anhand der spektroskopischen Evidenz bei den Alkali-Atomen den zu beschreibenden Weg aufzeigen, sodann die Grundzüge des anzuwendenden Verfahrens erläutern, um schließlich in einigem Detail auf das Hartree-Fock-Verfahren einzugehen. Die beiden abschließenden Unterkapitel werden der Multiplett-Struktur sowie den Kopplungsschemata komplexer Atome und Zustände an der Grenze zur klassischen Physik gewidmet sein.

9.1 Die Spektren der Alkali-Atome

Die Linien der optischen Atomspektren lassen sich empirisch nach vielerlei Gesichtspunkten wie Intensität, Breite, Aufspaltung oder Abhängigkeit von äußeren Einflüssen ordnen. Bei vielen Spektren lassen sich, wie beim Spektrum des Wasserstoffs, die Linien zu Serien zusammenfassen. Dieser Seriencharakter ist bei den Elementen der ersten drei Gruppen des Periodensystems, d.h. bei Atomen mit bis zu drei Elektronen außerhalb der besonders stabilen und zum Drehimpuls Null koppelnden Edelgas-Konfiguration vorherrschend und unter diesen besonders bei denen der ersten Gruppe, den Alkalien, während bei den Gruppen sechs bis acht eine andere Struktur in den Vordergrund tritt, die sogenannte Multiplett-Struktur.

Die Alkali-Atome, die nur ein Valenzelektron besitzen, haben nach dem Wasserstoffatom die einfachsten Spektren, die dabei aber doch genügend komplex sind, um anhand ihres Beispiels die allgemeinen Seriengesetze aufzeigen und Methoden der theoretischen Behandlung entwickeln zu können. Sie sind nicht nur untereinander sehr ähnlich, sondern zeigen darüberhinaus auch eine gewisse Verwandtschaft mit dem Spektrum des Wasserstoff-Atoms, die mit den Quantenzahlen der an den Übergängen beteiligten Terme zunimmt.

So lassen sich die Linien ihrer Spektren ähnlich zu Serien zusammenfassen wie die des Wasserstoff-Spektrums. Der wesentliche formale Unterschied besteht darin, daß zur Darstellung der Alkali-Serien vier Serienformeln benötigt werden statt nur einer wie beim Wasserstoff und daß sie bereits bei geringer Auflösung eine Aufspaltung der Linien zeigen. Die Serienformeln lauten für Lithium, ohne Berücksichtigung der Aufspaltung, in Anlehnung an die von Rydberg gegebene Notation und mit den zugehörigen Bezeichnungen

Scharfe Serie: $\tilde{\nu} = \frac{R}{(1+a_\mathrm{p})^2} - \frac{R}{(n+a_\mathrm{s})^2}; \quad n = 2, 3, \ldots$
(2. Nebenserie)

Prinzipal-Serie: $\tilde{\nu} = \frac{R}{(1+a_\mathrm{s})^2} - \frac{R}{(n+a_\mathrm{p})^2}; \quad n = 1, 2, \ldots$
(Hauptserie)

Diffuse Serie: $\tilde{\nu} = \frac{R}{(1+a_\mathrm{p})^2} - \frac{R}{(n+a_\mathrm{d})^2}; \quad n = 2, 3, \ldots$
(1. Nebenserie)

Fundamental-Serie: $\tilde{\nu} = \frac{R}{(2+a_\mathrm{d})^2} - \frac{R}{(n+a_\mathrm{f})^2}; \quad n = 3, 4, \ldots$
(Bergmann-Serie)

Darin ist R die Rydberg-Konstante für das untersuchte Atom, die mit zunehmendem Atomgewicht der Konstante R_∞, Gl. (7.28), immer näher kommt. Der jeweils erste Term heißt wie beim Wasserstoffatom fester Term, der zweite Laufterm. Für $n \to \infty$ ergeben sich die Seriengrenzen. Die Formeln unterscheiden sich voneinander und von den Serienformeln für den Wasserstoff durch die sogenannten *Rydberg-Korrekturen* $a_\mathrm{s}, a_\mathrm{p}, a_\mathrm{d}, a_\mathrm{f}$, die von der Größenordnung Eins und viel kleiner sind. Diese Korrekturen ändern sich von Element zu Element, sind aber für die Serien eines Elements nahezu konstant.

Mit den hervorgehobenen Anfangsbuchstaben der Serien-Namen haben wir den Ursprung der in Kapitel 7.5 eingeführten und im vorigen Kapitel ausführlich verwendeten Buchstabensymbolik für die Drehimpuls-Quantenzahlen, die wir gleich näher erörtern werden. Dieselben Buchstaben werden als Indizes der Rydberg-Korrekturen verwendet, was deren Abhängigkeit von den Drehimpulsen der entsprechenden Zustände andeutet. Bevor wir aber die Serienformeln näher untersuchen, wollen wir sie in anderer und allgemeiner Form notieren, in der die ganzen Zahlen in den Nennern tatsächlich die zu den Termen gehörenden Haupt-Quantenzahlen sind und nicht nur Indizes wie in den obigen Formeln:

$$\tilde{\nu} = \frac{R}{[n_2 - \alpha(l_2)]^2} - \frac{R}{[n_1 - \alpha(l_1)]^2} \,. \tag{9.1}$$

In dieser Notation sind mit den Indizes 1 und 2 die Ausgangs- bzw. die Endzustände gekennzeichnet. Die n sind die Haupt-Quantenzahlen der entsprechenden Zustände des Valenzelektrons; die $\alpha(l)$, die kleine positive Werte haben, heißen *Quantendefekte.* n_2 ist die für ein bestimmtes Element feste Haupt-Quantenzahl des Festterms, $n_1 \geq n_2$ die des Laufterms. Die Argumente der Quantendefekte sind die Bahndrehimpuls-Quantenzahlen der Zustände. Nach ihnen werden die Terme bezeichnet. So erfolgen z.B. die Übergänge der scharfen Serie von S-Termen ($l = 0$) nach P-Termen ($l = 1$). Die Wurzeln der Nenner, $n - \alpha(l) = n^*$, heißen *effektive Quantenzahlen.* Für das Natrium-Atom, bei dem die K- und L-Schale voll besetzt sind, und das Valenzelektron sich in der M-Schale befindet, gehören zu den vier Serien die folgenden Werte: $n_2 = 3$ für alle Serien;

	l_2	$\alpha(l_2)$	l_1	$\alpha(l_1)$	n_1
Scharfe Serie	1	0.90	0	1.400	4, 5, ...
Prinzipal-Serie	0	1.40	1	0.900	3, 4, ...
Diffuse Serie	1	0.90	2	0.010	3, 4, ...
Fundamental-Serie	2	0.01	3	0.002	4, 5, ...

Bild 9.1 zeigt das zugehörige Termschema mit den entsprechenden Übergängen, ein sogenanntes Grotrian-Diagramm[1]. Anhand der ebenfalls eingezeichneten Wasserstoffterme ist zu erkennen, daß die Natrium-Terme innerhalb einer Termserie mit zunehmender Haupt-Quantenzahl, aber insbesondere von Serie zu Serie mit zunehmender Bahndrehimpuls-Quantenzahl, immer wasserstoffähnlicher werden. Letzterem entspricht, daß die Quantendefekte mit zunehmender Bahndrehimpuls-Quantenzahl sehr schnell klein werden, so daß für die D- und F-Terme in guter Näherung bereits die Haupt-Quantenzahlen des Wasserstoffs ohne Korrekturen durch Quantendefekte gelten.

[1] Walter Grotrian (1890—1954)

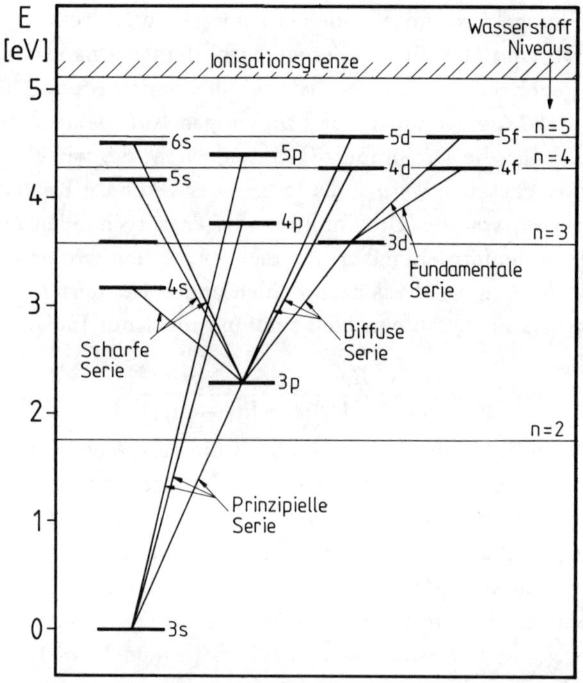

Bild 9.1 Vereinfachtes Termschema (Grotrian-Diagramm) des Natriums mit den Übergängen der Serienspektren. Am rechten Rand sind die Hauptquantenzahlen für das Wasserstoffatom angegeben.

Wir wollen nun versuchen, das Alkali-Termschema und die Alkali-Spektralserien mit Hilfe der Schalenstruktur und der anhand des Wasserstoff-Atoms entwickelten Theorie qualitativ zu erläutern. Im vorigen Kapitel haben wir gesehen, daß die Atome aller Elemente in ihrem Inneren weitgehend ähnlich aufgebaut sind – was insbesondere durch die Röntgen-Spektren und das Moseleysche Gesetz belegt wird – und daß die Elektronen abgeschlossener Drehimpulsschalen zum Bahndrehimpuls Null, also zu einer kugelsymmetrischen Konfiguration, koppeln. Andererseits werden die spezifischen Eigenschaften der Elemente durch wenige äußere Elektronen, die Valenzelektronen, bestimmt. Das legt folgenden näherungsweisen Ansatz zur Erklärung der Serienspektren nahe.

Das betrachtete Valenzelektron bewegt sich in einem Zentralpotential, zu welchem die elektrische Wechselwirkung des Kerns und die aller übrigen Elektronen mit dem betrachteten Elektron zusammengefaßt wird. Dieses Potential nähert sich mit zunehmendem Abstand vom Kern immer mehr dem des Wasserstoffs, weil die Ladung Ze des Kerns in großem Abstand durch die $Z-1$ übrigen Elektronen abgeschirmt wird und somit nur die effektive Ladung e verbleibt. In unmittelbarer Kernnähe dagegen wirkt das Potential der vollen Kernladung Ze. Hieran können wir folgende Erwartungen knüpfen:

1. Je größer die Aufenthaltswahrscheinlichkeit eines Elektrons außerhalb des Atomrumpfs ist, desto mehr gleicht das zugehörige Termschema dem des Wasserstoffs.

2. Diejenigen Terme für Einteilchenzustände, die Elektronen mit so großer Aufenthaltswahrscheinlichkeit in der Nähe des Kerns entsprechen, daß die übrigen Hüllenelektronen praktisch vernachlässigbar sind, kommen den Termen der wasserstoffähnlichen Systeme, Gl. (7.26), sehr nahe.

3. Nach der Herleitung der Wasserstoff-Eigenfunktionen und der an diese anschließenden Erörterung im Unterkapitel 7.5 hängt die Drehimpuls-Entartung (l-Entartung) der Wasserstoffterme explizit von der r^{-1}-Abhängigkeit des Potentials ab, in dem sich das Elektron des Wasserstoffs bewegt. Da das Valenzelektron der Alkalien auch im Bereich der inneren Schalen eine endliche Aufenthaltswahrscheinlichkeit hat (vgl. Bild 7.8), ist diese besondere Abhängigkeit vom Radius bei den Alkalien nicht gegeben und die Drehimpuls-Entartung der Energieterme daher aufgehoben. Aus diesem Grund gibt es bei den Alkalien nicht nur *eine* Termserie wie bei den wasserstoffähnlichen Atomen, sondern für jeden Wert der Drehimpuls-Quantenzahl l eine eigene.

4. Entsprechend der Auswahlregel $\Delta l = \pm 1$ sind nur Übergänge zwischen Termserien mit benachbarten Werten der Drehimpuls-Quantenzahl möglich, nicht aber Übergänge innerhalb einzelner Termserien selbst. Hierdurch kommt es zur Ausbildung der Linienserien in den Spektren der Alkali-Atome.

Genau diesen Erwartungen entsprechen die auf Rydberg zurückgehenden allgemeinen Formeln (9.1) für die Spektralserien der Alkali-Atome sowie die aus diesen abgeleiteten Termschemata. Die Zunahme der Wasserstoff-Ähnlichkeit der Terme mit wachsender Haupt-Quantenzahl und insbesondere mit zunehmender Drehimpuls-Quantenzahl (vgl. Bild 9.1), beruht darauf, daß mit der Zunahme dieser Quantenzahlen die Aufenthaltswahrscheinlichkeit des Valenzelektrons im Bereich der inneren Schalen und in Kernnähe sehr rasch abnimmt.

Mit diesen Überlegungen zur Erklärung der Spektralserien der Alkali-Atome haben wir die Grundlage für ein allgemeines Näherungsverfahren zur theoretischen Behandlung von Atomen mit mehr als einem Elektron und insbesondere auch mehr als einem Valenzelektron, das wir in den nächsten beiden Unterkapiteln beschreiben. In den Unterkapiteln 9.4 und 9.5 werden wir auch auf das Problem der Multiplizität der Energieterme und auf die aus dieser folgende Linienmultiplizität eingehen.

9.2 Näherungsverfahren mit Zentralpotential

Das Näherungsverfahren, das wir nun beschreiben wollen, geht auf D.R. Hartree[1] zurück (1928). Es wird nach dem zugrunde liegenden Prinzip auch als Verfahren der selbstkonsistenten Lösungen bezeichnet (engl. self-consistent field method). Selbstkonsistenz bedeutet, daß man zunächst zur Berechnung der Energie-Terme von einem zweckmäßig gewählten Ansatz der Einteilchen-Wellenfunktionen ausgeht und mit deren Hilfe die Ladungsverteilung der Elektronen ausrechnet. Diese Ladungsverteilung ergibt zusammen mit der Ladung des Kerns das Potential, in dem sich das betrachtete Elektron bewegt. Dieses Potential wird sodann statt des Coulomb-Potentials (7.7) in die Einteilchen-Schrödinger-Gleichung (7.10) eingesetzt, deren Lösung die Wellenfunktion erster Näherung für das betrachtete Elektron ergibt. Die Berechnung wird für alle Elektronen des Atoms durchgeführt, mit den gewonnenen Wellenfunktionen erneut die Ladungsverteilung der Elektronen berechnet und mit dem so gewonnenen Potential der ganze Vorgang wiederholt, bis das Verfahren konvergiert, die Lösung des Problems also selbskonsistent ist. Wie wir sehen, handelt es sich bei der Hartreeschen Methode um ein Iterationsverfahren.

Das Prinzip dieses Verfahrens wird z.B. auch für die Berechnung der Raumladungsverteilung in der Nähe der Kathode einer Elektronenröhre angewendet. Dabei wird ebenfalls von der Annahme einer bestimmten Ladungsverteilung ausgegangen. Die Lösung der Poisson-Gleichung mit dieser Ladungsverteilung ergibt das Potential für die Bewegung der Elektronen, die mit den Mitteln der klassischen Mechanik berechnet wird. Aus Ort und Geschwindigkeit der Elektronen folgen wiederum Dichteverteilungen der Ladung und des Stroms, mit denen das Verfahren bis zur Selbstkonsistenz wiederholt wird. Nach dieser Methode ergibt sich z.B. das Langmuir-Gesetz, nach dem bei raumladungsbegrenzter Elektronenemission der Anodenstrom der Potenz 3/2 der Anodenspannung proportional ist. Gegenüber dem Problem der Raumladungsverteilung wird die Berechnung der Elektronen-Orbitale der Atome dadurch komplizierter, daß hier statt der klassischen Mechanik die Gesetze der Quantenmechanik angewendet werden müssen, die überdies zu Lösungen führen, die weniger unmittelbar der Messung zugänglich sind.

Für das Hartreesche Verfahren werden im einzelnen folgende Annahmen gemacht: Alle Elektronen bewegen sich unabhängig voneinander (Einteilchen-Näherung) in einem Zentralpotential, das man durch eine entsprechende Mittelung der Ladungsverteilung der Elektronen unter Hinzunahme der Kernladung erhält. Daß die Annahme der Punktsymmetrie für das Potential angemessen ist, legen die Betrachtungen des vorigen Unterkapitels nahe. Die wesentlichen Argumente ergeben sich aus der Systematik der Röntgen-Spektren, der Periodizität der chemischen Eigenschaften und der Ähnlichkeit der optischen Atom-Spektren der Elemente innerhalb einer Gruppe des Periodensystems und vor allem aus der besonderen Stabilität der Edelgaskonfiguration. Schließlich ist die Ähnlichkeit der Alkali-Spektren mit dem Wasserstoff-Spektrum und die entsprechende

[1] Douglas Rayner Hartree (1897—1958)

Ähnlichkeit der Formeln für die Energie-Terme, Gln. (7.2) und (7.26) bzw. (9.1), ein starker Hinweis darauf, daß sich die Elektronen in einem Potential bewegen, das im wesentlichen zentralsymmetrisch ist.

Obwohl beim Hartreeschen Verfahren die auf dem Elektronenspin beruhenden Wechselwirkungen nicht explizit berücksichtigt werden, spielt das Vorhandensein des Spins doch vermittels des Pauli-Prinzips indirekt eine wichtige Rolle beim Auffinden der Lösungen, indem es, wie wir im vorigen Kapitel gesehen haben, festlegt, daß sich in einem durch die Quantenzahlen n, l und m_l bestimmten Zustand nur zwei Elektronen aufhalten können, die sich durch die Werte der Spin-Quantenzahlen m_s voneinander unterscheiden. Das Pauli-Prinzip verleiht den Lösungen deshalb eine bestimmte Gestalt und erlaubt es, in Verbindung mit dem Bohrschen Aufbauprinzip der Elektronenhülle, nach welchem die Konfiguration der bereits vorhandenen Elektronen durch das Hinzukommen eines weiteren Elektrons nicht grundsätzlich gestört wird, die Elektronenhülle sukzessive aufzubauen, bis die bei gegebener Kernladungs- bzw. Elektronenzahl möglichen Elektronenzustände im energetisch niedrigsten Zustand des Atoms, dem Grundzustand, alle besetzt sind.

Dem Ansatz der Wellenfunktionen kommt die Tatsache entgegen, daß die Winkelvariablen bei einem punktsymmetrischen Problem separiert werden können, wie wir bei der Lösung des Wasserstoff-Problems gezeigt haben (Kapitel 7.3). Da wir dabei nur von der Symmetrie des Potentials, nicht aber von dessen expliziter Abhängigkeit vom Radius Gebrauch gemacht haben, gelten die winkelabhängigen Lösungen (7.48) für jedes Zentralpotential, sie können also unverändert für das Hartreesche Verfahren übernommen werden. Neu gegenüber dem Wasserstoff-Problem ist aber, wie wir bereits im vorigen Unterkapitel erwähnten, daß für allgemeine Zentralpotentiale, also insbesondere auch für abgeschirmte Coulomb-Potentiale, wie sie hier zugrunde gelegt werden, die l-Entartung der Energie-Eigenwerte, und das heißt auch die der radialen Wellenfunktionen Gl. (7.25), aufgehoben ist.

Damit ist die Vorgehensweise für das Verfahren vorgezeichnet: Als Startfunktionen werden passende Funktionen, beispielsweise die in ihrem Radialteil zweckmäßig modifizierten Wellenfunktionen für wasserstoffähnliche Atome (mit der passenden Kernladungszahl) verwendet, nötigenfalls auch die unmodifizierten Funktionen, und durch Iteration in der oben beschriebenen Weise wird die Näherungslösung erhalten. Die nach dem Hartreeschen Verfahren berechneten Lösungen sind ausreichend für die Erklärung des Periodensystems, für die Angabe allgemeiner Größen und Energien der Atome und für die weitgehende Beschreibung von Details der Alkali-Spektren.

9.3 Identische Teilchen

Über die generelle Schwierigkeit des Mehrkörperproblems hinaus, die sich der Theorie bei der Behandlung der Atome mit mehr als einem Elektron stellt, tritt mit den Mehrelektronenatomen explizit das zusätzliche, spezifisch quantenmechanische Problem der Nichtunterscheidbarkeit gleicher Teilchen auf, das wir in den vorausgehenden Kapiteln bereits verschiedentlich gestreift haben, allerdings bloß mehr oder weniger indirekt und ohne näher darauf einzugehen.

Daß es im Rahmen der Quantenmechanik, d.h. bei atomaren oder subatomaren Systemen, grundsätzlich nicht möglich ist, einzelne aus einer Gesamtheit gleicher Teilchen zu individualisieren, folgt aus dem Unbestimmtheitprinzip, das es nicht zuläßt, Einzelteilchen einer Gesamtheit in atomaren Dimensionen so weit zu lokalisieren, daß sie identifizierbar wären. Weil aus dem Unbestimmtheitsprinzip auch die Nichtanwendbarkeit der Bahnvorstellung auf die Quantenmechanik folgt (vgl. Kapitel 1.1), hat man in dieser auch nicht die Möglichkeit der klassischen Physik, einzelne Teilchen, die anfänglich durch irgendein Verfahren isoliert und damit identifiziert worden sind, aufgrund ihrer Bahnbewegung zu verfolgen.

Es ist in der Quantenmechanik nur möglich anzugeben, *wie viele* Teilchen sich in einem bestimmten Zustand befinden, nicht aber *welche*. Der quantenmechanische Formalismus muß daher gegen die Vertauschung zweier Teilchen insofern invariant sein, als die Vertauschung zu keinen Veränderungen der Observablen führen darf. Das aber ist nur dann der Fall, wenn die Vertauschung höchstens eine Multiplikation der entsprechenden Wellenfunktion mit einem konstanten Phasenfaktor bewirkt (siehe z.B. Gl. (5.49)). Sei also $\Psi(q_1, q_2)$ eine Wellenfunktion für zwei Teilchen, dann muß die hieraus durch Vertauschung der Koordinatenindizes (die q_i stehen für sämtliche Koordinaten der beiden Teilchen, inklusive der Spinkoordinaten) hervorgehende Wellenfunktion $\Psi(q_2, q_1)$ die Form $e^{i\alpha}\Psi(q_1, q_2)$, α reell, haben. Nochmaliges Vertauschen führt zur ursprünglichen Wellenfunktion zurück, was gleichbedeutend mit $e^{2i\alpha} = 1$ ist. Daraus folgt $e^{i\alpha} = \pm 1$ oder $\alpha = \pm\pi/2$. Wellenfunktionen, die ihr Vorzeichen beibehalten, heißen *symmetrisch* unter der Vertauschung zweier Teilchen, jene, die es ändern, heißen *antisymmetrisch*.

Experimentelle Untersuchungen haben zu der Erkenntnis geführt, daß *alle* Wellenfunktionen für eine bestimmte Art von Teilchen (auch zusammengesetzte) das gleiche Verhalten unter der Vertauschung zweier Teilchen zeigen: Entweder sind sie alle symmetrisch oder alle antisymmetrisch. Symmetrie bzw. Antisymmetrie der Wellenfunktion bezüglich des Austausches zweier Teilchen ist also eine Erhaltungsgröße.

Ob die Teilchen symmetrische oder antisymmetrische Wellenfunktionen haben, richtet sich nach ihrem Spin. Teilchen mit ganzzahligem Spin haben symmetrische Wellenfunktionen, solche mit halbzahligem Spin antisymmetrische. Die Teilchen der ersten Art werden zusammenfassend als *Bosonen* bezeichnet, weil sie der Bose-Einstein-Statistik gehorchen, diejenigen der zweiten Art als *Fermionen*, weil sie der Fermi-Dirac-Statistik gehorchen. Bose-Einstein- und Fermi-Dirac-Statistik sind besondere Ausprägungen der Quantenstatistik, die wir in Kapitel 2.6 kurz behandelt haben. Dort haben wir festgestellt, daß der wesentliche Unterschied zwischen den beiden Teilchenarten und den zugehörigen Statistiken darin besteht, daß nicht miteinander wechselwirkende Fermionen nur je einen Einteilchenzustand besetzen können, während die Besetzungszahl für Bosonen unbegrenzt ist. Beispiele für Bosonen sind das Photon (Spin 1) sowie das schwere Isotop des neutralen Heliumatoms und dessen Kern, das α-Teilchen, (beide mit Spin 0); Beispiele für Fermionen sind das Elektron, das Proton und das Neutron (alle mit Spin 1/2).

Eine weitere Konsequenz der Nichtunterscheidbarkeit gleicher Teilchen, d.h. ihrer Identität sowie der besonderen Austauschsymmetrien, also spezifisch quantenmechanischer Effekte, ist:

- Bosonen ziehen sich an; die Aufenthalts- bzw. Besetzungswahrscheinlichkeit für ein Boson wird größer, wenn bereits ein Boson in dem entsprechenden Zustand vorhanden ist.
- Fermionen stoßen sich ab; die Aufenthalts- bzw. Besetzungswahrscheinlichkeit wird Null, wenn bereits ein anderes Fermion in dem entsprechenden Zustand vorhanden ist.

Die besonderen Eigenschaften identischer Teilchen sind u.a. Ursache der Absättigung chemischer Bindungen, des supraflüssigen Zustands des Heliums, des Ferromagnetismus, des Ortho- und Parasystems des Wasserstoffmoleküls und, vermittels des Paulischen Ausschließungsprinzips, des Aufbaus des Periodensystems.

Wenn mehrere identische Teilchen nicht miteinander wechselwirken, d.h. wenn es im Hamilton-Operator keinen Potentialterm gibt, der von den Koordinaten aller Teilchen abhängt, dann lassen sich der Hamilton-Operator nach den Koordinaten der einzelnen Teilchen separieren und seine Eigenfunktionen als Produkte von Einteilchen-Eigenfunktionen der einzelnen Terme des Hamilton-Operators darstellen. Wir zeigen dies nur für den Fall zweier Teilchen; die Verallgemeinerung auf mehr als zwei Teilchen ist dann evident.

Da der Hamilton-Operator für das Zweiteilchensystem voraussetzungsgemäß keine Koppelglieder enthält, läßt er sich als Summe zweier jeweils nur auf ein Teilchen wirkender Terme schreiben, deren Eigenfunktionen $\Psi_n(i)$ aber, in denen i für das i-te Teilchen steht, wegen der Identität der Teilchen zum gleichen vollständigen Satz normierter Funktionen gehören: $H = H^{(1)} + H^{(2)}$.

Sei nun Teilchen 1 im Zustand a, $\Psi_a(1)$, und Teilchen 2 im Zustand b, $\Psi_b(2)$, mit den beziehungsweisen Energie-Eigenwerten E_a und E_b, dann ergibt die Anwendung von H auf die Produktfunktionen $\Psi(1,2) = \Psi_a(1)\Psi_b(2)$:

$$\begin{aligned} H\Psi(1,2) &= \left[H^{(1)} + H^{(2)}\right] \Psi_a(1)\Psi_b(2) \\ &= \Psi_b(2)H^{(1)}\Psi_a(1) + \Psi_a(1)H^{(2)}\Psi_b(2) \\ &= (E_a + E_b)\Psi_a(1)\Psi_b(2)\,, \end{aligned}$$

womit gezeigt ist, daß die Produktfunktion tatsächlich eine Eigenfunktion des Operators H ist, mit dem Eigenwert $E = E_a + E_b$. Diese Produktfunktion hat aber nicht notwendigerweise die für identische Teilchen erforderliche Symmetrie-Eigenschaft, weil ungewiß ist, ob $\Psi(1,2) = \pm\Psi(2,1)$. Wir erhalten aber Funktionen mit den geforderten Eigenschaften, wenn wir die Produktfunktion mit derjenigen Produktfunktion kombinieren, die sich ergibt, wenn wir die beiden Teilchen vertauschen:

$$\Psi_S(1,2) = \frac{1}{\sqrt{2}}\left[\Psi_a(1)\Psi_b(2) + \Psi_a(2)\Psi_b(1)\right] \tag{9.2}$$

$$\Psi_A(1,2) = \frac{1}{\sqrt{2}}\left[\Psi_a(1)\Psi_b(2) - \Psi_a(2)\Psi_b(1)\right]\,. \tag{9.3}$$

Diese beiden Funktionen sind wegen der Identität der Teilchen ebenfalls Eigenfunktionen des Operators H, wobei die symmetrische Funktion Ψ_S für Bosonen gilt und die antisymmetrische Ψ_A für Fermionen. Der Faktor $2^{-1/2}$ gewährleistet die richtige Normierung für den Fall $a = b$.

Für $a \neq b$ ist der Normierungsfaktor für Ψ_S gleich 1/2, während Ψ_A für diesen Fall offensichtlich verschwindet. Weil Elektronen Fermionen sind, ist letzteres genau die Aussage des Pauli-Prinzips, daß nämlich höchstens ein Elektron einen Einteilchenzustand besetzen kann (Kapitel 8.1). Damit haben wir das Pauli-Prinzip auf die Eigenschaften identischer Teilchen zurückgeführt.

Eine bequeme Schreibweise einer antisymmetrisierten Wellenfunktion für mehr als zwei voneinander unabhängige Teilchen bietet die sogenannte *Slater*[1]*-Determinante*

$$\Psi_A(1,2,\ldots,N) = \frac{1}{\sqrt{N!}}\begin{vmatrix} \Psi_1(1) & \Psi_1(2) & \ldots & \Psi_1(N) \\ \Psi_2(1) & \Psi_2(2) & \ldots & \Psi_2(N) \\ \vdots & \vdots & & \vdots \\ \Psi_N(1) & \Psi_N(2) & \ldots & \Psi_N(N) \end{vmatrix}\,, \tag{9.4}$$

aus der man die tatsächliche Wellenfunktion durch Ausmultiplizieren erhält. Die Indizes an den Wellenfunktionen charakterisieren wie zuvor die verschiedenen Einteilchenzustände, die Zahlen in Klammern stehen wieder für sämtliche Koordinaten von Teilchen 1, Teilchen 2 usw. bis Teilchen N. Die Möglichkeit der Notation als Determinante ergibt sich daraus, daß man eine antisymmetrische Lösung, also eine, die bei Vertauschung zweier Teilchen ihr Vorzeichen wechselt, genau dann erhält, wenn man alle Permutationen des Produkts $\Psi_1(1)\Psi_2(2)\ldots\Psi_N(N)$ addiert, und zwar die geraden Permutationen

[1] John Clarke Slater (1900—1976)

mit positiven Vorzeichen, die ungeraden mit negativem. Der Normierungsfaktor $(N!)^{-1/2}$ entspricht der Zahl der möglichen Permutationen. Die Besetzung des gleichen Zustands durch zwei Teilchen kommt in der Slater-Determinante dadurch zum Ausdruck, daß in diesem Fall die Indizes der Wellenfunktionen in zwei Zeilen gleich sind. Die Determinante enthält dann zwei gleiche Zeilen, und eine Determinante mit zwei gleichen Zeilen ist Null. Die Antisymmetrie der Slater-Determinante bezüglich des Austausches zweier Teilchen beruht darauf, daß eine Determinante bei der Vertauschung zweier Spalten ihr Vorzeichen wechselt.

Ein Atom-Modell, das die Gesetze der Quantenstatistik berücksichtigt, aber die Schalenstruktur außeracht läßt, ist das von Thomas (1927) und Fermi (1928) angegebene statistische Modell. Es vernachlässigt, wie das Hartreesche Verfahren, magnetische Wechselwirkungen und hat als statistisches Modell zur Voraussetzung, daß das Atom genügend viele Elektronen enthält. Es liefert also nur für schwere Atome gute Resultate, ist aber nützlich für solche Probleme, bei denen es nur auf die ungefähre Verteilung der Elektronen ankommt.

Das *Thomas-Fermi-Modell* fußt darauf, daß das Atompotential als stückweise konstant, also als Kastenpotential (wie zu Bild 5.4 (f) beschrieben) angesehen wird. Jeder dieser „Kästen" hat im Abstand r vom Kern die Tiefe $V(r)$, und die Energien der Elektronen in dem entsprechenden Volumen können von $V(r)$ bis 0 reichen, ihre kinetische Energien also von 0 bis $-V(r)$. Das Modell macht Gebrauch von dem Resultat der Quantenstatistik, daß in einer Phasenraumzelle der Größe h^3 genau ein Einteilchenzustand Platz hat. Wenn also $p_0 = [-2mV(r)]^{1/2}$ der maximale Impuls ist, den ein Elektron in dem betreffenden Kastenpotential haben kann, dann ist

$$\mathrm{d}n = 2\frac{(4\pi/3){p_0}^3\mathrm{d}\tau}{h^3} \tag{9.5}$$

die Zahl an Zuständen, die in dem betreffenden Raumvolumen $\mathrm{d}\tau$ zur Verfügung stehen, weil $(4\pi/3){p_0}^3$ der zugängliche Impulsraum, $(4\pi/3){p_0}^3\mathrm{d}\tau$ also der zugängliche Phasenraum ist. Mit dem Faktor 2 wird berücksichtigt, daß ein Elektron zwei verschiedene Spineinstellungen haben kann. Einsetzen des Wertes für den Impuls und des Ausdrucks $\mathrm{d}\tau = 4\pi r^2\mathrm{d}r$ für das Volumen in die Gl. (9.5) liefert

$$\mathrm{d}n = \frac{32\pi^2 r^2[-2mV(r)]^{3/2}}{3h^3}\mathrm{d}r\,. \tag{9.6}$$

Diese Gleichung gibt die radiale Verteilung der Elektronen in Abhängigkeit vom Potential $V(r)$ an, das aber seinerseits von der Elektronenverteilung abhängt. Nach dem Gaußschen Satz gilt zwischen dem Potential V und der Ladungsverteilung im Inneren einer Kugel vom Radius r die Beziehung

$$\frac{\mathrm{d}V}{\mathrm{d}r} = \frac{1}{4\pi\varepsilon_0 r^2}\left[Ze^2 - e^2\int_0^r \frac{\mathrm{d}n}{\mathrm{d}r}\mathrm{d}r\right],$$

aus der durch Umordnung und anschließender Differentiation nach r

$$-\frac{\mathrm{d}}{\mathrm{d}r}(r^2\frac{\mathrm{d}V}{\mathrm{d}r}) = \frac{e^2}{4\pi\varepsilon_0}\frac{\mathrm{d}n}{\mathrm{d}r}$$

folgt. Dabei ist Z die Kernladungszahl des betrachteten Atoms. Einsetzen der Beziehung (9.6) in diese Gleichung liefert eine Differentialgleichung zweiter Ordnung in V

$$-\frac{\mathrm{d}}{\mathrm{d}r}(r^2\frac{\mathrm{d}V}{\mathrm{d}r}) = \frac{8\pi e^2 r^2[-2mV(r)]^{3/2}}{3\varepsilon_0 h^3}, \tag{9.7}$$

die unter Berücksichtigung der Randbedingungen

$$\lim_{r\to 0}[rV(r)] = \frac{Ze^2}{4\pi\varepsilon_0}$$

und

$$\lim_{r\to\infty}[rV(r)] = 0$$

gelöst wird. Durch Einführung der dimensionslosen Variablen χ und x,

$$\begin{aligned} V(r) &= -\frac{Ze^2}{4\pi\varepsilon_0 r}\chi \\ r &= \frac{1}{2}\left(\frac{3\pi}{4}\right)^{2/3}\frac{4\pi\varepsilon_0\hbar^2}{me^2Z^{1/3}}x = \frac{0.886\,a_0}{Z^{1/3}}x\,, \end{aligned}$$

erhalten wir statt (9.7) die Differentialgleichung

$$x^{1/2}\frac{\mathrm{d}^2\chi}{\mathrm{d}x^2} = \chi^{3/2} \tag{9.8}$$

mit den Randbedingungen $\chi(0) = 1$ und $\chi(\infty) = 0$. Die Lösung dieser Gleichung ist in Bild 9.2 dargestellt.

Das nach Gl. (9.7) bzw. (9.8) berechnete Potential kann als Start-Potential für das Hartreesche Verfahren verwendet werden.

9.4 Hartree-Fock-Verfahren

Die Vernachlässigung des Antisymmetrisierungs-Postulats für die Gesamt-Wellenfunktion der Gesamtheit der Elektronen eines Mehrelektronenatoms ist ein wesentlicher Mangel des Hartreeschen Verfahrens, auch wenn, was häufig der Fall ist, die Wellenfunktion nachträglich antisymmetrisiert wird.

Das Hartree-Fock-Verfahren, eine auf Fock[1] zurückgehende Verbesserung (1930) des Hartreeschen Verfahrens, behebt diesen Mangel. Es berücksichtigt von Anfang an das

[1] Vladimir Fock (1898—1974)

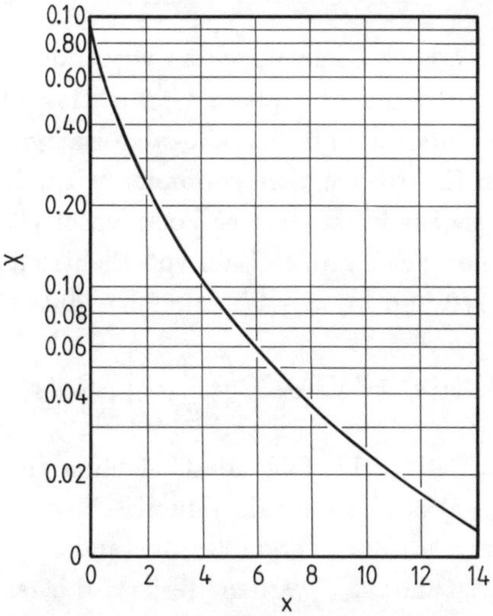

Bild 9.2 Darstellung der Lösung $\chi(x)$ der Gl. (9.8) des Thomas-Fermi-Modells.

Antisymmetrisierungs-Postulat, indem es im einfachsten Fall (bei abgeschlossenen Schalen) eine Slater-Determinante als Wellenfunktion verwendet oder aber, je nach Vorgabe von Gesamt-Energie oder Gesamt-Drehimpuls, eine Linearkombination solcher Determinanten. Die auf diese Weise erzielten Ergebnisse korrigieren die Resultate des Hartreeschen Verfahrens in der Größenordnung von etwa 10 %.

Die Verwendung von Slater-Determinanten führt zu zusätzlichen Termen in den Einteilchen-Schrödinger-Gleichungen, den sogenannten *Austauschtermen*, welche eine Abstoßung zwischen Elektronen mit gleichen Spin-Quantenzahlen bewirken. Diese Austauschterme sind prinzipiell nichtlokal, d.h. sie hängen außer von den Koordinaten des betrachteten Elektrons auch von den Koordinaten anderer Elektronen ab. Außer dieser sogenannten statistischen Korrelation zwischen den Elektronen berücksichtigt auch das Hartree-Fock-Verfahren keine weiteren Korrelationen.

Die Gleichungen für die Iteration der selbstkonsistenten Potentiale können wie beim Hartreeschen Verfahren durch die Mittelung zu zentralsymmetrischen Potentialen beträchtlich vereinfacht werden, weil dann wegen der Punktsymmetrie des Problems die Winkelkoordinaten wieder separiert werden können. Die Wellenfunktionen sind dann Produkte aus radialen Wellenfunktionen $R_{nls}(r)$, Kugelflächenfunktionen $Y_{lm}(\vartheta, \varphi)$ (Gl. (7.48)) und Spinfunktionen. Die radialen Funktionen hängen außer von der Haupt-Quantenzahl n und der Drehimpuls-Quantenzahl l auch von der Spin-Quantenzahl s ab.

Werden für den allgemeinen Fall nicht abgeschlossener Schalen Linearkombinationen von Slater-Determinanten für verschiedene Einteilchenzustände verwendet, dann ergeben sich Wechselwirkungen, die zur Multiplett-Struktur in den Spektren führen (nächstes

Unterkapitel).

Es ist möglich, die Hartree-Fock-Gleichungen zu vereinfachen und dabei fast ebenso gute Resultate zu erzielen, indem man die wegen der Nichtlokalität schwierig zu handhabenden Austauschterme durch einen einfacheren lokalen Energieterm $V_{\text{aus}}(r)$ ersetzt, das aus dem Modell eines freien Elektronengases gewonnen wird. Unter Verwendung dieser Näherung ergeben sich die sogenannten Hartree-Fock-Slater-Gleichungen, deren radiale Gleichungen für den Fall einer gleich großen Zahl von Elektronen mit den magnetischen Spin-Quantenzahlen $m_s = 1/2$ und $m_s = -1/2$ wie folgt lauten:

$$\left[-\frac{\mathrm{d}^2}{\mathrm{d}\varrho^2} - \frac{2Z}{\varrho} + V_{\text{coul}}(\varrho) + V_{\text{aus}}(\varrho) + \frac{l(l+1)}{\varrho^2}\right] \varrho R_{nl}(\varrho) = \eta_{nl}\varrho R_{nl}(\varrho) .$$

Dabei werden wie für die auf Gl. (7.17) folgende Gleichung die atomaren Einheiten der Gln. (7.12) verwendet. $V_{\text{coul}}(\varrho)$ ist die zentralsymmetrische gemittelte Coulomb-Energie der Elektronen untereinander, η_{nl} die Energie des Zustands.

Die beiden Energien V_{coul} und V_{aus} werden iteriert, d.h. sie hängen über die zentralsymmetrisch gemittelte Verteilung $\sigma(\varrho)$ der Ladungsdichte von der Wellenfunktion ab:

$$\begin{aligned} V_{\text{coul}}(\varrho) &= -\frac{8\pi}{\varrho}\int_0^{\varrho} \mathrm{d}r\sigma(r)r^2 - 8\pi\int_{\varrho}^{\infty} \mathrm{d}r\sigma(r)r \\ V_{\text{aus}}(\varrho) &= -6\alpha\left[\frac{3}{8\pi}|\sigma(\varrho)|\right]^{1/3} . \end{aligned}$$

Der Austauschparameter α, der für das freie Elektronengas den Wert 2/3 hat, kann optimiert werden. Dabei zeigt sich, daß er eine Funktion von Z ist.

Die Hartree-Fock-Slater-Gleichungen wird verbreitet angewendet, und zwar nicht nur für atomare Rechnungen, sondern auch bei Molekül- und Festkörperberechnungen. Das Hartree-Fock-Verfahren kann auf vielfache Weise (z.B. durch Berücksichtigung von Korrelationen und relativistischen Effekten) beinahe beliebig verfeinert werden. Für die dabei praktisch nur mit Computern durchführbaren Rechnungen gibt es eine große Zahl von Programm-Codes.

9.5 Multiplettstruktur

Mit dem im vorigen Unterkapitel beschriebenen Verfahren lassen sich nahezu alle meßbaren Eigenschaften der Atome und darüber hinaus auch viele nur schwer oder gar nicht der direkten Messung zugänglichen Eigenschaften darstellen, d.h. verstehen. Die explizite Durchführung dieser Methode führt aber über den Rahmen unserer Einführung in die Atomphysik hinaus und muß daher der Speziealliteratur vorbehalten werden.

Es ist jedoch möglich, die allgemeinen Eigenschaften der Vielelektronenatome auch ohne die vollständige Integration der Schrödinger-Gleichung zu diskutieren. Diese

Möglichkeit beruht auf der mehrfach erwähnten Tatsache, daß sich die inneren Elektronen, d.h. alle außer denen in nicht vollbesetzten Drehimpulsschalen, den Leucht- oder Valenzelektronen, zu abgeschlossenen Schalen zusammenfassen lassen, die weder einen Drehimpuls noch einen Spin haben, bei deren Elektronen sich die Bahndrehimpulse und Spins also gegenseitig kompensieren. Man kann ihre Wirkung auf die Leuchtelektronen daher, zusammen mit dem elektrischen Potential des Kerns, mit einem Zentralpotentialterm $V(r)$ ausdrücken. Der Hamilton-Operator für die Leuchtelektronen besteht dann im wesentlichen aus einem Term T für ihre kinetische Energie, dem Zentralpotential V, einem Term H_{ee} für die elektrostatische Wechselwirkung der Leuchtelektronen untereinander, einem Term H_{ss} für die gegenseitige Wirkung aller Spins und einem Term H_{ls} für die Spin-Bahn-Kopplung der einzelnen Elektronen:

$$H = T + V(r) + H_{ee} + H_{ss} + H_{ls} \,. \tag{9.9}$$

Alle anderen Einflüsse, wie z.B. der des Spins mit dem Kern und der Form des Kerns (Hyperfeinstruktur), werden hier zunächst vernachlässigt.

Gegenüber dem Hamilton-Operator des Wasserstoffatoms (siehe Gl. (7.10)) unterscheidet sich der Hamilton-Operator (9.9) durch die drei letzten Terme. Je nach deren relativer Stärke lassen sich zwei Grenzfälle der Zustands-Konfigurationen der Leuchtelektronen unterscheiden.

1. $H_{ls} \ll H_{ee}$, $H_{ls} \ll H_{ss}$. Für diesen Grenzfall lassen sich die Bahndrehimpulse und die Spins der Leuchtelektronen getrennt betrachten (schwache Spin-Bahn-Kopplung). Er trifft für die meisten Atome zu. Aufgrund der Wechselwirkungen H_{ss} und H_{ee} koppeln hier die Spins $\boldsymbol{s}_i$ der einzelnen Leuchtelektronen zum Gesamtspin $\boldsymbol{S}$,

$$\boldsymbol{S} = \sum_i \boldsymbol{s}_i \,,$$

und ihre Bahndrehimpulse $\boldsymbol{l}_i$ zum Gesamt-Bahndrehimpuls $\boldsymbol{L}$,

$$\boldsymbol{L} = \sum_i \boldsymbol{l}_i \,.$$

$\boldsymbol{L}$ und $\boldsymbol{S}$ addieren sich dann zum Gesamtdrehimpuls

$$\boldsymbol{J} = \boldsymbol{L} + \boldsymbol{S} \,. \tag{9.10}$$

Diese Art der Kopplung heißt LS-Kopplung oder Russel-Saunders-Kopplung[1] nach den beiden Autoren, die sie 1925 erstmals beschrieben.

Die Quadrate und die z-Komponenten der Operatoren $\boldsymbol{L}$ und $\boldsymbol{S}$ wirken auf unterschiedliche Koordinaten der Wellenfunktion. Sie vertauschen daher miteinander und haben deshalb gemeinsame Eigenfunktionen:

$$\begin{aligned} \boldsymbol{L}^2\Psi &= L(L+1)\hbar^2\Psi, \quad \boldsymbol{S}^2\Psi = S(S+1)\hbar^2\Psi \\ L_z\Psi &= M_L\hbar\Psi, \quad S_z\Psi = M_S\hbar\Psi \,. \end{aligned} \tag{9.11}$$

[1] Henry Norris Russel (1877—1957) und Frederick Albert Saunders (1875—1963)

Die gleichen Eigenfunktionen sind außerdem wegen der Vertauschbarkeit von $\boldsymbol{L}$ und $\boldsymbol{S}$ Eigenfunktionen des Gesamtdrehimpulses $\boldsymbol{J}$:

$$\boldsymbol{J}^2\Psi = J(J+1)\hbar^2\Psi, \quad J_z\Psi = M\hbar\Psi .$$

Wenn keine Spin-Bahn-Kopplung zwischen $\boldsymbol{L}$ und $\boldsymbol{S}$ angenommen wird, dann vertauschen beide – und folglich auch $\boldsymbol{J}$ – mit dem Hamilton-Operator. In diesem Fall sind L, S, M_L, M_S, J, M gute Quantenzahlen. Nach der sich aus (9.10 und 9.11) ergebenden Additionsregel für die unabhängigen Drehimpulse $\boldsymbol{L}$ und $\boldsymbol{S}$,

$$M = M_L + M_S ,$$

sind diese Quantenzahlen aber nicht alle unabhängig voneinander, so daß man zur Kennzeichnung eines Zustands nur vier von ihnen benötigt. Normalerweise nimmt man dazu LSM_LM_S oder $LSJM$, von denen die zweite Kombination zu der früher erläuterten Notation der Zustände führt. $LSJM$ bleiben auch gute Quantenzahlen, wenn eine schwache Spin-Bahn-Wechselwirkung zwischen $\boldsymbol{L}$ und $\boldsymbol{S}$ als Störung angenommen wird, während M_L und M_S dann, wie wir oben gesehen haben, diese Eigenschaft verlieren.

Die Zahl $2S+1$, die als oberer Index dem Bahndrehimpulssymbol vorangestellt wird, heißt Multiplizität des Zustands. Sie gibt, wenn $S < L$, die Zahl der Niveaus an, in die ein zu einem bestimmten Bahndrehimpuls gehörendes Energieniveau bei Berücksichtigung der Wechselwirkung zwischen $\boldsymbol{L}$ und $\boldsymbol{S}$ aufspaltet. Obwohl diese Zahl für $S > L$ nicht $2S+1$, sondern $2L+1$ ist, heißt auch in diesem Fall $2S+1$ Multiplizität des Zustands. Die Niveaus im Termschema der Alkali-Atome z.B. haben die Multiplizität zwei, weil diese nur ein Leuchtelektron und daher den Gesamtspin $S = 1/2$ haben. Infolgedessen sind die Linien der Übergänge P→S, wie z.B. die Natrium-D-Linie, Dubletts.

2. $H_{ls} \gg H_{ee}$, $H_{ls} \gg H_{ss}$. In diesem Grenzfall ist die Spin-Bahn-Kopplung der einzelnen Elektronen vorherrschend. Spin $\boldsymbol{s}_i$ und Bahndrehimpuls $\boldsymbol{l}_i$ jedes einzelnen Leuchtelektrons koppeln zum Gesamtdrehimpuls $\boldsymbol{j}_i$ dieses Elektrons:

$$\boldsymbol{j}_i = \boldsymbol{l}_i + \boldsymbol{s}_i$$

Die Gesamtdrehimpulse $\boldsymbol{j}_i$ der einzelnen Elektronen koppeln dann zum Gesamtdrehimpuls des Atomzustands:

$$\boldsymbol{J} = \sum_i \boldsymbol{j}_i$$

Diese Art der Drehimpulskopplung heißt jj-Kopplung. Sie tritt vornehmlich bei den schweren Atomen auf, also bei denen mit großer Kernladung Ze. Wegen der großen Ausdehnung der Elektronenhülle dieser Atome sind die Leuchtelektronen hier weiter voneinander entfernt, so daß ihre Wechselwirkung miteinander im Vergleich zu der Spin-Bahn-Wechselwirkung geringer wird.

Bei der jj-Kopplung sind die Gesamtdrehimpulsquantenzahlen j_i der einzelnen Elektronen gute Quantenzahlen, so daß diese, zusammen mit der Gesamtdrehimpulsquantenzahl J zur Bezeichnung eines Zustands geeignet sind. Man benützt dafür das Symbol $(j_1, j_2, \ldots)_J$.

Beim Übergang von den leichten zu den schweren Elementen wandelt sich der Kopplungstyp immer mehr von der LS-Kopplung zur jj-Kopplung. Es ist daher einleuchtend, daß die beiden extremen Kopplungstypen fast nie ganz rein auftreten, sondern immer mit einer Beimischung des anderen Typs, was sich unter anderem an der Aufspaltungsweite der Linien erkennen läßt. In der Mitte zwischen den beiden Extremen liegt eine Form der Drehimpulskopplung vor, die sich weder der LS-Kopplung noch der jj-Kopplung eindeutig zuordnen läßt. Dort ist $H_{ls} \approx H_{ee}$ oder $H_{ls} \approx H_{ss}$, und weder die j_i noch L oder S sind gute Quantenzahlen.

Sind am Zustandekommen des Spektrums eines Atoms zwei Elektronen beteiligt, dann können sich ihre Spins bei LS-Kopplung zu zwei verschiedenen Werten des Gesamtspins zusammensetzen: $S = 0$ und $S = 1$. Das Termschema besteht dann aus zwei Systemen unterschiedlicher Multiplizität. Im ersten System mit $2S + 1 = 1$ sind die Zustände einfach, d.h. die beiden Elektronen bilden Singulett-Zustände. Im zweiten System mit $2S + 1 = 3$ sind die Zustände dreifach, d.h. die beiden Elektronen bilden Triplett-Zustände.

Zwischen zwei Termsystemen unterschiedlicher Multiplizität treten normalerweise keine Übergänge auf, weil diese mit dem Umklappen eines Spins verbunden wären, wofür nur eine geringe Wahrscheinlichkeit besteht (*Interkombinationsverbot*; die entsprechende Auswahlregel ist $\Delta S = 0$). Trotzdem können solchen Übergängen entsprechende Linien in manchen Spektren mit großer Intensität auftreten, nämlich dann, wenn kein anderer Übergang möglich ist.

Ein Beispiel für ein aus zwei Systemen unterschiedlicher Multiplizität bestehendes Termschema ist das des Heliums, dessen zwei Elektronen zum Gesamtspin $S = 0$ oder $S = 1$ koppeln können (Bild 9.3). Das Singulett-System wird bisweilen Para-Helium genannt, das Triplett-System Ortho-Helium. Den Grundzustand des Para-Heliums bilden zwei 1s-Elektronen. Beim Ortho-Helium ist das nicht möglich, da hier beide Elektronen wegen $S = 1$ die gleiche magnetische Spinquantenzahl haben, während zwei Elektronen, die sich im gleichen s-Zustand befinden, nach dem Pauli-Prinzip unterschiedliche magnetische Spinquantenzahlen haben müssen. Der tiefste Zustand des Ortho-Heliums hat daher eine 1s2s-Elektronenkonfiguration. Dieser Zustand kann nur mit sehr geringer Wahrscheinlichkeit zerfallen, weil dafür das 2s-Elektron in den 1s-Zustand übergehen müßte, was die beiden Auswahlregeln $\Delta L = \pm 1$ und $\Delta S = 0$ verletzen würde (der Übergang heißt daher doppelt verboten). Der tiefste Zustand des Ortho-Heliums hat infolgedessen eine vergleichsweise lange Lebensdauer. Solche Zustände heißen metastabil.

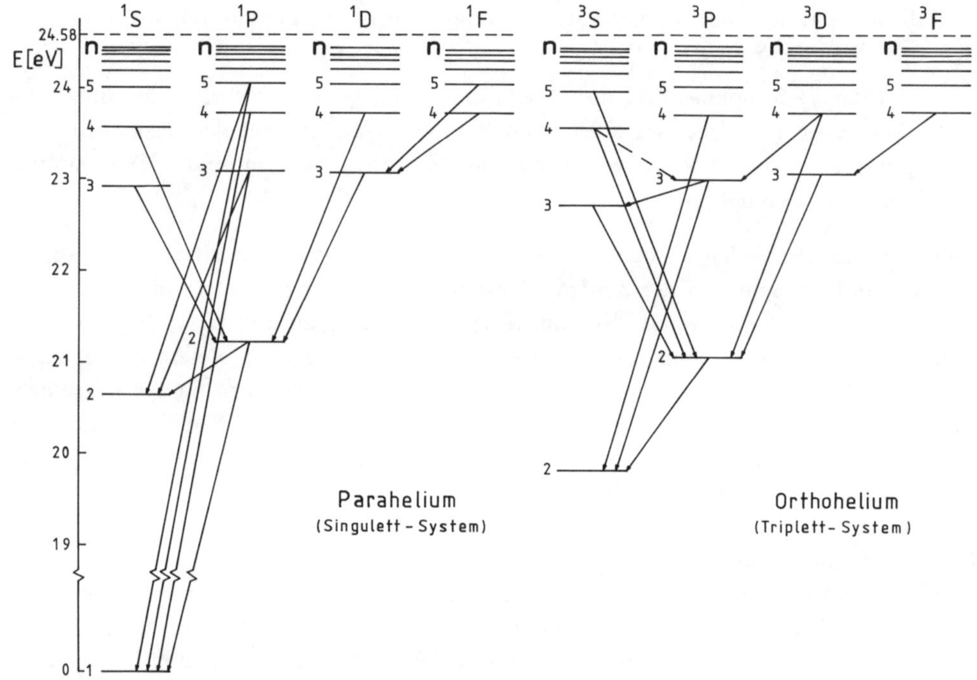

Bild 9.3 Die beiden Termsysteme des Heliums. Beide werden untereinander und mit dem Termschema des Wasserstoffs mit zunehmender Hauptquantenzahl immer ähnlicher.

9.6 Rydberg-Atome

Als Rydberg-Atome werden solche Atome bezeichnet, bei denen sich ein Valenzelektron in einem Zustand mit großer Hauptquantenzahl befindet. Große Quantenzahlen haben für das Verständnis und die Interpretation der Atomphysik eine besondere Rolle gespielt und sind auch heute noch von Bedeutung, weil sie den Anschluß der Quantenphysik an die klassische Physik ermöglichen. Wir haben diese Bedeutung erstmals im Zusammenhang des Bohrschen Atommodells erwähnt, als wir bemerkten, daß Quantensysteme mit großen Quantenzahlen in ihren Eigenschaften klassischen Systemen nahekommen.

Es nimmt daher nicht wunder, daß *Rydberg-Atome*, wie sie heute genannt werden, bereits von Bohr bei der Entwicklung seines Atommodells und der Formulierung des Korrespondenzprinzips erörtert wurden. Zu jener Zeit waren hochangeregte Zustände aus den Absorptionsspektren des Natriums und des Lithiums bekannt, nämlich die Übergänge der Prinzipal-Serie $n^2\mathrm{S} \rightarrow n\,^2\mathrm{P}$ bis zu den Hauptquantenzahlen $n = 42$ bzw. $n = 59$. Aus astrophysikalischen Beobachtungen waren außerdem Linien der Balmer-Serie bis $n = 31$ bekannt, während im Laboratorium nur zwölf Linien dieser Serie gemessen werden konnten. Dieser Unterschied wurde von Bohr auf die beachtliche Größe der Atome in diesen

Zuständen zurückgeführt. In der Bohrschen Theorie des Wasserstoffatoms skaliert der Bahnradius mit dem Quadrat der Hauptquantenzahl:

$$r_n = n^2 a_0 . \tag{9.12}$$

Dabei ist $a_0 \approx 0.5 \cdot 10^{-10}$ m der Bohrsche Radius (7.52). Für einen Zustand mit der Hauptquantenzahl $n = 100$ folgt daraus $r_{100} \approx 5\,\mu$m. Damit kommen Rydberg-Atome mit ihrer Größe in den Bereich von Makromolekülen oder Bakterien.

Für die Bindungsenergie der Zustände gilt Gl. (7.27) oder

$$E_n = -\frac{hcR_{\mathrm{H}}}{n^2} = -\frac{13.6}{n^2}\,\mathrm{eV} . \tag{9.13}$$

Daraus folgt für $n = 300$: $E_n = -1.5 \cdot 10^{-4}$ eV. Das Valenzelektron eines Rydberg-Atoms ist also außerordentlich schwach gebunden und kann z.B. durch einen Stoß mit einem anderen Atom mit thermischer Energie ($E_{\mathrm{k}} \approx 3 \cdot 10^{-2}$ eV) oder durch ein elektrisches Feld mit verhältnismäßig geringer Stärke abgelöst werden.

Aus Gl. (9.13) folgt für die Dichte von Zuständen mit benachbarten Hauptquantenzahlen

$$\frac{\mathrm{d}E}{\mathrm{d}n} = \frac{2hcR_{\mathrm{H}}}{n^3} . \tag{9.14}$$

Der Energieabstand benachbarter Niveaus nimmt mit zunehmender Hauptquantenzahl also noch stärker ab als die Bindungsenergie und beträgt für $n = 300$ beispielsweise etwa 10^{-4} eV.

Weil das Valenzelektron bei Rydberg-Atomen so weit vom Kern und damit von allen anderen Elektronenschalen entfernt ist, haben nicht- wasserstoffähnliche Rydberg-Atome eine gewisse Ähnlichkeit mit den Alkali-Atomen. Ihre Spektralterme lassen sich daher gemäß Gl. (9.1) als Rydberg-Terme schreiben (daher auch ihre Bezeichnung), und das oben über die hochangeregten Zustände des Wasserstoffs Gesagte gilt in entsprechender Form auch für die nicht-wasserstoffähnlichen Rydberg-Atome, wenn in den Gln. (9.12) bis (9.14) die Hauptquantenzahl n durch die effektive Hauptquantenzahl n^* ersetzt wird.

Die systematische Untersuchung von Rydberg-Atomen ist ein aktuelles Forschungsgebiet der Atomphysik. Sie ist erst mit der Entwicklung durchstimmbarer Farbstofflaser möglich geworden, die es erlauben, bestimmte Rydberg-Zustände gezielt zu besetzen. Der Nachweis dieser Zustände kann dann mittels der Ionisierung des Atoms erfolgen, entweder durch ein elektrisches Feld oder wieder mit einem Laser.

Fragestellungen von besonderem Interesse bei der Forschungsarbeit mit Rydberg-Atomen sind beispielsweise das Auffinden von Kriterien für das sogenannte *Quantenchaos*, das der chaotischen Bewegung in der klassischen Mechanik entspricht (für welches es Kriterien gibt), sowie die Untersuchung der Wechselwirkung zwischen Atomen und Schwingungsmoden in Resonatoren. Letztere stehen in engem Zusammenhang mit der Laser-Theorie und werden u.a. an Atomstrahlen in Hohlraumresonatoren (Masern) durchgeführt.

10 Strahlende Übergänge

Unsere theoretische Untersuchung des Wasserstoffatoms hat – in Übereinstimmung mit dem ersten Bohrschen Postulat – gezeigt, daß diesem unendliche viele Zustände diskreter Energie mit prinzipiell unendlicher Lebensdauer zur Verfügung stehen, von denen es einen einnehmen kann. Andererseits haben wir aber auch verschiedentlich darauf hingewiesen, daß die experimentelle Information über die innere Struktur der Atome vor allem aus der elektromagnetischen Strahlung stammt, die mit Übergängen zwischen solchen Zuständen verbunden ist. Hieraus wird deutlich, daß Beobachtungen im atomaren Bereich – anders als bei klassischen Systemen – immer mit Zustandsänderungen am beobachteten System verbunden sind, es erhebt sich aber auch die Frage, wodurch denn ein Übergang von einem Zustand in einen anderen bewirkt wird. Das zweite Bohrsche Postulat interpretiert die grundlegenden energetischen Beziehungen richtig, es macht jedoch keine Aussagen zu den beteiligten Mechanismen. Auf diese wollen wir in diesem Kapitel eingehen.

Wir werden dabei sehen, daß zu der in den Atomspektren enthaltenen Information neben der Wellenlänge bzw. Energie der Linien auch deren Breite, Profil und relative Intensität gehören, aus der ebenso wie aus der Energie auf gewisse Details der inneren Struktur geschlossen werden kann, darüber hinaus aber auch auf äußere Umstände, denen die Atome bei der Aussendung der Strahlung unterlagen. Letzteres ist beispielsweise für die Astrophysik von besonderem Interesse.

Bei atomaren Niveau-Übergängen ist grundsätzlich zwischen Emission und Absorption zu unterscheiden. Während letztere immer induziert werden muß, kann die Emission sowohl spontan als auch induziert erfolgen. Am Beispiel des Lasers werden wir zeigen, daß die induzierte Emission überwiegen kann.

10.1 Lebensdauer von Anregungszuständen

Einen ersten Hinweis auf die tatsächlich nur endliche Lebensdauer angeregter Zustände können wir aus einer Überlegung gewinnen, die zu der früher in Kapitel 5, im Zusammenhang mit der Unbestimmtheits-Relation angestellten, analog ist: Nach den Regeln der Quantenmechanik läßt sich jeder Energie gemäß der Beziehung $E = h\nu$ eine Frequenz zuordnen, d.h. ein Schwingungsvorgang. Definieren wir die Dauer des Schwingungsvorgangs als dasjenige Zeitintervall Δt, innerhalb dessen Schwingungen registriert werden können, so müssen wir feststellen, daß dies bei endlicher Dauer am Anfang und am Ende des Schwingungsvorganges nur mit einem Fehler der Schwingungszahl n von mindestens je $\pm 1/2$, insgesamt also mit einem Fehler von mindestens $\Delta n = 1$ möglich ist (wir lassen hier das Vorzeichen fallen und betrachten nur den Betrag des Fehlers). Die ermittelte Frequenz $\nu = n/\Delta t$ ist dann mit einem Fehler von mindestens $\Delta\nu = \Delta n/\Delta t = 1/\Delta t$ behaftet. Demgemäß hat die Energie dann einen Fehler von mindestens $\Delta E = h\Delta\nu = h/\Delta t$. Daraus folgt sofort, daß für das Produkt aus Energie-Unbestimmtheit und Lebensdauer die Unbestimmtheits-Relation

$$\Delta E \cdot \Delta t \geq h \tag{10.1}$$

gilt. Eine verschwindende Energiebreite ist hiernach höchstens für Zustände mit prinzipiell unendlicher Lebensdauer möglich, also nur für die Grundzustände. Weil die Unschärfe eines atomaren Niveaus sich auf die beim Übergang in den Grundzustand emittierte Strahlung übertragen muß, kann aus der Linienbreite eines Übergangs von einem Anregungszustand in den Grundzustand auf die Lebensdauer des Anregungszustandes geschlossen werden (Bild 10.1). Prinzipiell ist das auch beim Übergang von einem Anregungszustand in einen anderen möglich, jedoch muß dann die Energiebreite beider Zustände berücksichtigt werden.

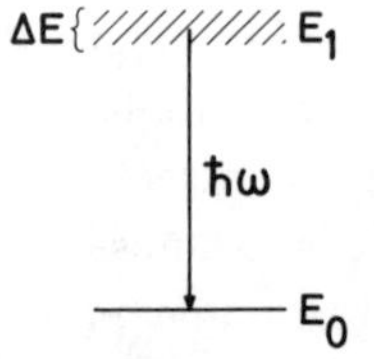

Bild 10.1 Strahlungsübergänge vom Niveau E_1 zum Zustand E_0. Wegen der natürlichen Breite γ der Spektral-Linien sind die Energiewerte der angeregten Zustände mit einer Unbestimmtheit ΔE behaftet.

Der Zerfall angeregter Zustände, d.h. deren spontaner Übergang in Zustände kleinerer Energie, ist ein statistischer Prozeß. Das ergibt sich als Postulat bereits aus der Notwendigkeit, die Existenz diskreter Energieniveaus und auf diesen beruhender Quantensprünge mit der Beobachtung der exponentiellen Abnahme der Emissions-Intensität eines angeregten Atom-Ensembles mit der Zeit zu vereinbaren. Die Zerfallsrate $\mathrm{d}Z/\mathrm{d}t$ folgt einem Exponentialgesetz,

$$\frac{\mathrm{d}Z}{\mathrm{d}t} = C\mathrm{e}^{-\gamma t}\,,$$

mit der Zerfallskonstanten γ. Die Integration dieser Gleichung ergibt die Gesamtzahl N_0 der Zerfälle bzw. der ursprünglich vorhandenen Zustände und damit den Wert der Normierungskonstanten C:

$$N_0 = \int_0^\infty \mathrm{d}t \frac{\mathrm{d}Z}{\mathrm{d}t} = C \int_0^\infty \mathrm{d}t\, \mathrm{e}^{-\gamma t} = \frac{C}{\gamma}\int_0^\infty \mathrm{d}x\, \mathrm{e}^{-x} = \frac{C}{\gamma}\,.$$

Demnach gilt für die Zerfallsrate, mit $\dot{Z} \equiv \mathrm{d}Z/\mathrm{d}t$,

$$\dot{Z} = \gamma N_0 \mathrm{e}^{-\gamma t}\,,$$

und bei Normierung auf N_0:

$$\frac{\dot{Z}}{N_0}\mathrm{d}t = \gamma \mathrm{e}^{-\gamma t}\mathrm{d}t\,. \tag{10.2}$$

Diese Beziehung gibt den Bruchteil der Zustände an, der im Intervall von t bis $t + \mathrm{d}t$ zerfällt, also auch den Bruchteil von Zuständen mit einer Lebensdauer zwischen t und $t + \mathrm{d}t$. Die Gl. (10.2) ist somit eine normierte Verteilung der Lebensdauer angeregter Zustände und kann daher zur Berechnung der mittleren Lebensdauer τ verwendet werden:

$$\tau = \gamma \int_0^\infty \mathrm{d}t \cdot t\mathrm{e}^{-\gamma t} = \frac{1}{\gamma}\int_0^\infty \mathrm{d}x\, x\mathrm{e}^{-x} = \frac{1}{\gamma}\,.$$

Das letzte Integral haben wir dabei durch partielle Integration berechnet. Damit wird aus Gl. (10.2)

$$\frac{\dot{Z}}{N_0}\mathrm{d}t = \frac{1}{\tau}\mathrm{e}^{-t/\tau}\mathrm{d}t\,, \tag{10.3}$$

und wir haben mit dem Resultat, daß die Zerfallsrate angeregter Zustände deren mittlerer Lebensdauer umgekehrt proportional ist, einen ersten Hinweis auf die relative Intensität von Spektral-Linien.

Aus (10.1) und (10.3) folgt, daß Niveaus mit kleineren Breiten langsamer zerfallen als solche mit größeren Breiten. Die typische Lebensdauer atomarer Zerfälle beträgt in den äußeren Schalen etwa 10^{-8} s. Solche Zeitintervalle lassen sich noch mit elektronischen Mitteln messen, kürzere Zeiten können nur über Energiebreiten wie z.B. die Breite einer Spektral-Linie bestimmt werden.

Die Zustände eines *materiellen* Systems und deren Energien werden durch Zustandsfunktionen und sie ordnende Quantenzahlen beschrieben, die aus der zugehörigen Schrödinger-Gleichung gewonnen werden. In ähnlicher Weise ist es möglich, die entsprechenden Größen des elektromagnetischen *Strahlungsfeldes* zu behandeln. Bezeichnen wir demgemäß den Hamilton-Operator für ein Atom mit H_{A} und den für ein Strahlungsfeld mit H_F, dann ist der Hamilton-Operator für das Gesamtsystem aus Atom und Strahlungsfeld, wenn diese beiden Teilsysteme nicht miteinander wechselwirken,

$$H = H_A + H_F \, . \tag{10.4}$$

Interessieren wir uns nun für die strahlenden Übergänge zwischen den stationären Zuständen des Atoms, so müssen wir beachten, daß diese notwendigerweise mit Zustandsänderungen des elektromagnetischen Feldes verbunden sind: Die Zustände des Atoms sind durch Emission und Absorption mit denen des Strahlungsfeldes verkoppelt. Zur Beschreibung von Emission und Absorption elektromagnetischer Strahlung durch das Atom muß daher der Hamilton-Operator (10.4) um ein Kopplungsglied V_{AF} erweitert werden, das die Wechselwirkung zwischen Atom und Strahlungsfeld vermittelt, indem es auf die Koordinaten sowohl des Atoms als auch des Strahlungsfeldes wirkt:

$$H = H_A + H_F + V_{AF} \, . \tag{10.5}$$

Das Kopplungsglied muß hierbei im Vergleich zu den beiden anderen Gliedern des Hamilton-Operators sehr klein sein, d.h. sehr kleinen Energien entsprechen, weil es sonst überhaupt keine stationären Zustände des Atoms gäbe. Wenn diese Bedingung erfüllt ist und die ungestörten Lösungen bekannt sind, kann man die Wirkung des Kopplungsgliedes störungstheoretisch behandeln und auf diese Weise die Übergangswahrscheinlichkeit je Zeitintervall berechnen.

10.2 Die Intensität von Spektral-Linien

Die gemessenen Eigenschaften von Spektral-Linien hängen in vielfacher Weise von den Versuchsbedingungen ab, beispielsweise vom Auflösungsvermögen der Spektralapparatur oder vom Mechanismus, mit dem die Atome angeregt wurden. Man muß daher bei der Erörterung dieser Eigenschaften, insbesondere auch der relativen Intensitäten der Linien, immer deutlich unterscheiden zwischen theoretischen Annahmen - z.B. völlig freier Atome - und tatsächlicher Beobachtung (vgl. nächstes Unterkapitel).

In diesem Sinne wollen wir zunächst die Übergangswahrscheinlichkeit für Zustände freier Atome theoretisch untersuchen und dann ein einfaches Beispiel für die relativen Besetzungszahlen der einzelnen Zustände betrachten.

Wir haben in Unterkapitel 2.5 gesehen, daß das elektromagnetische Feld in Normalkoordinaten beschrieben werden kann und daß diese Normalkoordinaten der Oszillatorgleichung gehorchen. Sie sind daher ebenso quantisiert wie der harmonische Oszillator. Demnach sind die Energiestufen einer Normalschwingung mit der Kreisfrequenz ω

$$E_n(\omega) = \left(n + \frac{1}{2}\right) \hbar\omega \, . \tag{10.6}$$

Die Zahl n wird als Anzahl der Energiequanten oder Photonen gedeutet, die eine Normalschwingung enthält. Für $n = 0$ ergibt sich die bereits im Zusammenhang mit der Lamb-Shift erwähnte Nullpunktsenergie $E_0(\omega) = \hbar\omega/2$.

Die zeitabhängige Störungsrechnung[1] in erster Ordnung ergibt, daß der Term V_{AF} im Hamilton-Operator (10.5) Zustandsänderungen des ungestörten Atoms vermittelt. Wenn sich zu einer bestimmten Zeit $t = 0$ sowohl das Strahlungsfeld als auch das Atom in je einem ihrer Energie-Eigenzustände befinden, die zu den beiden entkoppelten Systemen gehören, dann liefert die Rechnung die Wahrscheinlichkeit $W_{a'a}$ je Zeiteinheit für den Übergang eines Atoms von einem Zustand a, in dem es sich zur Zeit $t = 0$ befindet, in einen Zustand a' zu einem späteren Zeitpunkt:

$$W_{a'a} = \alpha \left(\langle n \rangle + \begin{matrix} 1 \\ 0 \end{matrix} \right) {\omega_0}^3 \left| M_{a'a} \right|^2 . \tag{10.7}$$

Dabei ist α eine Konstante (nicht die Feinstrukturkonstante), ω_0 die Frequenz, die der Energiedifferenz $\hbar\omega$ zwischen den beiden Zuständen a und a' entspricht,

$$\hbar\omega_0 = |E_a - E_{a'}| ,$$

und $\langle n \rangle$ die mittlere Anregungsstufe der Normalschwingungen in der Nachbarschaft von ω_0. Der zweite Summand in der Klammer ist 1 oder 0, je nachdem, ob das Atom Strahlung emittiert oder absorbiert. Den verbleibenden Faktor $|M_{a'a}|^2$, der von der Wirkung des Störgliedes V_{AF} auf das Atom, d.h. auf dessen Zustände, abhängt, wollen wir näher untersuchen.

Wir beschränken unsere Diskussion zunächst auf das Wasserstoffatom und greifen dazu auf die Schrödinger-Gleichung (5.80) zurück. Der Hamilton-Operator dieser Gleichung ist

$$H = \frac{1}{2m} (\boldsymbol{p} + e\boldsymbol{A})^2 - e\varphi .$$

In diesem Ausdruck beschreibt das Vektorpotential $\boldsymbol{A}$ das äußere Strahlungsfeld und das skalare Potential φ das elektrostatische Potential des Wasserstoffkerns. Ausmultiplizieren der Klammer ergibt:

$$\begin{aligned} H &= \frac{1}{2m} \left\{ p^2 + e(\boldsymbol{p} \cdot \boldsymbol{A} + \boldsymbol{A} \cdot \boldsymbol{p}) + e^2 A^2 \right\} - e\varphi \\ &= \frac{1}{2m} \left\{ p^2 + 2e\boldsymbol{A} \cdot \boldsymbol{p} + e^2 A^2 \right\} - \frac{ie\hbar}{2m} (\nabla \cdot \boldsymbol{A}) - e\varphi . \end{aligned}$$

Beim zweiten Schritt haben wir den aus (5.40) folgenden Kommutator $[f(\boldsymbol{r}), p_i] = i\hbar\partial f/\partial x_i$ für beliebige Funktionen $f(\boldsymbol{r})$, die sich in Potenzreihen entwickeln lassen, ausgenutzt.

---

[1] Die Störungsrechnung wird ausführlich in Lehrbüchern der Quantenmechanik (z.B. [Sc 68]) behandelt.

Für die Störungsrechnung erster Ordnung können wir den in $\boldsymbol{A}$ quadratischen Term vernachlässigen. Außerdem führt die Eichinvarianz der Maxwellschen und Schrödingerschen Theorien dazu, daß $\nabla \cdot \boldsymbol{A}$ verschwindet. Somit ergibt sich (ohne den Eichterm):

$$H = \frac{p^2}{2m} - e\varphi + \frac{e}{m}\boldsymbol{A}\cdot\boldsymbol{p}\,.$$

Darin entsprechen die beiden ersten Summanden dem Hamilton-Operator der Schrödinger-Gleichung (7.10) für das Wasserstoffatom, den wir jetzt mit H_{A} in (10.5) identifizieren wollen, und

$$\frac{e}{m}\boldsymbol{A}\cdot\boldsymbol{p} \equiv V_{\mathrm{AF}} \tag{10.8}$$

ist das Kopplungsglied zwischen Atom und Strahlungsfeld.

Eine beliebige elektromagnetische Störung, d.h. ein sich ausbreitendes elektromagnetisches Feld, läßt sich durch ein Vektorpotential der Form

$$\boldsymbol{A}(\boldsymbol{r},t) = \sum_{K}\left\{[\boldsymbol{e}_{\mathrm{K1}}q_{\mathrm{K1}} + \boldsymbol{e}_{\mathrm{K2}}q_{\mathrm{K2}}]\mathrm{e}^{\mathrm{i}\boldsymbol{K}\cdot\boldsymbol{r}} + \mathrm{k.k.}\right\} \tag{10.9}$$

beschreiben. Dabei bedeutet k.k. das konjugiert Komplexe des davor stehenden Ausdrucks. $\boldsymbol{K}$ ist der Wellenvektor, $\boldsymbol{e}_{\mathrm{K1}}$ und $\boldsymbol{e}_{\mathrm{K2}}$ sind zwei senkrecht aufeinander und auf $\boldsymbol{K}$ stehende Einheitsvektoren, die zusammen mit den voneinander unabhängigen Normalkoordinaten q_{K1} und q_{K2} die Polarisation der ebenen Welle angeben, die sich in der Richtung von $\boldsymbol{K}$ ausbreitet. Wir betrachten jetzt nur eine polarisierte Komponente von (10.9) und schreiben dafür, weil die $q_{\mathrm{Kj}}(t)$ der Oszillator-Gleichung genügen:

$$\boldsymbol{A}_{\mathrm{Kj}}(\boldsymbol{r},t) = \boldsymbol{e}_{\mathrm{Kj}}A_{\mathrm{Kj}}\mathrm{e}^{\mathrm{i}(\boldsymbol{K}\cdot\boldsymbol{r}\pm\omega_K t)}\,.$$

Diesen Ausdruck setzen wir in (10.8) ein und erhalten damit

$$V_{\mathrm{AF}} = \frac{e}{m}\boldsymbol{e}_{\mathrm{Kj}}A_{\mathrm{Kj}}\mathrm{e}^{\mathrm{i}(\boldsymbol{K}\cdot\boldsymbol{r}\pm\omega_K t)}\cdot\boldsymbol{p}\,. \tag{10.10}$$

Als Wirkung dieses Kopplungsgliedes auf das Atom ergibt die Störungsrechnung

$$\overline{M}_{a'a} = \frac{e}{m}\int \mathrm{d}^3\boldsymbol{r}\,\mathrm{e}^{\mathrm{i}\boldsymbol{K}\cdot\boldsymbol{r}}\boldsymbol{e}_{\mathrm{Kj}}\cdot\psi_{a'}^{*}\,\boldsymbol{p}\,\psi_a\,, \tag{10.11}$$

wenn wir wie oben annehmen, daß sich das Atom zur Zeit $t = 0$ im Zustand a mit der Eigenfunktion ψ_a zum Energie-Eigenwert E_a befindet und $\psi_{a'}$ die Eigenfunktion zu einem anderen Energie-Eigenwert $E_{a'}$ ist. Die übrigen Faktoren ergeben einen entsprechenden Ausdruck mit den Eigenfunktionen des Strahlungsfeldes, dessen Absolutquadrat sich in den Faktoren $\alpha(\langle n\rangle + {}^1_0)\omega_0{}^3$ von (10.7) niederschlägt. Als nächsten Schritt benutzen wir die Beziehung[1]

$$\boldsymbol{p} = \mathrm{i}\frac{m}{\hbar}[H,\boldsymbol{r}] = \mathrm{i}\frac{m}{\hbar}(H\boldsymbol{r} - \boldsymbol{r}H)$$

[1] Für die zeitliche Veränderung einer beliebigen dynamischen Variablen F gilt $\mathrm{d}F/\mathrm{d}t = \partial F/\partial t + (\mathrm{i}/\hbar)[H,F]$. Man beweist diese Beziehung durch Bildung des Erwartungswertes der Variablen F in einem Energie-Eigenzustand, unter Verwendung der zeitabhängigen Schrödinger-Gleichung (5.41). Da $\boldsymbol{p} = m\mathrm{d}\boldsymbol{r}/\mathrm{d}t$ und $\partial\boldsymbol{r}/\partial t = 0$, folgt die für $\boldsymbol{p}$ angegebene Gleichung mit dem Kommutator von H und $\boldsymbol{r}$ (sie gilt komponentenweise für die Vektoren $\boldsymbol{p}$ und $\boldsymbol{r}$).

und setzen sie in (10.11) ein. Damit erhalten wir unter Verwendung von (5.49) (H ist eine Observable) als Element der sogenannten Übergangsmatrix

$$\begin{aligned}\overline{M}_{a'a} &= \frac{e}{m}\int \mathrm{d}^3\boldsymbol{r}\mathrm{e}^{\mathrm{i}\boldsymbol{K}\cdot\boldsymbol{r}} e_{\mathrm{Kj}}\left\{(H\psi_{a'})^*\,\boldsymbol{r}\,\psi_a - \psi^*_{a'}\,\boldsymbol{r}\,H\psi_a\right\} \\ &= ie\frac{E_{a'}-E_a}{\hbar}\int \mathrm{d}^3\boldsymbol{r}\mathrm{e}^{\mathrm{i}\boldsymbol{K}\cdot\boldsymbol{r}}\psi^*_{a'}\,e_{\mathrm{Kj}}\cdot\boldsymbol{r}\,\psi_a\,. \end{aligned} \tag{10.12}$$

Da $\boldsymbol{r}$ reell ist, gilt offenbar $\overline{M}_{a'a} = -\overline{M}_{aa'}$ und daher in Gl. (10.7) $|M_{a'a}|^2 = |M_{aa'}|^2$. Die Größe

$$-\,e\,\boldsymbol{r} = \boldsymbol{P} \tag{10.13}$$

ist das quantenmechanische Dipolmoment des Elektrons bezüglich eines beliebigen Ursprungs (die Addition eines konstanten Vektors zu $\boldsymbol{r}$ ändert den Wert des Integrals in (10.12) nicht, da die Energie-Eigenfunktionen ψ orthogonal sind).

Schreiben wir $P_{\mathrm{j}} = -e(e_{\mathrm{Kj}}\cdot\boldsymbol{r})$ für die Komponente dieses Dipolmoment längs der Polarisationsrichtung e_{Kj}, d.h. längs der Richtung des elektrischen Feldvektors $\boldsymbol{E} = \partial\boldsymbol{A}/\partial t$, dann erhalten wir mit $E_a - E_{a'} = \hbar\omega_0$

$$\overline{M}_{a'a} = \mathrm{i}\omega_0\int \mathrm{d}^3\boldsymbol{r}\,\mathrm{e}^{\mathrm{i}\boldsymbol{K}\cdot\boldsymbol{r}}\psi^*_{a'}P_{\mathrm{j}}\psi_a\,. \tag{10.14}$$

Wir machen nun noch Gebrauch davon, daß der Integrand in diesem Ausdruck nur über die Ausdehnung des Atoms wesentlich von Null verschieden ist (vgl. Bild 7.9 und Gl. (7.52): $a_0 \approx 5\cdot 10^{-11}$m) und daß die Wellenlänge der mit atomaren Übergängen verbundenen Strahlung, $\lambda = 2\pi/|\boldsymbol{K}|$, im Vergleich dazu normalerweise viel größer ist (siehe Tabelle 6.2: $\lambda > 10^{-7}$m). Deshalb dürfen wir bei der Entwicklung der Exponentialfunktion, $\exp(\mathrm{i}\boldsymbol{K}\cdot\boldsymbol{r}) = 1 + \mathrm{i}\boldsymbol{K}\cdot\boldsymbol{r} + \ldots$ alle Terme außer dem ersten vernachlässigen, und wir erhalten schließlich mit

$$\frac{\overline{M}_{a'a}}{\mathrm{i}\omega_0} = \int \mathrm{d}^3\boldsymbol{r}\;\psi^*_{a'}P_{\mathrm{j}}\psi_a \equiv M_{a'a} \tag{10.15}$$

die Größe, deren Absolutquadrat in (10.7) eingeht.

Wir setzen nun für die Funktionen ψ Eigenfunktionen des Wasserstoffs, Tabelle 7.1, ein und fangen mit $\psi_{a'} = \psi_{100}$ und $\psi_a = \psi_{200}$ an. Dabei sehen wir sofort, daß das Volumenintegral verschwindet, wenn wir als Integrationsvariable x, y, z nehmen, da ψ_{100} und ψ_{200} kugelsymmetrisch und daher gerade Funktionen dieser Variablen sind. Dagegen ist P_{j} nach (10.13) eine ungerade Funktion, so daß das über x, y, z von $-\infty$ bis $+\infty$ erstreckte Integral verschwindet.

Als nächstes wählen wir $\psi_a = \psi_{210}$ und nehmen an, die Strahlung sei parallel zur z-Achse polarisiert, also $P_{\mathrm{j}} = -ez$. Dann lautet (10.14)

$$\begin{aligned}\int \mathrm{d}^3\boldsymbol{r}\,\psi^*_{100}P_{\mathrm{j}}\psi_{210} &= \int_0^\infty \mathrm{d}r\,r^2\int_0^{2\pi}\mathrm{d}\varphi\int_0^\pi \mathrm{d}\vartheta\sin\vartheta\,\psi_{100}P_j\,\psi_{210} \\ &= -\frac{e}{2(a_0')^4\cdot\sqrt{2}}\int_0^\infty \mathrm{d}r\,r^4\mathrm{e}^{-3r/2a_0'}\int_0^\pi \mathrm{d}\vartheta\sin\vartheta\cos^2\vartheta \\ &= -\frac{e}{3(a_0')^4\cdot\sqrt{2}}\int_0^\infty \mathrm{d}r\,r^4\mathrm{e}^{-3r/2a_0'}\,. \end{aligned}$$

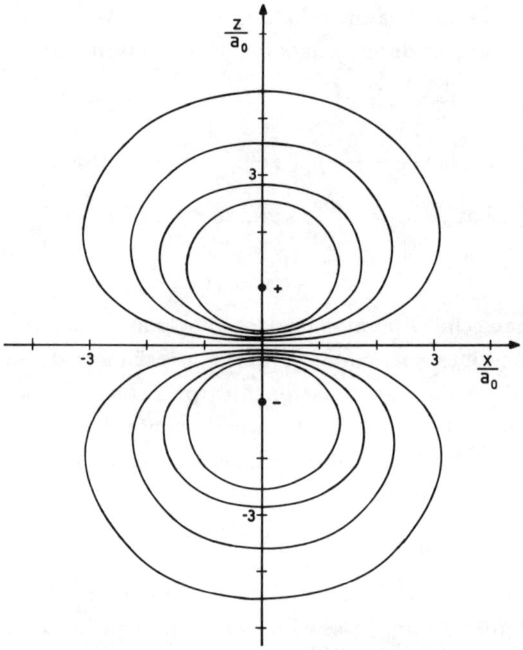

Bild 10.2 Zum elektrischen Dipolübergang. Isolinien-Diagramm der Funktion 10.16. Im klassischen Grenzfall entspricht ein elektrischer Dipolübergang einem schwingenden elektrischen Dipol (Hertzscher Dipol) (nach Döring).

Da dieses Integral konvergiert und von Null verschieden ist, hat $M_{a'a}$ hier einen von Null verschiedenen Wert. Bild 10.2 zeigt den Integranden des vorstehenden Integrals,

$$I(\boldsymbol{r}) = \psi^*_{100} z \psi_{210} = \frac{1}{4\pi (a_0')^2 \cdot \sqrt{2}} \frac{z^2}{{a_0'}^2} \, \mathrm{e}^{-\frac{3}{2a_0'}\sqrt{x^2+y^2+z^2}} , \tag{10.16}$$

als Isolinien-Darstellung in der xz-Ebene, d.h. die eingezeichneten Linien sind Linien gleichen Wertes der Funktion I. Diese ist zylindersymmetrisch um die z-Achse und verschwindet in der xy-Ebene.

Die zylindersymmetrischen Flächen gleichen Funktionswertes von I zeigen das gleiche Erscheinungsbild wie die Äquipotentialflächen eines elektrischen Dipols, dessen positive und negative Ladung sich an den im Bild eingezeichneten Stellen befinden. Im klassischen Grenzfall entspricht ein elektrischer Dipolübergang, wie in der Bildunterschrift angemerkt, einem schwingenden Dipol.

Man kann nun das Integral (10.15) für alle möglichen Kombinationen der Wasserstoff-Eigenfunktionen und alle möglichen Arten der Polarisation der Strahlung berechnen und findet dabei, daß es nur dann von Null verschieden ist, wenn für die Bahndrehimpulse der Eigenfunktionen unter dem Integral $\Delta l = l' - l = \pm 1$ und $\Delta m = m_l' - m_l = \pm 1$ oder 0 gilt.

Das Entsprechende läßt sich auch für Zustände beweisen, die aus mehr als einem Elektron bestehen (siehe Kapitel 9). Damit haben wir die quantenmechanische Begründung der Auswahlregeln für die Bahndrehimpulse der beteiligten Zustände bzw. für die Übergangsverbote, die zum größten Teil noch mit Hilfe der Bohrschen Theorie entwickelt wurden. Sie lauten für die Drehimpuls-Quantenzahlen L und für die magnetischen Drehimpuls-Quantenzahlen M_L:

$$\Delta L = \pm 1 \qquad \Delta M_L = \pm 1 \text{ oder } 0\,. \tag{10.17}$$

Dabei verwenden wir die in Unterkapitel 7.7 zur Kennzeichnung atomarer Zustände eingeführten Großbuchstaben.

Bei Berücksichtigung des Spins ergeben sich die zusätzlichen Auswahlregeln für Spin und Gesamtdrehimpuls:

$$\begin{aligned} \Delta S &= 0 \\ \Delta J &= \pm 1 \text{ oder } 0, \quad \text{aber } J = 0 \text{ nach } J = 0 \text{ verboten} \\ \Delta M &= \pm 1 \text{ oder } 0, \quad \text{aber } M = 0 \text{ nach } M = 0 \text{ verboten, wenn } \Delta J = 0\,. \end{aligned} \tag{10.18}$$

Es kann nun der Fall eintreten, daß das Integral (10.15) für alle Dipolübergänge von einem bestimmten Zustand a in einen beliebigen Zustand a' verschwindet. Dann ist es erforderlich, in der Entwicklung von $\exp(\mathrm{i}\boldsymbol{K}\cdot\boldsymbol{r})$ neben dem ersten Term auch noch den zweiten, $\mathrm{i}\boldsymbol{K}\cdot\boldsymbol{r}$, zu berücksichtigen. Dieser stellt die Wechselwirkung des elektrischen Quadrupolmoments mit dem Strahlungsfeld dar. Wir können die Stärke dieser Wechselwirkung im Vergleich zur Dipolwechselwirkung abschätzen, indem wir $r = a_0 = 5{\cdot}10^{-11}$m und $\lambda = 2\pi/K = 3 \cdot 10^{-7}$m (Quarz-UV) setzen. Damit erhalten wir größenordnungsmäßig $\boldsymbol{K}\cdot\boldsymbol{r} \approx 10^{-3}$. Um diesen Faktor etwa werden die Übergangsintegrale (10.15) für elektrische Quadrupolübergänge kleiner sein als für elektrische Dipolübergänge. Da diese Integrale quadratisch in die Übergangswahrscheinlichkeit (10.7) eingehen, wird diese um einen Faktor von etwa 10^{-6} kleiner.

Obwohl elektrische Quadrupolübergänge daher in Konkurrenz zu elektrischen Dipolübergängen kaum zu beobachten sein werden, sind sie dennoch nicht streng verboten – im Gegensatz zu den Übergängen mit $\Delta L = 0$ – und kommen tatsächlich vor, nämlich dann, wenn elektrische Dipolübergänge unmöglich sind; dann können sie sogar mit bemerkenswerten Intensitäten auftreten. Mit elektrischen Quadrupolübergängen sind Änderungen des Bahndrehimpulses von $\Delta L = \pm 2$ verbunden. Bild 10.3 zeigt eine dem Bild 10.2 entsprechende Darstellung für einen solchen Übergang; im klassischen Grenzfall entspricht ihm ein oszillierender Quadrupol.

Außer von der Übergangswahrscheinlichkeit hängt die relative Intensität der Linien eines Spektrums von der Zahl der Atome ab, die sich in den entsprechenden Ausgangs- und Endzuständen befinden. Diese Zahlen unterliegen äußeren Einflüssen wie Druck

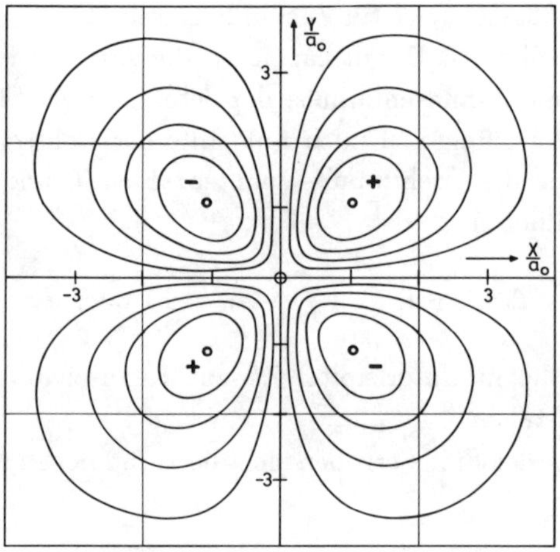

Bild 10.3 Zum elektrischen Quadrupolübergang. Isolinien-Diagramm entsprechend dem von Bild 10.2. Im klassischen Grenzfall entspricht ein elektrischer Quadrupolübergang einem schwingenden elektrischen Quadrupol (nach Döring).

und Temperatur, denen die Atome unterworfen sind, und können daher nicht allgemein angegeben werden.

In einem speziellen Fall ist es jedoch möglich, Besetzungszahlen anzugeben, nämlich dann, wenn die Atome miteinander und mit der Umgebung, d.h. auch mit dem Strahlungsfeld, im thermischen Gleichgewicht stehen, wenn also die Verhältnisse des Hohlraumstrahlers vorliegen. Dann ist die Zahl der Atome, die sich in einem Zustand mit der Anregungsenergie E_n befinden, proportional zum Boltzmann-Faktor $\exp(-E_n/kT)$, und man kann die relativen Besetzungszahlen angeben, bezogen z.B. auf den Grundzustand E_0 (vgl. Kapitel 2.6):

$$\frac{N_n}{N_0} = \mathrm{e}^{-(E_n - E_0)/kT} . \tag{10.19}$$

Im thermischen Gleichgewicht ist die Zahl derjenigen Atome, die aus einem Zustand der Energie E_a in einen der Energie $E_{a'}$ übergehen, gleich der Zahl derjenigen, die umgekehrt von $E_{a'}$ nach E_a übergehen. Mit Hilfe der Formel für die Übergangs-Wahrscheinlichkeit (10.7) und der für die Besetzungszahlen (10.19) können wir daher folgende Bilanzgleichung für die Raten der Zustandsänderungen aufstellen:

$$\mathrm{e}^{-\hbar\omega/kT} \alpha(\langle n \rangle + 1)\omega^3 |M_{a'a}|^2 = \alpha \langle n \rangle \omega^3 |M_{a'a}|^2 . \tag{10.20}$$

Dabei nehmen wir $E_{a'} < E_a$ an und setzten $E_a - E_{a'} = \hbar\omega$. Durch Kürzen erhalten wir

$$(\langle n \rangle + 1)\mathrm{e}^{-\hbar\omega/kT} = \langle n \rangle . \tag{10.21}$$

Diese Gleichung formen wir um in

$$\langle n \rangle = \frac{\mathrm{e}^{-\hbar\omega/kT}}{1 - \mathrm{e}^{-\hbar\omega/kT}} = \frac{1}{\mathrm{e}^{\hbar\omega/kT} - 1} .$$

Wir multiplizieren noch mit $\hbar\omega$,

$$\langle n\rangle\hbar\omega = \frac{\hbar\omega}{e^{\hbar\omega/kT}-1}\,, \tag{10.22}$$

und haben damit die mittlere Energie der Normalschwingungen des Strahlungsfeldes in einem schmalen Intervall $\Delta\omega$ um ω. Der Vergleich dieses Ausdrucks mit (2.50) zeigt, daß das mit dem Planckschen Resultat für die Hohlraumstrahlung übereinstimmt. Es ist bemerkenswert, daß der Ausdruck gänzlich unabhängig von der Art der betrachteten Atome ist – auch das in Übereinstimmung mit unserer Betrachtung der Hohlraumstrahlung, bei der die Art der Wandung und die der materiellen Teilchen im Hohlraum belanglos ist.

Die Substitution der mittleren Anregungsstufe $\langle n\rangle$ der Normalschwingungen in Gl. (10.20) durch $\varrho B/A$, mit den Abkürzungen $A \equiv A_{a'a}$ und $B \equiv B_{a'a}$ und der spektralen Energiedichte $\varrho = \varrho(\omega)$,

$$\langle n\rangle = \varrho\frac{B}{A}\,, \tag{10.23}$$

liefert uns die Bedeutung der von *Einstein* in die Theorie eingeführten und nach ihm benannten *Strahlungskoeffizienten* A und B:

$$\left(\varrho\frac{B}{A}+1\right)e^{-\hbar\omega/kT} = \varrho\frac{B}{A}$$

oder

$$(\varrho B + A)e^{-E_a/kT} = \varrho B e^{-E_{a'}/kT}\,. \tag{10.24}$$

Der Vergleich zeigt nämlich die formale Übereinstimmung von (10.24) mit (10.20), und daher ist (10.24) ebenfalls eine Bilanzgleichung für die Raten atomarer Übergänge, mit der Emission auf der linken Seite und der Absorption auf der rechten. Der Koeffizient B steht auf beiden Seiten der Gleichung, und zwar jeweils in Termen, welche die spektrale Energiedichte der Strahlung als Faktor enthalten, was impliziert, daß diese mit der Temperatur gegen Unendlich geht. B heißt *Koeffizient der induzierten Übergänge*; er ist ersichtlich für Emission und Absorption gleich (siehe hierzu auch Gl. (10.31)). Dagegen steht A in einem Term, der die spektrale Energiedichte nicht enthält, und heißt deswegen *Koeffizient der spontanen Emission.*

Die strenge Durchführung der Theorie, auf die wir hier verzichten müssen, weil sie über den Rahmen dieses Buches hinausgeht, erfordert jedoch, auch den Koeffizienten der spontanen Emission mit dem Strahlungsfeld in Verbindung zu bringen, nämlich mit der Nullpunktenergie der Normalschwingung (siehe Gl. (10.6) für $n = 0$, vgl. auch die Bemerkungen zur Lamb-Shift in Unterkapitel 7.7).

Wenn wir nun die Substitution (10.23) in Gl. (10.22) durchführen, so erhalten wir

$$\varrho(\omega) = \frac{A/B}{e^{\hbar\omega/kT}-1} \tag{10.25}$$

und damit für das Verhältnis von spontaner zu induzierter Emission im thermischen Geichgewicht

$$\frac{A}{\varrho B} = e^{\hbar\omega/kT} - 1\,. \tag{10.26}$$

Für das Maximum der Planck-Verteilung (2.51) gilt, wie wir in Unterkapitel 2.5 gezeigt haben,

$$\frac{\hbar\omega}{kT} = 2.82\,, \tag{10.27}$$

was bedeutet, daß im Maximum der Planck-Verteilung das Verhältnis von spontaner zu induzierter Emission unabhängig von der Temperatur ist. Wir sehen hierin einen engen Zusammenhang mit dem Wienschen Verschiebungsgesetz (2.43). Einsetzen des Wertes (10.27) in die Gl. (10.26) ergibt, daß im Maximum der Verteilung das Verhältnis von spontaner zu induzierter Emission etwa 16 ist. Unter praktisch vorkommenden Bedingungen ist dieses Verhältnis aber viel größer, wie die folgende Abschätzung zeigt: Die Energien optischer Übergänge sind größenordnungsmäßig einige eV, und wenn das untersuchte Gas eine Temperatur von etwa 1000 K hat, wird der Exponent in Gl. (10.26)

$$\frac{1.6\cdot 10^{-19}}{1.38\cdot 10^{-23}\cdot 1000} = 11.6\,.$$

Mit diesem Wert für den Exponenten in (10.26) wird das Verhältnis von spontaner zu induzierter Emission etwa 10^5. Beträgt die Temperatur dagegen nur 840 K, dann wird das Verhältnis bereits größer als 10^6.

Insgesamt ist der Gl. (10.26) zu entnehmen, daß im thermischen Gleichgewicht das Verhältnis von spontaner zu induzierter Emission bei fester Frequenz mit abnehmender Temperatur sehr schnell wächst, desgleichen bei fester Temperatur mit zunehmender Frequenz. Das ist von großer Bedeutung für die Realisierbarkeit von Lasern im Bereich kurzer Wellenlängen.

Das unbestimmte Integral der Gln. (10.3) bzw. (10.2) liefert uns die Zahl der Zerfälle in Abhängigkeit von der Zeit:

$$\begin{aligned}\int_0^t \mathrm{d}t'\,\dot{Z} = Z(t) &= \gamma N_0 \int_0^t \mathrm{d}t'\,e^{-\gamma t'}\\ &= N_0(1 - e^{-\gamma t})\,.\end{aligned}$$

Die Zahl der angeregten Zustände in Abhängigkeit von der Zeit ist somit

$$N(t) = N_0 - Z(t) = N_0 e^{-\gamma t}\,.$$

Unter Verwendung dieser Beziehung können wir Gl. (10.2) auch in der Form

$$\dot{Z}(t)\mathrm{d}t = \gamma N(t)\mathrm{d}t \tag{10.28}$$

schreiben oder, weil $\dot{Z} = -\dot{N}$, in der Form

$$\dot{N}(t)\mathrm{d}t = -\gamma N(t)\mathrm{d}t\,.$$

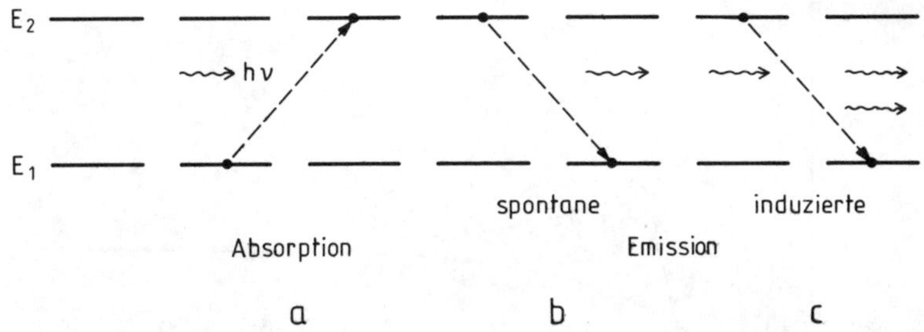

Bild 10.4 Arten des Übergangs zwischen zwei Niveau

Die Gl. (10.28) besagt, daß die spontane Zerfallsrate der angeregten Zustände gleich dem Produkt aus der Zerfallskonstante und der Zahl der augenblicklich vorhandenen Anregungszustände ist. Genau dieser Zusammenhang ist auch im zweiten Summanden auf der linken Seite der Gl. (10.24) enthalten, weil der Exponentialausdruck $\exp(-E_a/kT)$ bis auf eine Normierungskonstante gleich der Zahl der Anregungszustände ist. Demnach gilt für die spontanen Zerfälle

$$\dot{Z}(t) = A \cdot N(t)\,, \tag{10.29}$$

und daraus folgt, daß der Einstein-Koeffizient A gleich der Zerfallskonstanten γ bzw. gleich dem Kehrwert der mittleren Lebensdauer τ ist:

$$A = \gamma = \tau^{-1}\,. \tag{10.30}$$

Ganz entsprechend gilt für die induzierten Übergänge

$$\dot{Z}(t) = \varrho B \cdot N(t)\,, \tag{10.31}$$

und zwar in gleicher Weise für Prozesse der Emission und der Absorption, wobei $N(t)$ die Zahl der jeweils vorhandenen Ausgangszustände ist. Die drei verschiedenen Arten von Übergängen sind in Bild 10.4 symbolisch dargestellt.

10.3 Die Breite von Spektral-Linien

Nach den Gesetzen der klassischen Elektrodynamik erfährt ein harmonisch schwingender elektrischer Dipol durch Energieabstrahlung eine Dämpfung, durch die seine Energie exponentiell abnimmt:

$$W = W_0\,\mathrm{e}^{-\delta t}\,. \tag{10.32}$$

Hiernach ist die abgestrahlte Leistung proportional zur Dämpfungskonstante δ. Die Dämpfung der Dipolschwingung hat zur Folge, daß auch die Amplitude der Feldstärke

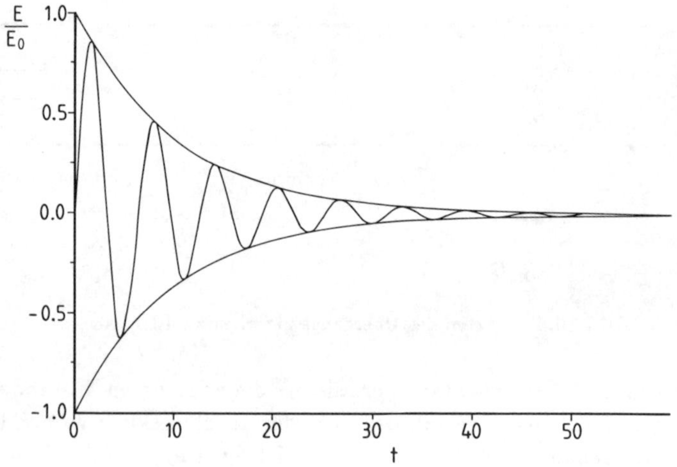

Bild 10.5 Amplitudenverlauf des gedämpften harmonischen Oszillator

der vom Dipol abgegebenen Strahlung exponentiell abnimmt,

$$E(t) = E_0\,\mathrm{e}^{-\delta t/2}\cos(\omega_0 t + \varphi)\,, \tag{10.33}$$

wobei ω_0 die Eigenfrequenz des Oszillators und φ die Phase der Strahlung ist. Bild 10.5 zeigt den Verlauf dieser Funktion. Aus der Amplitudendämpfung folgt, daß die Frequenz der Strahlung nicht streng monochromatisch ist. Die Fourier-Analyse (vgl. die Gln. (5.6) und (5.7)) der Gl. (10.33),

$$E(t) = \frac{1}{\sqrt{2\pi}}\int_{-\infty}^{\infty} \mathrm{d}\omega\, a(\omega)\,\mathrm{e}^{\mathrm{i}\omega t}\,,$$

ergibt als Spektralfunktion

$$a(\omega) = \frac{E_0}{2}\left[\frac{\mathrm{e}^{\mathrm{i}\varphi}}{\mathrm{i}(\omega-\omega_0)-\delta/2} - \frac{\mathrm{e}^{-\mathrm{i}\varphi}}{\mathrm{i}(\omega+\omega_0)+\delta/2}\right]\,.$$

Da $\delta \ll \omega_0$, können wir in der Nähe der Eigenfrequenz ω_0 den zweiten Summanden auf der rechten Seite vernachlässigen und erhalten so

$$a(\omega) = \frac{E_0}{2}\frac{\mathrm{e}^{\mathrm{i}\varphi}}{\mathrm{i}(\omega-\omega_0)-\delta/2}\,.$$

Das Quadrat dieser Funktion ergibt die spektrale Intensitätsverteilung der von einem gedämpften Oszillator emittierten Strahlung, die wir so normieren, daß ihr Integral über alle Frequenzen Eins ergibt:

$$I(\omega)\mathrm{d}\omega = \frac{I_0\,\mathrm{d}\omega}{(\omega-\omega_0)^2+\delta^2/4}\,. \tag{10.34}$$

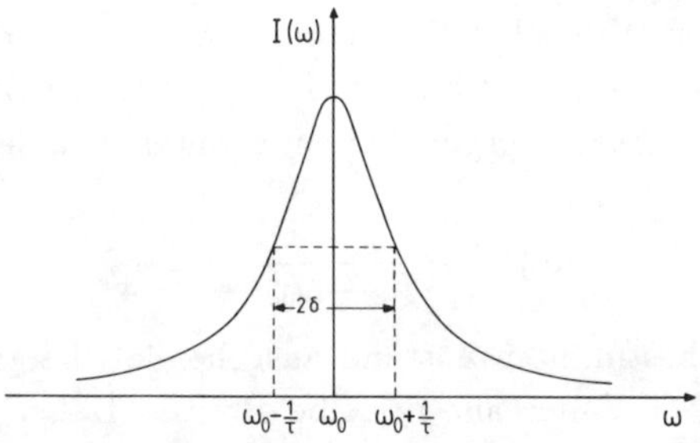

Bild 10.6 Natürliche Linienbreite. Die Kurve entspricht der spektralen Verteilungsfunktion (10.34). Die Halbwertsbreite der Kurve ist 2δ.

Diese Verteilung heißt *Lorentz-Verteilung*. Sie ist typisch für resonante Prozesse und z.B. vom Schwingkreis her bekannt. Ihr Verlauf, die Lorentz- oder Resonanz-Kurve, ist in Bild 10.6 dargestellt. Diese Kurve stellt das Linienprofil der von einem gedämpften Oszillator abgegebenen Strahlung dar. Ihr Maximum liegt bei der Eigenfrequenz ω_0, und ihre Halbwertsbreite ist δ, d.h. bei $\omega_0 \pm \delta/2$ hat die Funktion den halben Wert des Maximums.

Nach Gl. (10.32) ist der reziproke Wert der Zerfallskonstanten, $\tau = \delta^{-1}$, die Zeitspanne, in deren Verlauf die Energie des Oszillators auf den Bruchteil $1/e$ abgefallen ist. Sie wird als Dauer des Schwingungsvorgangs definiert. Damit erhalten wir die Beziehung $\delta \cdot \tau = 1$, welche an die aus ganz anderen Betrachtungen abgeleitete Beziehung (10.1) erinnert.

Das Bild eines schwingenden Oszillators läßt sich zwar nicht ohne weiteres auf ein spontan strahlendes Atom übertragen – u.a. deswegen nicht, weil der quantenmechanische Operator der Feldstärke und der Operator der Photonenzahl (d.h. derjenige der Strahlungsintensität) nicht miteinander vertauschen – nach dem Korrespondenzprinzip ist aber zu erwarten, daß die quantenmechanische Beschreibung der atomaren Emission für große Quantenzahlen in die klassische übergeht, daß also eine korrespondenzmäßige Ähnlichkeit zwischen klassischem und quantenmechanischem Emissionsprozeß besteht. In diesem Sinn liegt es nahe, die experimentell bei ungestörten Atomen zu beobachtende, mit der Zerfallskonstante des entsprechenden Zustands identische, endliche Linienbreite γ auf die gemäß Gl. (10.1) bei zerfallenden Zuständen notwendigerweise endliche Breite der atomaren Niveaus zurückzuführen und diese anstelle der Dämpfungskonstanten in Gl. (10.34) einzusetzen.

Nach Gl. (10.2) ist die Zerfallskonstante ein Maß für die Zerfallswahrscheinlichkeit eines Zustands, also für den Übergang eines Atoms von einem Zustand in einen anderen. Im allgemeinen ist es nun möglich, daß ein Atom von einem bestimmten Anregungszustand aus nicht nur in einen einzigen Zustand niedrigerer Energie übergehen kann, sondern daß Übergänge in mehrere verschiedene Zustände möglich sind. Die Wahrscheinlichkeit für den Übergang in irgendeinen (aber keinen bestimmten) von diesen ist die Summe der einzelnen Wahrscheinlichkeiten, und daher ist die maßgebliche Zerfallskonstante dieses Zustands auch die Summe Γ der einzelnen Zerfallskonstanten. Diese statt δ in Gl. (10.34) eingesetzt, ergibt für ein spontan strahlendes, ungestörtes Atom das Linienprofil

$$I(\omega)\mathrm{d}\omega = \frac{\Gamma \mathrm{d}\omega}{(\omega - \omega_0)^2 + \Gamma^2/4}, \tag{10.35}$$

das für alle von einem bestimmten Zustand ausgehende Übergänge gleich ist. Die entsprechenden Linien haben daher alle dieselbe Breite. Dabei ist $\hbar\omega_0 = E_1 - E_2$ die Energiedifferenz der beiden konkret betrachteten Zustände.

Die zum Ausdruck (10.35) führende Vorstellung kommt dem Resultat einer exakteren Theorie bereits sehr nahe, daß sich unter einigen allgemeinen Voraussetzungen aus der quantenmechanischen Behandlung der Verkopplung gemäß dem Hamilton-Operator (10.5) ergibt:

$$I(\omega)\mathrm{d}\omega = \frac{\omega}{\omega_0} \frac{\Gamma \mathrm{d}\omega}{(\omega - \omega_0)^2 + \Gamma^2/4}. \tag{10.36}$$

Diese Formel ist für $\omega \approx \omega_0$ praktisch mit der zuvor erhaltenen, Gl. (10.35), identisch. Der zusätzliche Faktor ω/ω_0 bewirkt aber, daß die natürliche Linienbreite nun auch von der Energiedifferenz der beiden beteiligten Niveaus abhängt, also nicht mehr für alle von einem bestimmten Niveau aus erfolgenden Übergänge gleich ist.

Zu den erwähnten Voraussetzungen, die für die Herleitung der Formel (10.36) gemacht werden, gehören insbesondere folgende: Das strahlende Atom ist isoliert, d.h. die Wechselwirkung mit anderen Atomen kann vernachlässigt werden; die Anregung der Niveaus erfolgt durch thermische Strahlung (das Linienprofil der emittierten Strahlung hängt stark von der Art des Anregungsmechanismus ab); die Strahlung kommt aus unendlich dünnen Schichten, so daß eine zusätzliche Verbreiterung durch Absorption unberücksichtigt bleiben kann.

Diese Voraussetzungen sind in der Praxis nicht immer alle erfüllt, in einem Gas insbesondere auch die stillschweigende Annahme nicht, daß die strahlenden Atome ruhen. In Wirklichkeit bewegen sich die Gasatome regellos mit beachtlichen Geschwindigkeiten, was bei genügender Dichte des Gases zu häufigen Zusammenstößen der Atome führt. Hierauf beruhen die beiden wichtigsten Ursachen für die Verbreiterung der Spektrallinien: Die Störung der Zustände des Emissionsprozesses der strahlenden Atome durch Zusammenstöße mit anderen Atomen, die zur sogenannten *Stoßverbreiterung* führt, sowie die *Doppler-Verschiebung* der Linien, die wegen der statistischen Verteilung der Geschwindigkeit der Atome makroskopisch ebenfalls eine Verbreiterung der Linien bewirkt. Normalerweise sind in einem Gas beide genannten Ursachen der Linienverbreiterung gleichzeitig wirksam.

Auf welche der beiden Ursachen eine gemessene Linienverbreiterung zurückzuführen ist, läßt sich unter günstigen Bedingungen aus dem Profil der Linien schließen. Die Stoßverbreiterung, die vor allem auf einer stochastischen Störung der Phase der emittierten Strahlung beruht, wird *homogen* genannt, weil im Mittel alle Atome des Gases gleichermaßen von ihr betroffen sind und das Linienprofil einer Lorentz-Verteilung erhalten bleibt. Dagegen haben die Atome des Gases bei ihrer Bewegung alle möglichen Richtungen und Geschwindigkeiten, was nach Größe und Richtung zu unterschiedlichen Doppler-Verschiebungen führt. Der makroskopische Effekt hiervon ist nicht nur eine Verbreiterung der Linie sondern auch die Änderung ihres Profils. Die Gauß-Verteilung der Geschwindigkeiten der Atome über einer Richtung, nämlich der zum Beobachter, führt dazu, daß auch das Linienprofil gaußartig wird. Diese Verbreiterung, mit Änderung des Profils, wird *inhomogen* genannt.

Beim Doppler-Effekt ändert sich die Frequenz ω_0 einer Spektrallinie, wenn sich die lichtaussendenden Atome in Richtung des Detektors oder Beobachters bewegen, entweder auf ihn zu oder von ihm weg. Wenn wir mit v_z die Geschwindigkeitskomponente der Bewegung in Richtung zum Detektor bezeichnen, ist die scheinbar ausgesandte Frequenz

$$\omega = \omega_0 \left(1 \pm \frac{v_z}{c}\right) . \tag{10.37}$$

Dieser Ausdruck gilt in erster Näherung sowohl für eine bewegte Quelle als auch für einen bewegten Beobachter.

Die Geschwindigkeiten bewegter Atome folgen einer Maxwell-Verteilung (Gl. (2.27)), die in einer Dimension eine Gauß-Verteilung (vgl. Gl. (2.38)) ist. Deshalb ist es naheliegend anzunehmen, daß entsprechend auch die Frequenzen des ausgesandten Lichts einer Gauß-Verteilung folgen. Entsprechend der in Unterkapitel 2.2 angegebenen Umrechnungsvorschrift für Verteilungen erhalten wir für die Verteilung der Frequenzen unter Berücksichtigung von (10.37)

$$f(\omega)\mathrm{d}\omega = \frac{\omega_0}{c}\sqrt{\frac{m}{2\pi kT}}\mathrm{e}^{-mc^2(\omega-\omega_0)^2/2kT\omega_0{}^2}\mathrm{d}\omega . \tag{10.38}$$

Die Halbwertsbreite dieser Verteilung, also die Differenz der Werte $|\omega_\mathrm{D}|$, an denen $f(\omega_\mathrm{D}) = \frac{1}{2}f(\omega_0)$ wird, nennen wir Doppler-Breite $\Delta\omega_\mathrm{D}$ der Spektrallinie. Für sie ergibt sich aus (10.38)

$$\Delta\omega_\mathrm{D} = 2 \cdot \frac{\omega_0}{c}\sqrt{\frac{2kT\ln 2}{m}} . \tag{10.39}$$

Wegen Gl. (A.16) ist die Doppler-Breite

$$\Delta\omega_\mathrm{D} = 2\omega_0\sqrt{\ln 2} \cdot \frac{\langle v_z \rangle}{c} .$$

Die Doppler-Breite ist also temperaturabhängig.

Als Beispiel berechnen wir $\Delta\omega_\mathrm{D}$ für die Na-D-Linie ($\lambda = 589.6\,\mathrm{nm}$, $\omega_0 = 5.085 \cdot 10^{14}\,\mathrm{Hz}$) bei $T = 500\,\mathrm{K}$. Für die Doppler-Breite erhalten wir

$$\Delta\omega_\mathrm{D} = 1.067 \cdot 10^{10}\,\mathrm{Hz} .$$

Damit ist zu vergleichen die Doppler-Verschiebung für $v_z = \langle v_z \rangle$, die einen Wert von ca. 1 GHz hat. Die homogene Verbreiterung dieser Linie liegt zwei Größenordnungen unter dem Wert für die Doppler-Verbreiterung.

Zum Schluß dieser Betrachtungen zur Breite der Spektral-Linien wollen wir noch anmerken, daß ein sehr wichtiger Unterschied zwischen der klassischen Strahlung und der quantenmechanischen besteht, obwohl die Verteilungen (10.34) und (10.36) nahezu identisch sind. Während die klassische Welle durch den Vorgang der Abstrahlung quasi kontinuierlich mit Energie gefüllt wird, ist das bei der atomaren Strahlung nicht der Fall. Dort werden nur Energiequanten der Größe $\hbar\omega_0$ an das Strahlungsfeld abgegeben: Bei einer Messung wird entweder ein ganzes Photon nachgewiesen oder gar nichts.

10.4 Der Laser

„Laser“, ist ein Akronym, das aus den Anfangsbuchstaben der englischen Bezeichnung „light amplification by stimulated emission of radiation“ für das Prinzip der Lichtverstärkung durch induzierte Strahlungsemission gebildet wird. Dieses Prinzip beruht auf der durch Gl. (10.31) gegebenen Proportionalität der Zahl der Emissionsprozesse mit der Intensität der einfallenden Strahlung bzw. mit der Rate der einfallenden Photonen. Es kann, wie sein Name sagt, zur Lichtverstärkung verwendet werden und darüber hinaus, bei geeigneter Rückkopplung der Strahlung, auch zur Lichterzeugung. Für letzteren Zweck findet der Laser als Instrument heute überwiegend Anwendung.

Als Generator ist der Laser eine Lichtquelle, mit der Strahlung hoher Frequenzschärfe (Linienbreite bis hinunter zu $\Delta\nu = 1\,\text{Hz}$, d.h. im Sichtbaren: $\Delta\nu/\nu \leq 10^{-15}$, mit kohärenten Wellenzügen bis zu 300 000 km Länge), starker Richtungsbündelung und spektraler Intensität (im Pulsbetrieb bis zu $10^{13}\,\text{W}$) mit großer Amplitudenstabilität erzeugt werden kann.

Um den Effekt einer Nettoverstärkung der Strahlung durch induzierte Emission zu erzielen, muß es gelingen, die zum Boltzmann-Faktor $\exp(-E/kT)$ proportionale Gleichgewichtsverteilung der Besetzungszahlen atomarer (oder molekularer) Niveaus zu invertieren, d.h. umzukehren, weil nach Gl. (10.31) die Wahrscheinlichkeit für Absorption und für induzierte Emission den Besetzungszahlen der Ausgangsniveaus proportional sind.

Der Zusammenhang zwischen Besetzungszahlen und Temperatur im thermischen Gleichgewicht ist anhand eines Zwei-Niveau-Schemas in Bild 10.7 gezeigt. Bei der Temperatur $T = 0$ befinden sich alle Atome im niedrigeren Energiezustand E_1 (Bild 10.7a). Für $T > 0$ gibt es eine endliche Besetzungs-Wahrscheinlichkeit für das Niveau E_2 (Bild 10.7b), wobei das niedriger liegende Niveau stets stärker besetzt ist als das höher liegende. Bei unendlich hoher Temperatur sind beide Niveaus gleich stark besetzt (Bild 10.7c). Eine Verteilung mit invertierten Besetzungszahlen, wie in Bild 10.7d angedeutet, würde im Sinne der Boltzmann-Statistik einem Zustand negativer Temperatur entsprechen. Tatsächlich wird das System aber durch den Prozeß der Invertierung in einen Nichtgleichgewichtszustand versetzt. Da dem Lasermedium hierbei Energie zugeführt, quasi in es hineingepumpt wird, bezeichnet man diesen Prozeß in der Laserphy-

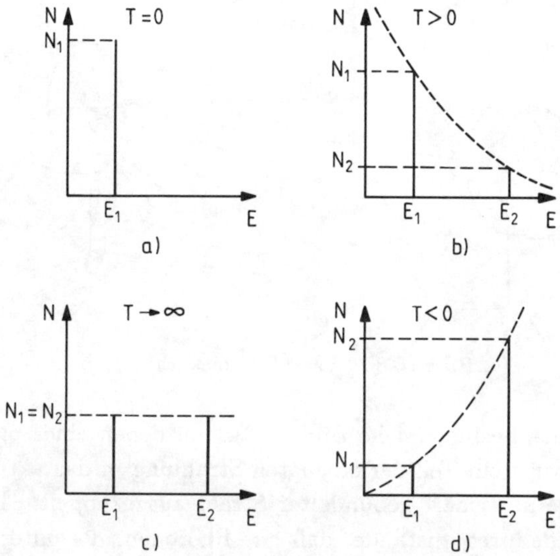

Bild 10.7 Besetzungszahlen von Energieniveaus bei verschiedenen Temperaturen (vgl. Text).

sik als *Pumpen.* Erste Voraussetzung für den Bau eines Lasers ist hiernach die Wahl des Lasermediums mit einem geeigneten Niveauschema und dazu passendem Pumpmechanismus.

Während ein Zwei-Niveau-Schema, wie das in Bild 10.7 verwendete, für die theoretische Herleitung der meisten Lasereigenschaften ausreicht, werden bei der praktischen Verwirklichung von Lasern Medien mit drei oder vier Niveaus verwendet. Beim Drei-Niveau-Laser liegt entweder das Niveau, *in* das gepumpt wird, höher als das obere Laser-Niveau (mit 2 indiziert) oder das Niveau, *aus* dem gepumpt wird, niedriger als das untere Laser-Niveau (mit 1 indiziert). Die Übergänge aus dem gepumpten Niveau in das obere Laser-Niveau bzw. aus dem unteren Laser-Niveau in den Grundzustand erfolgen durch verschiedene strahlende oder auch strahlungslose (z.B. Stöße der Atome untereinander) Übergänge. Bei Vier-Niveau-Lasern liegen die beiden Laser-Niveaus zwischen den Niveaus, aus dem bzw. in das gepumpt wird. Das Pumpen erfolgt häufig durch Einstrahlen von Licht der passenden Frequenz (optisches Pumpen).

Die vermittels induzierter Emission erzeugte Strahlung stimmt hinsichtlich Richtung, Frequenz, Phase und Polarisation mit dem eingestrahlten Signal überein, welches dadurch eine sehr rauscharme Verstärkung erfährt. Deren Grad ist nach Gl. (10.31) proportional zur Energiedichte der in der aktiven Substanz vorhandenen Strahlung, d.h. zur Zahl der Photonen im Lasermedium. Die Verstärkung durch induzierte Emission kann folglich vergrößert werden, wenn durch eine geeignete Vorrichtung dafür gesorgt wird, daß sich die Photonen möglichst lange in der aktiven Substanz aufhalten. Das wird durch Einschließen des Lasermediums in einem optischen Resonator erreicht, der aus einem

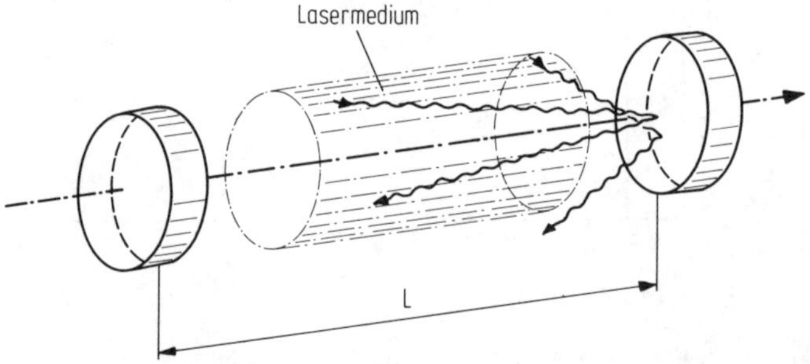

Bild 10.8 Laser (schematisch).

Spiegelpaar hoher Güte besteht (siehe Bild 10.8), von denen einer partiell durchlässig ist. Auf diese Weise wird ein Teil der erzeugten Strahlung in das aktive Medium rückgekoppelt, der andere als scharf gebündelter Strahl ausgekoppelt. Dabei kommt die Richtungsbündelung dadurch zustande, daß nur Photonen, die unter einem sehr kleinen Winkel auf die Spiegel einfallen, durch Mehrfachreflexion eine genügend große Aufenthaltsdauer im aktiven Medium erhalten. Das ist für eine Richtung in Bild 10.8 angedeutet. Durch die exakte Justierung der Spiegel wird eine bestimmte Resonanzfrequenz selektiert, welche ihrerseits die hohe Frequenzschärfe des Lasers bewirkt. – Die Konstruktion eines Resonators mit den erforderlichen Eigenschaften ist die zweite wesentliche Voraussetzung für die Realisierung eines Lasers.

Das letzte Merkmal der Laserstrahlung, die Amplitudenstabilität, kommt dadurch zustande, daß der Verstärkungsvorgang bei großen Lichtintensitäten nichtlinear wird (durch Abnahme der Inversion mit wachsender Photonenzahl).

Wenn nun der Laserprozeß von selbst einsetzt, z.B. durch spontane Emission, oder von außen gezündet wird, dann stellt das beschriebene System eine Lichtquelle mit den oben erwähnten spezifischen Eigenschaften dar.

Aus der Beschreibung geht hervor, daß der Laser ein im thermodynamischen Sinn offenes System ist, in das Energie einerseits hineingepumpt und aus dem Energie andererseits in Form des austretenden Laserlichts entnommen wird, und daß der Laserprozeß prinzipiell quantenmechanisch beschrieben werden muß. Die Theorie des Lasers ist folglich außerordentlich verwickelt und kompliziert und geht weit über den Rahmen dieses Buches hinaus. Wir müssen uns daher auf die Behandlung einiger Grundzüge, wie der Bedeutung der Besetzungsumkehrung, einer einfachen Laserbedingung sowie die Aufzählung einiger Lasertypen und ihrer wesentlichen Eigenschaften beschränken.

Mit Hilfe der im vorigen Unterkapitel hergeleiteten Gln. (10.29) und (10.31) für die auf Emission und Absorption beruhenden Übergangsraten können wir eine Bilanz für die Photonenproduktion aufstellen. Dazu ersetzen wir in Gl. (10.29) für die spontane Emission sowie in Gl. (10.31) für die induzierte Emission die Variable N für die Zahl der Zustände durch N_2 (für das obere Niveau) und ebenfalls in Gl. (10.31), jetzt aber für die Absorption, durch N_1 (für das untere Niveau). Die Gleichung für die Absorption versehen wir außerdem mit einem Minuszeichen, weil sie, im Gegensatz zu den Gleichungen für die Emission, einer Verminderung der Photonen entspricht. Für die Photonenproduktion erhalten wir damit insgesamt die Bilanz

$$\frac{\mathrm{d}Z}{\mathrm{d}t} = (N_2 - N_1)B\varrho + AN_2\,,$$

und hieraus, unter Verwendung der Gln. (10.23) und (10.30),

$$\frac{\mathrm{d}Z}{\mathrm{d}t} = (N_2 - N_1)\frac{\langle n\rangle}{\tau} + \frac{N_2}{\tau}\,. \tag{10.40}$$

Dabei ist $\langle n\rangle$ die mittlere Zahl an Photonen in einem kleinen Intervall $\Delta\nu$ um die Frequenz ν, und τ die mittlere Lebensdauer des oberen Zustands. Die Zahl Z der Photonen ist

$$Z = V \cdot \zeta(\nu) \cdot \langle n\rangle \cdot \Delta\nu\,, \tag{10.41}$$

wobei V das Volumen des Lasermediums und $\zeta(\nu)$ die auf die Volumeneinheit bezogene Niveaudichte des Strahlungsfeldes ist. Diese haben wir früher, in Kapitel 2 für die Rayleigh-Jeanssche Strahlungsformel (2.47), hergeleitet, der wir jetzt entnehmen

$$\zeta(\nu) = 8\pi\frac{\nu^2}{c^3}\,. \tag{10.42}$$

Setzten wir nun (10.41) in (10.40) ein, so erhalten wir, unter Verwendung der Abkürzung

$$W = [\tau V\zeta(\nu)\Delta\nu]^{-1}\,, \tag{10.43}$$

als Bilanzgleichung für die mittlere Zahl an Photonen in einem kleinen Intervall um die Frequenz ν

$$\frac{\mathrm{d}\langle n\rangle}{\mathrm{d}t} = W(N_2 - N_1)\langle n\rangle + WN_2\,. \tag{10.44}$$

In dieser Gleichung fehlt noch ein Term, der die Photonen berücksichtigt, die den Laser verlassen können, z.B. durch einen der Endspiegel oder infolge Streuung aus dem Lasermedium. Diese Verlustrate setzen wir analog zur Gl. (10.28) als $-\langle n\rangle/t_1$ ein, wobei t_1 die mittlere Lebensdauer der Photonen im Lasermedium ist. Damit erhalten wir statt (10.44) die grundlegende Lasergleichung

$$\frac{\mathrm{d}\langle n\rangle}{\mathrm{d}t} = W(N_2 - N_1)\langle n\rangle + WN_2 - \frac{\langle n\rangle}{t_1}\,. \tag{10.45}$$

Der Laserprozeß setzt ein, wenn $\langle n\rangle$ exponentiell anwächst, was dann der Fall ist, wenn die rechte Seite der Gleichung größer als Null ist. Weil der Term für die spontane Emission dann vernachlässigt werden kann, erhalten wir als Laserbedingung

$$W(N_2 - N_1) > \frac{1}{t_1}$$

oder, mit den Beziehungen (10.42) und (10.43),

$$\frac{N_2 - N_1}{V\tau \cdot 8\pi\nu^2\Delta\nu/c^3} > \frac{1}{t_1}\,. \tag{10.46}$$

Nach dieser Bedingung muß die Lebensdauer der Photonen im Lasermedium groß sein, was unter anderem dadurch zu erreichen ist, daß man dem Laser eine große Länge gibt und Spiegel mit einem großen Reflexionsvermögen verwendet. Weiter ist der Bedingung zu entnehmen, daß die Inversion groß und das Laservolumen klein bzw. die Inversion pro Volumeneinheit groß sein muß. Die übrigen Größen der linken Seite sind nur beschränkt beeinflußbar: Die Frequenz ν der Strahlung ist meistens durch den erstrebten Zweck des Lasers festgelegt, und für das Produkt aus Linienbreite $\Delta\nu$ und Lebensdauer τ des höheren Laser-Niveaus gilt nach Gl. (10.1) $\Delta\nu \cdot \tau \geq 1$. Aus der Frequenzabhängigkeit der Laserbedingung folgt aber nebenbei die Schwierigkeit des Baues eines Röntgen-Lasers.

Zur vollständigen Beschreibung des gesamten Laserprozesses, die wir hier nicht anstreben, wäre es erforderlich, neben der Gl. (10.45) auch noch entsprechende Bilanzgleichungen für die Besetzungszahlen der beteiligten Niveaus aufzustellen.

Als konkretes Beispiel für einen Pumpprozeß wollen wir die Vorgänge im Helium-Neon-Laser etwas näher erörtern. Im gasförmigen Zustand des Lasermediums läßt sich die Inversion, also eine stärkere Besetzung des höheren Niveaus, auch durch atomare Stoßprozesse erreichen, die z.B. durch eine elektrische Entladung hervorgerufen werden können. Finden hierbei Anregungsstöße häufiger statt als Strahlungsübergänge aus dem angeregten Zustand, so wird die Zahl der Atome im oberen Energiezustand angereichert.

Das Schema der beim He-Ne-Laser beteiligten Niveaus ist in Bild 10.9 gezeigt. Im Helium werden durch eine Gasentladung viele höher liegende Zustände angeregt, deren Zerfälle in Form von Kaskaden zu einer Anreicherung der langlebigen (metastabilen) Zustände $2\,^1\mathrm{S}_0$ und $2\,^3\mathrm{S}_1$ oder genauer, mit der vollständigen Konfiguration, $1\mathrm{s}\,2\mathrm{s}\,^1\mathrm{S}_0$ und $1\mathrm{s}\,2\mathrm{s}\,^3\mathrm{S}_1$ führen, deren strahlender Übergang in den Grundzustand $1\,^1\mathrm{S}_0$ verboten ist. Dieser Termbezeichung liegt nach der im vorigen Kapitel erläuterten Systematik die Annahme zugrunde, daß die Spin-Bahn-Wechselwirkung der einzelnen Elektronen schwach ist, so daß die Bahndrehimpulse der Elektronen zu einem Gesamt-Bahndrehimpuls $\boldsymbol{L}$ und ihre Spins zu einem Gesamt-Spin $\boldsymbol{S}$ koppeln, deren Quantenzahlen L und S gute Quantenzahlen sind (Russell-Saunders-Kopplung).

Die vollständigen Termsymbole $1\mathrm{s}\,2\mathrm{s}\,^1\mathrm{S}_0$ und $1\mathrm{s}\,2\mathrm{s}\,^3\mathrm{S}_0$ bedeuten daher: In beiden Fällen befindet sich ein Elektron des Heliums in der ersten Schale mit der Hauptquantenzahl 1 und ein Elektron in der zweiten Schale mit der Hauptquantenzahl 2. Beide Elektronen befinden sich in einem s-Zustand mit dem Bahndrehimpuls Null. Die zwei Zustände unterscheiden sich durch die Spins der Elektronen: Im ersten Fall stehen sie antiparallel und koppeln zum Gesamt-Spin $S = 0$, während sie im zweiten Fall zum Gesamt-Spin $S = 1$ koppeln; der Gesamt-Drehimpuls ist daher im ersten Fall $J = 0$ und im zweiten Fall $J = 1$.

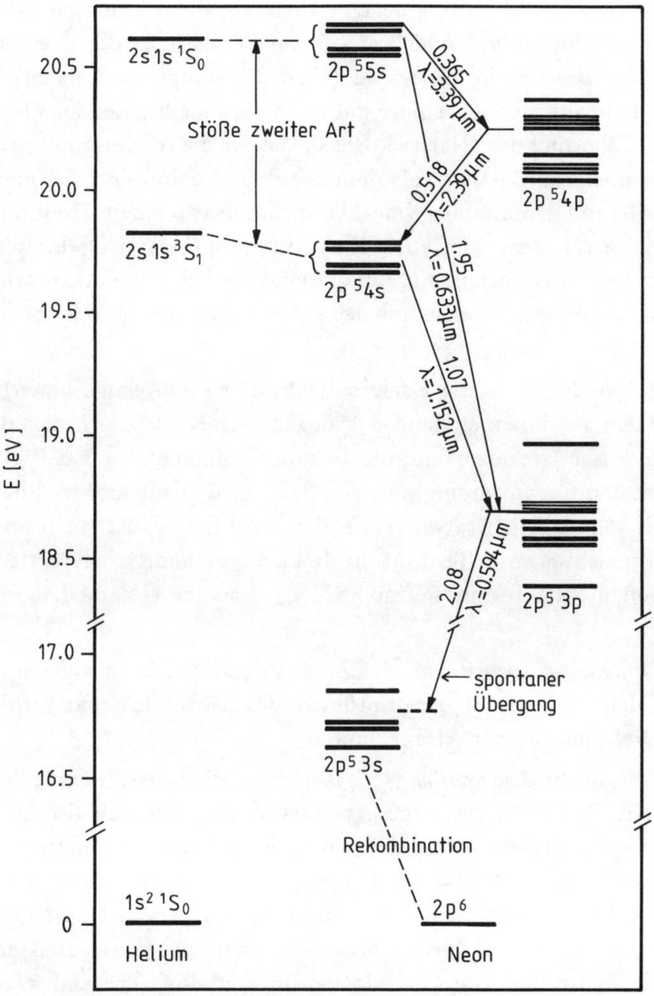

Bild 10.9 Termschema der beim He-Ne-Laser maßgeblichen Zustände.

Während dieses LS- oder Russell-Saunders-Kopplungsschema sowohl für den Grundzustand als auch für die angeregten Zustände des Heliums in guter Näherung zutrifft, ist es, wie wir im vorigen Kapitel gesehen haben, für die schwereren Edelgase mit der Elektronenkonfiguration ns^2np^6 oder np^6 – unter Weglassung der abgeschlossenen Unterschale ns^2 – nur beschränkt brauchbar (n ist die Hauptquantenzahl). Es stellt nur für deren Grundzustand und – weniger gut – für ihre niedrigsten angeregten Zustände eine akzeptable Näherung dar. Nach G. Racah[1] ist für die schwereren Edelgase vielmehr ein Kopplungstyp charakteristisch, bei dem der Bahndrehimpuls $\boldsymbol{l}$ des angeregten Elektrons mit dem Gesamt-Drehimpuls $\boldsymbol{j}$ des Atomrumpfes zu einem Drehimpuls $\boldsymbol{k} = \boldsymbol{j} + \boldsymbol{l}$ koppelt, und dieser mit dem Spin $\boldsymbol{s}$ des Elektrons zum Gesamt-Drehimpuls $\boldsymbol{J} = \boldsymbol{k} + \boldsymbol{s}$. Die entsprechenden Quantenzahlen k, l und J sind hierbei gute Quantenzahlen und werden als Indizes für die Termbezeichnung des sogenannten Racah- oder jl-Kopplungstyps verwendet.

Die Atomrümpfe der schweren Edelgase (d.h. deren einwertige Ionen) sind mit den im Periodensystem vor ihnen stehenden Halogenen isoelektronisch, der des Neons also mit dem Fluor, dessen Grundzustand die Termbezeichnung $^2P_{3/2}$ hat (vgl. Kapitel 8.1). Er hat demnach den Gesamtdrehimpuls $j = 3/2$, für den wir hier im Sinne der Racah-Kopplung einen kleinen Buchstaben verwenden. Der Grundzustandsterm $^2P_{3/2}$ ist eine der beiden Komponenten eines Term-Multipletts, dessen andere, energetisch etwas höher liegende Komponente die Termbezeichnung $^2P_{1/2}$, also den Gesamt-Drehimpuls $j = 1/2$ hat.

Die Termbezeichnung nach Racah richtet sich nun danach, in welchem dieser beiden Zustände das Edelgasatom nach dem Entfernen des Leuchtelektrons verbleibt, d.h. welchen Gesamt-Drehimpuls j der Atomrumpf hat.

Nehmen wir beispielsweise an, das Neonatom habe die Elektronenkonfiguration $2p^53p$ (s. dritte Spalte in Bild 10.9), das angeregte Elektron befinde sich also in der Schale mit $n = 3$ und habe den Bahndrehimpuls $l = 1$, der mit dem Drehimpuls $j = 3/2$ des Atomrumpfs zum Drehimpuls $k = 1/2$ koppelt, und daß dieser seinerseits mit dem Spin $s = 1/2$ des Elektrons zum Gesamt-Drehimpuls $J = 1$ koppelt. Dann hat der Term nach Racah die Notation $3p[1/2]_1$; er bezeichnet den energetisch tiefsten Zustand für die genannte Konfiguration. Die LS-Notation für denselben Zustand wäre $3\,^3S_1$. Hätte der Atomrumpf, bei ansonsten gleichen Quantenzahlen, stattdessen den Drehimpuls $j = 1/2$, so würde das Symbol für das angeregte Elektron einen Strich erhalten: $3p'[1/2]_1$. Die entsprechende LS-Bezeichnung wäre $3\,^3P_1$. Beide Bezeichnungen stehen für das zweithöchste der zehn Niveaus der Konfiguration $2p^53p$. Der LS-Kopplungs-Charakter nimmt bei den schweren Edelgasen, ausgehend vom Grundzustand, mit zunehmender Hauptquantenzahl immer mehr ab und der Racah-Kopplungs-Charakter entsprechend zu, d.h. die Niveaus spalten immer mehr in zwei deutlich getrennte Untergruppen auf,

[1]Giulio Racah (1909—1965)

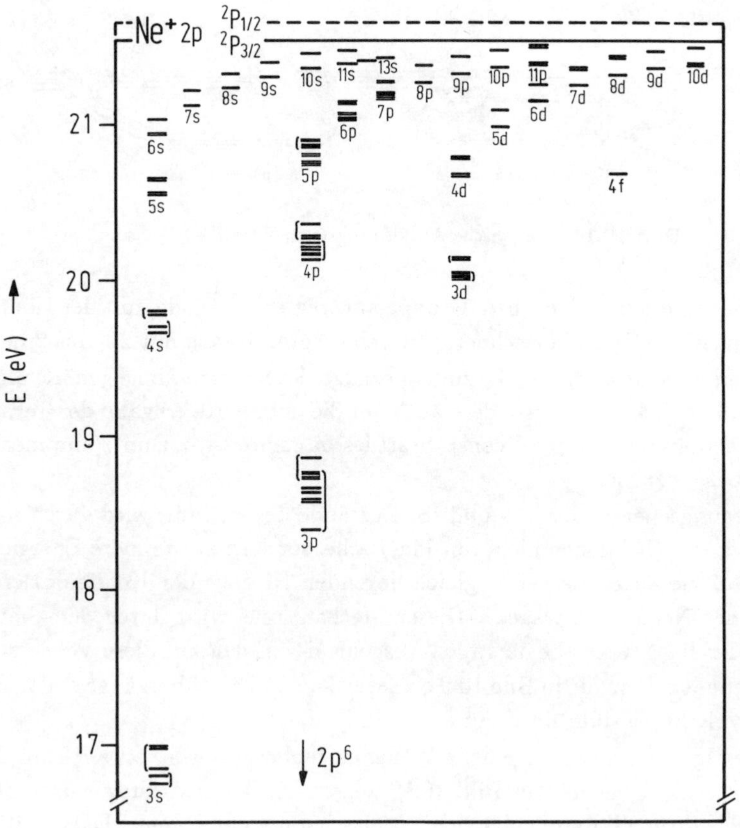

Bild 10.10 Termschema des Ne-Atoms (vereinfacht; siehe Text).

die aus immer enger benachbarten Termen bestehen, und konvergieren schließlich gegen das Term-Dublett $^2P_{3/2,1/2}$ des Atomrumpfs (siehe Bild 10.10).

Die Auswahlregeln gestatten bei einem System mit jl-Kopplung Übergänge mit

$$\Delta J = 0,\ \pm 1 \quad \text{und} \quad \Delta k = 0,\ \pm 1\,.$$

Ausgenommen sind Übergänge mit $J = 0 \rightarrow J = 0$ und $k = 0 \rightarrow k = 0$.

Neben der LS- und der jl-Termbezeichnung für die Niveaus der schweren Edelgase gibt es noch eine weitere, von Paschen stammende, die in der Literatur häufig anzutreffen ist. Sie hat halbempirischen Charakter und im Gegensatz zu den beiden anderen keine besondere physikalische Bedeutung; sie ist eigentlich nur wegen ihrer Kürze gerechtfertigt. Nach ihr wird die erste Gruppe der angeregten Zustände, mit der Konfiguration n $p^5(n+1)s$, mit 1s bezeichnet und ihre vier Unterniveaus mit $1s_2$ bis $1s_5$ in der Reihen-

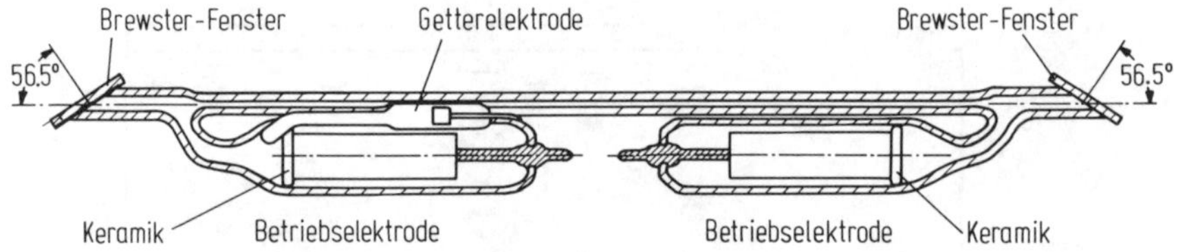

Bild 10.11 Typische Ausführungsform eines He-Ne-Lasers.

folge fallender Energie. Die nächste Gruppe angeregter Zustände, mit der Konfiguration n $p^5(n+1)p$, wird mit 2p bezeichnet, ihre zehn Unterniveaus mit $2p_1$ bis $2p_{10}$ usw.

Wir wollen diese Systematik, die zum Spezialgebiet Spektroskopie gehört, nicht weiter verfolgen und verzichten insbesondere auch auf die detailierte Angabe der Termnotation für die Anregungsniveaus des Neons. Stattdessen kehren wir zum Pumpmechanismus des He-Ne-Lasers zurück.

Die Anregungsenergie der $^1S_0$- und $^3S_1$-Zustände des Heliums wird durch sogenannte Stöße zweiter Art (bei denen nicht nur kinetische, sondern auch innere Energie übertragen wird) auf die energetisch fast gleich liegenden Niveaus der Konfigurationen $2p^54s$ und $2p^55s$ des Neons übertragen. Dieser Mechanismus wird durch den metastabilen Charakter der He-Niveaus begünstigt. Ausgehend von den auf diese Weise angeregten Ne-Niveaus finden dann die in Bild 10.9 eingezeichneten Laserübergänge statt. Bild 10.11 zeigt eine typische Ausführungsform eines He-Ne-Lasers.

Gegenwärtig sind Laser in einem Wellenlängenbereich von etwa 10 nm bis 1 mm verfügbar, wie die Übersicht in Bild 10.12 zeigt. Die Laserwirkung wurde zuerst mit NH_3-Molekülen im Mikrowellenbereich erzielt, woraus der Name *Maser* („Microwave" statt „Light") abgeleitet wurde. Zwei- und dreiatomige Moleküle wie z.B. HF, CO, und CO_2 liefern Laserstrahlung im langwelligen Ultrarot mit 1μm und 10μm.

Sowohl im Spektralbereich des sichtbaren Lichts als auch im daran anschließenden Ultrarot haben sich *Farbstofflaser* bewährt. Große Moleküle, wie sie in Farbstoffen enthalten sind, eignen sich deswegen besonders als Lasersubstanz, weil sie gegenüber anderen Lasermedien den Vorteil haben, daß sich bei ihnen die Laserwirkung kontinuierlich über bis zu 50 nm breite Wellenlängenbereiche erstrecken kann. Die Laserübergänge sind Fluoreszenzübergänge in großen organischen Molekülen, die eine Vielzahl von Schwingungs- und Rotationszuständen besitzen, welche sich als quasi-kontinuierliche Bänder überlappen (vgl. Kapitel 13). Als Beispiel sei hier der Farbstoff Rhodamin 6G genannt, dessen Strukturformel in Bild 10.13 gezeigt ist. Mit ihm kann man im sichtbaren Spektralbereich über insgesamt 60 nm von Grün bis zum nahen Ultrarot arbeiten. Die gewünschten Wellenlängen lassen sich mit Hilfe von Monochromatoren, z.B. Prismen- oder Gitterspektrometer, ausfiltern. Auf diese Weise können diejenigen Lichtenergien eingestellt werden, die der Aufgabe, Übergänge ganz bestimmter Wellenlänge zu untersuchen, angepaßt sind. Die Farbstoffmoleküle können z.B. mit Blitzlampen gepumpt werden.

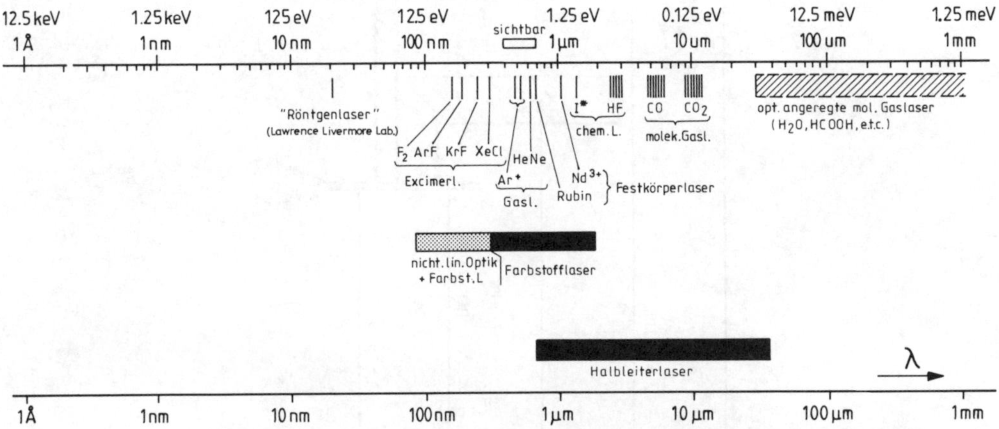

Bild 10.12 Wellenlängenbereiche von Lasern.

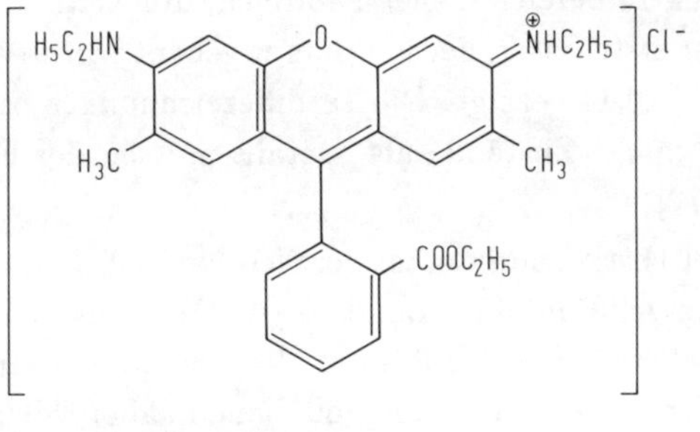

Bild 10.13 Strukturformel des Rhodamin 6G.

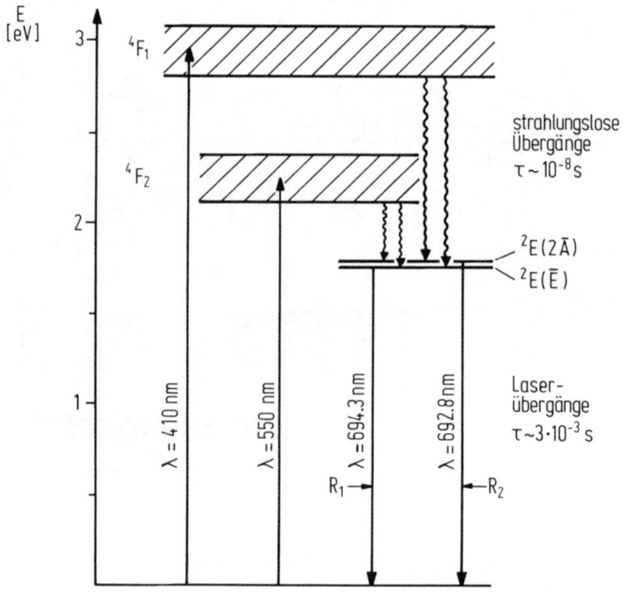

Bild 10.14 Termschema des Rubin-Lasers.

Im langwelligen Spektralbereich stehen zahlreiche *Halbleiterlaser* zur Verfügung, wie z.B. der Rubinlaser, der erste Laser, der überhaupt gebaut wurde. Das Niveauschema des Rubin-Lasers ist in Bild 10.14 gezeigt. Die Termbezeichnungen bei Festkörperzuständen weichen von denen atomarer Zustände ab. Details müssen der Festkörperliteratur entnommen werden [Ma 72].

Ein häufig benutzter Festkörperlaser ist der Neodym-YAG-Laser. Bei ihm sind Nd^{3+}-Ionen in einen **Y**ttrium-**A**luminium-**G**ranat ($Y_3Al_5O_{12}$) eingebaut. Dieser Laser liefert Strahlung mit einer Wellenlänge von 1.064 μm. Im UV-Bereich sind bislang nur einzelne Laserwellenlängen bekannt. Als Lasersubstanz dienen dabei Edelgas-Molekül-Ionen, die nur in (metastabilen) angeregten Zuständen vorkommen und deswegen *Excimere* genannt werden.

Wie Bild 10.15 zeigt, ist eine große Zahl von Lasern entwickelt worden, mit denen aus verschiedenen Substanzen Laserlicht verschiedener Wellenlängen erzeugt werden kann. Bislang gibt es noch keinen Laser, mit dem der gesamte Bereich kurzwelliger Strahlung überdeckt werden könnte.

In geeigneten Fällen ist es möglich, eine Vervielfachung einer gegebenen Frequenz zu erzielen. Das wollen wir an einem Beispiel erläutern. In der klassischen Elektrodynamik wie auch in der Quantentheorie gilt das Superpositionsprinzip, nach dem Felder sich linear überlagern lassen, was zu ebenfalls linear überlagerten Lösungen der linearen Differentialgleichungen führt. Daneben treten aber auch nichtlineare Effekte auf, speziell

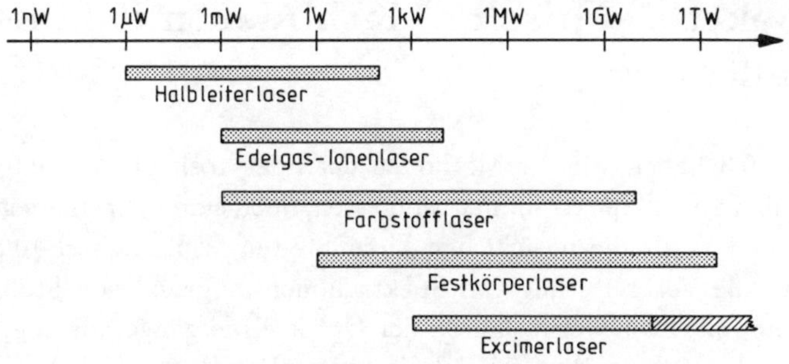

Bild 10.15 Leistungsbereiche von Lasern.

dann, wenn Laserlicht hoher Intensität in Kristalle eingestrahlt wird. Dann müssen in den mathematischen Ausdrücken für die Polarisation Glieder berücksichtigt werden, die quadratisch oder mit höheren Potenzen von der elektrischen Feldstärke abhängen. Wenn wir die Feldstärke E als eine Sinuswelle ansetzten, $E = E_0 \sin \omega t$, dann lautet der Ausdruck für die Polarisation

$$P = \varepsilon_0 (\chi E_0 \sin \omega t + \chi' {E_0}^2 \sin^2 \omega t) . \qquad (10.47)$$

Die kristallspezifischen Suszeptibilitäten, χ und χ', sind Tensoren, die unterschiedliche Dimensionen haben. Nehmen wir vereinfachend an, daß sich P und E in Phase befinden, so können wir Gl. (10.47) umformen und erhalten

$$\begin{aligned} P &= \frac{\varepsilon}{2} \chi' {E_0}^2 + \varepsilon_0 \chi E_0 \sin \omega t - \frac{\varepsilon}{2} \chi' {E_0}^2 \cos 2\omega t \\ &= P(0) + P_L(\omega) - P_{NL}(2\omega) . \end{aligned} \qquad (10.48)$$

Die Polarisation enthält also einen frequenzunabhängigen Anteil $P(0)$, einen Anteil $P_L(\omega)$, der durch die Grundwelle hervorgerufen wird, und einen Anteil $P_{NL}(2\omega)$ der doppelten Frequenz. Nach dem Durchgang des Lichts durch einen Kristall mit den geforderten Eigenschaften (z.B. Kaliumdihydrogenphosphat) tritt eine Strahlung mit doppelter Frequenz auf. Wenn die Grundwelle also im Sichtbaren liegt, erhält man zusätzlich Licht im UV-Gebiet, wobei dessen Anteil u.a. von der Anisotropie des Kristalls abhängt.

Die Verdopplung ist nur ein Beispiel für die Frequenzvervielfachung. Mit geeigneten Kristallen läßt sich auch Strahlung höherer Vielfacher der Grundfrequenz erzeugen, wobei die Intensität dieser Anteile immer mehr abnimmt. Die mit Lasern erreichbaren Leistungen sind in Bild 10.15 angegeben.

10.5 Spektroskopische Methoden mit hoher Auflösung

In Unterkapitel 6.3 haben wir die Methoden der Spektroskopie kennengelernt. Diese Verfahren erlauben zwar, Spektrallinien zu messen, doch sind die gemessenen Linien um ein Vielfaches breiter als die natürlichen Linienbreiten (vgl. Kapitel 10.3). Insbesondere beschränkt die Verbreiterung von Spektrallinien aufgrund von Stoßprozessen das Auflösungsvermögen vieler Meßverfahren der Optik. Übergänge aus eng benachbarten Niveaus lassen sich nicht auflösen, folglich sind keine Detailaussagen über die untersuchten atomaren Zustände möglich. Speziell der Doppler-Effekt trägt zur Verbreiterung von Spektrallinien bei. Das Ziel wichtiger methodischer Entwicklungen ist es demzufolge, den Doppler-Effekt zu kompensieren, z.B. mit der abstimmbaren Strahlung aus Farbstofflasern. Einige der dazu entwickelten Verfahren wollen wir hier erörtern.

Sättigungsspektroskopie

Zum Verständnis der Sättigungsspektroskopie ist es nützlich, sich den Doppler-Effekt noch einmal zu verdeutlichen (vgl. Unterkapitel 10.3). Dazu betrachten wir in einem Volumen frei bewegliche Atome mit einem Anregungszustand E_1 über dem Grundzustand E_0, die also zur Anregung dieses Zustands einen Energiebetrag $E_1 - E_0 = \hbar\omega_0$ benötigen. Von zwei gegenüberliegenden Seiten lassen wir Photonen, die ein durchstimmbarer Laser emittiert, in das Volumen eintreten. Einige der Atome bewegen sich auf die Photonen zu, deshalb läßt sich der Zustand E_1 bereits anregen, wenn die Energie der Photonen $\hbar\omega < \hbar\omega_0$ ist, weil die kinetische Energie der Atome den fehlenden Energiebetrag beisteuert. Andere Atome, die sich in der gleichen Richtung wie die Photonen bewegen, können nur mit einer Energie $\hbar\omega > \hbar\omega_0$ angeregt werden, d.h. die kinetische Energie muß zusätzlich aufgebracht werden.

Die Photonenströme in den beiden Richtungen sollen sich in ihrer Intensität um mehrere Größenordnungen unterscheiden. Bezeichnen wir den starken Photonenstrom als Anregungsstrahl (oder Sättigungsstrahl) und den schwachen als Teststrahl, so werden Photonen aus beiden Strahlen unabhängig voneinander Atome mit unterschiedlichen Bewegungsrichtungen anregen. Nur solche Atome, die sich in Ruhe befinden oder sich senkrecht zur Bewegungsrichtung der Photonenströme bewegen, können Licht beider Strahlen absorbieren. Im Experiment wird die Intensität des Teststrahls gemessen. Wenn durch ihn Atome angeregt worden sind, so nimmt seine Intensität ab. Da der Sättigungsstrahl wesentlich intensiver ist als der Teststrahl, werden durch ihn sehr viel mehr Atome in den Anregungszustand versetzt, so daß der Teststrahl nur noch wenige Atome anregen kann und daher seine Intensität kaum geschwächt wird. Der Anregungszustand der Atome mit der Energie E_1, die sich in Ruhe befinden, ist also durch

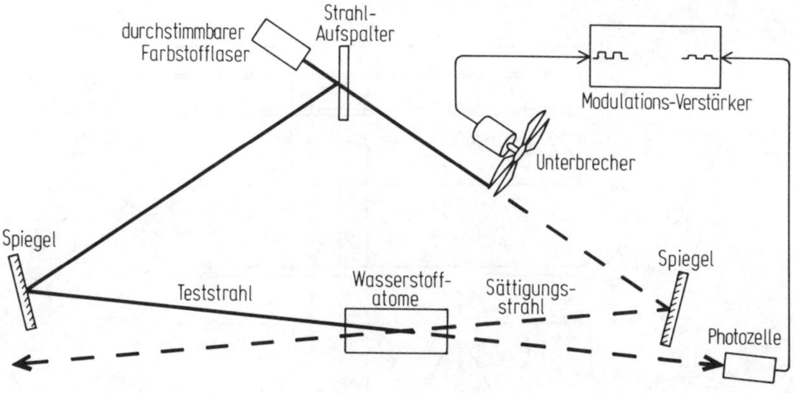

Bild 10.16 Schema einer sättigungsspektroskopischen Messung (siehe Text).

den Anregungsstrahl gesättigt worden. Mit diesem Verfahren lassen sich ganz gezielt die Atome untersuchen, die sich in Ruhe befinden oder sich senkrecht zur Richtung der Photonenströme bewegen, d.h. bei denen kein Doppler-Effekt auftritt. So wird es möglich, den Übergang $E_1 - E_0$ mit der natürlichen Linienbreite zu messen, und zwar wesentlich genauer als bei dopplerverbreiterten Linien.

Eine experimentelle Anordnung für dieses Verfahren ist in Bild 10.16, ein damit aufgenommenes Spektrum in Bild 10.17 gezeigt. Da die Absorptionsänderung z.T. klein ist und störende Einflüsse die Messung beeinträchtigen können, wird der Teststrahl periodisch unterbrochen, um den Unterschied zwischen Signal und Untergrund deutlicher hervorzuheben.

Zwei-Photonen-Spektroskopie

Um die Anregung atomarer Niveaus untersuchen zu können, deren energetischer Abstand $\Delta E = E_1 - E_0$ vom nächsten Niveau, also z.B. dem Grundzustand, einem Übergang im UV-Gebiet entspricht, werden Laserquanten im UV-Bereich benötigt. Im allgemeinen finden sich dafür nur wenige geeignete Laserlinien. In diesem Fall läßt sich aber ein Trick anwenden, bei dem das sehr intensive Lichtfeld des Lasers eine wichtige Rolle spielt.

Die Energiedifferenz ΔE läßt sich als Summe der Energien zweier Photonen $\hbar\omega_1$ und $\hbar\omega_2$ auffassen, also $E = \hbar\omega_1 + \hbar\omega_2$. Diese Energie muß das Atom praktisch gleichzeitig absorbieren, um in den angeregten Zustand E_1 überzugehen. Nur die Photonendichte in einem Laserstrahl ist groß genug, diese Zwei-Photonen-Absorption in kurzer Zeit zu ermöglichen. Da jedes Photon den Drehimpuls $l = \hbar$ trägt, lautet für diesen Prozeß die Auswahlregel $\Delta l = 0$ oder $\Delta l = \pm 2$. Deshalb können Zwei-Photonen-Übergänge auch zwischen S-Zuständen oder einem S- und einem D-Zustand erfolgen. Dieser Fall liegt z.B. beim Wasserstoffatom bei der Anregung des $2\,S_{1/2}$-Zustands vor.

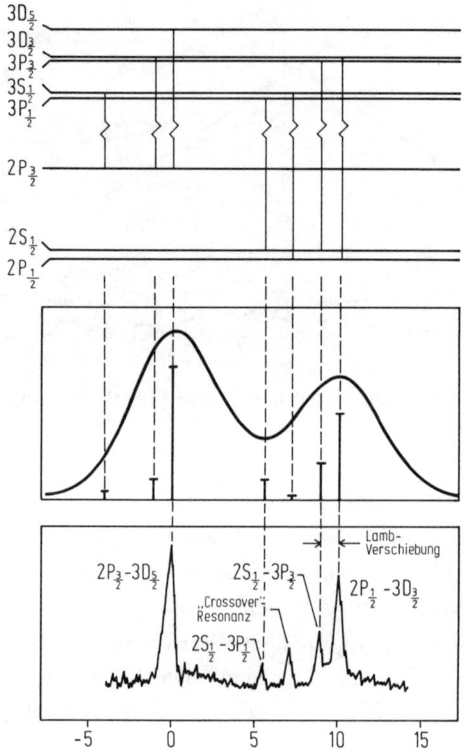

Bild 10.17 Übergänge im H-Atom. Oben: Termschema, Mitte: normale Auflösung, unten: Mit Sättigungsspektroskopie erreichte Auflösung (nach Hänsch[Hä 86]).

Die Wahrscheinlichkeit für die Anregung eines Zustands durch Zwei-Photonen-Absorption wird am größten, wenn beide Photonen etwa gleiche Energie haben, wenn also $\Delta E = 2\hbar\omega$, wie in Bild 10.18 gezeigt.

Mit Bild 10.19 wird das Schema des Meßprinzips erläutert: Das Licht eines abstimmbaren Lasers wird durch einen gasgefüllten Raum geschickt und an dessen Ende wieder reflektiert. Dadurch wird der Strahl in zwei entgegenlaufende kohärente Wellen geteilt. Bei angepaßten Abmessungen entsteht so durch Interferenz ein Feld stehender Lichtwellen mit der Frequenz ω_{L} im Laborsystem.

Ebenso wie bei der Sättigungsspektroskopie fallen auf die Atome je nach eigener Bewegungsrichtung dopplerverschobene Lichtenergien ein. Ein Atom „sieht" in einem Ruhesystem wegen des Doppler-Effekts (vgl. Gl.10.37) für das von links kommende Licht die Frequenz

$$\omega_{\rightarrow} = \omega_{\mathrm{L}} - \frac{v_x}{c}\omega_{\mathrm{L}} ,$$

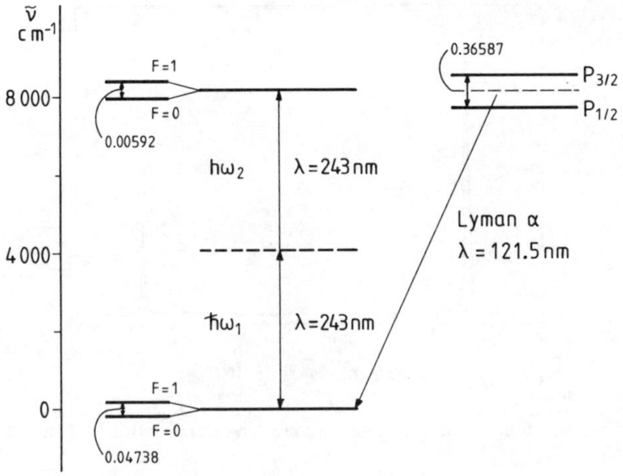

Bild 10.18 Zwei-Photonen-Übergang im Wasserstoff siehe auch Bild 7.16.

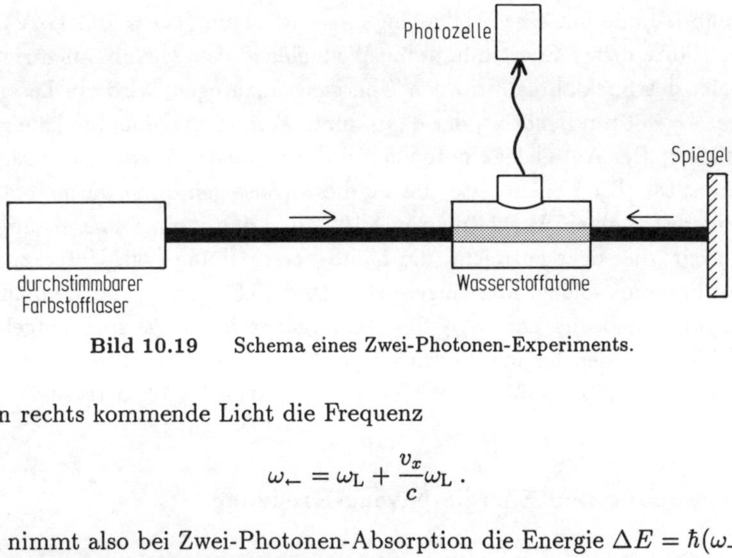

Bild 10.19 Schema eines Zwei-Photonen-Experiments.

für das von rechts kommende Licht die Frequenz

$$\omega_{\leftarrow} = \omega_\mathrm{L} + \frac{v_x}{c}\omega_\mathrm{L} \, .$$

Das Atom nimmt also bei Zwei-Photonen-Absorption die Energie $\Delta E = \hbar(\omega_{\rightarrow} + \omega_{\leftarrow}) = 2\hbar\omega_\mathrm{L}$ auf. Um ein sich bewegendes Atom anzuregen, muß es von zwei Lichtquanten gleichzeitig getroffen werden, wobei nur die Summe der Energien der beiden Quanten gerade der Anregungsenergie entspricht.

Dieser Fall ist zwar möglich, aber sehr unwahrscheinlich, so daß dieser Prozeß nur einen verschwindend kleinen Beitrag zur Intensität des Übergangs leistet. Zur Messung wird der Farbstofflaser auf die doppelte Wellenlänge eines Übergangs abgestimmt. Sobald die Frequenz des Laserlichts gleich der halben Frequenz des Übergangs ist, können

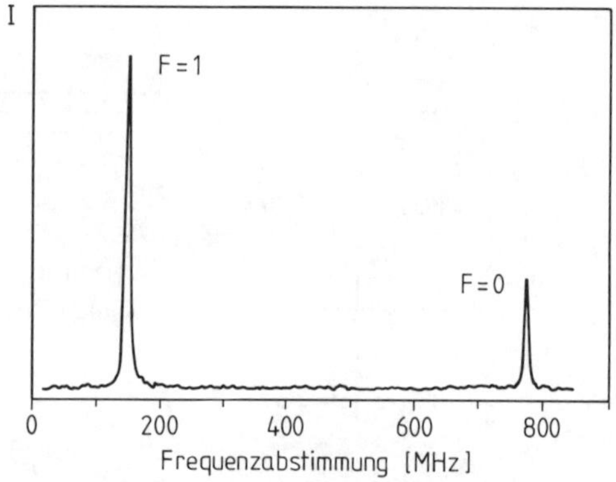

Bild 10.20 Mit Zwei-Photonen-Anregung gemessene Übergänge vom 1 S- zum 2 S-Zustand im Wasserstoff.

„stehende" Atome, d.h. solche, die sich bezüglich der Photonenbewegung in Ruhe befinden, durch Absorption zweier Lichtquanten gleicher Energie angeregt werden. Das meßbare Signal steigt an.

Die Lyman-α-Linie hat eine Wellenlänge $\lambda = 121.5\,\text{nm}$ ($\hbar\omega = 10.204\,\text{eV}$). Ein Photon mit der Hälfte dieser Energie hat eine Wellenlänge von 243 nm, auch sie liegt noch im UV-Gebiet des Spektrums. Um den Übergang anzuregen, wird ein Laser mit einer Wellenlänge $\lambda = 486\,\text{nm}$ benötigt, der dann durch Frequenzverdopplung die gewünschte Strahlung liefert. Der Anteil der Photonen mit der doppelten Frequenz beträgt etwa 2 % der Lichtintensität. Die Linienbreite, die auf diese Weise gemessen wurde, beträgt einige Hertz, sie entspricht einem Verhältnis von $1{:}10^{15}$, und damit einer sonst kaum erreichbaren Genauigkeit, die sogar ausreicht, die Lamb-Verschiebung (vgl. Unterkapitel 7.7) zu messen. Ein Ergebnis solcher Messungen ist in Bild 10.20 gezeigt, bei dem auch die Hyperfeinstrukturaufspaltung des $1S_{1/2}$–$2S_{1/2}$-Übergangs in Wasserstoff aufgelöst wurde. Übergänge zwischen den beiden Niveaus mit $F = 1$ und $F = 0$ liefern die bereits in Kapitel 7.7 erläuterte 21-cm-Linie der Hyperfeinstruktur des Wasserstoffs.

Quantenschwebung und Energie-Niveau-Kreuzung

Atomare Energieniveaus liegen häufig so dicht beieinander, daß sie sich mit üblichen spektroskopischen Methoden nicht auflösen lassen. Die Anregung zweier eng benachbarter Niveaus erfolgt kohärent, d.h. gleichzeitig mit gleicher Phase. Um diesen Effekt zu untersuchen, werden die betreffenden Zustände durch Licht, aber auch durch Elektronenstoß oder durch die Wechselwirkung schneller, beschleunigter Atome (vgl. 11.1) mit Atomen in Folien (beam foil spectroscopy) angeregt.

Wir haben im Unterkapitel 10.2 gesehen, daß atomare Übergänge einer Dipolstrahlung entsprechen. Zwei Oszillatoren mit benachbarten Frequenzen senden auch Schwingungen mit der Schwebungsfrequenz aus. Dieses Analogon zur klassischen Betrachtung der Schwingung liegt der nachfolgenden Diskussion der Quantenschwebung zugrunde, die im Englischen *quantum beats* heißen. Das Atom, das wir betrachten, hat oberhalb eines Ausgangszustands, der den Index 0 erhält, im energetischen Abstand $\hbar\omega_0$ zwei dicht benachbarte Niveaus.

Wir nehmen jetzt an, daß wir die beiden dicht beieinander liegenden Niveaus mit den Energien E_1 und E_2 und einem Abstand $\Delta E = \hbar\omega_{12}$ durch eine kurzzeitige Wechselwirkung, z.B. durch Einfall eines gepulsten Lichtstrahls in der Zeit Δt anregen. Danach beobachten wir den zeitlichen Verlauf des Zerfalls, der sich als Intensitätsabnahme einer Strahlung bemerkbar macht. Dabei stellen wir fest, daß sich dem exponentiellen Zerfall der Zustände eine Schwebung als Modulation überlagert. Aus dem Abstand der Signale läßt sich dann die Energiedifferenz der Niveaus bestimmen.

Ein Anregungsimpuls der Grundfrequenz ω_0 besitzt, in Sinuswellen ausgedrückt, ein Frequenzband einer endlichen Breite (vgl. Unterkapitel 10.1). Dieses Band soll sich für unser Experiment von $\omega_0 - \omega_{12}$ bis $\omega_0 + \omega_{12}$ erstrecken. Dem Zerfall eines Niveaus entspricht die Aussendung einer Dipolstrahlung. Wir bezeichnen die Wellenfunktion des Atoms im Zustand 1 mit $\Phi_1(\boldsymbol{r})$, die im Zustand 2 entsprechend mit $\Phi_2(\boldsymbol{r})$. Daraus bilden wir die Gesamtwellenfunktion zur Zeit der Anregung, d.h. bei $t = 0$, durch Überlagerung

$$\psi(\boldsymbol{r}, 0) = \alpha_1\Phi_1(\boldsymbol{r}) + \alpha_2\Phi_2(\boldsymbol{r}) \,.$$

Die Koeffizienten α_i geben die Wichtung der Anteile der beiden Wellenfunktionen an, sie können vom Ausgangsimpuls abhängen, z.B. können sie auch Angaben über die Polarisation enthalten, jedoch nehmen wir an, daß sie bekannt sind. Mit $\Phi_0(\boldsymbol{r})$ ist der Zustand bezeichnet, in dem sich das Atom nach dem Übergang befindet. Die weitere Betrachtung folgt den in Unterkapitel 10.3 dargelegten Überlegungen über die Aussendung von Strahlung eines schwingenden Dipols. Bis zum Zeitpunkt t hat sich die gesamte Wellenfunktion zu folgender Funktion entwickelt, wobei wir die Wiederbesetzung des Ausgangszustands mitberücksichtigen wollen:

$$\psi(\boldsymbol{r}, t) = \alpha_1 \mathrm{e}^{-(iE_1t/\hbar)-(\delta t/2)}\Phi_1(\boldsymbol{r}) + \alpha_2 \mathrm{e}^{-(iE_2t/\hbar)-(\delta t/2)}\Phi_2(\boldsymbol{r}) + \alpha_0(t)\Phi_0(\boldsymbol{r}) \,.$$

Der Koeffizient $\alpha_0(t)$ wurde von Wigner[1] und Weißkopf[2] in der Theorie der spontanen Emission genauer berechnet, worauf wir hier nur verweisen können. Dieser Koeffizient hängt ab von den Anfangskoeffizienten α_i, vom elektrischen Feld des Photons, von der Polarisationsrichtung des ausgesandten Photons und auch vom Dipoloperator, der den Übergang beschreibt. Das Gesamtsystem besteht aus dem Atom im Grundzustand und einem Photon. Die Wahrscheinlichkeit, dieses Photon messen zu können, wird dann

[1] Eugene Paul Wigner (geb. 1902)
[2] Viktor Weißkopf (geb. 1908)

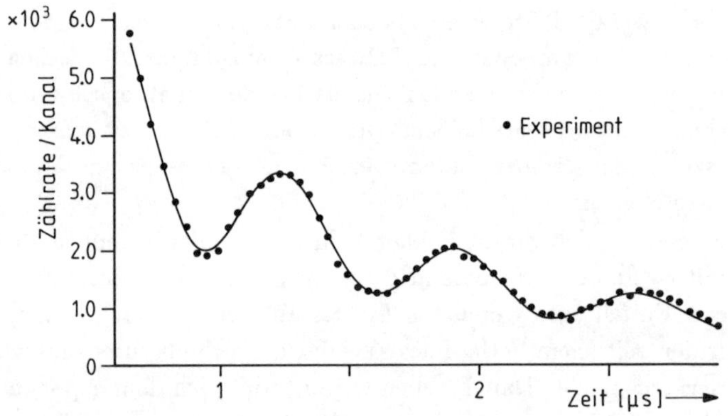

Bild 10.21 Quantenschwebung für einen Übergang im Cd mit $\lambda = 326.1\,\mathrm{nm}$ (siehe Text).

durch $|\alpha_0(t)|^2$ gegeben. Aus der Wigner-Weißkopf-Theorie wird dafür folgender Ausdruck abgeleitet:

$$|\alpha_0(t)|^2 = \mathrm{e}^{-\delta t}\{a + b\cos[\omega_{12}(t+\varphi)]\}\,.$$

Die Koeffizienten a und b sind zeitunabhängig. Es ergibt sich ein mit der Schwebungsfrequenz ω_{12} variierender Ausdruck, der dem zu $\mathrm{e}^{-\delta t}$ proportionalen Abfall mit der Dämpfungskonstante δ überlagert wird. Ein experimentelles Ergebnis, gemessen an der Cd-Linie $\lambda = 326.1\,\mathrm{nm}$, ist in Bild 10.21 gezeigt. Daraus können wir den Wert von ω_{12} entnehmen und den Abstand der Niveaus bestimmen. Die Quantenschwebungsmethode erlaubt es, noch Frequenzunterschiede von ca. 1 MHz ($\widehat{=}4.10^{-9}\,\mathrm{eV}$) zu messen.

Atomare Niveaus können auch durch äußere Einflüsse energetisch zusammenrücken. Die Verschiebung von Niveaus im Magnetfeld (vgl. Kapitel 12) führt dazu, daß bei bestimmten Magnetfeldstärken Niveaus unterschiedlicher Quantenzahlen energetisch entarten, d.h. daß sich Niveaus mit verschiedenen Quantenzahlen kreuzen (engl. *level crossing*). Dieser Effekt läßt sich z.B. an Atomen, die sich in einem äußeren Magnetfeld befinden, untersuchen. Erstmals wurde dieses Phänomen von W. Hanle[1] beobachtet und trägt den Namen *Hanle-Effekt*.

Dabei wird die Lichtemission in einem durch die Apparatur vorgegebenen Raumwinkel als Funktion einer veränderlichen Magnetfeldstärke gemessen. Die beiden zu untersuchenden Niveaus werden durch eine dopplerverbreiterte Emissionslinie einer Lichtquelle angeregt; Intensität und Polarisation des ausgesandten Lichts hängen von den Auswahlregeln der Übergänge ab. Die Intensität eines Übergangs wird durch das Quadrat der Übergangsamplitude beschrieben. Außerhalb der Kreuzungsstelle besteht zwischen den Übergängen keine definierte Phasenbeziehung, deshalb ist die Gesamtintensität gleich der Summe der Intensitäten der Einzelübergänge. Im Kreuzungspunkt dagegen stehen die Übergänge in fester Phasenbeziehung, so daß das Quadrat der Summe der Amplitu-

[1] Wilhelm Hanle (geb. 1901)

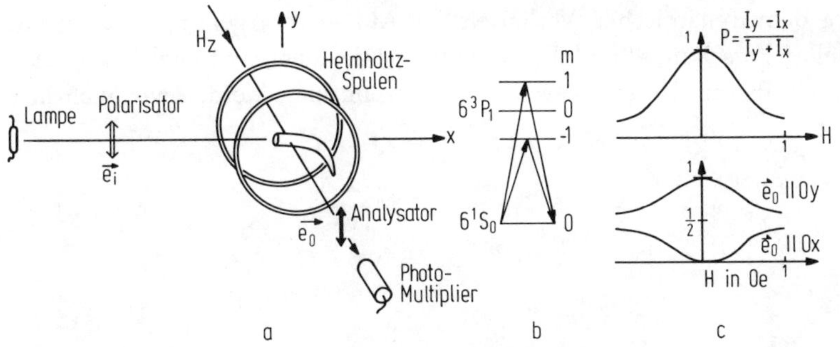

Bild 10.22 Niveaukreuzungs-Experiment a) Apparatur, b) Niveauschema, c) Polarisation als Funktion der Magnetfeldstärke [Ha 71].

den gebildet werden muß. Wegen dieser Überlagerung kann eine Änderung der räumlichen Emission der Strahlung und ihrer Polarisation auftreten. Experimentell wird diese Variation der Gesamtintensität als Interferenzerscheinung beobachtet, woraus sich die Abhängigkeit der Lage der Niveaus vom Magnetfeld ergibt.

Im Experiment werden dazu Hg-Atome durch Licht mit der Wellenlänge der Resonanzlinie von $\lambda = 253.5\,\text{nm}$ aus einer Quecksilberhochdrucklampe angeregt. Dieses Licht wird mit einem Polarisator linear polarisiert. Die anzuregenden Atome befinden sich in einem Magnetfeld, das eine Aufspaltung des $6\,^3P_1$-Zustandes in seine drei Zeeman-Komponenten bewirkt (vgl. Unterkapitel 12.2).

Wird das anregende Licht in x-Richtung eingestrahlt, wie in Bild 10.22 gezeigt, so läßt sich in z-Richtung die Intensität und in x- bzw. y-Richtung die Polarisation des Lichtes messen, und zwar in Abhängigkeit von der magnetischen Feldstärke. Der im Nullfeld gemessene Polarisationsgrad ist für die einzelnen Übergänge verschieden, beim Quecksilber kann er 90 % erreichen. Mit steigendem Magnetfeld tritt eine Depolarisation ein: Der Verlauf der Intensität als Funktion der magnetischen Feldstärke folgt einer Lorentz-Kurve (Gl. (10.34)). Da der Grad der Depolarisation von der Lebensdauer der angeregten Niveaus abhängt, läßt sich mit dieser Methode auch deren Lebensdauer bestimmen.

Mit der Niveaukreuzungs-Spektroskopie können experimentelle Auflösungen von etwa $\Delta\omega = 1.9\,\text{MHz}$ erreicht werden. Die Niveaukreuzung tritt, wie in Unterkapitel 11.1 gezeigt wird, auch auf, wenn sich atomare Systeme kurzzeitig, z.B. während eines Stoßprozesses, beeinflussen.

In diesem Abschnitt konnten wir nur einige Beispiele hochauflösender Spektroskopie geben. Aber bereits sie zeigen, daß Fragen, die der Atomaufbau noch immer stellt, mit modernen Verfahren behandelt und beantwortet werden können, wozu die klassischen Verfahren der Atomspektroskopie nicht ausreichen. Ganz besonderes Interesse wird gegenwärtig dem dynamischen Verhalten der Atome entgegengebracht, so daß wir hier ein aktuelles Forschungs- und Entwicklungsgebiet der Atomphysik vor Augen haben. Einige der in diesem Bereich gewonnenen Erkenntnisse werden wir auch in Kapitel 11 behandeln.

Teil IV

Wechselwirkungen

11 Dynamische Atomprozesse

In den vorhergenden Kapiteln haben wir Eigenschaften und Merkmale der Atome beschrieben, die wir als stationäre Gleichgewichtsgrößen ansahen. Wir haben uns z.B. nicht dafür interessiert, wie ein Anregungsprozeß abläuft, sondern sind vom angeregten Zustand ausgegangen.

In diesem Kapitel wollen wir Anregungs- und Ionisationsprozesse untersuchen, die während des Stoßes zweier Partner ablaufen. Die Stoßpartner können Teilchen wie Elektronen, Atome, Ionen oder Moleküle sein. In einigen Fällen können auch Photonen eine Anregung oder Ionisation eines Atoms oder Moleküls auslösen. Da Stoßprozesse auch Richtungsänderungen in der Bewegung der Stoßpartner bewirken, werden wir Impulsänderungen als Energieänderungen betrachten.

Einige atomare Prozesse und auch theoretische Ansätze zu ihrer Erklärung wollen wir in diesem Kapitel erörtern. Die Facetten dieses Gebiets sind jedoch so vielfältig, daß es innerhalb des Umfangs dieses Buches nur möglich ist, einige Aspekte herauszugreifen und zu erläutern.

11.1 Schnelle Atomstößе

In der klassischen Mechanik [Go 74] geht der Stoß zweier Teilchen stets mit einer Berührung einher (Billardspiel). In atomaren Stößen können infolge langreichweitiger Wechselwirkungen auch Impulse und Energien ausgetauscht werden, wenn die Teilchen sich nicht berühren. Dabei verstehen wir unter Teilchen auch die Quanten des elektromagnetischen Feldes, also Photonen. In diesen Stoßprozessen werden Energie, Impuls und Drehimpuls erhalten, ebenso wie Ladung in dem hier wichtigen Bereich kinetischer Energien.

Für die Beschreibung der Prozesse können wir als Bezugssystem das Laborsystem wählen, in dem ein Teilchen, das Targetteilchen, ruht: das andere, das Projektil, bewegt ist. Diese Darstellung entspricht der experimentellen Anordung (vgl. Bild 11.8). Im Stoß wird ein Teil der kinetischen Energie des Projektils auf das Targetteilchen übertragen, das dadurch in Bewegung gesetzt wird. Dieser Energieübertrag steht für die Übertragung auf innere Anregungsfreiheitsgrade nicht zur Verfügung. Um die gesamte, auch zur Anregung verfügbare Energie miteinzubeziehen, ist es daher günstiger, die Vorgänge im Schwerpunktsystem zu betrachten, so wie wir auch das Wasserstoffatom (siehe Kapitel 7) behandelt haben. In diesem System bewegen sich beide Teilchen, das Projektil (P) und das Targetteilchen (T) aufeinander zu, während der Schwerpunkt in Ruhe bleibt. Die Erhaltungssätze lauten:

	Impulserhaltung	$\sum_i \boldsymbol{p}_i = \sum_i \boldsymbol{p}'_i = 0$
Erhaltungssätze lauten:	Energieerhaltung	$E_\mathrm{P} + E_\mathrm{T} = E'_\mathrm{P} + E'_\mathrm{T}$
	Drehimpulserhaltung	$\boldsymbol{J} = \boldsymbol{J}'$.

Nach dem Stoß gelten die gestrichenen Größen. Wir wollen den Stoß nun genauer betrachten.

Bei jedem Stoß tritt eine Richtungsänderung der Teilchen auf, die eine elastische Streuung beschreibt, wenn auf die innere Struktur der Teilchen keine Energie übertragen wird. Wir haben als Beispiele dafür bereits die Rutherford-Streuung (Unterkapitel 3.6) und die Compton-Streuung (Unterkapitel 4.1) kennengelernt.

Wenn die Stoßpartner nicht elementare (unstrukturierte) Teilchen sind, sondern Atome, Moleküle oder Ionen (allgemein komplexe Systeme), können zusätzlich innere Freiheitsgrade der Teilchen angeregt werden. Darunter verstehen wir Anregungen, Ionisationen oder auch Elektroneneinfang. Immer jedoch ist ein inelastischer Streuprozeß mit einer elastischen Streuung verbunden, für die wir bei geladenen Teilchen die Rutherford-Streuung annehmen; immer treten dann zwei Prozesse gekoppelt auf. Ein inelastischer Prozeß wird durch eine Übergangswahrscheinlichkeit $W_{\mathrm{i}\to\mathrm{f}}$ vom Ausgangszustand i zum Endzustand f charakterisiert. Demzufolge läßt sich der differentielle Wirkungsquerschnitt für einen inelastischen Prozeß in folgender Form schreiben:

$$\left.\frac{\mathrm{d}\sigma}{\mathrm{d}\Omega}\right|_{\mathrm{inel}} = \left.\frac{\mathrm{d}\sigma}{\mathrm{d}\Omega}\right|_{\mathrm{R}} \cdot W_{\mathrm{i}\to\mathrm{f}} \,. \tag{11.1}$$

Die Wahrscheinlichkeit für den inelastischen Prozeß besteht also aus dem Produkt zweier Wahrscheinlichkeiten, derjenigen für den elastischen Streuvorgang, den die Teilchen als Ganzes ausführen, und derjenigen für den Ablauf der Prozesse in den Atomhüllen. Die Hüllenprozesse stellen eine Störung eines stationären atomaren Systems dar, die durch die Einwirkung von Ladungen des zweiten Stoßpartners zustande kommen. Da der Abstand der Stoßpartner sich während des Stoßes verändert, tritt eine zeitabhängige Einwirkung der bewegten Ladung auf, die unterschiedlich stark ist. Alle Veränderungen in der Hülle werden also durch das zeitlich variable elektrische Feld verursacht. Den Hüllenelektronen läßt sich entsprechend ihrem energetischen Zustand eine Geschwindigkeit

$$v_n = \frac{\mathrm{e}^2 \cdot Z}{(4\pi\varepsilon_0)\hbar \cdot n} = \alpha \cdot \frac{c}{n} \cdot Z \tag{11.2}$$

zuordnen, die im Bild des Bohrschen Atom-Modells auch Umlaufgeschwindigkeit genannt wird. Darin ist α die Feinstrukturkonstante, n die Hauptquantenzahl, Z die Ordnungszahl und c die Lichtgeschwindigkeit.

Um die Vielzahl der möglichen inelastischen Prozesse einteilen und beschreiben zu können, werden wir als Kriterium dafür das Verhältnis aus linearer Relativgeschwindigkeit der Stoßpartner und der Umlaufgeschwindigkeit Gl. (11.2) benutzen.

Mit den Veränderungen in den Hüllen sind Impulsänderungen $|\Delta \boldsymbol{p}_{\mathrm{if}}|$ und Energieänderungen $|\Delta E_{\mathrm{if}}|$ verknüpft. In Bild 3.15b ist ein Stoß veranschaulicht, bei dem ein fester Stoßparameter b angegeben ist. In einem Streuexperiment treten jedoch wegen der großen Zahl von Target- und Projektilteilchen viele Stoßparameter auf, die über ein Intervall verteilt sind. Ferner haben nicht alle Teilchen die gleiche Geschwindigkeit, auch hier tritt eine Verteilung über ein Intervall auf. Damit verbunden ist dann, daß sowohl die im Stoß übertragbaren Impulse wie auch die Drehimpulse um einen Mittelwert mit der Breite $|\Delta \boldsymbol{p}_{\mathrm{if}}|$ bzw. $|\Delta \boldsymbol{L}_{\mathrm{if}}|$ verteilt sind.

Wenn alle einen Einfluß ausübenden Verteilungen Gauß-Verteilungen sind, dann entspricht der übertragenen Impulsverteilung $\Delta \boldsymbol{p}_{\mathrm{if}}$ auch ein gaußverteiltes Energieintervall ΔE_{if}, gemäß

$$\boldsymbol{p} \cdot \Delta \boldsymbol{p}_{\mathrm{if}} = m \Delta E_{\mathrm{if}} \,.$$

wobei m die Elektronenmasse ist. Um eine Zustandsänderung herbeizuführen, muß also ein Impuls $\Delta \boldsymbol{p}_{\mathrm{if}}$ übertragen werden, dessen zugehörige Energie ΔE_{if} aus der kinetischen Energie der Stoßpartner im Schwerpunkt-System aufgebracht werden muß. Die durch die Impulsübertragung verursachten Zustandsänderungen finden mit einer in Gl. (11.1) mit $W_{\mathrm{i} \to \mathrm{f}}$ bezeichneten Wahrscheinlichkeit statt, die von zusätzlichen Parametern wie Stoßwinkel, Stoßparameter, Größe der Relativgeschwindigkeit abhängen kann.

Wir wollen uns zunächst für inelastische Prozesse zwischen einem geladenen Projektil und den Elektronen in der Hülle des Stoßpartners interessieren. Die übertragenen Impulse sind über einem Bereich verteilt,

$$\Delta \boldsymbol{p}_{\mathrm{if}} = \int_a^b \boldsymbol{K}_{\mathrm{Pe}} \mathrm{d}t \,. \tag{11.3}$$

wobei die Kraft zwischen dem geladenen Projektil (P) und einem Elektron (e), als Stoßpartner, die Coulomb-Kraft

$$\boldsymbol{K}_{\mathrm{Pe}} = \frac{Z_{\mathrm{P}} \cdot \mathrm{e}^2}{4\pi\varepsilon_0 r_{\mathrm{Pe}}{}^2} \frac{\boldsymbol{r}_{\mathrm{Pe}}}{|\boldsymbol{r}_{\mathrm{Pe}}|}$$

ist. Der Abstand $\boldsymbol{r}_{\mathrm{pe}}$ ändert sich während des Stoßprozesses. Die Grenzen a und b können nur einen Bereich andeuten, in dem die Wechselwirkung besonders stark ist.

Die große Reichweite der Coulomb-Kraft weist darauf hin, daß auch noch in Stößen mit großen Abständen Impuls übertragen werden kann. Mit dieser Vorstellung können wir jetzt die inelastischen atomaren Prozesse klassifizieren.

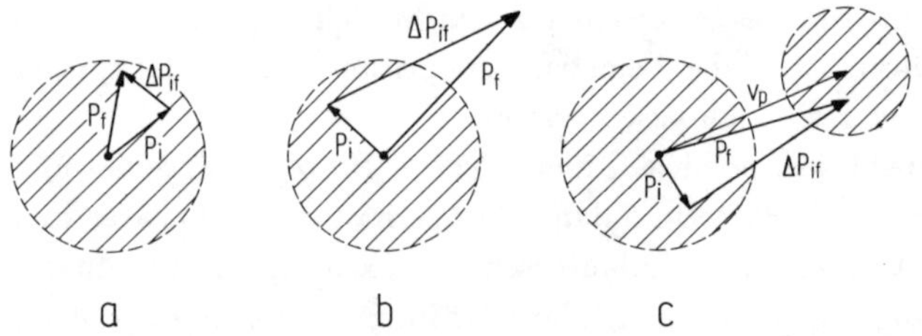

Bild 11.1 Charakterisierung dynamischer Atomprozesse anhand des Impulsübergangs Δp_{if}: a) Anregung, b) Ionisation, c) Ladungstransfer.

In Bild 11.1 ist ein als ruhend angenommenes atomares System gezeigt, dessen Elektronen Impulse $\boldsymbol{p}_i$ bezogen auf das Zentrum des Atoms besitzen, die in einer Darstellung im Impulsraum innerhalb einer Kugel verteilt sind. Da diese Impulse keine scharfen Werte haben, sondern Verteilungen gehorchen, ist die Kugel nicht scharf berandet (nicht zu verwechseln mit der räumlichen Ausdehnung eines Atoms im Ortsraum, bei dem die schwachgebundenen Elektronen normalerweise am äußeren Rand des Atoms die größte Aufenthaltswahrscheinlichkeit haben, während ihre Impulse ganz im Inneren der Impulskugel liegen). Zum Impulsvektor $\boldsymbol{p}_i$ ist der Impulsübertrag nach Gl. (11.3) zu addieren, um den Impuls des Endzustandes $\boldsymbol{p}_f$ zu erreichen. Aufgrund des komplizierten Integrals (11.3), das nicht allgemein lösbar ist, können die Prozesse nur in grober Weise eingeteilt und unterschieden werden.

Liegt der Endimpuls noch innerhalb der gleichen Impulskugel wie $\boldsymbol{p}_i$ (Bild 11.1a), dann sprechen wir von Anregungsprozessen. Geht der Impulsvektor weit über die durch die Impulse $\boldsymbol{p}_i$ gegebene Kugel hinaus (Bild 11.1b), dann wird das Atom ionisiert, die Endzustände $\boldsymbol{p}_f$ liegen in einem Kontinuum. Schließlich kann der Fall eintreten, daß der Impulsvektor im Bereich der Impulskugel, z.B. des Stoßpartners endet, der sich mit der Geschwindigkeit $\boldsymbol{v}_P = \boldsymbol{p}_P/m_P$ relativ zum Targetatom bewegt. In diesem Fall kann auch eine Elektronenübertragung, ein Transfer ins Projektil, d.h. ein Einfang stattfinden. Derartige Stöße sind mit einer Ladungsverlagerung beider Stoßpartner verbunden, sie heißen deshalb Umladungsprozesse.

Die Wahrscheinlichkeiten für das Auftreten dieser Prozesse sind sehr stark von der Relativgeschwindigkeit der Stoßpartner abhängig. Im allgemeinsten Fall ist für einen Streu- oder Stoßprozeß die zeitabhängige Schrödinger-Gleichung für ein n-Körperproblem zu lösen (vgl. Gl. (5.38)):

$$H\psi(\boldsymbol{r},t) = -i\hbar\frac{\partial\psi(\boldsymbol{r},t)}{\partial t}\,, \tag{11.4}$$

wobei H, der Hamilton-Operator, für alle Teilchen nur die Coulomb-Wechselwirkung zwischen allen beteiligten Ladungen berücksichtigt. Das in Gl. (5.38) auftretende Vektorpotential ist hier weggelassen. $\psi(\boldsymbol{r},t)$ ist die Gesamtwellenfunktion des Systems Target plus Projektil.

Diese Gleichung ist nicht geschlossen lösbar. Wir müssen sie, um Lösungen zu finden, vereinfachen, was bedeutet, einige Wechselwirkungen zu vernachlässigen.

Zunächst ersetzen wir die abstoßende Wechselwirkung der Elektronen beider Systeme durch ein mittleres Potential, wobei ein mittlerer Abstand zweier Ladungen angenommen wird. Sodann vergleichen wir die Geschwindigkeiten der schweren Atomkerne mit denjenigen der leichten Elektronen. Dabei stellen wir fest, daß die Geschwindigkeit der Elektronen sehr viel größer ist als die der Kerne. Das bedeutet aber, daß Prozesse in der Atomhülle sehr viel schneller ablaufen als die Relativbewegung der Kerne. Wir entkoppeln diese beiden Vorgänge daher und betrachten nur die Bewegung in der Hülle bei festgehaltenen Kernpositionen. Dieses Verfahren wurde erstmals von Born und Oppenheimer für die Beschreibung von Vorgängen in Molekülen (vgl. auch Kapitel 13) benutzt. Damit berücksichtigen wir nur noch die Wechselwirkung der Ladung des Projektils mit den Elektronen des Targetatoms, wie z.B. in Bild 11.2 angenommen. Somit haben wir eine vereinfachte zeitabhängige Schrödinger-Gleichung mit einem mittleren Potential zu lösen. Formal brauchen wir uns dann auch nur ein Elektron vorzustellen. Diese Näherung ist jedoch nur dann zulässig, wenn das mittlere Potential nur eine schwache Störung des Systems bewirkt.

Der Hamilton-Operator H besteht aus folgenden Anteilen (vgl. auch Gl. (5.38))

$$H = T_\mathrm{P} + T_\mathrm{T} + T_\mathrm{e} + \frac{Z_\mathrm{P} Z_\mathrm{T} e^2}{R} - \frac{Z_\mathrm{T} e^2}{r} - \frac{Z_\mathrm{P} e^2}{r'} ,$$

wobei die T_i die Operatoren der kinetischen Energie von Projektil (P), Target (T) und Elektron (e) sind, und die drei restlichen Terme die Wechselwirkung zwischen Projektil- und Targetkern, zwischen Targetkern und Elektron sowie zwischen Projektilladung und Elektron angeben.

Fassen wir die ersten fünf Terme zum ungestörten Hamilton-Operator H_0 zusammen und berücksichtigen, daß der Abstand r' zwischen Projektil und Elektron bei sehr schweren Kernen durch $(\boldsymbol{R}(t) - \boldsymbol{r})$ ersetzt werden kann (für die Koordinaten siehe Bild 11.2), dann erhalten wir

$$H_0 \psi(\boldsymbol{r}, \boldsymbol{R}) + V_\mathrm{WW} \psi(\boldsymbol{r}, \boldsymbol{R}) = -i\hbar \frac{\partial \psi(\boldsymbol{r}, \boldsymbol{R})}{\partial t} \tag{11.5}$$

mit dem Wechselwirkungspotential

$$V_\mathrm{WW}(\boldsymbol{R}, \boldsymbol{r}) = \frac{Z_\mathrm{P} e^2}{|\boldsymbol{R}(t) - \boldsymbol{r}|} . \tag{11.6}$$

Detaillierte Rechnungen sollen hier unterbleiben, wir wollen jedoch für einige Prozesse, die auch experimentell gut untersucht wurden, den Gang der Behandlung erörtern.

Aus der Vielzahl der Näherungen, die zur Lösung der Gl. (11.4) unter Berücksichtigung der zuvor erwähnten Vereinfachung entwickelt wurden, wollen wir einige charakteristische erwähnen.

Da im atomaren Stoß zwei komplexe Systeme, deren Ordnungszahlen wir jetzt mit Z_1 und Z_2 angeben, miteinander wechselwirken, müssen je nach der Art der Störung die

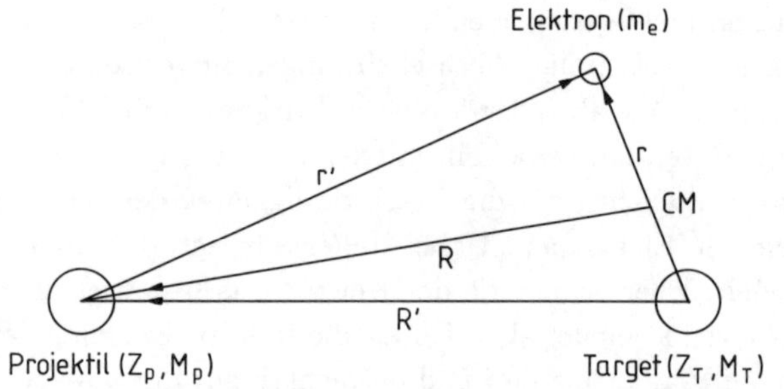

Bild 11.2 Zur Definition der Koordinaten im Stoßsystem.

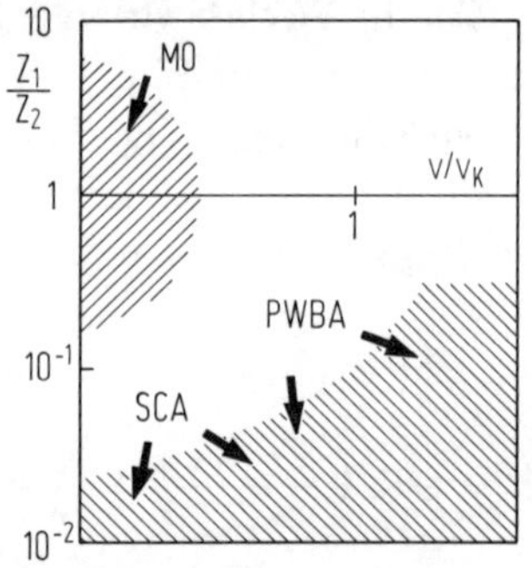

Bild 11.3 Merzbacher-Diagramm: Z_1 Projektilordungszahl, Z_2 Targetordnungszahl, v Projektilgeschwindigkeit, v_k Geschwindigkeit von K-Elektronen [Ma 75].

Lösungsfunktionen der Gl. (11.4) in geeigneten Basissystemen gewählt werden. Dazu bietet sich, ebenso wie beim Wasserstoffatom, eine atomare Basis an, bei der die Koordinaten in den Funktionen, die das übertragene Elektron beschreiben, auf das Zentrum eines Atoms bezogen werden. Dies ist dann gerechtfertigt, wenn die Ladung Z_1 sehr viel kleiner als Z_2 ist, so daß von der Wechselwirkung vorwiegend die atomaren Zustände im Atom Z_2 betroffen sind. Wir separieren dazu die Wellenfunktion nach $\boldsymbol{R}$ und $\boldsymbol{r}$:

$$\psi(\boldsymbol{R}, \boldsymbol{r}) = \chi(\boldsymbol{R})\varphi(\boldsymbol{r}) .$$

Hiermit wird die atomare Näherung benutzt, die bereits zuvor als Born-Oppenheimer-Näherung eingeführt wurde.

Ziel der Rechnung ist es, einen Wirkungsquerschnitt für den betrachteten inelastischen Prozeß zu bestimmen. Dabei findet ein durch das Wechselwirkungspotential (11.6) verursachter Übergang im Atom statt, bei dem ein Impuls $\Delta \boldsymbol{p}_{\text{if}}$ übertragen wird.

Das Übergangsmatrixelement hat die Form

$$M_{\text{fi}} = \int \chi_{\text{f}}^*(\boldsymbol{R})\varphi_{\text{f}}^*(\boldsymbol{r})V_{\text{WW}}(\boldsymbol{R}, \boldsymbol{r})\chi_{\text{i}}(\boldsymbol{R})\varphi_{\text{i}}(\boldsymbol{r})\text{d}^3\boldsymbol{R}\,\text{d}^3\boldsymbol{r} .$$

In einer großen Gruppe von Rechnungen wird angenommen, daß das Projektil als ebene Welle (Gl. (5.1)) auf ein Potential trifft und dort gestreut wird.

Diese Methode wird Bornsche Näherung mit ebenen Wellen (PWBA, „Plane Wave Born Approximation") genannt. Sie liefert für Projektile wie Elektronen und leichte Ionen, z.B. Protonen und α-Teilchen, Wirkungsquerschnitte, die gut mit den experimentellen Werten übereinstimmen (vgl. Unterkapitel 11.2).

Eine weitere erfolgreich angewandte Lösungsmethode ist die SCA (Semi Classical Approximation). Bei ihr wird die im Übergangs-Matrixelement M_{if} enthaltene Integration über den Raum der Koordinaten des schweren Teilchens durch ein Integral über dessen klassische Bahn ersetzt.

Eine Voraussetzung für die Annahme einer ungestörten Projektilbahn ist

$$\frac{\Delta E_{\mathrm{ij}}}{E_0} \ll 1\,,$$

wobei ΔE_{ij} die Energieabnahme der Projektilenergie E_0 durch Anregung des Targets ist.

Die energetischen Verhältnisse für die bei den Prozessen anwendbaren Näherungen stellt Bild 11.3 dar. Hier ist das Verhältnis der Ordnungszahlen $Z_1 = Z_{\mathrm{P}}$ und $Z_2 = Z_{\mathrm{T}}$ aufgetragen gegen das Verhältnis der Projektilgeschwindigkeit v_{P} zur Geschwindigkeit v_{k} von Elektronen in der K-Schale, in Gl. (11.2) für $n = 1$.

Diesem von Merzbacher[1] [Ma 75] angegebenen Diagramm können wir die ungefähren Gültigkeitsbereiche der Näherungen entnehmen. Wenn wir statt der K-Elektronen solche in anderen Schalen mit der Hauptquantenzahl n ionisieren wollen, können wir dies mit Geschwindigkeiten v_{P} erreichen, die um das Verhältnis v_n/v_{k} verkleinert sind. Dies wird als Skalierungsverhalten bezeichnet.

Eine andere Wahl eines Basissystems liefert ein Zweizentrenmodell mit Bezug auf die Atomkerne beider stoßenden Atome. Diese Basis heißt auch molekulare Basis, weil sich im Stoß kurzzeitig ein Molekül ausbildet. Wir werden dieses Bild anschließend ausführlich erläutern.

Dieser Fall liegt dann vor, wenn die Kernladungszahlen der stoßenden Atome annähern gleich sind, also $Z_1 \approx Z_2$. Der Bereich der MO, der Molekülorbitale (Molecular Orbit), tritt in Bild 11.3 für ein Verhältnis $v_{\mathrm{P}}/v_n < 1\,(n = 1)$ auf. Bei Stoßprozessen in diesem Geschwindigkeitsbereich kann unter der gegenseitigen Anziehung und Abstoßung vieler Ladungen, ähnlich wie bei Molekülen (vgl. Kapitel 13) eine Umorganisierung der Elektronenhüllen zu einem einzigen System stattfinden, das als quasimolekulares Zwei-Zentren-System bezeichnet wird. Wir wollen es anhand eines Korrelations-Diagramms, Bild 11.4, erläutern. Dazu nehmen wir an, daß Atome unterschiedlicher Elemente am Stoß beteiligt sind, z.B. Ar und S. Die Energieniveaus der Ar- und S-Atome sind auf der rechten und linken Ordinate als Niveauschema separierter Atome aufgetragen, und zwar sind die Niveaus des schweren Stoßpartners (Ar) mit einem Index s, die des leichteren (S)

[1] Eugen Merzbacher (geb. 1921)

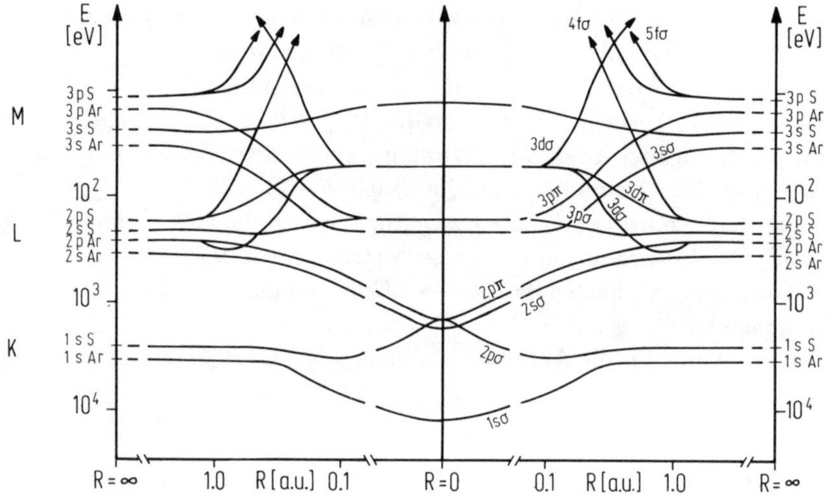

Bild 11.4 Korrelations-Diagramm von Ar und S: Die Abszisse ist gleichzeitig Zeitachse während des Stoßes (sie ist symmetrisch um den Punkt größter Annäherung).

mit dem Index l versehen. Die Abzisse gibt den Abstand $R(t)$ der beiden Atomkerne an. Sind beide Atome getrennt, dann haben sie ungestörte Energieniveaus. Während des Stoßes verkleinert sich der Abstand der Kerne zunächst, um dann wieder größer zu werden.

Das Diagramm zeigt, wie sich während eines Stoßprozesses die energetische Lage der Zustände ändert, bis zum Punkt der kleinsten Annäherung. Die in diesem Punkt erreichten Energien des „vereinigten Atoms" sind auf der mittleren Ordinate angegeben. Wir entnehmen daraus, daß die Elektronenzustände der K-Schale des schweren Atoms auch die K-Schalen-Zustände des vereinigten Atoms bilden, während die anderen Elektronenzustände beider Atome neue energetischen Zuordnungen erhalten. Diese Umordnungen erfolgen, verglichen mit der Relativgeschwindigkeit der Stoßpartner, in sehr kurzen Zeiten; Voraussetzung ist jedoch, daß die Relativgeschwindigkeit der Stoßpartner so groß ist, daß die Kerne sich merklich nahe kommen, andererseits aber nicht so schnell aneinander vorbeifliegen, daß eine Umordnung nicht stattfinden kann.

Tritt die Umordnung ein, so ist damit ein Energieaustausch innerhalb des Elektronensystems des vereinigten Atoms verbunden. Diese Änderung wird diabatisch, d.h. energiedurchlässig genannt.

Da im vereinigten System das Pauli-Prinzip gilt, müssen Elektronen mit eventuell gleichen Quantenzahlen auf andere Zustände ausweichen. So können Elektronen, die bei dieser Umordnung der Konfiguration in Zustände mit größeren Quantenzahlen überführt werden, eine sogenannte Promotion erfahren.

Die Bezeichnungen für die Orbitale richten sich nach den entsprechenden für die mole-

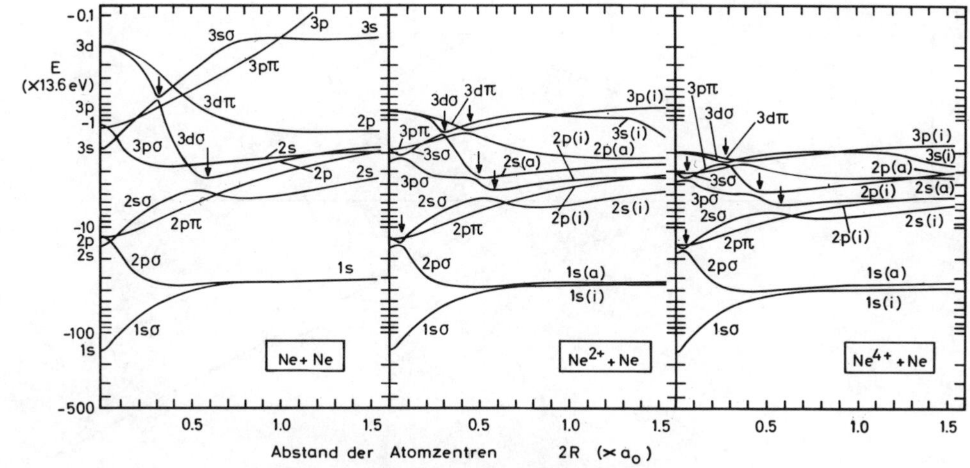

Bild 11.5 Korrelations-Diagramm für ein Ne-Ne-, Ne-Ne^{2+}-, Ne-Ne^{4+}-System.

kularen Zustände (siehe Unterkapitel 13.4). Ein Zustand, der als atomarer s-Zustand in den Stoß hineingeführt wird und seinen Drehimpuls nicht ändert, heißt $s\sigma$-Zustand, wobei die griechischen Buchstaben σ, π, δ,... für die ursprünglichen Bahndrehimpulse der Elektronen im Atom und die lateinischen Buchstaben für die quasimolekularen Zustände, die jetzt wegen der das System auszeichnenden Verbindungsachse nicht mehr kugelsymmetrisch, sondern zylindersymmetrisch sind, die Drehimpulsquantenzahlen $l = 0, 1, 2$ eingesetzt werden.

Diejenigen s-Elektronen, die nicht in den s-Zustand des vereinigten quasimolekularen Systems übergehen, müssen in einen p-Zustand angehoben werden, der dann im Quasimolekül $p\sigma$-Zustand heißt.

Ein weiteres Beispiel für ein Korrelations-Diagramm zeigt Bild 11.5. Hier ist bemerkenswert, daß bereits Unterschiede der Niveaus bei zweifach geladenen Ne-Ionen, starke Unterschiede jedoch bei vierfach geladenen Ne-Ionen auftreten. Die Wechselwirkungen der Elektronen beider Atome oder einer Atom-Ion-Kombination während des Stoßes beeinflussen alle Schalen, auch die inneren, z.B. treten Anregungen in inneren Schalen auf, so daß Vakanzzustände von äußeren Schalen auf innere Schalen übertragen werden. Die Wahrscheinlichkeit für einen solchen Prozeß kann sehr groß werden.

Wie bereits oben erwähnt, ist die zeitliche Änderung des Abstands der Zentren (Kerne) der beiden Atome (siehe Bild 11.6), also die Funktion $R(t)$, die auch in Bild 11.4 verwendet wird, besonders wichtig. Um die energetische Lage der Elektronenterme zu bestimmen, müssen wir für den das System beschreibenden Hamilton-Operator ein geeignetes System von Basisfunktionen wählen. Die berechneten Energiezustände eines solchen Systems überschneiden sich bei Abstandsänderung nicht, solange die zugehörigen Wellenfunktionen gleiche Symmetrie besitzen. Dabei verstehen wir unter Symmetrie,

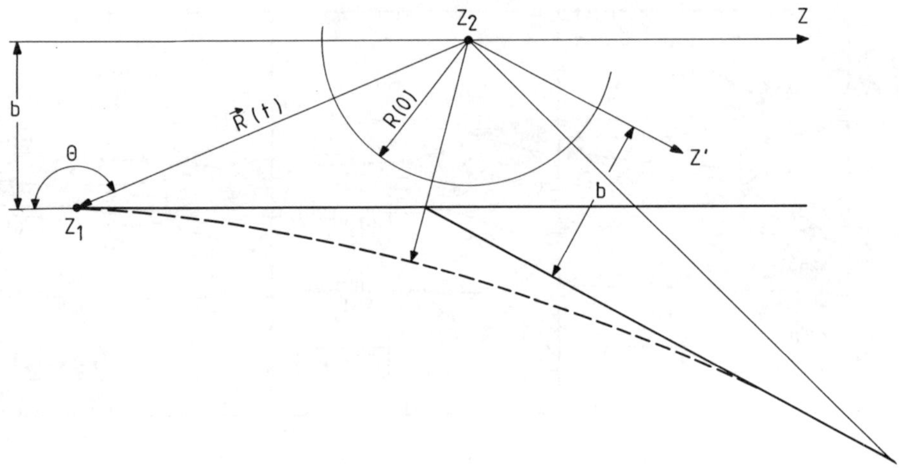

Bild 11.6 Prinzipbild eines Atom-Atom-Stoßes.

daß die Wellenfunktionen bei Drehung um die Verbindungsachse der beiden Kerne, bei Spiegelung an Ebenen oder bei Elektronenvertauschungen sich nicht ändern.

Demnach können nur für Zustände verschiedener Symmetrie Kreuzungspunkte der Energieniveaus auftreten, für andere nähern sie sich nur. In Bild 11.5 sind Näherungspunkte der Niveaus durch Pfeile gekennzeichnet.

Wenn die Energien zweier Zustände während des Stoßes sich bis zu einem Minimalabstand nähern, wächst dort die Wahrscheinlichkeit, daß ein Übergang stattfinden kann. Mit dieser Vorstellung lassen sich Übergänge, die durch den Stoß hervorgerufen werden, gut beschreiben.

Betrachten wir dazu die Änderung der Relativfunktion $\chi(R(t),\Theta(t))$, die vom linearen Abstand der Zentren zweier Atome $R(t)$ und dem Winkel $\Theta(t)$ abhängt (vgl. Bild 11.6), als Funktion der Zeit, dann erhalten wir als Matrixelement für einen adiabatischen Übergang von einem Zustand $\psi_n(\boldsymbol{r})$ in einen Zustand $\psi_m(\boldsymbol{r})$

$$\int \mathrm{d}^3\boldsymbol{r}\psi_m(\boldsymbol{r})\chi(\boldsymbol{R}(t))\left|\frac{\partial}{\partial t}\right|\psi_n(\boldsymbol{r})\chi(\boldsymbol{R}(t))\,. \tag{11.7}$$

Adiabatisch bezeichnet hier eine langsame Zustandsänderung. Diese Zustandsänderungen sind dynamische Kopplungen der Zustände. Wir unterscheiden eine radiale Kopplung, wenn die Annäherung der Energien bei Veränderung der Länge von $\boldsymbol{R}$ erfolgt und eine Rotationskopplung, wenn sich die Richtung von $\boldsymbol{R}$ dreht. Wir können dafür die zeitliche Ableitung der Funktion wie folgt schreiben:

$$\frac{\partial}{\partial t}|\psi_n(\boldsymbol{R}(t),\Theta(t))\rangle = \dot{R}\frac{\partial}{\partial R}|\psi_n(\boldsymbol{R}(t),\Theta(t))\rangle + \dot{\Theta}\frac{\partial}{\partial\Theta}|\psi_n(\boldsymbol{R}(t),\Theta(t))\rangle\,. \tag{11.8}$$

$\Theta(t)$ ist der Winkel, den $\boldsymbol{R}(t)$ mit der fest angenommenen z-Achse (siehe Bild 11.6) bildet, dabei nehmen wir an, daß $\boldsymbol{R}(t)$ in der xz-Ebene verbleibt.

In Bild 11.7 ist die Änderung des Zustands 2pπ in 2pσ während der engsten Annäherung beim Stoß gezeigt, es tritt eine Rotation der Elektronen-Verteilung auf. Das Bild der zwischenzeitlichen Einstellung von quasimolekularen Strukturen wird allen Stoßprozessen, die bei Projektilgeschwindigkeiten $v_P \approx v_n$ stattfinden, zugrundegelegt, und damit lassen sich viele physikalische Vorgänge gut beschreiben.

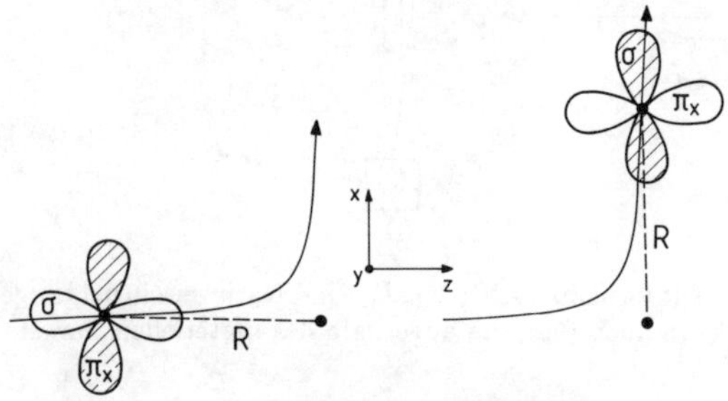

Bild 11.7 Änderung der Elektronenverteilung bei Rotationskopplung 2pπ–2pσ.

11.2 Experimentelle Untersuchungen dynamischer Atomprozesse

Wie in Bild 11.1b angedeutet, führt ein großer Impulsübertrag $\Delta \boldsymbol{p}_{\text{if}}$ im Stoß zur Ionisation. Untersuchungen von Ionisationsprozessen liefern Einsichten und Daten für Energieverluste von Teilchen beim Durchgang von Materie. Diese wiederum sind die grundlegenden physikalischen Prozesse, die Meßmethoden zugrunde liegen, die bei Strahlungsmessung und Teilchennachweis benötigt werden, also für das gesamte Gebiet der experimentellen Kern- und Elementarteilchenphysik sowie der Strahlungsüberwachung wichtig sind.

Streuexperimente mit atomaren Teilchen werden prinzipiell so ausgeführt wie in Bild 11.8 gezeigt. Ein Teilchen- oder Photonen-Bündel trifft (von links) auf ein Target T, in dem die Prozesse stattfinden. Sowohl Teilchen wie auch Photonen können das Target verlassen. Sie werden dann in einem Detektor D_1 bzw. D_2 nachgewiesen. Um den Ablauf eines Prozesses detailliert untersuchen zu können, werden häufig mehrere Reaktionsprodukte koinzident, d.h. in zeitlicher Korrelation gemessen. Werden die Atome eines Targets einem Strom von Ladungsträgern oder Photonen ausgesetzt, so übt das schnell variierende Coulomb-Feld des Projektils gemäß Gl. (11.3) auf die äußeren Atom-Elektronen eine Kraft aus, durch die die Atome bei Übersteigung der Bindungsenergie, d.h. genügend großem $\Delta \boldsymbol{p}_{\text{if}}$ in Bild 11.1b, ionisiert werden können.

Bei der Ionisation durch Elektronenstoß wird ein Maximum des Wirkungsquerschnittes beobachtet, wenn die Energie der Elektronen etwa den fünffachen Wert der Io-

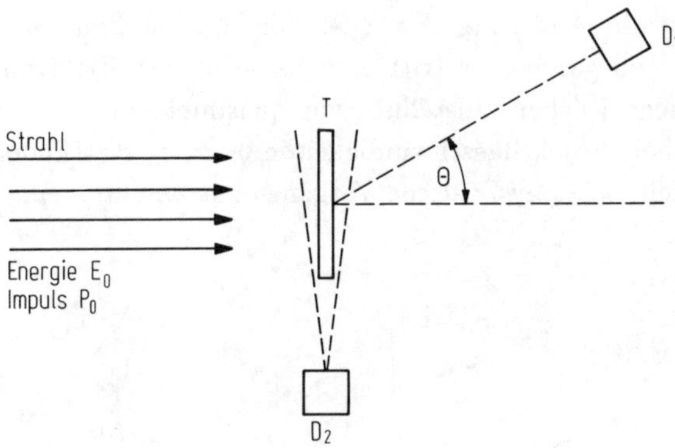

Bild 11.8 Streuexperiment (schematisch): D_1, D_2 sind Nachweiseinrichtungen (Detektoren, Spektrometer); D_2 kann auch Bereiche außerhalb des materiellen Targets erfassen.

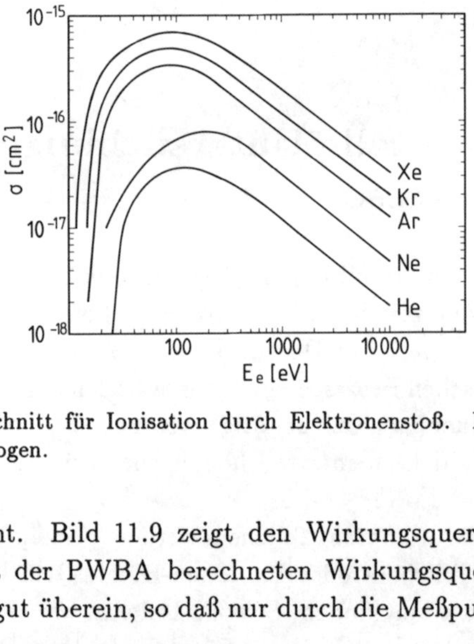

Bild 11.9 Wirkungsquerschnitt für Ionisation durch Elektronenstoß. Die Linien sind durch viele Meßpunkte gezogen.

nisierungsenergie erreicht. Bild 11.9 zeigt den Wirkungsquerschnitt für Elektronenstoßionisation. Die mit der PWBA berechneten Wirkungsquerschnitte stimmen mit den Experimenten sehr gut überein, so daß nur durch die Meßpunkte verlaufende Linien gezeigt sind.

Der Verlauf der Wirkungsquerschnitte läßt sich wie folgt erläutern. Die Wechselwirkung bei der Ionisation durch Elektronenstoß findet zwischen zwei Elektronen statt. Wenn wir das im Atom gebundene Elektron als ruhend annehmen, muß die Geschwindigkeit des einfallenden Elektrons, um zu ionisieren, mindestens doppelt so groß sein wie die Geschwindigkeit des gebundenen Elektrons. Seine Energie muß also den vierfachen Wert der Bindungsenergie erreichen. Da die Elektronen aber nicht ruhen, die Impulse der gebundenen Elektronen also eine Verteilung haben, erhöht sich die Energie noch etwas, womit das experimentelle Ergebnis qualitativ gut übereinstimmt. Bei sehr viel schnelleren Elektronen wirkt die Kraft, also der Gradient des skalaren Coulomb-Potentials eine kurze Zeit ein, so daß die Wahrscheinlichkeit für Ionisation abnimmt, demzufolge nimmt der Wirkungsquerschnitt ebenfalls mit wachsender Energie der stoßenden Elektronen ab.

Ionisation von Atomen durch Elektronen und Photonen sind für die Ionenerzeugung besonders wichtig. Da nur geladene Teilchen in einem elektrischen Feld beschleunigt werden und dabei eine Energie $E = q \cdot U$ erhalten, spielt die Ionenerzeugung in allen Beschleunigeranlagen in der Kern- und Festkörperphysik eine wichtige Rolle.

In vielen Stoßprozessen wird häufig nur einer der in der Reaktion entstandenen Partner weiterhin untersucht, z.B. ein Atom oder Ion in seinen Anregungszuständen. Auch die Übertragung eines Elektrons von einem Targetatom auf das Ion, der Ladungsaustausch oder Ladungstransfer, findet während des Stoßes statt. Durch Ladungstransfer können Ionenstrahlen neutralisiert werden, ein Prozeß, der zwar bei Teilchenbeschleunigern unerwünscht ist, aber bei der Injektion von Teilchen in einem Fusionsreaktor bewußt herbeigeführt wird, um damit Neutralteilchen in ein Magnetfeld injizieren zu können.

Quantitativ kann der Ein-Elektronentransfer folgendermaßen betrachtet werden: Der Wirkungsquerschnitt für die Ein-Elektronen-Umladung erreicht etwa ein Maximum, wenn die Zeit τ des Prozeßablaufs, also des Übergangs des Elektrons zwischen den zwei beteiligten Niveaus, und die Zeit t, in der die Wechselwirkung stattfindet, annähernd gleich werden, wenn also gilt

$$\frac{\tau}{t} \approx 1 \, .$$

Mit den Parametern eines Stoßprozesses läßt sich für dieses Verhältnis auch der Ausdruck

$$\frac{\tau}{t} = \frac{h}{\Delta E} \cdot \frac{v_{\mathrm{P}}}{a} \approx 1 \tag{11.9}$$

bilden. Dieser Ausdruck heißt Massey-Kriterium[1]. Darin ist v_{p} die Projektilgeschwindigkeit, a der Wechselwirkungsbereich, eine Weglänge, über die die wesentliche Wirkung des Wechselwirkungspotentials verteilt ist. Viele Vergleiche mit experimentellen Ergebnissen haben einen Wert von $a \approx 7 \cdot 10^{-10}\,\mathrm{m}$ ergeben. ΔE ist die Differenz der Bindungsenergien im System 1 und System 2, sie wird Energiedefekt genannt. Um ein Elektron aus dem System 1 herauszulösen, wird eine Energie benötigt, die mindestens gleich der Bindungsenergie $E_{\mathrm{B}}(1)$ ist. Wird das Elektron im System 2 mit der Bindungsenergie $E_{\mathrm{B}}(2)$ wieder eingefangen, so wird dieser Energiebetrag freigesetzt. Für die Umladung ist also nur der Differenzbetrag $\Delta E = E_{\mathrm{B}}(1) - E_{\mathrm{B}}(2)$ aufzubringen.

Untersuchen wir in einem vollständigen Stoßexperiment nicht nur das Schicksal des Projektils, sondern auch das Verhalten und die Eigenschaften des vor dem Stoß ruhenden Targetatoms, dann finden wir z.B., daß dieses Atom, das wir jetzt nach dem Stoß „Rückstoßatom“ nennen, eine beträchtliche Anregung erfahren hat. In vielen Fällen sind

[1] Sir Harry Massey (geb. 1908)

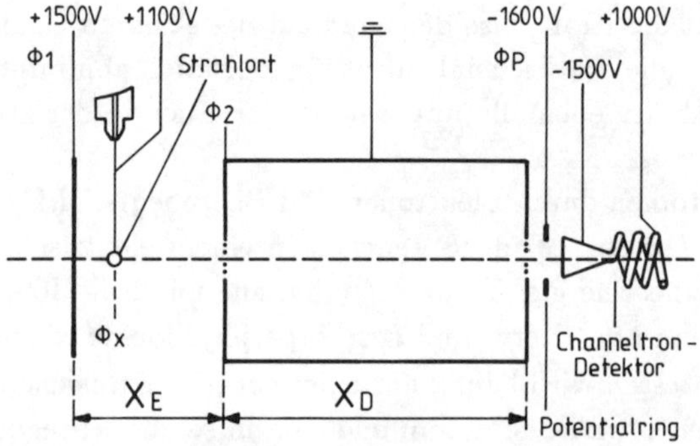

Bild 11.10 Experimentelle Anordnung eines Rückstoßexperiments (der Strahl läuft senkrecht zur Zeichenebene ein).

die Rückstoßatome hoch ionisiert. Wir können in einem Koinzidenzexperiment hochgeladene Ionen erzeugen und sie dadurch untersuchen, daß wir die nach der Ionisation ausgesandte Strahlung gleichzeitig mit den anregenden Ionen messen.

Beobachten wir die Stöße innerhalb eines von außen angelegten elektrischen Feldes, lassen sich die in verschiedenen Ladungszuständen erzeugten Ionen durch ihre Energie $E_{\text{kin}} = q \cdot U$ unterscheiden, die sie in diesem elektrischen Feld aufgenommen haben.

Wir betrachten dazu ein Experiment, bei dem ein Ionenstrahl und ein Neutralgasstrahl sich senkrecht kreuzen. Im Durchdringungsbereich beider Strahlen finden die Stöße statt.

Die Energie der Rückstoßteilchen können wir aus ihren Flugzeiten bestimmen. Eine experimentelle Anordnung für die Rückstoßionenspektroskopie ist in Bild 11.10 gezeigt. Die Ionen werden am Strahlort, an dem Ionenstrahl und Neutralgasstrahl sich kreuzen, erzeugt. Im Bereich X_E werden sie durch ein elektrisches Feld auf den Driftraum, in dem kein elektrisches Feld vorhanden ist, beschleunigt. Sie erreichen beim Potential ϕ_2 die kinetische Energie:

$$E_{\text{kin}} = q \cdot (\phi_X - \phi_2) = \frac{1}{2} m v^2 \,.$$

Danach durchlaufen sie einen feldfreien Raum X_D, eine sogenannte Driftstrecke, bevor sie in einem Channeltron (siehe Kapitel 6) nachgewiesen werden. Nach der Driftstrecke werden sie noch ein zweites Mal beschleunigt, um die bessere Ansprechwahrscheinlichkeit des Channeltron-Detektors für Ionen höherer Energie besser ausnutzen zu können. Für die Zeit, die ein q-fach geladenes Ion der Masse m benötigt, um den Driftraum zu durchlaufen, erhalten wir:

$$t = l \cdot \sqrt{\frac{m}{2 \cdot q(\phi_X - \phi_2)}} \,. \tag{11.10}$$

Die Ionen werden an einem Punkt in ca. 3 cm Abstand von der Elektrode auf dem Potential ϕ_2 erzeugt. Nehmen wir an, wir experimentieren mit Ar als Targetgas, dann benötigt ein zwölffach geladenes Ar-Ion die Zeit $t = 1.15\,\mu$s. Ein zweifach geladenes Ar-

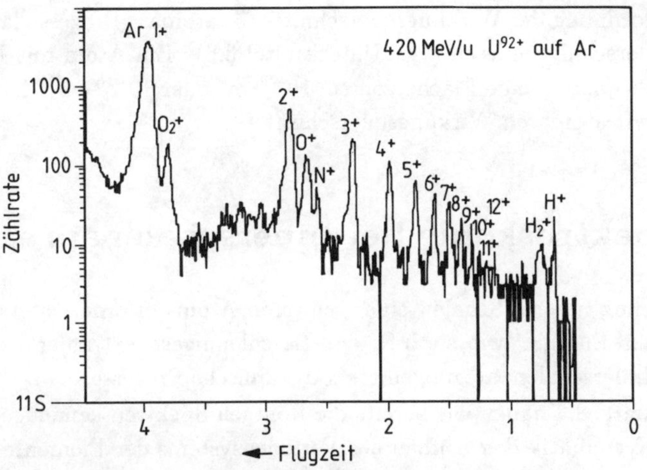

Bild 11.11 Ladungsspektrum von Ar-Rückstoßionen, die durch U^{92+}-Ionen der Energie 420 MeV erzeugt wurden [Ul 87].

Ion legt die gleiche Strecke in $t \cdot \sqrt{6} = 2.82\,\mu s$ zurück. Mit einer schnellen elektronischen Schaltung lassen sich daraus sehr gut aufgelöst die einzelnen Ladungsträger trennen, wie im Spektrum der Ladungszustände in Bild 11.11 gezeigt ist. In diesem Experiment wurde ein Uran-Strahl (92fach geladene Ionen) auf ein Ar-Gastarget geschossen. Die Rückstoßionen, Elektronen und gestreute Uran-Ionen, werden dabei koinzident gemessen.

Ist das Projektil ein Ion, dann können, wie bereits zuvor erwähnt, unter günstigen kinematischen Bedingungen, d.h. geeigneten Impulsüberträgen und Winkeln, die aus dem Verband des Targetatoms ausgelösten Elektronen auch in den Projektilatomverband eingefangen werden. Häufig werden die Elektronen in äußere Zustände, Rydberg-Zustände (vgl. Kapitel 9.6), des Projektils eingefangen. Beim Übergang in energetisch niedriger liegende Zustände sendet das Projektil elektromagnetische Strahlung aus. Dabei treten sowohl Kaskadenübergänge bis zum Grundzustand als auch ein direkter „Strahlungseinfang“ in den Grundzustand auf.

Bei der Streuung von sehr langsamen Ionen an Atomen sind auch Elektronenübertragungen in entgegengesetzter Richtung, also vom Projektil zum Targetatom möglich, wobei negativ geladene Ionen entstehen. Für derartige Experimente, die häufig in verdünnten Plasmen ausgeführt werden, sind jedoch starke Einschränkungen des Geschwindigkeitsbereichs zu beachten.

Im Experiment wird stets die Vielfalt aller Prozesse gleichzeitig auftreten. Die für einen einzelnen Prozeß geeigneten Meßmethoden liefern Wirkungsquerschnitte oder Wahrscheinlichkeiten für sein Auftreten, so daß daraus der Anteil des jeweiligen Prozesses bestimmt wird.

Die Größenordnung der Wirkungsquerschnitte für atomare Prozesse läßt sich am geometrischen Querschnitt ablesen (vgl. Unterkapitel 3.6). Ein Atom mit Radius 10^{-10} m liefert in der Projektion eine Fläche von ca. $10^{-20}\,\mathrm{m}^2$ oder $10^{-16}\,\mathrm{cm}^2$. Diese Größenordnung nennen wir atomaren Wirkungsquerschnitt.

11.3 Spektroskopie bei Innerschalenanregung

Die Untersuchung innerer Schalen eines schweren Atoms erfordert stets Teilchen oder Photonen hoher Energie, wie sie z.B. aus Beschleunigern extrahiert werden können. Deshalb sind Innerschalenanregungen stets dynamische Prozesse.

Im Unterkapitel 8.3 haben wir bereits die Röntgen-Spektren kennengelernt und gesehen, wie ihre Systematik den Aufbau des Periodensystems der Elemente bestimmt.

Hier wollen wir uns mit einigen atomaren Prozessen beschäftigen, durch die Röntgen-Spektren erzeugt werden; wir erweitern damit das Unterkapitel 8.3. Im vorhergehenden Unterkapitel 11.2 haben wir Stoßprozesse kennengelernt, die sich in den äußeren Schalen abspielen. Die einfache Relation, die das Moseleysche Gesetz, Gl. (8.1), angibt, sowie die Tatsache, daß die K-Schale jedes Atoms nur zwei Elektronen aufnehmen kann, erlaubt es wegen der reduzierten Zahl an Parametern aus den Anregungen der inneren Schalen, einfacher zu interpretierende Resultate zu gewinnen, als es für die mit vielen Elektronen besetzten höheren Schalen möglich ist.

Gegenüber dem Wasserstoffatom treten bei Anregung innerer Schalen in Mehrelektronen-Atomen zusätzliche Effekte auf. So ändert sich bei Innerschalenanregung das Coulomb-Potential, mit dem Elektronen in äußeren Schalen gebunden sind, d.h. es treten Abschirmeffekte auf (vgl. Kapitel 9.1). In einem schweren Atom wird die Anziehung der äußeren Elektronen durch die Kernladung $Z \cdot e$, durch weiter innen befindliche Elektronen abgeschirmt. Fällt diese Abschirmung teilweise weg, so wird die Anziehung stärker, die äußeren Elektronen sind dann stärker gebunden. Dadurch ändern sich die Übergangsenergien und in den Röntgen-Spektren treten Linien auf, die energetisch gegenüber denen eines ungestörten Atoms verschoben sind. Es entstehen Satellitlinien, die ein ganzes System bilden können.

Sind in der L-Schale z.B. zwei Vakanzen vorhanden, wird der entsprechende Übergang $\mathrm{KL}^2\alpha$ genannt, allgemein bei n Vakanzen in der L-Schale $\mathrm{KL}^n\alpha$ bzw. $\mathrm{KL}^n\beta$. Bild 11.12 zeigt ein solches Spektrum von K-Übergängen im Calcium-Atom [Ol 74], die durch O^{7+} Ionen erzeugt werden.

Neben den Satellitlinien, bei denen eine Vakanz in der K-Schale besteht, können in Stößen zweier schwerer Systeme, wie in Bild 11.12 gezeigt, in der K-Schale eines Systems zwei Vakanzen auftreten. Übergänge in diesem System erhalten die Bezeichnung $\mathrm{K}^2\mathrm{L}^n$, sie werden Hypersatellitlinien genannt. In Bild 11.12 sind auch diese Linien gezeigt. In einem Experiment werden normalerweise alle Prozesse gleichzeitig auftreten,

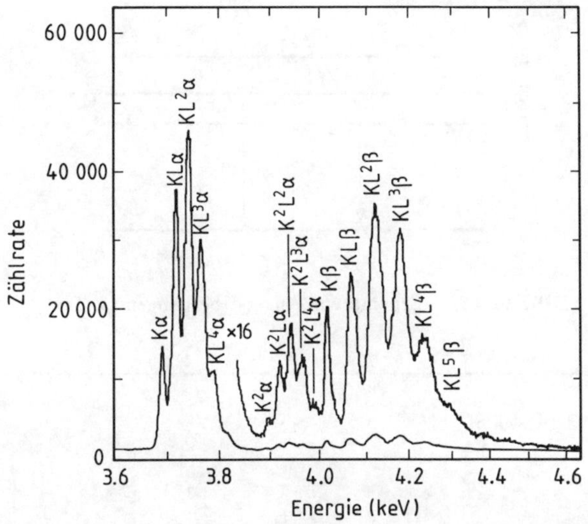

Bild 11.12 Röntgen-Spektren mit Satellit- und Hypersatellitlinien im Stoß von O^{7+}-Ionen mit Ca-Atomen [Ol 74].

so daß die Analyse der Spektren die gegenseitige Stärke des Auftretens, d.h. die einzelnen Wirkungsquerschnitte liefert.

Die theoretische Behandlung von atomaren Stößen, an denen innere Zustände schwerer Atome beteiligt sind, erfordert, daß relativistische Wellenfunktionen benutzt werden, denn die Anwesenheit des Coulomb-Potentials des zweiten Stoßpartners führt zu einer Kontraktion der Wellenfunktionen der Elektronen im Inneren des Targetatoms. Dies hat zur Folge, daß auch die Wirkungsquerschnitte für Stöße mit diesen Elektronen um Größenordnungen kleiner werden als bei nicht-relativistischen Elektronen. Die Geschwindigkeiten der Elektronen in inneren Schalen erreichen beträchtliche Bruchteile der Lichtgeschwindigkeit, woraus sich der Zwang für die relativistische Behandlung ergibt.

Werden in Stoßprozessen Atome angeregt, dann zerfallen nicht alle Anregungszustände unter Strahlungsaussendung. Der Übergang von einem angeregten Zustand, z.B. in den Grundzustand, kann auch strahlungslos erfolgen. Die dabei freiwerdende Energie kann auf Elektronen des gleichen Atoms übertragen werden, die dann oftmals den Atomverband verlassen. Dieser Prozeß wird nach seinem Entdecker Auger-Prozeß[1] genannt.

Schematisch ist dieser Prozeß in Bild 11.13 gezeigt. Die Vakanz in der K-Schale kann durch Elektronen verschiedener Zustände besetzt werden. Nehmen wir an, ein Elektron aus der L-Schale geht in den K-Zustand über, unter Übertragung der Energie an ein weiteres L-Elektron, dann entstehen in der L-Schale zwei Vakanzen. Das den Atomverband verlassende Elektron wird KLL-Auger-Elektron genannt. Dieses zweite

[1] Pierre Auger (geb. 1899)

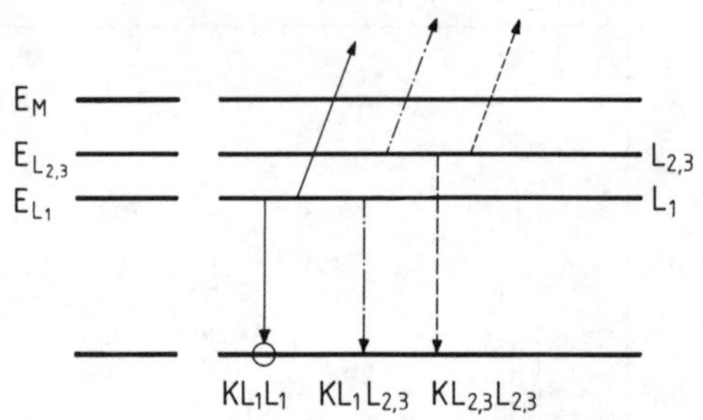

Bild 11.13 Schema von Auger-Übergängen (s. Text).

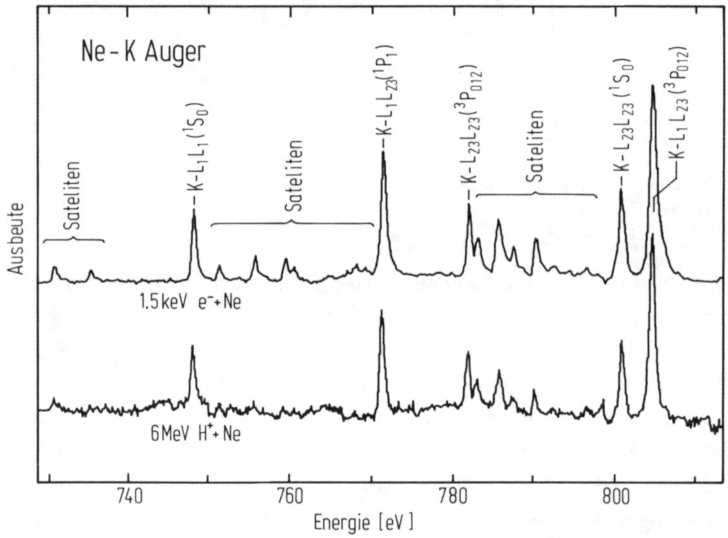

Bild 11.14 Auger-Elektronen-Spektrum von Neon [Ma 80].

Elektron verläßt das Atom mit endlicher Geschwindigkeit, da die Bindungsenergie des Elektrons in der K-Schale diejenige der L-Schale wesentlich übersteigt, also wird teilweise Bindungsenergie in kinetische Energie umgewandelt.

Hier sind auch Übergänge aus der L_I-Schale möglich, weil die Drehimpulserhaltung durch das ausgesandte Elektron gesichert ist. Die Auger-Elektronen liefern Informationen über die Zustände im Atominneren. Da diese Zustände diskrete Energien besitzen, werden die Auger-Elektronen ebenfalls ein Linienspektrum liefern (Bild 11.14). Besonders häufig werden Auger-Elektronen mit elektrostatischen Spektrometern analysiert. In Bild 11.15 ist ein solches Spektrometer gezeigt.

Elektronen, die in diesem Experiment mit den Ionen laufen, treten durch einen Schlitz in einer ebenen Platte in ein elektrisches Feld ein. Die zweite Elektrode liegt auf negativem Potential, so daß ein elektrisches Ablenkfeld entsteht, in dem die Elektronen

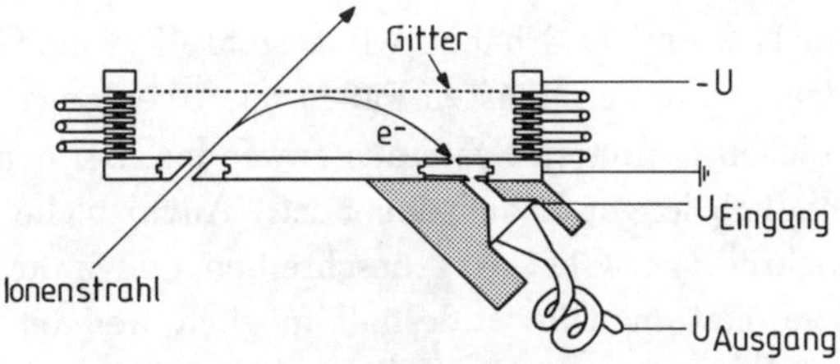

Bild 11.15 Elektronenspektrometer [Lo 86].

eine Parabelbahn durchlaufen. Nur Elektronen einer bestimmten Energie gelangen auf ihrer Parabelbahn in den Ausgangsschlitz und können außerhalb wieder nachgewiesen werden. Die Ionen werden in diesem Feld kaum abgelenkt.

Eine Elektronenspektroskopie mit hoher Auflösung erlaubt es, auch Übergänge aus Drehimpulsunterzuständen zu beobachten. Zwischen den Unterschalen finden Umbesetzungen statt, also Übergänge zwischen Unterschalenniveaus. Diese Übergänge liefern Aussagen über die Prozesse in inneren Schalen. Wenn X_i und X_f die Unterzustände des Niveaus X sind und Y ein äußerer Zustand ist, dann ist der Auger-Prozeß $X_i \to X_f Y$ ein Coster-Kronig-Übergang [1]. Die Energiebilanz lautet für die emittierten Elektronen

$$E_{\text{kin}} = E_{X_i} - E_{X_f} - E_Y .$$

Dieser Prozeß tritt nur für $E_{\text{kin}} > 0$ auf.

Wenn für Röntgen-Übergänge mehrere Übergangsmöglichkeiten bestehen, z.B. strahlungs- und strahlungslose Übergänge, so wird das Verhältnis der Wahrscheinlichkeit für einen strahlenden Übergang $\Gamma_{\text{Strahlung}}$ zur Gesamtheit aller Übergangswahrscheinlichkeiten Γ_i Fluoreszenzkoeffizient genannt;

$$\omega = \frac{\Gamma_{\text{Strahlung}}}{\sum_i \Gamma_i} . \tag{11.11}$$

Die genaue Kenntnis des Fluoreszenzkoeffizienten ω ist nötig, um die Wahrscheinlichkeiten für strahlende Übergänge in inneren Schalen abschätzen zu können.

11.4 Exotische Atome

In den vorhergehenden Kapiteln haben wir „normale“ Atome kennengelernt, die aus einem Kern aus Nukleonen und Elektronen in der Hülle bestehen. Beide Bestandteile für sich haben eine unendliche Lebensdauer, die Atome sind also stabil gegen spontanen Zerfall. Die Bindung wird durch das elektromagnetische Feld in Form des Coulomb-Potentials vermittelt.

[1] Dirk Coster (1889—1950), Ralph de Laer Kronig (geb. 1900)

In den Unterkapiteln 11.2 und 11.3 haben wir atomare Systeme betrachtet, die nur in Stößen erzeugt werden und in den meisten Fällen nur Übergangszustände darstellen. Wir wollen uns jetzt solchen atomaren Systemen zuwenden, bei denen ein Partner ein Teilchen mit nicht unendlich langer Lebensdauer ist. Auch solche atomaren Systeme lassen sich mit einer Schrödinger-Gleichung beschreiben und zwar in der einfachsten Form, der für das Wasserstoffatom. Dies ist deshalb möglich, weil die Wahrscheinlichkeit, mehr als nur eins der instabilen, zerfallenden Teilchen in ein atomares Systen einzubauen, nahezu Null ist. Da zerfallende Teilchen „unnormal“, gewissermaßen „exotisch“ sind, nennt man die atomaren Systeme, in denen sie eingebaut sind, exotische Atome.

Als Partner der Atomkerne sind bisher die folgenden Elementarteilchen aufgetreten [BS 86]: Myonen, Pionen, Kaonen, Σ-Hyperonen und Antiprotonen.

Myonen gehören in die Gruppe der Leptonen. Pionen und Kaonen werden allgemein als Mesonen bezeichnet, und Σ-Hyperonen und Antiprotonen werden als Baryonen klassifiziert. Myonen sind Fermionen mit der Energie $m_\mu c^2 = 105.66\,\mathrm{MeV}$ und einer mittleren Lebensdauer von $\tau_\mu = 2.19 \cdot 10^{-6}\,\mathrm{s}$. Sie zerfallen in Elektronen und zwei Neutrinos.

Alle diese Teilchen kommen auch mit negativer Ladung vor, so daß sie ähnlich wie Elektronen mit einem Atomkern ein atomares System bilden. Die Experimente, in denen diese atomaren Systeme erzeugt werden, sind zwar kompliziert, laufen aber stets nach dem gleichen Prinzip ab. Die exotischen Teilchen werden in nuklearen Stoßprozessen entweder in den höheren Schichten der Erdatmosphäre oder häufiger und mit größerer Ausbeute an Teilchenbeschleunigern hoher Energie erzeugt. Da sie geladen sind, werden sie bei ihrem Weg durch Materieschichten, durch Coulombsche Wechselwirkung soweit verlangsamt, daß sie in das Feld eines Atomkerns eingefangen werden können. Mit diesem Atomkern bilden sie dann ein wasserstoffähnliches Atom. Die Energieniveaus können völlig analog zu dem in Kapitel 7 beschriebenen Verfahren als Lösung einer Schrödinger-Gleichung bestimmt werden.

Bei Berücksichtigung der Feinstrukturaufspaltung lauten die Energieniveaus analog zu Gl. (7.74) für Fermionen

$$E_{nj} = -\frac{m_\mathrm{r} c^2}{2} \frac{Z^2\alpha^2}{n^2} \left[1 + \frac{Z^2\alpha^2}{n} \left(\frac{1}{j+\frac{1}{2}} - \frac{3}{4n} \right) + \cdots \right] . \tag{11.12}$$

In dieser Formel sind die höheren Glieder in der Entwicklung nach der Feinstrukturkonstanten α vernachlässigt worden.

Wichtig ist festzustellen, daß in Gl. (11.12) die reduzierte Masse m_r des zu untersuchenden Systems auftritt. Wir hatten in Kapitel 7.3 gesehen, daß die reduzierte Masse des Wasserstoffatoms

$$m_\mathrm{r} = \frac{m_\mathrm{p} \cdot m_\mathrm{e}}{m_\mathrm{p} + m_\mathrm{e}} = 9.104\,575\,4 \cdot 10^{-31}\,\mathrm{kg}$$

beträgt. Analog ist jetzt für die schweren Elementarteilchen die reduzierte Masse mit deren Masse m_{E} und der Masse des Atomkerns m_{K} zu bilden:

$$m_{\mathrm{R}} = \frac{m_{\mathrm{K}} \cdot m_{\mathrm{E}}}{m_{\mathrm{K}} + m_{\mathrm{E}}} .$$

Damit werden zwar die Absolutwerte der Energien der Zustände im Verhältnis $m_{\mathrm{R}}/m_{\mathrm{r}}$ vergrößert; die relative Skala bleibt jedoch erhalten.

In Analogie zum atomaren Radius a_0' (siehe Gl. (7.12), den wir in der Beschreibung des H-Atoms benutzten, tritt jetzt als Erwartungswert eines „Bahnradius" auf:

$$\langle r \rangle = \frac{\hbar c}{m_{\mathrm{R}} \alpha} \left[\frac{3n^2 - j(j+1)}{2Z} \right] . \qquad (11.13)$$

Für die Wellenfunktionen der Zustände mit Hauptquantenzahlen $n \leq 14$ liegt das Maximum ihrer Aufenthaltswahrscheinlichkeit innerhalb des Abstands des Maximums der elektronischen K-Schale, so daß für Myonen in diesen Zuständen keine oder nur geringe Abschirmung vorliegt. Für Elemente mit $Z > 10$ liegen alle 1s-Zustände bereits innerhalb des Kernradius, so daß atomare Übergänge in diesem Bereich nicht mehr beobachtbar sind.

Einige der oben genannten Elementarteilchen, die Pionen und Kaonen, haben den Spin Null, sie sind also Bosonen. Für sie ergeben sich die atomaren Energieniveaus als Lösung der Klein-Gordon-Gleichung[1]:

$$E_{nl} = -\frac{m_{\mathrm{R}} c^2}{2} \frac{Z^2 \alpha^2}{n^2} \left[1 + \frac{Z^2 \alpha^2}{n} \left(\frac{1}{l + \frac{1}{2}} - \frac{3}{4n} \right) + \cdots \right] . \qquad (11.14)$$

Der „Bahnradius" lautet entsprechend Gl. (11.13)

$$\langle r \rangle = \frac{\hbar c}{m_{\mathrm{R}} \alpha} \left[\frac{3n^2 - l(l+1)}{2Z} \right] . \qquad (11.15)$$

Exotische Atome werden als Sonden benutzt, mit denen physikalische Größen, wie sie in Bild 11.16 schematisch aufgelistet sind, gemessen werden können.

Das Schema in Bild 11.16 zeigt ein Niveauschema für unterschiedliche exotische Atome mit den Hauptquantenzahlen n als Ordinate und den Drehimpulsquantenzahlen l als Abzisse für das Isotop $^{20}_{40}\mathrm{Ca}$. Die Energieskalen sind unterschiedlich für jedes der Systeme. So beträgt die Energiedifferenz der Zustände zwischen $n = 6$ und $n = 7$ im myonischen Atom ca. 8 keV, im Σ-Hyperonen-Atom dagegen 91 keV. Wegen der kleinen Wirkungsquerschnitte für die Erzeugung der exotischen Teilchen wird jeweils nur ein exotisches Teilchen an den Kern $^{40}\mathrm{Ca}$ gebunden, es entstehen so nur „Wasserstoff"-Atome.

Die exotischen Atome sind nicht nur Gegenstand der Grundlagen-Forschung, wobei vorwiegend die Strahlungsübergänge im Atom nachgewiesen werden (hier mit „Atomphysik" bezeichnet), sie dienen häufig auch als Sonden in andern Gebieten der Physik.

[1]Oskar Benjamin Klein (1894—1977), Walter Gordon (1893—1940)

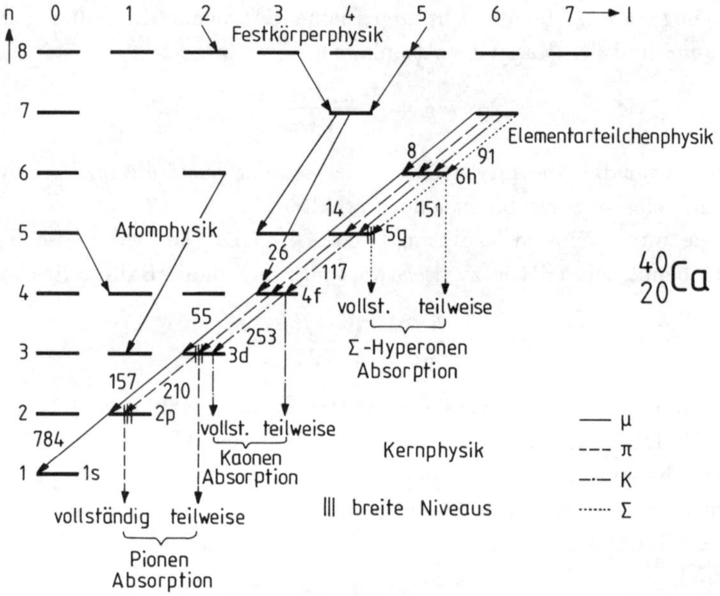

Bild 11.16 Systematik zur Spektroskopie exotischer Systeme und ihre Anwendung als Sonden.

Die schwach gebundenen Bindungszustände (großes n) besonders der pionischen Atome, erlauben es, wenn sie in einen festen Körper eingebunden sind, die Struktur der nächsten Umgebung dieses Atoms zu untersuchen. Erreichen die pionischen Atome Zustände mit kleiner Hauptquantenzahl, dann tritt die starke Wechselwirkung mit den Atomkernen in den Vordergrund, die Pionen werden im Kern absorbiert. Hier bestimmen dann die Fragen der Kernphysik die Untersuchung.

Das gleiche gilt für Kaonen- und Σ-Hyperonen-Atome, die die Zustände mit kleinem n wiederum nicht erreichen können, weil durch die auch hier dominierende starke Wechselwirkung eine Absorption bereits aus Zuständen mit größerem n, wie gezeigt, stattfindet. Je schwerer das exotische Teilchen ist, desto größer wird die Hauptquantenzahl n des Zustandes, bis zu dem nach dem Einfang in die Rydberg-Zustände (vgl. Unterkapitel 9.6) nur Röntgen- und γ-Kaskaden auftreten. In diesem Bereich interessieren Aspekte der Elementarteilchenphysik.

Spektren myonischer Atome zeigen eine Kaskade von Linien, die jedoch häufig nicht bis zur Hauptquantenzahl $n = 1$ reicht, weil das dazugehörige Maximum der Aufenthaltswahrscheinlichkeit der Myonen bereits innerhalb des Atomkerns liegt. Aus den letzten noch beobachtbaren Linien lassen sich somit Kernradien bestimmen. Danach werden die Myonen in den Kern eingefangen, vorausgesetzt, die Wellenfunktionen des Myons und des Kerns zeigen eine genügend starke Überlagerung.

Zum Vergleich der Energien bei elektronischen und myonischen Atomen desselben Elements betrachten wir den Übergang 3D–2P im ^{31}P-Atom. Im Elektronen-Atom hat

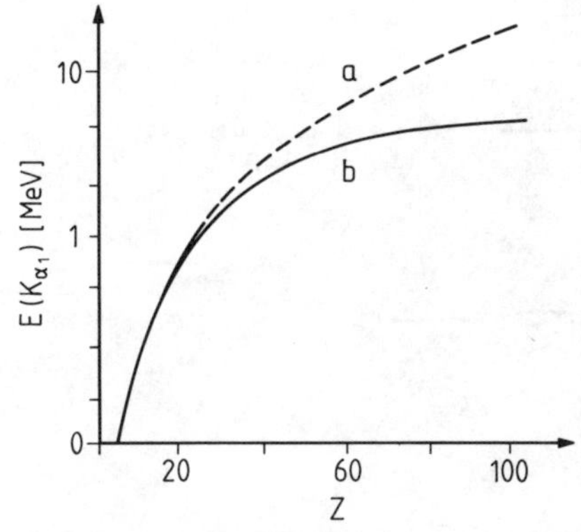

Bild 11.17 Energien der $2P_{1/2}$-$1S_{1/2}$-Übergänge in μ-Atomen: gestrichelte Kurve gemessene Werte, durchgezogene Linie für punktförmige Kerne.

er die Energie $\hbar\omega_{32} = 425.199\,\text{eV}$. Wenn wir den gleichen Übergang in einem myonischen Atom berechnen, so skalieren wir $E_{32} = \hbar\omega_{32}$ mit $m_R/m_r = 206.02$ und erhalten

$$E_{32}(\mu) = 87.6\,\text{keV}\ ,$$

wie es auch experimentell nachgewiesen wurde.

In Bild 11.17 sind die Lagen der Energien von $2P_{1/2}$–$1S_{1/2}$-Übergängen gezeigt. Dabei gibt die durchgezogene Linie die unkorrigierten, für einen punktförmigen Kern berechneten Energien an. Die gestrichelte Linie zeigt dagegen den Verlauf der experimentell gefundenen Werte. Die Abweichungen der Energien oberhalb $Z > 40$ deuten auf die theoretisch anzubringenden Korrekturen hin. Eine der Korrekturen besteht in der Ersetzung der punktförmigen Ladung durch eine Ladungsverteilung, so daß sich aus den Spektren myonischer Atome die Ladungsverteilung im Kern, das magnetische Kernmoment und auch das Kern-Quadrupolmoment bestimmen lassen. Ferner können Korrekturglieder der Quantenelektrodynamik experimentell bestimmt und mit der Theorie verglichen werden.

Die Spektroskopie exotischer Atome kann in allen Fällen auch benutzt werden, die Massen der exotischen Teilchen zu bestimmen. In diesem Zusammenhang wird klar, daß die „Atomspektroskopie“ nicht so sehr den Zweck verfolgt, die Struktur dieser Atome aufzuklären, als vielmehr ein Hilfmittel bereitzustellen, wichtige Daten für andere Gebiete der Physik, z.B. der Elementarteilchenphysik, zu liefern.

Pion-, Kaon-, Antiproton- und Σ-Hyperon-Atome dienen als Sonden, mit denen die Kernoberfläche untersucht werden kann. Alle diese Teilchen unterliegen neben der elektromagnetischen Wechselwirkung auch der starken Wechselwirkung, wodurch in allen bekannten Fällen die Lebensdauer dieser Atome bestimmt wird, denn infolge der starken Wechselwirkung werden diese Teilchen letztlich mit ihren Antiteilchen zerstrahlen, also in Vernichtungsstrahlung überführt.

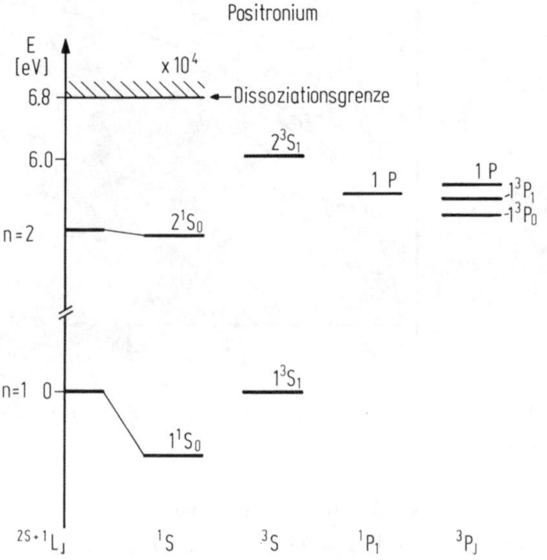

Bild 11.18 Positronium-Energiediagramm (s. Text).

Zwei spezielle Systeme exotischer Atome stellen das Positronium und das Myonium dar. Positronium ist ein atomares System, das aus einem Elektron und einem Positron, dem Antiteilchen des Elektrons, besteht. Da die Massen der beiden Teilchen sich um weniger als 10^{-12} unterscheiden, stellt dieses Atom ein sehr symmetrisches System dar. Im Gegensatz zum Wasserstoffatom sind die Feinstruktur und Hyperfeinstruktur der Niveaus identisch. Das Niveauschema ist in Bild 11.18 gezeigt.

Elektronen- und Positronenspin können sich im Positronium parallel und antiparallel einstellen. Bei antiparalleler Einstellung ist der Gesamtspin $I = 0$, es entsteht ein Singulett-S-Zustand, Para-Positronium genannt. Beim Gesamtspin $I = 1$ liegt ein Triplett-S-Zustand vor, der in Analogie zum Wasserstoffmolekül Ortho-Positronium heißt. Ein System aus Teilchen und Antiteilchen zerfällt durch Zerstrahlung in γ-Quanten.

Aus dem $^1S_0$-Zustand entstehen zwei γ-Quanten, die unter 180° auseinanderlaufen, jedes mit der Energie 511 keV, der Ruhemasse des Elektrons bzw. Positrons. Da Photonen den Spin 1 haben, ist auch die Drehimpulsbilanz erfüllt. Die Lebensdauer des $^1S_0$-Zustands beträgt $8 \cdot 10^{-9}$ s. Aus dem Triplettzustand kann das Positronium wegen der Drehimpulserhaltung nur in drei oder mehr γ-Quanten zerstrahlen. Hier tritt dann eine Abweichung von der 180°-Korrelation der γ-Quanten auf. Die Lebensdauer des Triplettzustandes ist um fast drei Größenordnungen größer, sie beträgt $7 \cdot 10^{-6}$ s.

Positronium wird gebildet, wenn ein Positronenstrahl in eine Gasatmosphäre geleitet und dort abgebremst wird. Bei genügend kleinen Geschwindigkeiten finden Einfangprozesse der Positronen und die Formierung des Positroniums statt. Die Bindungsenergie

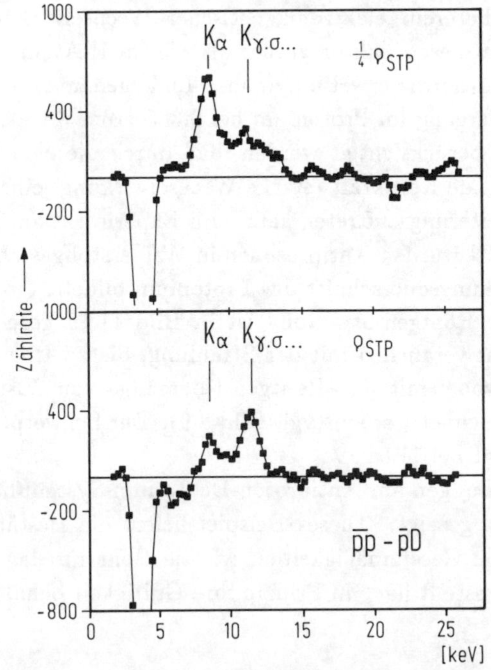

Bild 11.19 Röntgen-K-Strahlung des Protoniums [Ba 88].

beträgt 6.8 eV.

Positronium wird häufig als Sonde in der Festkörperphysik benutzt, um z.B. die Impulsverteilung der Elektronen in einem Atom innerhalb eines Festkörpers zu messen. Positronen werden bei diesem Verfahren anstelle der positiv geladenen Gitterbausteine in einen Kristall eingebaut.

Das Myonium ist ein atomares System, das aus einem positiv geladenen Myon und einem Elektron besteht. Der Grundzustand des Myoniums ist analog zum H-Atom ein $^2S_{1/2}$-Zustand mit einer Bindungsenergie von 13.539 eV. Die Rydberg-Konstante für dieses System ist $R_M = 109\,209.12\,\text{cm}^{-1}$.

Nachdem an großen Beschleunigern, wie z.B. im CERN (Centre Européen de la Recherche Nucléaire) bei Genf, auch die Antiteilchen der Protonen als Strahl, d.h. mit genügender Intensität erzeugt werden können, gelang es auch, das System Protonium zu untersuchen. Dieses System besteht aus einem Proton und einem Antiproton. Um die Energieniveaus des wasserstoffähnlichen Systems zu berechnen, muß in Gl. (7.27) statt der reduzierten Masse aus Proton und Elektron die reduzierte Masse aus Proton und Antiproton eingesetzt werden. Das Verhältnis beider Werte ist

$$\frac{m_r(\text{Protonium})}{m(\text{H})} = 9.185\,686\,4 \cdot 10^2 .$$

Demzufolge werden bei rein elektromagnetischer Wechselwirkung die Energien der Übergänge gerade um diesen Faktor größer als die im H-Atom. Die Energie der K_α-Strahlung im H-Atom (normalerweise Lyman-α-Linie genannt) beträgt 10.196 eV. Deshalb sollte der K_α-Übergang im Protonium bei $9.365 \cdot 10^3$ eV beobachtbar sein.

Es muß allerdings berücksichtigt werden, daß durch die ebenfalls zwischen Proton und Antiproton wirkende Kernkraft (starke Wechselwirkung) eine Energieverschiebung und eine Linienverbreiterung auftreten kann. Im Experiment am LEAR-Antiprotonen-Speicherring des CERN wurden Antiprotonen in Wasserstoffgas abgebremst, wobei sich mit sehr kleinem Wirkungsquerschnitt das Protonium bildete.

Das Spektrum der Röntgen-Strahlung ist in Bild 11.19 gezeigt [Ba 88]. Die K_α-Strahlung ist schwach, verglichen mit der Strahlung, die zu Übergängen mit Energien größer K_γ gehören, wobei mit K_γ Röntgen-Übergänge von Zuständen mit $n = 4$ in solche mit $n = 1$ bezeichnet werden (vgl. Bild 8.9). Der Schwerpunkt aller dieser nicht aufgelösten Linien liegt bei 11.5 keV.

Ähnliche Untersuchungen am Antiproton-Deuterium-System haben auch den Isotopieverschiebungseffekt gezeigt. Dieses Beispiel liefert die Bestätigung, daß auch bei exotischen Atomen die Gesetzmäßigkeiten, wie sie Bohr für das leichteste Atom, das Wasserstoffatom, aufgestellt hat, im Prinzip ihre Gültigkeit behalten.

12 Atome in äußeren Feldern

Der Einfluß äußerer magnetischer und elektrischer Felder ändert die Atomspektren in charakteristischer Weise. Die Untersuchung dieser Effekte hat wesentlich zur Klärung der Struktur der Atome beigetragen. Während für ein kugelsymmetrisches Atom, wie dem Wasserstoffatom, eine Drehimpulsentartung auftritt, werden durch äußere Felder Raumrichtungen ausgezeichnet, wodurch eine Anisotropie des Raumes entsteht. Bezüglich einer bevorzugten Raumrichtung kann jetzt der Drehimpuls ausgerichtet werden und damit wird die Drehimpulsentartung aufgehoben, so daß eine Aufspaltung aller Energiezustände, deren Drehimpuls nicht verschwindet, beobachtet werden kann.

12.1 Die Addition magnetischer Momente

Wir fassen zunächst zusammen, was wir über magnetische Momente bereits wissen: Zu den Operatoren der magnetischen Momente $\boldsymbol{\mu}_L = -\mu_\mathrm{B}\boldsymbol{L}/\hbar$ des Bahndrehimpulses und $\boldsymbol{\mu}_S = -2\mu_\mathrm{B}\boldsymbol{S}/\hbar$ des Spins (Gln. (7.55) und (7.57)) gehören die Eigenwertgleichungen

$$\begin{aligned} \boldsymbol{\mu}_L^2\psi &= L(L+1)\mu_\mathrm{B}^2\psi\,; \qquad & \mu_{L_z}\psi &= -M_L\mu_\mathrm{B}\psi \\ \boldsymbol{\mu}_S^2\psi &= 4S(S+1)\mu_\mathrm{B}^2\psi\,; \qquad & \mu_{S_z}\psi &= -2M_S\mu_\mathrm{B}\psi\,. \end{aligned}$$

In einem homogenen Magnetfeld $\boldsymbol{B}$ hat ein magnetischer Dipol $\boldsymbol{\mu}$ die potentielle Energie

$$V = -\boldsymbol{\mu}\cdot\boldsymbol{B}\,. \tag{12.1}$$

In einem inhomogenen Feld wirkt auf ihn außerdem die Kraft

$$\boldsymbol{F} = \nabla(\boldsymbol{\mu}\cdot\boldsymbol{B})\,. \tag{12.2}$$

Koppeln nun, d.h. addieren sich, Bahndrehimpuls $\boldsymbol{L}$ und Spin $\boldsymbol{S}$ zu einem Gesamtdrehimpuls

$$\boldsymbol{J} = \boldsymbol{L} + \boldsymbol{S}\,, \tag{12.3}$$

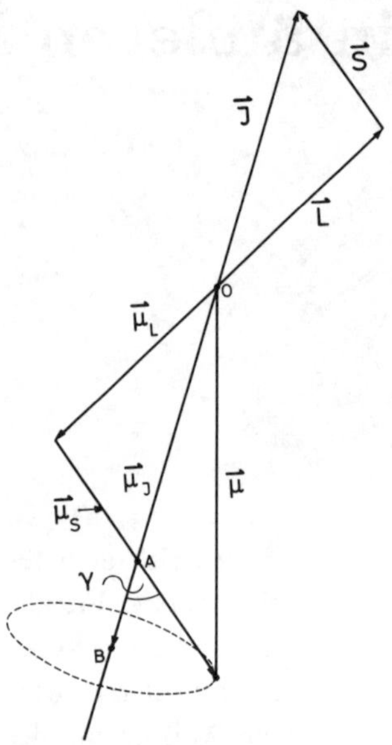

Bild 12.1 Zur Addition der magnetischen Momente $\boldsymbol{\mu}_L$ und $\boldsymbol{\mu}_S$ zum Gesamtmoment $\boldsymbol{\mu}$. $\boldsymbol{\mu}_J$ ist dessen zum Gesamtdrehimpuls parallele Komponente (siehe Text).

so entspricht dieser Kopplung eine Addition der magnetischen Momente $\boldsymbol{\mu}_L$ und $\boldsymbol{\mu}_S$ zum Gesamtmoment

$$\boldsymbol{\mu} = -\frac{(\boldsymbol{L} + 2\boldsymbol{S})\mu_{\mathrm{B}}}{\hbar} = -\frac{(\boldsymbol{J} + \boldsymbol{S})\mu_{\mathrm{B}}}{\hbar} . \tag{12.4}$$

Das Gesamtmoment steht hiernach nicht notwendigerweise parallel zum Gesamtdrehimpuls. Die Beziehungen der beteiligten Größen werden durch Bild 12.1 veranschaulicht. Dazu sei aber an die Bemerkung über die Schwierigkeit der Darstellung quantenmechanischer Drehimpulse durch gerichtete Strecken erinnert (siehe Kapitel 7.7).

Wir interessieren uns nun insbesondere für den Wert der potentiellen Energie (12.1) des magnetischen Gesamtmoments (12.4) in einem magnetischen Feld $\boldsymbol{B}$, genauer für deren Erwartungswert. $\boldsymbol{B}$ soll dabei als äußeres Feld räumlich konstant sein, so daß wir im Grunde nach dem Erwartungswert der Komponente von (12.4) längs dieses Feldes fragen. Besteht zwischen $\boldsymbol{L}$ und $\boldsymbol{S}$ eine Wechselwirkung, werden sich die Drehimpulse nicht einzeln im Feld $\boldsymbol{B}$ ausrichten, sondern stattdessen ihre Summe, der Gesamtdrehimpuls $\boldsymbol{J}$, d.h. dieser unterliegt der Richtungsquantisierung (vgl. Bild 7.7).

Wegen der regellosen Präzession von $\boldsymbol{L}$ und $\boldsymbol{S}$ (siehe Bild 12.2) und damit auch von $\boldsymbol{\mu}$ um $\boldsymbol{J}$ wird die zu $\boldsymbol{J}$ senkrechte Komponente von $\boldsymbol{\mu}$ im Mittel verschwinden, so daß für die Projektion auf die Richtung von $\boldsymbol{B}$ und folglich für den Erwartungswert der

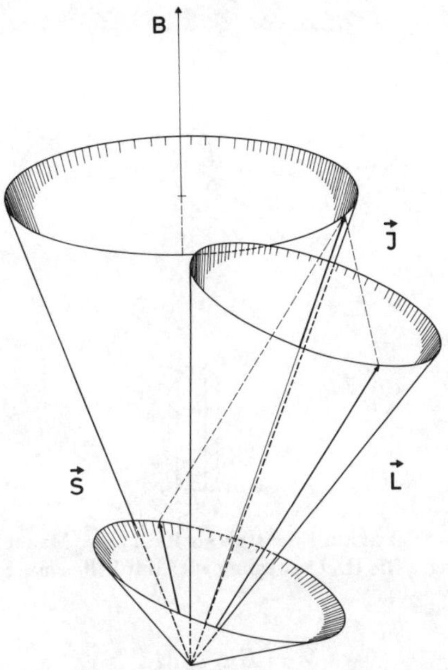

Bild 12.2 Die Präzession des Gesamtdrehimpulses $\boldsymbol{J} = \boldsymbol{L} + \boldsymbol{S}$ um die Richtung des magnetischen Feldes $\boldsymbol{B}$ bei Bestehen einer Wechselwirkung zwischen $\boldsymbol{L}$ und $\boldsymbol{S}$ (s. auch Bild 7.15).

Energie (12.1) nur die zu $\boldsymbol{J}$ parallele Komponente von $\boldsymbol{\mu}$ beiträgt:

$$\begin{aligned} V &= -\boldsymbol{\mu}\cdot\boldsymbol{B} = \mu_{\mathrm{B}}\frac{[(\boldsymbol{J}+\boldsymbol{S})\cdot\boldsymbol{J}](\boldsymbol{J}\cdot\boldsymbol{B})}{\langle\boldsymbol{J}^2\rangle\hbar} \\ &= \frac{B\mu_{\mathrm{B}}(\boldsymbol{J}^2+\boldsymbol{S}\cdot\boldsymbol{J})J_z}{\langle\boldsymbol{J}^2\rangle\hbar} \\ &= \frac{B\mu_{\mathrm{B}}(\boldsymbol{J}^2+\boldsymbol{S}^2+\boldsymbol{L}\cdot\boldsymbol{S})J_z}{\langle\boldsymbol{J}^2\rangle\hbar}\,. \end{aligned}$$

Dabei wird angenommen, daß das Magnetfeld in der positiven z-Richtung orientiert ist und $B = |\boldsymbol{B}|$. Während im Zähler dieses Ausdrucks Operatoren stehen, steht im Nenner ein Erwartungswert (die Division durch einen Operator ist nicht definiert).

$\boldsymbol{L}\cdot\boldsymbol{S}$ gewinnen wir aus dem Quadrat von $\boldsymbol{J}$ (Gl. (12.3): $\boldsymbol{L}\cdot\boldsymbol{S} = (J^2 - S^2 - L^2)/2$. Damit erhalten wir

$$V = B\mu_{\mathrm{B}}\frac{\boldsymbol{J}^2 + \frac{1}{2}\left(\boldsymbol{J}^2+\boldsymbol{S}^2-\boldsymbol{L}^2\right)J_z}{\langle\boldsymbol{J}^2\rangle\hbar}\,. \tag{12.5}$$

Da auch bei Spin-Bahn-Kopplung L, S, J, M gute Quantenzahlen sind (s. Kap. 7.7), können wir statt dessen schreiben

$$V = B\mu_{\mathrm{B}}\frac{J(J+1)+\frac{1}{2}[J(J+1)+S(S+1)-L(L+1)]}{J(J+1)}M$$

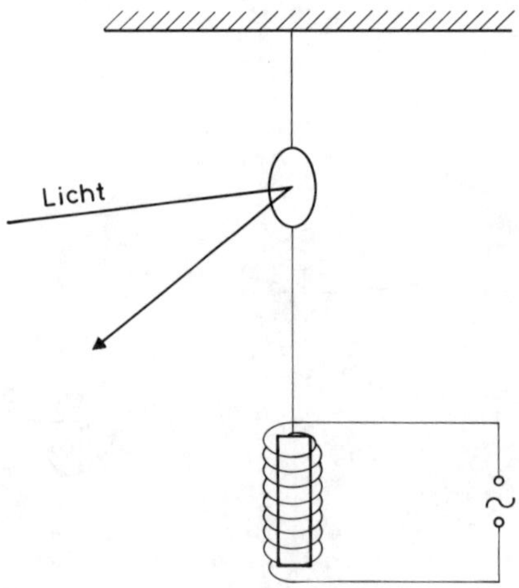

Bild 12.3 Einstein-de-Haas-Effekt. Ein Eisenstab als Kern einer Magnetspule ist an einem Faden frei drehbar aufgehängt. Die Drehbewegung wird mit Hilfe eines Spiegels und eines Lichtstrahls beobachtet.

$$V = B\mu_B g_J M\ . \tag{12.6}$$

Dabei haben wir zur Abkürzung den sogenannten Landéschen[1] g-Faktor,

$$g_J = 1 + \frac{J(J+1) + S(S+1) - L(L+1)}{2J(J+1)}\ , \tag{12.7}$$

benutzt. Er hat für reine Bahnmomente ($S = 0$) den Wert $g_L = 1$, für reine Spinmomente ($L = 0$) den Wert $g_S = 2$.

Die magnetischen Eigenschaften der Materie beruhen auf dem Spin-Magnetismus, d.h auf der Summe der magnetischen Momente einer großen Zahl von Elektronen.

Der Zusammenhang des Spins und des magnetischen Moments der Elektronen kann experimentell beobachtet werden. Dazu wird die Kopplung von Spin und magnetischem Moment mit einer Änderung des Drehimpulses herangezogen, z.B. bei einem Stab aus magnetischem Material. Eine Änderung des Drehimpulses des Stabes ist mit einer Änderung seiner Magnetisierung verbunden. Dieser Effekt läßt sich auch umkehren, denn ändern wir die Drehbewegung eines Körpers, so ändert sich dadurch auch seine Magnetisierung (Barnett-Effekt[2]), ändern wir dagegen seine Magnetisierung, so ändert sich damit sein Drehimpuls (Einstein-de-Haas-Effekt[3]). Den zweiten Effekt wollen wir etwas näher beschreiben. Die Versuchsanordnung ist schematisch in Bild 12.3 gezeigt: Ein Eisenstab wird an einem Faden mit Drehspiegel aufgehängt. Er befindet sich innerhalb einer Spule, durch deren Feld er bis zur Sättigung magnetisiert wird. Beim Abschalten oder der Umkehrung des Spulenstroms tritt eine teilweise Ummagnetisierung des

[1]Alfred Landé (1888—1976)
[2]Samuel Jackson Barnett (1873—1956)
[3]Johannes Wander de Haas (1878—1960)

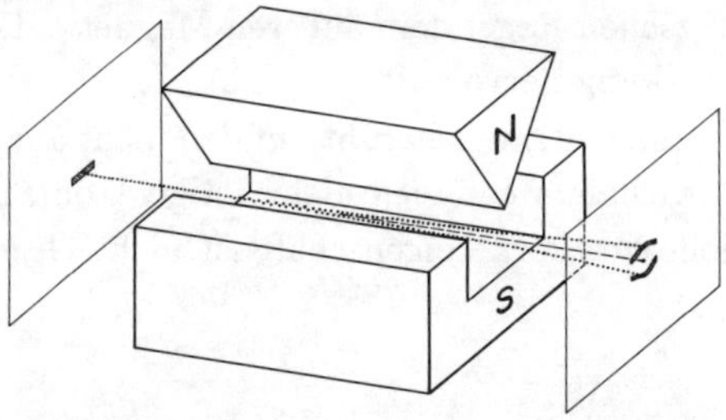

Bild 12.4 Messung des magnetischen Moments von Silberatomen mit Hilfe der Atomstrahl-Methode (Stern-Gerlach-Versuch). Der Silberstrahl spaltet im inhomogenen Magnetfeld in zwei diskrete Teilstrahlen auf (siehe Text).

Stabes ein, was im atomaren Bild als Umklappen der z-Komponente des Spins sehr vieler Elektronen beschrieben werden kann („Spin-Flip“). Mit der Ummagnetisierung ist daher eine Drehimpulsänderung des ganzen Stabes verbunden, d.h. ein Drehmoment, das der Stab auf den Faden ausübt. Die Amplitude der durch abwechselndes Ein- und Ausschalten des Spulenstroms erzeugbaren Drehschwingung des Stabes kann mit Hilfe des Drehspiegels und eines Lichtzeigers gemessen werden.

Ein ganz anderes Experiment zum Nachweis von atomaren magnetischen Momenten und von deren Richtungsquantisierung ist der Versuch, den 1922 Stern[1] und Gerlach[2] durchführten (siehe Bild 12.4). Sie erzeugten einen Silber-Atomstrahl, um die nach Gl. (12.2) von einem inhomogenen Magnetfeld auf das magnetische Moment des Silbers ausgeübte Wirkung zu untersuchen. Silber hat die Grundzustandskonfiguration $^2S_{1/2}$, wie dem Bild 8.1 zu entnehmen ist, also den Gesamtdrehimpuls $J = \frac{1}{2}$ mit den beiden magnetischen Quantenzahlen $M = \pm\frac{1}{2}$. Auf die entsprechenden Komponenten des magnetischen Moments wirken nach den Gln. (12.1), (12.2) und (12.6) die entgegengesetzt gleichen Kräfte

$$\boldsymbol{F} = \pm\mu_B g M \nabla B \, .$$

Der Silberstrahl, in dem die beiden Drehimpulskomponenten $M = \pm\frac{1}{2}$ statistisch verteilt sind, spaltet daher in zwei Teilstrahlen auf, wenn er ein inhomogenes magnetisches Feld passiert. Im Gegensatz dazu wird in der klassischen Physik entsprechend der kontinuierlich veränderlichen Richtung des magnetischen Moments nur eine Aufweitung des Strahlquerschnitts erwartet.

Der zuvor erwähnte Paramagnetismus, der auf den nicht abgesättigten Elektronenspins beruht, zeigt eine ausgeprägte Temperaturabhängigkeit, weil die Wärmebewegung einer Ausrichtung der Spins in einem Magnetfeld entgegenwirkt.

Außerdem tritt bei Atomen, bei denen die Elektronenspins zu Null kompensiert sind, ein Diamagnetismus auf. Im Magnetfeld wird im Atom ein magnetisches Moment in-

[1] Otto Stern (1888—1969)
[2] Walter Gerlach (1889—1979)

duziert, das nach der Lenzschen Regel dem äußeren Magnetfeld entgegengesetzt ist und damit eine abstoßende Wirkung hervorruft.

Der sehr wichtige Ferromagnetismus beruht auf den nicht abgesättigten Spins innerer Schalen, bevorzugt der 3d-Schale, wenn viele gleichartige Atome im festen Körper zusammenwirken. Diese spezielle Festkörpereigenschaft ist nicht Gegenstand der Erörterung dieses Buches.

12.2 Der Zeeman-Effekt

Als Zeeman-Effekt bezeichnet man die 1896 von Zeeman[1] entdeckte Erscheinung, daß Spektrallinien in äußeren Magnetfeldern aufspalten (siehe Bild 12.5). Diese Aufspaltung beruht darauf, daß durch die Wechselwirkung mit einem äußeren Magnetfeld die Entartung der Energieeigenwerte bezüglich der magnetischen Quantenzahlen M des Gesamtdrehimpulses aufgehoben wird. Aus diesem Grund heißt M (wie auch M_L und M_S) „magnetisch".

Die Weite der Zeeman-Aufspaltung ist gewöhnlich viel geringer als die Feinstrukturaufspaltung, so daß sie ebenfalls störungstheoretisch behandelt werden kann. Dies haben wir mit der Herleitung des Ausdrucks (12.6) im Grunde bereits erledigt: (12.1) ist der Störterm, um den der Hamilton-Operator zur Berücksichtigung des äußeren Magnetfeldes erweitert werden muß, und (12.5) ist der Wert dieses Terms bei Annahme einer Wechselwirkung zwischen Spin $\boldsymbol{S}$ und Bahndrehimpuls $\boldsymbol{L}$. Da $\boldsymbol{J}^2$, $\boldsymbol{S}^2$, $\boldsymbol{L}^2$ und J_z mit dem Hamilton-Operator des nicht durch das äußere Feld gestörten Atoms vertauschen, sind ihre Quantenzahlen für die Charakterisierung der Eigenzustände gute Quantenzahlen, so daß man an Stelle dieser Operatoren in (12.5) ihre Eigenwerte einsetzen kann. Dadurch geht (12.5) in (12.6) über. Nach der Darlegung in Kapitel 7 verursacht die Erweiterung des Hamilton-Operators um einen Störterm in der Störungsrechnung erster Ordung eine Verschiebung im Spektrum der ungestörten Energiewerte, die dem Erwartungswert des Störterms in den entsprechenden ungestörten Eigenzuständen gleich ist. Da der Störterm (12.6) keine Operatoren, sondern nur Zahlen enthält und die Eigenfunktionen zu den Eigenwerten der Energien E_n und zu den Quantenzahlen L, S, J, M der Drehimpulse orthogonal sind, ist (12.6) auch bereits der Erwartungswert:

$$\langle V \rangle = B\mu_{\mathrm{B}} g_J M \, . \tag{12.8}$$

Danach spaltet ein Energieniveau, zu dem der Drehimpuls J gehört, in $2J+1$ äquidistante Niveaus auf. Die Zahl der Komponenten, in die eine Linie in einem äußeren Magnetfeld aufspaltet, ist nun aber nicht die volle Zahl $(2J'+1)(2J''+1)$ der möglichen Kombinationen der Term-Multipletts, wobei J' und J'' die Gesamtdrehimpulse der bei-

[1] Pieter Zeeman (1865—1943)

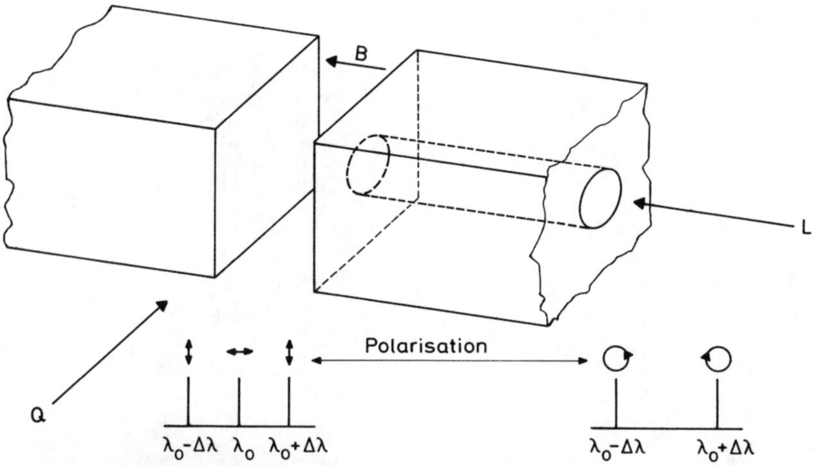

Bild 12.5 Zeeman-Effekt. Die Atome befinden sich zwischen den Polschuhen im Magnetfeld B. Bei der Beobachtung längs des Magnetfeldes (L) stellt man beim normalen Zeeman-Effekt die Aufspaltung einer Linie in ein Dublett mit entgegengesetzten zirkular polarisierten Komponenten fest, die bezüglich der nicht aufgespaltenen Linie symmetrisch sind. Bei Beobachtung senkrecht zur Feldrichtung (Q) wird ein symmetrisches „Lorentz-Triplett" registriert, dessen äußere Komponenten senkrecht zur Feldrichtung polarisiert sind und dessen mittlere Komponente an der Stelle der ursprünglichen Linie liegt und in Feldrichtung polarisiert ist (siehe Text).

den Multipletts sind, sondern sie wird durch die Auswahlregeln (10.17) und (10.18) für elektrische Dipolübergänge eingeschränkt.

Die Strahlung aus solchen Übergängen, für die $\Delta M = \pm 1$, ist bei Beobachtung längs der z-Richtung, also in Richtung des Magnetfeldes, zirkular polarisiert (siehe Bild 12.5), bei Beobachtung in der xy-Ebene ist sie linear polarisiert, und zwar senkrecht zur Feldrichtung; die entsprechenden Komponenten der Spektrallinie werden mit σ bezeichnet (von senkrecht). Für Übergänge mit $\Delta M = 0$ ist bei Beobachtung in Feldrichtung keine Strahlung vorhanden, bei Beobachtung in der xy-Ebene wird parallel zum Feld polarisierte Strahlung festgestellt; die entsprechenden Komponenten der Linie werden mit π bezeichnet (von parallel). Diese Eigenschaften der Strahlung folgen unabhängig vom Zeeman-Effekt aus den Übergangsintegralen wie (10.14) für Dipolstrahlung.

Die trotz der Auswahlregeln immer noch große Zahl an Komponenten, in die eine Linie in einem äußeren Magnetfeld aufspalten kann, liegt an der Abhängigkeit des g-Faktors (12.7) vom Drehimpuls J. Wäre der g-Faktor für alle Drehimpulse konstant, so wäre in einem bestimmten Magnetfeld $\boldsymbol{B}$ nach Gl. (12.8) auch der Abstand benachbarter Niveaus in einem Zeeman-Term-Multiplett immer der gleiche. Die Folge davon, in Verbindung mit der Auswahlregel, wäre, daß beim Zeeman-Effekt alle Linien nur in drei Komponenten aufspalten würden. Das ist bei Singulett-Atomen bzw. bei Übergängen in Singulett-Termschemen ($S = 0$, $g_J = g_L = 1$) auch tatsächlich der Fall. Bild 12.6

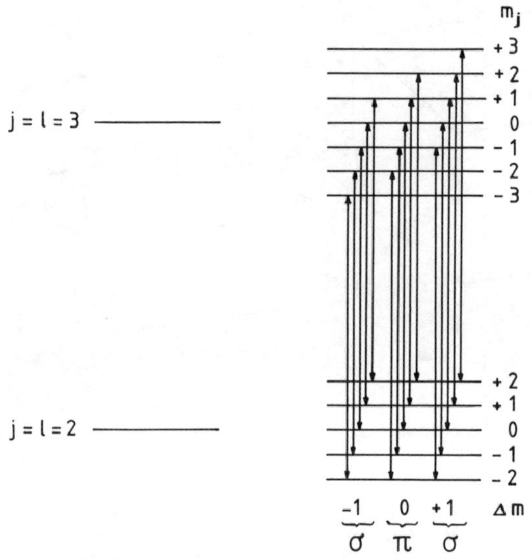

Bild 12.6 Normaler Zeeman-Effekt beim Übergang von einem $^1F_3$-Niveau zu einem $^1D_2$-Niveau. Die möglichen Übergänge ergeben insgesamt im Spektrum ein „Lorentz-Triplett“ (siehe Text).

zeigt als Beispiel dafür die für $^1F_3$-$^1D_2$-Übergänge mögliche Aufspaltung einer Linie in einem äußeren Magnetfeld: Den Übergängen mit gleichem ΔM entspricht jeweils die gleiche Energiedifferenz, so daß es insgesamt nur drei verschiedene Linienkomponenten gibt. Man spricht hier aus historischen Gründen vom *normalen* Zeeman-Effekt, weil das sogenannte Lorentz-Triplett klassisch erklärt werden konnte[1].

Bei der weitaus größeren Zahl aller Atome führt die Aufspaltung der Niveaus aber zum sogenannten *anomalen* Zeeman-Effekt, der klassisch nicht erklärt werden kann. Als Beispiel dafür ist in Bild 12.7 (Mitte) der Zeeman-Effekt für das Natrium-D-Liniendublett (links) gezeigt. Die g-Faktoren für die zugehörigen Terme sind $g_J = 2$ für $^2S_{1/2}$, $g_J = \frac{2}{3}$ für $^2P_{1/2}$ und $g_J = \frac{4}{3}$ für $^2P_{3/2}$.

Insgesamt hat die detaillierte Untersuchung des Zeeman-Effekts wesentlich zur Aufklärung der Termstruktur der Atome beigetragen.

12.3 Der Paschen-Back-Effekt

Gewöhnlich ist die Zeeman-Aufspaltung, wie in Bild 12.7 gezeigt, kleiner als die Feinstrukturaufspaltung. Nach (12.8) nimmt sie mit dem Magnetfeld zu. Erhöht man dessen Stärke aber so sehr, daß die Wechselwirkung mit ihm wesentlich größer wird als die Spin-

[1]Hendrik Antoon Lorentz (1853—1928)

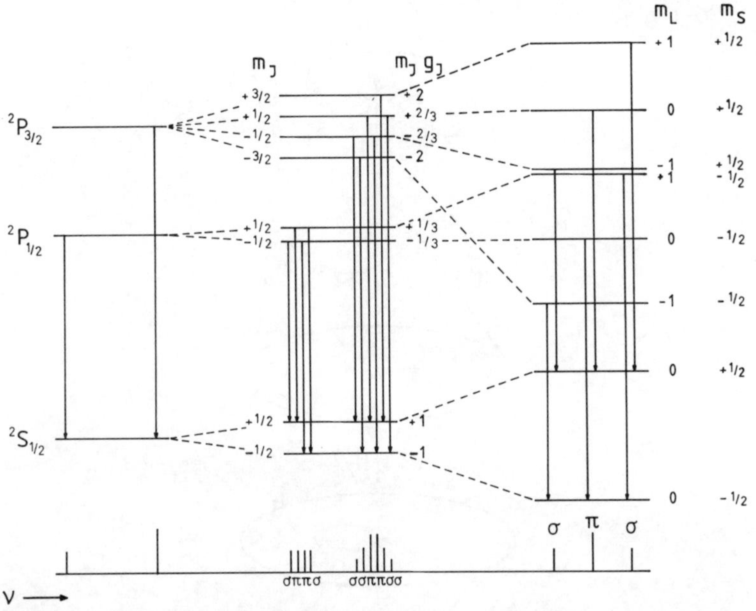

Bild 12.7 Anomaler Zeeman-Effekt (Mitte) und Paschen-Back-Effekt (rechts) beim Natrium-D-Liniendublett (links). Beim Zeeman-Effekt gibt nach (12.8) das Produkt Mg_J die relative Weite der Aufspaltung an (im Bild: $m_J \equiv M$), beim Paschen-Back-Effekt wird sie nach (12.9) von der Summe $M_L + 2M_S$ bestimmt.

Bahn-Wechselwirkung, so tritt eine Entkopplung von Spin $\boldsymbol{S}$ und Bahndrehimpuls $\boldsymbol{L}$ ein. Beide stellen sich dann im äußeren Feld getrennt für sich ein, zusammen mit den zugehörigen magnetischen Momenten (siehe Bild 12.8).

Die darauf beruhende Aufspaltung der Niveaus und der Linien heißt nach ihren Entdeckern Paschen[1]-Back[2]-Effekt. Die Wechselwirkungsenergie wird bei dieser Art der Kopplung an das äußere Feld

$$V = -\boldsymbol{\mu} \cdot \boldsymbol{B} = B\mu_{\mathrm{B}} \frac{L_z + 2S_z}{\hbar} ,$$

wenn wir wieder als z-Richtung die Richtung des äußeren Feldes wählen. Da hierbei M_L und M_S gute Quantenzahlen sind, erhält man statt (12.8) für die Verschiebung der Linien den vom g-Faktor unabhängigen Ausdruck

$$V = B\mu_{\mathrm{B}}(M_L + 2M_S) . \tag{12.9}$$

Das P-Termdublett des Natriums spaltet danach nicht in sechs Energieniveaus (unterschiedlichen Abstands) auf wie beim Zeeman-Effekt, sondern nur noch in fünf Niveaus, da die für den P-Term möglichen Kombinationen von M_L (= −1, 0, 1) und M_S

[1] Friedrich Paschen (1865—1947)
[2] Ernst Back (1881—1959)

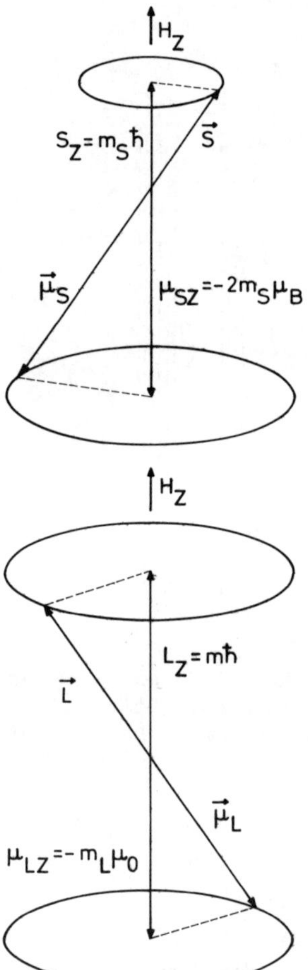

Bild 12.8 Beim Paschen-Back-Effekt sind Bahndrehimpuls ***L*** und Spin ***S*** entkoppelt und orientieren sich unabhängig voneinander im äußeren Magnetfeld.

($= -\frac{1}{2}, \frac{1}{2}$) zweimal zum gleichen Wert der Aufspaltungsenergie führten (siehe Bild 12.7); die Niveaus sind äquidistant, da benachbarte Werte der Klammer in (12.9) sich immer um Eins unterscheiden. Weil das für alle Terme gilt und bei elektrischen Dipolübergängen S_z eine Erhaltungsgröße ist, d.h. M_S unverändert bleibt, spaltet beim Paschen-Back-Effekt eine Linie immer nur in ein Triplett auf.

Im Paschen-Back-Effekt tritt eine Trennung von Spin und Bahndrehimpuls auf. Die beiden Drehimpulsvektoren präzedieren unabhängig um die Richtung des Magnetfeldvektors (Bild 12.8) mit einer Energie, die proportional der Larmor-Frequenz ist. Demzufolge ist ein Gesamtdrehimpuls ***J*** zwar definiert, aber keine gute Quantenzahl mehr. Die Übergänge in Atomen, die sich im Magnetfeld im Paschen-Back-Bereich befinden, sind π- und σ-polarisiert.

12.4 Atome in sehr starken Magnetfeldern

Werden die Magnetfelder so stark, daß die Lorentz-Kraft F_L, die sie auf ein Elektron ausüben, die Coulomb-Kraft F_C übersteigt, tritt ein neues Verhalten auf. Fragen wir, bei welcher Feldstärke dies eintritt, also $F_C = F_L$ wird, so finden wir mit

$$F_C = \frac{Ze^2}{4\pi\varepsilon_0 r^2}$$

und

$$F_L = Z \cdot e \cdot v \cdot B$$

für ein Elektron in der K-Schale des Wasserstoffatoms als Stärke der magnetischen Induktion, die wir mit B_0 bezeichnen:

$$B_0 = \frac{m_e^2 e^3}{(4\pi\varepsilon_0)^2 \cdot \hbar^3} = \alpha^2 m_e^2 \frac{c^2}{e\hbar} = 2.35 \cdot 10^5\,\mathrm{T}\,.$$

Darin ist α die Feinstrukturkonstante. Oberhalb der Feldstärke B_0 ändert sich die Struktur der Atome drastisch. Die magnetischen Feldstärken werden in der weiteren Beschreibung auf dieses Feld bezogen:

$$\beta = \frac{B}{B_0}\,.$$

Der dimensionslose Parameter β hat eine anschauliche Bedeutung: Er gibt das Verhältnis zweier Flächen an, die durch die Elektronenbewegung erzeugt werden, und zwar durch die Bewegung mit dem Bohrschen Radius a_B ($a_B = a_0$ beim Wasserstoffatom Gl. (7.52)) und die mit dem Zyklotron-Radius $a_Z = \sqrt{2\hbar/eB}$:

$$\beta = \frac{a_{B^2}}{a_{Z^2}}\,.$$

Diese Beziehung deutet an, daß die Elektronenbewegung im Magnetfeld unabhängig von Spinkopplungen zur wichtigen Größe wird. Der Hamilton-Operator der Gl. (5.38) für das H-Atom erhält folgende Form[La 66]:

$$H = \frac{p^2}{2m_e} - \frac{e^2}{4\pi\varepsilon_0 r} - \frac{eB}{2m_e}(l_z + 2s_z) + \frac{e^2B^2}{8m_e}(x^2 + y^2)\,. \tag{12.10}$$

Darin treten neben dem Term der kinetischen Energie und der Coulomb-Energie auch die Terme auf, die mit der Bewegung im Magnetfeld zusammenhängen. Der zu l_z proportionale Term liefert die Drehimpulsabhängigkeit, der zu s_z proportionale Term, die Zeeman-Aufspaltung, die aber wegen der geringen Stärke des magnetischen Moments gegenüber den anderen Effekten vernachlässigt werden kann; der letzte Term schließlich beschreibt die Bewegung der Elektronen in einer Ebene senkrecht zur Magnetfeldrichtung. Die gleichzeitige Anwesenheit eines zentralsymmetrischen Coulomb-Feldes und eines homogenen Magnetfeldes $\boldsymbol{B} = (0,\ 0,\ B)$ längs der z-Achse eines Koordinatensystems

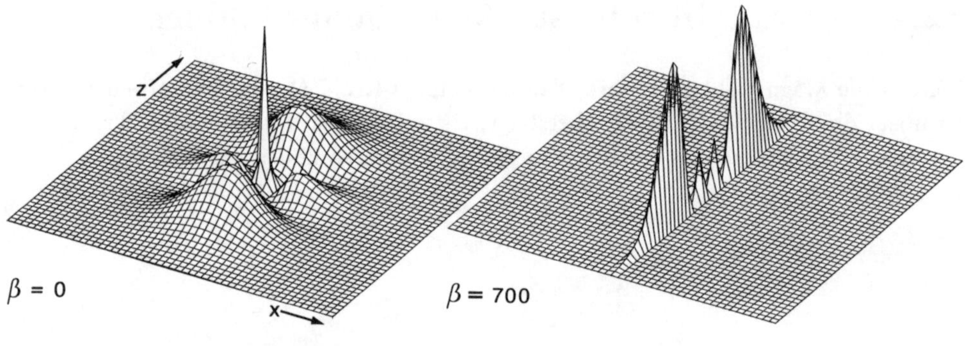

Bild 12.9 Elektronen-Dichteverteilungen in der xz-Ebene a) ohne Magnetfeld ($\beta = 0$), b) bei extrem starkem Magnetfeld ($\beta = 700$) [Ru 90].

erlaubt keine analytische Lösung der Gl. 12.10, weil die Variablen nicht separiert werden können. Wenn jedoch die Felder B groß gegen B_0 sind, also $\beta \gg 1$, können die Coulomb-Energien vernachlässigt werden. Elektronen werden dann als frei behandelt, wobei die Coulomb-Wechselwirkung nur eine kleine Störung darstellt. In diesem Bild bewegen sich die Elektronen senkrecht zum Magnetfeld auf fast ungestörten Zyklotron-Bahnen. Die Coulomb-Wechselwirkung verursacht nur eine schwache Bewegung in Richtung des Magnetfeldes.

Die Quantisierung der Elektronenbewegung liefert Energieniveaus der Elektronen, deren Klassifizierung, ausgehend von der Behandlung eines Elektronengases, zuerst von Landau[1] angegeben wurde. Es bilden sich danach Energieniveaus heraus, die geschlossenen Kreisbahnen der Elektronen in Ebenen senkrecht zum Magnetfeld entsprechen. Diese Niveaus werden Landau-Niveaus genannt. Die Zustände sind nicht mehr nach Drehimpulsen geordnet, lediglich die z-Komponente des Drehimpulses mit Eigenwert $m\hbar$ bleibt erhalten.

Zur Lösung der Schrödinger-Gleichung mit dem Hamilton-Operator (12.9) wird auch hier ein Produkt von Wellenfunktionen angesetzt:

$$\Psi_m(\varrho, \varphi, z) = \sum_N g_N(z) \cdot \Phi_{Nm}^{\text{Land}}(\varrho, \varphi) \, .$$

Die Funktionen $g_N(z)$ beschreiben die langsamen Bewegungen längs des Magnetfeldes, während $\Phi_{Nm}^{\text{Land}}(\varrho, \varphi)$ die Wellenfunktionen der schnellen Bewegung in der Ebene senkrecht zum Magnetfeld, die Landau-Funktionen sind. N ist die sogenannte Landau-Quantenzahl. Die Wellenfunktionen des Wasserstoffs werden sehr stark deformiert, wie es in Bild 12.9 gezeigt ist. Im Bild 12.9a ist die Elektronendichteverteilung in der xz-Ebene (z-Richtung ist die Magnetfeldrichtung) dargestellt für $\beta = 0$, in Bild 12.9b der gleiche Zustand bei einem ($\beta = 700$). Für $\beta = 0$ erkennen wir den Schnitt, der sich durch

[1] Lew Dawidowitsch Landau (1908—1968)

die Wahrscheinlichkeitsverteilung in Bild 7.8 ergibt. Für starke Magnetfelder ($\beta = 700$) werden die Verteilungen in die Länge gezogen, in Richtung senkrecht zum Magnetfeld dagegen zusammengedrückt. Bild 12.10 zeigt Darstellungen der gleichen Dichteverteilung. Von den drei $^2\mathrm{P}_1$- Zuständen ist der zu $m = +1$ gehörende nicht gezeigt.

Die Veränderung der energetischen Lage von atomaren Energieniveaus mit zunehmender Magnetfeldstärke ist in Bild 12.11 für die H_α-Linie des Wasserstoffatoms gezeigt. Nach einem Übergangsbereich liegen Energieniveaus vor, deren Lage sich über einen weiten Bereich von Magnetfeldstärken nicht ändert. Die H_α-Linie (d.h der Übergang vom Niveau mit $m = 3$ in das mit $n = 2$ in Gl. (7.2)) hat im magnetfeldfreien Fall eine Energie $\hbar\omega(\mathrm{H}_\alpha) = 1.88\,\mathrm{eV}$. Bei Werten von $\beta = 1000$ vergrößert sich diese Energie auf 54 keV, der Übergang liegt also im Röntgen-Bereich.

Die Termdifferenz, die zu diesem Übergang gehört, ist auch in der linken Niveauleiter im Bild 12.12 zu sehen. Eine Rechnung mit unendlich großer Protonenmasse und dem Dirac-Wert des g-Faktors ($g = 2$) liefert für $\beta = 1000$ gerade die beiden angegebenen Niveaus.

Gehen wir zu den physikalischen Werten über, so ergibt sich ein kompliziertes Aufspaltungsbild. Die Aufspaltung ΔE_1 der gestrichelt gezeichneten Kontinua wird für festes m, aber unterschiedliche Spineinstellungen (Pfeile nach oben oder unten) durch das normale magnetische Moment des Elektrons verursacht. Die Verschiebungen ΔE_2 der Kontinua mit verschiedenem m werden durch die endliche Protonenmasse bedingt. Ferner sind die Zerfallsbreiten (Lorentz-Kurven) der Zustände angegeben. Die $N = 1$-Zustände mit Spin-Pfeil nach oben sind außerordentlich schmal, sie bleiben z.T. sogar unterscheidbar. Dies hängt damit zusammen, daß die Übergangswahrscheinlichkeit für Spin-Umklapp-Übergänge zum Zustand $N = 0$ stark reduziert ist. Dagegen sind die wasserstoffähnlichen Zustände, die die gleiche Spinrichtung wie der $N = 0$-Zustand haben, breit und verschmiert, die Lorentz-Kurven verschmelzen.

Derart starke Magnetfelder treten in astrophysikalischen Objekten auf. Aus Beobachtungen leitet man in Neutronensternen Felder von 1000 T ab. Diese Feldstärken übersteigen um ein Vielfaches Magnetfelder, die im Laboratorium erzeugt werden können. Mit gepulsten Stromquellen lassen sich für kurze Zeiten (maximal μs-Bereich) Magnetfelder mit Stärken von 100 bis 200 T erzeugen.

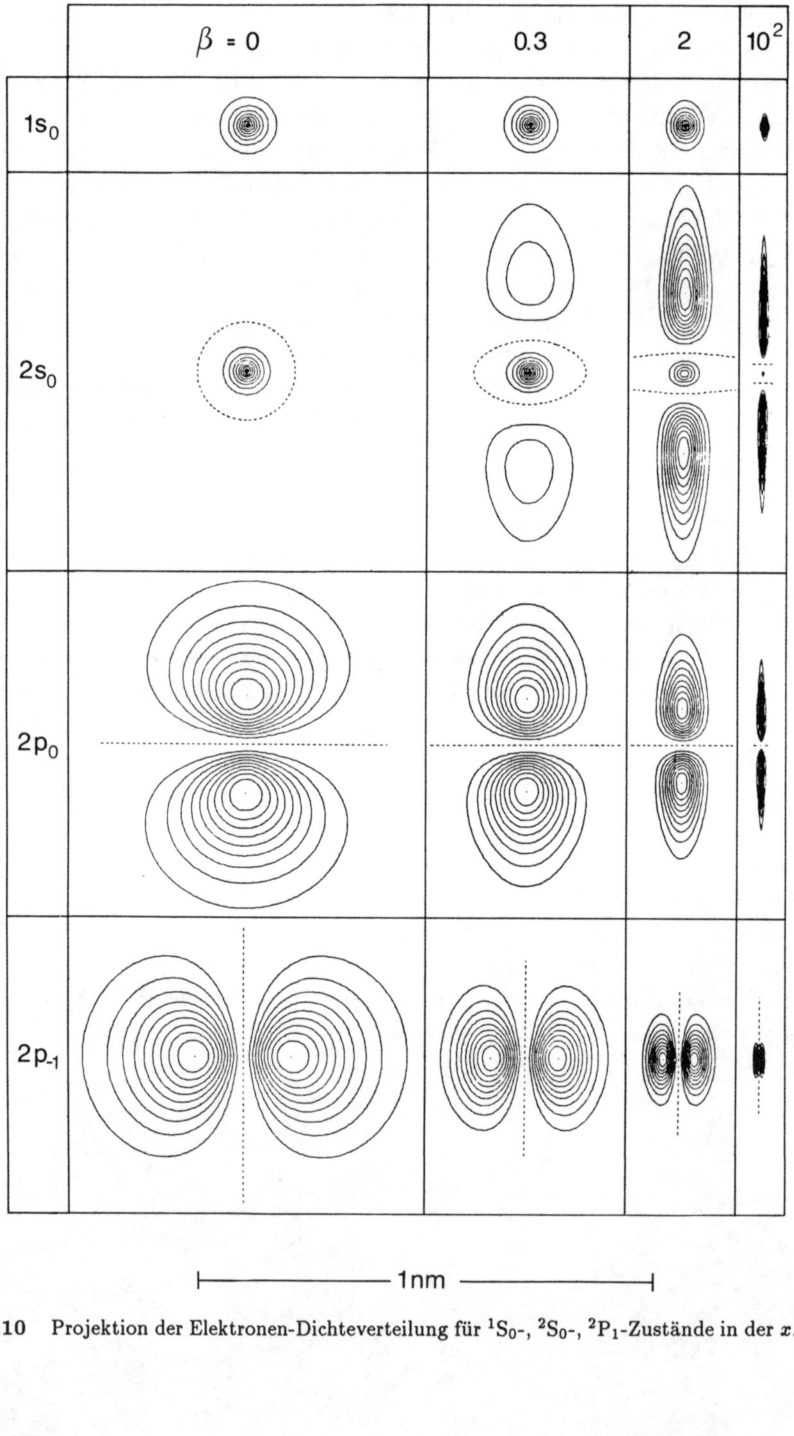

Bild 12.10 Projektion der Elektronen-Dichteverteilung für $^1S_0$-, $^2S_0$-, $^2P_1$-Zustände in der xz-Ebene.

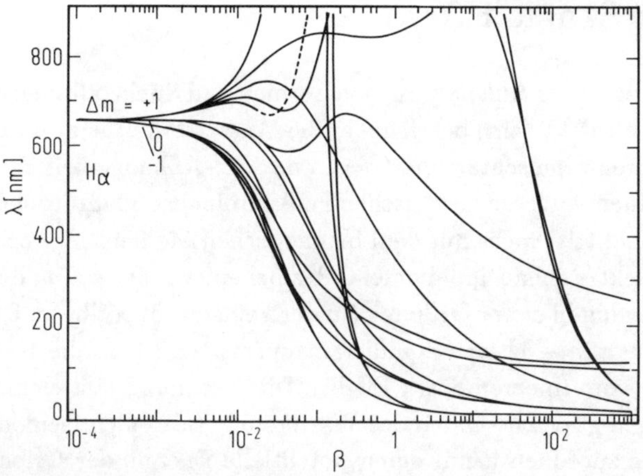

Bild 12.11 Energetische Lage des H_α-Übergangs als Funktion der Magnetfeldstärke [Ru 90].

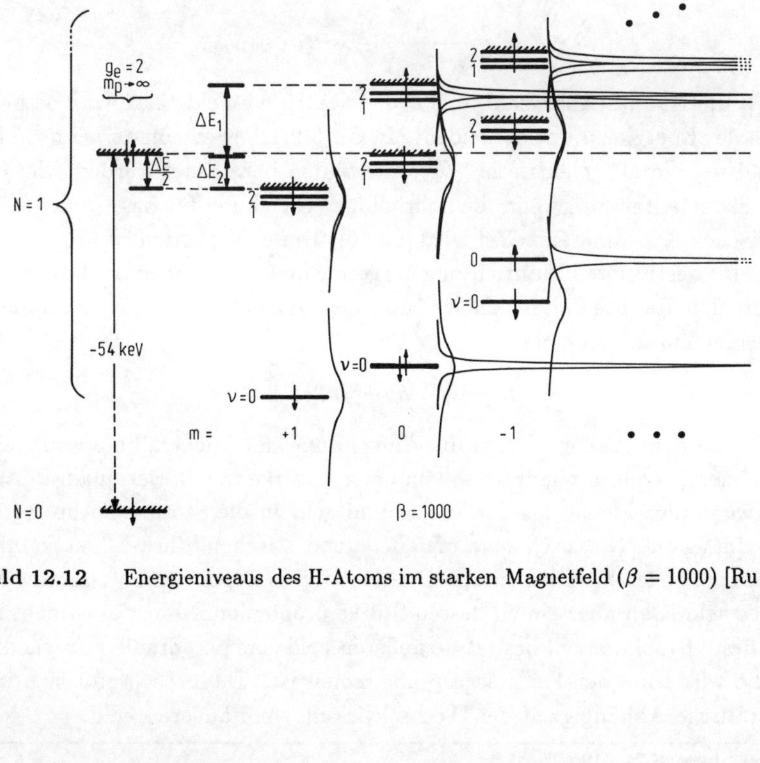

Bild 12.12 Energieniveaus des H-Atoms im starken Magnetfeld ($\beta = 1000$) [Ru 90].

12.5 Der Stark-Effekt

Als Stark[1]-Effekt wird die Aufspaltung von Termen und Spektrallinien in starken elektrischen Feldern (etwa 10^5 V/cm) bezeichnet. Bei Wasserstoff scheint im Hinblick auf seine besondere Bahndrehimpulsentartung (wegen der r^{-2}-Abhängigkeit des Potentials) eine Aufspaltung in einem äußeren elektrischen Feld zumindest qualitativ leicht verständlich. Das elektrische Feld tritt nicht mit dem magnetischen Moment in Wechselwirkung, sondern mit einem elektrischen Dipolmoment, das bei einer Polarisation des Atoms auftritt. Die Störungsrechnung in erster Ordnung (in der Feldstärke) ergibt, daß beim Wasserstoff die Energieniveaus $(2n - 1)$-fach äquidistant aufspalten (n ist die Hauptquantenzahl). Man spricht hier vom linearen Stark-Effekt. Die Rechnung läßt sich so interpretieren, daß man den angeregten Zuständen des Wasserstoffs (also nicht seinem Grundzustand) elektrische Dipole zuordnen kann, deren potentielle Energie der Orientierung in einem homogenen elektrischen Feld der Feldstärke proportional ist, entsprechend dem magnetischen Dipol im magnetischen Feld (Gl. (12.1)). Der lineare Stark-Effekt tritt nur beim Wasserstoffatom und bei wasserstoffähnlichen Ionen (He^+, Li^{++}, ...) auf.

Die Störungsrechnung 1. Ordnung (siehe z.B. [Sc 68]) liefert für den linearen Stark-Effekt als Energieaufspaltung für wasserstoffähnliche Systeme

$$\Delta E = \frac{3}{2}\frac{e \cdot \hbar}{\alpha \cdot m_e c} \cdot \frac{n}{Z} \cdot F(n_1 - n_2)\,. \tag{12.11}$$

Hierin ist n die Hauptquantenzahl und F die elektrische Feldstärke (mit F bezeichnet, um sie von der Energie zu unterscheiden). In Gl. (12.11) erscheinen zwei neue Konstanten, n_1 und n_2, die als „elektrische" Quantenzahlen bezeichnet werden. Sie treten als Separationskonstanten auf, wenn die Schrödinger-Gleichung für das Coulomb-Potential in parabolischen Koordinaten gelöst wird [La 66]. Dieses Verfahren ist immer dann nützlich, wenn eine bestimmte Raumrichtung ausgezeichnet wird, wie im Fall des elektrischen Feldes. Mit den Hauptquantenzahlen n und den magnetischen Quantenzahlen m_l besteht folgender Zusammenhang:

$$n = n_1 + n_2 + |m_l| + 1\,.$$

Bei allen anderen Atomen hängt die Aufspaltung der Spektrallinien im elektrischen Feld nicht linear, sondern quadratisch von dessen Stärke ab. Dieser quadratische Stark-Effekt ist wesentlich kleiner als der lineare und geht in die Störungsrechnung als Term zweiter Ordnung ein. Klassisch kann man den quadratischen Stark-Effekt so interpretieren: Die Atome haben zwar kein statisches elektrisches Dipolmoment, durch ein äußeres elektrisches Feld kann aber ein zu dessen Stärke proportionales Dipolmoment induziert werden. Dieses Dipolmoment besitzt im äußeren Feld eine potentielle Energie der Orientierung, die wiederum der Feldstärke proportional ist. Dadurch ergibt sich insgesamt eine quadratische Abhängigkeit der Wechselwirkung vom äußeren Feld.

---

[1] Johannes Stark (1874—1957)

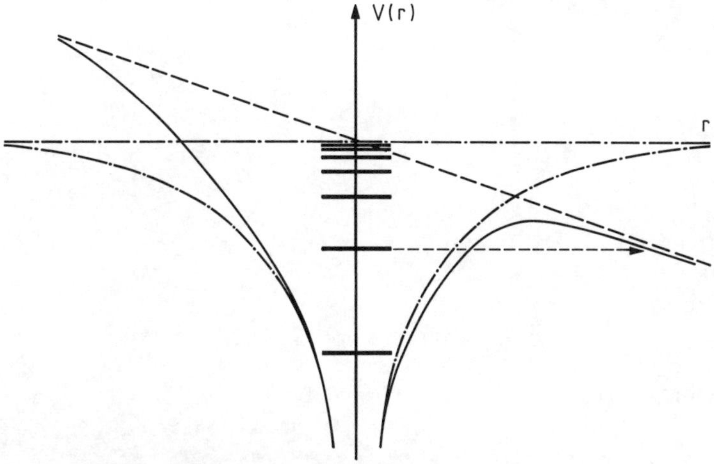

Bild 12.13 Coulomb-Potential mit überlagertem elektrischen Feld.

Ein äußeres elektrisches Feld der Stärke F zeichnet eine Raumrichtung aus, in die wir unsere z-Richtung legen. Dadurch wird die Kugelsymmetrie aufgehoben. Das kugelsymmetrische Potential Gl. (7.7) wird ebenso verändert:

$$V = -\frac{Ze^2}{4\pi\varepsilon_0 r} + eFz\,. \tag{12.12}$$

Wegen des negativen Vorzeichens der Elektronenladung ist der zweite Term positiv. Der der Gl. (12.12) entsprechende Potentialverlauf ist in Bild 12.13 gezeigt. Die strichpunktierte Linie stellt das ungestörte Coulomb-Potential dar, dem das als gestrichelte Linie gezeichnete elektrische Feld überlagert wird. Die Kombination beider ist dann das verformte Coulomb-Potential (ausgezogene Linie). In einem solchen Potential können angeregte Zustände durch einen Tunneleffekt (vgl. Kapitel 5.7), d.h. durch Ionisation, zerfallen. Das Elektron „durchtunnelt“ eine Barriere. Dieser Prozeß verursacht eine Ionisation, die bei Anwesenheit starker elektrischer Felder als Konkurrenz zu den strahlenden Übergängen (vgl. Kapitel 10) auftreten kann. Sie wird Autoionisation genannt. Die Wahrscheinlichkeit für diesen Tunnelprozeß ist um so höher, je höher angeregt das Elektron und je schmaler die Tunnelbarriere ist.

Der Stark-Effekt wird in der Diagnose von Plasmen benutzt, weil aus der Aufspaltung und Verschiebung der Spektrallinien auf die durch die Ionen im Plasma erzeugten Mikrofelder und deren Fluktuationen geschlossen werden kann. Daraus können Ladungsträgerdichten und Plasmatemperaturen bestimmt werden, wobei allerdings ein Modell der theoretischen Interpretation zugrunde liegt. Der Stark-Effekt war wegen seiner schwierigen Überschaubarkeit für die Aufklärung der Atomstruktur von wesentlich geringerer Bedeutung als der Zeeman- oder der Paschen-Back-Effekt.

13 Zweiatomige Moleküle

Die Anordnung der Elemente in einem Periodensystem beruhte zunächst auf chemischen Eigenschaften. Erklären ließ sich diese Ordnung jedoch erst mit der Quantenmechanik, durch die das Periodensystem auf den Bau der Elektronenhülle im allgemeinen und auf die Eigenschaften der Leucht- oder Valenzelektronen im besonderen zurückgeführt werden kann. Die Quantenmechanik stellt damit eine enge Verbindung zwischen den Nachbardisziplinen Physik und Chemie her. Die überwiegende Zahl der Elemente kommt in der Natur in Verbindungen vor. In diesen Verbindungen stellen zwei oder mehr Atome Bindungen her, die auf der Coulombschen Wechselwirkung beruhen und die zu stabilen Gleichgewichtszuständen führen. Allgemein nennen wir diese Zustände Moleküle. Im Rahmen dieses Buches sollen anhand der zweiatomigen Moleküle die allgemeinen Prinzipien, die zur Beschreibung von Molekülen gehören, erörtert werden.

Prinzipiell stellt die detaillierte Beschreibung der chemischen Bindung die mathematische Behandlung eines Vielkörperproblems dar, wobei als wesentliches Merkmal die gegenseitige Abstoßung der Elektronenhüllen, der beiden Atomkerne und die gegenseitige Anziehung der Elektronenhülle des einen Atoms durch den Atomkern des anderen zu betrachten sind. Die Berücksichtigung aller Einflüsse führt zu einem Gleichgewicht der Kräfte. Dieses Gleichgewicht läßt sich prinzipiell in einem Potentialbild (Bild 13.1) darstellen. Das Minimum der Potentialkurve liefert den Gleichgewichtsabstand, nähern sich die beiden Atomkerne über diesen Abstand hinaus an, dann werden die abstoßenden Kräfte stärker, was sich durch einen ausgeprägten Anstieg der Potentialkurve zu kleineren Abständen bemerkbar macht. Entfernen sich die Atomkerne aus der Gleichgewichtslage, wird das bindende Potential schwächer, bis es oberhalb eines endlichen Abstandes nicht mehr wirkt und die beiden Atome nicht mehr gebunden sind, das Molekül dissoziiert. In der Nähe des Minimums lassen sich die Bewegungen der Atome mit einem Parabelpotential (Oszillatorpotential) beschreiben, während in größerem Abstand nach außen ein exponentielles Potential (Morse-Potential[1]) das Verhalten der Moleküle gut reproduziert.

[1] Philip McCord Morse (1903—1985)

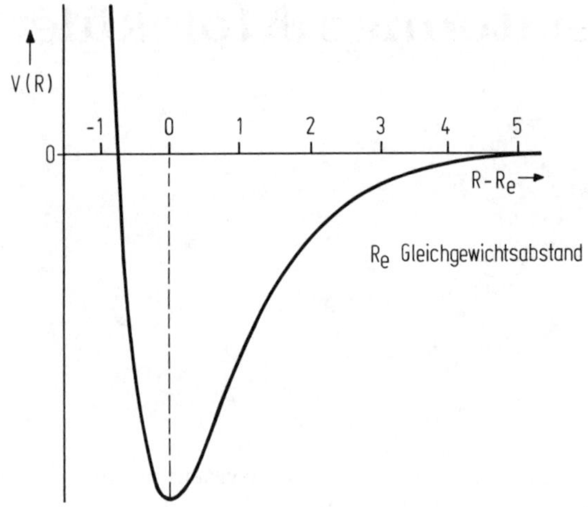

Bild 13.1 Molekülpotential als Funktion des Abstandes zweier Atome.

13.1 Arten der chemischen Bindung

Die unterschiedlich starken Einflüsse der Wechselwirkungen in den Atomen, die sich zu Molekülen verbinden, führen zur Dominanz einiger Merkmale, die es erlauben, grundsätzlich vier verschiedene Bindungstypen zu charakterisieren.

1. *Atombindung.* Sie beruht auf der Bindung zweier oder mehrerer Atome durch gemeinsame Elektronen. Die dadurch verbundenen Atome bilden eine dauerhafte und feste Einheit, die wir Molekül nennen. In den häufigsten Fällen bewirken in ihren Quantenzuständen gleiche Valenzelektronen zweier Atome die Bindung, indem sie ein Paar bilden, deshalb heißt sie auch kovalente oder Elektronenpaarbindung. Je nach Art der Partner kann die Bindung eine Polarisation hervorrufen, wodurch solche Moleküle ein permanentes elektrisches Dipolmoment besitzen können.

2. *Ionenbindung.* Während bei der Atombindung ein oder mehrere Elektronenpaare zwei Atomen zuzuordnen sind, geht bei der Ionenbindung ein Elektron von einem Atom ganz zu einem anderen über. Dieser Bindungstyp ist für zwei Atome des gleichen Elements untereinander nicht möglich. Die aus positiven und negativen Ionen bestehenden Paare schließen sich zu fest gebundenen Ionenkristallen zusammen, so daß es hier Moleküle im eigentlichen Wortsinn nicht gibt. Dieser Bindungstyp liegt bei den Substanzen vor, die in einer wässrigen Lösung schnell dissoziieren, also als Elektrolyte leicht erzeugbare Ionen bilden.

3. *Van-der-Waals-Bindung.* Sie beruht auf der gegenseitigen Anziehungskraft elektrischer Dipole. Diese können entweder wie beim H_2O-Molekül permanent sein oder

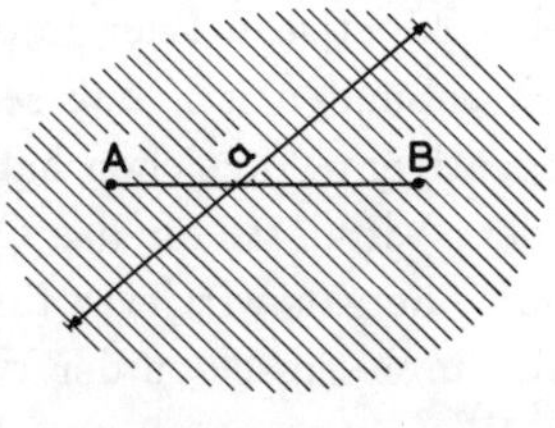

Bild 13.2 Zur Abschätzung der mit den verschiedenen Freiheitsgraden eines zweiatomigen Moleküls verbundenen Energieübergänge. A und B sind die Kerne der beiden Atome (s. Text).

wie bei den Edelgasatomen durch die Nachbaratome bzw. -moleküle induziert werden. Da das Potential eines elektrischen Dipols proportional zu r^{-3} verläuft, wird das bindende Wechselwirkungspotential zweier Dipole proportional zu r^{-6}, also sehr stark nach außen abnehmen. Die van-der-Waals-Kraft hängt demzufolge als Gradient des Potentials längs der Verbindungslinie proportional zu r^{-7} vom Ort ab.

4. *Metallbindung.* Dieser Bindungstyp tritt bei zweiatomigen Molekülen zwar nicht auf, doch spielt er für die chemischen Eigenschaften der Metalle eine überragende Rolle, weshalb er miterwähnt werden soll. Hier sind die Valenzelektronen vieler Atome in einem Gitter verteilt, das die Atomrümpfe bilden, und in dem sie frei beweglich sind. Die Bindungsenergie beruht auf der Wechselwirkung mit diesem „Elektronengas".

Die Dominanz einiger Merkmale führt dazu, daß jede dieser vier Bindungsarten gesondert zu behandeln ist. Da wir uns auf zweiatomige Moleküle beschränken wollen, richten wir unser Hauptaugenmerk vor allem auf die Atombindung. Der Gleichgewichtsabstand r_e der beiden Kerne bei einem zweiatomigen Molekül ist recht genau definiert. Wir nehmen an, daß sie daran elastisch gebunden sind. Für die Bewegung stehen den Kernen mechanische Freiheitsgrade zur Verfügung, drei Freiheitsgrade der Translation des gemeinsamen Schwerpunkts, einen Schwingungsfreiheitsgrad längs der Verbindungsgeraden und zwei Freiheitsgrade der Rotation um zwei Achsen senkrecht zur Verbindungsgeraden (die Rotation um die Verbindungsgerade scheidet für Punktmassen aus). Für die Beschreibung des Moleküls als ganzes müssen wir außer den Kernen auch die Elektronen und deren Freiheitsgrade berücksichtigen. Wir wollen nun zunächst die mit den verschiedenen Freiheitsgraden verbundenen Übergangsenergien abschätzen.

Als erstes bemerken wir dazu, daß hier wie beim Atom die Schwerpunktsbewegung des Gesamtmoleküls für den inneren Zustand belanglos ist. Das Molekül habe eine lineare Ausdehnung innerhalb eines Raumbereichs, in dem sich zwei Kerne der Gesamtmasse M und Elektronen der Masse m befinden (siehe Bild 13.2).

Für ein Elektron, das in einem räumlichen Bereich der Dimension a gebunden ist, folgt aus der Heisenbergschen Unschärferelation, daß sein mittlerer Impulsbetrag mindestens den Wert $\hbar/2a$ hat, seine mittlere kinetische Energie daher mindestens $\hbar^2/8ma^2$ ist. Damit das Elektron gerade noch gebunden ist, muß seine potentielle Energie mindestens diesen Wert, jedoch mit negativem Vorzeichen haben. Nehmen wir sie z.B. doppelt so groß an (das entspricht dem Virialsatz für das Coulomb-Potential), so erhalten wir als Bindungsenergie $\hbar^2/4ma^2$. Setzen wir jetzt für a den Bohrschen Radius a_0, Gl. (7.52), ein, dann erhalten wir durch Einsetzen der Werte für h (2.52) und m (3.19) als Bindungsenergie etwa 2 eV. Wir nehmen nun an, daß die mit den elektronischen Zustandsänderungen verbundenen Energiedifferenzen auch von dieser Größenordnung sind, also $\Delta E_{el} \approx 2$ eV. Die Wellenlänge der Strahlung dieser Energie ist etwa 620 nm und liegt damit im sichtbaren Bereich des Spektrums.

Für die Schwingungsbewegung der beiden Atomkerne nehmen wir zunächst an, es sei die eines klassischen harmonischen Oszillators, der mit der Frequenz ω schwingt. Als größtmögliche Amplitude der Schwingung nehmen wir den Durchmesser a des Moleküls an und als größtmögliche Schwingungsenergie die Bindungsenergie $\hbar^2/4ma^2$ des Elektrons. Es erleichtert die Abschätzung, wenn wir die beiden Kerne etwa gleich schwer wählen, so daß ihre reduzierte Masse $M/2$ ist. Die größtmögliche mittlere Schwingungsenergie des Oszillators ist dann $M\omega^2a^2/4$, und da sie etwa gleich der Bindungsenergie der Elektronen sein soll, erhalten wir aus der Gleichung $M\omega^2a^2/4 \approx \hbar^2/4ma^2 \approx \Delta E_{\mathrm{el}}$, die Frequenz $\omega \approx (4\Delta E_{\mathrm{el}}/Ma^2)^{1/2}$.

Die Größe dieser aus der klassischen Betrachtung folgenden Frequenz nehmen wir auch im quantenmechanischen Bild des Oszillators als richtig an, in dem Energieänderungen nur in Quanten der Größe $\hbar\omega$ erfolgen können. Für die Energiedifferenz zwischen zwei Zuständen liefert diese Abschätzung

$$\Delta E_{\mathrm{osz}} = \hbar\omega \approx (4\hbar^2\Delta E_{\mathrm{el}}/Ma^2)^{1/2} \approx 4\Delta E_{\mathrm{el}}(m/M)^{1/2} .$$

Nehmen wir als Beispiel $M \approx 20\mu$ an, so finden wir für diesen Fall $\Delta E_{\mathrm{osz}} \approx \Delta E_{\mathrm{el}}/50$. Zustandsänderungen, die auf der Schwingungsbewegung beruhen, treten also bei Energien auf, die um etwa den Faktor 50 kleiner sind als die mit den elektronischen Zustandsänderungen verbundenen. Die Wellenlänge der entsprechenden Strahlung von etwa 30μm liegt im Ultraroten.

Zur Abschätzung der Übergangsenergie zwischen zwei Rotationszuständen gehen wir von der klassischen Rotationsenergie aus. Ihre Größe ist $L^2/2T$, wobei L der Betrag des Drehimpulses ist und T das zugehörige Trägheitsmoment. Nehmen wir als größtmöglichen Wert $T = Ma^2/4$ an (beide Kerne der Masse $M/2$ rotieren im Abstand $a/2$ um den gemeinsamen Schwerpunkt) und einen Übergang von $L = \hbar$ nach $L = 0$, d.h. eine Drehimpulsänderung von $\Delta L = \hbar$ (elektrische Dipolstrahlung), so erhalten wir die mit einer Zustandsänderung der Rotationsbewegung verbundene Energiedifferenz

$$\Delta E_{\mathrm{rot}} = 2\hbar^2/Ma^2 = 8(m/M)\Delta E_{\mathrm{el}} = \Delta E_{\mathrm{el}}/5000$$

oder $\Delta E_{\mathrm{rot}} = \Delta E_{\mathrm{osz}}/100$. Die Energiedifferenzen für Rotationsbewegungen sind also nochmals um zwei Größenordnungen kleiner als diejenigen für Schwingungen. Die

Zustandsänderungen der Rotationsbewegung entsprechen demnach Wellenlängen der Strahlung, die mit etwa 3 mm im Bereich der Mikrowellen liegen.

Nach diesem groben Überblick wollen wir die Moleküle etwas genauer betrachten. Erwähnt sei hier, daß die nachfolgend benützten Methoden analog auch in der Kernphysik angewendet werden, weil bei Kernen neben den Einteilchenzuständen auch kollektive Eigenschaften beschrieben werden. Wie bereits im Kapitel 11.1 gezeigt, ist die Molekülphysik darüber hinaus auch für die Physik dynamischer Atomprozesse, vorwiegend bei schweren Elementen, interessant.

13.2 Bindungs-Potentiale

Die energetischen Verhältnisse bei der chemischen Bindung zweier Atome lassen sich quantitativ diskutieren anhand der Potentialkurven $V(r)$ (siehe Bild 13.1). Der genaue Verlauf solcher Kurven ergibt sich aus den Lösungen der entsprechenden Schrödinger-Gleichungen, wir nehmen sie im Augenblick als gegeben hin.

Bild 13.3 zeigt solche Potentialkurven, und zwar je zwei für Natrium und Chlor und für Wasserstoff. Dabei ist danach unterschieden, ob sich zwei neutrale Atome oder entgegengesetzt geladene Ionen annähern. Zunächst denken wir uns die beiden Partner in so großem Abstand voneinander, daß sie sich gegenseitig nicht beeinflussen können. Dieser Abstand ist für die entgegengesetzt geladenen Ionen wegen der langen Reichweite der Coulomb-Kräfte wesentlich größer als für die neutralen Atome (theoretisch unendlich). Die diesen Abständen entsprechenden Energien sind als asymptotische Werte am rechten Bildrand eingezeichnet. Bei genügender Annäherung setzt eine gegenseitige Beeinflussung der äußeren Elektronenzustände ein, die zu stärkerer Bindung, aber auch zur Abstoßung führen kann. Mit dem Einsetzen der Bindungskräfte senken die Potentialkurven sich zunehmend ab, bis die gegenseitige Abstoßung der positiven Ladungen der Atomkerne bei weiterer Annäherung schneller zunimmt als die Bindungskräfte. Die Bindungs-Potentiale gehen daher durch ein Minimum, in dem die entgegengesetzten Kräfte im Gleichgewicht stehen. Der Abstand, den die beiden Atomkerne dann haben, heißt Gleichgewichtsabstand. Die Differenz zwischen der Energie im Gleichgewichtsabstand (Minimum des Potentials) und der asymptotischen Energie bei sehr großem Abstand heißt Bindungsenergie oder Dissoziationsenergie des Moleküls. In Bild 13.3 ist als Nullpunkt der Energieskala die Energie im Gleichgewichtsabstand gewählt, so daß auch die Bindungsenergie positiv ist. Werden dagegen die asymptotischen Werte der Energien als Nullpunkt der Energieskala gewählt, dann bekommen die Bindungsenergien ein negatives Vorzeichen.

Die Bewegung der Atomkerne eines Moleküls wird klassisch durch die Gleichung

$$m\ddot{\boldsymbol{r}} = \boldsymbol{F}(r) = -\frac{\mathrm{d}V}{\mathrm{d}r}\frac{\boldsymbol{r}}{r}$$

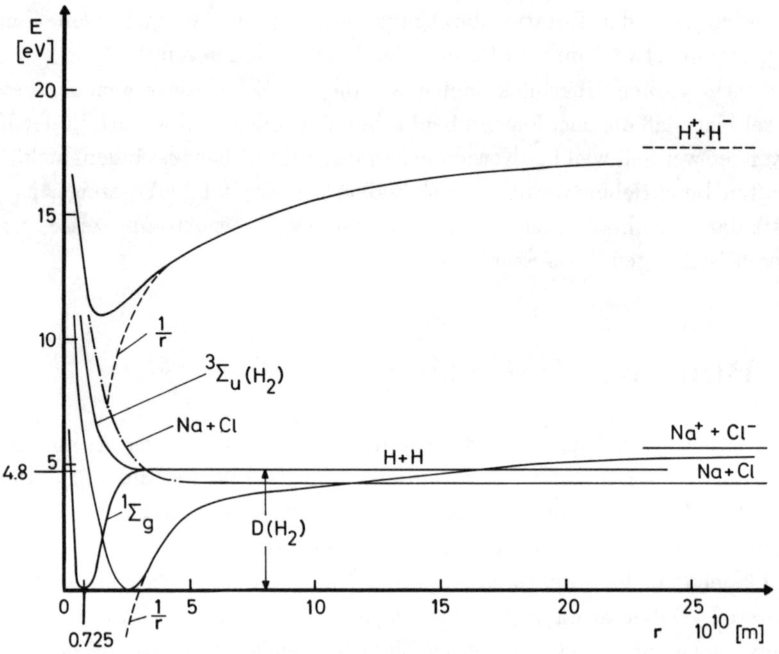

Bild 13.3 Bindungs-Potentiale für das Wasserstoffmolekül und für das NaCl. In beiden Fällen sind neben den dem Bindungstyp entsprechenden Kurven ($Na^+ + Cl^-$ für die Ionenbindung des NaCl und H + H für die Atombindung des Wasserstoffs) auch die Kurven für den jeweils anderen Bindungstyp eingezeichnet, die entweder gar nicht zu einer Bindung führen oder aber nicht zum Zustand geringster Energie. D ist die Bindungsenergie des Wasserstoffs. Neben der Kurve für den bindenden Singulett-Zustand $^1\Sigma$ des Wasserstoffs ist auch die Kurve für den nicht bindenden Triplettzustand $^3\Sigma$ eingetragen.

beschrieben. Im Potentialminimum bewirkt die Kraft $\boldsymbol{F}$, daß das Molekül bei kleinen Bewegungen der Kerne stets in die Gleichgewichtslage zurückkehrt. Für angeregte Zustände der Atome liegen die Potentialkurven höher als für den Grundzustand. Die Minima sind dann flacher, was eine schwächere Bindung der beiden Atome bedeutet.

Als grobes Kriterium für die Feststellung des Bindungstyps dient die Lage r_c des Schnittpunkts der ionischen Potentialkurve mit den Parallelen zur Abszisse im Abstand der asymptotischen Energie der neutralen Atome. Vorwiegend heteropolar oder ionisch ist eine Bindung, wenn $r_c > 2r_e$, wobei r_e der Gleichgewichtsabstand des Moleküls ist. Ein typisches Beispiel für Ionenbindung finden wir beim NaCl, bei dem $r_c \simeq 5r_e$ ist. Dagegen heißt eine Bindung vorwiegend kovalent, wenn $r_c < 1.5\,r_e$. Hier zeigt sich, daß die eingangs angeführten Bindungstypen nur Extremfälle sind und daß in der Natur alle Grade des Übergangs zwischen ihnen vorkommen.

Die Atombindung setzt erst bei wesentlich kleineren Abständen ein als die weitreichende elektrostatische Ionenbindung. Für ihr Zustandekommen sind die Elektronenzustände in den getrennten Atomen wichtig. Wenn z.B. in den sich nähernden Wasserstoffatomen die beiden Elektronen den gleichen Spinzustand einnehmen, d.h. die gleiche magnetische Spinquantenzahl haben, ist wie beim Heliumatom wegen des Paulischen Ausschließungsprinzip ihr gemeinsamer Einbau in den tiefsten Zustand $^1\Sigma$ nicht möglich. In dem erlaubten angeregten Zustand aber, dem Triplettzustand $^3\Sigma$, hat die Potentialkurve kein Minimum (zur Notation der Molekülzustände siehe Unterkapitel 13.4). Beim H_2-Molekül tritt in Wirklichkeit kein Schnittpunkt der ionischen Potentialkurve mit der Geraden der asymptotischen Energie der neutralen Atome auf, weil das Minimum der ionischen Potentialkurve sehr viel höher liegt als die Gerade. Der Abstand läßt sich aus den Ionisierungsenergien und den Elektronenaffinitäten abschätzen. Um ein Wasserstoffatom positiv zu ionisieren, werden 13.6 eV benötigt (siehe Bild 8.1). Dagegen läßt sich bei der Anlagerung eines zusätzlichen Elektrons an ein neutrales Atom nur 0.75 eV gewinnen (siehe Bild 13.3). Die Differenz dieser beiden Energien beträgt 12.85 eV; die ionische Potentialkurve liegt sehr viel höher als die atomare. Im Fall des NaCl-Moleküls liegen beide sehr viel näher beisammen. Zur Ionisation eines Natriumatoms sind 5.14 eV nötig (Bild 8.1). Bei der Anlagerung eines zusätzlichen Elektrons an das stark elektronegative Chloratom lassen sich 3.61 eV gewinnen (Bild 13.3). Die Bindungsenergie des Ionenpaares ist nur 1.53 eV größer als die des Atompaares. Der Schnittpunkt r_c liegt also bei um so größeren Abständen, je kleiner die Energiedifferenz zwischen den beiden Bindungsenergien ist.

13.3 Separation der Schrödinger-Gleichung

Die vollständige Wellenfunktion eines Moleküls hängt von allen Koordinaten aller Teilchen ab, und im Hamilton-Operator müssen alle möglichen Wechselwirkungen berücksichtigt werden. Wir befassen uns zunächst nur mit den Ortskoordinaten und mit der elektrostatischen Wechselwirkung aller Teilchen des Moleküls untereinander. Der Hamilton-Operator hierfür lautet

$$H = T_{\mathrm{A}} + T_{\mathrm{B}} + T_{\mathrm{el}} + V_{\mathrm{AB}} + V_{\mathrm{el}} \,. \tag{13.1}$$

Darin stehen die Terme T für die kinetische Energie der Kerne A und B sowie aller Elektronen und die Terme V_{AB} für die Coulomb-Wechselwirkung der Kerne untereinander und V_{el} für die aller Elektronen untereinander und mit den Kernen (siehe Bild 13.4). Es ist

$$V_{\mathrm{AB}} = \frac{Z_{\mathrm{A}} Z_{\mathrm{B}} e^2}{4\pi\varepsilon_0 r_{\mathrm{AB}}} \,,$$

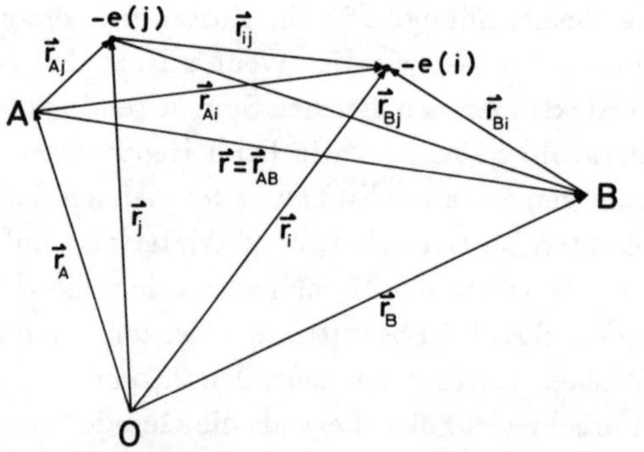

Bild 13.4 Die Ortsvektoren eines zweiatomigen Moleküls mit zwei Elektronen. Eingezeichnet sind die Ortsvektoren bezüglich eines festen Punktes 0 und die Vektoren jedes Teilchens bezüglich aller anderen.

und z.B. ergibt sich für 2 Elektronen aus

$$V_{\mathrm{el}}(r) = -\frac{e^2}{4\pi\varepsilon_0}\left(\frac{Z_\mathrm{A}}{r_{\mathrm{A}_i}} + \frac{Z_\mathrm{B}}{r_{\mathrm{B}_j}} + \frac{Z_\mathrm{A}}{r_{\mathrm{A}_j}} + \frac{Z_\mathrm{B}}{r_{\mathrm{B}_i}}\right)$$

$$V_{\mathrm{el}}(r) = -\frac{e^2}{4\pi\varepsilon_0 r_{ij}} .$$

Wir setzen nun für die Wellenfunktion des Moleküls an:

$$u(\boldsymbol{r}_i)\Psi(\boldsymbol{r}_\mathrm{A}, \boldsymbol{r}_\mathrm{B}) , \tag{13.2}$$

also das Produkt aus der Wellenfunktion $u(\boldsymbol{r}_i)$ aller Elektronen und $\Psi(\boldsymbol{r}_\mathrm{A}, \boldsymbol{r}_\mathrm{B})$ der beiden Kerne, wobei $\boldsymbol{r}_i$ für die Koordinaten aller Elektronen steht. Dieser Ansatz geht von der Annahme aus, daß sich die Bewegung der Elektronen von der Bewegung der Kerne separieren läßt. Unter dieser Annahme, die wir gleich begründen werden, erhalten wir mit dem Hamilton-Operator (13.1) die Schrödinger-Gleichung

$$u(T_\mathrm{A} + T_\mathrm{B} + V_\mathrm{AB})\Psi + \Psi(T_\mathrm{el} + V_\mathrm{el})u = Wu\Psi$$

und nach Division durch (13.2)

$$-\frac{1}{\Psi}(T_\mathrm{A} + T_\mathrm{B} + T_\mathrm{AB})\Psi + W = \frac{1}{u}(T_\mathrm{el} + V_\mathrm{el})u .$$

Da beide Seiten dieser Gleichung von unterschiedlichen Koordinaten abhängen, müssen beide gleich einer Separationskonstanten sein, die wir E_el nennen. Damit erhalten wir als Schrödinger-Gleichung für die Elektronen

$$(T_\mathrm{el} + V_\mathrm{el})\, u = E_\mathrm{el} u \tag{13.3}$$

und als Schrödinger-Gleichung für die Kerne

$$(T_\mathrm{A} + T_\mathrm{B} + E_\mathrm{el} + V_\mathrm{AB})\,\Psi = W\Psi .$$

Ausführlicher lautet letztere Gleichung

$$\left\{-\hbar^2\left(\frac{1}{2M_A}\nabla_A^2+\frac{1}{2M_B}\nabla_B^2\right)+E_{el}+\frac{Z_A Z_B e^2}{4\pi\varepsilon_0 r}\right\}\Psi = W\Psi\,. \tag{13.4}$$

Formell ist diese Wellengleichung identisch mit der Schrödinger-Gleichung (7.8) des Wasserstoffatoms, wenn wir

$$E_{el}+Z_A Z_B e^2/4\pi\varepsilon_0 r = V(r) \tag{13.5}$$

setzen. Dementsprechend kann in (13.4) ebenso wie in (7.8) die Schwerpunktsbewegung separiert werden. Mit dem Produktansatz $\Psi(\boldsymbol{r}_A,\boldsymbol{r}_B)=\xi(\boldsymbol{R})\psi(\boldsymbol{r})$, in dem $\boldsymbol{R}$ der Schwerpunktsvektor ist und $\boldsymbol{r}=\boldsymbol{r}_A-\boldsymbol{r}_B$ sowie $M=M_A+M_B$ und $m=M_A M_B/M$, erhalten wir

$$\frac{\hbar^2}{2M}\nabla_R^2\xi(\boldsymbol{R})\psi(\boldsymbol{r})=\left(-\frac{\hbar^2}{2m}\nabla_r^2+V(r)-W\right)\xi(\boldsymbol{R})\psi(\boldsymbol{r})\,.$$

Wir nennen die weitere Separations-Konstante hierfür $-E_t$ und erhalten nach Division beider Seiten durch das Produkt $\xi(\boldsymbol{R})\cdot\psi(\boldsymbol{r})$ damit als Schrödinger-Gleichung der Translationsbewegung des Schwerpunkts

$$\frac{\hbar^2}{2M}\nabla^2\xi(\boldsymbol{R})=E_t\xi(\boldsymbol{R})\,,$$

wobei wir nun den Index am Operator nicht mehr benötigen.

Die Schwerpunktsbewegung ist wie beim Atom für den inneren Zustand nicht von Bedeutung. Ihn bestimmt vielmehr die Schrödinger-Gleichung der Relativbewegung, in der wir ebenfalls den Index am Operator fortlassen:

$$\left\{-\frac{\hbar^2}{2m}\nabla^2+V(r)+E_t-W\right\}\psi(\boldsymbol{r})=0\,. \tag{13.6}$$

Ebenso wie in Kapitel 11.1 ziehen wir die Berechtigung für den Ansatz (13.2) aus der Überlegung, daß die Atomkerne sehr viel schwerer sind als die Elektronen und daß sie sich folglich, da auf alle Teilchen etwa gleich große Kräfte wirken, sehr viel langsamer als die Elektronen bewegen. Die Elektronen werden durch ihre viel schnellere Bewegung in der Lage sein, sich fast augenblicklich an die langsamere Bewegung der Kerne anzupassen, so daß der jeweilige Zustand der Kerne im Hinblick auf den Zustand der Elektronen als quasistationär angesehen werden kann. Dadurch ist es möglich, in der Beschreibung der Elektronen die Koordinaten der Kerne als Konstanten, allenfalls als Parameter anzusehen. Dies ist die sogenannte Born-Oppenheimer-Näherung[1]. Gl. (13.4) ist das Bindungspotential des Moleküls, das wir anhand der Beispiele in Bild 13.3 qualitativ bereits diskutiert haben. Es ist die Summe aus einem Energieeigenwert E_{el} der Elektronen und dem Coulomb-Potential der beiden Kerne.

[1]Julius Robert Oppenheimer (1904—1967)

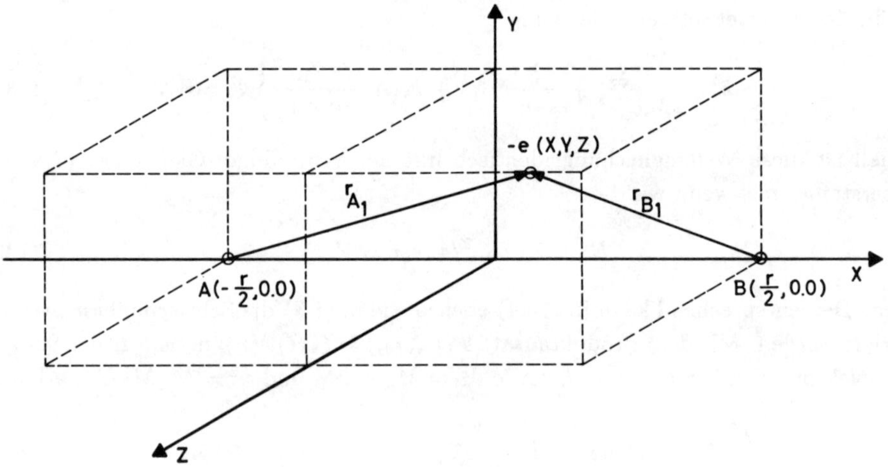

Bild 13.5 Wahl der Koordinatenachsen für das H_2^+-Molekül-Ion. Die beiden Protonen befinden sich auf der x-Achse im gleichen Abstand $r/2$ vom Ursprung.

13.4 Das Wasserstoff-Molekül

Wir wollen nun die Schrödinger-Gleichung auf das Wasserstoff-Molekül anwenden, und zwar zunächst auf das Molekülion H_2^+, also ein System aus zwei Protonen und einem Elektron. In diesem Fall lautet der Hamilton-Operator

$$H = \frac{p^2}{2m} - \frac{e^2}{4\pi\varepsilon_0}\left(\frac{1}{r_A} + \frac{1}{r_B}\right),$$

wobei nun r_A und r_B die Abstände des Elektrons von den beiden Protonen A und B sind. Wir wählen das Koordinatensystem so, daß die beiden Protonen jeweils im Abstand $r/2$ vom Ursprung auf der x-Achse liegen (siehe Bild 13.5). Dann lautet der Hamilton-Operator

$$H = \frac{p^2}{2m} - \frac{e^2}{4\pi\varepsilon_0}\left\{\left[\left(x-\frac{r}{2}\right)^2 + y^2 + z^2\right]^{-1/2} + \left[\left(x+\frac{r}{2}\right)^2 + y^2 + z^2\right]^{-1/2}\right\}, \quad (13.7)$$

und für die Schrödinger-Gleichung erhalten wir mit diesem Operator

$$Hu(\boldsymbol{r}) = E_{el}u(\boldsymbol{r}). \quad (13.8)$$

Bei sehr großen Abständen der beiden Kerne wird sich das Elektron ganz in der Nähe des einen Kerns aufhalten, so daß sein Potential im Feld des anderen Kerns fast Null wird. In diesem Fall wird aus (13.8) die Schrödinger-Gleichung des Wasserstoffatoms, und es liegt statt eines Moleküls ein neutrales Atom und ein positiv geladenes Ion vor.

Der Molekülzustand wird dann durch die Wasserstoffeigenfunktionen Tabelle (7.1) gut beschrieben.

Bei größerer Annäherung der Kerne entsteht aber eine Schwierigkeit in dieser Beschreibung, die mit der sogenannten Parität der Wellenfunktionen zusammenhängt. Der Hamilton-Operator (13.7) ist invariant gegen räumliche Spiegelungen, d.h. gegen die Vertauschung der Vorzeichen aller drei Koordinaten. Die Folge davon ist, daß außer $u(\boldsymbol{r})$ auch $u(-\boldsymbol{r})$ eine Lösung der Schrödinger-Gleichung (13.8) mit dem gleichen Hamilton-Operator ist. Nehmen wir nun an, daß $u(\boldsymbol{r})$ eine nicht entartete Lösung ist, dann kann sich $u(-\boldsymbol{r})$ höchstens durch einen konstanten Faktor davon unterscheiden: $u(-\boldsymbol{r}) = \alpha u(\boldsymbol{r})$. Durch Vertauschung der Vorzeichen folgt daraus aber $u(\boldsymbol{r}) = \alpha u(-\boldsymbol{r})$ und somit $\alpha^2 = 1$ oder $\alpha = \pm 1$. Das bedeutet, daß u entweder eine gerade oder eine ungerade Funktion von r sein muß. Man sagt von einer geraden Wellenfunktion, sie habe gerade oder positive Parität und von einer ungeraden Wellenfunktion, sie habe ungerade oder negative Parität. Da sich die Eigenfunktionen des $H_2{}^+$-Moleküls bei einer langsamen Änderung des Protonenabstandes stetig (adiabatisch) ändern, behält eine nicht entartete Eigenfunktion des Moleküls bei dieser Veränderung ihre Parität bei, die sich ja nur unstetig von $+1$ nach -1 oder umgekehrt ändern könnte. Im $H_2{}^+$-Molekül liegt wegen der Verbindungsgeraden der Protonen eine räumliche Asymmetrie vor, so daß hier nicht der hohe Entartungsgrad der Eigenfunktionen des Wasserstoffatoms zu erwarten ist bzw. überhaupt keine Entartung auftritt. Daher müssen die Eigenfunktionen des Wasserstoff-Moleküls auch für einen großen Abstand der Protonen voneinander bereits eine wohldefinierte Parität haben, was bei entarteten Eigenfunktionen normalerweise nicht der Fall ist.

Wir können jedoch aus den Wasserstoffeigenfunktionen (Tabelle 7.1) die wir jetzt mit u_n abkürzen wollen, auf einfache Weise gerade Funktionen u_n^{g} und ungerade Funktionen u_n^{u} konstruieren:

$$\begin{aligned} u_n^{\mathrm{g}}(x,y,z) &= \frac{1}{\sqrt{2}}\{u_n(x',y,z) + u_n(x'',y,z)\} \\ u_n^{\mathrm{u}}(x,y,z) &= \frac{1}{\sqrt{2}}\{u_n(x',y,z) - u_n(x'',y,z)\}\ . \end{aligned} \tag{13.9}$$

Darin ist $x' = x + r/2$ und $x'' = x - r/2$, so daß u^{g} bezüglich x die gleiche Parität hat wie u bezüglich x' und u^{u} die entgegengesetzte: Aus der Transformation $x \to -x$ folgt $x' = x + r/2 \to -x + r/2 = -x''$ und desgleichen $x'' \to -x'$, so daß

$$u_n^{\mathrm{g}}(-x,y,z) = \frac{1}{\sqrt{2}}\{u_n(-x',y,z) + u_n(-x'',y,z)\}$$

$$u_n^{\mathrm{u}}(-x,y,z) = \frac{1}{\sqrt{2}}\{u_n(-x',y,z) - u_n(-x'',y,z)\}\ .$$

Wir setzen als u_0 jetzt die Grundzustandswellenfunktion Ψ_{100} des Wasserstoffs ein (Tabelle 7.1) und diskutieren die daraus resultierenden Funktionen (13.9) anhand des Bildes 13.6.

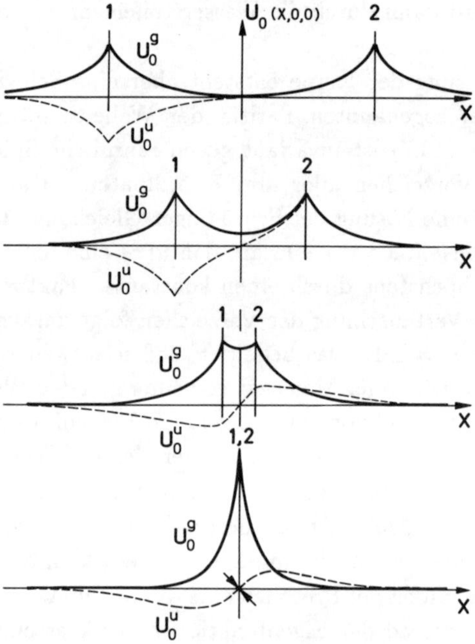

Bild 13.6 Gerade (u_0^{g}) und ungerade(u_0^{u}) aus der Grundzustandswellenfunktion des Wasserstoffatoms gebildete Wellenfunktionen des H^+-Moleküls (siehe Text).

Bei großem Abstand entsprechen sowohl u_0^{g} als auch u_0^{u} dem Fall zweier separierter Wasserstoffatome (der Normierungsfaktor $1/\sqrt{2}$ berücksichtigt, daß beide zusammen nur ein Elektron haben). Während aber bei zunehmender Annäherung die gerade Funktion u_0^{g} der Grundzustandsfunktion Ψ_{100} für das He^+-Ion immer ähnlicher und ihr schließlich gleich wird, geht die ungerade Funktion u_0^{u} für $r \to 0$ in die Funktion Ψ_{210} des Heliums über, die einem angeregten Zustand entspricht.

Bild 13.7 zeigt die Abhängigkeit der Energieeigenwerte E_{el} des $H_2{}^+$-Moleküls in Abhängigkeit vom gegenseitigen Abstand der Protonen. Ebenso wie im Kapitel 11.1 geben die Ziffern und die lateinischen Buchstaben an den Kurven die Elektronenkonfigurationen im Molekül bzw. im vereinigten Atom an, hier also im He^+, die griechischen Buchstaben beziehen sich auf die getrennten Atome. Die entsprechenden Zustandsbezeichnungen für Atome haben wir in Unterkapitel 7.5 kennengelernt. Der zum ungeraden Zustand $u_0^{\mathrm{u}}(2\mathrm{p}\sigma)$ gehörende Eigenwert der Energie ändert sich mit dem Abstand der beiden Protonen nur wenig, wie auch die meisten der anderen eingezeichneten Eigenwerte. Dagegen fällt der zum geraden Zustand $u_0^{\mathrm{g}}(1\mathrm{s}\sigma)$ gehörende Eigenwert stark ab, bis auf den Wert der Helium-Grundzustandsenergie, die nach (7.27) viermal tiefer liegt als im Wasserstoff. Die starke Abnahme der Energie E_{el} mit dem Abstand der Protonen läßt auf das Vorhandensein anziehender Kräfte in diesem Zustand schließen, und tatsächlich

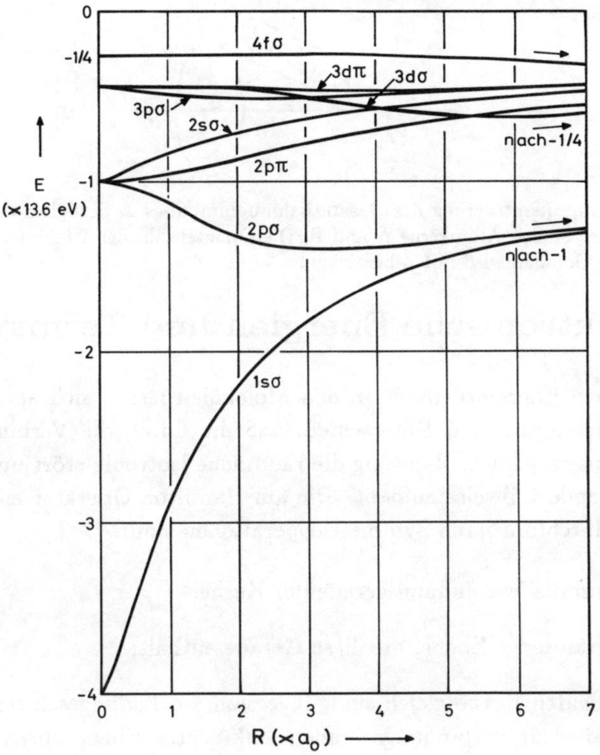

Bild 13.7 Termschema (elektronische Energie) des $H_2{}^+$-Moleküls, aufgetragen gegen den Abstand der Protonen; a_0 ist der Bohrsche Radius (7.52).

sehen wir, wenn wir entsprechend (13.5) zu der Kurve $E_{el}(r)(1s\sigma)$ das abstoßende Potential der beiden Protonen addieren, daß sich ein Verlauf des Bindungspotentials ergibt wie der für H + H, ${}^1\Sigma_g$ in Bild (13.3) eingezeichnete.

Der Fall des neutralen Wasserstoffmoleküls H_2 zeigt eine gewisse Ähnlichkeit mit dem des $H_2{}^+$-Molekülions. Allerdings kommt hier mit dem Auftreten zweier Elektronen eine weitere Schwierigkeit hinzu, die der beim Übergang vom Wasserstoffatom zum Heliumatom entspricht. Es ist also zu beachten, daß sich die beiden Elektronen nach dem Pauli-Prinzip nicht im gleichen Zustand befinden können. Da der Grundzustand des Moleküls im Grenzfall der Vereinigung der beiden Protonen in den Grundzustand des Heliums übergehen soll, ist er auch hier ein Singulettzustand mit dem Gesamtspin $S = 0$. Die Bindungsenergie ist beim neutralen H_2 noch um etwa die Hälfte größer als beim H_2^+-Ion, und der Gleichgewichtsabstand ist um etwa ein Viertel kleiner.

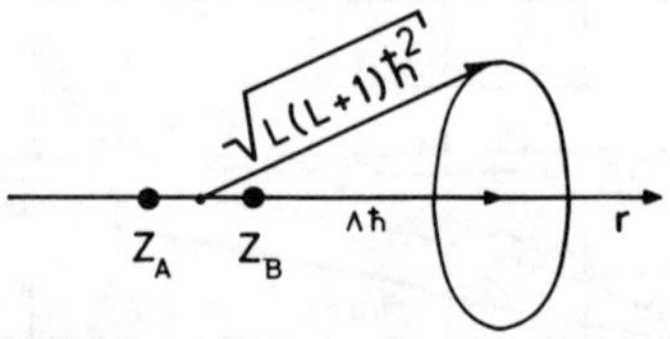

Bild 13.8 Richtungsquantisierung des Gesamtbahndrehimpulses L bezüglich der Verbindungsgeraden der beiden Atomkerne A und B. Die Quantenzahl der Drehimpulskomponente längs dieser Geraden wird mit Λ bezeichnet.

13.5 Elektronische Energien und Termsymbolik

Die elektronischen Energiezustände in den Molekülen lassen sich analog denen in den Atomen behandeln, mit dem Unterschied, daß die durch die Verbindungsgerade der beiden Kerne ausgezeichnete Richtung die räumliche Isotropie stört und damit die Entartung der Zustände teilweise aufhebt. Die am Hamilton-Operator eines zweiatomigen Moleküls noch durchführbaren Symmetrieoperationen sind:

- Drehung um die Verbindungsgerade der Kerne;
- Spiegelung an jeder Ebene, die diese Gerade enthält;
- wenn die beiden Kerne gleich sind, Inversion am Ladungsschwerpunkt und Spiegelung an der zur Verbindungsgeraden senkrechten Ebene durch diesen Punkt.

Die Lösung der Schrödinger-Gleichung erfolgt entsprechend dem Symmetriecharakter des Problems in räumlichen elliptischen Koordinaten, d.h. in einem Koordinatensystem, dessen Koordinatenflächen konfokale Rotationsellipsoide, konfokale Rotationshyperboloide und die Ebenen, die die Verbindungsgerade der Atomkerne enthalten, sind. Die Trennung der Variablen führt auf ähnliche Gleichungen wie beim Atom die Trennung in Radial- und Winkelanteile. Durch die Lösung dieser Gleichungen werden Quantenzahlen eingeführt, die den Bahndrehimpuls bestimmen.

Für kleine Abstände r der Atomkerne verhält sich der Bahndrehimpuls wie in einem Atom, bei dem eine kleine elektrische Störung vorliegt. Die Wirkung einer solchen Störung haben wir beim Stark-Effekt bereits kennengelernt.

In Bild 13.8 ist diese Situation gezeigt. Die Verbindungsgerade ist die Quantisierungsachse für den Bahndrehimpuls, dessen Komponente in dieser Richtung eine Konstante der Bewegung ist. Ihre Quantenzahl ist daher eine gute Quantenzahl. Sie entspricht der magnetischen Quantenzahl M_L des Gesamtdrehimpulses.

Der Absolutbetrag von M_L wird mit Λ bezeichnet. Entsprechendes gilt für den Gesamtspin, dessen magnetische Quantenzahlen M_S für die Komponente längs der Verbindungsgeraden mit $\varSigma$ bezeichnet wird (nicht zu verwechseln mit Σ für $\Lambda = 0$). Das ist in Bild 13.9 gezeigt.

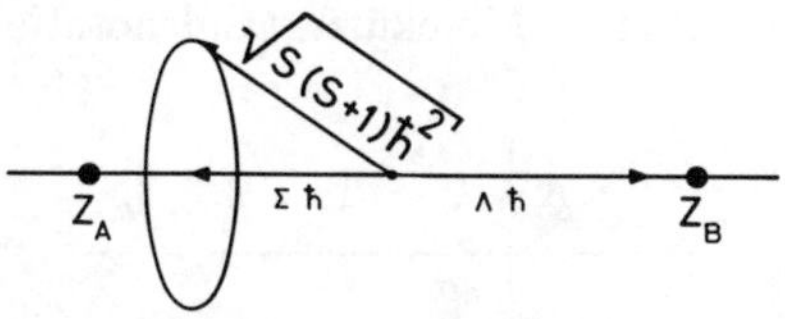

Bild 13.9 Richtungsquantisierung des Gesamtspins S (vergleiche Bild 13.8). Die Quantenzahl der Spinkomponente längs der Verbindungsgeraden der beiden Atomkerne wird mit Σ bezeichnet.

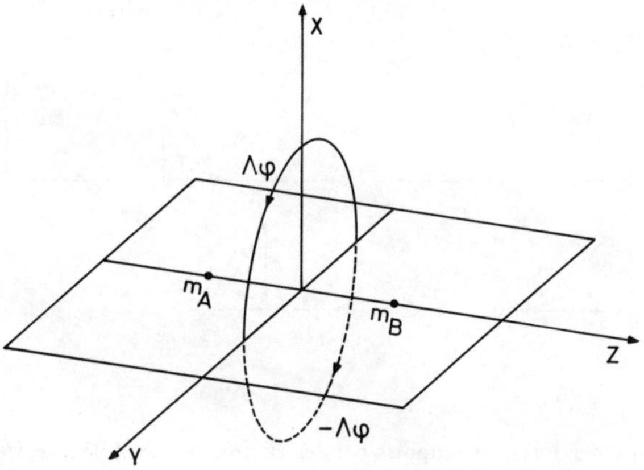

Bild 13.10 Zur Spiegelsymmetrie des Hamilton-Operators für die Elektronenzustände. Bei der Spiegelung ändert sich der Drehsinn.

Im Molekül sind nicht alle Werte von M_L miteinander energetisch entartet, sondern nur die mit gleichem Absolutbetrag (außer $M_L = 0$), was der Spiegelsymmetrie des Moleküls entspricht (siehe Bild 13.10). Man nennt diese Form der Entartung Kramers-Entartung[1]. Λ ist somit eine für die Bezeichnung spektroskopischer Terme geeignete Quantenzahl. In Anlehnung an die Notation in der Atomspektroskopie werden ihre Werte $0, 1, \cdots, L$ mit den S, P, D, F,... entsprechenden griechischen Buchstaben $\Sigma, \Pi, \Delta, \Phi, \ldots$ bezeichnet und zur Charakterisierung von Energietermen verwendet. Für $r \to 0$ fallen alle $L + 1$ Λ-Terme in den L-Term des entsprechenden Atoms zusammen. Die Zahl $2S + 1$ wird auch hier zur Bezeichnung der Multiplizität dem Termsymbol links oben vorangestellt, wobei S wie beim Atom die Quantenzahl des Gesamtspins ist.

Ebenfalls wie beim Atom werden die Elektronenkonfigurationen entsprechend dem Drehimpulszustand der einzelnen Elektronen klassifiziert. Der Hauptquantenzahl werden die Buchstaben s, p, d, f, $\cdots$ für die Bahndrehimpulsquantenzahlen $l = 0, 1, 2, \cdots$ nachgestellt. Außerdem wird die Quantenzahl Λ angegeben, deren Werte $0, 1, 2, \cdots$ für die einzelnen Elektronen durch die griechischen Kleinbuchstaben $\sigma, \pi, \delta, \varphi, \cdots$ aus-

[1] Hendrik Anthony Kramers (1894—1952)

Tab. 13.1 Molekülzustandsnotation.

l \ Λ	0	1	2	3
0	sσ			
1	pσ	pπ		
2	dσ	dπ	dδ	
3	fσ	fπ	fδ	fφ

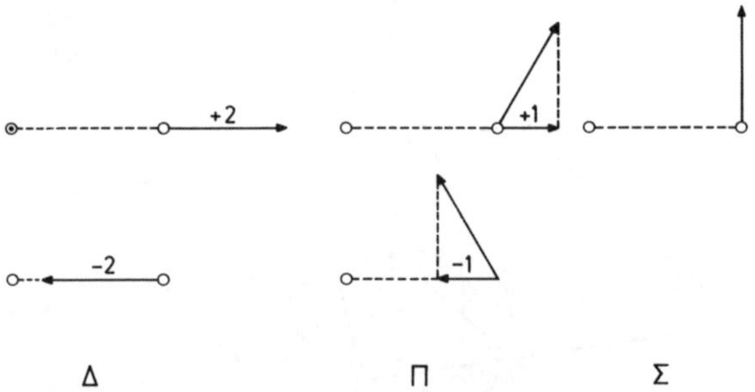

Bild 13.11 Kopplung der Bahndrehimpulse bei der Bildung eines Moleküls, wenn sich die Atome in einem S- bzw. D-Zustand befinden.

gedrückt werden. Wie bei den Atomen gilt $l < n - 1$; außerdem ist $|\Lambda| < l$. Danach ist ein 3dσ-Elektron ein solches mit $n = 3, l = 2, \Lambda = 0$. Diese Notation wird durch das Schema der Tab. 13.1 verdeutlicht.

Beim Zusammenschluß zweier Atome zu einem Molekül gibt es für die Kopplung der Drehimpulse gewisse Regeln. Treten ungleiche Atome zusammen, die die Spin- und Bahndrehimpulsquantenzahlen L_1, S_1 bzw. L_2, S_2 haben, so stellt jedes der beiden Atome für das andere ein elektrisches Feld dar, in dem eine Richtungsquantisierung von $\boldsymbol{L}_1$ und $\boldsymbol{L}_2$ bezüglich der Verbindungslinie auftritt. Die Drehimpulse koppeln dann in der Weise, daß $\Lambda = |M_{L1} + M_{L2}|$ gilt, wobei M_{L1} und M_{L2} die magnetischen Quantenzahlen zu den Drehimpulsen L_1 und L_2 sind. Jede mögliche Kombination von M_{L1} und M_{L2} entspricht einem anderen Λ-Zustand. Das sei an einigen Beispielen erläutert. Ist das eine Atom ursprünglich in einem S-Zustand, das andere in einem D-Zustand, dann ist $M_{L1} = 0$ und $M_{L2} = 0, \pm 1, \pm 2$. Daraus folgt $\Lambda = 2, 1, 0, 1, 2$, wie in Bild 13.11 gezeigt.

Treten dagegen zwei Atome, von denen das eine in einem S- und das andere in einem P-Zustand vorliegt, zu einem Molekül zusammen, so bilden sich nur molekulare Π- und Σ-Zustände aus. Für die Kombination zweier P-Zustände, mit $M_{L1}, M_{L2} = 0, \pm 1$, ergeben sich folgende Möglichkeiten: $M_{L1} + M_{L2} = 2, 1, 1, 0, 0, 0, -1, -1, -2$.

Wie Bild 13.12 zeigt, gibt es dann zwei Δ-Zustände, vier Π-Zustände und drei Σ-Zustände. Allgemein läßt sich nicht unterscheiden, welcher Zustand der Σ^+-Zustand

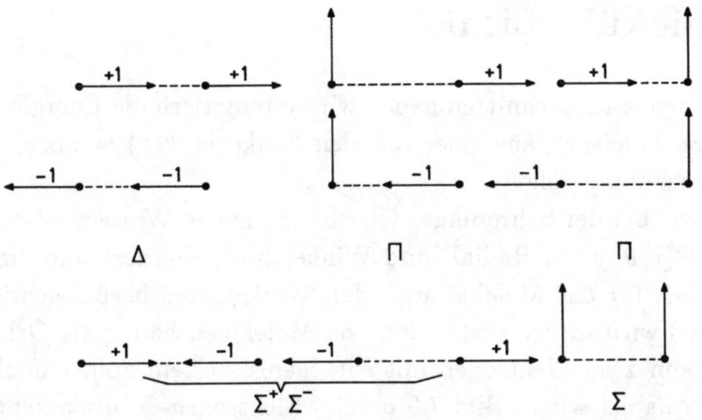

Bild 13.12 Kopplung der Bahndrehimpulse bei der Molekülbildung, wenn sich beide Atome vorher in einem P-Zustand befinden.

und welcher der Σ^--Zustand ist. Bilden gleiche Atome ein Molekül, dann gibt es eine doppelte Bildungsmöglichkeit für Molekülzustände aus den Atomzuständen, nämlich als gerade und als ungerade Zustände, wie das in Bild 13.3 für das Beispiel des H_2-Moleküls gezeigt wurde. Die beiden niedrigsten Zustände werden mit $(1s\sigma)\ ^1\Sigma_g$ und $(2p\sigma)\ ^3\Sigma_u$ bezeichnet. Im ersten Fall liegt der gebundene Zustand mit antiparallelen Spinkomponenten vor, im zweiten der ungebundene mit parallelen Spinkomponenten.

Aufgrund der Symmetrieeigenschaften des Hamilton-Operators läßt sich über die elektronischen Energieniveaus zusammenfassen:

- Aus der Drehsymmetrie um die Verbindungsgerade folgt, daß Λ eine Erhaltungsgröße ist,
- aus der Spiegelsymmetrie folgt, daß ein Λ-Term zweifach entartet ist. Die Linearkombinationen $\Psi_\Lambda^+ = (\Psi_\Lambda + \Psi_{-\Lambda})/\sqrt{2}$ und $\Psi_\Lambda^- = (\Psi_\Lambda - \Psi_{-\Lambda})/\sqrt{2}$ aus den entarteten Λ-Zuständen haben verschiedene Symmetrien. Sie gehen bei der Spiegelung in sich selbst über oder wechseln das Vorzeichen. Obwohl sie keine Drehimpulseigenzustände sind, läßt sich feststellen: Σ^+- und Σ^--Zustände sind nicht miteinander entartet.
- Inversion am Ladungsschwerpunkt ist nur bei gleichen Kernen eine Symmetrieoperation und führt dort zur Unterscheidung von Elektronenzuständen gerader oder ungerader Parität.

Bezüglich der Elektronenübergänge gelten im Molekül die gleichen Auswahlregeln wie im Atom. Die Strahlung ist ebenfalls Dipolstrahlung, und demzufolge gilt: $\Delta\Lambda = 0$ oder ± 1. Σ-Terme können nur mit Σ- und Π-Termen kombiniert werden, Π-Terme mit Σ-, Π- und Δ-Termen usw. Die Hauptquantenzahl kann sich auch hier beliebig ändern.

13.6 Molekülorbitale

In den vorhergehenden Abschnitten haben wir systematisch die Energiezustände in Molekülen und ihre Ableitung aus einer radialen Funktion $\Psi(r) = \boldsymbol{r}u(r)$ der Lösung der Schrödinger-Gleichung gezeigt.

Ebenso wie wir bei der Schrödinger-Gleichung für das Wasserstoffatom die Gesamtwellenfunktion $\Psi(r, \vartheta, \varphi)$ in Radial- und Winkelanteil separiert und einzeln behandelt haben, müssen wir für das Molekül auch den Winkelanteil berücksichtigen. Die Funktion $\Psi_{nlm_l}(r, \vartheta, \varphi)$ wird in der Diskussion von Molekülen häufig als Orbital bezeichnet. Jedes Orbital kann zwei Elektronen mit entgegengesetztem Spin aufnehmen. Für das Wasserstoffatom haben wir in Bild 7.9 bereits Elektronen-Orbitale kennengelernt. Die Wahrscheinlichkeitsverteilung der Elektronen erhalten wir durch Quadrieren der Wellenfunktion.

Um von atomaren Orbitalen zu Molekülorbitalen überzugehen, empfiehlt sich das Verfahren der linearen Überlagerung der Orbitale, das LCAO-Methode genannt wird (*L*inear *C*ombination of *A*tomic *O*rbitals). Wir haben bereits bei der Diskussion des Wasserstoffmolekül-Ions erfahren, daß die Überlagerung der atomaren Funktionen zu symmetrischen Ψ_s und antisymmetrischen Ψ_a molekularen Funktionen führt. Beide Funktionen setzen sich analog zu Gl. (13.9) aus den atomaren Funktionen zusammen (vgl. Bild 13.3)

$$\Psi_s = N_s (\Psi_A + \Psi_B) \tag{13.10}$$

$$\Psi_a = N_a (\Psi_A - \Psi_B) \ . \tag{13.11}$$

Die Normierungskonstanten N_s und N_a hängen vom Grad der Überlagerung der Wellenfunktion ab. Das Elektron befindet sich in der Nähe der beiden Kerne, so daß seine Aufenthaltswahrscheinlichkeit wesentlich von den Koordinaten des Elektrons abhängt, über die zu integrieren ist. Der Abstand der Kerne r_{AB} wird momentan als konstant angesehen. Für die Normierung gilt

$$\int_{-\infty}^{+\infty} |\Psi_s|^2 \mathrm{d}^3\boldsymbol{r}_i = 1 \ . \tag{13.12}$$

und

$$\int_{-\infty}^{+\infty} |\Psi_a|^2 \mathrm{d}^3\boldsymbol{r}_i = 1 \tag{13.13}$$

Setzen wir (13.10) in (13.13) ein, so erhalten wir

$$\begin{aligned} \int_{-\infty}^{+\infty} |\Psi_s|^2 \mathrm{d}^3\boldsymbol{r}_i = 1 &= \int_{-\infty}^{+\infty} N_s^2 |\Psi_A + \Psi_B|^2 \mathrm{d}^3\boldsymbol{r}_i \\ &= N_s^2 \int_{-\infty}^{+\infty} |\Psi_A + \Psi_B|^2 \mathrm{d}^3\boldsymbol{r}_i \\ &= N_s^2 \left\{ \int_{-\infty}^{+\infty} |\Psi_A|^2 \mathrm{d}^3\boldsymbol{r}_i + \int_{-\infty}^{+\infty} |\Psi_B|^2 \mathrm{d}^3\boldsymbol{r}_i + 2 \int_{-\infty}^{+\infty} \Psi_A^* \Psi_B \mathrm{d}^3\boldsymbol{r}_i \right\} \ . \end{aligned} \tag{13.14}$$

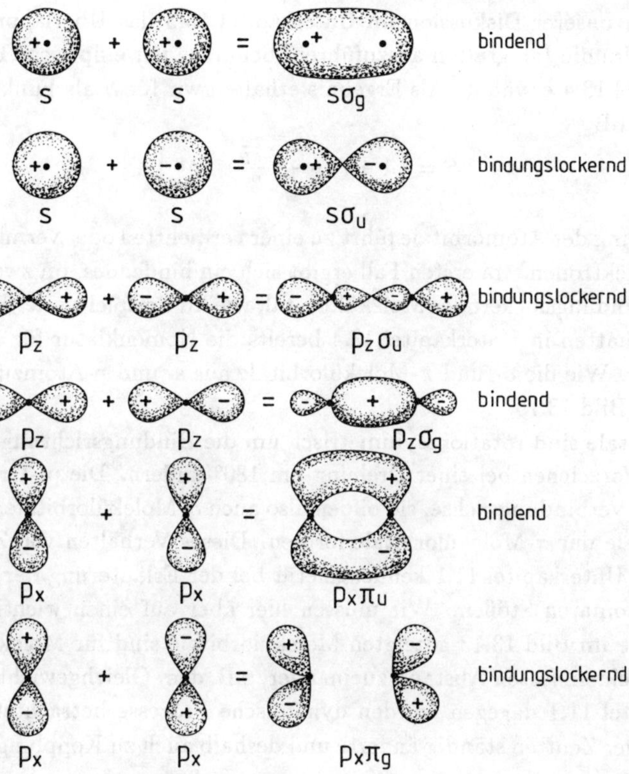

Bild 13.13 Molekülorbitale (nach Beiser).

Diese Aufteilung ist möglich, weil Ψ_A und Ψ_B reelle 1s- Wasserstoffwellenfunktionen sind, also $\Psi_A = \Psi_A^*$; $\Psi_B = \Psi_B^*$. Die Funktionen Ψ_A und Ψ_B sind normiert:

$$\int_{-\infty}^{+\infty} |\Psi_A|^2 d^3\boldsymbol{r}_i = \int_{-\infty}^{+\infty} |\Psi_B|^2 d^3\boldsymbol{r}_i = 1 .$$

Wenn wir diese Ausdrücke in (13.14) einsetzen, erhalten wir

$$\int_{-\infty}^{+\infty} |\Psi_s|^2 d^3\boldsymbol{r}_i = N_s^2 \left\{ 2 + 2 \int_{-\infty}^{+\infty} \Psi_A \Psi_B d^3\boldsymbol{r}_i \right\} = 1 .$$

Die Größe $\int_{-\infty}^{+\infty} \Psi_A \Psi_B d^3\boldsymbol{r}_i = S$ nennen wir Überlappungsintegral, weil es angibt, wie weit sich die Funktionen der beiden Atome überlappen. Damit folgt für die Normierungskonstante

$$N_s = \frac{1}{\sqrt{2(1+S)}} ;$$

entsprechend

$$N_a = \frac{1}{\sqrt{2(1-S)}} .$$

Wir hatten in unserer Diskussion im Unterkapitel 13.3 das Überlappungsintegral vernachlässigt. Um die Integration auszuführen, benützen wir elliptische Koordinaten, wie in Unterkapitel 13.4 erwähnt. Als Ergebnis erhalten wir für S als Funktion des Abstandes von A und B

$$S = \left(1 + r_{AB} + \frac{r_{\mathrm{AB}}^2}{3} e^{-r_{\mathrm{AB}}}\right) .$$

Die Überlappung der Atomorbitale führt zu einer vermehrten oder verminderten Konzentration von Elektronen. Im ersten Fall ergibt sich ein bindendes, im zweiten ein antibindendes oder bindungslockerndes Molekülorbital, wie im Beispiel zweier Wasserstoffatome gezeigt. Wir hatten in Unterkapitel 13.4 bereits die Nomenklatur für Molekülzustände kennengelernt. Wie die σ- und π-Molekülorbitale aus s- und p-Atomzuständen gebildet werden, zeigt Bild 13.13.

Die σ-Orbitale sind rotationssymmetrisch um die Bindungsrichtung, während die π-Orbitale ihr Vorzeichen bei einer Drehung um 180° ändern. Die p_z-Orbitale erstrecken sich längs der Verbindungsachse, sie bilden also auch σ-Molekülorbitale, während die p_x- und p_y-Orbitale nur π-Molekülorbitale formen. Dieses Verhalten von Zuständen haben wir bereits in Unterkapitel 11.1 kennengelernt bei der Erläuterung der Korrelationsdiagramme in atomaren Stößen. Wir müssen hier aber auf einen wichtigen Unterschied hinweisen. Die im Bild 13.13 gezeigten Molekülorbitale sind für Moleküle geeignet, deren Atome in einem festen Abstand zueinander, z.B. dem Gleichgewichtsabstand stehen. Im Unterkapitel 11.1 dagegen wurden dynamische Prozesse betrachtet, bei denen sich der Abstand der Zentren ständig änderte und deshalb auch zu Kopplungen verschiedener Orbitale führen kann.

13.7 Hybridisierung

Der Begriff Hybridisierung bezeichnet die Mischung von Ein-Elektron-Zuständen. Atome können sich dadurch energetisch günstiger zu Molekülen zusammenfügen. Dieses Verhalten soll am Beispiel des Kohlenstoffatomes gezeigt werden. Kohlenstoffatome haben in ihrem Grundzustand die Konfiguration $1s^2\,2s^2\,2p^2$ (vergleiche Unterkapitel 8.1). Für Verbindungen stehen danach die beiden p-Elektronen zur Verfügung, und zwar je eins in einem p_x- und p_y-Orbital. Nehmen wir an, Kohlenstoff koppelt mit zwei Wasserstoffatomen, dann würde sich das Molekül CH_2 als feste Verbindung bilden mit zwei bindenden $sp\sigma$-Orbitalen. Dieses Molekül ist jedoch nicht stabil. Das stabile Molekül ist das Methan CH_4. Dessen Struktur ist ein regelmäßiger Tetraeder (Bild 13.14).

Um diese Struktur zu erklären, müssen wir annehmen, daß sich auch die 2s-Elektronen an der Bindung beteiligen. Dies tritt ein, wenn sich die 2s- und 2p-Zustände in einem Molekül energetisch nur geringfügig unterscheiden, dann trägt eine Linearkombination der Atomorbitale zu jedem Molekülorbital bei. Am stärksten wird dieser

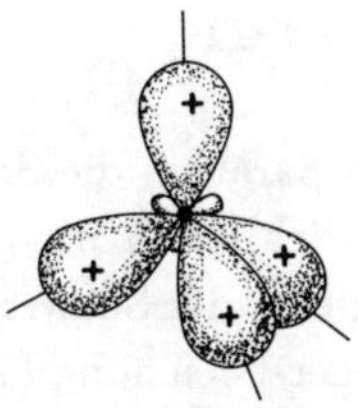

Bild 13.14 Orbitale des CH_4-Moleküls.

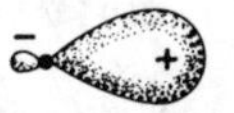

Bild 13.15 sp^3 Hybrid-Orbital.

Effekt bei einer völligen Entartung der Zustände. Im CH_4 hat der Kohlenstoff vier gleichwertige Hybrid-Orbitale, die sich als Kombination von $\frac{1}{4}$s- und $\frac{3}{4}$p-Zustand ergeben. Man bezeichnet sie deshalb auch als sp^3-Hybrid-Orbital. Räumlich konzentriert sich ein sp^3-Hybrid-Orbital in einer Richtung, wie Bild 13.15 zeigt. Die Kombination von vier sp^3-Hybrid-Orbitalen liefert dann die räumliche Struktur des CH_4-Moleküls. Die Winkel, die diese Orbitale bilden, lassen sich aus dem Bild 13.16 ablesen: In zwei paarweise diametral gegenüberliegenden Ecken eines Würfels ist je ein H-Atom zu denken, so daß sich in einem ebenen Dreieck, gebildet aus dem C-Atom und zwei H-Atomen ablesen läßt: $\cos\theta = -\frac{1}{3}$, also $\theta = 109.47°$. Dieser Winkel wurde auch experimentell gefunden. Außer der geschilderten sp^3-Hybridisierung gibt es eine sp^2-Hybridisierung, die zu einer trigonal ebenen Struktur führt und eine sp-Hybridisierung, die eine lineare Verbindung darstellt. Die Vorstellung der Hybridisierung liefert eine gute Methode, um auch bei mehratomigen Molekülen die Bindung zu beschreiben.

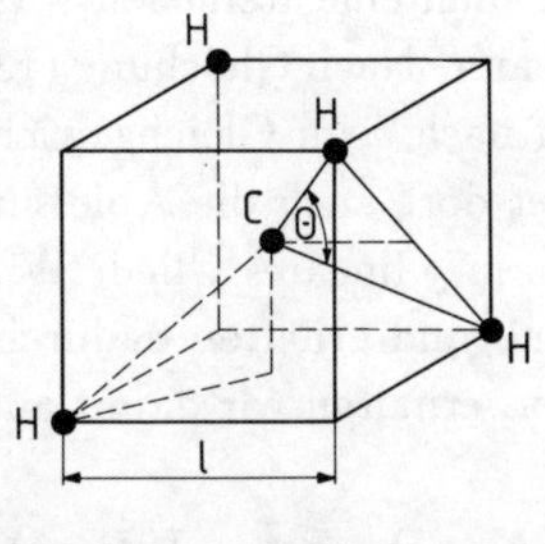

Bild 13.16 Räumliche Anordnung der Atome im CH_4-Molekül.

13.8 Schwingungsenergie

Wir haben in 13.3 durch Variablenseparation die Schrödinger-Gleichung (13.6) für die Bewegung der Atomkerne erhalten. Schreiben wir in dieser Gleichung für die Differenz der Gesamtenergie W und der Energie E_t der Schwerpunktsbewegung $E = W - E_t$, dann sehen wir, daß sie mit der Schrödinger-Gleichung (7.10) für das Wasserstoffatom übereinstimmt. Entsprechend der Gl. (7.11) schreiben wir nun die Gl. (13.6) in sphärischen Polarkoordinaten:

$$\left\{\frac{1}{r^2}\frac{\partial}{\partial r}r^2\frac{\partial}{\partial r} + \frac{1}{r^2}\left(\frac{1}{\sin\vartheta}\frac{\partial}{\partial\vartheta}\sin\vartheta\frac{\partial}{\partial\vartheta} + \frac{1}{\sin^2\vartheta}\frac{\partial^2}{\varphi^2}\right) + \frac{2m}{\hbar^2}\left[E - V(r)\right]\right\}\Psi = 0\,. \qquad (13.15)$$

Durch einen ähnlichen Ansatz wie (7.14), $\Psi(r,\vartheta,\varphi) = \chi(r)Y_{JM}(\vartheta,\varphi)$, spalten wir nun die Winkelvariablen ab, wodurch wir die Gl. (7.16) für die Winkelvariablen und eine der Gl. (7.15) entsprechende radiale Gleichung erhalten. Letztere lautet hier

$$\left\{\frac{\mathrm{d}}{\mathrm{d}r}r^2\frac{\mathrm{d}}{\mathrm{d}r} - J(J+1) + \frac{2m}{\hbar^2}r^2\left[E - V(r)\right]\right\}\chi(r) = 0\,, \qquad (13.16)$$

wobei wir in Übereinstimmung mit dem in der Molekülphysik üblichen Gebrauch die Drehimpulsquantenzahl mit J bezeichnen. Mit der Substitution $\chi(r) = R(r)/r$ folgt aus (13.16)

$$\frac{\mathrm{d}^2R}{\mathrm{d}r^2} - \frac{J(J+1)R}{r^2} + \frac{2m}{\hbar^2}\left[E - V(r)\right]R = 0\,. \qquad (13.17)$$

Wir haben bereits bei der qualitativen Betrachtung des zweiatomigen Moleküls bemerkt, daß es für die beiden Kerne einen Gleichgewichtsabstand r_e gibt. Für die im Molekül im gebundenen Zustand möglichen Abweichungen von diesem Abstand führen wir nun durch $r = r_e(1+\varrho)$ die Variable ϱ ein sowie außerdem den Ausdruck $T = mr_e^2$ für das Trägheitsmoment des Moleküls um seinen Schwerpunkt und setzen beide in Gl. (13.17) ein:

$$\frac{\mathrm{d}^2R}{\mathrm{d}\varrho^2} + \frac{2T}{\hbar^2}\left[E - \frac{J(J+1)^2\hbar^2}{2T(1+\varrho)^2} - V(\varrho)\right]R = 0\,. \qquad (13.18)$$

Wir nehmen an, daß sich der Abstand der Kerne im Vergleich zum Gleichgewichtsabstand nur wenig ändert, so daß man eine Reihenentwicklung von $V(\varrho)$ um $\varrho = 0$ nach den ersten Gliedern abbrechen kann. Nach Gleichung (13.5) ist V das Bindungspotential des Moleküls, dessen Ableitung nach r im Gleichgewichtsabstand r_e verschwindet. Da $\mathrm{d}V/\mathrm{d}r = \mathrm{d}V/r_e\mathrm{d}\varrho$, verschwindet dort auch die Ableitung nach ϱ. In der Entwicklung von V nach ϱ gibt es daher kein in ϱ lineares Glied. Wir brechen die Entwicklung nach dem in ϱ quadratischen Glied ab und erhalten dadurch $V(\varrho) = V(0) + b\varrho^2$. Da $V(0)$ gleich der Bindungsenergie D ist, erhalten wir damit aus (13.15) die Gleichung

$$\frac{\mathrm{d}^2R}{\mathrm{d}\varrho^2} + \frac{2T}{\hbar^2}\left[E - D - b\varrho^2 - J(J+1)\frac{\hbar^2}{2T}\right]R = 0\,. \qquad (13.19)$$

Dabei haben wir in erster Näherung im Nenner des Drehimpulsterms ϱ gegenüber 1 vernachlässigt. Die Rotationsenergie

$$E_{\mathrm{rot}} = \frac{\hbar^2}{2T} J(J+1) \tag{13.20}$$

wird später gesondert betrachtet (Unterkapitel 13.9). Der gesamte Ausdruck $E_v = E - D - J(J+1)\hbar^2/2T$ ist die Energie der Relativbewegung der Kerne. Mit der Abkürzung E_v erhält Gl. (13.19) die Form

$$\frac{\mathrm{d}^2 R}{\mathrm{d}\varrho^2} + \frac{2T}{\hbar^2}\left(E_v - b\varrho^2\right) R = 0$$

oder, mit $2TE_v/\hbar^2 = \varepsilon$ und $2Tb/\hbar^2 = \varphi^2/4$,

$$R'' + \left(\varepsilon - \varphi^2\varrho^2/4\right) R = 0\,.$$

Mit dem Ansatz $R(\varrho) = H(\varrho)e^{-\varphi\varrho^2/4}$ erhalten wir daraus die Hermitesche Differentialgleichung

$$H'' - \varphi\varrho H' + (\varepsilon - \varphi/2)\, H = 0\,. \tag{13.21}$$

Da die Kerne auf einen Bereich um die Gleichgewichtslage r_e beschränkt sein sollen, muß $\chi(\varrho)$ für $\varrho \to \infty$ verschwinden, d.h. aber, daß auch $R(\varrho)/\varrho$ verschwinden muß. Zur Lösung der Gl. (13.21) wird H als Potenzreihe angesetzt, $H(\varrho) = \sum c_k \varrho^k$, für deren Koeffizienten sich durch Einsetzen in (13.21) die Rekursionsformel

$$c_{k+2} = -c_k \frac{\varepsilon - \varphi(k+1/2)}{(k+2)(k+1)}$$

ergibt. Aus der Randbedingung $R(\varrho)/\varrho \to 0$ für $\varrho \to \infty$ folgt, daß die Reihe für H abbrechen muß. Wenn $H(\varrho)$ aber ein Polynom vom Grade v ist, dann muß c_v der letzte Koeffizient sein, der nicht verschwindet, und daher muß c_{v+2} gleich Null sein. Damit folgt aus der Rekursionsformel $\varepsilon = \varphi(v + 1/2)$, und die Eigenwerte der Schwingungsenergie ergeben sich zu

$$E_v = \hbar\sqrt{(2b/T)}(v + 1/2) \equiv \hbar\omega(v + 1/2)\,. \tag{13.22}$$

Es ergeben sich sehr viele Energiewerte, weil v alle ganzen Zahlenwerte von Null bis zu einem Maximalwert annehmen kann, der durch die Bindungsenergie des Moleküls bestimmt ist. v heißt Schwingungsquantenzahl. Hervorzuheben ist, daß auch für $v = 0$ ein endlicher Energiewert existiert, die Nullpunktsenergie. Wir sind ihr bereits mehrfach begegnet, zuerst bei der Hohlraumstrahlung und dann im Zusammenhang mit der Lamb-Shift und mit der spontanen Strahlungsemission der Atome. Wäre die Nullpunktsenergie Null, so würde das eine Verletzung der Heisenbergschen Unbestimmtheitsrelation bedeuten, denn mit der Energie muß auch der Impuls verschwinden. Da sich der Oszillator bei der Energie Null im Gleichgewichtspunkt befindet, wären dann Impuls und Koordinate gleichzeitig exakt bekannt.

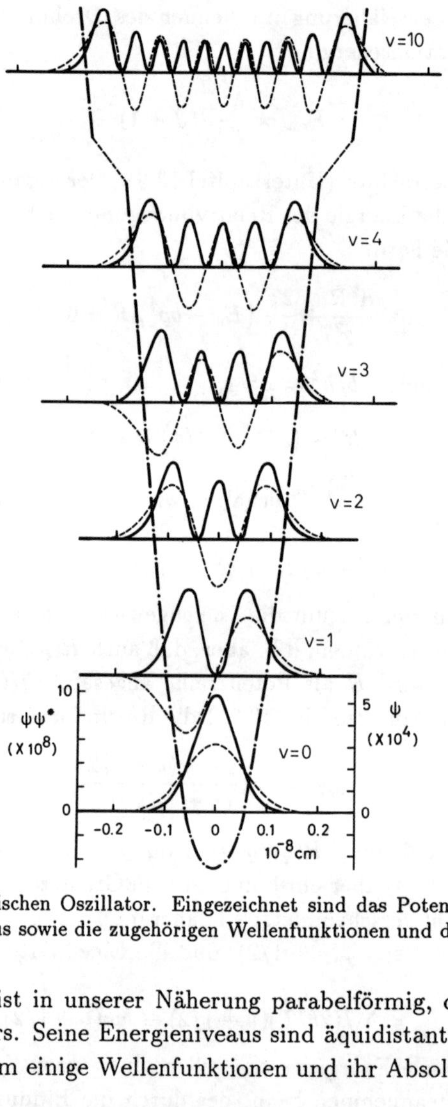

Bild 13.17 Zum harmonischen Oszillator. Eingezeichnet sind das Potential und die äquidistanten Energieniveaus sowie die zugehörigen Wellenfunktionen und deren Absolutquadrate.

Das Potential $V(\varrho)$ ist in unserer Näherung parabelförmig, d.h. das Potential des harmonischen Oszillators. Seine Energieniveaus sind äquidistant. Das ist in Bild 13.17 gezeigt, in dem außerdem einige Wellenfunktionen und ihr Absolutbetrag eingezeichnet sind.

Analog der Bezeichnungsweise bei Atomen werden auch für den harmonischen Oszillator spektroskopische Terme, $G(v) = E_v/\hbar c$, eingeführt, durch deren Kombination sich sofort die Wellenzahlen $1/\lambda$ der Übergänge angeben lassen.

Bei der obigen Behandlung des Bewegungsproblems haben wir kleine Auslenkungen um r_e vorausgesetzt. Mit dieser Beschränkung ergibt sich für die Gesamtenergie des zweiatomigen Moleküls

$$W = E_t - E_{el} + \frac{\hbar^2}{2T} J\,(J+1) + \hbar\sqrt{(2b/T)}\,(v+1/2) \ . \tag{13.23}$$

Sie setzt sich aus Beiträgen zusammen, die z.T. völlig unabhängig voneinander sind. Das bedeutet zum Beispiel, daß sich zu jedem elektronischen Übergang ein ganzes Oszillationsspektrum ausbilden kann. Man beobachtet bei Molekülen demzufolge eine Überlagerung verschiedener Spektren. Treten bei den Schwingungen größere Auslenkungen aus dem Gleichgewichtsabstand r_e auf, dann müssen in den Näherungen Terme höherer Ordnung berücksichtigt werden. Entsprechende Zusatzglieder für die Energieeigenwerte der Schwingung werden auch bereits durch die in Wirklichkeit unsymmetrische Form der Bindungspotentiale nahegelegt. In einem unsymmetrischen Potential finden nämlich unharmonische Schwingungen statt. Für einen anharmonischen Oszillator haben die Schwingungsterme folgende Form:

$$G(v) = \omega_e(v + 1/2) - x_e\omega_e(v + 1/2)^2 + y_e\omega_e(v + 1/2)^3 \,. \tag{13.24}$$

Dabei ist $\omega_e = \omega/\hbar c$ die Frequenz der Schwingung in der Gleichgewichtslage. Die Größen x_e und y_e - die sogenannten Anharmonizitätsparameter - geben die Stärke der Abweichung vom harmonischen Oszillator an; für sie gilt $y_e \ll x_e \ll 1$. Der zweite Term in Gl. (13.24) tritt mit negativem Vorzeichen auf, dies bewirkt die Konvergenz der Energieniveaus bei großen Quantenzahlen. Eine „Serie“ von Schwingungsübergängen wird durch die Auswahlregel $\Delta v = \pm 1$ bestimmt, wobei das Pluszeichen für Absorption und das Minuszeichen für Emission steht. Beim anharmonischen Oszillator sind mit kleiner werdender Wahrscheinlichkeit auch Übergänge mit $v = \pm 2, \pm 3, \ldots$ möglich. Bei zweiatomigen Molekülen liegen die Abstände benachbarter Schwingungsniveaus im Energiebereich zwischen 0.1 eV und 0.3 eV.

13.9 Das Franck-Condon-Prinzip[1]

Wir haben bisher kennengelernt, daß in Molekülen außer elektronischen Übergängen (Unterkapitel 13.4–13.6) auch Schwingungsübergänge stattfinden, wobei elektronische Übergänge schneller ablaufen als die Übergänge im Schwingungsspektrum. Die Schwingungszustände überlagern sich den elektronischen Zuständen, sie koppeln an diese an. Die Molekülspektroskopie muß diese Kopplung berücksichtigen.

Um das Elektronenübergangs-Spektrum eines Moleküls analysieren zu können, müssen wir wissen, wie Schwingungsterme, die zu verschiedenen Elektronentermen gehören, miteinander kombinieren können. Zwar gelten hier keine strengen Auswahlregeln, doch lassen sich bevorzugte Übergänge, d.h. besonders intensive Linien physikalisch deuten. Von Franck stammt der Vorschlag, Schwingungsübergänge und Elektronenübergänge getrennt zu behandeln, weil die Elektronenbewegungen sehr viel schneller erfolgen, als die mit der Masse der Kerne verknüpften Änderungen der Schwingungszustände. Das sei an zwei Beispielen näher erläutert.

[1] James Franck (1882—1964), Edward Uhler Condon (1902—1974)

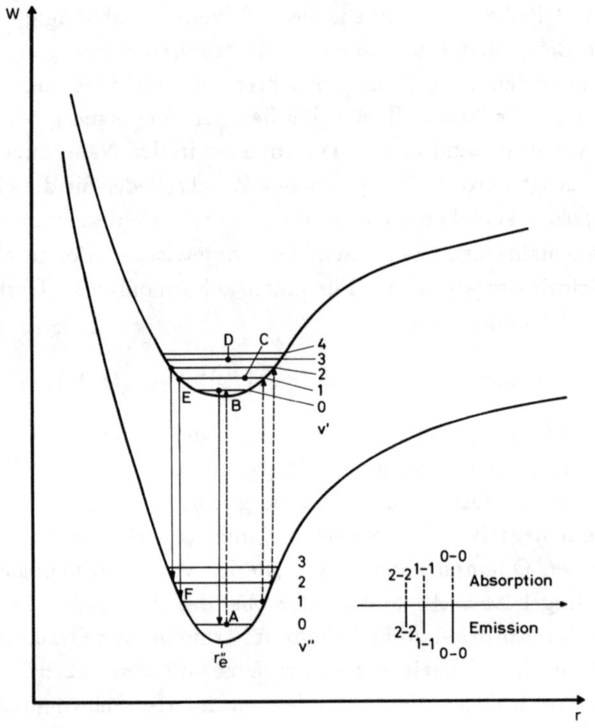

Bild 13.18 Zum Franck-Condon-Prinzip bei gleicher Lage der Minima r_e' und r_e'' zweier Potentialkurven (d.h. Energieniveaus). Rechts unten im Bild ist die relative Stärke einiger Linien dargestellt (siehe Text).

Im ersten Fall (Bild 13.18) liegen die Minima der zu verschiedenen Elektronenenergien gehörenden Potentialkurven fast übereinander, d.h. der Elektronenübergang beeinflußt die Gleichgewichtslage der beiden Atomkerne kaum. Die Schwingungsquantenzahlen im unteren Zustand werden v'' und die im oberen Zustand mit v' bezeichnet. Sowohl in Absorption als auch in Emission treten solche Elektronenübergänge dann bevorzugt auf, wenn im oberen und unteren Zustand gleiche Schwingungszustände vorliegen. Im Beispiel Bild 13.18 sind dies Übergänge $A \leftrightarrow B$ und $E \leftrightarrow F$. Sie werden häufig „senkrechte“ Übergänge genannt. Übergänge $A \leftrightarrow C$ wären nur dann möglich, wenn sich gleichzeitig die Schwingungslage ändern würde, so aber ist dieser Übergang unwahrscheinlich.

Generell gilt, daß Übergänge von $v'' = 0$ zu $v' = 0$ – auch 0–0-Übergänge genannt – stärker sind als 0–1-Übergänge. Das von Franck und Condon postulierte Prinzip besagt:

1. Während eines Elektronenübergangs ist eine Änderung der Lage der Kerne, also eine Veränderung von r unwahrscheinlich, d.h. ein Elektronensprung erfolgt im Potentialkurvenschema senkrecht zur Abszisse.

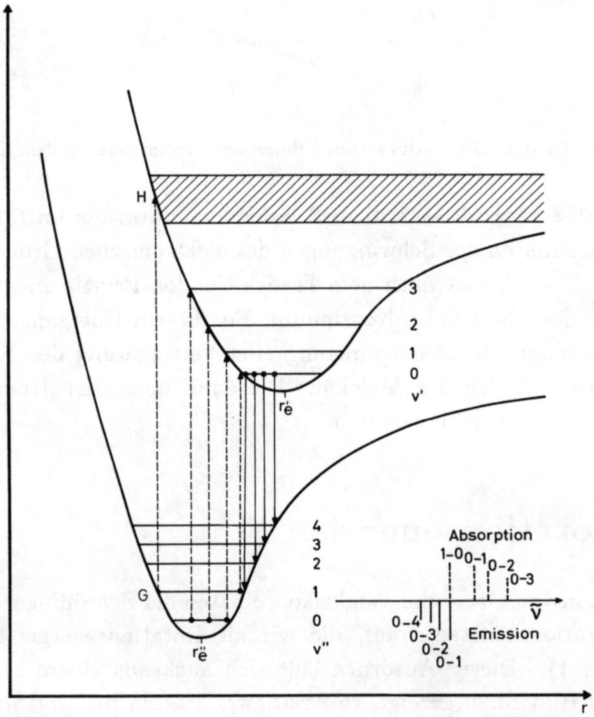

Bild 13.19 Zum Franck-Condon-Prinzip bei verschiedener Lage der Potentialminima (siehe auch Bild 13.18).

2. Bei einem Elektronenübergang ändern die Kerne ihre kinetische Energie, d.h. ihre Geschwindigkeit nicht, also werden Elektronenübergänge bevorzugt zwischen Zuständen gleicher kinetischer Energie der Kerne erfolgen (gleiche Schwingungsquantenzahl v).

Wendet man das Prinzip auf die möglichen Übergänge an (Bild 13.18), so würde ein Übergang $A \leftrightarrow C$ nicht der Lagebedingung und ein Übergang $A \leftrightarrow D$ nicht der Geschwindigkeitsbedingung entsprechen, also sehr unwahrscheinlich sein. Übergänge zwischen Umkehrpunkten der klassischen Bewegung eines Oszillators, bei denen die Kerne in Ruhe sind, werden demzufolge bevorzugt, im Beispiel also der Übergang ($E \leftrightarrow F$). Condon hat zum klassischen Bild die quantenmechanische Basis geschaffen. Die Intensitätsverhältnisse der angegebenen Übergänge sind in Bild 13.18 rechts unten angegeben.

Im zweiten Fall liegen die Minima der Potentialkurven gegeneinander verschoben (Bild 13.19). Ist dabei $r'_e > r''_e$, so bewirkt der Anregungsprozeß eine Lockerung der Bindung. Der Übergang $0 \leftrightarrow 0$ tritt hier nicht mehr auf. Am intensivsten erscheint eine Absorptionslinie $0 \rightarrow 1$; schwächer die Linien der darauf folgenden ($0 \rightarrow 2$) – und ($0 \rightarrow 3$)–Übergänge, wie in Bild 13.19 rechts unten gezeigt. In Emission sind

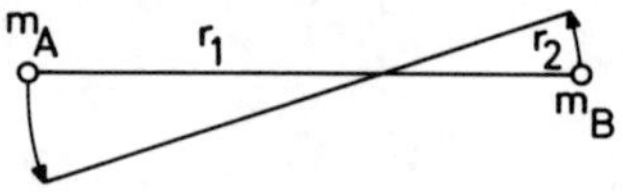

Bild 13.20 Um seinen Schwerpunkt rotierendes Molekül.

die Linien der Übergänge $0 \to 1$, $0 \to 2$ besonders stark, die im Potentialbild zu den äußeren Umkehrpunkten der Schwingungen des elektronischen Grundzustandes laufen. Der Übergang $(G \to H)$ ist nach dem Franck-Condon-Prinzip möglich, hier liegt der obere Zustand jedoch bereits im Kontinuum. Bei diesem Übergang dissoziiert das Molekül. Tritt bei einer Elektronenanregung eine Verringerung des Kernabstandes auf, $r_e' < r_e''$, so verfestigt sich das Molekül. Die dann möglichen Übergänge lassen sich entsprechend den obigen Fällen deuten.

13.10 Rotationsenergien

Bei der Separation von Orts- und Winkelkoordinaten der Schrödinger-Gleichung (13.15) tritt eine Separationskonstante auf, die wir als Rotationsenergie bezeichnet haben: $E_{\text{rot}} = \frac{\hbar^2}{2T} J(J+1)$. Dieser Ausdruck läßt sich auch aus einem klassischen Bild gewinnen. Wie in Bild 13.20 gezeigt, rotieren zwei Massen m_{A} und m_{B} bei konstantem Abstand voneinander mit der Kreisfrequenz ω um ihren Schwerpunkt. Die Energie einer solchen starren Hantel ist $E = m_{\text{A}} r_1^2 \omega^2/2 + m_{\text{B}} r_2^2 \omega^2/2$. Diese Energie läßt sich auch mit dem Abstand der beiden Massen $r_1 + r_2 = r$ und ihrer reduzierten Masse ausdrücken: $E = mr^2\omega^2/2 = T\omega^2/2$. Darin ist $T = mr^2$ das Trägheitsmoment. Der senkrecht auf der Verbindungsachse stehende Drehimpuls ist $\boldsymbol{J} = T\omega$. Daher ist $E = J^2/2T$, und die Schrödinger-Gleichung für den starren Rotator lautet:

$$\frac{J^2}{2T} \Psi(\vartheta, \varphi) = E_{\text{rot}} \Psi(\vartheta, \varphi) . \tag{13.25}$$

$J(J+1)\hbar^2$ ist der Eigenwert des Quadrats des Drehimpulses, deshalb folgt $E_{\text{rot}} = J(J+1)\hbar^2/2T$. Da der Eigenwert J alle nicht negativen ganzzahligen Werte annehmen kann, nehmen die Abstände der Rotationsenergieniveaus mit zunehmenden J zu (in Bild 13.21 gestrichelt):

$$\Delta E = E(J+1) - E(J) = \frac{\hbar^2}{T}(J+1) . \tag{13.26}$$

Der starre Rotator gibt jedoch die experimentellen Ergebnisse nur angenähert wieder. Wegen der Verknüpfung der Rotationsbewegung mit der Oszillation der beiden Kerne liefert das Modell einer unstarren Hantel, deren Trägheitsmoment sich bei der Rotation ändern kann, eine bessere Beschreibung. Mit zunehmender Rotationsfrequenz findet

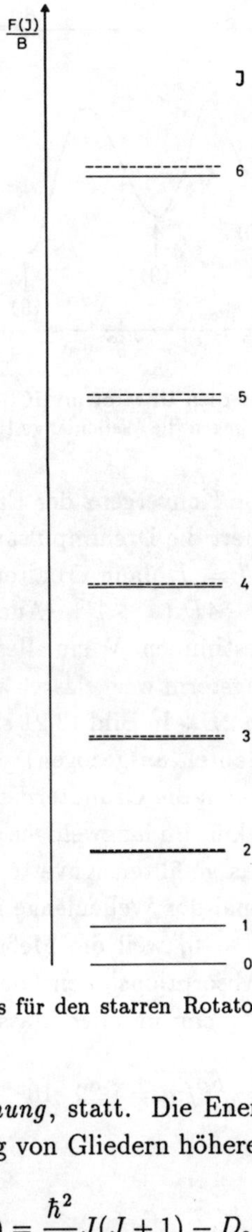

Bild 13.21 Rotations-Energieniveaus für den starren Rotator (gestrichelt) und für den elastischen Rotator (ausgezogen).

eine Dehnung, die *Fliehkraftdehnung*, statt. Die Energieniveaus der unstarren Hantel ergeben sich bei Berücksichtigung von Gliedern höherer Ordnung:

$$E_{\text{rot}} = E(J) = \frac{\hbar^2}{2T} J(J+1) - D_{\text{e}} \left[J(J+1)\right]^2 \tag{13.27}$$

oder in Term-Notation ($B_{\text{e}} = \hbar/2cT$)

$$\frac{E(J)}{\hbar c} = F(J) = B_{\text{e}} J(J+1) - D_{\text{e}} \left[J(J+1)\right]^2 \, . \tag{13.28}$$

Die Dehnungskonstante D_{e} hängt vom Verlauf der Potentialkurve ab. Man kann sich den Term $F(J)$ als eine in $J(J+1)$ entwickelte Reihe vorstellen, in der höhere Glieder als das quadratische nicht berücksichtigt werden. Das quadratische Glied muß ein negatives

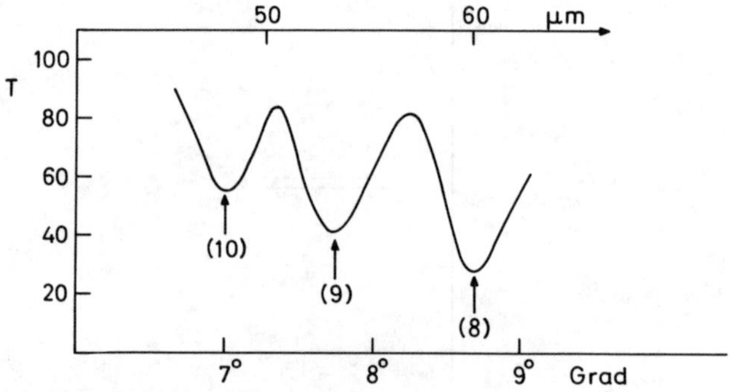

Bild 13.22 Rotationsabsorption im fernen Ultrarot im HCl-Molekül. Aufgetragen ist die Transmissionsfähigkeit des Gases gegen die Wellenlänge (obere Abszisse; siehe Text).

Vorzeichen besitzen, weil sonst die Konvergenz der Entwicklung nicht gewährleistet ist. Elektrische Dipolstrahlung erfordert die Drehimpulsauswahlregel: $\Delta J = \pm 1$.

Setzen wir $J' = J + 1$ und $J'' = J$, dann erhalten wir für die Wellenzahl: $\tilde{\nu}(J) = F(J+1) - F(J) = 2B_e(J+1) - 4D_e(J+1)^3$. Aus einer Messung der Wellenzahlen lassen sich die Kernabstände r_e bestimmen. Wenn allerdings $D_e < 10^{-4}B_e$ ist, kann – wie die Erfahrung zeigt – der Dehnungsterm weggelassen werden. Dann liegen die Spektral-Linien äquidistant mit Abständen $2B_e$. In Bild 13.21 sind die Energieniveaus der starren (gestrichelt) und der unstarren Hantel (ausgezogen) gezeigt. Übergänge zwischen ihnen können nur beobachtet werden, wenn die Grundterme besetzt sind. Bild 13.22 zeigt ein Rotationsspektrum des HCl-Moleküls im langwelligen Ultrarot. Auf der Ordinate ist die Durchlässigkeit einer mit HCl-Gas gefüllten Kuvette, auf der Abszisse der Drehwinkel des Spektrometers, der proportional der Wellenlänge ist, aufgetragen.

Aus dieser Messung folgt $D_e \approx 0$, weil die Meßgenauigkeit nicht groß genug ist. Aus den nahezu äquidistanten Absorptionslinien folgt $\Delta\tilde{\nu} = 20.68\,\mathrm{cm}^{-1} = 2B_e$. Mit $T = \hbar/2\pi c\Delta\nu = mr_e^2 = 2.7\cdot 10^{-40}$ g cm^2 und den Massen erhält man als Gleichgewichtsabstand

$$r_e = \sqrt{T/m} = 1.29 \cdot 10^{-8}\,\mathrm{cm}\,.$$

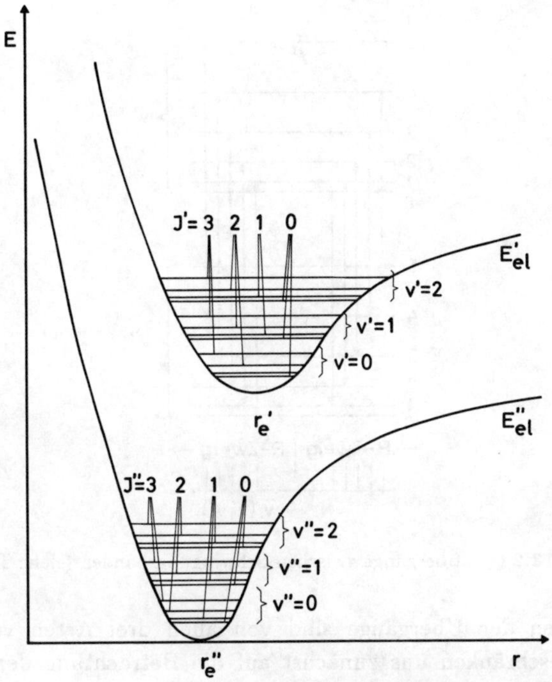

Bild 13.23 Schematische Darstellung der drei verschiedenen Arten von Energieniveaus (siehe Text).

13.11 Molekülspektren und das Fortrat-Diagramm

Wir haben bisher die auf unterschiedlichen Bewegungen beruhenden Spektren der zweiatomigen Moleküle separat behandelt, im Experiment treten sie im allgemeinen überlagert auf, so daß sich insgesamt folgendes Bild ergibt (vergleiche Bild 13.23): Zu jedem elektronischen Übergang, der durch zwei verschiedene Potentialkurven gekennzeichnet ist, gibt es ein System von Schwingungszuständen, die sich jeweils mit den Quantenzahlen v' bzw. v'' beschreiben lassen. Auf jedem Schwingungszustand baut sich außerdem ein System von Rotationszuständen mit den Quantenzahlen J auf. Die experimentell beobachteten Spektren zeigen z.B. häufig Regionen mit besonders vielen und intensiven Linien, die abrupt enden und auf die Bereiche mit wenigen Linien und kleiner Intensität folgen. Wegen der vielen dicht beisammen liegenden Linien erscheinen im Spektrum farbige und schattierte Bänder, die diesen Spektren den Namen *Bandenspektren* gegeben haben. Die Stellen der abrupten Übergänge heißen Bandenköpfe.

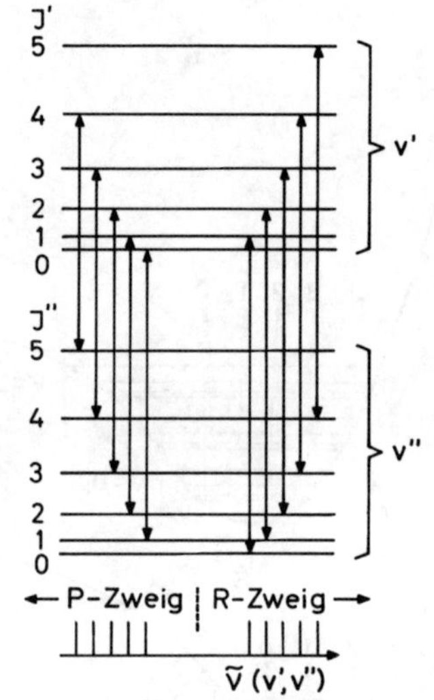

Bild 13.24 Übergänge zwischen Schwingungsbanden (siehe Text).

Die Wellenzahlen der Übergänge sind von allen drei Arten von Quantenzahlen abhängig. Wir beschränken uns zunächst auf die Betrachtung der Rotationsschwingungsübergänge, die in folgender Weise angegeben werden:

$$\begin{aligned}\tilde{\nu} = T(v',J') &- T(v'',J'') \\ \tilde{\nu} = \omega_e(v'-v'') &- x_e\omega_e\left[(v'+\frac{1}{2})^2-(v''+\frac{1}{2})^2\right]+B_{v'}J'(J'+1) \\ &- B_{v''}J''(J''+1)\,.\end{aligned} \tag{13.29}$$

Fassen wir die Ausdrücke, die nur von der Schwingungsquantenzahl v abhängen, zu $\tilde{\nu}(v',v'')$ zusammen,

$$\tilde{\nu}(v',v'') = \omega_e(v'-v'') - x_e\omega_e\left[(v'+\frac{1}{2})^2-(v''+\frac{1}{2})^2\right]\,, \tag{13.30}$$

so lautet Gl. (13.29):

$$\tilde{\nu}(v,J) = \tilde{\nu}(v',v'') + B_{v'}J'(J'+1) - B_{v''}J''(J''+1)\,. \tag{13.31}$$

Um die geeigneten Kombinationen der Quantenzahlen zu finden, müssen wir auch hier Auswahlregeln berücksichtigen (Bild 13.24). Für Dipolstrahlung gilt

$$\begin{aligned}\Delta J &= J'-J'' = \pm 1\,; \quad \Delta M = 0\,; \quad \pi\text{-Polarisation} \\ \Delta v &= v'-v'' = 0,\pm 1,\pm 2,\ldots\,; \quad \Delta M = 1\,; \quad \sigma\text{-Polarisation}\,.\end{aligned}$$

Ferner ist zu beachten:

- $\Delta J = 0$ tritt bei Molekülen auf, die eine Drehimpulskomponente in Richtung der Molekülachse haben ($\Lambda \neq 0$).

- Übergänge mit $\Delta v = 0$ erzeugen ein reines Rotationsspektrum.

Ein Verfahren zur systematischen Ordnung komplexer Spektren wurde von Fortrat[1] angegeben. Danach bilden Übergänge mit $\Delta J = -1$ den sogenannten P-Zweig des Spektrums, Übergänge mit $\Delta J = +1$ den R-Zweig und Übergänge mit $\Delta J = 0$ den Q-Zweig. Setzt man $J' = J$, $J'' = J + 1$, also $\Delta J = -1$, dann erhält man aus der obigen Formel für Übergänge des P-Zweiges

$$\begin{aligned} \tilde{\nu}_{\rm P}(v, J) &= \tilde{\nu}(v', v'') + B_{v'} J(J+1) - B_{v''}(J+1)(J+2) \\ &= \tilde{\nu}(v', v'') - 2B_{v''}(J+1) - (B_{v''} - B_{v'})J(J+1) \,. \end{aligned} \tag{13.32}$$

Entsprechend gilt für den R-Zweig mit $J' = J + 1$, und $J'' = J$; also $\Delta J = +1$:

$$\begin{aligned} \tilde{\nu}_{\rm R}(v, J) &= \tilde{\nu}(v', v'') + B_{v'}(J+1)(J+2) - B_{v''} J(J+1) \\ &= \tilde{\nu}(v', v'') + 2B_{v''}(J+1) - (B_{v''} - B_{v'})(J+1)(J+2) \end{aligned} \tag{13.33}$$

und schließlich für den Q-Zweig mit $\Delta J = 0$

$$\tilde{\nu}_{\rm Q}(v, J) = \tilde{\nu}(v', v'') - (B_{v''} - B_{v'})J(J+1) \,. \tag{13.34}$$

Wird das letzte Glied in (13.32) und (13.33) vernachlässigt, so liegen die Linien in jedem Zweig äquidistant. Die Äquidistanz wird gestört durch die Terme proportional zu $(B_{v''} - B_{v'})$, in denen sich die Trägheitsmomente ändern. Die Linien des P-Zweiges rücken danach mit wachsendem J auseinander, die Linien des R-Zweiges konvergieren zu höheren Wellenzahlen gegen eine Kante, an der der Zweig umkehrt. Dort überwiegt in (13.33) das Glied mit dem negativen Vorzeichen. Der Q-Zweig erscheint als eine eng gepackte Bande, die bei $B_{v'} = B_{v''}$ zu einer Linie zusammenfällt.

Fassen wir alle drei Arten von Termdifferenzen zusammen, so erhalten wir allgemein

$$\begin{aligned} \tilde{\nu} = T' - T'' &= T'_{\rm el} - T_{\rm el} + G'(v') - G''(v'') + F'(v'J') - F''(v''J'') \\ &= \Delta T_{\rm el} + \Delta G + \Delta F \,. \end{aligned} \tag{13.35}$$

Unter Berücksichtigung der qualitativen Abschätzung zu Beginn dieses Kapitels muß gelten: $\Delta T_{\rm el} \gg \Delta G \gg \Delta F$. Fassen wir die von den Quantenzahlen J unabhängigen Terme, also $\Delta T_{\rm el} = \tilde{\nu}_{\rm el}$, $\Delta G = \tilde{\nu}(v', v'')$ sowie die Glieder zur Drehimpuls- und Spinprojektion $\Lambda + \Sigma = \Omega$ zusammen,

$$\tilde{\nu}_0 = \tilde{\nu}_{\rm el} + \tilde{\nu}(v', v'') + (C' - B'_{v'})\,\Omega^2 - (C'' - B_{v''})\,\Omega''^2 \,,$$

so erhalten wir eine Größe $\tilde{\nu}_o$, die Null-Linie einer Bande heißt. Auf dieser Null-Linie liegen dann die Zweige der Rotationsübergänge:

[1] René Lucien Fortrat (1886—1966)

- P-Zweig:

  $\tilde{\nu}_{\mathrm{P}}(J) = \tilde{\nu}_0 - 2B_{v''}(J+1) - (B_{v''} - B_{v'})J(J+1)$,
  mit $J' = J$ und $J'' = J+1$ folgt $\Delta J = -1$;

- Q-Zweig:

  $\tilde{\nu}_{\mathrm{Q}}(J) = \tilde{\nu}_0 - (B_{v''} - B_{v'})J(J+1)$,
  mit $J' = J'' = J$ folgt $\Delta J = 0$;

- R-Zweig:

  $\tilde{\nu}_{\mathrm{R}}(J) = \tilde{\nu}_0 + 2B''_{v''}(J+1) - (B''_{v''} - B'_{v'})(J+1)(J+2)$,
  mit $J' = J+1$ und $J'' = J$ folgt $\Delta J = +1$.

Die Gleichungen sind Parabeln der Form $\tilde{\nu} = a + bJ + cJ^2$. Die Rotationskonstanten B enthalten die Trägheitsmomente, die sich wegen der verschiedenen Gleichgewichtsabstände der Kerne in zwei Elektronenzuständen – für die $r''_e \neq r'_e$ gilt – stark unterscheiden können. Dabei treten sowohl positive als auch negative Werte auf.

Die drei prinzipiell verschiedenen Fälle sind in den Bildern 13.25 a,b,c dargestellt. Hier entspricht jedem Rotationsübergang eine Linie in den unterhalb der horizontalen Achse wiedergegebenen Spektren. Die Ordinate gibt die Rotationsquantenzahl J, die Abszisse die Wellenzahl $\tilde{\nu}$ an. Wir bezeichnen den energetisch tieferen Zustand mit ($''$), den höheren mit ($'$). Teilbild a zeigt den Fall $r''_e > r'_e$, dabei ist der obere Elektronenzustand fester gebunden als der untere. Typisch für diesen Fall ist, daß im P-Zweig die Wellenzahlen mit steigendem J abnehmen, bis zu einem Umkehrpunkt. Dieser Punkt kennzeichnet die Bandenkante. Das Spektrum, das der P-Zweig erzeugt, hat eine Bandenkante im Roten, die Liniendichte nimmt zu Violett hin ab. Man spricht von einem violett schattierten Zweig. Ein solches Spektrum wird z.B. für das MgH-Molekül mit $r'_e = 0.067$ nm und $r''_e = 0.173$ nm beobachtet. Im zweiten Beispiel ist $r'_e = r''_e$ (Teilbild b). Hier treten keine Überlappungen der Zweige auf, es erscheint im Spektrum also keine Kante. Schließlich ist im dritten Fall $r'_e > r''_e$ (Teilbild c). Im R-Zweig tritt eine Kante bei kurzen Wellenlängen auf, die Bande heißt daher rotschattiert. Ein Beispiel dafür ist AlH mit $r''_e = 0.16459$ nm und $r'_e = 0.16466$ nm.

13.12 Der Raman-Effekt

Bei der Streuung einer monochromatischen Lichtwelle treten im Streuspektrum zusätzlich Frequenzen (Linien) von Rotations- und Schwingungsanregungen auf, die symmetrisch zu der Erregerlinie verteilt sind. Dieser Effekt wurde von Smekal[1] vorhergesagt

[1] Adolf Gustav Stephan Smekal (1895—1959)

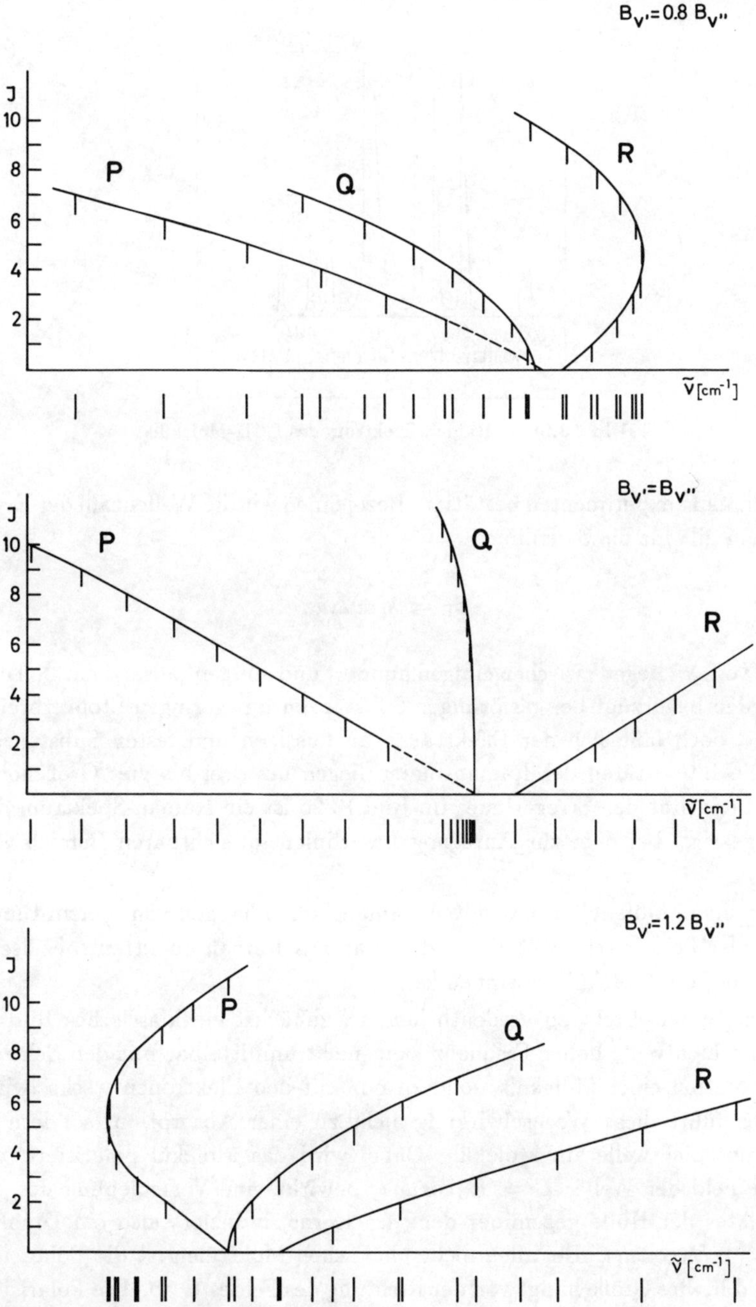

Bild 13.25 Fortrat-Diagramm für drei verschiedene Relationen der Gleichgewichtsabstände (siehe Text; oben links a, Mitte b, unten c).

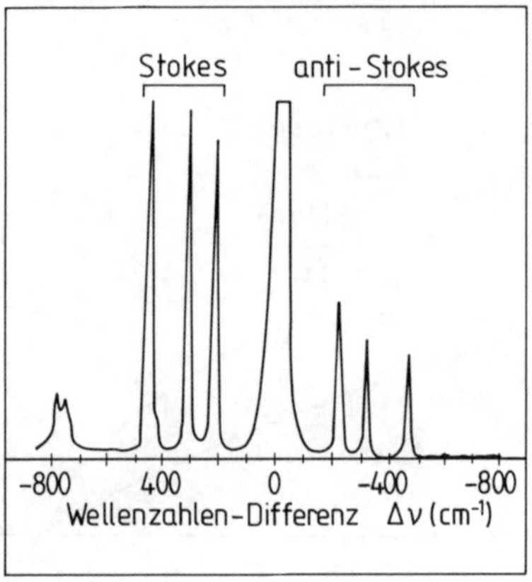

Bild 13.26 Raman-Spektrum des CCl_4-Moleküls.

und von Raman[2] experimentell bestätigt. Bezeichnen wir die Wellenzahl der Erregerlinie mit $\tilde{\nu}_0$, dann gilt für die Streulinien

$$\tilde{\nu}_{\mathrm{R}} = \tilde{\nu}_0 \pm \Delta\tilde{\nu} \, . \tag{13.36}$$

Die Werte von $\Delta\tilde{\nu}$ liegen zwischen einigen hundert und einigen tausend cm^{-1}. Die kleinen Werte werden bevorzugt bei gasförmigen Substanzen mit geringen Stoßverbreiterungen beobachtet, doch läßt sich der Effekt auch an flüssigen und festen Substanzen beobachten. Die Intensitäten der Raman-Linien liegen um drei bis vier Größenordnungen unter der Intensität der Erregerlinie. Im Bild 13.26 ist ein Raman-Spektrum des CCl_4-Moleküls gezeigt, bei dem zur Anregung Laserlinien im sichtbaren Bereich verwendet wurden.

Die von einem Molekül ausgesandten Raman-Linien hängen von seinem Bindungszustand und der Polarisierbarkeit ab, so daß man aus Raman-Spektren spezifische Informationen über die Moleküle gewinnen kann.

Um den Raman-Effekt zu verdeutlichen, sei zunächst ein klassisches Bild herangezogen. Eine Lichtwelle hoher Frequenz kann nicht unmittelbar mit den Schwingungen und der Rotation eines Moleküls, sondern nur mit den Elektronen wechselwirken. Im allgemeinen führt diese Wechselwirkung nicht zu einer Absorption, sondern zu einer Streuung der Lichtwelle am Molekül. Dabei wird das Molekül polarisiert, denn das elektrische Feld der Welle, $\boldsymbol{E} = \boldsymbol{E}_0 \cos\omega_L t$, bewirkt eine Verschiebung des Ladungsschwerpunktes der Hülle gegenüber dem des Kerns, induziert also ein Dipolmoment: $\boldsymbol{P} = \underline{\alpha}\boldsymbol{E} = \underline{\alpha}\boldsymbol{E}_0 \cos\omega_L t$. Bei allen nichtsphärischen Molekülen ist die Polarisierbarkeit anisotrop, d.h. ihre Größe hängt von der Richtung des Feldes $\boldsymbol{E}$ ab. Die Polarisierbarkeit $\underline{\alpha}$ ist deshalb ein Tensor. Seine Komponenten sind $\alpha_{ij} = \alpha_{ji}$, wobei die Indizes i, j für x, y, z stehen sollen. In einem in dem Molekül festliegenden Koordinatensystem lautet

[2]Chandrasekhara Venkata Raman (1888—1970)

dann der Polarisationstensor:

$$\begin{aligned} P_x &= \alpha_{xx}E_x + \alpha_{xy}E_y + \alpha_{xz}E_z \\ P_y &= \alpha_{yx}E_x + \alpha_{yy}E_y + \alpha_{yz}E_z \\ P_z &= \alpha_{zx}E_x + \alpha_{zy}E_y + \alpha_{zz}E_z \,. \end{aligned}$$

Der Tensor $\underline{\alpha}$ läßt sich auf seine Hauptachse transformieren, womit man erhält:

$$\begin{matrix} P_1 = \alpha_1 E_1 & P_2 = \alpha_2 E_2 & P_3 = \alpha_3 E_3 \\ P_x = \alpha_{xx}E_x & P_y = \alpha_{yy}E_y & P_z = \alpha_{zz}E_z \,. \end{matrix}$$

Die Größe der Polarisierbarkeit eines Moleküls stellt ein Maß für seine Bindungsfestigkeit dar. Da das Molekül selbst schwingt und rotiert, hängt die Polarisierbarkeit zusätzlich vom Schwingungs- und Rotationszustand ab. Wir bekommen somit eine Überlagerung verschiedener Frequenzen. Betrachten wir nun die Vibrationen, so können wir eine Eigenschwingung des Moleküls mit der Frequenz ω_s annehmen. Die Lichtwelle findet eine schwingende Polarisierbarkeit vor: $\alpha = \alpha^e + \alpha' \cos(\omega_\alpha t + \varphi)$. Darin wird mit α^e die Polarisierbarkeit in der Gleichgewichtslage angegeben, $\alpha' \ll \alpha^e$ ist die Amplitude der Änderung von $\underline{\alpha}$ durch die Molekülschwingung, und ω_α ist oft gleich der Schwingungsfrequenz ω_s (aber nicht immer). Die Phase φ ist notwendig, weil der Zeitnullpunkt durch die einfallende Lichtwelle festgelegt ist. Da aber jedes Molekül in einem anderen Schwingungszustand angetroffen wird, treten verschiedene Phasen φ auf, die zu einer inkohärenten Streuung des Lichts führen. Als Dipolmoment erhält man also:

$$\boldsymbol{P} = \{\alpha^e + \alpha' \cos(\omega_\alpha t + \varphi)\}\, \boldsymbol{E}_0 \cos\omega_L t = \boldsymbol{P}_0(t) \cos\omega_L t \,. \tag{13.37}$$

Das Dipolmoment schwingt, wobei die Amplitude $\boldsymbol{P}(t)$ mit der Frequenz ω_α moduliert ist:

$$\boldsymbol{P}_0(t) = \{\alpha^e + \alpha' \cos(\omega_\alpha + \varphi)\}\, \boldsymbol{E}_0 \,. \tag{13.38}$$

Dieselbe Zeitabhängigkeit wie die Amplitude $\boldsymbol{P}_0(t)$ hat die gestreute Lichtwelle. Deshalb erhält man für das Dipolmoment folgende Komponenten:

$$P = \underline{\alpha}^e E_0 \cos\omega_L t + \frac{1}{2}\underline{\alpha}' E_0 \cos\left[(\omega_L + \omega_\alpha)\, t + \varphi\right] + \frac{1}{2}\underline{\alpha}' E_0 \cos\left[(\omega_L - \omega_\alpha)\, t - \varphi\right] \,. \tag{13.39}$$

Jedes Glied stellt dabei eine Spektrallinie dar, das erste Glied heißt *Rayleigh-Linie*, die durch normale elastische Lichtstreuung hervorgerufen wird. Die übrigen durch Kombination der Frequenzen erzeugten Glieder heißen *Raman-Linien.* Dabei ist die *Stokes*[1]*-Linie* $\omega_s = \omega_L - \omega_\alpha$ zu kleinen Frequenzen gegenüber ω_L und die *Anti-Stokes*-Linie $\omega_{\bar{s}} = \omega_L + \omega_\alpha$ zu größeren Frequenzen verschoben.

In quantenmechanischer Behandlung führt man die Polarisierbarkeit auf das Termschema des Moleküls zurück. Licht und Materie wechselwirken miteinander durch Absorption bzw. Emission von Photonen. Ist die Photonenenergie gleich der Energiedifferenz zwischen Anfangs- und Endterm, also $\hbar\omega_L = W_e - W_a$, so findet der Prozeß

[1]George Gabriel Stokes (1819—1903)

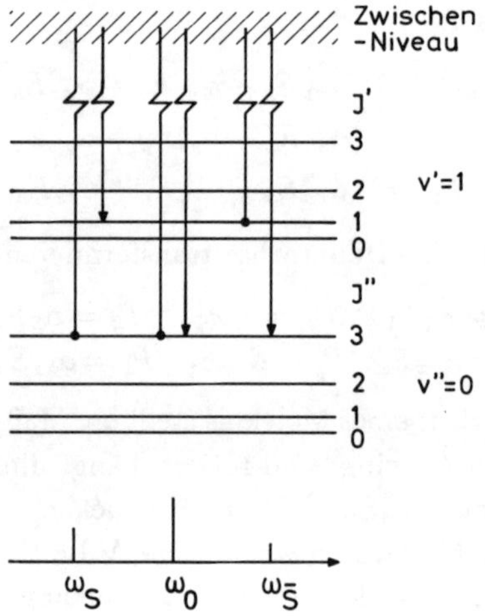

Bild 13.27 Zum Raman-Effekt. ω_0 ist die Grundfrequenz, ω_s und $\omega_{\bar{s}}$ sind die Frequenzen des Stokesschen und Anti-Stokesschen Übergangs.

direkt statt, man spricht von einem Prozeß erster Ordnung. Für solche Prozesse gibt es Übergangsintegrale wie (10.15):

$$P_{\mathrm{ea}} = |\int \mathrm{d}^3 \boldsymbol{r} \Psi_{\mathrm{e}}^* P \Psi_{\mathrm{a}}|^2 ;$$

$\boldsymbol{P} = e\boldsymbol{r}$ ist der Operator des elektrischen Dipolmoments.

Zur genauen Beschreibung des Lichtstreuvorgangs teilt man ihn in eine Absorption und eine nachfolgende Emission ein. Mit dieser Vorstellung liegt ein Prozeß mit zwei Stufen vor, den man als Prozeß zweiter Ordnung bezeichnet, denn sowohl für die Absorption als auch für die Emission muß es ein Übergangsintegral geben. Die beiden Übergänge können aber nur über Zustände ablaufen, die im Experiment nicht explizit auftreten, sogenannte Zwischenzustände. Dafür gilt $\hbar\omega_L = W_{\mathrm{e}} - W_{\mathrm{a}}$. In der Berechnung muß man über alle Zwischenzustände summieren (Bild 13.27).

Der Bereich der Zwischenzustände kann sehr breit sein (im Bild schraffiert angegeben). Daran ist auch zu erkennen, daß bei Stokesscher Raman-Streuung $\hbar\omega_{\mathrm{s}} < \hbar\omega_L$ ist. Das Molekül nimmt Energie auf, der Endzustand liegt höher als der Anfangszustand $W_{\mathrm{e}} = W' > W'' = W_{\mathrm{a}}$ mit $\hbar\omega_L - \hbar\omega_{\mathrm{s}} = W' - W'' > 0$. Bei der Anti-Stokesschen Streuung gibt das Molekül Energie ab,

$$W_{\mathrm{e}} = W'' < W' = W_{\mathrm{a}} ,$$

mit $\hbar\omega_L - \hbar\omega_{\mathrm{s}} = W'' - W' < 0$. Dazu kommt die elastische Rayleigh-Streuung mit $W_{\mathrm{e}} = W_{\mathrm{a}}$; $\hbar\omega_L - \hbar\omega_R = 0$. Der Anti-Stokessche Prozeß setzt ein angeregtes Molekül voraus. Wenn man den Prozeß bei sinkender Temperatur beobachtet, müssen die Anti-Stokes-Linien in der Intensität abnehmen. Wie erwähnt, kann der Raman-Effekt sowohl

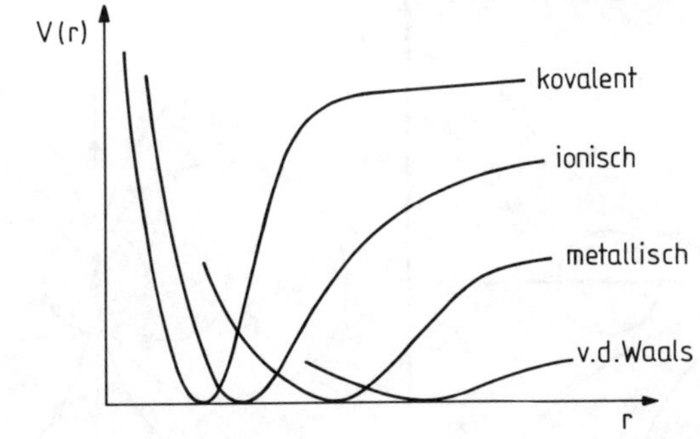

Bild 13.28 Potentialformen für verschiedene Arten der chemischen Bindung.

im Schwingungs- als auch im Rotationsspektrum auftreten. Es gelten folgende Auswahlregeln:

Im Schwingungsspektrum $\Delta v = \pm 1$, im Rotationsspektrum $\Delta J = 0, \pm 2$. Für alle Raman-Übergänge gilt die strenge Paritätsregel, daß die Parität stets erhalten bleibt. Da elektrische Dipolstrahlung mit Übergängen zwischen Zuständen verschiedener Parität verbunden ist, muß ein Raman-Übergang über ein Zwischenniveau (sogenanntes virtuelles Niveau) laufen.

13.13 Zwischenmolekulare Kräfte

Die Bindungen in Molekülen, die wir in Unterkapitel 13.1 kennengelernt haben, beruhen auf der gegenseitigen Wechselwirkung der Elektronen, ihrer Spins und ihrer Ladungen. Sie wirken in kurzen Abstandsbereichen, in denen die Überlappung von Elektronenverteilungen vorherrschen, die zu den beiden sich gegenseitig beeinflussenden Atomen gehören. Da die Verteilung mit wachsendem Abstand vom Atommittelpunkt exponentiell abnimmt, nehmen auch die Valenzkräfte zwischen den Atomen mit wachsendem Abstand exponentiell ab. In diesem Überblick hatten wir bereits die van der Waalsschen Kräfte erwähnt, die sowohl bei der Molekülbildung als auch im festen Körper eine Rolle spielen. Hier wollen wir noch einige Details erörtern. Der generelle Verlauf der Bindungspotentiale ist in Bild 13.28 für die wichtigen Arten gezeigt.

Darin tritt die starke Wirkung der kovalenten und ionischen Bindung dadurch hervor, daß für sie die kleinsten Werte für den Gleichgewichtsabstand auftreten. Die van der Waals-Bindung tritt auch zwischen neutralen Atomen auf und ist stets anziehend, wie nachfolgende Betrachtung zeigen soll. Diese Anziehung führt zu einem Gleichgewichtszustand, der von den Abmessungen der Elektronenhülle abhängig ist. Bei kleinen Abständen dominiert dann die elektrostatische Abstoßung der Atomkerne, wie wir es schon bei der Besprechung des Verlaufs des Molekülpotentials (vgl. Bild 13.1) kennen-

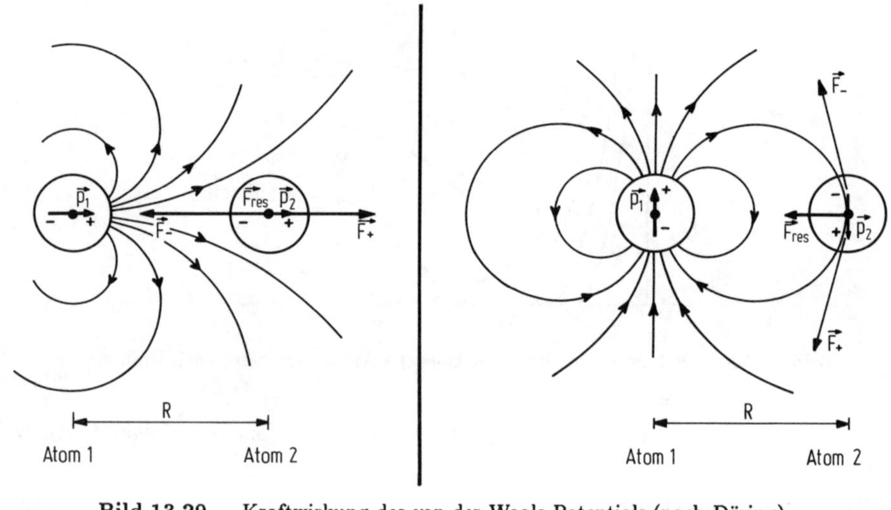

Bild 13.29 Kraftwirkung des van der Waals-Potentials (nach Döring).

gelernt haben.

Die Struktur des Atoms aus negativ geladener Elektronenhülle und positiv geladenem Atomkern führt zwar im zeitlichen Mittel dazu, daß Atome kein elektrisches Dipolmoment besitzen, aber die Wahrscheinlichkeit, daß ein solches Dipolmoment momentan auftritt, ist nicht Null. In der unmittelbaren Umgebung entsteht dadurch ein elektrisches Feld, das in bestimmten Richtungen in anderen Atomen ein Dipolmoment induzieren kann.

Wenn das Dipolmoment im ersten Atom auf das zweite Atom gerichtet ist, hat das Feld und demzufolge auch das induzierte Dipolmoment ebenfalls die Richtung des ersten Dipolmoments. Ist dagegen das Dipolmoment des ersten Atoms senkrecht zur Kernverbindungslinie gerichtet, so hat das elektrische Feld und demzufolge auch das induzierte Dipolmoment des zweiten Atoms die entgegengesetzte Richtung. Dies ist in Bild 13.29 dargestellt.

Wie bereits oben angedeutet, stellen wir uns den Dipol als aus zwei entgegengesetzten Ladungen im kleinen Abstand bestehend vor. Die Kraft des inhomogenen elektrischen Feldes auf den zweiten Dipol ist proportional der Differenz der Feldstärken an den Orten der beiden Ladungen, d.h. proportional zum Gradienten der Feldstärke. Wie aus Bild 13.29 zu sehen ist, weist die Richtung der Kraft auf den zweiten Dipol immer auf den ersten, woraus folgt, daß die Kraft stets anziehend ist. Der Gradient der Feldstärke des ersten Dipols ist proportional r^{-4}, das Dipolmoment des zweiten Atoms ist proportional zur Feldstärke, also proportional zu r^{-3}. Daraus folgt, daß die Kraft, mit der sich die beiden Dipole anziehen, proportional r^{-7} verläuft. Demnach läßt sich das Wechselwirkungspotential zwischen zwei Dipolen als

$$V(r) = -\frac{C}{r^6} \tag{13.40}$$

angeben.

Die Größe der Konstanten hängt nun von den einzelnen zu betrachtenden Fällen ab. Die bisherige Darlegung gilt für zwei Atome in normalen S-Zuständen. In erster störungstheoretischer Rechnung verschwinden alle Dipolmomente, so daß zur genauen Behandlung der van-der-Waals-Kräfte die zweite Ordnung heranzuziehen ist. Diese Bindung tritt z.B. in der Verflüssigung von Edelgasen auf. Die sehr niedrigen Verdampfungstemperaturen weisen auf die sehr schwache Bindung hin. Das gleiche Konzept, das wir hier für die Bindung weit entfernter Atome kennengelernt haben, läßt sich auch auf die Molekülbindungen anwenden. In diesem Fall sind mehrere Fälle zu unterscheiden, für die die Konstante C unterschiedliche Werte annehmen kann. Es gibt Moleküle mit permanentem Dipolmoment, die wir polare Moleküle nennen. Obwohl die Dipole alle möglichen Orientierungen haben, die dazu führen, daß anziehende und abstoßende Moleküle in gleicher Zahl auftreten, wodurch sich die Wirkung insgesamt kompensiert, treten in einigen Fällen, z.B. in einigen Flüssigkeiten Bevorzugungen einer Orientierung auf, wozu insgesamt eine kleinere potentielle Energie gehört. Die Anziehungskräfte herrschen also vor. Für diesen Fall erhalten wir als Wert der Konstanten in (13.40)

$$C_{\text{Dipol/Dipol}} = \frac{2}{3kT}(\mu_1 \cdot \mu_2/4\pi\varepsilon_0)^2 \,,$$

worin μ_1 und μ_2 die elektrischen Dipolmomente der Moleküle angeben. Die Proportionalität zum Kehrwert der Temperatur deutet auf die schwächere Bindung bei größeren Temperaturen hin. Treffen polare Moleküle mit unpolaren zusammen, so kann das elektrische Feld E_1 des ersten Moleküls im unpolaren Molekül ein Dipolmoment $\mu_2 = \alpha_2 E_1$ (α_2 ist die Polarisierbarkeit des Moleküls 2) induzieren. Die Wechselwirkung der beiden Dipole führt, wie oben erläutert, auch hier zu einer Anziehung, deren Stärke vom Dipolmoment des ersten Moleküls μ_1 und der Polarisierbarkeit α_2 des zweiten Moleküls abhängt. Die Konstante des mittleren Potentials nimmt in diesem Fall den Wert

$$C = \mu_1^2 \alpha_2/(4\pi\varepsilon_0)^2$$

an. Diese Wechselwirkung hängt in der hier angegebenen Näherung nicht von der Temperatur ab.

Schließlich betrachten wir auch noch zwei nichtpolare Moleküle. Je nach Konfiguration der Elektronenhüllen wechselwirkt hier ein momentanes Dipolmoment μ_1 mit einem induzierten Dipolmoment μ_2, wie bereits am Beispiel der Atome erläutert.

Die in beiden Molekülen auftretenden Dipolmomente sind proportional zu den Polarisierbarkeiten α_1 und α_2 der Moleküle. Die hier anzugebende Konstante wird Dispersionswechselwirkungskonstante genannt. Nach einer von London[1] aufgestellten Theorie hat sie den Wert

$$C_{\text{Disp}} = \frac{2}{3}\frac{\alpha_1\alpha_2}{4\pi\varepsilon_0}\left(\frac{I_1 \cdot I_2}{I_1 + I_2}\right) \,,$$

[1] Fritz Wolfgang London (1900—1954)

wobei die I_i die Ionisationsenergien der Moleküle angeben. Es sei nochmal betont, daß in allen hier angegebenen Fällen das Wechselwirkungspotential eine Ortsabhängigkeit proportional zu r^{-6} hat, wie bereits oben erwähnt. Wir haben damit die Bildung der Moleküle auf die wesentlichen Wechselwirkungen der Ladungen zurückgeführt.

14 Ausblick

Die Abschnittseinteilung in diesem Buch lieferte den Leitfaden für die Beschreibung der Atome. Ausgehend von einer Propädeutik der Begriffe über das experimentelle und theoretische Instrumentarium zur Behandlung der submikroskopischen Welt, haben wir das einzelne Atom behandelt, vorwiegend am Beispiel des Wasserstoffatoms, und haben schließlich an einigen Beispielen die Wechselwirkungen der Atome kennengelernt, auf denen schließlich der Aufbau unserer materiellen Welt beruht.

Besonderes Interesse liegt in der Frage, wie sich der Übergang von den freien Atomen zur Struktur des festen Körpers vollzieht. Den ersten Schritt haben wir in der Bildung der zweiatomigen Moleküle (Kapitel 13) gezeigt. Der Zusammenschluß von mehr als einem Atom zu einem Molekül erfolgt über zahlreiche Atombindungen, bei denen s- und p-Orbitale beteiligt sind, weil nur die äußersten Elektronenzustände direkt an der Bindung teilnehmen.

Der Aufbau mehr- und vielatomiger Moleküle ist der nächste Schritt, für den wir zwar einige mögliche Kräfte erläuterten, die Spektroskopie dieser Moleküle hier jedoch nicht behandeln konnten. Die Mannigfaltigkeit der Moleküle, ihrer Formen und energetischen Zustände erfordert eine umfangreiche und komplizierte theoretische Behandlung, aber auch viele unterschiedliche Experimente, mit denen die Parameter bestimmt werden können.

Die Vielfalt der Strukturen tritt besonders beim Kohlenstoff-Atom hervor, das in der Mitte der zweiten Periode steht. Der Kohlenstoff mit 2s- und 2p-Orbitalen zeigt, wie schon in Kapitel 13.7 erläutert, Hybridisierung, mit der die für ihn charakteristischen Bindungen erklärt werden können. Diese Bindungen entstehen durch Überlappung von Elektronen-Orbitalen, so daß sich energetisch günstige Zustände bei der Kombination atomarer (AO) oder molekularer Orbitale (MO) ausbilden. Bei Doppelbindungen überlappen sich je zwei einfach besetzte Atomorbitale, bei Dreifachbindungen drei einfach besetzte Atomorbitale. Diese Bindungen treten hauptsächlich bei Atomen von Elementen der 2. Periode auf, weil bei den schwereren Elementen die Abstoßung der Atomrümpfe eine zur Mehrfachbindung geeignete Überlappung der Orbitale verhindert.

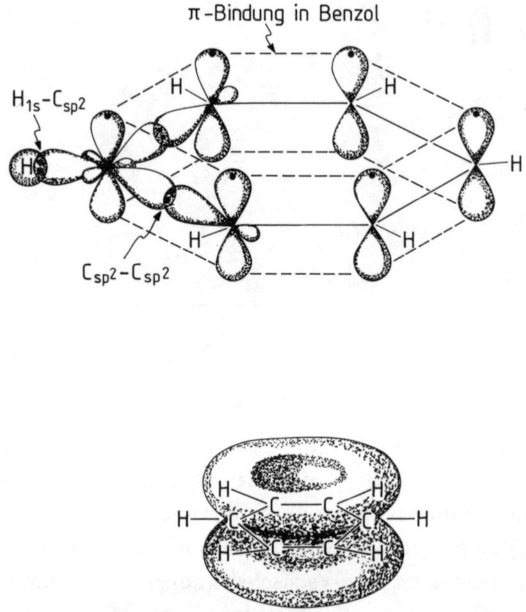

Bild 14.1 Benzolring, Orbitalbild der Bindung [Vo 88].
Oberes Bild: durchgezogenen Linien σ-Bindungen. Der Übersicht halber sind nur die Bindungen zu einem Kohlenstoffatom mit p-Orbitalen und sp^2-Hybridorbitalen gezeichnet.
Unteres Bild: die sechs überlappenden p-Orbitale des Benzols bilden eine π-Elektronenwolke oberhalb und unterhalb der Molekülebenen.

Eine ringförmige Molekülstruktur besitzt Benzol (C_6H_6) (engl. Benzene), das ein regelmäßiges Sechseck bildet. In diesem Molekül ist jedes C-Atom mit drei anderen Atomen verbunden. In Bild 14.1 ist der Ring schematisch gezeigt, wobei jedoch für nur ein C-Atom die drei sp^2-Hybrid-Orbitale sowie die p_z-Orbitale gezeichnet sind. Von den drei sp^2-Hybrid-Atomorbitalen jedes C-Atoms werden zwei mit sp^2-Hybrid-Atomorbitalen benachbarter C-Atome sowie das dritte mit dem 1s-Atomorbital des H-Atoms kombiniert. An jedem C-Atom verbleibt noch ein $2p_z$-Atomorbital für eine weitere Kombination. Wird aus zweien ein lokalisiertes π-Molekülorbital gebildet, so entsteht ein energetisch ungünstigerer Zustand, als wenn die sechs p_z-Atomorbitale delokalisierte π-Molekülorbitale bilden. Diese delokalisierten Molekülorbitale stellen π-Elektronenwolken oberhalb und unterhalb der Molekülebene dar. Derartige delokalisierte Orbitale können nur bei ebenen Molekülen auftreten. Die σ-Orbitale dagegen sind lokalisiert.

Die elektronischen Energieniveaus dieser Viel-Atom-Moleküle sind äußerst zahlreich und z.T. stark entartet, daher lassen sich die Spektren derartiger Moleküle häufig nur schwer analysieren. Um dennoch die Struktur der Moleküle aufklären zu können, werden die Symmetrie-Eigenschaften von Molekülen und Molekülzuständen betrachtet. Dabei

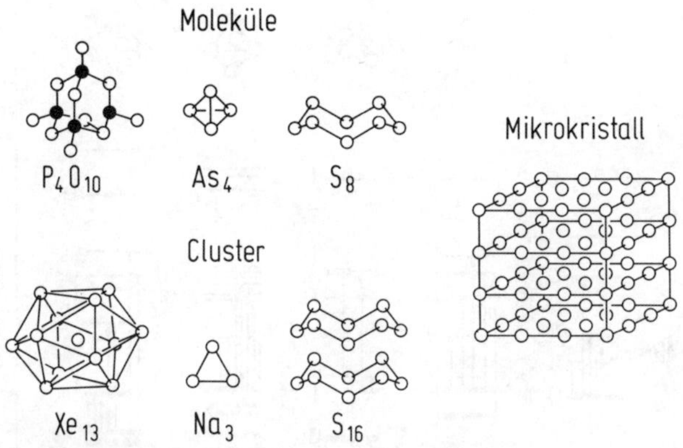

Bild 14.2 Cluster-Moleküle und Mikrokristalle [Ma 86].

werden bevorzugt Dreh- und Spiegel-Symmetrien zur Beschreibung herangezogen. Für eine ausführliche Beschreibung der Methoden muß auf weiterführende Literatur, z.B. der Physikalischen Chemie [At 87], verwiesen werden.

Moleküle können bis zu einige tausend Atome enthalten, und solche Großmoleküle können untereinander wechselwirken, wobei Netzwerke aus Molekülen gebildet werden. Diese Molekülbildung findet bevorzugt mit C-Atomen statt, worauf die gesamte organische Chemie und damit die lebendige Natur beruht. Moleküle sind in der Gasphase stabile Systeme, deren Struktur, Energiezustände und Bindungs-Verhältnisse weitgehend untersucht worden sind.

Eine parallele Entwicklung begegnet uns in der Bildung von Atomaggregaten, die Cluster genannt werden. Andere Namen dafür sind: „kleine Teilchen", Körner, Mikrokristalle, „Oligomere". Eine einheitliche Bezeichnung hat sich bisher nicht durchgesetzt. In Bild 14.2 sind Beispiele für Moleküle und Cluster dargestellt. Cluster sind im Gegensatz zu den zahlreich bekannten Molekülen nur in geringer Anzahl in bestimmten Gleichgewichtszuständen einer Gasphase zu finden. Im Gegensatz zu Molekülen scheinen Cluster kristallin strukturiert zu sein.

Der Übergang vom Atom über die Struktur der einfachen Moleküle zu den komplizierten Molekülen, Clustern und schließlich dem festen Körper ist am Beispiel des Siliziums in Bild 14.3 gezeigt. Hier sind die Energieniveaus, berechnet nach dem Hartree-Fock-Verfahren, aufgetragen. Die Niveaubezeichnungen für die Energieniveaus atomarer und zweiatomiger Moleküle sind in Kapitel 8 und 13 erläutert worden. Die Niveauklassifikationen für komplizierte Moleküle bzw. Cluster ist der Festkörpernomenklatur entnommen, worauf schon beim Rubinlaser hingewiesen wurde.

Je mehr Teilchen sich zu einer größeren Einheit zusammenschließen, um so stärker werden die Energieniveaus der Grundzustände abgesenkt. Darin kommt zum Ausdruck, daß beim Zusammenschluß immer mehr Bindungsenergie freigesetzt wird. Zunächst nimmt die Vielzahl der Niveaus zu, wobei wiederum die gegenseitige Beeinflussung mit

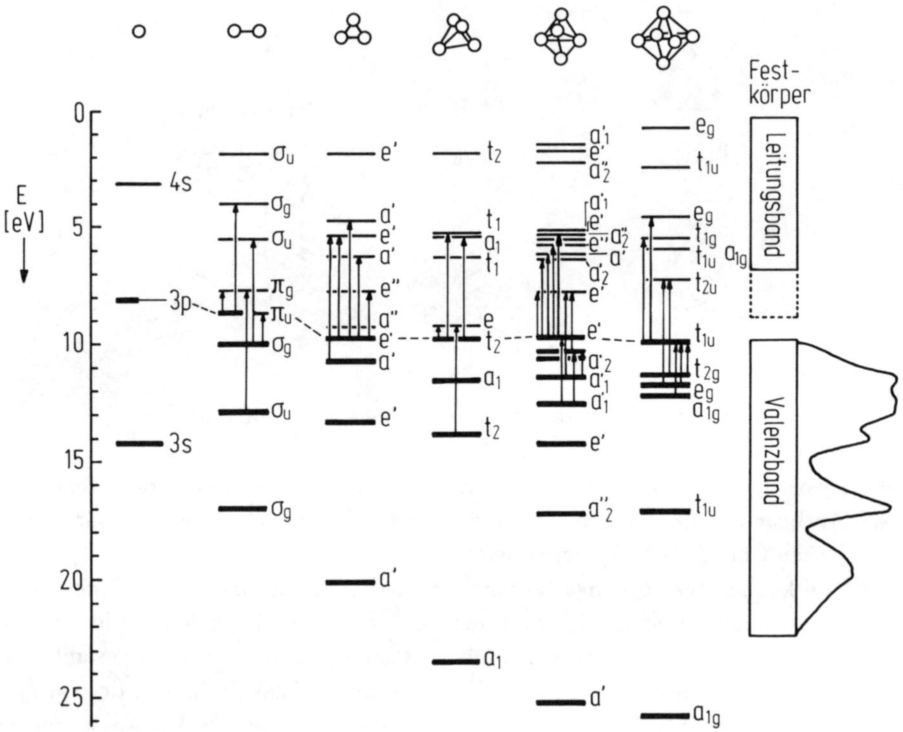

Bild 14.3 Berechnete Energieniveaus für das Siliziumatom und verschiedene Siliziumkomplexe [Ma 86].

der Folge einer Niveauaufspaltung (Aufhebung von möglichen Entartungen) sichtbar wird. Schließlich ist das Bandsystem des festen Siliziumkristalls zu sehen.

Die Energiebänder im festen Körper entstehen dadurch, daß die Energieniveaus der Elektronen eines einzelnen Atoms, die in bestimmten, energetisch erlaubten Bereichen liegen, mit der Zahl der Atome zunehmen. Die Energiezustände vieler Atome werden sehr dicht beieinander liegen und schließlich beim festen Körper in die Bänderstruktur übergehen. Dabei spielen die gegenseitigen Beeinflussungen durch viele sich überlagernde Felder eine wichtige Rolle.

Alle Strukturen im atomaren und molekularen Bereich sowie die größeren Komplexe beruhen auf der Wechselwirkung der geladenen Teilchen einschließlich ihrer Spins untereinander. In jeder dieser Strukturen herrscht ein Gleichgewicht zwischen attraktiven und repulsiven Kräften und eine auch nur geringe Störung dieses Gleichgewichts führt zur Zerstörung der Struktur, wie z.B. schon eine zweifache Ionisation bei einigen Großmolekülen oder Clustern ein Auseinanderbrechen bewirkt.

Cluster bilden sich vorwiegend im Plasma, wobei die große Ladungsträgerkonzentration und die hohe Stoßfrequenz zahlreiche Zustände erzeugt, die für die Agglomeration

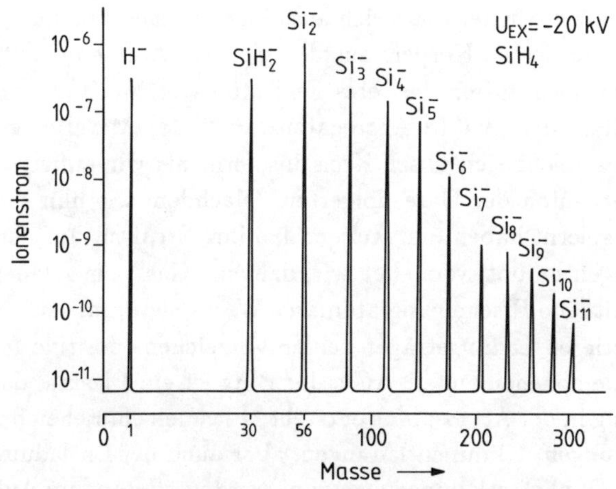

Bild 14.4 Massenspektrum von negativ geladenen Si-Cluster-Ionen, aus dem Plasma einer Penning-Ionenquelle extrahiert. Die Entladung wurde in SiH_4 gezündet.

verantwortlich sind. Solche Plasmen entstehen z.B. beim Auftreffen von Laserstrahlen auf Metalloberflächen oder in Gasentladungen. Bild 14.4 zeigt ein Massenspektrum von Cluster-Ionen, die aus einer Penning-Ionenquelle extrahiert wurden.

Weder aus dem Verhalten von Energiezuständen von Atom-Agglomeraten noch über eine direkte Strukturanalyse läßt sich gegenwärtig der Unterschied zwischen großen Molekülen und Clustern eindeutig festlegen. Dennoch deuten die experimentellen Hinweise darauf hin, daß auf dem Wege vom Atom zum festen Körper der Cluster einen wichtigen Platz einnimmt. Cluster werden z.B. in Massenspektrometern untersucht, wie das Beispiel SiH_4 zeigt. Die Zahl der zu einem Cluster zusammentretenden Atome variiert von einigen Atomen, z.B. fünf bis zu einigen hundert Atomen, z.B. konnten $(CO)_n^+$ -Cluster bis $n \approx 300$ nachgewiesen werden.

Wir hatten im Unterkapitel 13.12 die molekularen Wechselwirkungen, die auf den Dipolmomenten beruhen, kennengelernt. Diese Wechselwirkung war vorwiegend anziehend. Beim Zusammentreffen vieler Atome werden die Abstände zwischen ihnen klein, da sie aber nicht zusammenfallen, müssen abstoßende Kräfte wirken. Das Wechselspiel zwischen anziehenden und abstoßenden Kräften läßt sich mit dem phänomenologischen Lennard-Jones-Potential[1] beschreiben:

$$V(R) = 4\varepsilon \left\{ \left(\frac{\sigma}{R}\right)^{12} - \left(\frac{\sigma}{R}\right)^{6} \right\} . \tag{14.1}$$

Die Tiefe des Potentialtopfes wird durch ε gegeben, während σ den Abstand beschreibt, für den das Potential $V = 0$ wird. Das Minimum des Potentials liegt bei

$$R_{\min} =^6 \sqrt{2} \cdot \sigma .$$

[1]Sir John Edward Lennard-Jones (1894—1954)

Die kritische Größe von Clustern läßt sich aus einem solchen Potential sowie der Dielektrizitätskonstanten des festen Körpers aus den gleichen Atomen ableiten.

Abschließend sei noch auf ein weiteres Feld atomarer Wechselwirkung hingewiesen, das auch gelegentlich der „vierte Aggregatzustand" der Materie, genannt wird, das Plasma. Mit ihm schließt sich unser Kreis insofern, als wir anfangs die Existenz der Atome, als Konstituenten der Gase, folgerten. Nachdem wir nun die innere Struktur der Atome kennengelernt haben und wissen, daß ihre Struktur auf der Wechselwirkung elektrischer Ladungen beruht, verstehen wir, daß ein „Gas" aus geladenen Teilchen, das Plasma, eine wesentliche Erscheinung atomarer Wechselwirkung ist.

Im Plasma existieren Ladungsträger beider Vorzeichen (positive Ionen, Elektronen) und neutrale Atome nebeneinander. Auch der Blitz ist ein Plasma, das bei einer Hochspannungsentladung in der Atmosphäre entsteht. Plasmen entstehen bei Bogenentladungen, Funkenentladungen, Glimmentladungen, aber auch bei Entladungen ohne Leuchterscheinungen, die Dunkelentladungen genannt werden. Besondere Aufmerksamkeit beanspruchen Plasmen, in denen die Kernfusion eingeleitet werden soll. Diese Plasmen müssen sehr dicht sein, und der Plasmazustand muß dazu genügend lange aufrechterhalten werden. Dies kann durch den Einschluß des Plasmas in Magnetfelder erfolgen.

Die geladenen Teilchen wechselwirken untereinander und auch mit den Gefäßwänden. Deshalb haben die physikalischen Größen, die wir in Kapitel 11 kennengelernt haben, Wirkungsquerschnitte für Ionisation, Umladung, Neutralisation hier eine große Bedeutung. Die starken Felder, die bei kurzen Abständen zwischen unterschiedlich geladenen Teilchen auftreten, bewirken eine Aufspaltung der atomaren Energieniveaus infolge des Stark-Effekts (Kapitel 12). Die Beobachtung des Stark-Effekts erlaubt es deshalb, Details über das Plasma festzulegen.

Um ein Plasma zu diagnostizieren, werden die meisten der zuvor erörterten Methoden angewandt, die nachfolgend noch einmal kurz zusammengefaßt werden sollen:

Die Lichtemission der in einem Plasma angeregten Atome erlaubt es bei guter Auflösung des Spektralapparates, z.B. eines Monochromators, die Emissionslinien und damit die Elemente im Plasma zu identifizieren. Da Atome im Plasma heftige Bewegungen ausführen, sind die Emissionslinien dopplerverbreitert. Aus dem Linienprofil (vgl. Kapitel 10.3) können die Anregungsprozesse analysiert werden. Mit Lasern, die sich auf gewünschte Wellenlängen abstimmen lassen, können gezielt einzelne Konstituenten des Plasmas angeregt werden, die anschließende Abklingstrahlung wird dann gemessen (Fluoreszenz-Spektroskopie). Dieses „Laser-induzierte Fluoreszenz" genannte Verfahren prägt dem Plasma nur eine geringe Störung auf, und es erlaubt, sowohl räumliche wie zeitliche Verteilungen der untersuchten Elemente zu bestimmen.

Schließlich nimmt die Lichtstreuung eine wichtige Stelle in der Plasmadiagnostik ein. Den größten Anteil hat daran die elastische Rayleigh-Streuung, doch liefern sowohl die spontane als auch die induzierte Raman-Streuung (vgl. Kapitel 13.12) ebenfalls wichtige Informationen über die Plasmazusammensetzung. Auch die Frage, ob ein Plasma auch in geordneten Strukturen wie im festen Körper existiert, wird untersucht. So liefert die detaillierte Kenntnis über die Atome den Schlüssel zum Verständnis des Aufbaus der Materie.

Anhang

A Herleitungen und Rechnungen

A.1 Herleitung der Beziehung : $pV = \frac{2}{3}\langle\varepsilon_k\rangle N$

Das Volumen V enthält N gleiche Teilchen der Masse m. Von diesen haben im zeitlichen Mittel $N(v_x)\mathrm{d}v_x$ eine Geschwindigkeit zwischen v_x und $v_x+\mathrm{d}v_x$ in Richtung der positiven x-Achse, und ebensoviele Teilchen haben eine Geschwindigkeit zwischen $-v_x$ und $-v_x+\mathrm{d}v_x$ in Richtung der negativen x-Achse, so daß gilt:

$$\int_0^\infty \mathrm{d}v_x N(v_x) = \int_{-\infty}^0 \mathrm{d}v_x N(v_x) = N/2$$

und folglich

$$\int_{-\infty}^{+\infty} \mathrm{d}v_x N(v_x) = N\,. \tag{A.1}$$

(Bezüglich der Verwendung statistischer Begriffe und Formeln verweisen wir auf den Abschnitt 2.2).

Die gleiche Verteilung für beide Geschwindigkeitsrichtungen folgt aus dem stationären Gleichgewicht des Gasvolumens, wonach kein Nettotransport von Materie in die eine oder in die andere Richtung stattfindet.

Wir betrachten nun ein Parallelepiped der Länge $v_x t$ (t ist ein Zeitintervall) parallel zur x-Achse mit der Grundfläche F. In diesem Parallelelepiped befinden sich $(v_x tF/V)N(v_x)\mathrm{d}v_x$ Teilchen mit der Geschwindigkeitskomponente v_x in Richtung der positiven x-Achse. Sie haben alle den Impuls mv_x und treffen in der Zeit t auf der Fläche F auf, von der sie mit dem umgekehrten Impuls $-mv_x$ reflektiert werden.

Dadurch übertragen sie den Impuls $2mv_x(v_x tF/V)N(v_x)\mathrm{d}v_x$ auf die Fläche F und üben somit den infinitesimalen Druck (Impulsänderung pro Zeit und Fläche)

$$\mathrm{d}p_x = \frac{2mv_x^2}{V}N(v_x)\mathrm{d}v_x$$

auf diese aus. Das Integral dieses Ausdrucks über alle Geschwindigkeiten in Richtung der positiven x-Achse ergibt den Gesamtdruck auf die Fläche F:

$$p_x = \int_0^\infty \mathrm{d}v_x \frac{2mv_x^2}{V} N(v_x) = \frac{1}{2}\int_{-\infty}^{+\infty} \mathrm{d}v_x \frac{2m}{V} v_x^2 N(v_x) \, .$$

Damit erhalten wir

$$p_x = \frac{m}{V}\int_{-\infty}^{+\infty} \mathrm{d}v_x v_x^2 N(v_x) = \frac{m}{V}\langle v_x^2\rangle N \tag{A.2}$$

nach der Definition des Mittelwertes Gl. (2.16) bzw. (2.17), in Verbindung mit Gl. (A.1).

Entsprechende Beziehungen erhalten wir für den Druck in y- und z-Richtung, und da der Druck eine isotrope Größe ist, gilt

$$p_x = p_y = p_z = p \, .$$

Daraus folgt aber unmittelbar

$$\langle v_x^2\rangle = \langle v_y^2\rangle = \langle v_z^2\rangle \, . \tag{A.3}$$

Weil ferner gilt:

$$\langle v^2\rangle = \langle v_x^2\rangle + \langle v_y^2\rangle + \langle v_z^2\rangle \, , \tag{A.4}$$

ist

$$\langle v_x^2\rangle = \frac{1}{3}\langle v^2\rangle \, ,$$

und damit erhalten wir aus Gl. (A.2):

$$p = \frac{1}{3}\frac{m}{V}\langle v^2\rangle N = \frac{2}{3}\langle \varepsilon_\mathrm{k}\rangle \frac{N}{V} \qquad \text{, q.e.d.}$$

Letzteres, weil $\varepsilon_\mathrm{k} = \frac{m}{2}v^2$.

Mit der Begründung für die Beziehung (A.3), in Verbindung mit Gl. (A.4), haben wir implizit auch einen Beweis für den Gleichverteilungssatz geliefert.

A.2 Die Fehlerintegrale

Bevor wir die Fehlerintegrale lösen, erinnern wir zunächst an die Differentiation unter dem Integralzeichen:

$$\frac{\partial}{\partial\alpha}\int_a^b \mathrm{d}x f(\alpha,x) = \int_a^b \mathrm{d}x \frac{\partial}{\partial\alpha} f(\alpha,x) \, . \tag{A.5}$$

Diese Art der Differentiation eines Integrals ist immer dann möglich, wenn weder x noch a oder b von α abhängen und die Funktion $f(\alpha,x)$ differenzierbar ist.

Bei der Lösung der Integrale $\int_0^\infty \mathrm{d}x x^n \mathrm{e}^{-ax^2}$ müssen wir zwischen geraden und ungeraden Potenzen n unterscheiden. Wir fangen an mit $n=1$:

$$I_1 = \int_0^\infty \mathrm{d}x x \mathrm{e}^{-ax^2} \, .$$

Dieses Integral lösen wir durch elementare Integration:

$$I_1 = -\frac{1}{2a}\mathrm{e}^{-ax^2}\Big|_0^\infty = \frac{1}{2a}\,. \tag{A.6}$$

Die Integrale mit höheren ungeraden Potenzen von x, also $n = 3, 5, \ldots$ lösen wir durch Differentiation unter dem Integralzeichen nach Gl. (A.5):

$$\begin{aligned} I_3 &= \int_0^\infty \mathrm{d}x x^3 \mathrm{e}^{-ax^2} = -\frac{\partial}{\partial a}\int_0^\infty \mathrm{d}x x \mathrm{e}^{-ax^2} \\ &= -\frac{\partial}{\partial a} I_1 = \frac{1}{2a^2}\,, \end{aligned} \tag{A.7}$$

$$\begin{aligned} I_5 &= \int_0^\infty \mathrm{d}x x^5 \mathrm{e}^{-ax^2} = -\frac{\partial}{\partial a}\int_0^\infty \mathrm{d}x x^3 \mathrm{e}^{-ax^2} \\ &= -\frac{\partial}{\partial a} I_3 = \frac{1}{a^3} \end{aligned} \tag{A.8}$$

und so fort.

Zur Lösung der Integrale mit geraden Potenzen n von x lösen wir zunächst das Integral über $\exp(-x^2)$ und wenden dabei einen Trick an:

$$I = \int_{-\infty}^\infty \mathrm{d}x \mathrm{e}^{-x^2} = \int_{-\infty}^\infty \mathrm{d}y \mathrm{e}^{-y^2}\,.$$

Die Gleichung gilt, weil der Wert eines bestimmten Integrals nur von den Integrationsgrenzen, nicht jedoch von den Integrationsvariablen abhängt. Somit gilt auch

$$I^2 = \int_{-\infty}^\infty \mathrm{d}x \int_{-\infty}^\infty \mathrm{d}y\, \mathrm{e}^{-(x^2+y^2)}\,.$$

Dieses Integral erstreckt sich über die ganze x-y-Ebene. Wir gehen nun zu Polarkoordinaten

$$\begin{aligned} x &= r\cos\varphi \\ y &= r\sin\varphi \end{aligned}$$

über, in denen das Flächenelement $r\mathrm{d}r\mathrm{d}\varphi$ ist:

$$I^2 = \int_0^{2\pi} \mathrm{d}\varphi \int_0^\infty \mathrm{d}r r \mathrm{e}^{-r^2} = 2\pi\frac{1}{2}$$

nach Gl. (A.6). Damit ist $I = \pi^{1/2}$ und

$$I_0 = \int_0^\infty \mathrm{d}x \mathrm{e}^{-ax^2} = \frac{1}{2}\left(\frac{\pi}{a}\right)^{1/2}\,, \tag{A.9}$$

unter Verwendung der Substitution $xa^{1/2} = \xi$.

Die Integrale mit den höheren geraden Potenzen von x, also $n = 2, 4 \ldots$ berechnen wir wieder durch Differentiation unter dem Integralzeichen:

$$\begin{aligned} I_2 &= \int_0^\infty \mathrm{d}x x^2 \mathrm{e}^{-ax^2} = -\frac{\partial}{\partial a} I_0 \\ &= \frac{\pi^{1/2}}{4a^{3/2}} \end{aligned} \tag{A.10}$$

$$\begin{aligned} I_4 &= -\frac{\partial}{\partial a} I_2 = -\frac{\pi^{1/2}}{4}\frac{\partial}{\partial a} a^{-3/2} \\ &= 3\frac{\pi^{1/2}}{8a^{5/2}} \end{aligned} \tag{A.11}$$

und so fort.

A.3 Die Integrale vom Typ $\int_b^c \mathrm{d}x x^n \mathrm{e}^{-ax}$

Wir lösen zuerst durch elementare Integration das Integral

$$\int_b^c \mathrm{d}x \mathrm{e}^{-ax} = -\frac{1}{a}\left[\mathrm{e}^{-ax}\right]_b^c .$$

Die Lösung des Integrals von $x \exp(-ax)$ erhalten wir dann durch partielle Integration:

$$\begin{aligned} \int_b^c \mathrm{d}x x \mathrm{e}^{-ax} &= -\frac{1}{a}\left[x\mathrm{e}^{-ax}\right]_b^c + \frac{1}{a}\int_b^c \mathrm{d}x \mathrm{e}^{-ax} \\ &= -\frac{1}{a}\left[x\mathrm{e}^{-ax}\right]_b^c - \frac{1}{a^2}\left[\mathrm{e}^{-ax}\right]_b^c . \end{aligned}$$

Für $b = 0$, $c = \infty$ ergibt das

$$\int_0^\infty \mathrm{d}x x \mathrm{e}^{-ax} = -\frac{1}{a^2}\left[\mathrm{e}^{-ax}\right]_0^\infty = \frac{1}{a^2} . \tag{A.12}$$

Die Integrale mit $n > 1$ führen durch partielle Integration auf Integrale mit $n - 1$, diese, wiederum durch partielle Integration, auf Integrale mit $n - 2$ und so fort.

A.4 Mittelwerte von Verteilungen

Zunächst wird die Normierung der Verteilungen (2.27-30) verifiziert. Sowohl hierfür als auch zur Berechnung der Mittelwerte werden Integrale vom Typ der Fehlerintegrale des Kapitels A.2 benötigt.

Das Integral von $-\infty$ bis ∞ über die Verteilung (2.27) einer Geschwindigkeitskomponente ist ein Integral vom Typ (A.9). Der Koeffizient a ist hier gleich $m/2kT$, weswegen

$$\int_{-\infty}^{\infty} \mathrm{d}v_z f(v_z) = \left(\frac{m}{2\pi kT}\right)^{1/2} \left(\frac{2\pi kT}{m}\right)^{1/2} = 1 \,.$$

Der Faktor 1/2 entfällt hier, weil das Integral von $-\infty$ bis ∞, nicht nur von 0 bis ∞ erstreckt wird und weil der Integrand gerade ist. Daß die Verteilung richtig normiert ist, wundert nicht, weil die Normierung bereits vorausgesetzt wurde, um den Mittelwert der positiven Werte von v_z zu berechnen. Aus der Normierung der Verteilung (2.27) auf Eins folgt sofort die gleiche Normierung der Verteilung (2.28) für die Geschwindigkeit $\boldsymbol{v}$.

Das Integral der Verteilung (2.29) des Absolutwerts v der Geschwindigkeit $\boldsymbol{v}$, von 0 bis ∞ erstreckt, ist ein Integral vom Typ (A.10). Da hier wieder $a = m/2kT$, ist sein Wert

$$\begin{aligned}\int_0^{\infty} \mathrm{d}vG(v) &= 4\pi \left(\frac{m}{2\pi kT}\right)^{3/2} \frac{\pi^{1/2}}{4} \left(\frac{2kT}{m}\right)^{3/2} \\ &= 1 \,.\end{aligned}$$

Bei der Verteilung (2.30) der kinetischen Energie substituieren wir $\varepsilon_\mathrm{k} = x^2$, woraus folgt,

$$\mathrm{d}\varepsilon_\mathrm{k} = 2x\mathrm{d}x$$

und

$$\int_0^{\infty} \mathrm{d}\varepsilon_\mathrm{k} K(\varepsilon_\mathrm{k}) = 4\pi(\pi kT)^{-3/2} \int_0^{\infty} \mathrm{d}x x^2 \mathrm{e}^{-x^2}/kT \,.$$

Das ist wieder ein Integral vom Typ (A.10), diesmal mit $a = 1/kT$, und folglich ist

$$\begin{aligned}\int_0^{\infty} \mathrm{d}\varepsilon_\mathrm{k} K(\varepsilon_\mathrm{k}) &= 4\pi(\pi kT)^{-3/2} \frac{\pi^{1/2}}{4} (kT)^{3/2} \\ &= 1.\end{aligned}$$

Nachdem die richtige Normierung der Verteilungen sichergestellt ist, können nach Gl. (2.17) die Mittelwerte berechnet werden. Für den Mittelwert der drei Geschwindigkeitskomponenten ergibt sich mit der Verteilung (2.27) der Wert Null, weil der Integrand ungerade in der Integrationsvariablen ist:

$$\int_{-\infty}^{\infty} \mathrm{d}v_x v_x f(v_x) = 0 \,.$$

Die Mittelwerte $|\langle v_x \rangle|$ des Betrags und $|\langle v_x^2 \rangle|$ des Quadrats einer Geschwindigkeitskomponente v_x ergeben sich ebenfalls aus der Verteilung (2.27):

$$|\langle v_x \rangle| = \int_{-\infty}^{\infty} \mathrm{d}v_x |v_x| f(v_x) \,.$$

Weil der Integrand hier ungerade ist, kann die Gleichung umgeformt werden in:

$$\begin{aligned}|\langle v_x\rangle| &= 2\int_0^\infty \mathrm{d}v_x|v_x|f(v_x)\\ &= 2\left(\frac{m}{2\pi kT}\right)^{1/2}\int_0^\infty \mathrm{d}v_x|v_x|\mathrm{e}^{-mv_x^2/2kT}\,.\end{aligned}$$

Das ist ein Integral vom Typ (A.6) und ergibt mit $a = m/2kT$ den Wert

$$\begin{aligned}|\langle v_x\rangle| &= 2\left(\frac{m}{2\pi kT}\right)^{1/2}\frac{2kT}{2m}\\ &= \left(\frac{2kT}{\pi m}\right)^{1/2}\,. \qquad \text{(A.13)}\end{aligned}$$

Das ist der doppelte Wert des Mittelwertes nur einer Geschwindigkeitsrichtung, der mit dem Ansatz (2.26) gewonnen wurde. $\langle v_x^2\rangle$ ist das Integral

$$\langle v_x^2\rangle = \int_{-\infty}^\infty \mathrm{d}v_x v_x^2 f(v_x)\,,$$

das ebenfalls umgeschrieben werden kann, weil der Integrand gerade ist:

$$\begin{aligned}\langle v_x^2\rangle &= 2\int_0^\infty \mathrm{d}v_x v_x^2 f(v_x)\\ &= 2\left(\frac{m}{2\pi kT}\right)^{1/2}\frac{\pi^{1/2}}{4}\left(\frac{2kT}{m}\right)^{3/2}\\ &= \frac{kT}{m}\,. \qquad \text{(A.14)}\end{aligned}$$

Wir verwenden hier die Definition (2.18) der Standardabweichung, $\sigma^2 = \langle x^2\rangle - \langle x\rangle^2$, für eine Verteilung der Zufallsvariablen x und stellen fest, daß für die Maxwell-Boltzmann-Verteilung einer Geschwindigkeitskomponente die Standardabweichung

$$\sigma = \left(\frac{kT}{m}\right)^{1/2}$$

ist, weil der Mittelwert der Geschwindigkeitskomponente verschwindet. Die Verteilung (2.28) ist eine Verteilung der allgemeinen Form

$$f(x)\mathrm{d}x = \frac{1}{\sigma\sqrt{2\pi}}\mathrm{e}^{-(x-\alpha)^2/2\sigma^2}\mathrm{d}x\,, \qquad \text{(A.15)}$$

die Gauß- oder Normalverteilung heißt. Sie beschreibt eine sogenannte normale Verteilung der Zufallsgröße x um deren Mittelwert α mit der Standardabweichung σ.
Als nächster Mittelwert wird der des Betrags v der Geschwindigkeit $\boldsymbol{v}$ mit Hilfe der Verteilung (2.29) berechnet. Er führt auf ein Integral vom Typ (A.7), mit $a = m/2kT$:

$$\langle v\rangle = \int_0^\infty \mathrm{d}v vG(v) = 4\pi\left(\frac{m}{2\pi kT}\right)^{3/2}\int_0^\infty \mathrm{d}v v^3\mathrm{e}^{-mv^2/2kT}$$

$$\begin{aligned}\langle v\rangle &= 4\pi\left(\frac{m}{2\pi kT}\right)^{3/2}\cdot 2\left(\frac{kT}{m}\right)^2\\ &= 2\left(\frac{2kT}{\pi m}\right)^{1/2}.\end{aligned} \tag{A.16}$$

Der Mittelwert des Quadrats v^2 der Geschwindigkeit wird mit derselben Verteilung berechnet, wieder mit $a = m/2kT$:

$$\langle v^2\rangle = \int_0^\infty \mathrm{d}v v^2 G(v) = 4\pi\left(\frac{m}{2\pi kT}\right)^{3/2}\int_0^\infty \mathrm{d}v v^4 \mathrm{e}^{-mv^2/2kT}.$$

Das ist ein Integral vom Typ (A.11) und hat den Wert

$$\begin{aligned}\langle v^2\rangle &= 4\pi\left(\frac{m}{2\pi kT}\right)^{3/2}\cdot 3\pi^{1/2}/8\left(\frac{m}{2kT}\right)^{5/2}\\ &= 3\frac{kT}{m}.\end{aligned} \tag{A.17}$$

Zum Schluß bleibt noch der Mittelwert der kinetischen Energie, der mit Hilfe der Verteilung (2.30) berechnet wird:

$$\langle\varepsilon_\mathrm{k}\rangle = \int_0^\infty \mathrm{d}\varepsilon_\mathrm{k}\varepsilon_\mathrm{k}K(\varepsilon_\mathrm{k}) = 2\pi(\pi kT)^{-3/2}\int_0^\infty \mathrm{d}\varepsilon_\mathrm{k}\varepsilon_\mathrm{k}^{3/2}\mathrm{e}^{-\varepsilon_\mathrm{k}/kT}.$$

Wie bei der Berechnung der Normierung, wird $\varepsilon_\mathrm{k} = x^2$ substituiert, wodurch sich ein Integral vom Typ (A.11) ergibt, mit $a = 1/kT$:

$$\langle\varepsilon_\mathrm{k}\rangle = 4\pi(\pi kT)^{-3/2}\int_0^\infty \mathrm{d}x x^4\mathrm{e}^{-x^2/kT}.$$

Die Lösung lautet:

$$\begin{aligned}\langle\varepsilon_\mathrm{k}\rangle &= 4\pi(\pi kT)^{-3/2}\frac{3}{8}\pi^{1/2}(kT)^{5/2}\\ &= \frac{3}{2}kT.\end{aligned} \tag{A.18}$$

Damit ist die fundamentale Beziehung (2.9) vom Anfang der Untersuchung des gaskinetischen Modells in Kapitel 2.1 explizit berechnet.

Neben den Mittelwerten ist noch der wahrscheinlichste Wert des Geschwindigkeitsbetrages von Interesse, der durch Nullsetzen der Ableitung der Verteilungsfunktion $G(v)$ aus Gl. (2.29) gewonnen wird:

$$\begin{aligned}G'(v) &= \frac{\mathrm{d}G(v)}{\mathrm{d}v}\\ &= 4\pi\left(\frac{m}{2\pi kT}\right)^{3/2}\left(2v - v^2\frac{mv}{kT}\right)\mathrm{e}^{-mv^2/2kT}.\end{aligned}$$

Aus $G'(v) = 0$ folgt

$$v_w = (\frac{2kT}{m})^{1/2}. \tag{A.19}$$

A.5 Energie-Schwankungsquadrat der Hohlraumstrahlung

Für das Schwankungsquadrat der Energie E um ihren Mittelwert $\langle E\rangle$ gilt $\langle\varepsilon^2\rangle = \langle E^2\rangle - \langle E\rangle^2$ (siehe Gl. (2.18)). In einem kanonischen Ensemble ist die Wahrscheinlichkeit für einen Zustand mit der Energie E_j

$$P(E_j) = \frac{e^{-\beta E_j}}{\sum_i e^{-\beta E_i}},$$

mit $\beta = 1/kT$, und folglich ist

$$\langle E\rangle = \frac{\sum_i E_i e^{-\beta E_i}}{\sum_i e^{-\beta E_i}} \equiv -\frac{1}{Z}\frac{\partial Z}{\partial\beta},$$

mit der Abkürzung $Z = \sum_i e^{-\beta E_i}$. In gleicher Weise ergibt sich

$$\langle E^2\rangle = \frac{\sum_i E_i^2 e^{-\beta E_i}}{\sum_i e^{-\beta E_i}} = \frac{1}{Z}\frac{\partial^2 Z}{\partial\beta^2},$$

und daraus folgt durch Umformung

$$\begin{aligned}\langle E^2\rangle &= \frac{\partial}{\partial\beta}\left(\frac{1}{Z}\frac{\partial Z}{\partial\beta}\right) + \frac{1}{Z^2}\left(\frac{\partial Z}{\partial\beta}\right)^2 \\ &= -\frac{\partial\langle E\rangle}{\partial\beta} + \langle E\rangle^2 .\end{aligned}$$

Damit wird

$$\langle\varepsilon^2\rangle = -\frac{\partial\langle E\rangle}{\partial\beta} = kT^2\frac{\partial\langle E\rangle}{\partial T}, \text{ q.e.d.}$$

A.6 Der Nabla-Operator ∇

Der Nabla-Operator ∇ ist ein vektorieller Differential-Operator:

$$\nabla \equiv \left\{\frac{\partial}{\partial x}, \frac{\partial}{\partial y}, \frac{\partial}{\partial z}\right\}.$$

Auf einen Skalar angewendet, z.B.

$$\nabla A = \left\{\frac{\partial A}{\partial x}, \frac{\partial A}{\partial y}, \frac{\partial A}{\partial z}\right\},$$

heißt er Gradient, geschrieben: grad $A \equiv \nabla A$. Sein Skalarprodukt mit einem Vektor, z.B.

$$\nabla\cdot\boldsymbol{B} = \left\{\frac{\partial}{\partial x}, \frac{\partial}{\partial y}, \frac{\partial}{\partial z}\right\}\cdot\left\{\begin{matrix}B_x\\ B_y\\ B_z\end{matrix}\right\} = \frac{\partial B_x}{\partial x} + \frac{\partial B_y}{\partial y} + \frac{\partial B_z}{\partial z},$$

heißt Divergenz, geschrieben: div $\boldsymbol{B} \equiv \nabla \cdot \boldsymbol{B}$. Sein Vektorprodukt mit einem Vektor, z.B.

$$\nabla \times \boldsymbol{B} = \left\{ \frac{\partial}{\partial x}, \frac{\partial}{\partial y}, \frac{\partial}{\partial z} \right\} \times \left\{ \begin{array}{c} B_x \\ B_y \\ B_z \end{array} \right\} = \left\{ \begin{array}{c} \frac{\partial B_z}{\partial y} - \frac{\partial B_y}{\partial z} \\ \frac{\partial B_x}{\partial z} - \frac{\partial B_z}{\partial x} \\ \frac{\partial B_y}{\partial x} - \frac{\partial B_x}{\partial y} \end{array} \right\},$$

heißt Rotation oder Rotor, geschrieben: rot $\boldsymbol{B} \equiv \nabla \times \boldsymbol{B}$.
Sein Quadrat

$$\nabla^2 = \left\{ \frac{\partial}{\partial x}, \frac{\partial}{\partial y}, \frac{\partial}{\partial z} \right\} \cdot \left\{ \begin{array}{c} \frac{\partial}{\partial x} \\ \frac{\partial}{\partial y} \\ \frac{\partial}{\partial z} \end{array} \right\} = \frac{\partial^2}{\partial x^2} + \frac{\partial^2}{\partial y^2} + \frac{\partial^2}{\partial z^2}$$

wird auf einen Skalar angewendet und heißt Laplace-Operator, geschrieben:

$$\Delta A \equiv \nabla \cdot \nabla A \equiv \nabla^2 A \equiv \frac{\partial^2 A}{\partial x^2} + \frac{\partial^2 A}{\partial y^2} + \frac{\partial^2 A}{\partial z^2}.$$

Es ist immer div rot = 0, also z.B. $\nabla \cdot (\nabla \times \boldsymbol{H}) = 0$

Die Schreibweise der Vektorkomponenten als Zeile oder als Spalte bedeutet hier keinen Unterschied. Sie erinnert beim Skalarprodukt an die Matrizenmultiplikation.

B Naturkonstanten

Lichtgeschwindigkeit im Vakuum	c_0	$=$	$299\,792\,458 \text{ m s}^{-1}$
Plancksches Wirkungsquantum	h	$=$	$6.626\,075\,5(40) \cdot 10^{-34} \text{ J s}$
(Planck-Konstante)	$\hbar$	$\equiv$	$\frac{h}{2\pi} = 1.054\,572\,66(63) \cdot 10^{-34} \text{ J s}$
Elementarladung	e	$=$	$1.602\,177\,33(49) \cdot 10^{-19} \text{ C}$
Atomare Masseneinheit	m_u	$=$	$1.660\,540\,2(10) \cdot 10^{-27} \text{ kg}$
		$=$	$931.494\,32(28) \text{ MeV/c}^2$
Ruhemasse des Elektrons	m_e	$=$	$9.109\,389\,7(54) \cdot 10^{-31} \text{ kg}$
		$=$	$0.510\,999\,06(15) \text{ MeV/c}^2$
Ruhemasse des Protons	m_p	$=$	$1.672\,623\,1(10) \cdot 10^{-27} \text{ kg}$
		$=$	$938.272\,31(28) \text{ MeV/c}^2$
Avogadro-Konstante	N_A	$=$	$6.022\,134(6) \cdot 10^{23} \text{ mol}^{-1}$
Boltzmann-Konstante	k	$=$	$1.380\,658(12) \cdot 10^{-23} \text{ J K}^{-1}$
Allgemeine Gaskonstante	R	$=$	$8.314\,510(70) \text{ J mol}^{-1} \text{ K}^{-1}$
Faraday-Konstante	F	$=$	$96\,485.309(29) \text{ C mol}^{-1}$
Elektrische Feldkonstante	ε_0	$=$	$8.854\,187\,817 \cdot 10^{-12} \text{ F m}^{-1}$
Magnetische Feldkonstante	μ_0	$=$	$12.566\,370\,614 \cdot 10^{-7} \text{ N A}^{-2}$
Gravitationskonstante	G	$=$	$6.672\,59(85) \cdot 10^{-11} \text{ m}^3 \text{ kg}^{-1} \text{ s}^{-2}$

Zusammengesetzte Konstanten

Spezifische Ladung des Elektrons	$\frac{e}{m_e}$	=	$1.758\,819\,62(53) \cdot 10^{11}\ \mathrm{C\,kg^{-1}}$
Feinstrukturkonstante	α	=	$\frac{e^2}{4\pi\varepsilon_0 \cdot c_0 \cdot \hbar} = \frac{\mu_0 c_0 e^3}{2h} = 7.297\,353\,08(33) \cdot 10^{-3}$
Rydberg-Konstante des Wasserstoffs	R_H	=	$\frac{m_e \cdot m_p}{m_e + m_p} \cdot \frac{c_0\alpha^2}{2h} = 10\,967\,758.0(10)\ \mathrm{m^{-1}}$
	R_∞	=	$\frac{m_e c_0 \alpha^2}{2h} = 10\,973\,731.543(13)\ \mathrm{m^{-1}}$
Bohrscher Radius	a_0	=	$\frac{4\pi\varepsilon_0\hbar^2}{m_e e^2} = r_e\alpha^{-2} = 0.529\,177\,249(24) \cdot 10^{-10}\ \mathrm{m}$
Compton-Wellenlänge des Elektrons	λ_c	=	$\frac{h}{m_e c_0} = 2.426\,310\,58(22) \cdot 10^{-12}\ \mathrm{m}$
Bohrsches Magneton	μ_B	=	$\frac{e\hbar}{2m_e} = 9.274\,015\,4(31) \cdot 10^{-24}\ \mathrm{J\,T^{-1}}$
Kernmagneton	μ_K	=	$\frac{e\hbar}{2m_p} = 5.050\,786\,6(17) \cdot 10^{-27}\ \mathrm{J\,T^{-1}}$
g-Faktor des Elektrons	g	=	$2.002\,319\,304\,386(20)$

Literaturverzeichis

Zitierte Literatur

[Ah 59] Y. Aharonov, D. Bohm, Significance of Electromagnetic Potentials in the Quantum Theory, *Phys. Rev.* **115** (1959) 485

[At 87] Peter W. Atkins, *Physikalische Chemie*, VCH Weinheim 1987

[Ba 88] C. A. Baker u.a., *Nucl. Phys.* **483** (1988) 631

[Bo 61] H. Boersch, H. Hamisch, K. Grohmann, Experimenteller Nachweis der Phasenschiebung von Elektronenwellen durch das magnetische Vektorpotential, *Z. Physik* **169** (1962) 263

[BS 86] K. Bethge, U. E. Schröder, *Elementarteilchen*, Darmstadt 1986

[Co 55] R. Courant, *Vorlesung über Differential- und Integralrechnung*, Berlin, Heidelberg 1955

[DA 67] D'Ans, Lax, *Taschenbuch für Chemiker und Physiker*, Bd. I Berlin 1967

[Fr 70] W. Franz, *Quantentheorie*, Berlin, Heidelberg, New York 1970

[Ge 80] H. Geiger, E. Marsden, The Laws of Deflection of Particles through Larges Angles, *Phil. Mag.* **25** (1913) 604

[Go 74] H. Goldstein, *Klassische Mechanik*, Frankfurt/M 1974

[Ha 71] W. Hanle, R. Peppert, *Phys. Bl.* **27**(1971) 19

[Hä 86] T. W. Hänsch u.a., The Hydrogen atom in a new light, in: Y. Prior (Hrsg.), *Methods of Laser Spectroscopy*, New York, London 1986

[Hc 73] *Handbook of Chemistry and Physics*, Cleveland 1973

[Ib 81] H. Ibach, H. Lüth, *Festkörperphysik*, Berlin, Heidelberg 1981

[Ja 75] J. D. Jackson, *Classical Electrodynamics*, New York 1975

[Ko 56] H. Kopfermann, *Kernmomente*, Wiesbaden 1956

[Ki 80] Ch. Kittel, *Einführung in die Festkörperphysik*, München 1980

[Ku 33] H. Kulenkampff, in: H. Geiger, K. Scheel (Hrsg.), „Das kontinuierliche Röntgenspektrum". Handbuch der Physik Bd. 23/2 Herausgeber: H. Geiger, K. Scheel, Berlin 1933

[La 66] L. D. Landau-E. M. Lifschitz, Lehrbuch der Theoretischen Physik, Bd. III, Quantenmechanik, Berlin 1966

[Lo 86] W. Lotz u.a., Nuclear Instruments and Methods in Physics Research A 245 (1986) 560

[Ma 72] O. Madelung, *Festkörpertheorie*, Berlin, Heidelberg 1972

[Ma 75] D. Madison, E. Merzbacher in B. Crasemann, *Inner Shell Processes*, New York 1975

[Ma 86] T. P. Martin, Angewandte Chemie 98(1986) 197

[Ma 80] D. L. Matthews, Ion induced Auger Electron Spectroscopy, in „Methods of Experimental Physics" Bd. 17 (ed. P. Richard), New York, London, Toronto 1980

[Mö 62] G. Möllenstedt, W. Bayh, Kontinuierliche Phasenverschiebung von Elektronenwellen im Kraftfreien Raum durch das magnetische Vektorpotential eines Solenoids, *Phys. Bl.* **18** (1962) 299

[Ol 74] D. K. Olsen, C. F. Moore, *Phys. Rev. Lett.* **33** (1974) 194

[Ru 90] H. Ruder, F. Geyer, H. Herold, G. Winner, Atoms in strong magnetic fields, Berlin, Heidelberg 1990

[Ru 11] E. Rutherford, The Scattering of Particles by Matter and the Structure of the Atom, *Phil. Mag.* **21** (1911) 669 (Nachdruck in D. ter Haar, op.cit.)

[Sc 68] L. Schiff, Quantum Mechanics, New York, London, Toronto 1968

[Ul 87] J. Ullrich, Dissertation Universität Frankfurt 1987

[Va 76] Van Dyck u.a., *Appl. Phys. Lett.* **28** (1976) 446

[Vo 88] K. Vollhardt, Organische Chemie, Weinheim 1988

[Zs 89] G. Zschornack, Atomdaten für die Röntgen-Spektralanalyse, Berlin, Heidelberg 1989

Weiterführende Literatur

Griechisches Altertum und Entwicklung der Atomhypothese:

H. Diels, Die Fragmente der Vorsokratiker, Hamburg 1957

M. v. Laue, Geschichte der Physik, Bonn 1950

E. Schrödinger, Die Natur und die Griechen, Hamburg 1956

Thermodynamik und Statistik:

L. Boltzmann, Vorlesung über Thermodynamik, Leipzig 1896

M. Planck, Vorlesung über Thermodynamik, Berlin und Leipzig 1921

A. Sommerfeld, Thermodynamik und Statistik, Thun und Frankfurt/M 1977 (Nachdruck)

F. Reif, Grundlagen der Physikalischen Statistik und der Wärme, Berlin, New York 1976

Planckscher Strahlungsgesetz

M. Planck, Über eine Verbesserung der Wienschen Spektralgleichung, *Verh. Dt. Phys. Ges.* **2**(1900)202
Zur Theorie des Gesetzes der Energieverteilung im Normalspektrum, ibid. p. 237
(Beide abgedruckt in D. ter Haar, Quantentheorie, Braunschweig 1970)
Vorlesung über die Theorie der Wärmestrahlung, Leipzig 1913 (engl. Übersetzung: The Theory of Heat Radiation, New York 1959)

H. Kangro, Vorgeschichte des Planckschen Strahlungsgesetzes, Wiesbaden 1970 (mit ausführlicher Literaturangabe)

Entwicklung der Atomphysik:

M. v. Laue, op. cit.

Rutherfordsches Atom-Modell:

Rutherford, The Scattering of α and β Particles by Matter and the Structure of the Atom, *Phil. Mag.* **21** (1911) 669 (Nachdruck in D. ter Haar, op. cit.)

Elektrodynamik:

A. Sommerfeld, Elektrodynamik, Thun und Frankfurt/M. 1977

Relativitätstheorie:

A. Einstein, Zur Elektrodynamik bewegter Körper, *Ann. d. Physik* **17** (1905) 891 (Abdruck in Lorentz, Einstein, Minkowski, Das Relativitätsprinzip, Darmstadt 1958)
Über die spezielle und allgemeine Relativitätstheorie (Gemein verständlich), Braunschweig 1965
Grundzüge der Relativitätstheorie, Braunschweig 1970

Lichtquanten:

A. Einstein, Über einen die Erzeugung und Verwandlung des Lichtes betreffenden heuristischen Gesichtspunkt, *Ann. d. Physik* **17** (1905) 132 (Abdruck in D. ter Haar, op. cit.)

R. A. Millikan, A Direct Photoelectric Determination of Planck's „*H*“, *Phys. Rev.* **7** (1916) 355

A. H. Compton, *Phys. Rev.* **21** (1923) 715; **22** (1923) 409

Materiewellen:

L. de Broglie, *Ann. de Physique* **3** (1925) 22 (Abdruck in G. Ludwig, Wellenmechanik, Braunschweig 1969, unter den Titel „Untersuchungen zur Quantentheorie“)

C. J. Davisson, L. H. Germer, Diffraction of Electrons by a Crystal of Nickel, *Phys. Rev.* **30** (1927) 705

Quantenmechanik, allgemein:

L. D. Landau, E. M. Lifschitz, Lehrbuch der Theoretischen Physik Band III, Berlin 1966

G. Ludwig, Wellenmechanik, Braunschweig 1960 (enthält die grundlegenden Arbeiten zur Quantenmechanik von de Broglie, Schrödinger, Heisenberg, Born und Jordan)

B. L. van der Waerden, Sources of Quantum Mechanics, Amsterdam 1967 (enthält Originalarbeiten von Einstein, Ehrenfest, Bohr, Ladenburg, Kramers, Slater, Born, Van Vleck, Heisenberg, Kuhn, Jordan, Dirac, Pauli)

D. ter Haar, Quantentheorie, Berlin, Oxford, Braunschweig 1969 (Einführung und Orginaltexte)

W. Heisenberg, Physikalische Prinzipien der Quantentheorie, Mannheim 1958 (BI-Hochschultaschenbücher, Bd. I)

L. I. Schiff, Quantum Mechanics, New York, London, Toronto 1968 (International Student Edition)

P. A. M. Dirac, The Principles of Quantum Mechanics, London 1970

J. v. Neumann, Mathematische Grundlagen der Quantenmechanik, Berlin 1968 (Nachdruck der Auflage von 1932)

W. Döring, Atomphysik und Quantenmechanik, 3 Bände, Berlin 1973, 1976, 1979

Wahrscheinlichkeitsinterpretation:

N. Bohr, Quantenmechanik der Stoßvorgänge, *Z. Physik* **38** (1926) 803 (Abdruck in G. Ludwig, op. cit.)

N. Bohr, Atomphysik und menschliche Erkenntnis I, Braunschweig 1964

Unbestimmtheits-Relation:

W. Heisenberg, *Z. Physik* **43** (1927) 172

Bohrsches Atom-Modell und Franck-Hertz-Versuch:

N. Bohr, *Phil. Mag.* **26** (1913) 1 (Nachdruck in D. ter Haar, op. cit.)

J. Franck, G. Hertz, Über die Erregung der Quecksilberresonanzlinie 253.6 μm durch Elektronenstöße, *Verh. Dt. Phys. Ges.* **16** (1914) 512 (Rückübersetzt in D. ter Haar, (op. cit.)

Elektronenspin:

G. E. Uhlenbeck, S. A. Goudsmit, *Naturwiss.* **13** (1925) 953; *Nature* **117** (1926) 264

Dirac-Theorie:

P. A. M. Dirac, *Proc. Roy. Soc.* (London) **A117** (1928) 610

J. D. Bjorken, S. D. Drell, Relativistische Quantenmechanik, Mannheim, 1966 (BI-Hochschultaschenbücher Bd. 98/98a)

Thomas-Präzession:

L. H. Thomas, *Nature* **117** (1926) 514

H. C. Corben, Ph. Stehle, Classical Mechanics, New York 1960

Lamb-Shift:

W. E. Lamb, Jr., R. C. Retherford, *Phys. Rev.* **72** (1957) 241

H. A. Bethe, E. E. Salpeter, Quantum Mechanics of One- and Two-Electron Atoms, New York 1957

J. D. Bjorken, S. D. Drell, op. cit.

Atom- und Molekülspektren, allgemein:

H. U. Condon, G. H. Shortley, The Theory of Atomic Spectra, Cambridge 1959

G. Herzberg, Molecular Spectra and Molecular Structure, New York 1950

H. G. Kuhn, Atomic Spectra, New York 1961

R. B. Leighton, Principles of Modern Physics, New York, London, Toronto 1959 (International Student Edition)

J. C. Slater, Quantum Theory of Atomic Structure Bd. I und II, New York, London, Toronto 1960

Lehrbücher der Atomphysik:

Arthur Beiser, Atome, Moleküle, Festkörper, Braunschweig/Wiesbaden 1983

R.P. Feynman, R.B. Leighton und M. Sands Lectures on Physics, 3 Bde, Reading, Palo Alto, London 1965

H. Haken, H.C. Wolf, Atom und Quantenphysik, 4. Auflage, Berlin, Heidelberg 1990

T. Mayer-Kuckuk, Atomphysik, 3. Auflage, Stuttgart 1985

P.H. Heckmann, E. Träbert, Einführung in die Spektroskopie der Atomhülle, Braunschweig, Wiesbaden 1980

K. Stierstadt, Physik der Materie, Weinheim 1989

Namensregister

Sachregister